普通高等教育“十一五”国家级规划教材

U0648666

李庆扬　编

数值分析

第6版

$$x^{(k+1)} = F(x^{(k)})$$

$$x = F(x)$$

清华大学出版社
北京

内 容 简 介

本书是为理工科大学各专业普遍开设的“数值分析”课程编写的教材. 其内容包括插值与逼近,数值微分与数值积分,非线性方程与线性方程组的数值解法,矩阵的特征值与特征向量计算,常微分方程数值解法. 每章附有习题并在书末给出了部分答案,每章还附有复习与思考题和计算实习题. 全书阐述严谨,脉络分明,深入浅出,便于教学.

本书也可作为理工科大学各专业高年级本科生及研究生学位课程的教材,并可供从事科学计算的科技工作者参考.

图书在版编目(CIP)数据

数值分析 :第 6 版 / 李庆扬编. -- 2 版. -- 北京 :清华大学出版社,2025. 6.
ISBN 978-7-302-69383-3

Ⅰ. O241

中国国家版本馆 CIP 数据核字第 2025MJ7712 号

责任编辑:刘 颖
封面设计:傅瑞学
责任校对:赵丽敏
责任印制:丛怀宇

出版发行:清华大学出版社
网 址:https://www.tup.com.cn,https://www.wqxuetang.com
地 址:北京清华大学学研大厦 A 座 **邮 编**:100084
社 总 机:010-83470000 **邮 购**:010-62786544
投稿与读者服务:010-62776969,c-service@tup.tsinghua.edu.cn
质量反馈:010-62772015,zhiliang@tup.tsinghua.edu.cn
印 装 者:保定市中画美凯印刷有限公司
经 销:全国新华书店
开 本:185mm×260mm **印 张**:19.75 **字 数**:480 千字
版 次:2008 年 12 月第 1 版 2025 年 6 月第 2 版 **印 次**:2025 年 6 月第 1 次印刷
定 价:59.80 元

产品编号:100170-01

第 6 版前言

本书第 5 版已经出版 17 年了，在此期间，深度学习、机器学习、大数据等与数学及计算机技术密切相关的人工智能分支都取得了突飞猛进的发展，数值分析的重要性也愈发凸显，开设“数值分析”课程的专业也逐渐增多，这些对“数值分析”课程提出了新的要求，为此，有必要对《数值分析》第 5 版进行适当的修改，以适应新的形势及新的变革.

数值分析涉及两方面的内容：一个是理论层面，包括解决一个数学问题的数值算法的原理阐述、收敛性、稳定性的分析等内容；另一个是实践层面，包括算法的具体实现，这涉及程序的编写和调试，具体算例的输入和输出等.在一般的教学环节（讲授、练习、考查等）中大多侧重于理论层面，而对实践层面的重视程度是不够的. 但数值分析这门课程是实践性很强的课程，读者在需要具体实现某个算法的时候，可能就要自己查找相关的资料了. 为了弥补这方面的不足，此次修订对于各章中的主要算法给出了算法的 MATLAB 程序. 选择用 MATLAB 语言来编程，是因为 MATLAB 是最接近数学演算的科学计算语言，其表达形式与框图的差距比较小，这样做既便于读者用这些程序来演练书中的算例，也有助于读者对算法的理解，以及关注编程过程中要注意的问题，同时，还给出了一些例题的 MATLAB 程序及运算结果，同时为了便于读者使用 MATLAB 的内置函数，对于可以用内置函数实现的例题，也给出了内置函数的实现方式. 但限于教材的篇幅，将这部分内容放在云盘上，读者可以扫描各章末尾处的二维码获取.

在第 5 版中，图、表的编号是按章排序的，因此图、表的编号是唯一的；但定义、定理、例的编号是各章独自排序的，没有反映出章的信息，因此一些编号是重复的；公式的编号是各节独自排序的，也没有反映出章的信息，重复的编号更多. 为了使图、表、定义、定理、例、公式的编号唯一，此次修订将定义、定理、例、公式的编号均按章排序，并删去了后续表述中没有被引用的公式编号.

对几个回顾性质的概念，在表述时对其突出程度进行了调整，由原来赋予定义编号的突出方式，改为不赋予定义编号而在段中直接表述的一般方式，比如有效数字、线性相关、线性无关、特征值、特征向量等，而有的概念由原来不赋予定义编号而在段中直接表述的方式，改成赋予定义编号的突出方式，比如条件数.

对一些后续没有直接引用的内容进行了删减（如若当标准型定理）；添加了一些有助于丰富理论依据的内容（如格拉姆-施密特正交化方法）. 出于内容衔接方面的考虑，对一些内容进行了移位，例如，将向量的范数与一般的范数内容合并在一起讲述；前移了关于格拉姆矩阵的定理；前移对称矩阵的特征值和特征向量的定理，为推导矩阵的 2-范数的表示形式提供理论依据；将对角占优矩阵的定义及其性质由迭代法收敛性部分移到追赶法前，为所讨论的三对角线方程组的解存在唯一提供理论依据；将矩阵的特征多项式的内容后移到矩阵的特征值和特征向量部分. 为了更直观地帮助读者理解所讲述的内容，添加了几张图和表，如在二维向量空间中几种单位范数所对应的图像，一些函数及其最佳平方逼近多项式的对照，最小二乘函数的选择过程，泰勒展开近似与帕德逼近的对比图，二元情形线性方程组的迭代法的几何背景，二元情形共轭梯度法的空间表示，多元非线性方程组解的复杂性展示等. 为了便于读者反向查阅，在书后安排了索引；另外，修改了一些表述，更正了一些例题中的数据.

如果学时不足,可略去加星号“ * ”的小节.

本书的修订是在清华大学出版社及责任编辑刘颖博士的推动和支持下完成的，在此对他们的支持和帮助表示衷心感谢.

本书第 5 版曾收到一些读者反馈的勘误信息,使存在的问题得以及时修正. 希望使用本书的老师和同学对本书存在的问题给予批评指正.

李庆扬

2024 年 11 月

第 5 版前言

本书第 5 版已列入普通高等教育“十一五”国家级规划教材，主要作为理工科专业高年级本科生及硕士研究生“数值分析”课程的教材．根据“数值分析”课程教学大纲的要求，对第 4 版做了适当修改，但仍保留原教材的基本结构和大部分内容．主要修改部分如下：

（1）在内容上精简了一些较少使用的算法及一些较繁杂的推导和证明；加强了算法基本思想的分析和使用的说明；另外还增加了一些新内容，如自适应求积和重积分的计算，解线性方程组的共轭梯度法，代数方程求根的病态分析，常微分方程数值解法中多步法的收敛性与稳定性分析，刚性问题等．

（2）评注中增加了一些历史发展及使用数学软件的说明；每章增加了复习与思考题，这有助于读者加深对基本内容的理解，促进对所讲算法的掌握；另外为加强使用计算机解题练习，增添了一些计算实习题．

（3）根据本书新版的特点，删去了并行算法的附录，有关并行算法目前有很多普及的入门著作，需要了解的可自己学习．另外，本书推荐读者使用 MATLAB 语言及数学库，有关 MATLAB 的使用本书也不做介绍，目前也有很多介绍的书籍可供参考．

本书第 5 版主要由李庆扬负责修改，是在清华大学出版社及本书编辑刘颖博士推动和支持下完成的，还得到了清华大学给予的经费资助，作者对他们的支持和帮助表示衷心感谢．

希望使用本书的老师和同学对本书存在的问题给予批评指正．

作　者

2008 年元旦

目　　录

第 1 章　数值分析与科学计算引论

1.1　数值分析的对象、作用与特点

1.1.1　数学科学与数值分析

数学是科学之母，科学技术离不开数学，通过建立数学模型可使科学技术与数学产生紧密联系，数学又以各种形式应用于科学技术的各个领域.**数值分析**也称**计算数学**，是数学科学的一个分支，它研究用计算机求解各种数学问题的数值计算方法及其理论与软件实现.

用计算机求解科学技术问题通常经历以下步骤：

① 根据实际问题建立数学模型、分析数学模型的性质(如模型解的存在性及唯一性).

② 由数学模型给出数值计算方法.

③ 根据计算方法编制算法程序(数学软件)在计算机上算出结果.

第①步建立数学模型、分析数学模型的性质通常是应用数学的任务，而第②③步就是计算数学的任务，也就是数值分析研究的对象，它涉及数学的各个分支，内容十分广泛.作为“数值分析”课程，只介绍其中最基本、最常用的数值计算方法及其理论，它包括插值与数据逼近，数值微分与积分，线性方程组的数值求解，非线性方程与方程组求解，特征值与特征向量计算，常微分方程数值解等.它们都是以数学问题为研究对象，只是不像纯数学那样只研究数学本身的理论，而是把理论与计算紧密结合，着重研究数学问题的数值算法及其理论.与其他数学课程一样，数值分析也是一门内容丰富、研究方法深刻、有自身理论体系的课程，既有纯数学高度抽象性与严密科学性的特点，又有应用广泛性与实际试验高度技术性的特点，是一门与计算机使用密切结合，实用性很强的数学课程.

1.1.2　计算数学与科学计算

几十年来由于计算机及科学技术的快速发展，求解各种数学问题的数值方法也越来越多地应用于科学技术的各个领域，新的计算性交叉学科分支不断涌现，如计算力学、计算物理、计算化学、计算生物学、计算经济学等，统称**科学计算**，它涉及数学的各个分支，研究它们适合于计算机编程的算法就是计算数学的研究范畴. 计算数学是各种计算性学科的共性基础，兼有基础性、应用性和边缘性的数学学科. 科学计算是一门工具性、方法性、边缘性的学科，且发展迅速.它与理论研究和科学实验成为现代科学发展的三种主要手段，它们相辅相成又互相独立.在实际应用中导出的数学模型其完备形式往往不能方便地求出精确解，于是只能转化为简化模型求其数值解，如将复杂的非线性模型忽略一些因素而简化为可以求出精确解的线性模型，但这样做往往不能满足近似程度的要求.因此使用数值方法直接求解做较少简化的模型，可以得到满足近似程度要求的结果，使科学计算发挥更大的作用，这正是得益于计算机与计算数学的快速发展.

1.1.3　计算方法与计算机

数值分析也称**计算方法**，它与计算工具发展密切相关. 在电子计算机出现以前，计算工具只有算盘、算图、算表、算尺和手摇及电动计算机，计算方法只能计算规模较小的问题. 计算方法是数学的一个组成部分，很多方法都与当时的数学家名字相联系，如牛顿(Newton)插值公式、方程求根的牛顿法、解线性方程组的高斯(Gauss)消去法、多项式求值的秦九韶算法、计算积分的辛普森(Simpson)公式等. 这表明计算方法就是数学的一部分，起始它没有形成单独的学科分支. 只是在计算机出现以后，才使计算方法迅速发展并形成数学科学的一个独立分支——计算数学.

当代计算能力的大幅提高既来自计算机的进步，也来自计算方法的进步，两者发展相辅相成又互相促进. 例如，1955—1975 年的 20 年间计算机的运算速度提高数千倍，而同一时期解决一定规模的椭圆形偏微分方程计算方法的效率提高约一百万倍，说明计算方法的进步对提高计算能力的贡献更为重要，由于计算规模的不断扩大和计算方法的发展启发了新的计算机体系结构，诞生并发展了并行计算机.而计算机的更新换代也对计算方法提出了新的标准和要求. 自计算机诞生以来，经典的计算方法业已经历了一个重新评价、筛选、改造和创新的过程，与此同时涌现了许多新概念、新课题和能发挥计算机解题潜力的新方法，这就构成了现代意义的计算数学.

1.1.4　数值问题与算法

能用计算机计算的“**数值问题**”是指输入数据(即问题中的自变量与原始数据)与输出数据(结果)之间函数关系的一个确定而无歧义的描述，输入、输出数据可用有限维向量表示. 根据这种定义，“数学问题”有的是“数值问题”，如线性方程组求解. 也有不是“数值问题”的“数学问题”，如常微分方程$\frac{\mathrm{d}y}{\mathrm{d}x}=x^2+y^2$，$y(0)=0$，它不是数值问题，因为输出不是数据而是连续函数 $y=y(x)$. 但只要将连续问题离散化，使输出数据是 $y(x)$在求解区间$[a,b]$上的离散点 $x_i=a+ih(i=1,2,\cdots,n)$上的近似值，就是“数值问题”. 数值问题可用各种数值方法求解，这些数值方法就是算法. 计算方法就是研究各种“数值问题”的算法.

计算机具有运算速度快，适合做重复性操作的特点.在计算机中，计算的基本单位称为算法元，它由输入元、算子和输出元组成. 算子可以是简单操作，如算术运算(+，−，×，/)、逻辑运算，也可以是宏操作，如向量运算、数组传输、基本初等函数求值等；输入元和输出元可分别视为若干变量或向量. 由一个或多个算法元组成一个进程，它是算法元的有限序列，一个数值问题的**算法**是指按规定顺序执行一个或多个完整的进程，通过它们将输入元变换成一个输出元. 从理论上来看，一个数值问题可能是一个无限的过程，如问题的解是一个序列的极限，这是一个无限的过程.但实际用算法实现时，只能取有限步. 这就要求在可接受的精确程度下终止极限过程. 面向计算机的算法可分为串行算法和并行算法两类，只有一个进程的算法适合于串行计算机，称为串行算法. 有两个以上进程的算法适合于并行计算机，称为并行算法.

对于一个给定的数值问题可能有许多不同的算法，它们都能给出近似答案，但所需的计算量和得到答案的精确程度可能相差很大. 一个面向计算机，有可靠理论分析且计算复杂性好的算法就是一个好算法. 理论分析主要是连续系统的离散化及离散型方程的数值问题求解，它包括误差分析、稳定性、收敛性等基本概念，它刻画了算法的可行性、稳定性、准确性. 计算复杂性包含计算时间复杂性与存储空间复杂性两个方面. 在同一规模、同一精度条件下，计算时间少的算法为计算时间复杂性好，而占用内存空间少的算法为存储空间复杂性好，它实际上就是算法中计算量与存储量的分析. 对解同一问题的不同算法其计算复杂性可能差别很大，例如解 n 阶的线性方程组，依照克莱姆(Cramer)法则要算 $n+1$ 个 n 阶行列式，如果按行列式的原始定义来计算行列式，那么对 $n=20$ 的线性方程组就需要 9.7×10^{20} 次乘除法运算，若用每秒亿次的计算机也要算 30 万年，这是无法实现的，若用高斯列主元消去法(见第 5 章)则只需做 3060 次乘除运算. 且 n 越大相差就越大，这表明算法研究的重要性，也说明只提高计算机速度，而不改进和选用好的算法是不行的.

综上所述，数值分析是研究数值问题的算法，概括起来有四点：

第一，面向计算机，要根据计算机的特点提供切实可行的有效算法. 即算法只能包括加、减、乘、除运算和逻辑运算，这些运算是计算机能直接处理的运算.

第二，有可靠的理论分析，能任意逼近并达到精度要求，对近似算法要保证收敛性和数值稳定性，还要对误差进行分析. 这些都建立在相应数学理论的基础上.

第三，要有好的计算复杂性，时间复杂性好是指节省计算时间，空间复杂性好是指节省存储空间，这也是建立算法要研究的问题，它关系到算法能否在计算机上实现.

第四，要有数值实验，即任何一个算法除了从理论上要满足上述三点外，还要通过数值试验证明是行之有效的.

根据“数值分析”课程的特点，学习时我们首先要注意掌握方法的基本原理和思想，要注意方法处理的技巧及其与计算机的结合，要重视误差分析、收敛性及稳定性的基本理论；其次，要通过例子，学习使用各种数值方法解决实际计算问题；最后，为了掌握本课的内容，还应做一定数量的理论分析与计算练习. 由于本课内容包括了微积分、线性代数、常微分方程的数值方法，读者必须掌握这几门课中与数值分析相关的基本内容，才能学好这门课程.

1.2　数值计算的误差

1.2.1　误差来源与分类

用计算机解决科学计算问题首先要建立数学模型，它是对被描述的实际问题进行抽象、简化而得到的，因而是近似的. 我们把数学模型与实际问题之间出现的这种误差称为**模型误差**. 只有实际问题提法正确，建立数学模型时又抽象、简化得合理，才能得到好的结果. 由于这种误差难于用数量表示，通常都假定数学模型是合理的，这种误差可忽略不计，在“数值分析”中不予讨论. 在数学模型中往往还有一些根据观测得到的物理量，如温度、长度、电压等，这些参量显然也包含误差. 这种由观测产生的误差称为**观测误差**，在“数值分析”中也不讨论这种误差. 数值分析只研究用数值方法求解数学模型产生的误差.

当数学模型不能得到精确解时，通常要用数值方法求它的近似解，其近似解与精确解之间的误差称为**截断误差**或**方法误差**. 例如，可微函数 $f(x)$ 用 n 次泰勒(Taylor)多项式

$$p_n(x)=f(0)+\frac{f'(0)}{1!}x+\frac{f''(0)}{2!}x^2+\cdots+\frac{f^{(n)}(0)}{n!}x^n$$

近似代替,则数值方法的截断误差是

$$R_n(x) = f(x) - p_n(x) = \frac{f^{(n+1)}(\xi)}{(n+1)!}x^{n+1}, \quad \xi \text{ 在 } 0 \text{ 与 } x \text{ 之间}.$$

有了求解数学问题的计算公式以后,用计算机做数值计算时,由于计算机的字长有限,原始数据在计算机中表示时会产生误差,计算过程又可能产生新的误差,这种误差称为**舍入误差**. 例如,用 3.141 59 近似代替 π,产生的误差

$$R = \pi - 3.141\,59 = 0.000\,002\,6\cdots$$

就是舍入误差.

此外由原始数据或机器中的十进制数转化为二进制数产生的初始误差对数值计算也将造成影响,分析初始数据的误差通常也归结为舍入误差.

研究计算结果的误差是否满足精度要求就是误差估计问题,本书主要讨论算法的截断误差与舍入误差,而截断误差将结合具体算法讨论. 为分析数值运算的舍入误差,先要对误差这个基本概念做简单介绍,尽管在高中物理学习测量知识时可能接触过此概念.

1.2.2 误差限与有效数字

设 x 为准确值,x^* 为 x 的一个近似值,称 $e^* = x^* - x$ 为近似值的**绝对误差**,简称**误差**.

通常我们不能算出准确值 x,因此也不能算出误差 e^* 的准确值,只能根据测量工具或计算情况估计出误差的绝对值不超过某正数 ε^*,也就是误差绝对值的一个上界. ε^* 称为近似值的**误差限**,它总是正数. 例如,用毫米刻度的米尺测量一长度 x,读出和该长度接近的刻度 x^*,x^* 是 x 的近似值,它的误差限是 0.5 mm,于是 $|x^* - x| \leqslant 0.5$ mm;如读出的长度为 765 mm,则有 $|765 - x| \leqslant 0.5$. 从这个不等式我们仍不知道准确的 x 是多少,但知道 $764.5 \leqslant x \leqslant 765.5$,即 x 在区间[764.5,765.5]上.

对于一般情形,$|x^* - x| \leqslant \varepsilon^*$,即

$$x^* - \varepsilon^* \leqslant x \leqslant x^* + \varepsilon^*,$$

这个不等式有时也表示为 $x = x^* \pm \varepsilon^*$.

误差限的大小还不能完全表示近似值的好坏. 例如,有两个量 $x = 10 \pm 1$, $y = 1000 \pm 5$,则

$$x^* = 10, \quad \varepsilon_x^* = 1; \quad y^* = 1000, \quad \varepsilon_y^* = 5.$$

虽然 ε_y^* 是 ε_x^* 的 5 倍,但 $\varepsilon_y^*/y^* = \frac{5}{1000} = 0.5\%$ 比 $\varepsilon_x^*/x^* = \frac{1}{10} = 10\%$ 要小得多,这说明 y^* 近似 y 的程度比 x^* 近似 x 的程度要好得多. 所以,除考虑误差的大小外,还应考虑准确值 x 本身的大小. 我们把近似值的误差 e^* 与准确值 x 的比值

$$\frac{e^*}{x} = \frac{x^* - x}{x}$$

称为近似值 x^* 的**相对误差**,记作 e_r^*.

在实际计算中,由于真值 x 总是不知道的,通常取

$$e_r^* = \frac{e^*}{x^*} = \frac{x^* - x}{x^*}$$

作为 x^* 的相对误差,条件是 e_r^* 较小,此时

$$\frac{e^*}{x}-\frac{e^*}{x^*}=\frac{e^*(x^*-x)}{x^*x}=\frac{(e^*)^2}{x^*(x^*-e^*)}=\frac{(e^*/x^*)^2}{1-(e^*/x^*)}$$

是 e_r^* 的平方项级,故可忽略不计.

相对误差也可正可负,它的绝对值上界称为**相对误差限**,记作 ε_r^*,即 $\varepsilon_r^*=\frac{\varepsilon^*}{|x^*|}$.

在前面所举的例子中 $\frac{\varepsilon_x^*}{|x^*|}=10\%$ 与 $\frac{\varepsilon_y^*}{|y^*|}=0.5\%$ 分别为 x 与 y 的相对误差限,可见 y^* 近似 y 的程度比 x^* 近似 x 的程度好.

当准确值 x 有多位数时,基于数字在计算机中的浮点数表示形式,常常按四舍五入的原则得到 x 的前几位近似值 x^*. 一个近似数四舍五入到哪一位,就称它精确到哪一位,这时,该位到其左边第一位非零数字止的所有数字,称为这个近似数的**有效数字**,有效数字的个数称为**有效数字的位数**.例如

$$x=\pi=3.141\,592\,65\cdots,$$

四舍五入到第 3 位 $x_3^*=3.14$,$\varepsilon_3^*\leqslant 0.002$,有 3 位有效数字,

四舍五入到第 5 位 $x_5^*=3.1416$,$\varepsilon_5^*\leqslant 0.000\,008$,有 5 位有效数字,

它们的误差都不超过末位数字的半个单位,即

$$|\pi-3.14|\leqslant\frac{1}{2}\times 10^{-2},\quad |\pi-3.1416|\leqslant\frac{1}{2}\times 10^{-4}.$$

若近似值 x^* 的误差限是某一位的半个单位,该位到 x^* 的第一位非零数字共有 n 位,则 x^* 有 n 位有效数字. 它可用科学计数法(浮点形式)表示为

$$x^*=\pm 10^m\times(a_1+a_2\times 10^{-1}+\cdots+a_n\times 10^{-(n-1)}),\tag{1.1}$$

其中 $a_i(i=1,2,\cdots,n)$ 是 0 到 9 中的一个数字,$a_1\neq 0$,m 为整数,且

$$|x-x^*|\leqslant\frac{1}{2}\times 10^{m-n+1}.\tag{1.2}$$

例 1.1 按四舍五入原则写出下列各数的具有 5 位有效数字的近似数:187.9325, 0.037 855 51, 8.000 033, 2.718 281 8.

解 上述各数的具有 5 位有效数字的近似数分别是

$$187.93,\ 0.037\,856,\ 8.0000,\ 2.7183.$$

注意 $x=8.000\,033$ 的 5 位有效数字近似数是 8.0000 而不是 8,因为 8 只有 1 位有效数字.

例 1.2 如果以 $\mathrm{m/s^2}$ 为单位,重力常数 $g\approx 9.80\ \mathrm{m/s^2}$;若以 $\mathrm{km/s^2}$ 为单位,$g\approx 0.009\,80\ \mathrm{km/s^2}$,它们都具有 3 位有效数字,因为按第一种写法

$$|g-9.80|\leqslant\frac{1}{2}\times 10^{-2},$$

根据(1.1)式,这里 $m=0$, $n=3$;按第二种写法

$$|g-0.009\,80|\leqslant\frac{1}{2}\times 10^{-5},$$

这里 $m=-3$,$n=3$. 它们虽然写法不同,但都具有 3 位有效数字. 至于绝对误差限,由于单位不同结果也不同,$\varepsilon_1^*=\frac{1}{2}\times 10^{-2}\ \mathrm{m/s^2}$,$\varepsilon_2^*=\frac{1}{2}\times 10^{-5}\ \mathrm{km/s^2}$. 而相对误差相同,因为

$$\varepsilon_r^* = 0.005/9.80 = 0.000\,005/0.009\,80.$$

注意相对误差与相对误差限是无量纲的，而绝对误差与误差限是有量纲的.

例1.2说明有效位数与小数点后有多少位数无关. 然而，从(1.2)式可得到具有 n 位有效数字的近似数 x^*，其绝对误差限为

$$\varepsilon^* = \frac{1}{2} \times 10^{m-n+1},$$

在 m 相同的情况下，n 越大则 10^{m-n+1} 越小，故有效位数越多，绝对误差限越小.

至于有效数字与相对误差限的关系，有下面的定理.

定理1.1　设近似数 x^* 表示为

$$x^* = \pm 10^m \times (a_1 + a_2 \times 10^{-1} + \cdots + a_l \times 10^{-(l-1)}), \tag{1.1'}$$

其中 $a_i(i=1,2,\cdots,l)$ 是0到9中的一个数字，$a_1 \neq 0$，m 为整数. 若 x^* 具有 n 位有效数字，则其相对误差限

$$\varepsilon_r^* \leqslant \frac{1}{2a_1} \times 10^{-(n-1)};$$

反之，若 x^* 的相对误差限 $\varepsilon_r^* \leqslant \frac{1}{2(a_1+1)} \times 10^{-(n-1)}$，则 x^* 至少具有 n 位有效数字.

证明　由(1.1)′式可得

$$a_1 \times 10^m \leqslant |x^*| < (a_1+1) \times 10^m,$$

当 x^* 具有 n 位有效数字时

$$\varepsilon_r^* = \frac{\varepsilon^*}{|x^*|} \leqslant \frac{0.5 \times 10^{m-n+1}}{a_1 \times 10^m} = \frac{1}{2a_1} \times 10^{-n+1};$$

反之，由

$$|x - x^*| \leqslant \varepsilon^* = |x^*| \varepsilon_r^* < (a_1+1) \times 10^m \times \frac{1}{2(a_1+1)} \times 10^{-n+1} = 0.5 \times 10^{m-n+1},$$

故 x^* 至少具有 n 位有效数字. □

定理1.1说明，有效位数越多，相对误差限越小.

例1.3　要使 $\sqrt{20}$ 的近似值的相对误差限小于0.1%，要取几位有效数字？

解　设取 n 位有效数字，由定理1.1，$\varepsilon_r^* \leqslant \frac{1}{2a_1} \times 10^{-n+1}$. 由 $4 < \sqrt{20} < 5$，知 $a_1 = 4$，故只要取 $n=4$，就有

$$\varepsilon_r^* \leqslant 0.125 \times 10^{-3} < 10^{-3} = 0.1\%,$$

即只要对 $\sqrt{20}$ 的近似值取4位有效数字，其相对误差限就小于0.1%. 此时 $\sqrt{20} \approx 4.472$，$\sqrt{20} - 4.472 = 4.47\,213\,595 - 4.472 = 1.3595 \times 10^{-4}$.

1.2.3　数值运算的误差估计

设两个近似数 x_1^* 与 x_2^* 的误差限分别为 $\varepsilon(x_1^*)$ 及 $\varepsilon(x_2^*)$，则它们进行加、减、乘、除运算得到的误差限分别满足不等式

$$\varepsilon(x_1^* \pm x_2^*) \leqslant \varepsilon(x_1^*) + \varepsilon(x_2^*);$$

$$\varepsilon(x_1^* x_2^*) \leqslant |x_1^*| \varepsilon(x_2^*) + |x_2^*| \varepsilon(x_1^*);$$

$$\varepsilon(x_1^* / x_2^*) \leqslant \frac{|x_1^*| \varepsilon(x_2^*) + |x_2^*| \varepsilon(x_1^*)}{|x_2^*|^2}, \quad x_2^* \neq 0.$$

更一般的情况是，当自变量有误差时计算函数值也产生误差，其误差限可利用函数的泰勒展开式进行估计. 设 $f(x)$是一元可微函数，x 的近似值为 x^*，以 $f(x^*)$近似 $f(x)$，其误差界记作 $\varepsilon(f(x^*))$，由泰勒展开式

$$f(x) - f(x^*) = f'(x^*)(x - x^*) + \frac{f''(\xi)}{2}(x - x^*)^2, \quad \xi \text{ 介于 } x, x^* \text{ 之间},$$

取绝对值得

$$|f(x) - f(x^*)| \leqslant |f'(x^*)| \varepsilon(x^*) + \frac{|f''(\xi)|}{2} \varepsilon^2(x^*).$$

假定 $f''(x^*)$与 $f'(x^*)$的比值不太大，可忽略 $\varepsilon(x^*)$的高阶项，于是可得计算函数的误差限

$$\varepsilon(f(x^*)) \approx |f'(x^*)| \varepsilon(x^*).$$

当 f 为多元函数时，例如计算 $A = f(x_1, x_2, \cdots, x_n)$. 如果$x_1, x_2, \cdots, x_n$ 的近似值为 $x_1^*, x_2^*, \cdots, x_n^*$，则 A 的近似值为 $A^* = f(x_1^*, x_2^*, \cdots, x_n^*)$，于是由泰勒展开式得函数值 A^* 的误差 $e(A^*)$为

$$\begin{aligned} e(A^*) &= A^* - A = f(x_1^*, x_2^*, \cdots, x_n^*) - f(x_1, x_2, \cdots, x_n) \\ &\approx \sum_{k=1}^{n} \left(\frac{\partial f(x_1^*, x_2^*, \cdots, x_n^*)}{\partial x_k} \right)(x_k^* - x_k) = \sum_{k=1}^{n} \left(\frac{\partial f}{\partial x_k} \right)^* e_k^*, \end{aligned}$$

于是误差限

$$\varepsilon(A^*) \approx \sum_{k=1}^{n} \left| \left(\frac{\partial f}{\partial x_k} \right)^* \right| \varepsilon(x_k^*); \tag{1.3}$$

而 A^* 的相对误差限为

$$\varepsilon_r^* = \varepsilon_r(A^*) = \frac{\varepsilon(A^*)}{|A^*|} \approx \sum_{k=1}^{n} \left| \left(\frac{\partial f}{\partial x_k} \right)^* \right| \frac{\varepsilon(x_k^*)}{|A^*|}.$$

例 1.4　已测得某场地的长 l 的值为 $l^* = 110$ m，宽 d 的值为 $d^* = 80$ m，已知$|l - l^*| \leqslant 0.2$ m，$|d - d^*| \leqslant 0.1$ m. 试求面积 $s = ld$ 的绝对误差限与相对误差限.

解　因 $s = ld$，$\frac{\partial s}{\partial l} = d$，$\frac{\partial s}{\partial d} = l$，由(1.3)式知

$$\varepsilon(s^*) \approx \left| \left(\frac{\partial s}{\partial l} \right)^* \right| \varepsilon(l^*) + \left| \left(\frac{\partial s}{\partial d} \right)^* \right| \varepsilon(d^*),$$

其中

$$\left(\frac{\partial s}{\partial l} \right)^* = d^* = 80 \text{ m}, \quad \left(\frac{\partial s}{\partial d} \right)^* = l^* = 110 \text{ m},$$

而 $\varepsilon(l^*) = 0.2$ m，$\varepsilon(d^*) = 0.1$ m，于是绝对误差限

$$\varepsilon(s^*) \approx 80 \times (0.2) + 110 \times (0.1) = 27 \text{ m}^2;$$

相对误差限

$$\varepsilon_r(s^*)=\frac{\varepsilon(s^*)}{|s^*|}=\frac{\varepsilon(s^*)}{l^*d^*}\approx\frac{27}{8800}=0.31\%.$$

1.3　误差定性分析与避免误差危害

数值运算中的误差分析是个重要且复杂的问题. 1.2 节讨论了不精确数据运算结果的误差限,它只适用于简单情形,然而一个工程或科学计算问题往往要运算千万次. 由于每步运算都有误差,如果每步都做误差分析是不可能的,也不科学,因为误差积累有正有负,绝对值有大有小,都按最坏的情况估计误差限得到的结果比实际误差大得多,这种保守的误差估计不能反映实际误差积累. 考虑到误差分布的随机性,有人用概率统计方法,将数据和运算中的舍入误差视为适合某种分布的随机变量,然后确定计算结果的误差分布,这样得到的误差估计更接近实际,这种方法称为**概率分析法**.

20 世纪 60 年代以后人们对舍入误差估计提出了一些新方法,较重要的是威尔金森(Wilkinson)的向后误差分析法和穆尔(Moore)的区间分析法.但都不是十分有效,到目前为止舍入误差的定量估计尚无有效的分析方法,为确保数值计算的正确性通常只进行定性分析.

1.3.1　算法的数值稳定性

用一个算法进行计算,由于初始数据误差在计算中传播使计算结果误差增长很快,算法就是数值不稳定的,先看下例.

例 1.5　计算 $I_n=e^{-1}\int_0^1 x^n e^x\,dx\ (n=0,1,2,\cdots)$ 并估计误差.

解　由分部积分可得计算 I_n 的递推公式

$$\begin{cases}I_0=e^{-1}\int_0^1 e^x\,dx=1-e^{-1},\\ I_n=1-nI_{n-1},\quad n=1,2,\cdots.\end{cases}\tag{1.4}$$

若计算出 I_0,代入(1.4)式,可逐次求出 $I_1,I_2,\cdots$的值. 要算出 I_0 就要先计算 e^{-1},若用泰勒多项式展开部分和

$$e^{-1}\approx1+(-1)+\frac{(-1)^2}{2!}+\cdots+\frac{(-1)^k}{k!},$$

并取 $k=7$,用 4 位小数计算,则得 $e^{-1}\approx0.3679$,截断误差

$$R_7=|e^{-1}-0.3679|\leqslant\frac{1}{8!}.$$

计算过程中小数点后第 5 位的数字按四舍五入原则舍入,由此产生的舍入误差这里先不讨论. 当初值取为 $I_0\approx0.6321=\tilde{I}_0$ 时,用(1.4)式递推的计算方法为

$$\text{算法(A)}\begin{cases}\tilde{I}_0=0.6321,\\ \tilde{I}_n=1-n\tilde{I}_{n-1},\quad n=1,2,\cdots.\end{cases}$$

计算结果见表 1-1 的 $\tilde{I}_n$ 列. 用 $\tilde{I}_0$ 近似 I_0 产生的误差 $E_0=I_0-\tilde{I}_0$ 就是初值误差,它对后面计算结果是有影响的.

表 1-1 计算结果

n	$\tilde{I}_n$(用算法(A))	I_n^*(用算法(B))	n	$\tilde{I}_n$(用算法(A))	I_n^*(用算法(B))
0	0.6321 ↓	0.6321	5	0.1480 ↓	0.1455
1	0.3679	0.3679	6	0.1120	0.1268
2	0.2642	0.2642	7	0.2160	0.1121
3	0.2074	0.2073 ↑	8	−0.7280	0.1035 ↑
4	0.1704	0.1709	9	7.5520	0.0684

从表 1-1 中看到 $\tilde{I}_8$ 出现负值,这与一切 $I_n>0$ 相矛盾. 实际上,由积分估值得

$$\frac{e^{-1}}{n+1}=e^{-1}(\min_{0\leqslant x\leqslant 1} e^x)\int_0^1 x^n dx < I_n < e^{-1}(\max_{0\leqslant x\leqslant 1} e^x)\int_0^1 x^n dx=\frac{1}{n+1}. \tag{1.5}$$

因此,当 n 较大时,用 $\tilde{I}_n$ 近似 I_n 显然是不正确的. 这里计算公式与每步计算都是正确的,那么是什么原因使计算结果出现错误呢? 主要就是初值 $\tilde{I}_0$ 有误差 $E_0=I_0-\tilde{I}_0$,由此引起以后各步计算的误差 $E_n=I_n-\tilde{I}_n$ 满足关系

$$E_n=-nE_{n-1},\quad n=1,2,\cdots.$$

由此容易推得

$$E_n=(-1)^n n!\ E_0,$$

这说明 $\tilde{I}_0$ 有误差 E_0,则 $\tilde{I}_n$ 就是 E_0 的 $n!$ 倍误差.

例如,$n=8$,若 $|E_0|=\frac{1}{2}\times 10^{-4}$,则 $|E_8|=8!\times|E_0|>\frac{1}{2}$. 这就说明 $\tilde{I}_8$ 完全不能近似 I_8 了. 它表明算法(A)是数值不稳定的.

我们现在换一种计算方法. 由(1.5)式取 $n=9$,得

$$\frac{e^{-1}}{10}<I_9<\frac{1}{10},$$

我们粗略取 $I_9\approx\frac{1}{2}\left(\frac{1}{10}+\frac{e^{-1}}{10}\right)=0.0684=I_9^*$,然后将(1.4)式倒过来算,即由 I_9^* 算出 I_8^*, I_7^*,…,I_0^*,计算方法为

$$\text{算法(B)}\begin{cases} I_9^*=0.0684, \\ I_{n-1}^*=\frac{1}{n}(1-I_n^*),\quad n=9,8,\cdots,1; \end{cases}$$

计算结果见表 1-1 的 I_n^* 列. 我们发现 I_0^* 与 I_0 的误差不超过 10^{-4}. 记 $E_n^*=I_n-I_n^*$,则 $|E_0^*|=\frac{1}{n!}|E_n^*|$,$E_0^*$ 比 E_n^* 缩小了 $n!$ 倍,因此,尽管 E_9^* 较大,但由于误差逐步缩小,故可用 I_n^* 近似 I_n. 反之,当用算法(A)计算时,尽管初值 $\tilde{I}_0$ 相当准确,由于误差传播是逐步扩大的,因而计算结果不可靠. 此例说明,数值不稳定的算法是不能使用的.

定义 1.1 一个算法如果输入数据有误差,而在计算过程中舍入误差不增长,则称此算法是**稳定的**;否则称此算法为**不稳定的**.

在例 1.5 中算法(B)是稳定的,而算法(A)是不稳定的.

1.3.2 病态问题与条件数

定义 1.2 对一个数值问题本身如果输入数据有微小扰动(即相对误差),引起输出数据

(即问题解)相对误差很大,则称此数值问题为**病态问题**. 输出数据的相对误差与输入数据的相对误差的比值称为此数值问题的**条件数**.

例如,计算函数值 $f(x)$时,若 x 有扰动 $\Delta x = x - x^*$,其相对误差为 $\frac{\Delta x}{x}$,函数值 $f(x^*)$的相对误差为$\frac{f(x)-f(x^*)}{f(x)}$. 比值

$$\left|\frac{f(x)-f(x^*)}{f(x)}\right| \Big/ \left|\frac{\Delta x}{x}\right| \approx \left|\frac{xf'(x)}{f(x)}\right| = C_p \tag{1.6}$$

称为计算函数值问题的条件数. 一个数值问题的条件数可以视为处理此数值问题的过程中,相对误差的放大(缩小)倍数. 自变量相对误差一般不会太大,如果条件数 C_p 很大,将引起函数值相对误差很大,出现这种情况的问题就是病态问题.

例如,取 $f(x)=x^n$,则有 $C_p=n$,它表示相对误差可能放大 n 倍. 如 $n=10$,有 $f(1)=1$, $f(1.02)\approx 1.22$,若取 $x=1$,$x^*=1.02$ 自变量相对误差为 2%,函数值相对误差为 22%,这时问题可以认为是病态的. 一般情况下,条件数 $C_p \geqslant 10$ 就认为是病态,C_p 越大病态越严重.

例 1.6 求解线性方程组

$$\begin{cases} x+\alpha y=1, \\ \alpha x + y = 0. \end{cases} \tag{1.7}$$

解 当 $\alpha=1$ 时,系数行列式为零,方程无解,但当 $\alpha\neq 1$ 时解为 $x=\frac{1}{1-\alpha^2}$,$y=-\frac{\alpha}{1-\alpha^2}$. 当 $\alpha\approx 1$ 时,若输入数据 α 有微小扰动(误差),则解的误差很大. 例如,取 $\alpha=0.99$,则解 $x\approx 50.25$;如果 α 有误差 0.001,取 $\alpha^*=0.991$,则解 $x^*\approx 55.81$,误差 $|x^*-x|\approx 5.56$ 很大,表明此时线性方程组(1.7)是病态的. 实际上,由 $x=\frac{1}{1-\alpha^2}$是 α 的函数,利用(1.6)式可求得

$$C_p = \left|\frac{\alpha x'(\alpha)}{x(\alpha)}\right| = \left|\frac{2\alpha^2}{1-\alpha^2}\right|.$$

当 $\alpha=0.99$ 时 $C_p\approx 100$,表明条件数很大,故问题是病态的.

注意病态问题不是计算方法引起的,是数值问题自身固有的,因此,对数值问题首先要分清问题是否病态,对病态问题就必须采取相应的特殊方法以减少误差危害.

1.3.3 避免误差危害

数值计算中通常不采用数值不稳定算法,在设计算法时还应尽量避免误差危害,防止有效数字损失,通常要避免两个相近数相减和用绝对值很小的数做除数(用绝对值很大的数做乘数),另外,还要注意运算次序和减少运算次数.下面举例说明.

例 1.7 求 $x^2-16x+1=0$ 的小正根.

解 $x_1=8+\sqrt{63}$,$x_2=8-\sqrt{63}$. 如果取$\sqrt{63}=7.94$,即$\sqrt{63}$的 3 位有效数字近似,那么 $x_2\approx 8-7.94=0.06=x_2^*$,$x_2^*$ 只有 1 位有效数字. 若改用

$$x_2 = 8-\sqrt{63} = \frac{1}{8+\sqrt{63}} \approx \frac{1}{15.94} \approx 0.0627,$$

具有 3 位有效数字.

例 1.8 计算 $A=10^7(1-\cos 2°)$(用四位数学用表).

解 由于 $\cos 2° = 0.9994$，直接计算

$$A = 10^7(1-\cos 2°) = 10^7(1-0.9994) = 6\times 10^3.$$

只有 1 位有效数字. 若利用 $1-\cos x = 2\sin^2\dfrac{x}{2}$，则

$$A = 10^7(1-\cos 2°) = 2\times(\sin 1°)^2\times 10^7 = 6.13\times 10^3,$$

具有 3 位有效数字(这里 $\sin 1° = 0.0175$).

这两个例子说明，两个相近的数相减时，会损失有效数字，可通过改变计算公式避免或减少有效数字的损失. 类似地，如果 x_1 和 x_2 很接近时，则

$$\lg x_1 - \lg x_2 = \lg\frac{x_1}{x_2}.$$

用右边算式有效数字就不损失. 当 x 很大时，利用

$$\sqrt{x+1}-\sqrt{x} = \frac{1}{\sqrt{x+1}+\sqrt{x}},$$

用右端算式代替左端. 一般情况，当 $f(x)\approx f(x^*)$ 时，可用泰勒展开式

$$f(x)-f(x^*) = f'(x^*)(x-x^*) + \frac{f''(x^*)}{2}(x-x^*)^2 + \cdots$$

取右端的有限项近似左端. 如果无法改变算式，则采用增加有效位数进行运算；在计算机上则采用双倍字长运算，但这要增加机器计算时间且多占内存单元.

例 1.9 在五位十进制计算机上，计算

$$A = 52\,492 + \sum_{i=1}^{1000}\delta_i,$$

其中 $0.1\leqslant\delta_i\leqslant 0.9$.

解 把运算的数写成规格化形式

$$A = 0.524\,92\times 10^5 + \sum_{i=1}^{1000}\delta_i.$$

由于计算机计算时要对阶，若取 $\delta_i = 0.9(i=1,2,\cdots,1000)$，对阶时 $\delta_i = 0.000\,009\times 10^5$，在五位的计算机中表示为机器 0，因此

$$\begin{aligned} A &= 0.524\,92\times 10^5 + 0.000\,009\times 10^5 + \cdots + 0.000\,009\times 10^5 \\ &\triangleq 0.524\,92\times 10^5 (\text{符号} \triangleq \text{表示机器中相等}). \end{aligned}$$

结果显然不可靠，这是由于运算中出现了大数 52 492"吃掉"小数 δ_i 造成的. 如果计算时先把数量级相同的 1000 个 δ_i 相加，最后再加 52 492，就不会出现大数"吃"小数现象，这时

$$0.1\times 10^3 \leqslant \sum_{i=1}^{1000}\delta_i \leqslant 0.9\times 10^3,$$

于是

$$0.001\times 10^5 + 0.524\,92\times 10^5 \leqslant A \leqslant 0.009\times 10^5 + 0.524\,92\times 10^5,$$
$$52\,592 \leqslant A \leqslant 53\,392.$$

例 1.10 利用公式

$$\ln(1+x) = \sum_{n=1}^{\infty}(-1)^{n+1}\frac{x^n}{n} = x - \frac{x^2}{2} + \cdots + (-1)^{n+1}\frac{x^n}{n} + \cdots$$

的前 N 项和，可计算 $\ln 2$ 的近似值(令 $x=1$). 若要精确到 10^{-5}，需要对 $N = 100\,000$ 项求

和，不但计算量很大，其舍入误差积累也很严重. 但若改用

$$\ln\frac{1+x}{1-x}=\ln(1+x)-\ln(1-x)=2\left(x+\frac{x^3}{3}+\frac{x^5}{5}+\cdots+\frac{x^{2n+1}}{2n+1}+\cdots\right),$$

取 $x=1/3$，只要计算前 10 项之和，其截断误差便小于 10^{-10}.

1.4　数值计算中算法设计的底层思维——迭代

在数值计算中算法设计的好坏不但影响计算结果的精度，还可大大降低计算复杂性，即节省计算时间，减少存储空间.

一个计算问题如果能减少运算次数，不但可节省计算量还可减少舍入误差，这是算法设计中一个重要原则. 以多项式求值为例，设给定 n 次多项式

$$p(x)=a_0x^n+a_1x^{n-1}+\cdots+a_{n-1}x+a_n,\quad a_0\neq 0,$$

求 x^* 处的值 $p(x^*)$. 若直接计算每一项 $a_i(x^*)^{n-i}$ 后相加，共需求

$$\sum_{i=0}^{n}(n-i)=1+2+\cdots+n=\frac{n(n+1)}{2}=O(n^2)$$

次乘法，n 次加法.若利用重构式

$$p(x)=(\cdots(a_0x+a_1)x+\cdots+a_{n-1})x+a_n,$$

将从里到外的重构过程统一为一个计算模式，$p(x^*)$可递推地表示为

$$\begin{cases}b_0=a_0,\\ b_i=b_{i-1}x^*+a_i,\quad i=1,2,\cdots,n,\end{cases}\tag{1.8}$$

则 $b_n=p(x^*)$即为所求. 此算法称为**秦九韶算法**，用它计算 n 次多项式 $p(x)$的值只用 n 次乘法和 n 次加法，乘法次数由 $O(n^2)$降为 $O(n)$，且只用 $n+2$ 个存储单元，这是计算多项式值最好的算法，它是我国南宋数学家秦九韶于 1247 年提出的，国外称此算法为霍纳(Horner)算法，是 1819 年给出的，比秦九韶算法晚 500 多年.

秦九韶算法还有另一个好处是求 $p'(x)$在 x^* 点的值. 实际上由(1.8)式有

$$p(x)=(x-x^*)(b_0x^{n-1}+\cdots+b_{n-2}x+b_{n-1})+b_n=(x-x^*)q(x)+b_n,$$
$$p(x^*)=b_n,$$

其中

$$q(x)=b_0x^{n-1}+b_1x^{n-2}+\cdots+b_{n-2}x+b_{n-1}.$$

对 x 求导得

$$p'(x)=q(x)+(x-x^*)q'(x),$$

故 $p'(x^*)=q(x^*)$.从而得用秦九韶算法(1.8)计算 $p'(x^*)$的算法如下：

$$\begin{cases}c_0=b_0,\\ c_i=c_{i-1}x^*+b_i,\quad i=1,2,\cdots,n-1,\end{cases}\tag{1.9}$$

则 $c_{n-1}=q(x^*)=p'(x^*)$. 具体计算可见例 1.11.

例 1.11　设 $p(x)=2x^4-3x^2+3x-4$，用秦九韶算法求 $p(-2)$及 $p'(-2)$的值.

解　用(1.8)式及(1.9)式构造出计算表格见表 1-2：

表 1-2 系数表

x^* 的值	x^4 系数	x^3 系数	x^2 系数	x^1 系数	常数项
$x^*=-2$	$a_0=2$	$a_1=0$ $b_0x^*=-4$	$a_2=-3$ $b_1x^*=8$	$a_3=3$ $b_2x^*=-10$	$a_4=-4$ $b_3x^*=14$
$x^*=-2$	$b_0=2$	$b_1=-4$ $c_0x^*=-4$	$b_2=5$ $c_1x^*=16$	$b_3=-7$ $c_2x^*=-42$	$b_4=10$
	$c_0=2$	$c_1=-8$	$c_2=21$	$c_3=-49=p'(-2)$	

此处 $b_4=p(-2)=10, q(x)=2x^3-4x^2+5x-7, c_3=q(-2)=p'(-2)=-49$.

减少乘除法运算次数是算法设计中十分重要的一个原则，另一典型例子是离散傅里叶变换(discrete Fourier transform，DFT)，如变换过程中点数太多其计算量太大，即使高速计算机也难以广泛使用，直至 20 世纪 60 年代提出离散傅里叶变换的快速算法——快速傅里叶变换(fast Fourier transform，FFT)，才使它得以广泛使用. 快速傅里叶变换算法就是快速算法的一个典范.

(1.8)式和(1.9)式为一个递推表达式，由它给出迭代算法. **迭代算法**是一种通过重复递推的方式来逐步逼近解(最终结果)的数值计算方法，它的基本思想是从一个初始值开始，通过一系列的重复递推运算，不断逼近最终解. 迭代算法充分利用了计算机运算速度快，适合重复性操作的特点，是用计算机解决问题的一种基本方法，也是数值计算中算法设计的基本方法.

例 1.5 中给出的算法(A)和算法(B)也都是迭代算法.

有些迭代算法的迭代次数或计算步骤是确定的，这时可以使用一个固定的循环语句来控制迭代过程，如由(1.4)式、(1.8)式和(1.9)式所给出的算法. 许多迭代法所逼近的解是一个极限值，这时不可能让迭代过程无休止地重复执行下去，而需要根据预先设定的精度要求或特定的终止条件来控制迭代过程.

假定 $a>0$，求 $\sqrt{a}$ 等价于解方程

$$x^2-a=0. \tag{1.10}$$

这是方程求根问题，可用迭代法求解(见第 7 章). 现在用简单方法构造迭代法，先给根的一个初始近似 $x_0>0$，令根 $x^*=x_0+\Delta x$，Δx 是一个校正量，称为增量，于是(1.10)式化为

$$(x_0+\Delta x)^2=a, \quad 即 \quad x_0^2+2x_0\Delta x+(\Delta x)^2=a.$$

由于 Δx 是小量，若省略高阶项 $(\Delta x)^2$，则得

$$x_0^2+2x_0\Delta x\approx a, \quad 即 \quad \Delta x\approx\frac{1}{2}\left(\frac{a}{x_0}-x_0\right).$$

于是

$$x=x_0+\Delta x\approx\frac{1}{2}\left(x_0+\frac{a}{x_0}\right)\overset{\text{def}}{=\!=}x_1.$$

这里 x_1 不是 $\sqrt{a}$ 的真值，但它是真值 $x=\sqrt{a}$ 的进一步近似，从 x_0 到 x_1 构成一个递推的关系，重复以上递推过程可得到迭代公式

$$x_0=a(或其他正数), \quad x_{k+1}=\frac{1}{2}\left(x_k+\frac{a}{x_k}\right), \quad k=0,1,2,\cdots, \tag{1.11}$$

它可逐次求得 $x_1, x_2, \cdots$，若数列$\{x_k\}$收敛，设

$$\lim_{k\to\infty} x_k = x^*,$$

则 $x^* = \sqrt{a}$. 容易证明数列$\{x_k\}$对任何 $x_0>0$ 均收敛，且收敛很快①.

例 1.12 取 $x_0=2$，用迭代法(1.11)求$\sqrt{3}$.

解 若计算精确到 10^{-6}，由(1.11)式可求得

$$x_1 = 1.75, \quad x_2 = 1.732\,143, \quad x_3 = 1.732\,051, \quad x_4 = 1.732\,051,$$

计算停止. 由于$\sqrt{3}=1.732\,050\,8\cdots$，可知只要迭代 3 次误差即小于$\frac{1}{2}\times 10^{-6}$.实际上

$$x_4^2 - a = -4.440\,892 \times 10^{-16}.$$

迭代法(1.11)每次迭代只做一次除法一次加法与一次移位(在数字的二进制表示中右移一位就是除以 2)，计算量很小. 计算机中求$\sqrt{a}$一般只要精度达到 10^{-8} 即可，只需 4～5 次迭代就能达到精度要求，计算量很少，计算机(含计算器)中计算$\sqrt{a}$用的就是迭代法(1.11).

为了实现迭代的过程，一般要对原来的数学问题进行形变. 有些形变在纯数学的意义下可能是不必要的，但从数值分析的视角来看，却是至关重要的. 比如秦九韶算法中的“形式重构”.

1.5 数 学 软 件

本书主要介绍科学计算中最常用的数值方法，对算法不做详细描述，具体算法细节通常可利用现有的数学软件实现，书中虽对个别算法给出计算步骤，这也只是为了让读者加深对算法的理解，提高选择合适算法的能力，并能广泛地使用算法. 我们的目标是使读者能在已有的数学软件库中选择有关数值方法的软件并算出结果，为此需对本课涉及的数学软件包做简单介绍.

在计算机上进行科学计算传统的算法语言是 Fortran 语言，C 语言是一种比 Fortran 更灵活和更具表现力的语言，是目前教学中普遍使用的语言，但很多软件包是用 Fortran 语言

---

① 因为 $x_0>0, a>0$，由(1.11)式可得

$$x_{k+1}-\sqrt{a}=\frac{1}{2}\left(x_k+\frac{a}{x_k}\right)-\sqrt{a}=\frac{1}{2x_k}(x_k-\sqrt{a})^2\geqslant 0, \quad k=0,1,2,\cdots,$$

故得 $x_k\geqslant\sqrt{a}\ (k=1,2,\cdots)$，进而

$$x_{k+1}-x_k=\frac{1}{2}\left(x_k+\frac{a}{x_k}\right)-x_k=\frac{a-x_k^2}{2x_k}\leqslant 0, \quad k=1,2,\cdots,$$

即$\{x_k\}_1^\infty$是单调递减有下界的数列，它是收敛的.

同理可得

$$x_{k+1}+\sqrt{a}=\frac{1}{2x_k}(x_k+\sqrt{a})^2, \quad k=0,1,2,\cdots.$$

从而得

$$\frac{x_k-\sqrt{a}}{x_k+\sqrt{a}}=\left(\frac{x_{k-1}-\sqrt{a}}{x_{k-1}+\sqrt{a}}\right)^2=\cdots=\left(\frac{x_0-\sqrt{a}}{x_0+\sqrt{a}}\right)^{2^k}.$$

记 $q=\frac{x_0-\sqrt{a}}{x_0+\sqrt{a}}$，则 $0<q<1$，且 $x_{k+1}-\sqrt{a}\leqslant(x_1+\sqrt{a})q^{2^k}$，因此，当 $k\to\infty$时数列$\{x_k\}$收敛到$\sqrt{a}$且收敛速度很快.

编写的,最早开发的软件包 EISPACK 是第一个大型数值软件包,LINPACK 是求解线性方程组和最小二乘问题的 Fortran 子程序包,1992 年问世的 LAPACK 是将上述两个软件中的算法集整合成一个统一的更新软件包而代替了 LINPACK 和 EISPACK. 这些软件包是高效的、精确的和可靠的,易于维护和移植,可直接从有关网站或文献中获得.

商业软件包也代表了数值方法当前的技术水平,它们的内容往往以公共域软件包为基础,但在函数库中包括了每一种问题的求解方法.其中 IMSL(International Mathematical and Statistical Libraries,国际数学与统计学库),分别由数值数学,统计学和特殊函数的 MATH,STAT,SFUN 程序库组成,包含 900 多个子程序,解决了大部分常见的数值分析问题.NAG(Numerical Algorithms Group,数值算法集)是一个综合数学软件库,整个程序含 1000 多个由 Fortran 编写的子程序,约 400 个 C 子程序和 200 多个 Fortran 90 子程序. NAG 程序库包含有大部分数值分析标准算法的子程序.

MATLAB 是 MATrix LABoratory 的缩写,即矩阵实验室,它整合了非线性方程组、数值积分、三次样条函数、曲线拟合、最优化、常微分方程和绘图工具等功能,但它主要是以 EISPACK 和 LINPACK 子程序为基础.MATLAB 目前是由 C 和汇编语言编写的,它的基本结构是执行矩阵运算,是一个对求解线性方程组特别有用的功能强大的自包容系统. MATLAB 的基本数据单元是不需要指定维数和特殊说明的矩阵,可以像处理数的运算那样,直接处理向量及矩阵间的运算,可把它看成一种计算机语言,它比其他高级语言在编程方面简单方便,但在运行速度方面不及高级语言.

随着计算机技术的不断发展,Python 作为一种强大且灵活的编程语言,在解决工程和科学问题时发挥着越来越重要的作用. Python 作为一种高级编程语言在数值计算领域具有诸多优势:①语法简单清晰,易于学习和上手;②拥有众多优秀的数值计算库,如提供了多维数组对象和各种用于数组操作函数的 NumPy 库,基于 NumPy 并提供更多高级的数学、科学和工程计算功能的 SciPy 库,适用于处理结构化数据和时间序列数据分析的 Pandas 库,用于绘制数据可视化图表的 Matplotlib 库,用于符号计算的 SymPy 库等,提供了丰富的数学函数和算法;③拥有庞大的开源社区支持,能够快速获取到各类数值计算问题的解决方案和库;④可以在多个操作系统上运行,具有较强的跨平台适用性;⑤广泛应用于数据分析、人工智能等领域,能够与其他领域的工具、库进行无缝集成.

评　注

1.1 节对“数值分析”所做的介绍,目的是使读者对它的内容、特点、作用、历史等有概括的了解,读者进一步学习可参看《中国大百科全书·数学》中有关计算数学的条目,数值分析的历史可参见文献[10],关于科学计算在计算机时代的最新进展可参见文献[11].误差分析的一般讨论是“数值分析”教材包含的基本内容,但有关舍入误差的定量分析是一个困难的问题,本章未做讨论,文中提到的威尔金森的向后误差估计可参看文献[12],他还提出了大量计算反例,说明了某些算法的不稳定性,这方面较新的研究成果可参见文献[13]. 关于利用区间运算进行误差分析,除了穆尔的最早著作[14],还有一些文献[15,16],但实际应用仍较困难. 因此本书更看重有关算法稳定性和问题的病态性,关于病态问题的一般概念可参看文献[17].1.4 节介绍了数值计算算法设计的底层思想和方法.1.5 节所介绍的数学软件是本书各章都要用到的. 更详细的内容可参见文献[7,8,47,48].

复习与思考题

1. 什么是数值分析？它与数学科学和计算机的关系如何？

2. 何谓算法？如何判断数值算法的优劣？

3. 列出科学计算中误差的三个来源，并说出截断误差与舍入误差的区别.

4. 什么是绝对误差与相对误差？什么是近似数的有效数字？它与绝对误差和相对误差有何关系？

5. 什么是算法的稳定性？如何判断算法稳定？为什么不稳定算法不能使用？

6. 什么是问题的病态性？它是否受所用算法的影响？

7. 什么是迭代法？试利用 $x^3-a=0$ 构造计算 $\sqrt[3]{a}$ 的迭代公式.

8. 考虑无穷级数 $\sum\limits_{n=1}^{\infty}\frac{1}{n}$，它是发散的，在计算机上计算它的部分和，会得到什么结果？为什么？

9. 判断下列命题的正确性：

(1) 解对数据的微小变化高度敏感是病态的.

(2) 高精度运算可以改善问题的病态性.

(3) 无论问题是否病态，只要算法稳定都能得到好的近似值.

(4) 用一个稳定的算法计算良态问题一定会得到好的近似值.

(5) 用一个收敛的迭代法计算良态问题一定会得到好的近似值.

(6) 两个相近数相减必然会使有效数字损失.

(7) 计算机上将 1000 个数量级不同的数相加，不管次序如何结果都是一样的.

习　　题

1. 设 $x>0$，x 的相对误差为 δ，求 $\ln x$ 的误差.

2. 设 x 的相对误差为 2%，求 x^n 的相对误差.

3. 下列各数都是经过四舍五入得到的近似数，即误差限不超过最后一位的半个单位，试指出它们是几位有效数字：

$$x_1^*=1.1021,\quad x_2^*=0.031,\quad x_3^*=385.6,\quad x_4^*=56.430,\quad x_5^*=7\times1.0.$$

4. 利用(1.3)式求下列各近似值的误差限：

(1) $x_1^*+x_2^*+x_4^*$；　　(2) $x_1^*x_2^*x_3^*$；　　(3) x_2^*/x_4^*.

其中 x_1^*,x_2^*,x_3^*,x_4^* 均为前一题所给的数.

5. 计算球的体积要使相对误差限为 1%，问度量半径 R 所允许的相对误差限是多少？

6. 设 $Y_0=28$，按递推公式

$$Y_n=Y_{n-1}-\frac{1}{100}\sqrt{783},\quad n=1,2,\cdots$$

计算到 Y_{100}. 若取 $\sqrt{783}\approx27.982$(5 位有效数字)，试问计算 Y_{100} 将有多大误差？

7. 求方程 $x^2-56x+1=0$ 的两个根，使它至少具有 4 位有效数字（$\sqrt{783}\approx27.982$）.

8. 当 $x\approx y$ 时计算 $\ln x-\ln y$ 有效位数会损失. 改用 $\ln x-\ln y=\ln\dfrac{x}{y}$是否就能减少舍入误差?（提示：考虑对数函数何时出现病态）.

9. 正方形的边长大约为 100 cm，应怎样测量才能使其面积误差不超过 1 cm^2?

10. 设 $S=\dfrac{1}{2}gt^2$，假定 g 是准确的，而对 t 的测量有 ±0.1 秒的误差，证明当 t 增加时 S 的绝对误差增加，而相对误差却减少.

11. 序列$\{y_n\}$满足递推关系

$$y_n=10y_{n-1}-1,\quad n=1,2,\cdots,$$

若 $y_0=\sqrt{2}\approx1.41$（3 位有效数字），计算到 y_{10}时误差有多大? 这个计算过程稳定吗?

12. 计算 $f=(\sqrt{2}-1)^6$，取$\sqrt{2}\approx1.4$，利用下列等式计算，哪一个得到的结果最好?

$$\frac{1}{(\sqrt{2}+1)^6},\quad (3-2\sqrt{2})^3,\quad \frac{1}{(3+2\sqrt{2})^3},\quad 99-70\sqrt{2}.$$

13. $f(x)=\ln(x-\sqrt{x^2-1})$，求 $f(30)$的值. 若开平方用 6 位有效数字的函数表，问求对数时误差有多大? 若改用另一等价公式

$$\ln(x-\sqrt{x^2-1})=-\ln(x+\sqrt{x^2-1})$$

计算，求对数时误差有多大?

14. 用秦九韶算法求多项式 $p(x)=3x^5-2x^3+x+7$ 在 $x=3$ 处的值.

15. 用迭代法 $x_{k+1}=\dfrac{1}{1+x_k}(k=0,1,\cdots)$求方程 $x^2+x-1=0$ 的正根 $x^*=\dfrac{-1+\sqrt{5}}{2}$，取 $x_0=1$，计算到 x_5，问 x_5 有几位有效数字.

第 1 章二维码

第 2 章　插　值　法

2.1　引　　言

2.1.1　插值问题的提出

许多实际问题都用函数 $y=f(x)$ 来表示某种内在规律的数量关系，其中相当一部分函数是通过实验或观测得到的. 虽然 $f(x)$ 在某个区间 $[a,b]$ 上是存在的，有的还是连续的，但却只能给出 $[a,b]$ 上一系列点 x_i 的函数值 $y_i=f(x_i)(i=0,1,\cdots,n)$，这只是一张函数表. 有的函数虽有解析表达式，但由于计算复杂，使用不方便，通常也造一个函数表，如大家熟悉的三角函数表、对数表、平方根和立方根表等. 为了研究函数的变化规律，往往需要求出不在表上的函数值. 因此，我们希望根据给定的函数表做一个既能反映函数 $f(x)$ 的特性，又便于计算的简单函数 $p(x)$，用 $p(x)$ 近似 $f(x)$. 通常选一类较简单的函数(如代数多项式或分段代数多项式)作为 $p(x)$，并使 $p(x_i)=f(x_i)$ 对 $i=0,1,\cdots,n$ 成立. 这样确定的 $p(x)$ 就是我们希望得到的插值函数. 例如，绘制函数图像的描点法，就是将一些能够反映函数图像特征的点依次用直线或平滑的曲线连接起来. 再如，在现代机械工业中用计算机程序控制加工机械零件，根据设计可给出零件外形曲线的某些型值点 $(x_i,y_i)(i=0,1,\cdots,n)$，加工时为控制每步走刀方向及步数，就要算出零件外形曲线其他点的函数值，才能加工出外表光滑的零件，这就是求插值函数的问题. 下面我们给出有关插值法的一些概念.

设函数 $y=f(x)$ 在区间 $[a,b]$ 上有定义，且已知在点 $a\leqslant x_0<x_1<\cdots<x_n\leqslant b$ 上的值 $y_0,y_1,\cdots,y_n$，若存在一简单函数 $p(x)$，使

$$p(x_i)=y_i,\quad i=0,1,\cdots,n$$

成立，就称 $p(x)$ 为 $f(x)$ 的**插值函数**，点 $x_0,x_1,\cdots,x_n$ 称为**插值节点**，包含插值节点的区间 $[a,b]$ 称为**插值区间**，求插值函数 $p(x)$ 的方法称为**插值法**. 若 $p(x)$ 是次数不超过 n 的代数多项式，即

$$p(x)=a_0+a_1x+\cdots+a_nx^n, \tag{2.1}$$

其中 $a_i(i=0,1,\cdots,n)$ 为实数，就称 $p(x)$ 为**插值多项式**，相应的插值法称为**多项式插值**. 若 $p(x)$ 为三角多项式，就称为**三角插值**. 本章只讨论多项式插值.

从几何上看，插值法就是求曲线 $y=p(x)$，使其通过给定的 $n+1$ 个点 (x_i,y_i)，$i=0,1,\cdots,n$，并用它近似已知曲线 $y=f(x)$，参见图 2-1.

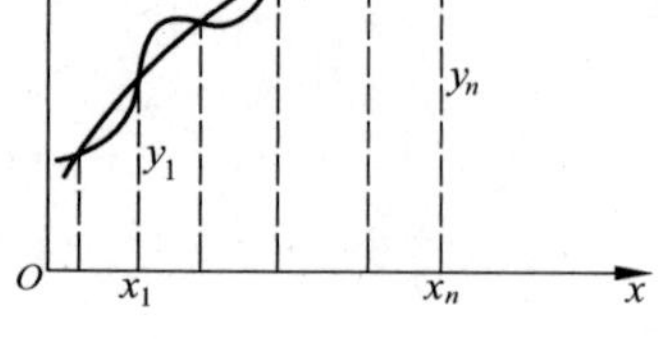

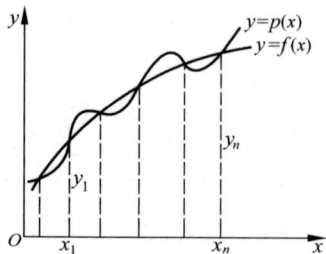

图 2-1　插值法图示

插值法是一种古老的数学方法，它来自生产实践. 早在一千多年前的隋唐时期制定历法时就应用了二次插值，隋朝刘焯(公元 6 世纪)将等距节点二次插值应用于天文计算. 但插值理论都是在 17 世纪微积分产生以后才逐步发展的，牛顿的等距节点插值公式及均差插值公式都是当时的重要成果. 近半个多世纪以来，由于计算机的广泛使用和造

船、航空、精密机械加工等实际问题的需要，使插值法在理论上和实践上得到进一步发展，尤其是在 20 世纪 40 年代后期发展起来的样条(spline)插值，更获得广泛应用，成为计算机图形学的基础.

2.1.2 多项式插值

先从线性代数的角度来分析多项式插值问题. 设在区间$[a,b]$上给定 $n+1$ 个点

$$a \leqslant x_0 < x_1 < \cdots < x_n \leqslant b$$

上的函数值 $y_i = f(x_i)(i=0,1,\cdots,n)$，求次数不超过 n 的多项式(2.1)，使

$$p(x_i) = y_i, \quad i=0,1,\cdots,n. \tag{2.2}$$

由此可得到以系数 $a_0,a_1,\cdots,a_n$ 为未知量的 $n+1$ 元线性方程组

$$\begin{cases} a_0 + a_1x_0 + \cdots + a_nx_0^n = y_0, \\ a_0 + a_1x_1 + \cdots + a_nx_1^n = y_1, \\ \quad\vdots \\ a_0 + a_1x_n + \cdots + a_nx_n^n = y_n, \end{cases} \tag{2.3}$$

此方程组的系数矩阵为

$$\boldsymbol{A} = \begin{pmatrix} 1 & x_0 & \cdots & x_0^n \\ 1 & x_1 & \cdots & x_1^n \\ \vdots & \vdots & & \vdots \\ 1 & x_n & \cdots & x_n^n \end{pmatrix},$$

这是一个**范德蒙德**(Vandermonde)**矩阵**，由于 $x_i(i=0,1,\cdots,n)$互异，故

$$\det\boldsymbol{A} = \prod_{\substack{i,j=0 \\ i>j}}^{n} (x_i - x_j) \neq 0.$$

因此，线性方程组(2.3)的解 $a_0,a_1,\cdots,a_n$ 存在且唯一，于是有下面结论.

定理 2.1 满足条件(2.2)的插值多项式 $p(x)$是存在唯一的.

显然直接求解方程组(2.3)就可得到插值多项式 $p(x)$，这在理论上是可行的，但这是求插值多项式最繁杂的方法，一般是不用的，下面两节将从几何的视角给出构造插值多项式更简单的方法. 由于已有唯一性结果，因此所构造的多项式就是所求的插值多项式.

2.2 拉格朗日插值

2.2.1 线性插值与抛物线插值

对给定的插值点为求得形如(2.1)式的插值多项式可以有各种不同的方法，下面先讨论 $n=1$ 的简单情形. 假定给定区间$[x_k,x_{k+1}]$及端点函数值 $y_k=f(x_k)$，$y_{k+1}=f(x_{k+1})$，要求线性插值多项式 $L_1(x)$，使它满足

$$L_1(x_k) = y_k, \quad L_1(x_{k+1}) = y_{k+1}.$$

$y=L_1(x)$的几何意义就是通过两点(x_k,y_k)与(x_{k+1},y_{k+1})的直线，如图 2-2 所示，这里采用的是用直线近似曲线，即以直代曲的方法. $L_1(x)$的表达式可由几何意义直接给出

$$\left.\begin{aligned} &L_1(x)=y=y_k+\frac{y_{k+1}-y_k}{x_{k+1}-x_k}(x-x_k) \quad (\text{点斜式}),\\ &\frac{y-y_k}{y_{k+1}-y_k}=\frac{x-x_k}{x_{k+1}-x_k} \quad (\text{两点式}). \end{aligned}\right\} \tag{2.4}$$

由两点式可以推出，$L_1(x)=y=y_k\dfrac{x_{k+1}-x}{x_{k+1}-x_k}+y_{k+1}\dfrac{x-x_k}{x_{k+1}-x_k}$，它是由两个线性函数

$$l_k(x)=\frac{x-x_{k+1}}{x_k-x_{k+1}}, \quad l_{k+1}(x)=\frac{x-x_k}{x_{k+1}-x_k}$$

线性组合得到的，其系数分别为 y_k 及 y_{k+1}，即

$$L_1(x)=y_k l_k(x)+y_{k+1}l_{k+1}(x). \tag{2.5}$$

显然，$l_k(x)$及 $l_{k+1}(x)$也是线性插值多项式，在节点 x_k 及 x_{k+1}上分别满足条件

$$l_k(x_k)=1, \quad l_k(x_{k+1})=0; \qquad l_{k+1}(x_k)=0, \quad l_{k+1}(x_{k+1})=1.$$

即在一个节点处的函数值为 1，以另一个节点为零点. 我们称函数 $l_k(x)$及 $l_{k+1}(x)$为**线性插值基函数**，它们的图形参见图 2-3.

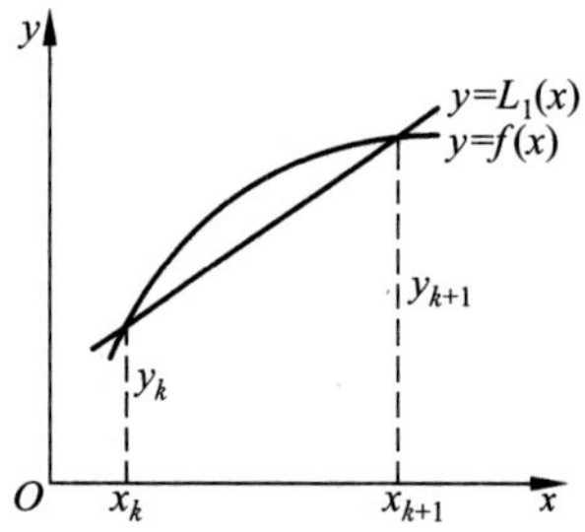

图 2-2　线性插值图示

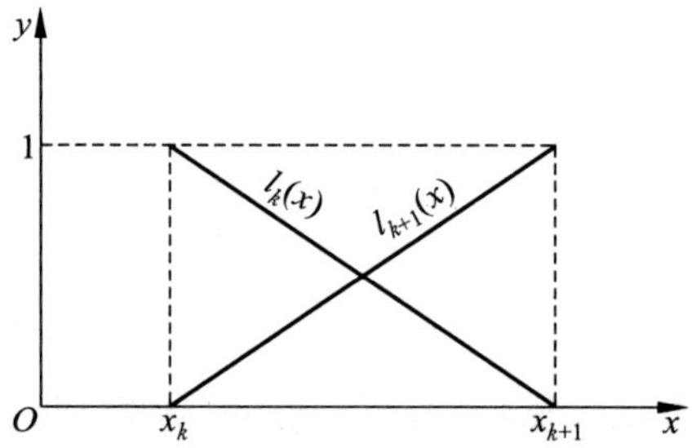

图 2-3　线性插值基函数图示

下面讨论 $n=2$ 的情况. 假定插值节点为 x_{k-1},x_k,x_{k+1}，要求二次插值多项式 $L_2(x)$，使它满足

$$L_2(x_j)=y_j, \quad j=k-1,k,k+1.$$

我们知道 $y=L_2(x)$在几何上就是通过三点(x_{k-1},y_{k-1})，(x_k,y_k)，(x_{k+1},y_{k+1})的抛物线. 为了求出 $L_2(x)$的表达式，可从基函数出发来构造，此时基函数 $l_{k-1}(x)$，$l_k(x)$及 $l_{k+1}(x)$是二次函数，且在节点上分别满足条件

$$\left.\begin{aligned} &l_{k-1}(x_{k-1})=1, \quad l_{k-1}(x_j)=0, \quad j=k,k+1;\\ &l_k(x_k)=1, \qquad l_k(x_j)=0, \qquad j=k-1,k+1;\\ &l_{k+1}(x_{k+1})=1, \quad l_{k+1}(x_j)=0, \quad j=k-1,k. \end{aligned}\right\} \tag{2.6}$$

满足条件(2.6)的二次插值基函数是很容易求出的，例如求 $l_{k-1}(x)$，因为它有两个零点 x_k 及 x_{k+1}，故可表示为

$$l_{k-1}(x)=A(x-x_k)(x-x_{k+1}),$$

其中 A 为待定系数，可由条件 $l_{k-1}(x_{k-1})=1$ 定出

$$A=\frac{1}{(x_{k-1}-x_k)(x_{k-1}-x_{k+1})},$$

于是

$$l_{k-1}(x)=\frac{(x-x_k)(x-x_{k+1})}{(x_{k-1}-x_k)(x_{k-1}-x_{k+1})}.$$

同理可得

$$l_k(x)=\frac{(x-x_{k-1})(x-x_{k+1})}{(x_k-x_{k-1})(x_k-x_{k+1})},$$

$$l_{k+1}(x)=\frac{(x-x_{k-1})(x-x_k)}{(x_{k+1}-x_{k-1})(x_{k+1}-x_k)}.$$

二次插值基函数 $l_{k-1}(x),l_k(x),l_{k+1}(x)$在区间$[x_{k-1},x_{k+1}]$上的图形参见图 2-4.

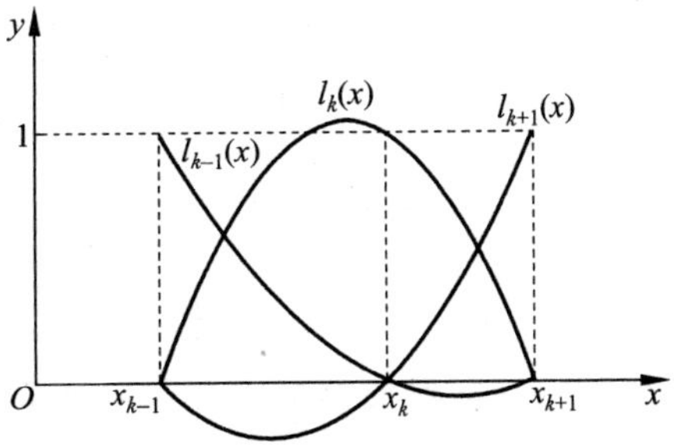

图 2-4　二次插值基函数图示

利用二次插值基函数 $l_{k-1}(x),l_k(x),l_{k+1}(x)$，立即得到二次插值多项式，也称**抛物线插值多项式**

$$L_2(x)=y_{k-1}l_{k-1}(x)+y_kl_k(x)+y_{k+1}l_{k+1}(x),\tag{2.7}$$

显然，它满足条件 $L_2(x_j)=y_j(j=k-1,k,k+1)$. 将上面求得的 $l_{k-1}(x),l_k(x),l_{k+1}(x)$代入(2.7)式，得

$$L_2(x)=y_{k-1}\frac{(x-x_k)(x-x_{k+1})}{(x_{k-1}-x_k)(x_{k-1}-x_{k+1})}+y_k\frac{(x-x_{k-1})(x-x_{k+1})}{(x_k-x_{k-1})(x_k-x_{k+1})}+$$
$$y_{k+1}\frac{(x-x_{k-1})(x-x_k)}{(x_{k+1}-x_{k-1})(x_{k+1}-x_k)}.$$

2.2.2　拉格朗日插值多项式

上面我们对 $n=1$ 及 $n=2$ 的情况，得到了一次与二次插值多项式 $L_1(x)$及 $L_2(x)$，它们分别由(2.5)式与(2.7)式表示. 这种用插值基函数表示的方法容易推广到一般情形. 下面讨论如何构造通过 $n+1$ 个节点 $x_0<x_1<\cdots<x_n$ 的 n 次插值多项式 $L_n(x)$，假定它满足条件

$$L_n(x_j)=y_j,\quad j=0,1,\cdots,n.\tag{2.8}$$

为了构造 $L_n(x)$，我们先定义 n 次插值基函数.

定义 2.1　若 n 次多项式 $l_j(x)(j=0,1,\cdots,n)$在 $n+1$ 个节点 $x_0<x_1<\cdots<x_n$ 上满足条件

$$l_j(x_k)=\begin{cases}1, & k=j,\\ 0, & k\neq j,\end{cases}\quad j,k=0,1,\cdots,n,\tag{2.9}$$

则称这 $n+1$ 个 n 次多项式 $l_0(x),l_1(x),\cdots,l_n(x)$为节点 $x_0,x_1,\cdots,x_n$ 上的 **n 次插值基函数**.

对 $n=1$ 及 $n=2$ 时的情况前面已经讨论. 用类似的推导方法，可得到 n 次插值基函数为

$$l_k(x)=\frac{(x-x_0)\cdots(x-x_{k-1})(x-x_{k+1})\cdots(x-x_n)}{(x_k-x_0)\cdots(x_k-x_{k-1})(x_k-x_{k+1})\cdots(x_k-x_n)},\quad k=0,1,\cdots,n.$$

显然它满足条件(2.9). 于是，满足条件(2.8)的插值多项式 $L_n(x)$可表示为

$$L_n(x)=\sum_{k=0}^{n}y_kl_k(x).\tag{2.10}$$

由 $l_k(x)$的定义，知

$$L_n(x_j)=\sum_{k=0}^{n}y_kl_k(x_j)=y_j,\quad j=0,1,\cdots,n.$$

形如(2.10)式的插值多项式 $L_n(x)$称为**拉格朗日**(Lagrange)**插值多项式**，而(2.5)式与(2.7)式

是(2.10)式当 $n=1$ 和 $n=2$ 时的特殊情形.

若引入记号

$$\omega_{n+1}(x)=(x-x_0)(x-x_1)\cdots(x-x_n),\quad n=0,1,2,\cdots,\tag{2.11}$$

容易求得

$$\omega_{n+1}'(x_k)=(x_k-x_0)\cdots(x_k-x_{k-1})(x_k-x_{k+1})\cdots(x_k-x_n).$$

于是(2.10)式可改写成

$$L_n(x)=\sum_{k=0}^{n}y_k\frac{\omega_{n+1}(x)}{(x-x_k)\omega_{n+1}'(x_k)}.$$

注意,n 次插值多项式 $L_n(x)$ 通常是次数为 n 的多项式,特殊情况下次数可能小于 n. 例如,对于通过三点 (x_0,y_0),(x_1,y_1),(x_2,y_2) 的二次插值多项式 $L_2(x)$,如果三点共线,则 $y=L_2(x)$ 就是一直线,而不是抛物线,这时 $L_2(x)$ 是一次多项式.

2.2.3 插值余项与误差估计

若在区间 $[a,b]$ 上用 $L_n(x)$ 近似 $f(x)$,则其截断误差为 $R_n(x)=f(x)-L_n(x)$,也称为插值多项式的**余项**. 在线性插值的情形,假设 $f(x)$ 的各阶导数都存在,当 $x\neq x_k,x_{k+1}$ 时,则有

$$\begin{aligned}
R_1(x)&=f(x)-L_1(x)=f(x)-f(x_k)\frac{x_{k+1}-x}{x_{k+1}-x_k}-f(x_{k+1})\frac{x-x_k}{x_{k+1}-x_k}\\
&=f(x)\frac{x_{k+1}-x+x-x_k}{x_{k+1}-x_k}-f(x_k)\frac{x_{k+1}-x}{x_{k+1}-x_k}-f(x_{k+1})\frac{x-x_k}{x_{k+1}-x_k}\\
&=[f(x)-f(x_k)]\frac{x_{k+1}-x}{x_{k+1}-x_k}-[f(x)-f(x_{k+1})]\frac{x-x_k}{x_{k+1}-x_k}\\
&=f'(\eta_1)(x-x_k)\frac{x_{k+1}-x}{x_{k+1}-x_k}-f'(\eta_2)(x-x_{k+1})\frac{x-x_k}{x_{k+1}-x_k}\\
&=[f'(\eta_2)-f'(\eta_1)]\frac{(x-x_k)(x-x_{k+1})}{x_{k+1}-x_k}\\
&=f''(\xi)\frac{\eta_2-\eta_1}{x_{k+1}-x_k}(x-x_k)(x-x_{k+1}),
\end{aligned}$$

其中,η_1,η_2,ξ 是与 x,x_k,x_{k+1} 有关的量. 若取 $f(x)=x^2$,则 $f'(x)=2x$,$f''(x)=2$,而 $f(x)-f(x_k)=x^2-x_k^2=(x+x_k)(x-x_k)=2\cdot\frac{x+x_k}{2}(x-x_k)$,即 $\eta_1=\frac{x+x_k}{2}$.同理有

$\eta_2=\frac{x+x_{k+1}}{2}$. 于是

$$f'(\eta_2)-f'(\eta_1)=2\cdot\frac{x+x_{k+1}}{2}-2\cdot\frac{x+x_k}{2}=2\cdot\frac{x_{k+1}-x_k}{2},\quad 故\ f''(\xi)\frac{\eta_2-\eta_1}{x_{k+1}-x_k}=1,$$

其中 ξ 可以取 (x_k,x_{k+1}) 中的任意数. 由此不难猜出

$$R_1(x)=\frac{f''(\xi)}{2}(x-x_k)(x-x_{k+1}).$$

高阶的插值多项式的余项也应当有相近的形式,即 $R_n(x)$ 是与 $f^{(n)}(x)$ 及 $\omega_n(x)$ 有关的量.

关于插值余项估计有以下定理.

定理 2.2 设 $f^{(n)}(x)$ 在 $[a,b]$ 上连续,$f^{(n+1)}(x)$ 在 (a,b) 内存在,节点

$$a \leqslant x_0 < x_1 < \cdots < x_n \leqslant b,$$

$L_n(x)$是满足条件(2.8)的插值多项式,则对任何 $x \in [a,b]$,插值余项

$$R_n(x) = f(x) - L_n(x) = \frac{f^{(n+1)}(\xi)}{(n+1)!}\omega_{n+1}(x), \tag{2.12}$$

这里 $\xi \in (a,b)$ 且依赖于 x,$\omega_{n+1}(x)$由(2.11)式所定义.

证明 由给定条件知 $R_n(x)$在节点 $x_k(k=0,1,\cdots,n)$上为零,即

$$R_n(x_k) = 0, \quad k = 0,1,\cdots,n,$$

于是

$$R_n(x) = K(x)(x-x_0)(x-x_1)\cdots(x-x_n) = K(x)\omega_{n+1}(x), \tag{2.13}$$

其中 $K(x)$是与 x 有关的待定函数.

现把 x 看成$[a,b]$上的一个固定点,作函数

$$\varphi(t) = f(t) - L_n(t) - K(x)(t-x_0)(t-x_1)\cdots(t-x_n),$$

根据 $f(t)$的假设可知 $\varphi^{(n)}(t)$在$[a,b]$上连续,$\varphi^{(n+1)}(t)$在(a,b)内存在.根据插值条件及余项定义,可知 $\varphi(t)$在点 $x_0,x_1,\cdots,x_n$ 及 x 处均为零,故 $\varphi(t)$在$[a,b]$上有 $n+2$ 个零点,根据罗尔(Rolle)定理,$\varphi'(t)$在 $\varphi(t)$的两个零点间至少有一个零点,故 $\varphi'(t)$在$[a,b]$内至少有 $n+1$ 个零点. 对 $\varphi'(t)$再应用罗尔定理,可知 $\varphi''(t)$在$[a,b]$内至少有 n 个零点. 以此类推,$\varphi^{(n+1)}(t)$在(a,b)内至少有一个零点,记为 $\xi \in (a,b)$,使

$$\varphi^{(n+1)}(\xi) = f^{(n+1)}(\xi) - (n+1)!\ K(x) = 0,$$

于是

$$K(x) = \frac{f^{(n+1)}(\xi)}{(n+1)!}, \quad \xi \in (a,b), \text{且依赖于 } x.$$

将它代入(2.13)式,就得到余项表达式(2.12). □

应当指出,余项表达式只有在 $f(x)$的高阶导数存在时才能应用. ξ 在(a,b)内的具体位置通常不可能给出,如果我们可以求出 $\max\limits_{a \leqslant x \leqslant b} |f^{(n+1)}(x)| = M_{n+1}$,那么插值多项式 $L_n(x)$逼近 $f(x)$的截断误差限是

$$|R_n(x)| \leqslant \frac{M_{n+1}}{(n+1)!}|\omega_{n+1}(x)|. \tag{2.14}$$

当 $n=2$ 时,抛物线插值的余项为

$$R_2(x) = \frac{1}{6}f'''(\xi)(x-x_0)(x-x_1)(x-x_2), \quad \xi \in [x_0,x_2].$$

利用余项表达式(2.12),当 $f(x)=x^k(k \leqslant n)$时,由于 $f^{(n+1)}(x)=0$,于是有

$$R_n(x) = x^k - \sum_{i=0}^{n} x_i^k l_i(x) = 0,$$

由此得

$$\sum_{i=0}^{n} x_i^k l_i(x) = x^k, \quad k = 0,1,\cdots,n. \tag{2.15}$$

特别当 $k=0$ 时,有

$$\sum_{i=0}^{n} l_i(x) = 1. \tag{2.16}$$

(2.15)式和(2.16)式也是插值基函数的性质,利用它们还可求一些和式的值.

利用余项表达式(2.12)还可知,若被插值函数 $f(x)\in\mathscr{P}_n$($\mathscr{P}_n$ 代表次数小于等于 n 的多项式集合),由于 $f^{(n+1)}(x)=0$,故 $R_n(x)=f(x)-L_n(x)=0$,即它的插值多项式 $L_n(x)=f(x)$,只是表示形式不同而已.

例 2.1 证明 $\sum\limits_{i=0}^{5}(x_i-x)^2 l_i(x)=0$,其中 $l_i(x)$ 是关于点 $x_0,x_1,\cdots,x_5$ 的插值基函数.

证明 利用(2.15)式可得

$$\begin{aligned}\sum_{i=0}^{5}(x_i-x)^2 l_i(x)&=\sum_{i=0}^{5}(x_i^2-2x_ix+x^2)l_i(x)\\&=\sum_{i=0}^{5}x_i^2 l_i(x)-2x\sum_{i=0}^{5}x_i l_i(x)+x^2\sum_{i=0}^{5}l_i(x)\\&=x^2-2x^2+x^2=0.\end{aligned}$$

例 2.2 已给 sin 0.32=0.314 567,sin 0.34=0.333 487,sin 0.36=0.352 274,用线性插值及抛物线插值计算 sin 0.3367 的值并估计截断误差.

解 由题意取 $x_0=0.32$,$y_0=0.314\ 567$,$x_1=0.34$,$y_1=0.333\ 487$,$x_2=0.36$,$y_2=0.352\ 274$.

用线性插值计算,由于 0.3367 介于 x_0,x_1 之间,故取 x_0,x_1 进行计算,由(2.4)式得

$$\begin{aligned}\sin 0.3367\approx L_1(0.3367)&=y_0+\frac{y_1-y_0}{x_1-x_0}(0.3367-x_0)\\&=0.314\ 567+\frac{0.018\ 92}{0.02}\times 0.0167=0.330\ 365.\end{aligned}$$

由(2.14)式得其截断误差

$$|R_1(x)|\leqslant\frac{M_2}{2}|(x-x_0)(x-x_1)|,$$

其中 $M_2=\max\limits_{x_0\leqslant x\leqslant x_1}|f''(x)|$. 因 $f(x)=\sin x$,$f''(x)=-\sin x$,可取 $M_2=\max\limits_{x_0\leqslant x\leqslant x_1}|\sin x|=\sin x_1\leqslant 0.3335$,于是

$$\begin{aligned}|R_1(0.3367)|&=|\sin 0.3367-L_1(0.3367)|\\&\leqslant\frac{1}{2}\times 0.3335\times 0.0167\times 0.0033\leqslant 0.92\times 10^{-5}.\end{aligned}$$

用抛物线插值计算 sin 0.3367 时,由(2.7)式得

$$\begin{aligned}\sin 0.3367&\approx y_0\frac{(x-x_1)(x-x_2)}{(x_0-x_1)(x_0-x_2)}+y_1\frac{(x-x_0)(x-x_2)}{(x_1-x_0)(x_1-x_2)}+y_2\frac{(x-x_0)(x-x_1)}{(x_2-x_0)(x_2-x_1)}\\&=L_2(0.3367)=0.314\ 567\times\frac{0.7689\times 10^{-4}}{0.0008}+0.333\ 487\times\\&\quad\frac{3.89\times 10^{-4}}{0.0004}+0.352\ 274\times\frac{-0.5511\times 10^{-4}}{0.0008}=0.330\ 374.\end{aligned}$$

这个结果与 6 位有效数字的正弦函数表完全一样,这说明查表时用二次插值精度已相当高了. 由(2.14)式得其截断误差限

$$|R_2(x)|\leqslant\frac{M_3}{6}|(x-x_0)(x-x_1)(x-x_2)|,$$

其中

$$M_3 = \max_{x_0 \leqslant x \leqslant x_2} |f'''(x)| = \cos x_0 < 0.9493,$$

于是

$$\begin{aligned} |R_2(0.3367)| &= |\sin 0.3367 - L_2(0.3367)| \\ &\leqslant \frac{1}{6} \times 0.9493 \times 0.0167 \times 0.0033 \times 0.0233 < 2.0316 \times 10^{-7}. \end{aligned}$$

例 2.3 设 $f \in C^2[a,b]$,试证:

$$\max_{a \leqslant x \leqslant b} \left| f(x) - \left[f(a) + \frac{f(b)-f(a)}{b-a}(x-a) \right] \right| \leqslant \frac{1}{8}(b-a)^2 M_2,$$

其中 $M_2 = \max_{a \leqslant x \leqslant b} |f''(x)|$. 记号 $C^n[a,b]$表示在区间$[a,b]$上 n 阶导数连续的函数集合.

证明 通过两点$(a, f(a))$及$(b, f(b))$的线性插值为

$$L_1(x) = f(a) + \frac{f(b)-f(a)}{b-a}(x-a),$$

于是

$$\begin{aligned} &\max_{a \leqslant x \leqslant b} \left| f(x) - \left[f(a) + \frac{f(b)-f(a)}{b-a}(x-a) \right] \right| \\ &= \max_{a \leqslant x \leqslant b} |f(x) - L_1(x)| = \max_{a \leqslant x \leqslant b} \left| \frac{f''(\xi)}{2}(x-a)(x-b) \right| \\ &\leqslant \frac{M_2}{2} \max_{a \leqslant x \leqslant b} |(x-a)(x-b)| = \frac{1}{8}(b-a)^2 M_2. \end{aligned}$$

2.3 均差与牛顿插值多项式

2.3.1 插值多项式的逐次生成

利用插值基函数很容易得到拉格朗日插值多项式,公式结构紧凑,在理论分析中甚为重要. 但当插值节点增减时,计算要全部重新进行,甚为不便,为了计算方便可重新设计一种逐次生成插值多项式的方法,先考察 $n=1$ 的情形,此时线性插值多项式记为 $p_1(x)$,它满足条件 $p_1(x_0)=f(x_0)$, $p_1(x_1)=f(x_1)$,用(2.4)式的点斜式表示为

$$p_1(x) = f(x_0) + \frac{f(x_1)-f(x_0)}{x_1-x_0}(x-x_0),$$

它可看成是零次插值 $p_0(x)=f(x_0)$的修正,即

$$p_1(x) = p_0(x) + a_1(x-x_0),$$

其中 $a_1 = \dfrac{f(x_1)-f(x_0)}{x_1-x_0}$是函数 $f(x)$的差商.再考察三个节点的二次插值多项式 $p_2(x)$,它满足条件

$$p_2(x_0)=f(x_0), \quad p_2(x_1)=f(x_1), \quad p_2(x_2)=f(x_2),$$

可表示为

$$p_2(x) = p_1(x) + a_2(x-x_0)(x-x_1).$$

显然它满足条件 $p_2(x_0)=f(x_0)$及 $p_2(x_1)=f(x_1)$. 令 $p_2(x_2)=f(x_2)$,则得

$$a_2=\frac{p_2(x_2)-p_1(x_2)}{(x_2-x_0)(x_2-x_1)}=\frac{\dfrac{f(x_2)-f(x_0)}{x_2-x_0}-\dfrac{f(x_1)-f(x_0)}{x_1-x_0}}{x_2-x_1}.$$

系数 a_2 是函数 f 的“差商的差商”. 一般情形已知 f 在插值点 x_i $(i=0,1,\cdots,n)$上的值为 $f(x_i)(i=0,1,\cdots,n)$,要求 n 次插值多项式 $p_n(x)$满足条件

$$p_n(x_i)=f(x_i),\quad i=0,1,\cdots,n, \tag{2.17}$$

则 $p_n(x)$可表示为

$$p_n(x)=a_0+a_1(x-x_0)+\cdots+a_n(x-x_0)\cdots(x-x_{n-1}), \tag{2.18}$$

其中 $a_0,a_1,\cdots,a_n$ 为待定系数,可由条件(2.17)确定. 与拉格朗日插值不同,这里的 $p_n(x)$是由**基函数**$\{1,x-x_0,\cdots,(x-x_0)\cdots(x-x_{n-1})\}$逐次递推得到的. 为了给出待定系数 $a_i(i=0,1,\cdots,n)$的表达式,需引进均差(即差商)的定义.

2.3.2 均差及其性质

定义 2.2 称 $f[x_0,x_k]=\dfrac{f(x_k)-f(x_0)}{x_k-x_0}$为函数 $f(x)$关于点 x_0,x_k 的**一阶均差**. 称 $f[x_0,x_1,x_k]=\dfrac{f[x_0,x_k]-f[x_0,x_1]}{x_k-x_1}$为$f(x)$关于点 x_0,x_1 和 x_k 的**二阶均差**. 一般地,称

$$f[x_0,x_1,\cdots,x_k]=\frac{f[x_0,\cdots,x_{k-2},x_k]-f[x_0,x_1,\cdots,x_{k-1}]}{x_k-x_{k-1}} \tag{2.19}$$

为 $f(x)$关于点 x_0,x_1 和 x_k 的 **k 阶均差**(均差也称为**差商**).

均差有如下的基本性质:

(1) k 阶均差可表示为函数值 $f(x_0),f(x_1),\cdots,f(x_k)$的线性组合,即

$$f[x_0,x_1,\cdots,x_k]=\sum_{j=0}^{k}\frac{f(x_j)}{(x_j-x_0)\cdots(x_j-x_{j-1})(x_j-x_{j+1})\cdots(x_j-x_k)}.$$

可用归纳法证明此性质. 这个性质也表明均差与节点的排列次序无关,称为均差的对称性,即

$$f[x_0,x_1,\cdots,x_k]=f[x_1,x_0,x_2,\cdots,x_k]=\cdots=f[x_1,\cdots,x_k,x_0].$$

(2) 由性质(1)及(2.19)式可得

$$f[x_0,x_1,\cdots,x_k]=\frac{f[x_1,x_2,\cdots,x_k]-f[x_0,x_1,\cdots,x_{k-1}]}{x_k-x_0}. \tag{2.19$'$}$$

(3) 若 $f(x)$在$[a,b]$上存在 n 阶导数,且节点 $x_0,x_1,\cdots,x_n\in[a,b]$,则 n 阶均差与导数的关系为

$$f[x_0,x_1,\cdots,x_n]=\frac{f^{(n)}(\xi)}{n!},\quad \xi\in(a,b). \tag{2.20}$$

这个公式可直接用罗尔定理证明.

均差的其他性质见习题 7. 均差计算可列成如表 2-1 所示的均差表.

表 2-1 均差表

x_k	$f(x_k)$	一阶均差	二阶均差	三阶均差	四阶均差
x_0	$\underline{f(x_0)}$				
x_1	$f(x_1)$	$\underline{f[x_0,x_1]}$			
x_2	$f(x_2)$	$f[x_1,x_2]$	$\underline{f[x_0,x_1,x_2]}$		
x_3	$f(x_3)$	$f[x_2,x_3]$	$f[x_1,x_2,x_3]$	$\underline{f[x_0,x_1,x_2,x_3]}$	
x_4	$f(x_4)$	$f[x_3,x_4]$	$f[x_2,x_3,x_4]$	$f[x_1,x_2,x_3,x_4]$	$\underline{f[x_0,x_1,x_2,x_3,x_4]}$
$\vdots$	$\vdots$	$\vdots$	$\vdots$	$\vdots$	$\vdots$

2.3.3 牛顿插值多项式

借助均差的概念,一次插值多项式可表示为

$$p_1(x)=p_0(x)+f[x_0,x_1](x-x_0)=f(x_0)+f[x_0,x_1](x-x_0),$$

而二次插值多项式可表示为

$$\begin{aligned}p_2(x)&=p_1(x)+f[x_0,x_1,x_2](x-x_0)(x-x_1)\\&=f(x_0)+f[x_0,x_1](x-x_0)+f[x_0,x_1,x_2](x-x_0)(x-x_1).\end{aligned}$$

实际上,根据均差定义,将 x 看成$[a,b]$上一点,可得

$$\begin{gathered}f(x)=f(x_0)+f[x,x_0](x-x_0),\\f[x,x_0]=f[x_0,x_1]+f[x,x_0,x_1](x-x_1),\\\vdots\\f[x,x_0,\cdots,x_{n-1}]=f[x_0,x_1,\cdots,x_n]+f[x,x_0,\cdots,x_n](x-x_n).\end{gathered}$$

只要把后一式依次代入前一式,就得到

$$\begin{aligned}f(x)=&f(x_0)+f[x_0,x_1](x-x_0)+f[x_0,x_1,x_2](x-x_0)(x-x_1)+\cdots+\\&f[x_0,x_1,\cdots,x_n](x-x_0)\cdots(x-x_{n-1})+\\&f[x,x_0,\cdots,x_n]\omega_{n+1}(x)=p_n(x)+R_n(x),\end{aligned}$$

其中

$$\begin{aligned}p_n(x)=&f(x_0)+f[x_0,x_1](x-x_0)+f[x_0,x_1,x_2](x-x_0)(x-x_1)+\cdots+\\&f[x_0,x_1,\cdots,x_n](x-x_0)\cdots(x-x_{n-1}),\end{aligned}\tag{2.21}$$

$$R_n(x)=f(x)-p_n(x)=f[x,x_0,\cdots,x_n]\omega_{n+1}(x),\tag{2.22}$$

其中 $\omega_{n+1}(x)$由(2.11)式定义.(2.22)式给出余项公式的另一种表示.

由(2.21)式确定的多项式 $p_n(x)$显然满足插值条件(2.17),且次数不超过 n,它就是形如(2.18)式的多项式,其系数为

$$a_k=f[x_0,x_1,\cdots,x_k],\quad k=0,1,\cdots,n.$$

我们称 $p_n(x)$为**牛顿插值多项式**,对应的基函数$\{1,x-x_0,\omega_1(x),\cdots,\omega_n(x)\}$称为**牛顿插值基函数**.系数 a_k 就是均差表 2-1 中加横线的各阶均差,这个过程也可用递推关系表示为

$$\begin{cases}p_0(x)=f(x_0),\\p_{k+1}(x)=p_k(x)+a_{k+1}\omega_k(x),\quad k=0,1,2,\cdots,\end{cases}$$

它比拉格朗日插值计算量省,且便于程序设计.

(2.22)式为插值余项,由插值多项式唯一性知,它与(2.12)式是等价的,事实上,利用均

差与导数关系式(2.20)可由(2.22)式推出(2.12)式. 但(2.22)式更具一般性,它对 $f(x)$是由离散点给出的情形或 $f(x)$的导数不存在时均适用.

例 2.4　给出 $f(x)$的函数表(见表 2-2 中前两列),求 4 次牛顿插值多项式,并由此计算 $f(0.596)$的近似值.

表 2-2　函数及均差表

x_k	$f(x_k)$	一阶均差	二阶均差	三阶均差	四阶均差	五阶均差
0.40	0.410 75					
0.55	0.578 15	1.116 00				
0.65	0.696 75	1.186 00	0.280 00			
0.80	0.888 11	1.275 73	0.358 93	0.197 33		
0.90	1.026 52	1.384 10	0.433 47	0.212 95	0.031 24	
1.05	1.253 82	1.515 33	0.524 93	0.228 67	0.031 43	0.000 29

首先根据给定函数表造出均差表.

从均差表看到四阶均差近似常数,故取 4 次插值多项式 $p_4(x)$做近似即可.

$$\begin{aligned}p_4(x) = {} & 0.410\,75 + 1.116(x-0.4) + 0.28(x-0.4)(x-0.55) + \\ & 0.197\,33(x-0.4)(x-0.55)(x-0.65) + \\ & 0.031\,24(x-0.4)(x-0.55)(x-0.65)(x-0.8),\end{aligned}$$

于是 $f(0.596) \approx p_4(0.596) = 0.631\,92$,截断误差

$$|R_4(x)| \approx |f[x_0, x_1, \cdots, x_5]\omega_5(0.596)| \leqslant 3.97 \times 10^{-9}.$$

这说明截断误差很小,可忽略不计.

此例的截断误差估计中,五阶均差 $f[x, x_0, \cdots, x_4]$用 $f[x_0, x_1, \cdots, x_5] = 0.000\,29$ 近似. 另一种方法是取 $x = 0.596$,由 $f(0.596) \approx 0.631\,92$,可求得 $f[x, x_0, \cdots, x_4]$的近似值,从而可求得 $|R_4(x)|$的近似.

2.3.4　差分形式的牛顿插值公式

前面给出的插值多项式是节点任意分布的情况,但实际应用时经常遇到等距节点,即 $x_k = x_0 + kh\ (k = 0, 1, \cdots, n)$的情形,这里 h 称为**步长**,此时插值公式可得到简化. 设 x_k 点的函数值为 $f_k = f(x_k)\ (k = 0, 1, \cdots, n)$,称 $\Delta f_k = f_{k+1} - f_k$ 为 x_k 处以 h 为步长的**一阶**(向前)**差分**. 类似地称 $\Delta^2 f_k = \Delta f_{k+1} - \Delta f_k$ 为 x_k 处的**二阶差分**. 一般地,称

$$\Delta^n f_k = \Delta^{n-1} f_{k+1} - \Delta^{n-1} f_k$$

为 x_k 处的 ***n* 阶差分**.为了表示方便,再引入两个常用算子符号:

$$\mathrm{I} f_k = f_k,\quad \mathrm{E} f_k = f_{k+1},$$

I 称为**不变算子**,E 称为步长为 h 的**位移算子**,由此可推出:

$$\Delta f_k = f_{k+1} - f_k = \mathrm{E} f_k - \mathrm{I} f_k = (\mathrm{E} - \mathrm{I}) f_k,$$

$$\Delta^n f_k = (\mathrm{E} - \mathrm{I})^n f_k = \sum_{j=0}^{n} (-1)^j \binom{n}{j} \mathrm{E}^{n-j} f_k = \sum_{j=0}^{n} (-1)^j \binom{n}{j} f_{n+k-j}, \tag{2.23}$$

其中 $\binom{n}{j} = \dfrac{n(n-1)\cdots(n-j+1)}{j!}$为二项式展开系数,(2.23)式表示各阶差分均可用函数值

给出. 反之也可用各阶差分表示函数值. 实际上,由

$$f_{n+k}=\mathrm{E}^n f_k=(\mathrm{I}+\Delta)^n f_k=\left[\sum_{j=0}^{n}\binom{n}{j}\Delta^j\right]f_k$$

可得 $f_{n+k}=\sum\limits_{j=0}^{n}\binom{n}{j}\Delta^j f_k$. 还可导出均差与差分的关系:

$$f[x_k,x_{k+1}]=\frac{f_{k+1}-f_k}{x_{k+1}-x_k}=\frac{\Delta f_k}{h},$$

$$f[x_k,x_{k+1},x_{k+2}]=\frac{f[x_{k+1},x_{k+2}]-f[x_k,x_{k+1}]}{x_{k+2}-x_k}=\frac{1}{2h^2}\Delta^2 f_k.$$

一般地,有

$$f[x_k,\cdots,x_{k+m}]=\frac{1}{m!}\frac{1}{h^m}\Delta^m f_k,\quad m=1,2,\cdots,n. \tag{2.24}$$

由(2.24)式及(2.20)式又可得到差分与导数的关系:

$$\Delta^n f_k=h^n f^{(n)}(\xi),\quad 其中\quad \xi\in(x_k,x_{k+n}).$$

由给定函数表计算各阶差分可由以下形式的差分表给出.

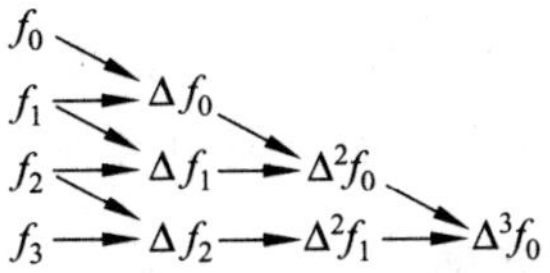

在牛顿插值公式(2.21)中,用(2.24)式的差分代替均差,并令 $x=x_0+th$,则得

$$p_n(x_0+th)=f_0+t\Delta f_0+\frac{t(t-1)}{2!}\Delta^2 f_0+\cdots+$$

$$\frac{t(t-1)\cdots(t-n+1)}{n!}\Delta^n f_0, \tag{2.25}$$

(2.25)式称为**牛顿前插公式**,由(2.22)式得其余项为

$$R_n(x)=\frac{t(t-1)\cdots(t-n)}{(n+1)!}h^{n+1}f^{(n+1)}(\xi),\quad \xi\in(x_0,x_n). \tag{2.26}$$

例 2.5　给出 $f(x)=\cos x$ 在 $x_k=kh$, $k=0,1,\cdots,5,h=0.1$ 处的函数值,试用 4 次牛顿前插公式计算 $f(0.048)$ 的近似值并估计误差.

解　先构造差分表(见表 2-3)并用牛顿前插公式(2.25)求 $f(0.048)$ 的近似值.

表 2-3　差分表

x_k	$f(x_k)$	Δf	$\Delta^2 f$	$\Delta^3 f$	$\Delta^4 f$	$\Delta^5 f$
0.00	1.000 00					
0.10	0.995 00	−0.005 00				
0.20	0.980 07	−0.014 93	−0.009 93			
0.30	0.955 34	−0.024 73	−0.009 80	0.000 13		
0.40	0.921 06	−0.034 28	−0.009 55	0.000 25	0.000 12	
0.50	0.877 58	−0.043 48	−0.009 20	0.000 35	0.000 10	−0.000 02

取 $x=0.048, h=0.1, t=\dfrac{x-0}{h}=0.48$，得

$$\begin{aligned}p_4(0.048)&=1.00000+0.48\times(-0.00500)+\frac{0.48\times(0.48-1)}{2}\times(-0.00993)+\\&\quad\frac{1}{3!}\times0.48\times(0.48-1)\times(0.48-2)\times0.00013+\\&\quad\frac{1}{4!}\times0.48\times(0.48-1)\times(0.48-2)\times(0.48-3)\times0.00012\\&=0.99884\approx\cos 0.048,\end{aligned}$$

由(2.26)式可得误差估计为

$$|R_4(0.048)|\leqslant\frac{M_5}{5!}|t(t-1)(t-2)(t-3)(t-4)|h^5\leqslant1.3433\times10^{-7},$$

其中 $M_5=|\sin 0.5|\leqslant0.479$.

2.4 埃尔米特插值

插值多项式要求在插值节点上函数值相等，有的实际问题还要求在节点上导数值相等，甚至高阶导数值也相等，满足这种要求的插值多项式称为**埃尔米特**(Hermite)**插值多项式**.

2.4.1 重节点均差与泰勒插值

先给出一个关于均差的结论(不证).

定理 2.3 设 $f\in C^n[a,b]$，$x_0,x_1,\cdots,x_n$ 为$[a,b]$上的相异节点，则 $f[x_0,x_1,\cdots,x_n]$ 是其变量的连续函数.

如果$[a,b]$上的节点互异，根据均差定义，若 $f\in C^1[a,b]$，则有

$$\lim_{x\to x_0}f[x_0,x]=\lim_{x\to x_0}\frac{f(x)-f(x_0)}{x-x_0}=f'(x_0).$$

由此定义重节点均差

$$f[x_0,x_0]=\lim_{x\to x_0}f[x_0,x]=f'(x_0).$$

类似地可定义重节点的二阶均差，当 $x_1\neq x_0$ 时，有

$$f[x_0,x_0,x_1]=\frac{f[x_0,x_1]-f[x_0,x_0]}{x_1-x_0}.$$

当 $x_1\to x_0$ 时，有

$$f[x_0,x_0,x_0]=\lim_{\substack{x_1\to x_0\\x_2\to x_0}}f[x_0,x_1,x_2]=\frac{1}{2}f''(x_0).$$

一般地，可定义 n 阶重节点的均差，由(2.20)式则得

$$f[x_0,x_0,\cdots,x_0]=\lim_{x_i\to x_0}f[x_0,x_1,\cdots,x_n]=\frac{1}{n!}f^{(n)}(x_0).\tag{2.27}$$

在牛顿均差插值多项式(2.21)中，若令 $x_i\to x_0(i=1,2,\cdots,n)$，则由(2.27)式可得泰勒多项式

$$p_n(x)=f(x_0)+f'(x_0)(x-x_0)+\cdots+\frac{f^{(n)}(x_0)}{n!}(x-x_0)^n. \tag{2.28}$$

它实际上是在点 x_0 附近逼近 $f(x)$ 的一个带导数的插值多项式，它满足条件

$$p_n^{(k)}(x_0)=f^{(k)}(x_0),\quad k=0,1,\cdots,n. \tag{2.29}$$

称(2.28)式为**泰勒插值多项式**，它就是一个埃尔米特插值多项式，其余项为

$$R_n(x)=\frac{f^{(n+1)}(\xi)}{(n+1)!}(x-x_0)^{n+1},\quad \xi\in(a,b),$$

它与插值余项(2.12)式中令 $x_i\to x_0(i=1,2,\cdots,n)$ 的结果一致.实际上泰勒插值是牛顿插值的极限形式，是只在一点 x_0 处给出 $n+1$ 个插值条件(2.29)得到的 n 次埃尔米特插值多项式.

一般地只要给出 $m+1$ 个插值条件(含函数值和导数值)就可造出次数不超过 m 次的埃尔米特插值多项式，由于导数条件各不相同，这里就不给出一般的埃尔米特插值公式，只讨论两个典型的例子.

2.4.2 两个典型的埃尔米特插值

先考虑满足条件 $p(x_i)=f(x_i)(i=0,1,2)$ 及 $p'(x_1)=f'(x_1)$ 的插值多项式及其余项表达式.

由给定条件，可确定次数不超过 3 的插值多项式. 由于此多项式通过点 $(x_0,f(x_0))$，$(x_1,f(x_1))$ 及 $(x_2,f(x_2))$，故其形式为

$$\begin{aligned}p(x)=&f(x_0)+f[x_0,x_1](x-x_0)+\\&f[x_0,x_1,x_2](x-x_0)(x-x_1)+A(x-x_0)(x-x_1)(x-x_2),\end{aligned}$$

其中 A 为待定常数，可由条件 $p'(x_1)=f'(x_1)$ 确定，通过计算可得

$$A=\frac{f'(x_1)-f[x_0,x_1]-(x_1-x_0)f[x_0,x_1,x_2]}{(x_1-x_0)(x_1-x_2)}.$$

为了求出余项 $R(x)=f(x)-p(x)$ 的表达式，可设

$$R(x)=f(x)-p(x)=k(x)(x-x_0)(x-x_1)^2(x-x_2),$$

其中 $k(x)$ 为待定函数. 构造

$$\varphi(t)=f(t)-p(t)-k(x)(t-x_0)(t-x_1)^2(t-x_2),$$

显然 $\varphi(x_j)=0(j=0,1,2)$，且 $\varphi'(x_1)=0$，$\varphi(x)=0$. 故 $\varphi(t)$ 在 (a,b) 内有 5 个零点(二重根算两个). 假设 f 具有较好的可微性，反复应用罗尔定理，得 $\varphi^{(4)}(t)$ 在 (a,b) 内至少有一个零点 ξ，故

$$\varphi^{(4)}(\xi)=f^{(4)}(\xi)-4!k(x)=0,$$

于是

$$k(x)=\frac{1}{4!}f^{(4)}(\xi),$$

余项表达式为

$$R(x)=\frac{1}{4!}f^{(4)}(\xi)(x-x_0)(x-x_1)^2(x-x_2), \tag{2.30}$$

式中 ξ 位于 x_0,x_1,x_2 和 x 所界定的范围内.

例 2.6　给定 $f(x)=x^{3/2}$，$x_0=\frac{1}{4}$，$x_1=1$，$x_2=\frac{9}{4}$，试求 $f(x)$ 在 $\left[\frac{1}{4},\frac{9}{4}\right]$ 上的三次埃尔米特插值多项式 $p(x)$，使它满足 $p(x_i)=f(x_i)(i=0,1,2)$，$p'(x_1)=f'(x_1)$，并写出余项表达式.

解　由所给节点可求出

$$f_0=f\left(\frac{1}{4}\right)=\frac{1}{8},\quad f_1=f(1)=1,\quad f_2=f\left(\frac{9}{4}\right)=\frac{27}{8},$$

$$f'(x)=\frac{3}{2}x^{1/2},\quad f'(1)=\frac{3}{2}.$$

利用牛顿均差插值，先求均差表如表 2-4 所示.

表 2-4　均差表

x_i	$f(x_i)$		
$\frac{1}{4}$	$\frac{1}{8}$		
1	1	$\frac{7}{6}$	
$\frac{9}{4}$	$\frac{27}{8}$	$\frac{19}{10}$	$\frac{11}{30}$

于是有 $f[x_0,x_1]=\frac{7}{6}$，$f[x_0,x_1,x_2]=\frac{11}{30}$.

故可令

$$p(x)=\frac{1}{8}+\frac{7}{6}\left(x-\frac{1}{4}\right)+\frac{11}{30}\left(x-\frac{1}{4}\right)(x-1)+A\left(x-\frac{1}{4}\right)(x-1)\left(x-\frac{9}{4}\right).$$

再由条件 $p'(1)=f'(1)=\frac{3}{2}$ 可得

$$p'(1)=\frac{7}{6}+\frac{11}{30}\times\frac{3}{4}+A\,\frac{3}{4}\left(-\frac{5}{4}\right)=\frac{3}{2},$$

解出

$$A=-\frac{16}{15}\left(\frac{3}{2}-\frac{7}{6}-\frac{11}{40}\right)=-\frac{14}{225}.$$

于是所求的三次埃尔米特多项式为

$$\begin{aligned}p(x)&=\frac{1}{8}+\frac{7}{6}\left(x-\frac{1}{4}\right)+\frac{11}{30}\left(x-\frac{1}{4}\right)(x-1)-\frac{14}{225}\left(x-\frac{1}{4}\right)(x-1)\left(x-\frac{9}{4}\right)\\&=-\frac{14}{225}x^3+\frac{263}{450}x^2+\frac{233}{450}x-\frac{1}{25},\end{aligned}$$

余项为

$$\begin{aligned}R(x)&=f(x)-p(x)=\frac{f^{(4)}(\xi)}{4!}\left(x-\frac{1}{4}\right)(x-1)^2\left(x-\frac{9}{4}\right).\\&=\frac{1}{4!}\,\frac{9}{16}\xi^{-5/2}\left(x-\frac{1}{4}\right)(x-1)^2\left(x-\frac{9}{4}\right),\quad \xi\in\left(\frac{1}{4},\frac{9}{4}\right).\end{aligned}$$

另一个典型例子是两点三次埃尔米特插值，插值节点取为 x_k 及 x_{k+1}，插值多项式为 $H_3(x)$，满足条件

$$\left.\begin{aligned}&H_3(x_k)=y_k,\quad H_3(x_{k+1})=y_{k+1},\\&H_3'(x_k)=m_k,\quad H_3'(x_{k+1})=m_{k+1}.\end{aligned}\right\}\tag{2.31}$$

采用基函数方法，令

$$H_3(x)=\alpha_k(x)y_k+\alpha_{k+1}(x)y_{k+1}+\beta_k(x)m_k+\beta_{k+1}(x)m_{k+1},\tag{2.32}$$

其中 $\alpha_k(x)$，$\alpha_{k+1}(x)$，$\beta_k(x)$，$\beta_{k+1}(x)$ 是关于节点 x_k 及 x_{k+1} 的三次埃尔米特插值基函数，它们应分别满足条件

$$\alpha_k(x_k)=1,\quad \alpha_k(x_{k+1})=0,\quad \alpha'_k(x_k)=\alpha'_k(x_{k+1})=0;$$
$$\alpha_{k+1}(x_k)=0,\quad \alpha_{k+1}(x_{k+1})=1,\quad \alpha'_{k+1}(x_k)=\alpha'_{k+1}(x_{k+1})=0;$$
$$\beta_k(x_k)=\beta_k(x_{k+1})=0,\quad \beta'_k(x_k)=1,\quad \beta'_k(x_{k+1})=0;$$
$$\beta_{k+1}(x_k)=\beta_{k+1}(x_{k+1})=0,\quad \beta'_{k+1}(x_k)=0,\quad \beta'_{k+1}(x_{k+1})=1.$$

根据给定条件可令

$$\alpha_k(x)=(ax+b)\left(\frac{x-x_{k+1}}{x_k-x_{k+1}}\right)^2,$$

显然

$$\alpha_k(x_{k+1})=\alpha'_k(x_{k+1})=0.$$

再利用

$$\alpha_k(x_k)=ax_k+b=1,\quad 及\quad \alpha'_k(x_k)=2\,\frac{ax_k+b}{x_k-x_{k+1}}+a=0,$$

解得

$$a=-\frac{2}{x_k-x_{k+1}},\quad b=1+\frac{2x_k}{x_k-x_{k+1}},$$

于是求得

$$\alpha_k(x)=\left(1+2\,\frac{x-x_k}{x_{k+1}-x_k}\right)\left(\frac{x-x_{k+1}}{x_k-x_{k+1}}\right)^2. \tag{2.33}$$

同理可求得

$$\alpha_{k+1}(x)=\left(1+2\,\frac{x-x_{k+1}}{x_k-x_{k+1}}\right)\left(\frac{x-x_k}{x_{k+1}-x_k}\right)^2. \tag{2.34}$$

为求 $\beta_k(x)$，由给定条件可令

$$\beta_k(x)=a(x-x_k)\left(\frac{x-x_{k+1}}{x_k-x_{k+1}}\right)^2,$$

直接由 $\beta'_k(x_k)=a=1$ 得到

$$\beta_k(x)=(x-x_k)\left(\frac{x-x_{k+1}}{x_k-x_{k+1}}\right)^2. \tag{2.35}$$

同理有

$$\beta_{k+1}(x)=(x-x_{k+1})\left(\frac{x-x_k}{x_{k+1}-x_k}\right)^2. \tag{2.36}$$

将(2.33)式～(2.36)式的结果代入(2.32)式得

$$H_3(x)=\left(1+2\,\frac{x-x_k}{x_{k+1}-x_k}\right)\left(\frac{x-x_{k+1}}{x_k-x_{k+1}}\right)^2 y_k+\left(1+2\,\frac{x-x_{k+1}}{x_k-x_{k+1}}\right)\left(\frac{x-x_k}{x_{k+1}-x_k}\right)^2 y_{k+1}+$$
$$(x-x_k)\left(\frac{x-x_{k+1}}{x_k-x_{k+1}}\right)^2 m_k+(x-x_{k+1})\left(\frac{x-x_k}{x_{k+1}-x_k}\right)^2 m_{k+1}, \tag{2.37}$$

其余项 $R_3(x)=f(x)-H_3(x)$.类似(2.30)式的推导可得如下结论.

定理 2.4 设 $f^{(3)}(x)$在$[x_k,x_{k+1}]$上连续，$f^{(4)}(x)$在(x_k,x_{k+1})内存在，$H_3(x)$是满足条件(2.31)的插值多项式，则对任何$x\in(x_k,x_{k+1})$，插值余项

$$R_3(x)=f(x)-H_3(x)=\frac{1}{4!}f^{(4)}(\xi)(x-x_k)^2(x-x_{k+1})^2,\quad \xi\in(x_k,x_{k+1}).$$

2.5 分段低次插值

2.5.1 高次插值的病态性质

上面我们根据区间$[a,b]$上给出的节点做插值多项式$L_n(x)$近似$f(x)$，一般认为$L_n(x)$的次数n越高逼近$f(x)$的精度越好，但实际上并非如此. 这是因为对任意的插值节点，当$n\to\infty$时，$L_n(x)$不一定收敛于$f(x)$. 20世纪初龙格(Runge)就给出了一个等距节点上的插值多项式$L_n(x)$不收敛于$f(x)$的例子. 他给出的函数为$f(x)=1/(1+x^2)$，它在$[-5,5]$上各阶导数均存在. 在$[-5,5]$上取$n+1$个等距节点$x_k=-5+10\dfrac{k}{n}(k=0,1,\cdots,n)$所构造的拉格朗日插值多项式为

$$L_n(x)=\sum_{j=0}^{n}\frac{1}{1+x_j^2}\frac{\omega_{n+1}(x)}{(x-x_j)\omega_{n+1}'(x_j)}.$$

令$x_{n-1/2}=\dfrac{1}{2}(x_{n-1}+x_n)$，则$x_{n-1/2}=5-\dfrac{5}{n}$，表2-5列出了当$n=2,4,\cdots,20$时的$L_n(x_{n-1/2})$的计算结果及在$x_{n-1/2}$上的误差$R(x_{n-1/2})$. 可以看出，随着$n$的增加，$R(x_{n-1/2})$的绝对值几乎成倍地增加. 这说明当$n\to\infty$时，$L_n$在$[-5,5]$上并不收敛于$f(x)$. 龙格证明了，存在一个常数$c\approx3.63$，使得当$|x|\leqslant c$时，$\lim\limits_{n\to\infty}L_n(x)=f(x)$，而当$|x|>c$时$\{L_n(x)\}$发散. 这种现象称为**龙格现象**.

表 2-5 计算结果及误差

n	$f(x_{n-1/2})$	$L_n(x_{n-1/2})$	$R(x_{n-1/2})$
2	0.137 931	0.759 615	−0.621 684
4	0.066 390	−0.356 826	0.423 216
6	0.054 463	0.607 879	−0.553 416
8	0.049 651	−0.831 017	0.880 668
10	0.047 059	1.578 721	−1.531 662
12	0.045 440	−2.755 000	2.800 440
14	0.044 334	5.332 743	−5.288 409
16	0.043 530	−10.173 867	10.217 397
18	0.042 920	20.123 671	−20.080 751
20	0.042 440	−39.952 449	39.994 889

下面取$n=10$，根据计算画出$y=L_{10}(x)$及$y=1/(1+x^2)$在$[-5,5]$上的图形，见图2-5.

从图2-5看到，在$x=\pm5$附近$L_{10}(x)$与$f(x)=1/(1+x^2)$偏离很远，例如$L_{10}(4.8)=1.804\ 38$，$f(4.8)=0.041\ 60$. 这说明用高次插值多项式$L_n(x)$近似$f(x)$的效果并不好，因为由多项式插值的余项

$$\frac{f^{(n+1)}(\xi)}{(n+1)!}\omega_{n+1}(x),$$

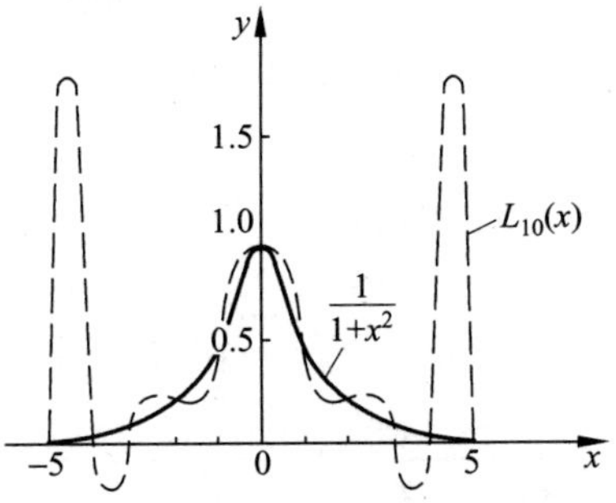

图 2-5　龙格现象图示

当次数(即 n)增加时,$f^{(n+1)}(\xi)$和 $\omega_{n+1}(x)$都可能增加. 因而通常不用高次插值,而用分段低次插值. 从本例看到,如果我们把 $y=1/(1+x^2)$在节点 $x=0,\pm1,\pm2,\pm3,\pm4,\pm5$ 处用折线连起来显然比 $L_{10}(x)$逼近 $f(x)$好得多. 就是说把$[-5,5]$这个长的区间分成一些短的区间,在各个短的区间上采用线性插值,即分而治之，这正是我们下面要讨论的分段低次插值的出发点. 分而治之的方法在数值计算中也是较常用的策略. 若不同的区间内用不同的插值多项式,则称为**分段插值**.

2.5.2　分段线性插值

设已知节点 $a=x_0<x_1<\cdots<x_n=b$ 上的函数值 $f_0,f_1,\cdots,f_n$,记 $h_k=x_{k+1}-x_k$ $(k=0,1,\cdots,n-1)$,$h=\max\limits_k h_k$. 分段线性插值就是通过插值点用折线段连接起来逼近 $f(x)$,即求一折线函数 $I_h(x)$满足：

(1) $I_h(x)\in C[a,b]$;

(2) $I_h(x_i)=f_i(i=0,1,\cdots,n)$;

(3) $I_h(x)$在每个小区间$[x_k,x_{k+1}]$$(k=0,1,\cdots,n-1)$上是线性函数.

则称 $I_h(x)$为**分段线性插值函数**.

由上述可知 $I_h(x)$在每个小区间$[x_k,x_{k+1}]$上可表示为

$$I_h(x)=\frac{x-x_{k+1}}{x_k-x_{k+1}}f_k+\frac{x-x_k}{x_{k+1}-x_k}f_{k+1},\quad x_k\leqslant x\leqslant x_{k+1},\quad k=0,1,\cdots,n-1.$$

分段线性插值的误差估计可利用插值余项(2.14)得到

$$\max_{x_k\leqslant x\leqslant x_{k+1}}|f(x)-I_h(x)|\leqslant\frac{M_2}{2}\max_{x_k\leqslant x\leqslant x_{k+1}}|(x-x_k)(x-x_{k+1})|$$

或

$$\max_{a\leqslant x\leqslant b}|f(x)-I_h(x)|\leqslant\frac{M_2}{8}h^2,$$

其中 $M_2=\max\limits_{a\leqslant x\leqslant b}|f''(x)|$.由此还可得到

$$\lim_{h\to0}I_h(x)=f(x)$$

在$[a,b]$上一致成立,故 $I_h(x)$在$[a,b]$上一致收敛到 $f(x)$.

2.5.3　分段三次埃尔米特插值

分段线性插值函数 $I_h(x)$的导数是间断的,若在节点 $x_i(i=0,1,\cdots,n)$上除已知函数

值 f_i 外还给出导数值 $f_i'=m_i(i=0,1,\cdots,n)$，这样就可构造一个导数连续的分段插值函数 $I_h(x)$，即**分段三次埃尔米特插值多项式**，它满足条件：

(1) $I_h(x)\in C^1[a,b]$；

(2) $I_h(x_i)=f_i, I_h'(x_i)=f_i'(i=0,1,\cdots,n)$；

(3) $I_h(x)$在每个小区间$[x_k,x_{k+1}](k=0,1,\cdots,n-1)$上是三次多项式.

根据两点三次插值多项式(2.37)可知，$I_h(x)$在区间$[x_k,x_{k+1}]$上的表达式为

$$I_h(x)=\left(\frac{x-x_{k+1}}{x_k-x_{k+1}}\right)^2\left(1+2\frac{x-x_k}{x_{k+1}-x_k}\right)f_k+\left(\frac{x-x_k}{x_{k+1}-x_k}\right)^2\left(1+2\frac{x-x_{k+1}}{x_k-x_{k+1}}\right)f_{k+1}+$$
$$\left(\frac{x-x_{k+1}}{x_k-x_{k+1}}\right)^2(x-x_k)f_k'+\left(\frac{x-x_k}{x_{k+1}-x_k}\right)^2(x-x_{k+1})f_{k+1}'.$$

上式对于 $k=0,1,\cdots,n-1$ 成立.

利用三次埃尔米特插值多项式的余项，可得误差估计

$$|f(x)-I_h(x)|\leqslant\frac{1}{384}h_k^4\max_{x_k\leqslant x\leqslant x_{k+1}}|f^{(4)}(x)|,\quad x\in[x_k,x_{k+1}],$$

其中 $h_k=x_{k+1}-x_k$，记 $h=\max\limits_k h_k$，进一步得

$$\max_{a\leqslant x\leqslant b}|f(x)-I_h(x)|\leqslant\frac{h^4}{384}\max_{a\leqslant x\leqslant b}|f^{(4)}(x)|.$$

这表明分段三次埃尔米特插值比分段线性插值的近似效果明显改善.但这种插值要求给出节点上的导数值，所要提供的信息太多，其光滑度(称具有 n 阶连续导函数的光滑度为 n 阶)也不高(为一阶)，改进这种插值以克服其缺点就导致三次样条插值的提出.

2.6 三次样条插值

上面讨论的分段低次插值函数都有一致收敛性，但光滑性较差，对于像高速飞机的机翼形线，船体放样等型值线往往要求有二阶光滑度，即有二阶连续导函数. 早期工程师制图时，把富有弹性的细长木条(所谓样条)用压铁固定在样点上，在其他地方让它自由弯曲，然后沿木条画下曲线，称为样条曲线. 样条曲线实际上是由分段三次曲线拼接而成，在连接点即样点上要求二阶导数连续，从数学上加以概括就得到数学样条这一概念. 下面我们讨论最常用的三次样条函数.

2.6.1 三次样条函数

定义 2.3 若函数 $S(x)\in C^2[a,b]$，且在每个小区间$[x_j,x_{j+1}](j=0,1,\cdots,n-1)$上是三次多项式，其中 $a=x_0<x_1<\cdots<x_n=b$ 是给定节点，则称 $S(x)$是节点 $x_0,x_1,\cdots,x_n$ 上的**三次样条函数**. 若在节点 x_i 上给定函数值 $y_i=f(x_i)(i=0,1,\cdots,n)$，并成立

$$S(x_i)=y_i,\quad i=0,1,\cdots,n,\tag{2.38}$$

则称 $S(x)$为**三次样条插值函数**.

从定义知要求出 $S(x)$，在每个小区间$[x_j,x_{j+1}](j=0,1,\cdots,n-1)$上要确定三次多项式的 4 个待定系数，而共有 n 个小区间，故应确定 $4n$ 个参数. 根据 $S(x)$在$[a,b]$上二阶导数

连续,在节点 $x_k(k=1,2,\cdots,n-1)$处应满足连续性条件

$$S(x_k-0)=S(x_k+0),\quad S'(x_k-0)=S'(x_k+0),\quad S''(x_k-0)=S''(x_k+0). \tag{2.39}$$

这里共有 $3n-3$ 个条件,再加上 $S(x)$满足插值条件(2.38)($n+1$ 个条件),共有 $4n-2$ 个条件,因此还需要加上两个条件才能确定 $S(x)$. 最后的两个条件有多种不同的取法,通常可在区间$[a,b]$的端点 $a=x_0,b=x_n$ 上各加一个条件(称为**边界条件**),可根据实际问题的要求给定. 常见的有以下两种:

(1) 已知两端的一阶导数值,即

$$S'(x_0)=f'_0,\quad S'(x_n)=f'_n. \tag{2.40}$$

说明在区间端点处的斜率等于给定值.

(2) 两端的二阶导数已知,即

$$S''(x_0)=f''_0,\quad S''(x_n)=f''_n, \tag{2.41}$$

其特殊情况为

$$S''(x_0)=S''(x_n)=0. \tag{2.41$'$}$$

从图像上看,函数在端点处变为直线,(2.41)$'$式称为**自然边界条件**.

2.6.2 样条插值函数的建立

构造满足插值条件(2.38)及相应边界条件的三次样条插值函数 $S(x)$的表达式可以有多种方法. 例如,可以直接利用分段三次埃尔米特插值,只要假定 $S'(x_i)=m_i(i=0,1,\cdots,n)$,则由插值条件(2.38)可得在区间$[x_j,x_{j+1}](j=0,1,\cdots,n-1)$上有

$$S_j(x)=y_j\alpha_j(x)+m_j\beta_j(x)+y_{j+1}\alpha_{j+1}(x)+m_{j+1}\beta_{j+1}(x),$$

其中 $\alpha_j(x),\beta_j(x)$是由(2.33)式~(2.36)式表示的插值基函数,利用条件(2.39)式及相应边界条件(2.40)式和(2.41)式,则可得到关于 $m_i(i=0,1,\cdots,n)$的三对角线性方程组,求出 m_i 后代回则得到所求的三次样条函数 $S(x)$.

下面我们利用 $S(x)$的二阶导数值 $S''(x_i)=M_i(i=0,1,\cdots,n)$表达 $S(x)$. 由于 $S(x)$在区间$[x_j,x_{j+1}]$上是三次多项式,故$S''(x)$在$[x_j,x_{j+1}]$上是线性函数,可表示为

$$S''_j(x)=M_j\frac{x_{j+1}-x}{h_j}+M_{j+1}\frac{x-x_j}{h_j},$$

其中,$h_j=x_{j+1}-x_j(j=0,1,\cdots,n-1)$. 对 $S''_j(x)$积分两次并利用 $S_j(x_j)=y_j$ 及 $S_j(x_{j+1})=y_{j+1}$,可定出积分常数,于是得三次样条表达式

$$S_j(x)=M_j\frac{(x_{j+1}-x)^3}{6h_j}+M_{j+1}\frac{(x-x_j)^3}{6h_j}+\left(y_j-\frac{M_jh_j^2}{6}\right)\frac{x_{j+1}-x}{h_j}+\left(y_{j+1}-\frac{M_{j+1}h_j^2}{6}\right)\frac{x-x_j}{h_j},\quad j=0,1,\cdots,n-1. \tag{2.42}$$

这里 $M_i(i=0,1,\cdots,n)$是未知的. 为了确定 M_i,对 $S_j(x)$求导得

$$S'_j(x)=-M_j\frac{(x_{j+1}-x)^2}{2h_j}+M_{j+1}\frac{(x-x_j)^2}{2h_j}+\frac{y_{j+1}-y_j}{h_j}-\frac{M_{j+1}-M_j}{6}h_j, \tag{2.43}$$

由此可求得

$$S'_j(x_j+0)=-\frac{h_j}{3}M_j-\frac{h_j}{6}M_{j+1}+\frac{y_{j+1}-y_j}{h_j}.$$

类似地可求出 $S(x)$ 在区间 $[x_{j-1},x_j]$ 上的表达式，进而得

$$S'_{j-1}(x_j-0)=\frac{h_{j-1}}{6}M_{j-1}+\frac{h_{j-1}}{3}M_j+\frac{y_j-y_{j-1}}{h_{j-1}}.$$

利用在节点 $x_k(k=1,2,\cdots,n-1)$ 处的连续性，即 $S'_k(x_k+0)=S'_{k-1}(x_k-0)$ 可得

$$\mu_k M_{k-1}+2M_k+\lambda_k M_{k+1}=d_k,\quad k=1,2,\cdots,n-1,\tag{2.44}$$

其中

$$\mu_k=\frac{h_{k-1}}{h_{k-1}+h_k},\quad \lambda_k=\frac{h_k}{h_{k-1}+h_k}=1-\mu_k,$$

$$d_k=6\,\frac{f[x_k,x_{k+1}]-f[x_{k-1},x_k]}{h_{k-1}+h_k}=6f[x_{k-1},x_k,x_{k+1}],\quad k=1,2,\cdots,n-1.\tag{2.45}$$

对第一种边界条件(2.40)，可导出两个方程

$$\left.\begin{aligned}&2M_0+M_1=\frac{6}{h_0}(f[x_0,x_1]-f'_0),\\&M_{n-1}+2M_n=\frac{6}{h_{n-1}}(f'_n-f[x_{n-1},x_n]).\end{aligned}\right\}\tag{2.46}$$

如果令 $\lambda_0=1,d_0=\frac{6}{h_0}(f[x_0,x_1]-f'_0),\mu_n=1,d_n=\frac{6}{h_{n-1}}(f'_n-f[x_{n-1},x_n])$，那么(2.44)式及(2.46)式可写成矩阵形式

$$\begin{pmatrix}2&\lambda_0&&&\\\mu_1&2&\lambda_1&&\\&\ddots&\ddots&\ddots&\\&&\mu_{n-1}&2&\lambda_{n-1}\\&&&\mu_n&2\end{pmatrix}\begin{pmatrix}M_0\\M_1\\\vdots\\M_{n-1}\\M_n\end{pmatrix}=\begin{pmatrix}d_0\\d_1\\\vdots\\d_{n-1}\\d_n\end{pmatrix}.\tag{2.47}$$

对第二种边界条件(2.41)，直接得端点方程

$$M_0=f''_0,\quad M_n=f''_n.\tag{2.48}$$

如果令 $\lambda_0=\mu_n=0,d_0=2f''_0,d_n=2f''_n$，则(2.44)式和(2.48)式也可以写成(2.47)式的形式.

线性方程组(2.47)是关于 $M_i(i=0,1,\cdots,n)$ 的三对角线性方程组，M_i 在力学上解释为细梁在 x_i 截面处的弯矩，称为 $S(x)$ 的矩，线性方程组(2.47)称为三弯矩方程. 方程组(2.47)的系数矩阵中元素 λ_i,μ_i 已完全确定. 并且满足 $\lambda_i\geqslant0,\mu_i\geqslant0,\lambda_i+\mu_i=1$. 因此系数矩阵为严格对角占优阵，从而方程组(2.47)有唯一解(参见定理5.11). 求解方法可见5.3.3节追赶法，将解得结果代入(2.42)式即可.

例 2.7 设 $f(x)$ 为定义在[27.7,30]上的函数，在节点 $x_i(i=0,1,2,3)$ 上的值如下：

$$f(x_0)=f(27.7)=4.1,\quad f(x_1)=f(28)=4.3,$$

$$f(x_2)=f(29)=4.1,\quad f(x_3)=f(30)=3.0.$$

试求三次样条函数 $S(x)$，使它满足边界条件 $S'(27.7)=3.0,S'(30)=-4.0$.

解 首先 $h_0=0.30,h_1=h_2=1$，由(2.45)式及(2.46)式得 $\mu_1=\frac{3}{13},\mu_2=\frac{1}{2},\mu_3=1,\lambda_0=1$，

$\lambda_1=\dfrac{10}{13},\lambda_2=\dfrac{1}{2},d_0=\dfrac{6}{h_0}(f[x_0,x_1]-f_0')=-46.6666,d_1=6f[x_0,x_1,x_2]=-4.000\ 02,$

$d_2=6f[x_1,x_2,x_3]=-2.700\ 00,d_3=\dfrac{6}{h_2}(f_3'-f[x_2,x_3])=-17.4000.$

由此得矩阵形式的线性方程组(2.47)为

$$\begin{pmatrix} 2 & 1 & & \\ \dfrac{3}{13} & 2 & \dfrac{10}{13} & \\ & \dfrac{1}{2} & 2 & \dfrac{1}{2} \\ & & 1 & 2 \end{pmatrix}\begin{pmatrix} M_0 \\ M_1 \\ M_2 \\ M_3 \end{pmatrix}=\begin{pmatrix} -46.6666 \\ -4.000\ 02 \\ -2.700\ 00 \\ -17.4000 \end{pmatrix}.$$

求解此方程组得到

$$M_0=-23.531,\quad M_1=0.396,$$
$$M_2=0.830,\quad M_3=-9.115.$$

将 M_0,M_1,M_2,M_3 代入表达式(2.42)得到(曲线见图 2-6).

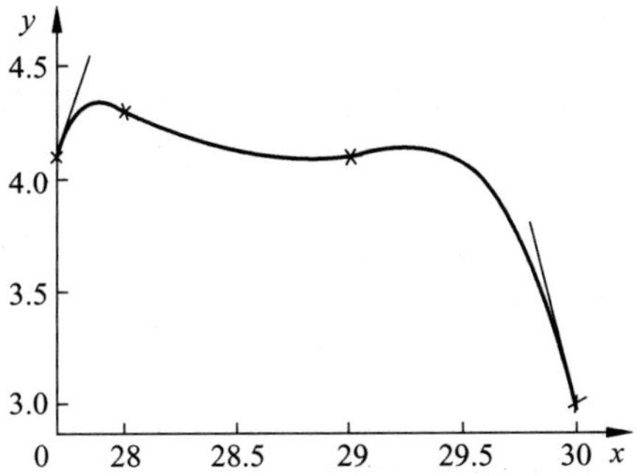

图 2-6 例 2.7 所得三次样条曲线

$$S(x)=\begin{cases} 13.072\ 78(x-28)^3-14.843\ 22(x-28)+0.220\ 00(x-27.7)^3+ \\ \quad 14.313\ 53(x-27.7),\quad x\in[27.7,28], \\ 0.066\ 00(29-x)^3+4.234\ 00(29-x)+0.138\ 33(x-28)^3+ \\ \quad 3.961\ 67(x-28),\quad x\in[28,29], \\ 0.138\ 33(30-x)^3+3.961\ 67(30-x)-1.519\ 17(x-29)^3+ \\ \quad 4.519\ 17(x-29),\quad x\in[29,30]. \end{cases}$$

通常求三次样条函数可根据上述例题的计算步骤直接编程计算,或直接使用数学库中的软件,根据具体要求算出结果即可.

例 2.8 给定函数 $f(x)=\dfrac{1}{1+x^2},-5\leqslant x\leqslant 5$,节点 $x_k=-5+k\ (k=0,1,\cdots,10)$,求三次样条插值函数 $S_{10}(x)$.

解 取 $S_{10}(x_k)=f(x_k)(k=0,1,\cdots,10),S_{10}'(-5)=f'(-5),\ S_{10}'(5)=f'(5)$. 仿照例 2.7 计算可求出 $S_{10}(x)$在表 2-6 所列各点的值(利用对称性,这里只列出在负半轴上各点的值).从表 2-6 中看到,在所列各点 $S_{10}(x)$与 $f(x)$误差较小,它可作为 $f(x)$在区间$[-5,5]$上的近似,而用拉格朗日插值多项式 $L_{10}(x)$计算相应点上的值 $L_{10}(x)$(见表 2-6),显然

它与 $f(x)$ 相差很大，在图 2-5 中已经看到它不能作为 $f(x)$ 的近似.

表 2-6 计算结果

x	$\frac{1}{1+x^2}$	$S_{10}(x)$	$L_{10}(x)$	x	$\frac{1}{1+x^2}$	$S_{10}(x)$	$L_{10}(x)$
−5.0	0.038 46	0.038 46	0.038 46	−2.3	0.158 98	0.161 37	0.241 45
−4.8	0.041 60	0.041 62	1.804 39	−2.0	0.200 00	0.200 00	0.200 00
−4.5	0.047 06	0.047 17	1.578 72	−1.8	0.235 85	0.231 46	0.188 78
−4.3	0.051 31	0.051 54	0.888 08	−1.5	0.307 69	0.297 36	0.235 35
−4.0	0.058 82	0.058 82	0.058 82	−1.3	0.371 75	0.361 27	0.316 50
−3.8	0.064 77	0.064 79	−0.201 30	−1.0	0.500 00	0.500 00	0.500 00
−3.5	0.075 47	0.074 80	−0.226 20	−0.8	0.609 76	0.624 22	0.643 16
−3.3	0.084 10	0.083 45	−0.108 32	−0.5	0.800 00	0.820 53	0.843 41
−3.0	0.100 00	0.100 00	0.100 00	−0.3	0.917 43	0.927 55	0.940 90
−2.8	0.113 12	0.113 95	0.198 73	0	1.000 00	1.000 00	1.000 00
−2.5	0.137 93	0.140 05	0.253 76				

2.6.3 误差界与收敛性

三次样条函数的收敛性与误差估计比较复杂，这里不加证明地给出一个主要结果.

定理 2.5 设 $f(x)\in C^4[a,b]$，$S(x)$ 为满足第一种或第二种边界条件(2.40)或(2.41)的三次样条函数，令 $h_j=x_{j+1}-x_j\ (j=0,1,\cdots,n-1)$，$h=\max\limits_{0\leqslant j\leqslant n-1} h_j$，则有估计式

$$\max_{a\leqslant x\leqslant b} |f^{(k)}(x)-S^{(k)}(x)|\leqslant C_k \max_{a\leqslant x\leqslant b} |f^{(4)}(x)| h^{4-k},\quad k=0,1,2,$$

其中 $C_0=\frac{5}{384}$，$C_1=\frac{1}{24}$，$C_2=\frac{3}{8}$.

定理 2.5 不但给出了三次样条插值函数 $S(x)$ 的误差估计，而且说明当 $h\to 0$ 时，$S(x)$ 及其一阶导数 $S'(x)$ 和二阶导数 $S''(x)$ 均分别一致收敛于 $f(x)$，$f'(x)$ 及 $f''(x)$.

评 注

插值法是一个古老且实用的方法. 插值一词是沃利斯(Wallis)提出的，他是牛顿前一时期的人. 在微积分问世以后，插值法被作为一种逼近函数的构造方法，是函数逼近、数值微积分和微分方程数值解的基础. 拉格朗日插值是利用基函数方法构造的插值多项式，在理论上较为重要，但计算不太方便. 基函数方法将插值问题划归为特定条件下容易实现的插值问题，本质上是广义的坐标系方法.牛顿插值多项式计算上较为方便，是求函数近似值常用的方法，尤其是等距节点的差分插值公式最为常用. 历史上还有各种不同形式的差分插值公式，目前已很少使用，故本书未予介绍.带导数条件的埃尔米特插值主要掌握构造插值多项式的方法及其余项表达式.有关插值问题可参见文献[18,19].由于高次插值存在龙格现象，它没有实用价值.通常都使用分段低次插值，特别是三次样条插值，它具有良好的收敛性与稳定性，又有二阶光滑度，理论上和应用上都有重要意义，在计算机图形学中有重要应用.样条函数是 1946 年由舍思博格(Schoenberg)首先提出的，有关样条理论及计算可参见文献[20,21].

插值软件一般包含两个程序，一个用于计算插值多项式，另一个用于计算其在任意点或

点集上的值.第一个程序的输入数据包括数据点的个数及两个一维数组,分别存储自变量及其对应的函数值,第二个程序输入数据包括需要求值的一个或多个变量的值,输出相应求值点上的函数值.在NAG库和IMSL库中有插值的子程序.

在MATLAB中,内置函数interp1实现多项式插值,其中有多个选项,比如可以作:①分段零次插值(nearest);②分段线性插值(linear);③保形分段三次埃尔米特插值(cubic),它不同于书中介绍的埃尔米特插值;④样条插值(spline),其中的边界条件取为非节点条件,即要求在第2个和倒数第2个节点处的三阶导数连续.样条插值还有专有的函数spline,与之对应的分段多项式赋值函数为ppval.另外,polyfit可由给定的m个节点及相应的函数值计算$n(n<m)$次最小二乘拟合多项式,当$n=m-1$时,则得到插值多项式,再利用函数polyval计算多项式在特定点处的取值.

复习与思考题

1. 什么是拉格朗日插值基函数?它们是如何构造的?有何重要性质?

2. 什么是牛顿基函数?它与单项式基$\{1,x,\cdots,x^n\}$有何不同?

3. 什么是函数的n阶均差?它有何重要性质?

4. 写出$n+1$个点的拉格朗日插值多项式与牛顿均差插值多项式.它们有何异同?

5. 插值多项式的确定相当于求解线性方程组$\boldsymbol{A}\boldsymbol{x}=\boldsymbol{y}$,其中系数矩阵$\boldsymbol{A}$与使用的基函数有关,$\boldsymbol{y}$包含的是要满足的函数值$(y_0,y_1,\cdots,y_n)^{\mathrm{T}}$.用下列基函数作多项式插值时,试描述矩阵$\boldsymbol{A}$中非零元素的分布.

(1) 单项式基函数;(2) 拉格朗日基函数;(3) 牛顿基函数.

6. 用上题给出的三种不同基函数构造插值多项式的方法确定基函数系数,试按工作量由低到高给出排序.

7. 给出插值多项式的余项表达式.如何用它估计截断误差?

8. 埃尔米特插值与一般函数插值区别是什么?什么是泰勒多项式?它是什么条件下的插值多项式?

9. 为什么高次多项式插值不能令人满意?分段低次插值与单个高次多项式插值相比有何优点?

10. 三次样条插值与三次分段埃尔米特插值有何区别?哪一个更优越?请说明理由.

11. 确定$n+1$个节点的三次样条插值函数要多少个参数?为确定这些参数,需加上什么条件?

12. 判断下列命题是否正确?

(1) 对给定的数据作插值,插值函数的个数可以有许多.

(2) 如果给定点集的多项式插值是唯一的,则其多项式表达式也是唯一的.

(3) $l_i(x)(i=0,1,\cdots,n)$是关于节点$x_i(i=0,1,\cdots,n)$的拉格朗日插值基函数,则对任何次数不大于n的多项式$p(x)$都有$\sum\limits_{i=0}^{n}l_i(x)p(x_i)=p(x)$.

(4) 当$f(x)$为连续函数,节点$x_i(i=0,1,\cdots,n)$为等距节点,构造拉格朗日插值多项式$L_n(x)$,则n越大$L_n(x)$越接近$f(x)$.

(5) 同上题，当 $f(x)$ 满足一定的连续可微条件时，若构造三次样条插值函数 $S_n(x)$，则 n 越大得到的三次样条函数 $S_n(x)$ 越接近 $f(x)$.

(6) 高次拉格朗日插值是很常用的.

(7) 函数 $f(x)$ 的牛顿插值多项式 $p_n(x)$，如果 $f(x)$ 的各阶导数均存在，则当 $x_i \to x_0 (i=1,2,\cdots,n)$ 时，$p_n(x)$ 就是 $f(x)$ 在 x_0 点的泰勒多项式.

习　题

1. 当 $x=1,-1,2$ 时，$f(x)=0,-3,4$，求 $f(x)$ 的二次插值多项式.

(1)用单项式基函数；(2)用拉格朗日插值基函数；(3)用牛顿基函数.

证明三种方法得到的多项式是相同的.

2. 给出 $f(x)=\ln x$ 的数值表：

x	0.4	0.5	0.6	0.7	0.8
$\ln x$	−0.916 291	−0.693 147	−0.510 826	−0.356 675	−0.223 144

用线性插值及二次插值计算 ln 0.54 的近似值.

3. 给出 $\cos x(0°\leqslant x\leqslant 90°)$ 的函数表，步长 $h=1'=(1/60)°$，若函数表具有 5 位有效数字，研究用线性插值求 $\cos x$ 近似值时的总误差界.

4. 设 x_j 为互异节点($j=0,1,\cdots,n$)，求证：

(1) $\sum\limits_{j=0}^{n} x_j^k l_j(x) \equiv x^k (k=0,1,\cdots,n)$；

(2) $\sum\limits_{j=0}^{n} (x_j-x)^k l_j(x) \equiv 0\ (k=1,2,\cdots,n)$.

5. 设 $f(x)\in C^2[a,b]$ 且 $f(a)=f(b)=0$，求证：

$$\max_{a\leqslant x\leqslant b} |f(x)| \leqslant \frac{1}{8}(b-a)^2 \max_{a\leqslant x\leqslant b} |f''(x)|.$$

6. 在 $-4\leqslant x\leqslant 4$ 上给出 $f(x)=\mathrm{e}^x$ 的等距节点函数表，若用二次插值求 e^x 的近似值，要使截断误差不超过 10^{-6}，问使用函数表的步长 h 应取多少？

7. 证明 n 阶均差有下列性质：

(1) 若 $F(x)=cf(x)$，则 $F[x_0,x_1,\cdots,x_n]=cf[x_0,x_1,\cdots,x_n]$；

(2) 若 $F(x)=f(x)+g(x)$，则

$$F[x_0,x_1,\cdots,x_n]=f[x_0,x_1,\cdots,x_n]+g[x_0,x_1,\cdots,x_n].$$

8. $f(x)=x^7+x^4+3x+1$，求 $f[2^0,2^1,\cdots,2^7]$ 及 $f[2^0,2^1,\cdots,2^8]$.

9. 证明 $\Delta(f_k g_k)=f_k\Delta g_k+g_{k+1}\Delta f_k$.

10. $\sum\limits_{k=0}^{n-1} f_k \Delta g_k = f_n g_n - f_0 g_0 - \sum\limits_{k=0}^{n-1} g_{k+1}\Delta f_k$.

11. 证明 $\sum\limits_{j=0}^{n-1} \Delta^2 y_j = \Delta y_n - \Delta y_0$.

12. 若 $f(x)=a_0+a_1x+\cdots+a_{n-1}x^{n-1}+a_nx^n$ 有 n 个不同实根 $x_1,x_2,\cdots,x_n$，证明：

$$\sum_{j=1}^{n}\frac{x_j^k}{f'(x_j)}=\begin{cases}0, & 0\leqslant k\leqslant n-2;\\ a_n^{-1}, & k=n-1.\end{cases}$$

13. 求次数小于等于 3 的多项式 $p(x)$，使其满足条件

$$p(x_0)=f(x_0),\quad p'(x_0)=f'(x_0),$$
$$p''(x_0)=f''(x_0),\quad p(x_1)=f(x_1),$$

14. 求次数小于等于 3 的多项式 $p(x)$，使其满足条件

$$p(0)=0,\quad p'(0)=1,\quad p(1)=1,\quad p'(1)=2.$$

15. 证明两点三次埃尔米特插值余项是

$$R_3(x)=f^{(4)}(\xi)(x-x_k)^2(x-x_{k+1})^2/4!,\quad \xi\in(x_k,x_{k+1}),$$

并由此求出分段三次埃尔米特插值的误差限.

16. 求一个次数不高于 4 次的多项式 $p(x)$，使它满足 $p(0)=p'(0)=0$，$p(1)=p'(1)=1$，$p(2)=1$.

17. 设 $f(x)=1/(1+x^2)$，在 $-5\leqslant x\leqslant 5$ 上取 $n=10$，按等距节点求分段线性插值函数 $I_h(x)$，计算各节点间中点处的 $I_h(x)$ 与 $f(x)$ 的值，并估计误差.

18. 求 $f(x)=x^2$ 在 $[a,b]$ 上的分段线性插值函数 $I_h(x)$，并估计误差.

19. 求 $f(x)=x^4$ 在 $[a,b]$ 上的分段埃尔米特插值，并估计误差.

20. 给定数据表如下：

x_j	0.25	0.30	0.39	0.45	0.53
y_j	0.5000	0.5477	0.6245	0.6708	0.7280

试求三次样条插值 $S(x)$，并满足条件：

(1) $S'(0.25)=1.0000$，$S'(0.53)=0.6868$；(2) $S''(0.25)=S''(0.53)=0$.

21. 若 $f(x)\in C^2[a,b]$，$S(x)$ 是三次样条函数，证明：

(1) $$\int_a^b[f''(x)]^2\mathrm{d}x-\int_a^b[S''(x)]^2\mathrm{d}x$$
$$=\int_a^b[f''(x)-S''(x)]^2\mathrm{d}x+2\int_a^b S''(x)[f''(x)-S''(x)]\mathrm{d}x;$$

(2) 若 $f(x_i)=S(x_i)(i=0,1,\cdots,n)$，插值节点 x_i 满足 $a=x_0<x_1<\cdots<x_n=b$，则

$$\int_a^b S''(x)[f''(x)-S''(x)]\mathrm{d}x$$
$$=S''(b)[f'(b)-S'(b)]-S''(a)[f'(a)-S'(a)].$$

计算实习题

1. 已知函数在下列各点的值为

x_i	0.2	0.4	0.6	0.8	1.0
$f(x_i)$	0.98	0.92	0.81	0.64	0.38

试用 4 次牛顿插值多项式 $p_4(x)$ 及三次样条函数 $S(x)$（自然边界条件）对数据进行插值.

用图给出$\{(x_i, y_i),\ x_i=0.2+0.08i,\ i=0,1,11,10\}$，$p_4(x)$及$S(x)$.

2. 在区间$[-1,1]$上分别取$n=10,20$，用两组等距节点对函数$f(x)=\dfrac{1}{1+25x^2}$作多项式插值及三次样条插值，对每个n值，分别画出插值函数及$f(x)$的图形.

3. 下列数据点的插值

x	0	1	4	9	16	25	36	49	64
y	0	1	2	3	4	5	6	7	8

可以得到平方根函数的近似，在区间$[0,64]$上作图.

(1) 用这 9 个点作 8 次多项式插值$L_8(x)$.

(2) 用三次样条(第一边界条件)程序求$S(x)$.

从得到结果看在$[0,64]$上，哪个插值更精确；在区间$[0,1]$上，两种插值哪个更精确？

第 2 章二维码

第 3 章　函数逼近与快速傅里叶变换

3.1　函数逼近的基本概念

第 2 章中所给的函数值的数据可能是有误差的，这时就不宜作为函数值来看待，而只能作为函数值的一种近似，这时所得到的插值多项式与被插值函数间的误差就不局限于每个插值区间的内部，而是整体性的误差，这样就面临用什么样的曲线来近似这些带有误差的数据的问题，这就是本章要讲述的曲线拟合的问题. 为了解决此问题，首先要明确如何来界定函数间的近似程度，为此我们先回顾线性代数中的一些知识，在此基础上讲述范数、内积等知识，为度量函数间的近似程度提供标准.

3.1.1　线性空间

数学上常将研究的对象作为一个整体来考虑，视其为一个集合，然后将这个集合中的元素间的运算引入进来，当集合的元素足够多，使得这些运算满足一定的条件且运算的结果仍然在集合中时，称所对应的集合为**线性空间**.

比如，对于定义在区间$[a,b]$上具有 n 阶连续导函数的实(复)值函数的集合$C^n[a,b]$，按函数的加法及实(复)数与函数的乘法，构成了$\mathbb{R}$上(或$\mathbb{C}$上)的线性空间，即

$$\forall f(x),g(x)\in C^n[a,b],\alpha\in\mathbb{C}，则\ f(x)+g(x)\in C^n[a,b],\alpha f(x)\in C^n[a,b].$$

此线性空间仍记为 $C^n[a,b]$；显然，$C[a,b]$为$C^n[a,b]$的特例，即 $n=0$ 时的情形，为区间$[a,b]$上的连续实(复)值函数所构成的线性空间. 对于次数不超过 n 的一元多项式的集合$\mathscr{P}_n$，按多项式的加法及实数(或复数)与多项式的乘法，构成了$\mathbb{R}$上(或$\mathbb{C}$上)的线性空间，即

$$\forall p(x),q(x)\in\mathscr{P}_n,\alpha\in\mathbb{C},\quad 则\ p(x)+q(x)\in\mathscr{P}_n,\alpha p(x)\in\mathscr{P}_n.$$

此线性空间仍记为 $\mathscr{P}_n$.

第 2 章讲述的插值问题实际上就是用 $\mathscr{P}_n$ 近似 $C[a,b]$，但要求在一些点处二者的函数值是相同的. 微积分中的 n 阶泰勒级数展开，也可以视为在展开点附近用 $\mathscr{P}_n$ 近似$C^n[a,b]$.

再比如，所有 m 行 n 列实(复)元素矩阵的集合$\mathbb{R}^{m\times n}$(或$\mathbb{C}^{m\times n}$)，按矩阵加法和实(复)数与矩阵的数乘，构成了$\mathbb{R}$上(或$\mathbb{C}$上)的线性空间，即

$$\forall \boldsymbol{A},\boldsymbol{B}\in\mathbb{C}^{m\times n},\alpha\in\mathbb{C},\quad 则\ \boldsymbol{A}+\boldsymbol{B}\in\mathbb{C}^{m\times n},\alpha\boldsymbol{A}\in\mathbb{C}^{m\times n}.$$

此线性空间仍记为$\mathbb{R}^{m\times n}$(或$\mathbb{C}^{m\times n}$)；显然，$\mathbb{R}^n$(或$\mathbb{C}^n$)为$\mathbb{R}^{m\times n}$(或$\mathbb{C}^{m\times n}$)的特例，即 $m=1$ 时的情形，为 n 维实(复)向量所构成的线性空间.

设集合 S 是数域 F 上的线性空间，元素 $x_1,x_2,\cdots,x_n\in S$，如果存在不全为零的数 $\alpha_1,\alpha_2,\cdots,\alpha_n\in F$，使得

$$\alpha_1x_1+\alpha_2x_2+\cdots+\alpha_nx_n=0, \tag{3.1}$$

则称 $x_1,x_2,\cdots,x_n$ **线性相关**. 否则，若等式(3.1)只对 $\alpha_1=\alpha_2=\cdots=\alpha_n=0$ 成立，则称 $x_1,x_2,\cdots,x_n$ **线性无关**.

若线性空间 V 是由 n 个线性无关元素 $x_1,x_2,\cdots,x_n$ 生成的，即 $\forall x\in V$ 都有

$$x = \alpha_1 x_1 + \alpha_2 x_2 + \cdots + \alpha_n x_n,$$

则 $x_1, x_2, \cdots, x_n$ 称为空间 V 的一组**基**，记为 $V = \mathrm{span}\{x_1, x_2, \cdots, x_n\}$，并称空间 V 为 ***n* 维线性空间**，系数 $\alpha_1, \alpha_2, \cdots, \alpha_n$ 称为 x 在基 $x_1, x_2, \cdots, x_n$ 下的**坐标**，记作 $(\alpha_1, \alpha_2, \cdots, \alpha_n)$，如果 V 中有无限个线性无关元素 $x_1, x_2, \cdots, x_n, \cdots$，则称 V 为**无限维线性空间**.

在 $\mathbb{R}^n$ 中的一组向量

$$\boldsymbol{e}_1 = (1, 0, \cdots, 0), \quad \boldsymbol{e}_2 = (0, 1, 0, \cdots, 0), \quad \cdots, \quad \boldsymbol{e}_n = (0, \cdots, 0, 1)$$

是线性无关的，且对任意的 $\boldsymbol{x} \in \mathbb{R}^n$，存在 $x_1, x_2, \cdots, x_n$，使得

$$\boldsymbol{x} = x_1 \boldsymbol{e}_1 + x_2 \boldsymbol{e}_2 + \cdots + x_n \boldsymbol{e}_n,$$

故 $\{\boldsymbol{e}_1, \boldsymbol{e}_2, \cdots, \boldsymbol{e}_n\}$ 构成 $\mathbb{R}^n$ 的一组基，即 $\mathbb{R}^n = \mathrm{span}\{\boldsymbol{e}_1, \boldsymbol{e}_2, \cdots, \boldsymbol{e}_n\}$，且 $(x_1, x_2, \cdots, x_n)$ 为 $\boldsymbol{x}$ 在基 $\{\boldsymbol{e}_1, \boldsymbol{e}_2, \cdots, \boldsymbol{e}_n\}$ 下的坐标. $\mathbb{R}^n$ 的维数为 n.

在 $\mathscr{P}_n$ 中的一组元素 $1, x, x^2, \cdots, x^n$ 是线性无关的，且对任意的 $p(x) \in \mathscr{P}_n$，存在 $a_0, a_1, a_2, \cdots, a_n$，使得

$$p(x) = a_0 + a_1 x + a_2 x^2 + \cdots + a_n x^n,$$

故 $\{1, x, x^2, \cdots, x^n\}$ 构成 $\mathscr{P}_n$ 的一组基，即 $\mathscr{P}_n = \mathrm{span}\{1, x, x^2, \cdots, x^n\}$，且 $(a_0, a_1, a_2, \cdots, a_n)$ 为 $p(x)$ 在基 $\{1, x, x^2, \cdots, x^n\}$ 下的坐标，$\mathscr{P}_n$ 的维数为 $n+1$.

第2章中插值过程所得到的拉格朗日插值基函数 $\{l_0(x), l_1(x), \cdots, l_n(x)\}$、牛顿插值基函数 $\{1, \omega_1(x), \omega_2(x), \cdots, \omega_n(x)\}$ 均为 $\mathscr{P}_n$ 的一组基，即

$$\mathscr{P}_n = \mathrm{span}\{l_0(x), l_1(x), \cdots, l_n(x)\} = \mathrm{span}\{1, \omega_1(x), \omega_2(x), \cdots, \omega_n(x)\},$$

且在这两组基下的坐标分别为节点处的函数值及对应的均差，这也是分别称它们为基函数的缘由.

$C[a,b]$ 是无限维的线性空间，因为在其中能找到任意多个线性无关的元素，比如，$\{1, x, x^2, \cdots, x^n, \cdots\}$，即 $\mathscr{P}_n \subset C[a,b]$，称 $\mathscr{P}_n$ 为 $C[a,b]$ 的子空间. 但 $C[a,b]$ 的任意一个元素 $f(x)$ 均可以用有限维的 $p(x) \in \mathscr{P}_n$ 逼近，使误差 $\max\limits_{a \leqslant x \leqslant b} |f(x) - p(x)|$ 可以任意小，这就是著名的**魏尔斯特拉斯**(Weierstrass)**定理**.

定理 3.1 设 $f(x) \in C[a,b]$，则对任何 $\varepsilon > 0$，总存在一个代数多项式 $p(x)$，使

$$\max_{a \leqslant x \leqslant b} |f(x) - p(x)| < \varepsilon.$$

此定理的证明可在"数学分析"教材中找到.这里需要说明的是在许多证明方法中，伯恩斯坦(Бернштейн)1912年给出的证明是一种构造性证明.他根据函数整体逼近的特性构造出伯恩斯坦多项式

$$B_n(f, x) = \sum_{k=0}^{n} f\left(\frac{k}{n}\right) p_k(x), \tag{3.2}$$

其中

$$p_k(x) = \binom{n}{k} x^k (1-x)^{n-k},$$

$\binom{n}{k} = \dfrac{n(n-1)\cdots(n-k+1)}{k!}$ 为二项式展开系数，并证明了 $\lim\limits_{n \to \infty} B_n(f, x) = f(x)$ 在 $[0,1]$ 上一致成立；若 $f(x)$ 在 $[0,1]$ 上 m 阶导数连续，则

$$\lim_{n \to \infty} B_n^{(m)}(f, x) = f^{(m)}(x).$$

由(3.2)式给出的 $B_n(f,x)$ 也是 $f(x)$ 在 $[0,1]$ 上的一个逼近多项式，但它收敛到 $f(x)$ 太慢了，实际中很少使用.

更一般地，可用一组在 $C[a,b]$ 上线性无关的函数集合 $\{\varphi_i(x)\}_{i=0}^n$ 来逼近 $f(x)\in C[a,b]$，元素 $\varphi(x)\in\Phi=\mathrm{span}\{\varphi_0(x),\varphi_1(x),\cdots,\varphi_n(x)\}\subset C[a,b]$，表示为

$$\varphi(x)=a_0\varphi_0(x)+a_1\varphi_1(x)+\cdots+a_n\varphi_n(x).$$

比如，微积分中周期函数的傅里叶级数展开就是取线性无关的函数集合

$$\{1,\cos x,\sin x,\cos 2x,\sin 2x,\cdots,\cos nx,\sin nx,\cdots\}$$

来逼近周期函数 $f(x)$，即用 $\mathrm{span}\{1,\cos x,\sin x,\cos 2x,\sin 2x,\cdots,\cos nx,\sin nx,\cdots\}$ 中的元素来逐步近似周期函数 $f(x)$.

函数逼近问题就是对任何 $f(x)\in C[a,b]$，在子空间 Φ 中找一个元素 $\varphi^*(x)\in\Phi$，使得 $f(x)-\varphi^*(x)$ 在某种意义下最小. 下面我们回顾线性空间中的度量问题.

3.1.2　范数与赋范线性空间

为了对线性空间中元素的大小进行衡量，需要引进范数的定义，它是 $\mathbb{R}^3$ 空间中向量长度概念的直接推广.

定义 3.1　设 V 为数域 F 上的线性空间，对任意的 $x\in V$，若存在唯一实数 $\|\cdot\|$ 与之对应，且满足条件：

(1) $\|x\|\geqslant 0$，当且仅当 $x=0$ 时，$\|x\|=0$（正定性）；

(2) $\|\alpha x\|=|\alpha|\,\|x\|$，$\alpha\in F$（齐次性）；

(3) $\|x+y\|\leqslant\|x\|+\|y\|$，$x,y\in V$（三角不等式）.

则称 $\|\cdot\|$ 为线性空间 V 上的**范数**，V 与 $\|\cdot\|$ 一起称为**赋范线性空间**.

例如，对于在 $\mathbb{R}^n$ 上的向量 $\boldsymbol{x}=(x_1,x_2,\cdots,x_n)^{\mathrm{T}}\in\mathbb{R}^n$，有 3 种常用范数：

$\|\boldsymbol{x}\|_\infty=\max\limits_{1\leqslant i\leqslant n}|x_i|$，称为∞-范数或最大范数，

$\|\boldsymbol{x}\|_1=\sum\limits_{i=1}^n|x_i|$，称为 1-范数，

$\|\boldsymbol{x}\|_2=\left(\sum\limits_{i=1}^n x_i^2\right)^{\frac{1}{2}}$，称为 2-范数，也称为向量的欧几里得范数.

这 3 种常用范数实际上是 p-范数 $\|\boldsymbol{x}\|_p=\left(\sum\limits_{i=1}^n|x_i|^p\right)^{1/p}$ 在 $p=\infty$，1，2 时的特例，其中 $p\in[1,+\infty)$. 当 $n=1$ 时，这 3 种范数都等同于绝对值.

类似地对连续函数空间 $C[a,b]$，若 $f(x)\in C[a,b]$ 可定义 3 种常用范数如下：

$\|f\|_\infty=\max\limits_{a\leqslant x\leqslant b}|f(x)|$，称为∞-范数，

$\|f\|_1=\int_a^b|f(x)|\,\mathrm{d}x$，称为 1-范数，

$\|f\|_2=\left(\int_a^b f^2(x)\,\mathrm{d}x\right)^{\frac{1}{2}}$ 称为 2-范数.

可以验证这样定义的范数均满足定义 3.1 中的 3 个条件.

定理 3.1 说明用多项式近似连续函数时，给定任意小的量 ε 就可以取到使近似误差的 1-范数小于 ε 的多项式.

图 3-1 给出了$\mathbb{R}^2$中不同范数下范数等于 1 的向量所构成的封闭曲线，曲线所围区域内的向量的范数小于 1，由此可以直观地感受向量大小的度量，当$\mathbb{R}^2$中某向量的范数趋近于 0 时，此向量将向原点靠近.

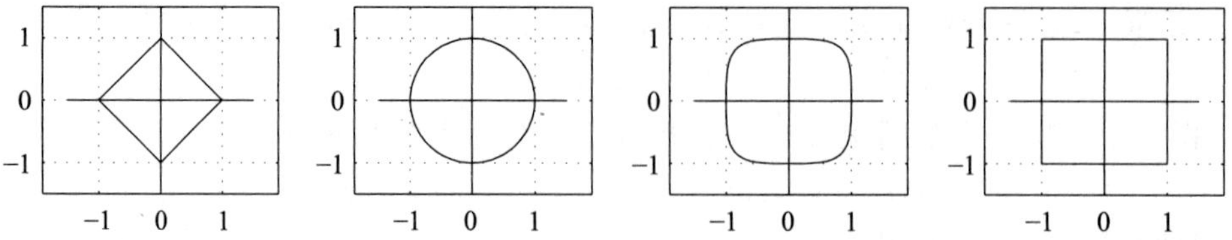

(a) p=1　(b) p=2　(c) p=4　(d) p=∞

图 3-1　$\mathbb{R}^2$中不同范数下范数等于 1 的向量所构成的封闭曲线

例 3.1　以 1 作为初始值，用迭代格式(1.11)同时求$\sqrt{2}$，$\sqrt{3}$，$\sqrt{5}$.

解　由于迭代的格式是一样的，我们可以采用向量的方式同时进行迭代，一并求得 3 个平方根的近似值，即取$\boldsymbol{x}_0=(1,1,1)^{\mathrm{T}}$，则可得

$$\boldsymbol{x}_1=\begin{pmatrix}1.5\\2.0\\3.0\end{pmatrix},\quad \boldsymbol{x}_2=\begin{pmatrix}1.416\ 67\\1.750\\2.333\ 33\end{pmatrix},\quad \boldsymbol{x}_3=\begin{pmatrix}1.414\ 22\\1.732\ 14\\2.238\ 10\end{pmatrix},\quad \boldsymbol{x}_4=\begin{pmatrix}1.414\ 21\\1.732\ 05\\2.236\ 07\end{pmatrix},\quad \cdots.$$

由例 1.12 知，每个单独的迭代数列都满足$\{(\boldsymbol{x}_{k+1})_i-(\boldsymbol{x}_k)_i\}(i=1,2,3,k=0,1,2,\cdots)$趋向于 0，由此可得，数列$\{\|\boldsymbol{x}_{k+1}-\boldsymbol{x}_k\|_\infty\}(k=0,1,2,\cdots)$趋向于 0.

定义 3.2　设$\{\boldsymbol{x}^{(k)}\}$为$\mathbb{R}^n$中一向量序列，$\boldsymbol{x}^*\in\mathbb{R}^n$，记$\boldsymbol{x}^{(k)}=(x_1^{(k)},x_2^{(k)},\cdots,x_n^{(k)})^{\mathrm{T}}$，$\boldsymbol{x}^*=(x_1^*,x_2^*,\cdots,x_n^*)^{\mathrm{T}}$. 如果$\lim\limits_{k\to\infty}x_i^{(k)}=x_i^*(i=1,2,\cdots,n)$，则称$\boldsymbol{x}^{(k)}$**收敛**于向量$\boldsymbol{x}^*$，记为

$$\lim_{k\to\infty}\boldsymbol{x}^{(k)}=\boldsymbol{x}^*,\quad \text{或}\quad \boldsymbol{x}^{(k)}\to\boldsymbol{x}^*\quad(k\to\infty).$$

定理 3.2　设非负函数$N(\boldsymbol{x})=\|\boldsymbol{x}\|$为$\mathbb{R}^n$上任一向量范数，则$N(\boldsymbol{x})$是$\boldsymbol{x}$的分量$x_1,x_2,\cdots,x_n$的连续函数.

证明　设$\boldsymbol{x}=\sum\limits_{i=1}^n x_i\boldsymbol{e}_i$，$\boldsymbol{y}=\sum\limits_{i=1}^n y_i\boldsymbol{e}_i$，其中$\boldsymbol{e}_i=(\underbrace{0,\cdots,1,0,\cdots,0}_{i})^{\mathrm{T}}$.

只需证明当$\boldsymbol{x}\to\boldsymbol{y}$时$N(\boldsymbol{x})\to N(\boldsymbol{y})$即可. 事实上

$$\begin{aligned}|N(\boldsymbol{x})-N(\boldsymbol{y})|&=|\,\|\boldsymbol{x}\|-\|\boldsymbol{y}\|\,|\leqslant\|\boldsymbol{x}-\boldsymbol{y}\|\\&=\Big\|\sum_{i=1}^n(x_i-y_i)\boldsymbol{e}_i\Big\|\leqslant\sum_{i=1}^n|x_i-y_i|\,\|\boldsymbol{e}_i\|\\&\leqslant\|\boldsymbol{x}-\boldsymbol{y}\|_\infty\sum_{i=1}^n\|\boldsymbol{e}_i\|,\end{aligned}$$

即

$$|N(\boldsymbol{x})-N(\boldsymbol{y})|\leqslant c\|\boldsymbol{x}-\boldsymbol{y}\|_\infty\to 0\quad(\text{当}\ \boldsymbol{x}\to\boldsymbol{y}\ \text{时}),$$

其中

$$c=\sum_{i=1}^n\|\boldsymbol{e}_i\|.$$

□

定理 3.3(向量范数的等价性)　设$\|\boldsymbol{x}\|_s$，$\|\boldsymbol{x}\|_t$为$\mathbb{R}^n$上向量的任意两种范数，则存在常数$c_1,c_2>0$，使得对一切$\boldsymbol{x}\in\mathbb{R}^n$有

$$c_1\|\boldsymbol{x}\|_s\leqslant\|\boldsymbol{x}\|_t\leqslant c_2\|\boldsymbol{x}\|_s.$$

证明 只要就 $\|x\|_s=\|x\|_\infty$ 证明上式成立即可,即证明存在常数 $c_1,c_2>0$,使

$$c_1 \leqslant \frac{\|x\|_t}{\|x\|_\infty} \leqslant c_2, \quad \text{对一切 } x \in \mathbb{R}^n \text{ 且 } x \neq \mathbf{0}.$$

考虑函数

$$f(x)=\|x\|_t \geqslant 0, \quad x \in \mathbb{R}^n.$$

记 $S=\{x \mid \|x\|_\infty=1,\ x\in\mathbb{R}^n\}$,则 S 是一个有界闭集. 由于 $f(x)$ 为 S 上的连续函数,所以 $f(x)$ 于 S 上达到最大值及最小值,即存在 $x',x''\in S$ 使得

$$f(x')=\min_{x\in S} f(x)=c_1, \quad f(x'')=\max_{x\in S} f(x)=c_2.$$

设 $x\in\mathbb{R}^n$ 且 $x\neq\mathbf{0}$,则 $\dfrac{x}{\|x\|_\infty}\in S$,从而有

$$c_1 \leqslant f\left(\frac{x}{\|x\|_\infty}\right) \leqslant c_2,$$

显然 $c_1,\ c_2>0$,上式为

$$c_1 \leqslant \left\|\frac{x}{\|x\|_\infty}\right\|_t \leqslant c_2,$$

即

$$c_1\|x\|_\infty \leqslant \|x\|_t \leqslant c_2\|x\|_\infty, \quad \text{对一切 } x \in \mathbb{R}^n.$$ □

注意,定理 3.3 不能推广到无穷维空间. 由定理 3.3 可得到结论:如果在一种范数意义下向量序列收敛时,则在任何一种范数意义下该向量序列均收敛.

定理 3.4 $\lim\limits_{k\to\infty} x^{(k)}=x^* \Leftrightarrow \lim\limits_{k\to\infty}\|x^{(k)}-x^*\|=0$,其中 $\|\cdot\|$ 为向量的任一种范数.

证明 显然,$\lim\limits_{k\to\infty} x^{(k)}=x^* \Leftrightarrow \lim\limits_{k\to\infty}\|x^{(k)}-x^*\|_\infty=0$,而对于 $\mathbb{R}^n$ 上任一种范数 $\|\cdot\|$,由定理 3.3,存在常数 $c_1,c_2>0$ 使

$$c_1\|x^{(k)}-x^*\|_\infty \leqslant \|x^{(k)}-x^*\| \leqslant c_2\|x^{(k)}-x^*\|_\infty,$$

于是又有

$$\lim_{k\to\infty}\|x^{(k)}-x^*\|_\infty=0 \Leftrightarrow \lim_{k\to\infty}\|x^{(k)}-x^*\|=0.$$ □

3.1.3 内积与内积空间

将平面向量间和空间向量间角度的概念推广到线性空间中,得到内积的概念.

定义 3.3 设 V 是数域 F($\mathbb{R}$ 或 $\mathbb{C}$)上的线性空间,$\forall u,v\in V$,有 F 中一个数与之对应,记为 (u,v),它满足以下条件:

(1) $(u,v)=\overline{(v,u)}$;

(2) $(\alpha u,v)=\alpha(u,v),\alpha\in F$;

(3) $(u+v,w)=(u,w)+(v,w),\ \forall w\in V$;

(4) $(u,u)\geqslant 0$,当且仅当 $u=0$ 时,$(u,u)=0$.

则称 (u,v) 为 V 上 u 与 v 的**内积**.定义了内积的线性空间称为**内积空间**.定义中条件(1)的右端 $\overline{(u,v)}$ 称为 (u,v) 的**共轭**,当 F 为实数域 $\mathbb{R}$ 时,条件(1)为 $(u,v)=(v,u)$.

如果 $(u,v)=0$,则称 u 与 v **正交**,这是三维空间中向量相互垂直概念的推广.

关于内积空间的性质有以下重要定理.

定理 3.5　设 V 为一个内积空间，$\forall u,v\in V$，有

$$|(u,v)|^2 \leqslant (u,u)(v,v). \tag{3.3}$$

称其为**柯西-施瓦茨**(Cauchy-Schwarz)**不等式**.

证明　当 $v=0$ 时，(3.3)式显然成立.现设 $v\neq 0$，则 $(v,v)>0$，且对任何数 λ 有

$$0 \leqslant (u+\lambda v, u+\lambda v) = (u,u)+\lambda(v,u)+\bar{\lambda}(u,v)+|\lambda|^2(v,v).$$

取 $\lambda=-(u,v)/(v,v)$，代入上式右端，得

$$(u,u)-2\frac{|(u,v)|^2}{(v,v)}+\frac{|(u,v)|^2}{(v,v)} \geqslant 0,$$

由此即得 $v\neq 0$ 时

$$|(u,v)|^2 \leqslant (u,u)(v,v).$$

□

在内积空间 V 上可以由内积导出一种范数，即对于 $u\in V$，记

$$\|u\| = \sqrt{(u,u)},$$

容易验证它满足范数定义的 3 条性质，其中三角不等式

$$\|u+v\| \leqslant \|u\| + \|v\| \tag{3.4}$$

可由定理 3.5 直接得出，即

$$\begin{aligned}(\|u\|+\|v\|)^2 &= \|u\|^2+2\|u\|\,\|v\|+\|v\|^2\\ &\geqslant (u,u)+2(u,v)+(v,v)\\ &=(u+v,u+v)=\|u+v\|^2,\end{aligned}$$

两端开方即得不等式(3.4).

例 3.2($\mathbb{R}^n$ 与$\mathbb{C}^n$ 中的内积)　设 $\boldsymbol{x},\boldsymbol{y}\in\mathbb{R}^n$，且 $\boldsymbol{x}=(x_1,x_2,\cdots,x_n)^{\mathrm{T}}$，$\boldsymbol{y}=(y_1,y_2,\cdots,y_n)^{\mathrm{T}}$，则其内积定义为

$$(\boldsymbol{x},\boldsymbol{y}) = \sum_{i=1}^{n} x_i y_i = \boldsymbol{y}^{\mathrm{T}}\boldsymbol{x}. \tag{3.5}$$

由此导出的向量 2-范数

$$\|\boldsymbol{x}\|_2 = (\boldsymbol{x},\boldsymbol{x})^{\frac{1}{2}} = \left(\sum_{i=1}^{n} x_i^2\right)^{\frac{1}{2}}.$$

若给定实数 $\omega_i>0\,(i=1,2,\cdots,n)$，称$\{\omega_i\}$为权系数，则在$\mathbb{R}^n$上可定义带权内积为

$$(\boldsymbol{x},\boldsymbol{y}) = \sum_{i=1}^{n}\omega_i x_i y_i, \tag{3.6}$$

相应的范数为

$$\|\boldsymbol{x}\|_2 = \left(\sum_{i=1}^{n}\omega_i x_i^2\right)^{\frac{1}{2}}.$$

不难验证(3.6)式给出的$(\boldsymbol{x},\boldsymbol{y})$满足内积定义的 4 条性质.当 $\omega_i=1\ (i=1,2,\cdots,n)$时，(3.6)式就是(3.5)式.

如果 $\boldsymbol{x},\boldsymbol{y}\in\mathbb{C}^n$，带权内积定义为

$$(\boldsymbol{x},\boldsymbol{y}) = \sum_{i=1}^{n}\omega_i x_i \bar{y}_i,$$

这里$\{\omega_i\}$仍为正实数序列，$\bar{y}_i$ 为 y_i 的共轭复数.

在 $C[a,b]$上也可以类似定义带权内积，为此先给出权函数的定义.

定义 3.4 设$[a,b]$是有限或无限区间,在$[a,b]$上的非负函数$\rho(x)$满足条件:

(1) $\int_a^b x^k\rho(x)\mathrm{d}x$ 存在且为有限值($k=0,1,\cdots$);

(2) 对$[a,b]$上的非负连续函数 $g(x)$,如果 $\int_a^b g(x)\rho(x)\mathrm{d}x=0$, 则 $g(x)\equiv 0$.

则称 $\rho(x)$为$[a,b]$上的一个**权函数**.

例 3.3($C[a,b]$中的内积) 设 $f(x),g(x)\in C[a,b]$,$\rho(x)$是$[a,b]$上给定的权函数,则可定义内积

$$(f(x),g(x))=\int_a^b\rho(x)f(x)g(x)\mathrm{d}x. \tag{3.7}$$

容易验证它满足内积定义的 4 条性质,由此内积导出的范数为

$$\|f(x)\|_2=(f(x),f(x))^{\frac{1}{2}}=\left(\int_a^b\rho(x)f^2(x)\mathrm{d}x\right)^{\frac{1}{2}}. \tag{3.8}$$

称(3.7)式和(3.8)式分别为带权 $\rho(x)$的内积和范数,特别常用的是 $\rho(x)\equiv 1$ 的情形,即

$$(f(x),g(x))=\int_a^b f(x)g(x)\mathrm{d}x,\qquad \|f(x)\|_2=\left(\int_a^b f^2(x)\mathrm{d}x\right)^{\frac{1}{2}}.$$

在内积空间中,可以通过**格拉姆-施密特**(Gram-Schmidt)**正交化方法**,将一组线性无关的元素转化为一组相互正交的元素.

定理 3.6 设$\{u_1,u_2,\cdots,u_k\}$是内积空间 V 中的一组线性无关的元素,若取

$$\begin{cases} v_1=u_1, \\ v_i=u_i-\sum\limits_{l=1}^{i-1}\dfrac{(u_i,u_l)}{(v_l,v_l)}v_l, \quad i=2,3,\cdots,k, \end{cases}$$

则$\{v_1,v_2,\cdots,v_k\}$是两两正交的一组元素.

若$\{u_1,u_2,\cdots,u_n\}$是V 的一组基,则按格拉姆-施密特正交化方法得到的$\{v_1,v_2,\cdots,v_n\}$是 V 的一组正交基.

3.1.4 最佳逼近

函数逼近主要讨论给定 $f(x)\in C[a,b]$,求它的最佳逼近多项式.若 $p^*(x)\in\mathscr{P}_n$ 使误差

$$\|f(x)-p^*(x)\|=\min_{p\in\mathscr{P}_n}\|f(x)-p(x)\|,$$

则称 $p^*(x)$是 $f(x)$在$[a,b]$上的**最佳逼近多项式**.若在上式中

$$p(x)\in\Phi=\operatorname{span}\{\varphi_0,\varphi_1,\cdots,\varphi_n\},$$

则称相应的 $p^*(x)$为**最佳逼近函数**.

通常范数 $\|\cdot\|$ 取为 $\|\cdot\|_\infty$ 或 $\|\cdot\|_2$.若取 $\|\cdot\|_\infty$,即

$$\begin{aligned}\|f(x)-p^*(x)\|_\infty&=\min_{p\in\mathscr{P}_n}\|f(x)-p(x)\|_\infty\\&=\min_{p\in\mathscr{P}_n}\max_{a\leqslant x\leqslant b}|f(x)-p(x)|,\end{aligned}$$

则称 $p^*(x)$为 $f(x)$在$[a,b]$上的**最佳一致逼近多项式**.这时求 $p^*(x)$就是求在$[a,b]$上使最大误差$\max\limits_{a\leqslant x\leqslant b}|f(x)-p(x)|$最小的多项式. 如果范数 $\|\cdot\|$ 取为 $\|\cdot\|_2$,即

$$\| f(x) - p^*(x) \|_2^2 = \min_{p \in \mathscr{P}_n} \| f(x) - p(x) \|_2^2$$
$$= \min_{p \in \mathscr{P}_n} \int_a^b \rho(x)[f(x) - p(x)]^2 \mathrm{d}x,$$

则称 $p^*(x)$ 为 $f(x)$ 在 $[a,b]$ 上的**最佳平方逼近多项式**.

若在 $a \leqslant x_0 < x_1 < \cdots < x_m \leqslant b$ 上给出 $f(x)$ 是 $[a,b]$ 上的一个列表近似值 $f_i(i=0,1,\cdots,m)$，要求 $P^* \in \Phi$，使

$$\| f - P^* \|_2^2 = \min_{P \in \Phi} \| f - P \|_2^2 = \min_{P \in \Phi} \sum_{i=0}^{m} [f_i - P(x_i)]^2,$$

则称 $P^*(x)$ 为 $f(x)$ 的**最小二乘拟合**.

本章将着重讨论实际应用多且便于计算的最佳平方逼近与最小二乘拟合.

3.2 正交多项式

正交多项式是函数逼近的重要工具，在数值积分中也有重要应用.

3.2.1 正交函数族与正交多项式

定义 3.5 若 $f(x), g(x) \in C[a,b]$，$\rho(x)$ 为 $[a,b]$ 上的权函数且满足

$$(f(x), g(x)) = \int_a^b \rho(x) f(x) g(x) \mathrm{d}x = 0,$$

则称 $f(x)$ 与 $g(x)$ 在 $[a,b]$ 上带权 $\rho(x)$ **正交**.若函数族 $\varphi_0(x), \varphi_1(x), \cdots, \varphi_n(x), \cdots$ 满足关系

$$(\varphi_j, \varphi_k) = \int_a^b \rho(x) \varphi_j(x) \varphi_k(x) \mathrm{d}x = \begin{cases} 0, & j \neq k, \\ A_k > 0, & j = k. \end{cases} \tag{3.9}$$

则称 $\{\varphi_k(x)\}_0^\infty$ 是 $[a,b]$ 上带权 $\rho(x)$ 的**正交函数族**；若 $A_k \equiv 1$，则称 $\{\varphi_k(x)\}_0^\infty$ 为**标准正交函数族**.

例如，三角函数族

$$1, \cos x, \sin x, \cos 2x, \sin 2x, \cdots$$

就是在区间 $[-\pi, \pi]$ 上的正交函数族（$\rho(x) \equiv 1$）.因为对 $k=1,2,\cdots$，有

$$(1,1) = 2\pi, \quad (\sin kx, \sin kx) = (\cos kx, \cos kx) = \pi,$$

及

$$(\cos kx, \sin kx) = (1, \cos kx) = (1, \sin kx) = 0;$$

而对 $k, j = 1,2,\cdots$，当 $k \neq j$ 时有

$$(\cos kx, \cos jx) = (\sin kx, \sin jx) = (\cos kx, \sin jx) = 0.$$

定义 3.6 设 $\varphi_n(x)$ 是 $[a,b]$ 上首项系数 $a_n \neq 0$ 的 n 次多项式，$\rho(x)$ 为 $[a,b]$ 上的权函数.如果多项式序列 $\{\varphi_n(x)\}_0^\infty$ 满足关系式(3.9)，则称多项式序列 $\{\varphi_n(x)\}_0^\infty$ 为在 $[a,b]$ 上带权 $\rho(x)$ **正交**，称 $\varphi_n(x)$ 为 $[a,b]$ 上带权 $\rho(x)$ 的 **n 次正交多项式**.

只要给定区间 $[a,b]$ 及权函数 $\rho(x)$，均可由一族线性无关的幂函数 $\{1, x, \cdots, x^n, \cdots\}$，利用格拉姆-施密特正交化方法构造出正交多项式序列 $\{\varphi_n(x)\}_0^\infty$：

$$\begin{cases} \varphi_0(x) = 1, \\ \varphi_n(x) = x^n - \displaystyle\sum_{j=0}^{n-1} \frac{(x^n, \varphi_j(x))}{(\varphi_j(x), \varphi_j(x))} \varphi_j(x), \quad n = 1,2,\cdots. \end{cases}$$

这样得到的正交多项式 $\varphi_n(x)$，其最高项系数为 1.反之，若 $\{\varphi_n(x)\}_0^\infty$ 是正交多项式，则 $\varphi_0(x),\varphi_1(x),\cdots,\varphi_n(x)$ 在 $[a,b]$ 上是线性无关的.

事实上，若

$$c_0\varphi_0(x)+c_1\varphi_1(x)+\cdots+c_n\varphi_n(x)=0,$$

用 $\rho(x)\varphi_j(x)(j=0,1,\cdots,n)$ 乘上式并积分得

$$c_0\int_a^b\rho(x)\varphi_0(x)\varphi_j(x)\mathrm{d}x+c_1\int_a^b\rho(x)\varphi_1(x)\varphi_j(x)\mathrm{d}x+\cdots+$$
$$c_j\int_a^b\rho(x)\varphi_j(x)\varphi_j(x)\mathrm{d}x+\cdots+c_n\int_a^b\rho(x)\varphi_n(x)\varphi_j(x)\mathrm{d}x=0.$$

利用正交性有

$$c_j\int_a^b\rho(x)\varphi_j(x)\varphi_j(x)\mathrm{d}x=0.$$

由于 $(\varphi_j,\varphi_j)=\int_a^b\rho(x)\varphi_j^2(x)\mathrm{d}x>0$，故 $c_j=0$.由此得出 $\varphi_0(x),\varphi_1(x),\cdots,\varphi_n(x)$ 线性无关.于是可直接得到正交多项式的下列性质：

(1) 对任何 $p(x)\in\mathscr{P}_n$ 均可表示为 $\varphi_0(x),\varphi_1(x),\cdots,\varphi_n(x)$ 的线性组合，即

$$p(x)=\sum_{j=0}^{n}c_j\varphi_j(x).$$

(2) $\varphi_n(x)$ 与任何次数小于 n 的多项式 $p(x)\in\mathscr{P}_{n-1}$ 正交，即

$$(\varphi_n,p)=\int_a^b\rho(x)\varphi_n(x)p(x)\mathrm{d}x=0.$$

关于正交多项式还有一些重要性质.

定理 3.7 设 $\{\varphi_n(x)\}_0^\infty$ 是 $[a,b]$ 上带权 $\rho(x)$ 的正交多项式，对 $n\geqslant 0$ 成立递推关系

$$\varphi_{n+1}(x)=(x-\alpha_n)\varphi_n(x)-\beta_n\varphi_{n-1}(x),\quad n=0,1,2,\cdots,$$

其中

$$\varphi_0(x)=1,\quad \varphi_{-1}(x)=0,$$
$$\alpha_n=\frac{(x\varphi_n(x),\varphi_n(x))}{(\varphi_n(x),\varphi_n(x))},\quad \beta_n=\frac{(\varphi_n(x),\varphi_n(x))}{(\varphi_{n-1}(x),\varphi_{n-1}(x))},\quad n=1,2,\cdots,$$

这里 $(x\varphi_n(x),\varphi_n(x))=\int_a^b x\varphi_n^2(x)\rho(x)\mathrm{d}x$.

定理 3.8 设 $\{\varphi_n(x)\}_0^\infty$ 是 $[a,b]$ 上带权 $\rho(x)$ 的正交多项式，则 $\varphi_n(x)(n=1,2,\cdots)$ 在区间 (a,b) 内有 n 个不同的零点.

证明 假定 $\varphi_n(x)$ 在 (a,b) 内的零点都是偶数重的，则 $\varphi_n(x)$ 在 $[a,b]$ 上符号保持不变.这与

$$(\varphi_n,\varphi_0)=\int_a^b\rho(x)\varphi_n(x)\varphi_0(x)\mathrm{d}x=0$$

矛盾.故 $\varphi_n(x)$ 在 (a,b) 内的零点不可能全是偶数重的，现设 $x_i(i=1,2,\cdots,l)$ 为 $\varphi_n(x)$ 在 (a,b) 内的奇数重零点，不妨设

$$a<x_1<x_2<\cdots<x_l<b,$$

则 $\varphi_n(x)$ 在 $x_i(i=1,2,\cdots,l)$ 处变号.令

$$q(x)=(x-x_1)(x-x_2)\cdots(x-x_l),$$

于是 $\varphi_n(x)q(x)$在$[a,b]$上不变号,则得

$$(\varphi_n,q)=\int_a^b \rho(x)\varphi_n(x)q(x)\mathrm{d}x \neq 0.$$

若 $l<n$,由$\{\varphi_n(x)\}_0^\infty$ 的正交性可知

$$(\varphi_n,q)=\int_a^b \rho(x)\varphi_n(x)q(x)\mathrm{d}x = 0,$$

与$(\varphi_n,q)\neq 0$ 矛盾,故 $l\geqslant n$.而 $\varphi_n(x)$只有 n 个零点,故 $l=n$,即 n 个零点都是单重的. □

3.2.2 勒让德多项式

当取区间为$[-1,1]$,权函数 $\rho(x)\equiv 1$ 时,由$\{1,x,\cdots,x^n,\cdots\}$正交化得到的多项式称为**勒让德**(Legendre)**多项式**,并用 $\mathrm{P}_0(x),\mathrm{P}_1(x),\cdots,\mathrm{P}_n(x),\cdots$表示.这是勒让德于 1785 年引进的.1814 年罗德利克(Rodrigul)给出了勒让德多项式的简单表达式

$$\mathrm{P}_0(x)=1,\quad \mathrm{P}_n(x)=\frac{1}{2^n n!}\frac{\mathrm{d}^n}{\mathrm{d}x^n}(x^2-1)^n,\quad n=1,2,\cdots. \tag{3.10}$$

由于$(x^2-1)^n$ 是 $2n$ 次多项式,求 n 阶导数后得

$$\mathrm{P}_n(x)=\frac{1}{2^n n!}(2n)(2n-1)\cdots(n+1)x^n+a_{n-1}x^{n-1}+\cdots+a_0,$$

于是得首项 x^n 的系数 $a_n=\dfrac{(2n)!}{2^n(n!)^2}$.显然最高项系数为 1 的勒让德多项式为

$$\widetilde{\mathrm{P}}_n(x)=\frac{n!}{(2n)!}\frac{\mathrm{d}^n}{\mathrm{d}x^n}(x^2-1)^n. \tag{3.11}$$

勒让德多项式有下述几个重要性质:

性质 1(正交性)

$$\int_{-1}^1 \mathrm{P}_n(x)\mathrm{P}_m(x)\mathrm{d}x=\begin{cases}0, & m\neq n;\\ \dfrac{2}{2n+1}, & m=n.\end{cases} \tag{3.12}$$

证明　令 $\varphi(x)=(x^2-1)^n$,则

$$\varphi^{(k)}(\pm 1)=0,\quad k=0,1,\cdots,n-1.$$

设 $Q(x)$是在区间$[-1,1]$上 n 阶连续可微的函数,由分部积分法知

$$\begin{aligned}\int_{-1}^1 \mathrm{P}_n(x)Q(x)\mathrm{d}x &= \frac{1}{2^n n!}\int_{-1}^1 Q(x)\varphi^{(n)}(x)\mathrm{d}x\\ &=-\frac{1}{2^n n!}\int_{-1}^1 Q'(x)\varphi^{(n-1)}(x)\mathrm{d}x\\ &\vdots\\ &=\frac{(-1)^n}{2^n n!}\int_{-1}^1 Q^{(n)}(x)\varphi(x)\mathrm{d}x.\end{aligned}$$

下面分两种情况讨论.

(1) 若 $Q(x)$是次数小于 n 的多项式,则 $Q^{(n)}(x)\equiv 0$,故得

$$\int_{-1}^1 \mathrm{P}_n(x)\mathrm{P}_m(x)\mathrm{d}x=0,\quad 当\ n\neq m.$$

(2) 若

$$Q(x)=\mathrm{P}_n(x)=\frac{1}{2^n n!}\varphi^{(n)}(x)=\frac{(2n)!}{2^n(n!)^2}x^n+\cdots,$$

则

$$Q^{(n)}(x)=\mathrm{P}_n^{(n)}(x)=\frac{(2n)!}{2^n n!},$$

于是

$$\int_{-1}^{1}\mathrm{P}_n^2(x)\mathrm{d}x=\frac{(-1)^n(2n)!}{2^{2n}(n!)^2}\int_{-1}^{1}(x^2-1)^n\mathrm{d}x.$$

令 $I_n=\int_{-1}^{1}(x^2-1)^n\mathrm{d}x\,(n=1,2,\cdots)$，则有

$$\begin{aligned}I_n&=\int_{-1}^{1}x^2(x^2-1)^{n-1}\mathrm{d}x+\int_{-1}^{1}(x^2-1)^{n-1}\mathrm{d}x=\frac{1}{2n}\int_{-1}^{1}x\,\mathrm{d}(x^2-1)^n-I_{n-1}\\&=\frac{1}{2n}\left[(x^2-1)^n x\,\Big|_{-1}^{1}-\int_{-1}^{1}(x^2-1)^n\mathrm{d}x\right]-I_{n-1}=-\frac{1}{2n}I_n-I_{n-1},\end{aligned}$$

故得 $I_n=-\dfrac{2n}{2n+1}I_{n-1}=\cdots=(-1)^n\dfrac{(2n)!!}{(2n+1)!!}I_0$，而 $I_0=2$，因此

$$I_n=(-1)^n\frac{(2n)!!}{(2n+1)!!}2.$$

代回得

$$\int_{-1}^{1}\mathrm{P}_n^2(x)\mathrm{d}x=\frac{2}{2n+1},$$

于是(3.12)式得证. □

进一步，可得

$$\int_{-1}^{1}x\mathrm{P}_n(x)\mathrm{P}_{n-1}(x)\mathrm{d}x=\frac{2n}{4n^2-1},\quad n=1,2,\cdots.$$

事实上，延续上面的讨论，若取

$$Q(x)=x\mathrm{P}_{n-1}(x)=\frac{(2(n-1))!}{2^{n-1}((n-1)!)^2}x^n+\cdots,$$

则 $Q^{(n)}(x)=\dfrac{(2(n-1))!}{2^{n-1}((n-1)!)^2}\cdot n!$，于是

$$\begin{aligned}\int_{-1}^{1}x\mathrm{P}_n(x)\mathrm{P}_{n-1}(x)\mathrm{d}x&=\frac{(-1)^n}{2^n n!}\cdot\frac{(2(n-1))!}{2^{n-1}((n-1)!)^2}\cdot n!\int_{-1}^{1}(x^2-1)^n\mathrm{d}x\\&=\frac{(-1)^n}{2^n n!}\cdot\frac{(2(n-1))!}{2^{n-1}((n-1)!)^2}\cdot n!\cdot(-1)^n\frac{(2n)!!}{(2n+1)!!}\\&=\frac{2n}{4n^2-1}.\end{aligned}$$

性质 2(奇偶性)

$$\mathrm{P}_n(-x)=(-1)^n\mathrm{P}_n(x).\tag{3.13}$$

由于 $\varphi(x)=(x^2-1)^n$ 是偶次多项式，经过偶次求导仍为偶次多项式，经过奇次求导仍为奇次多项式，故由(3.10)式知，当 n 为偶数时 $\mathrm{P}_n(x)$ 为偶函数；当 n 为奇数时 $\mathrm{P}_n(x)$ 为奇

函数，于是(3.13)式成立.

性质 3(递推关系)

$$(n+1)P_{n+1}(x)=(2n+1)xP_n(x)-nP_{n-1}(x),\quad n=1,2,\cdots. \tag{3.14}$$

考虑 $n+1$ 次多项式 $xP_n(x)$，它可表示为

$$xP_n(x)=a_0P_0(x)+a_1P_1(x)+\cdots+a_{n+1}P_{n+1}(x).$$

两边乘 $P_k(x)$，并从 -1 到 1 积分，然后利用正交性得

$$\int_{-1}^{1}xP_n(x)P_k(x)\mathrm{d}x=a_k\int_{-1}^{1}P_k^2(x)\mathrm{d}x.$$

当 $k\leqslant n-2$ 时，$xP_k(x)$次数小于等于 $n-1$，上式左端积分为 0，故得 $a_k=0$.当 $k=n$ 时，$xP_n^2(x)$为奇函数，左端积分仍为 0，故 $a_n=0$.于是

$$xP_n(x)=a_{n-1}P_{n-1}(x)+a_{n+1}P_{n+1}(x),$$

其中

$$a_{n-1}=\frac{\int_{-1}^{1}xP_n(x)P_{n-1}(x)\mathrm{d}x}{\int_{-1}^{1}P_{n-1}(x)P_{n-1}(x)\mathrm{d}x}=\frac{2n-1}{2}\int_{-1}^{1}xP_n(x)P_{n-1}(x)\mathrm{d}x$$

$$=\frac{2n-1}{2}\cdot\frac{2n}{4n^2-1}=\frac{n}{2n+1},$$

$$a_{n+1}=\frac{\int_{-1}^{1}xP_n(x)P_{n+1}(x)\mathrm{d}x}{\int_{-1}^{1}P_{n+1}(x)P_{n+1}(x)\mathrm{d}x}=\frac{2n+3}{2}\int_{-1}^{1}xP_n(x)P_{n+1}(x)\mathrm{d}x$$

$$=\frac{2n+3}{2}\cdot\frac{2(n+1)}{(2n+1)(2n+3)}=\frac{n+1}{2n+1},$$

从而得到递推公式(3.14).

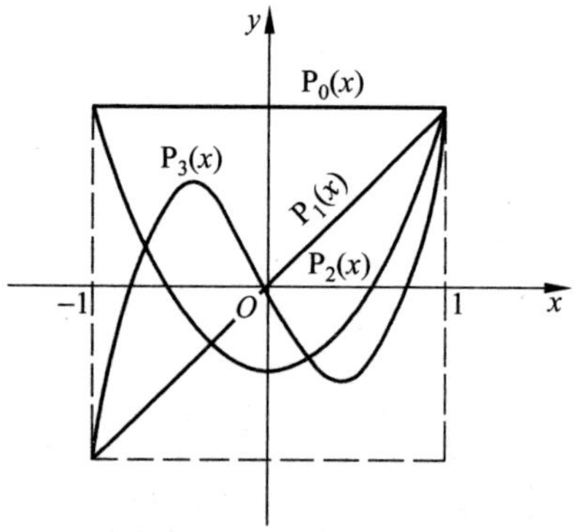

图 3-2 4 个低次勒让德多项式的图像

由 $P_0(x)=1,P_1(x)=x$，利用(3.14)式就可推出

$P_2(x)=(3x^2-1)/2,$

$P_3(x)=(5x^3-3x)/2,$

$P_4(x)=(35x^4-30x^2+3)/8,$

$P_5(x)=(63x^5-70x^3+15x)/8,$

$P_6(x)=(231x^6-315x^4+105x^2-5)/16,$

$\vdots$

图 3-2 给出了 $P_0(x),P_1(x),P_2(x),P_3(x)$的图像.

性质 4 $P_n(x)$在区间$(-1,1)$内有 n 个不同的实零点.

3.2.3 切比雪夫多项式

当取权函数 $\rho(x)=\frac{1}{\sqrt{1-x^2}}$，区间为$[-1,1]$时，由序列$\{1,x,\cdots,x^n,\cdots\}$正交化得到的正交多项式就是**切比雪夫**(Chebyshev)**多项式**，它可表示为

$$T_n(x)=\cos(n\arccos x),\quad |x|\leqslant 1.$$

若令 $x=\cos\theta$，则 $T_n(x)=\cos n\theta, 0\leqslant\theta\leqslant\pi$.

切比雪夫多项式有很多重要性质.

性质 1(递推关系)

$$\begin{cases} T_0(x)=1, \quad T_1(x)=x, \\ T_{n+1}(x)=2xT_n(x)-T_{n-1}(x), \quad n=1,2,\cdots. \end{cases} \tag{3.15}$$

这只要由三角恒等式

$$\cos(n+1)\theta=2\cos\theta\cos n\theta-\cos(n-1)\theta, \quad n=1,2,\cdots,$$

令 $x=\cos\theta$ 即得.由(3.15)式就可推出

$$T_2(x)=2x^2-1,$$
$$T_3(x)=4x^3-3x,$$
$$T_4(x)=8x^4-8x^2+1,$$
$$T_5(x)=16x^5-20x^3+5x,$$
$$T_6(x)=32x^6-48x^4+18x^2-1,$$
$$\vdots$$

函数 $T_0(x), T_1(x), T_2(x), T_3(x)$ 的图像见图 3-3.

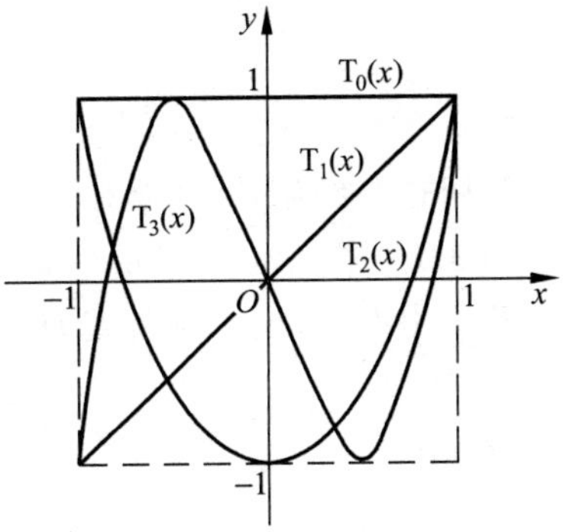

图 3-3　4 个低次切比雪夫多项式的图像

性质 2　切比雪夫多项式 $\{T_k(x)\}$ 在区间 $[-1,1]$ 上带权 $\rho(x)=1/\sqrt{1-x^2}$ 正交，且

$$\int_{-1}^{1}\frac{T_n(x)T_m(x)}{\sqrt{1-x^2}}dx=\begin{cases}0, & n\neq m; \\ \dfrac{\pi}{2}, & n=m\neq 0; \\ \pi, & n=m=0.\end{cases} \tag{3.16}$$

事实上，令 $x=\cos\theta$，则 $dx=-\sin\theta d\theta$，于是

$$\int_{-1}^{1}\frac{T_n(x)T_m(x)}{\sqrt{1-x^2}}dx=\int_0^{\pi}\cos n\theta\cos m\theta d\theta=\begin{cases}0, & n\neq m; \\ \dfrac{\pi}{2}, & n=m\neq 0; \\ \pi, & n=m=0.\end{cases}$$

性质 3　$T_{2k}(x)$ 只含 x 的偶次幂，$T_{2k+1}(x)$ 只含 x 的奇次幂.

此性质可由递推关系(3.15)直接得到.

性质 4　$T_n(x)$ 在区间 $(-1,1)$ 上有 n 个不同的实零点

$$x_k=\cos\frac{2k-1}{2n}\pi, \quad k=1,2,\cdots,n.$$

性质 5　$T_n(x)$ 的首项 x^n 的系数为 $2^{n-1}(n=1,2,\cdots)$.

此性质可由递推关系(3.15)直接得到.

若令 $\widetilde{T}_0(x)=1, \widetilde{T}_n(x)=\dfrac{1}{2^{n-1}}T_n(x), n=1,2,\cdots$，则 $\widetilde{T}_n(x)$ 是首项系数为 1 的切比雪夫多项式.若记 $\widetilde{\mathscr{P}}_n$ 为所有次数小于等于 n 的首项系数为 1 的多项式集合，对 $\widetilde{T}_n(x)$ 有以下性质.

定理 3.9 对于首项系数为 1 的切比雪夫多项式 $\widetilde{T}_n(x)$，有

$$\max_{-1\leqslant x\leqslant 1}|\widetilde{T}_n(x)|\leqslant \max_{-1\leqslant x\leqslant 1}|p(x)|,\quad \forall p(x)\in\widetilde{\mathscr{P}}_n,$$

且

$$\max_{-1\leqslant x\leqslant 1}|\widetilde{T}_n(x)|=\frac{1}{2^{n-1}}.$$

定理 3.9 的证明可参看文献[22].定理 3.9 表明在所有首项系数为 1 的 n 次多项式集合 $\widetilde{\mathscr{P}}_n$ 中 $\|\widetilde{T}_n\|_\infty=\min\limits_{p\in\widetilde{\mathscr{P}}_n}\|p(x)\|_\infty$，所以 $\widetilde{T}_n(x)$ 是 $\widetilde{\mathscr{P}}_n$ 中最大值最小的多项式，即

$$\max_{-1\leqslant x\leqslant 1}|\widetilde{T}_n(x)|=\min_{p\in\widetilde{\mathscr{P}}_n}\max_{-1\leqslant x\leqslant 1}|p(x)|=\frac{1}{2^{n-1}}. \tag{3.17}$$

利用这一结论，可求 $p(x)\in\mathscr{P}_n$ 在 $\mathscr{P}_{n-1}$ 中的最佳(一致)逼近多项式.

例 3.4 求 $f(x)=2x^3+x^2+2x-1$ 在$[-1,1]$上的最佳二次逼近多项式.

解 由题意，所求最佳逼近多项式 $p_2^*(x)$ 应满足

$$\max_{-1\leqslant x\leqslant 1}|f(x)-p_2^*(x)|=\min.$$

由定理 3.9 可知，当

$$f(x)-p_2^*(x)=\frac{1}{2}T_3(x)=2x^3-\frac{3}{2}x$$

时，多项式 $f(x)-p_2^*(x)$ 在$[-1,1]$上的绝对值的最大值最小，为 $\frac{1}{2^{2-1}}=\frac{1}{2}$，故

$$p_2^*(x)=f(x)-\frac{1}{2}T_3(x)=x^2+\frac{7}{2}x-1$$

就是 $f(x)$ 在$[-1,1]$上的最佳二次逼近多项式.$f(x)$，$p_2^*(x)$ 及 $|f(x)-p_2^*(x)|$ 的图像如图 3-4 所示.

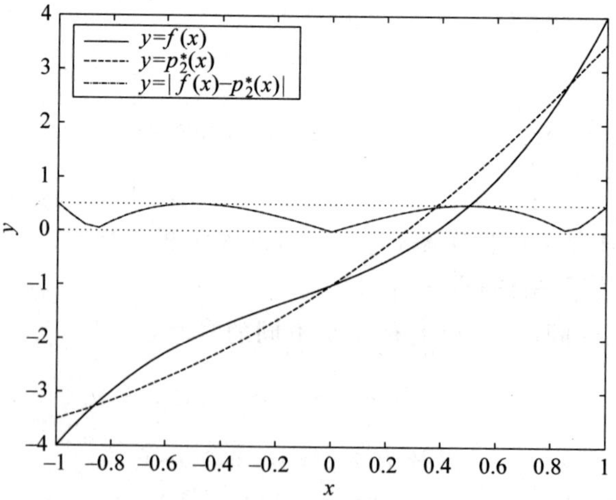

图 3-4 三次多项式及其最佳二次逼近多项式

由于切比雪夫多项式是在区间$[-1,1]$上定义的，对于一般区间$[a,b]$，要通过变量替换变换到$[-1,1]$，令

$$x=\frac{1}{2}[(b-a)t+a+b], \tag{3.18}$$

则可将 $x\in[a,b]$变换到 $t\in[-1,1]$.

3.2.4 切比雪夫多项式零点插值

切比雪夫多项式 $T_n(x)$在区间$[-1,1]$上有 n 个零点

$$x_k=\cos\frac{2k-1}{2n}\pi,\quad k=1,2,\cdots,n$$

和 $n+1$ 个极值点(包括端点),极小、极大值分别为$-1,+1$(参见图 3-3)

$$x_k=\cos\frac{k\pi}{n},\quad k=0,1,\cdots,n.$$

这两组点称为**切比雪夫点**,它们在插值中有重要作用.从图 3-5 可以看到切比雪夫点恰好是单位圆周上等距分布点的横坐标,这些点的横坐标在接近区间$[-1,1]$的端点处是密集的.

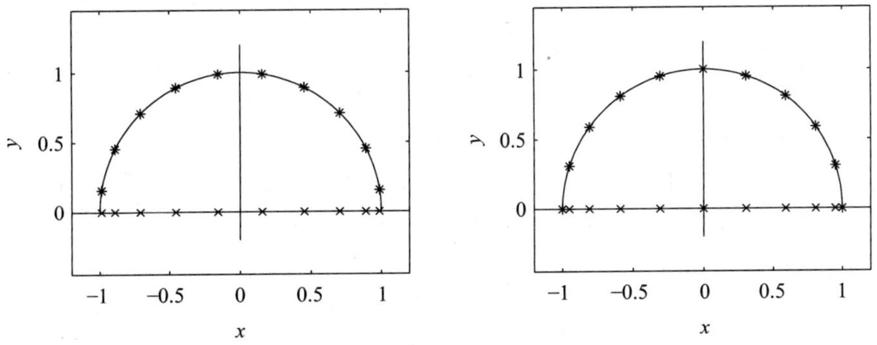

(a) 零点　　(b) 极值点

图 3-5　$n=10$ 时的切比雪夫点图示

利用切比雪夫点做插值,可使插值区间最大误差最小化.下面设插值点

$$x_0,x_1,\cdots,x_n\in[-1,1],\quad f\in C^{n+1}[-1,1],$$

$L_n(x)$为相应的n 次拉格朗日插值多项式,那么插值余项

$$R_n(x)=f(x)-L_n(x)=\frac{f^{(n+1)}(\xi)}{(n+1)!}\omega_{n+1}(x),$$

于是

$$\max_{-1\leqslant x\leqslant 1}|f(x)-L_n(x)|\leqslant\frac{M_{n+1}}{(n+1)!}\max_{-1\leqslant x\leqslant 1}|(x-x_0)(x-x_1)\cdots(x-x_n)|,$$

其中

$$M_{n+1}=\|f^{(n+1)}(x)\|_\infty=\max_{-1\leqslant x\leqslant 1}|f^{(n+1)}(x)|$$

是由被插函数确定的.如果插值节点为 $T_{n+1}(x)$的零点

$$x_k=\cos\frac{2k+1}{2(n+1)}\pi,\quad k=0,1,\cdots,n,$$

则由(3.17)式可得

$$\max_{-1\leqslant x\leqslant 1}|\omega_{n+1}(x)|=\max_{-1\leqslant x\leqslant 1}|\widetilde{T}_{n+1}(x)|=\frac{1}{2^n}.$$

由此可导出插值误差最小化的结论.

定理 3.10 设插值节点 $x_0, x_1, \cdots, x_n$ 为切比雪夫多项式 $T_{n+1}(x)$ 的零点，被插函数 $f \in C^{n+1}[-1,1]$，$L_n(x)$ 为相应的插值多项式，则

$$\max_{-1\leqslant x\leqslant 1} |f(x)-L_n(x)| \leqslant \frac{1}{2^n(n+1)!}\|f^{(n+1)}(x)\|_\infty. \tag{3.19}$$

对于一般区间$[a,b]$上的插值只要利用变换(3.18)式则可得到相应结果，此时插值节点为

$$x_k = \frac{b-a}{2}\cos\frac{2k+1}{2(n+1)}\pi + \frac{a+b}{2}, \quad k=0,1,\cdots,n.$$

例 3.5 求 $f(x)=\mathrm{e}^x$ 在$[0,1]$上的 4 次拉格朗日插值多项式 $L_4(x)$，插值节点用 $T_5(x)$的零点，并估计误差$\max\limits_{0\leqslant x\leqslant 1}|\mathrm{e}^x - L_4(x)|$.

解 利用 $T_5(x)$的零点和区间变换可知节点

$$x_k = \frac{1}{2}\left(1+\cos\frac{2k+1}{10}\pi\right), \quad k=0,1,2,3,4,$$

即

$$x_0=0.975\,53, \quad x_1=0.793\,90, \quad x_2=0.5, \quad x_3=0.206\,11, \quad x_4=0.024\,47.$$

对应的拉格朗日插值多项式为

$$L_4(x)=1.000\,022\,07+0.998\,802\,06x+0.509\,644\,44x^2+$$
$$0.140\,391\,09x^3+0.069\,390\,53x^4.$$

利用(3.19)式可得误差估计

$$\max_{0\leqslant x\leqslant 1}|\mathrm{e}^x - L_4(x)| \leqslant \frac{M_{n+1}}{(n+1)!}\frac{(1-0)^{n+1}}{2^{2n+1}}, \quad n=4,$$

而

$$M_{n+1}=\|f^{(5)}(x)\|_\infty \leqslant \|\mathrm{e}^x\|_\infty \leqslant \mathrm{e}^1 \leqslant 2.72,$$

于是有

$$\max_{0\leqslant x\leqslant 1}|\mathrm{e}^x - L_4(x)| \leqslant \frac{\mathrm{e}}{5!}\times\frac{1}{2^9} < \frac{2.72}{6}\times\frac{1}{10\,240} < 4.4\times 10^{-5}.$$

在第 2 章中已经知道，由于高次插值出现龙格现象，一般 $L_n(x)$不收敛于 $f(x)$，因此它并不适用.但若用切比雪夫多项式零点插值却可避免龙格现象，可保证在整个区间上收敛.

例 3.6 设 $f(x)=\dfrac{1}{1+x^2}$，在$[-5,5]$上利用 $T_{11}(x)$的零点作插值点，构造 10 次拉格朗日插值多项式 $\widetilde{L}_{10}(x)$.与第 2 章得到的等距节点造出的 $L_{10}(x)$近似 $f(x)$作比较.

解 在$[-1,1]$上的 11 次切比雪夫多项式 $T_{11}(x)$的零点为

$$t_k=\cos\frac{21-2k}{22}\pi, \quad k=0,1,\cdots,10.$$

做变换 $x_k=5t_k, k=0,1,\cdots,10$.它们是$(-5,5)$内的插值点，由此得到$y=f(x)$在$[-5,5]$上的拉格朗日插值多项式 $\widetilde{L}_{10}(x)$，$f(x)$，$L_{10}(x)$，$\widetilde{L}_{10}(x)$的图形见图 3-6，从图中看到 $\widetilde{L}_{10}(x)$没有出现龙格现象.

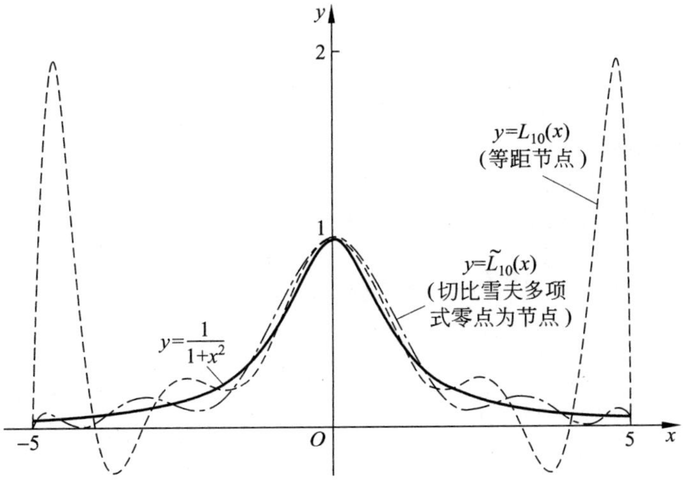

图 3-6 用切比雪夫零点插值避免龙格现象示意图

3.2.5 其他常用的正交多项式

一般来说,如果区间$[a,b]$及权函数$\rho(x)$不同,则得到的正交多项式也不同.除上述两种最重要的正交多项式外,下面再给出三种较常用的正交多项式.

1. 第二类切比雪夫多项式

在区间$[-1,1]$上带权$\rho(x)=\sqrt{1-x^2}$的正交多项式称为**第二类切比雪夫多项式**,其表达式为

$$\mathrm{U}_n(x)=\frac{\sin[(n+1)\arccos x]}{\sqrt{1-x^2}}. \tag{3.20}$$

令$x=\cos\theta$,可得

$$\int_{-1}^{1}\mathrm{U}_n(x)\mathrm{U}_m(x)\sqrt{1-x^2}\,\mathrm{d}x=\int_0^{\pi}\sin(n+1)\theta\sin(m+1)\theta\,\mathrm{d}\theta=\begin{cases}0, & m\neq n,\\ \dfrac{\pi}{2}, & m=n,\end{cases}$$

即$\{\mathrm{U}_n(x)\}$是$[-1,1]$上带权$\sqrt{1-x^2}$的正交多项式族.还可得到递推关系式

$$\begin{cases}\mathrm{U}_0(x)=1, \quad \mathrm{U}_1(x)=2x,\\ \mathrm{U}_{n+1}(x)=2x\mathrm{U}_n(x)-\mathrm{U}_{n-1}(x), \quad n=1,2,\cdots.\end{cases}$$

2. 拉盖尔多项式

在区间$[0,+\infty)$上带权e^{-x}的正交多项式称为**拉盖尔**(Laguerre)**多项式**,其表达式为

$$\mathrm{L}_n(x)=\mathrm{e}^x\frac{\mathrm{d}^n}{\mathrm{d}x^n}(x^n\mathrm{e}^{-x}),$$

它也具有正交性质

$$\int_0^{\infty}\mathrm{e}^{-x}\mathrm{L}_n(x)\mathrm{L}_m(x)\mathrm{d}x=\begin{cases}0, & m\neq n,\\ (n!)^2, & m=n,\end{cases}$$

和递推关系

$$\begin{cases} L_0(x)=1, \quad L_1(x)=1-x, \\ L_{n+1}(x)=(1+2n-x)L_n(x)-n^2L_{n-1}(x), \quad n=1,2,\cdots. \end{cases}$$

3. 埃尔米特多项式

在区间$(-\infty,+\infty)$上带权 e^{-x^2} 的正交多项式称为**埃尔米特多项式**,其表达式为

$$H_n(x)=(-1)^n e^{x^2}\frac{d^n}{dx^n}(e^{-x^2}),$$

它满足正交关系

$$\int_{-\infty}^{+\infty} e^{-x^2} H_m(x)H_n(x)dx=\begin{cases} 0, & m\neq n, \\ 2^n n!\sqrt{\pi}, & m=n, \end{cases}$$

并有递推关系

$$\begin{cases} H_0(x)=1, \quad H_1(x)=2x, \\ H_{n+1}(x)=2xH_n(x)-2nH_{n-1}(x), \quad n=1,2,\cdots. \end{cases}$$

3.3 最佳平方逼近

3.3.1 最佳平方逼近与格拉姆矩阵

现在我们研究在区间$[a,b]$上一般的最佳平方逼近问题.对 $f(x)\in C[a,b]$及 $C[a,b]$中的一个子空间 $\varphi=\mathrm{span}\{\varphi_0(x),\varphi_1(x),\cdots,\varphi_n(x)\}$,若存在 $S^*(x)\in\varphi$,使

$$\begin{aligned} \| f(x)-S^*(x)\|_2^2 &= \min_{S(x)\in\varphi}\| f(x)-S(x)\|_2^2 \\ &= \min_{S(x)\in\varphi}\int_a^b \rho(x)[f(x)-S(x)]^2 dx, \end{aligned} \tag{3.21}$$

则称 $S^*(x)$是 $f(x)$在子空间 $\varphi\subset C[a,b]$中的**最佳平方逼近函数**.为了求 $S^*(x)$,由(3.21)式可知该问题等价于求多元函数

$$I(a_0,a_1,\cdots,a_n)=\int_a^b \rho(x)\left[\sum_{j=0}^n a_j\varphi_j(x)-f(x)\right]^2 dx$$

的最小值.由于 $I(a_0,a_1,\cdots,a_n)$是关于 $a_0,a_1,\cdots,a_n$ 的二次函数,利用多元函数求极值的必要条件有

$$\frac{\partial I}{\partial a_k}=0, \quad k=0,1,\cdots,n,$$

即

$$\frac{\partial I}{\partial a_k}=2\int_a^b \rho(x)\left[\sum_{j=0}^n a_j\varphi_j(x)-f(x)\right]\varphi_k(x)dx=0, \quad k=0,1,\cdots,n,$$

于是有

$$\sum_{j=0}^n (\varphi_k(x),\varphi_j(x))a_j=(f(x),\varphi_k(x)), \quad k=0,1,\cdots,n. \tag{3.22}$$

这是关于 $a_0,a_1,\cdots,a_n$ 的线性方程组,称为**法方程**,法方程的系数矩阵为

$$\begin{pmatrix}(\varphi_0,\varphi_0) & (\varphi_0,\varphi_1) & \cdots & (\varphi_0,\varphi_n)\\(\varphi_1,\varphi_0) & (\varphi_1,\varphi_1) & \cdots & (\varphi_1,\varphi_n)\\\vdots & \vdots & & \vdots\\(\varphi_n,\varphi_0) & (\varphi_n,\varphi_1) & \cdots & (\varphi_n,\varphi_n)\end{pmatrix}.$$

此种元素由内积得到的矩阵称为**格拉姆**(Gram)**矩阵**,记为 $\boldsymbol{G}(\varphi_0,\varphi_1,\cdots,\varphi_n)$.显然，格拉姆矩阵为对称矩阵,而且关于格拉姆矩阵有下面的结果.

定理 3.11 设 V 为一个内积空间,$u_1,u_2,\cdots,u_n\in V$,格拉姆矩阵

$$\boldsymbol{G}=\boldsymbol{G}(u_1,u_2,\cdots,u_n)=\begin{pmatrix}(u_1,u_1) & (u_2,u_1) & \cdots & (u_n,u_1)\\(u_1,u_2) & (u_2,u_2) & \cdots & (u_n,u_2)\\\vdots & \vdots & & \vdots\\(u_1,u_n) & (u_2,u_n) & \cdots & (u_n,u_n)\end{pmatrix}$$

非奇异的充分必要条件是 $u_1,u_2,\cdots,u_n$ 线性无关.

证明 $\boldsymbol{G}$ 非奇异等价于 $\det\boldsymbol{G}\neq 0$,其充分必要条件是关于 $\alpha_1,\alpha_2,\cdots,\alpha_n$ 的齐次线性方程组

$$\Big(\sum_{j=1}^{n}\alpha_j u_j,u_k\Big)=\sum_{j=1}^{n}(u_j,u_k)\alpha_j=0,\quad k=1,2,\cdots,n \tag{3.23}$$

只有零解;而

$$\sum_{j=1}^{n}\alpha_j u_j=\alpha_1u_1+\alpha_2u_2+\cdots+\alpha_nu_n=0 \tag{3.24}$$

$$\Leftrightarrow\Big(\sum_{j=1}^{n}\alpha_j u_j,\sum_{j=1}^{n}\alpha_j u_j\Big)=0$$

$$\Leftrightarrow\Big(\sum_{j=1}^{n}\alpha_j u_j,u_k\Big)=0,\quad k=1,2,\cdots,n.$$

从以上等价关系可知,$\det\boldsymbol{G}\neq 0$ 等价于从方程(3.23)推出 $\alpha_1=\alpha_2=\cdots=\alpha_n=0$,而后者等价于从方程(3.24)推出 $\alpha_1=\alpha_2=\cdots=\alpha_n=0$,即 $u_1,u_2,\cdots,u_n$ 线性无关. □

由于 $\varphi_0(x),\varphi_1(x),\cdots,\varphi_n(x)$线性无关,故 $\det\boldsymbol{G}(\varphi_0,\varphi_1,\cdots,\varphi_n)\neq 0$,于是线性方程组(3.22)有唯一解 $a_k=a_k^*\ (k=0,1,\cdots,n)$,从而得到

$$S^*(x)=a_0^*\varphi_0(x)+\cdots+a_n^*\varphi_n(x).$$

下面证明 $S^*(x)$满足(3.21)式,即对任何 $S(x)\in\varphi$,有

$$\int_a^b\rho(x)[f(x)-S^*(x)]^2\mathrm{d}x\leqslant\int_a^b\rho(x)[f(x)-S(x)]^2\mathrm{d}x. \tag{3.25}$$

为此只要考虑

$$\begin{aligned}D&=\int_a^b\rho(x)[f(x)-S(x)]^2\mathrm{d}x-\int_a^b\rho(x)[f(x)-S^*(x)]^2\mathrm{d}x\\&=\int_a^b\rho(x)[S(x)-S^*(x)]^2\mathrm{d}x+\\&\quad 2\int_a^b\rho(x)[S^*(x)-S(x)][f(x)-S^*(x)]\mathrm{d}x.\end{aligned}$$

由于 $S^*(x)$的系数 a_k^* 是线性方程组(3.22)的解,故

$$\int_a^b\rho(x)[f(x)-S^*(x)]\varphi_k(x)\mathrm{d}x=0,\quad k=0,1,\cdots,n,$$

从而上式第二个积分为 0，于是

$$D=\int_a^b \rho(x)[S(x)-S^*(x)]^2\mathrm{d}x\geqslant 0,$$

故(3.25)式成立.这就证明了 $S^*(x)$是 $f(x)$在 φ 中的最佳平方逼近函数.

若令 $\delta(x)=f(x)-S^*(x)$，则最佳平方逼近的误差为

$$\begin{aligned}\|\delta(x)\|_2^2&=(f(x)-S^*(x),f(x)-S^*(x))\\&=(f(x),f(x))-(S^*(x),f(x))-(S^*(x),f(x)-S^*(x))\\&=\|f(x)\|_2^2-\sum_{k=0}^{n}a_k^*(\varphi_k(x),f(x)).\end{aligned}\tag{3.26}$$

若取 $\varphi_k(x)=x^k,\rho(x)\equiv 1,f(x)\in C[0,1]$，则要在 $\mathscr{P}_n$ 中求 n 次最佳平方逼近多项式

$$S^*(x)=a_0^*+a_1^*x+\cdots+a_n^*x^n,$$

此时

$$(\varphi_j(x),\varphi_k(x))=\int_0^1 x^{k+j}\mathrm{d}x=\frac{1}{k+j+1},\qquad (f(x),\varphi_k(x))=\int_0^1 f(x)x^k\mathrm{d}x\equiv d_k.$$

用 $\boldsymbol{H}$ 表示 $\boldsymbol{G}_n=\boldsymbol{G}(1,x,\cdots,x^n)$对应的格拉姆矩阵，即

$$\boldsymbol{H}=\begin{pmatrix}1 & 1/2 & \cdots & 1/(n+1)\\ 1/2 & 1/3 & \cdots & 1/(n+2)\\ \vdots & \vdots & & \vdots\\ 1/(n+1) & 1/(n+2) & \cdots & 1/(2n+1)\end{pmatrix}.\tag{3.27}$$

称 $\boldsymbol{H}$ 为**希尔伯特**(Hilbert)**矩阵**，记 $\boldsymbol{a}=(a_0,a_1,\cdots,a_n)^{\mathrm{T}},\boldsymbol{d}=(d_0,d_1,\cdots,d_n)^{\mathrm{T}}$，则

$$\boldsymbol{Ha}=\boldsymbol{d}$$

的解 $a_k=a_k^*\ (k=0,1,\cdots,n)$即为所求.

例 3.7　设 $f(x)=\sqrt{1+x^2}$，求[0,1]上的一次最佳平方逼近多项式.

解　由

$$d_0=\int_0^1\sqrt{1+x^2}\,\mathrm{d}x=\frac{1}{2}\ln(1+\sqrt{2})+\frac{\sqrt{2}}{2}\approx 1.148,$$

$$d_1=\int_0^1 x\sqrt{1+x^2}\,\mathrm{d}x=\frac{1}{3}(1+x^2)^{3/2}\Big|_0^1=\frac{2\sqrt{2}-1}{3}\approx 0.609,$$

得线性方程组

$$\begin{pmatrix}1 & \frac{1}{2}\\ \frac{1}{2} & \frac{1}{3}\end{pmatrix}\begin{pmatrix}a_0\\ a_1\end{pmatrix}=\begin{pmatrix}1.148\\ 0.609\end{pmatrix},$$

解出 $a_0=0.938,a_1=0.420$，故

$$S_1^*(x)=0.938+0.420x.$$

平方逼近的误差为

$$\begin{aligned}\|\delta(x)\|_2^2&=(f(x),f(x))-(S_1^*(x),f(x))\\&=\int_0^1(1+x^2)\mathrm{d}x-0.420d_1-0.938d_0=0.0026.\end{aligned}$$

最大误差

$$\|\delta(x)\|_\infty=\max_{0\leqslant x\leqslant 1}|\sqrt{1+x^2}-S_1^*(x)|\approx 0.066.$$

$f(x)$，$S_1^*(x)$及$|f(x)-S_1^*(x)|$的图像如图 3-7 所示.

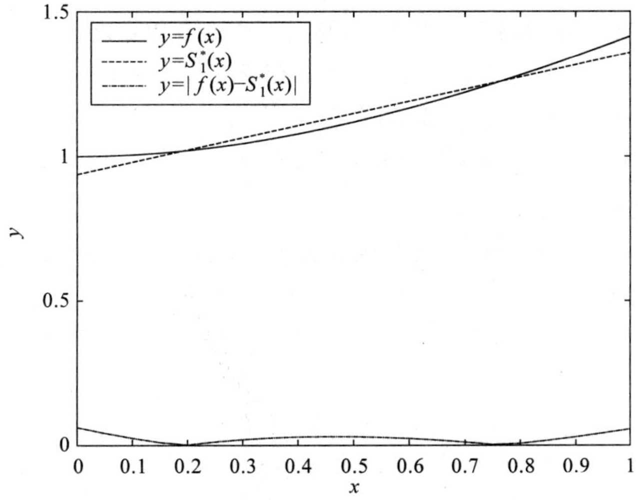

图 3-7 函数 $\sqrt{1+x^2}$ 及其一次最佳平方逼近多项式

用$\{1,x,\cdots,x^n\}$作基，求最佳平方逼近多项式，当 n 较大时，系数矩阵(3.27)，即希尔伯特矩阵是高度病态的(见第 5 章)，因此直接求解法方程是相当困难的，克服此困难的方法是采用正交多项式作基.

3.3.2 用正交函数族作最佳平方逼近

设 $f(x)\in C[a,b]$，$\varphi=\text{span}\{\varphi_0(x),\varphi_1(x),\cdots,\varphi_n(x)\}$.若$\varphi_0(x),\varphi_1(x),\cdots,\varphi_n(x)$是满足条件(3.9)的正交函数族，则$(\varphi_i(x),\varphi_j(x))=0,i\neq j$，而$(\varphi_j(x),\varphi_j(x))>0$，故法方程(3.22)的系数矩阵 $\boldsymbol{G}_n=\boldsymbol{G}(\varphi_0(x),\varphi_1(x),\cdots,\varphi_n(x))$为非奇异对角阵，且方程(3.22)的解为

$$a_k^*=(f(x),\varphi_k(x))/(\varphi_k(x),\varphi_k(x)),\quad k=0,1,\cdots,n. \tag{3.28}$$

于是 $f(x)\in C[a,b]$在 φ 中的最佳平方逼近函数为

$$S^*(x)=\sum_{k=0}^{n}\frac{(f(x),\varphi_k(x))}{\|\varphi_k(x)\|_2^2}\varphi_k(x). \tag{3.29}$$

由(3.26)式可得平方逼近的误差为

$$\begin{aligned}\|\delta_n(x)\|_2&=\|f(x)-S_n^*(x)\|_2\\&=\left(\|f(x)\|_2^2-\sum_{k=0}^{n}\left[\frac{(f(x),\varphi_k(x))}{\|\varphi_k(x)\|_2}\right]^2\right)^{\frac{1}{2}}.\end{aligned} \tag{3.30}$$

由此可得**贝塞尔**(Bessel)**不等式**

$$\sum_{k=0}^{n}(a_k^*\|\varphi_k(x)\|_2)^2\leqslant\|f(x)\|_2^2. \tag{3.31}$$

若 $f(x)\in C[a,b]$，按正交函数族$\{\varphi_k(x)\}$展开，系数 a_k^* $(k=0,1,\cdots)$按(3.28)式计算，得级数

$$\sum_{k=0}^{\infty}a_k^*\varphi_k(x), \tag{3.32}$$

称其为 $f(x)$ 的**广义傅里叶级数**，系数 a_k^* 称为广义傅里叶系数.它是傅里叶级数的直接推广.

下面讨论特殊情况，设 $\varphi=\mathrm{span}\{\varphi_0(x),\varphi_1(x),\cdots,\varphi_n(x)\}$，而 $\varphi_k(x)(k=0,1,\cdots,n)$ 可由 $1,x,\cdots,x^n$ 正交化得到的正交多项式，则有下面的收敛定理.

定理 3.12 设 $f(x)\in C[a,b]$，$S^*(x)$ 是由(3.29)式给出的 $f(x)$ 的最佳平方逼近多项式，其中 $\{\varphi_k(x),k=0,1,\cdots,n\}$ 是正交多项式族，则有

$$\lim_{n\to\infty}\| f(x)-S_n^*(x)\|_2=0.$$

证明略，可见文献[23].

下面考虑函数 $f(x)\in C[-1,1]$，按勒让德多项式 $\{\mathrm{P}_0(x),\mathrm{P}_1(x),\cdots,\mathrm{P}_n(x)\}$ 展开，由(3.28)式和(3.29)式可得

$$S_n^*(x)=a_0^*\mathrm{P}_0(x)+a_1^*\mathrm{P}_1(x)+\cdots+a_n^*\mathrm{P}_n(x), \tag{3.33}$$

其中

$$a_k^*=\frac{(f(x),\mathrm{P}_k(x))}{(\mathrm{P}_k(x),\mathrm{P}_k(x))}=\frac{2k+1}{2}\int_{-1}^{1}f(x)\mathrm{P}_k(x)\mathrm{d}x. \tag{3.34}$$

根据(3.30)式，平方逼近的误差为

$$\|\delta_n(x)\|_2^2=\int_{-1}^{1}f^2(x)\mathrm{d}x-\sum_{k=0}^{n}\frac{2}{2k+1}a_k^{*2}.$$

由定理 3.12 可得

$$\lim_{n\to\infty}\| f(x)-S_n^*(x)\|_2=0.$$

如果 $f(x)$ 满足光滑性条件还可得到 $S_n^*(x)$ 一致收敛于 $f(x)$ 的结论.

定理 3.13 设 $f(x)\in C^2[-1,1]$，$S_n^*(x)$ 由(3.33)式给出，则对任意 $x\in[-1,1]$ 和 $\forall\varepsilon>0$，当 n 充分大时有

$$|f(x)-S_n^*(x)|\leqslant\frac{\varepsilon}{\sqrt{n}}.$$

证明可见文献[23].

对于首项系数为 1 的勒让德多项式 $\widetilde{\mathrm{P}}_n(x)$(由(3.11)式给出)有以下性质.

定理 3.14 在所有首项系数为 1 的 n 次多项式中，勒让德多项式 $\widetilde{\mathrm{P}}_n(x)$ 在 $[-1,1]$ 上与零的平方逼近误差最小.

证明 设 $Q_n(x)$ 是任意一个最高次项系数为 1 的 n 次多项式，它可表示为

$$Q_n(x)=\widetilde{\mathrm{P}}_n(x)+\sum_{k=0}^{n-1}a_k\widetilde{\mathrm{P}}_k(x),$$

于是

$$\begin{aligned}\|Q_n(x)\|_2^2&=(Q_n(x),Q_n(x))=\int_{-1}^{1}Q_n^2(x)\mathrm{d}x\\&=(\widetilde{\mathrm{P}}_n(x),\widetilde{\mathrm{P}}_n(x))+\sum_{k=0}^{n-1}a_k^2(\widetilde{\mathrm{P}}_k(x),\widetilde{\mathrm{P}}_k(x))\\&\geqslant(\widetilde{\mathrm{P}}_n(x),\widetilde{\mathrm{P}}_n(x))=\|\widetilde{\mathrm{P}}_n(x)\|_2^2.\end{aligned}$$

当且仅当 $a_0=a_1=\cdots=a_{n-1}=0$ 时等号才成立，即当 $Q_n(x)\equiv\widetilde{\mathrm{P}}_n(x)$ 时平方逼近误差最小.

例 3.8 求 $f(x)=e^x$ 在$[-1,1]$上的一次、二次及三次最佳平方逼近多项式.

解 先计算$(f(x),P_k(x))(k=0,1,2,3)$.

$$(f(x),P_0(x))=\int_{-1}^{1}e^x dx=e-\frac{1}{e}\approx 2.3504;$$

$$(f(x),P_1(x))=\int_{-1}^{1}xe^x dx=2e^{-1}\approx 0.7358;$$

$$(f(x),P_2(x))=\int_{-1}^{1}\left(\frac{3}{2}x^2-\frac{1}{2}\right)e^x dx=e-\frac{7}{e}\approx 0.1431;$$

$$(f(x),P_3(x))=\int_{-1}^{1}\left(\frac{5}{2}x^3-\frac{3}{2}x\right)e^x dx=37\frac{1}{e}-5e\approx 0.020\,13.$$

由(3.34)式得

$$a_0^*=(f(x),P_0(x))/2=1.175\,20,\qquad a_1^*=3(f(x),P_1(x))/2=1.103\,64,$$

$$a_2^*=5(f(x),P_2(x))/2=0.357\,81,\qquad a_3^*=7(f(x),P_3(x))/2=0.070\,46.$$

代入(3.33)式得

$$S_1^*(x)=1.175\,20+1.103\,64x,\quad S_2^*(x)=0.996\,29+1.103\,64x+0.536\,72x^2,$$

$$S_3^*(x)=0.996\,29+0.997\,95x+0.536\,72x^2+0.176\,14x^3.$$

$S_3^*(x)$的均方逼近的误差为

$$\|\delta_3(x)\|_2=\|e^x-S_3^*(x)\|_2=\sqrt{\int_{-1}^{1}e^{2x}dx-\sum_{k=0}^{3}\frac{2}{2k+1}a_k^{*2}}\leqslant 0.0084.$$

最大误差为

$$\|\delta_3(x)\|_\infty=\|e^x-S_3^*(x)\|_\infty\leqslant 0.0112.$$

$f(x),S_1^*(x),S_2^*(x),S_3^*(x)$及$f(x)-S_1^*(x),f(x)-S_2^*(x),f(x)-S_3^*(x)$的图像如图 3-8 所示. 在图 3-8(a)中,$S_3^*(x)$与$f(x)$的图像几乎重合,很难区分得开.

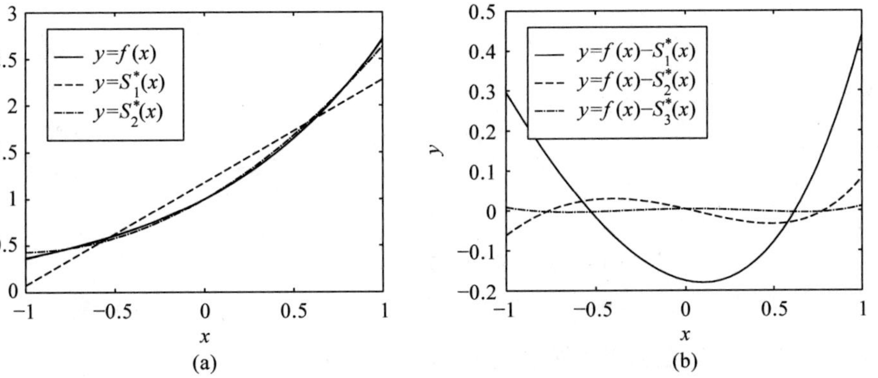

图 3-8 函数 e^x 的一次、二次及三次最佳平方逼近多项式

如果$f(x)\in C[a,b]$,求$[a,b]$上的最佳平方逼近多项式,做变换

$$x=\frac{b-a}{2}t+\frac{b+a}{2},\qquad -1\leqslant t\leqslant 1,$$

于是$F(t)=f\left(\frac{b-a}{2}t+\frac{b+a}{2}\right)$在$[-1,1]$上可用勒让德多项式求得最佳平方逼近多项式

$S_n^*(t)$，从而得到区间$[a,b]$上的最佳平方逼近多项式 $S_n^*\left(\frac{1}{b-a}(2x-a-b)\right)$.

由于勒让德多项式$\{P_k(x)\}_0^\infty$ 是在区间$[-1,1]$上由$\{1,x,\cdots,x^k,\cdots\}$正交化得到的，因此利用函数的勒让德展开部分和得到最佳平方逼近多项式与由

$$S(x)=a_0+a_1x+\cdots+a_nx^n$$

直接通过解法方程得到 $\mathscr{P}_n$ 中的最佳平方逼近多项式是一致的，只是当 n 较大时法方程出现病态，计算误差较大，不能使用，而用勒让德展开不用解线性方程组，不存在病态问题，计算公式比较方便，因此通常都用这种方法求最佳平方逼近多项式.

3.3.3 切比雪夫级数

如果 $f(x)\in C[-1,1]$，按切比雪夫多项式$\{T_k(x)\}_0^\infty$ 展成广义傅里叶级数，由(3.32)式可得级数

$$\frac{C_0^*}{2}+\sum_{k=1}^{\infty}C_k^*T_k(x), \tag{3.35}$$

其中系数由(3.28)式给出，由(3.16)式得到

$$C_k^*=\frac{2}{\pi}\int_{-1}^{1}\frac{f(x)T_k(x)}{\sqrt{1-x^2}}dx,\quad k=0,1,2,\cdots.$$

级数(3.35)称为 $f(x)$在$[-1,1]$上的**切比雪夫级数**.

若令 $x=\cos\theta$，$0\leqslant\theta\leqslant\pi$，则(3.35)式就是 $f(\cos\theta)$的傅里叶级数，其中

$$C_k^*=\frac{2}{\pi}\int_0^{\pi}f(\cos\theta)\cos k\theta d\theta,\quad k=0,1,2,\cdots. \tag{3.36}$$

于是根据傅里叶级数理论知，只要 $f''(x)$在$[-1,1]$上分段连续，则 $f(x)$在$[-1,1]$上的切比雪夫级数(3.35)一致收敛于 $f(x)$.从而可表示为

$$f(x)=\frac{C_0^*}{2}+\sum_{k=1}^{\infty}C_k^*T_k(x).$$

取它的部分和

$$S_n^*(x)=\frac{C_0^*}{2}+\sum_{k=1}^{n}C_k^*T_k(x), \tag{3.37}$$

其误差为

$$f(x)-S_n^*(x)\approx C_{n+1}^*T_{n+1}(x).$$

$T_{n+1}(x)$的函数值在$[-1,1]$上是波动的，它的最大值 $\max\limits_{-1\leqslant x\leqslant 1}|T_{n+1}(x)|$ 最小，因此 $S_n^*(x)$ 可作为 $f(x)$在$[-1,1]$上的近似最佳一致逼近多项式.

例 3.9(例 3.8 续) 求 $f(x)=e^x$ 在$[-1,1]$上的切比雪夫级数部分和 $S_1^*(x)$，$S_2^*(x)$ 及 $S_3^*(x)$.

解 由(3.36)式得

$$C_k^*=\frac{2}{\pi}\int_0^{\pi}e^{\cos\theta}\cos k\theta d\theta,\quad k=0,1,2,3.$$

它可用数值积分方法(见第 4 章)求得

$C_0^*=2.532\ 131\ 95$， $C_1^*=1.130\ 321\ 32$， $C_2^*=0.271\ 495\ 79$， $C_3^*=0.044\ 337\ 50$.

由(3.37)式及 $T_k(x)$ 的表达式可求得

$S_1^*(x)=1.266\ 066+1.130\ 321x$，　$S_2^*(x)=0.994\ 570+1.130\ 321x+0.542\ 992x^2$，

$S_3^*(x)=0.994\ 570+0.997\ 309x+0.542\ 992x^2+0.177\ 350x^3$，

及 $\| e^x-S_3^*(x)\|_\infty \approx 0.006\ 07$.

这里得到的 $S_1^*(x)$，$S_2^*(x)$，$S_3^*(x)$ 与在例 3.8 中得到的 $S_1^*(x)$，$S_2^*(x)$，$S_3^*(x)$ 相差不大，故其图像可参见图 3-8. 但余项在无穷范数意义下是最佳的.

3.4　曲线拟合的最小二乘法

3.4.1　最小二乘法及其计算

在科学实验中经常见到，只在一组离散点集 $\{x_i, i=0,1,\cdots,m\}$ 上给出的实验数据 $\{(x_i,y_i), i=0,1,\cdots,m\}$，寻求一个函数 $y=S^*(x)$ 与所给数据 $\{(x_i,y_i)\}$ 尽可能地接近，称为**曲线拟合**. 若记误差 $\delta_i=S^*(x_i)-y_i (i=0,1,\cdots,m)$，$\boldsymbol{\delta}=(\delta_0,\delta_1,\cdots,\delta_m)^{\mathrm{T}}$，

设 $\varphi_0(x),\varphi_1(x),\cdots,\varphi_n(x)$ 是 $C[a,b]$ 上的线性无关函数族，在

$$\varphi=\mathrm{span}\{\varphi_0(x),\varphi_1(x),\cdots,\varphi_n(x)\}$$

中找一函数 $S^*(x)$，使误差平方和

$$\|\boldsymbol{\delta}\|_2^2=\sum_{i=0}^m \delta_i^2=\sum_{i=0}^m [S^*(x_i)-y_i]^2=\min_{S(x)\in\varphi}\sum_{i=0}^m [S(x_i)-y_i]^2,$$

这里

$$S(x)=a_0\varphi_0(x)+a_1\varphi_1(x)+\cdots+a_n\varphi_n(x),\quad n<m. \tag{3.38}$$

这就是一般的最小二乘逼近，用几何语言说，就称为曲线拟合的**最小二乘法**.

用最小二乘法求拟合曲线时，首先要确定 $S(x)$ 的形式.这不单纯是数学问题，还与所研究问题的运动规律及所得观测数据 (x_i,y_i) 有关；通常要从问题的运动规律或给定数据描图，确定 $S(x)$ 的形式，并通过实际计算选出较好的结果——这点将从下面的例题得到说明. $S(x)$ 的一般表达式为(3.38)式表示的线性形式.若 $\varphi_k(x)$ 是 k 次多项式，$S(x)$ 就是 n 次多项式.为了使问题的提法更有一般性，通常在最小二乘法中 $\|\boldsymbol{\delta}\|_2^2$ 都考虑为加权平方和，即

$$\|\boldsymbol{\delta}\|_2^2=\sum_{i=0}^m \omega(x_i)[S(x_i)-y_i]^2. \tag{3.39}$$

这里 $\omega(x)\geqslant 0$ 是 $[a,b]$ 上的权函数，它表示不同点 (x_i,y_i) 处的数据比重不同，例如，$\omega(x_i)$ 可表示在点 (x_i,y_i) 处重复观测的次数.用最小二乘法求拟合曲线的问题，就是在形如(3.38)式的 $S(x)$ 中求一函数 $y=S^*(x)$，使(3.39)式取得最小.它转化为求多元函数

$$I(a_0,a_1,\cdots,a_n)=\sum_{i=0}^m \omega(x_i)\Big[\sum_{j=0}^n a_j\varphi_j(x_i)-y_i\Big]^2$$

的极小点 $(a_0^*,a_1^*,\cdots,a_n^*)$ 的问题.这与 3.3 节讨论的问题完全类似.由求多元函数极值的必要条件，有

$$\frac{\partial I}{\partial a_k}=2\sum_{i=0}^m \omega(x_i)\Big[\sum_{j=0}^n a_j\varphi_j(x_i)-y_i\Big]\varphi_k(x_i)=0,\quad k=0,1,\cdots,n.$$

若记 $\boldsymbol{y}=(y_0,y_1,y_2,\cdots,y_m)$，$\boldsymbol{\varphi}_j=(\varphi_j(x_0),\varphi_j(x_1),\varphi_j(x_2),\cdots,\varphi_j(x_m))$，其中 $j=0,1,2,\cdots,n$，则有

$$(\boldsymbol{\varphi}_j,\boldsymbol{\varphi}_k)=\sum_{i=0}^{m}\omega(x_i)\varphi_j(x_i)\varphi_k(x_i),$$

$$(\boldsymbol{y},\boldsymbol{\varphi}_k)=\sum_{i=0}^{m}\omega(x_i)y_i\varphi_k(x_i)\equiv d_k,\quad k=0,1,\cdots,n,$$

上式可改写为

$$\sum_{j=0}^{n}(\boldsymbol{\varphi}_k,\boldsymbol{\varphi}_j)a_j=d_k,\quad k=0,1,\cdots,n. \tag{3.40}$$

线性方程组(3.40)称为**法方程**,可将其写成矩阵形式

$$\boldsymbol{Ga}=\boldsymbol{d},$$

其中 $\boldsymbol{a}=(a_0,a_1,\cdots,a_n)^{\mathrm{T}}$,$\boldsymbol{d}=(d_0,d_1,\cdots,d_n)^{\mathrm{T}}$,

$$\boldsymbol{G}=\begin{pmatrix}(\boldsymbol{\varphi}_0,\boldsymbol{\varphi}_0) & (\boldsymbol{\varphi}_0,\boldsymbol{\varphi}_1) & \cdots & (\boldsymbol{\varphi}_0,\boldsymbol{\varphi}_n)\\ (\boldsymbol{\varphi}_1,\boldsymbol{\varphi}_0) & (\boldsymbol{\varphi}_1,\boldsymbol{\varphi}_1) & \cdots & (\boldsymbol{\varphi}_1,\boldsymbol{\varphi}_n)\\ \vdots & \vdots & & \vdots\\ (\boldsymbol{\varphi}_n,\boldsymbol{\varphi}_0) & (\boldsymbol{\varphi}_n,\boldsymbol{\varphi}_1) & \cdots & (\boldsymbol{\varphi}_n,\boldsymbol{\varphi}_n)\end{pmatrix}. \tag{3.41}$$

要使法方程(3.40)有唯一解 $a_0,a_1,\cdots,a_n$,就要求矩阵 $\boldsymbol{G}$ 非奇异.必须指出,$\varphi_0(x)$,$\varphi_1(x)$,$\cdots$,$\varphi_n(x)$在$[a,b]$上线性无关不能推出矩阵 $\boldsymbol{G}$ 非奇异.例如,令 $\varphi_0(x)=\sin x$,$\varphi_1(x)=\sin 2x$,$x\in[0,2\pi]$,显然$\{\varphi_0(x),\varphi_1(x)\}$在$[0,2\pi]$上线性无关,但若取点 $x_k=k\pi$,$k=0,1,2$ $(n=1,m=2)$,那么有 $\varphi_0(x_k)=\varphi_1(x_k)=0$,$k=0,1,2$,由此得出

$$\boldsymbol{G}=\begin{pmatrix}(\boldsymbol{\varphi}_0,\boldsymbol{\varphi}_0) & (\boldsymbol{\varphi}_0,\boldsymbol{\varphi}_1)\\ (\boldsymbol{\varphi}_1,\boldsymbol{\varphi}_0) & (\boldsymbol{\varphi}_1,\boldsymbol{\varphi}_1)\end{pmatrix}=\boldsymbol{0}.$$

为保证方程组(3.40)的系数矩阵 $\boldsymbol{G}$ 非奇异,必须加上另外的条件.

定义 3.7 设 $\varphi_0(x),\varphi_1(x),\cdots,\varphi_n(x)\in C[a,b]$的任意线性组合在点集$\{x_i\}_0^m(m\geqslant n)$上至多只有 n 个不同的零点,则称 $\varphi_0(x),\varphi_1(x),\cdots,\varphi_n(x)$在点集$\{x_i\}_0^m$ 上满足**哈尔**(Haar)**条件**.

显然 $1,x,\cdots,x^n$ 在任意 $m(m\geqslant n)$个点上满足哈尔条件.

可以证明,如果 $\varphi_0(x),\varphi_1(x),\cdots,\varphi_n(x)\in C[a,b]$在$\{x_i\}_0^m$ 上满足哈尔条件,则法方程(3.40)的系数矩阵(3.41)非奇异,于是方程组(3.40)存在唯一的解 $a_k=a_k^*$ $(k=0,1,\cdots,n)$.从而得到最小二乘解为

$$S^*(x)=a_0^*\varphi_0(x)+a_1^*\varphi_1(x)+\cdots+a_n^*\varphi_n(x).$$

可以证明这样得到的 $S^*(x)$,对任何形如(3.38)式的 $S(x)$,都有

$$\sum_{i=0}^{m}\omega(x_i)[S^*(x_i)-y_i]^2\leqslant\sum_{i=0}^{m}\omega(x_i)[S(x_i)-y_i]^2,$$

故 $S^*(x)$确是所求最小二乘解.它的证明与证明(3.25)式相似,读者可自己完成.

给定离散数据$\{(x_i,y_i),i=0,1,\cdots,m\}$,要确定 φ 是困难的,一般可取 $\varphi=\mathrm{span}\{1,x,\cdots,x^n\}$,但这样做当 $n\geqslant 3$ 时,与连续情形一样求解法方程(3.40)时将出现系数矩阵 $\boldsymbol{G}$ 为病态的情况,通常对 $n=1$ 的简单情形都可通过求法方程(3.40)得到 $S^*(x)$.有时根据给定数据图形,其拟合函数 $y=S(x)$表面上不是(3.38)式的形式,但通过变换仍可化为线性模型.例如,$S(x)=a\mathrm{e}^{bx}$,若两边取对数得

$$\ln S(x)=\ln a+bx,$$

它就是形如(3.38)式的线性模型,具体做法见例 3.11.

例 3.10 已知一组实验数据如表 3-1,求它的拟合曲线.

表 3-1 实验数据

x_i	1	2	3	4	5
y_i	4	4.5	6	8	8.5
ω_i	2	1	3	1	1

解 根据所给数据,绘制散点图,见图 3-9.从图中看到各点在一条直线附近,故可选择线性函数作拟合曲线,即令 $S_1(x)=a_0+a_1x$,这里 $m=4,n=1,\varphi_0(x)=1,\varphi_1(x)=x$,故

$$(\boldsymbol{\varphi}_0,\boldsymbol{\varphi}_0)=\sum_{i=0}^{4}\omega_i=8,$$

$$(\boldsymbol{\varphi}_0,\boldsymbol{\varphi}_1)=(\boldsymbol{\varphi}_1,\boldsymbol{\varphi}_0)=\sum_{i=0}^{4}\omega_i x_i=22,$$

$$(\boldsymbol{\varphi}_1,\boldsymbol{\varphi}_1)=\sum_{i=0}^{4}\omega_i x_i^2=74,\quad (\boldsymbol{\varphi}_0,\boldsymbol{y})=\sum_{i=0}^{4}\omega_i y_i=47,$$

$$(\boldsymbol{\varphi}_1,\boldsymbol{y})=\sum_{i=0}^{4}\omega_i x_i y_i=145.5.$$

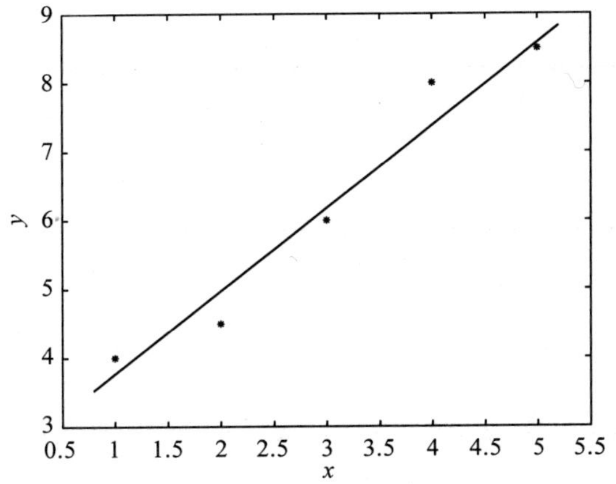

图 3-9 散点图及拟合效果示意图

由法方程(3.40)得线性方程组

$$\begin{cases}8a_0+22a_1=47,\\22a_0+74a_1=145.5.\end{cases}$$

解得 $a_0=2.5648,a_1=1.2037$.于是所求拟合曲线为直线

$$S_1^*(x)=2.5648+1.2037x.$$

其图像如图 3-9 所示.

例 3.11 设数据$(x_i,y_i)(i=0,1,2,3,4)$由表 3-2 给出,求它的拟合曲线.

解 根据给定数据$(x_i,y_i)(i=0,1,2,3,4)$画出散点图,见图 3-10(a)中的星号. 从图可见各点基本上在一条直线附近,故可选择线性函数作为拟合曲线.

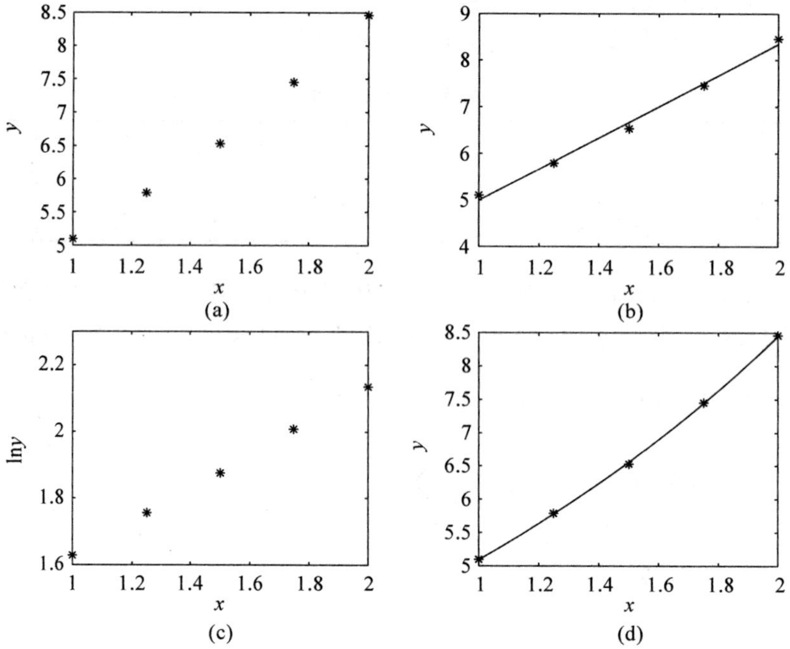

图 3-10　散点图及拟合效果示意图

表 3-2　数据表

i	0	1	2	3	4
x_i	1.00	1.25	1.50	1.75	2.00
y_i	5.10	5.79	6.53	7.45	8.46

根据最小二乘法，取 $\varphi_0(x)=1,\varphi_1(x)=x,\omega(x)\equiv 1$，得

$$(\boldsymbol{\varphi}_0,\boldsymbol{\varphi}_0)=5,\quad (\boldsymbol{\varphi}_0,\boldsymbol{\varphi}_1)=\sum_{i=0}^{4}x_i=7.50,\quad (\boldsymbol{\varphi}_1,\boldsymbol{\varphi}_1)=\sum_{i=0}^{4}x_i^2=11.875,$$

$$(\boldsymbol{\varphi}_0,\boldsymbol{y})=\sum_{i=0}^{4}y_i=33.33,\quad (\boldsymbol{\varphi}_1,\boldsymbol{y})=\sum_{i=0}^{4}x_iy_i=52.09.$$

从而得法方程

$$\begin{cases}5A+7.50b=33.33,\\ 7.50A+11.875b=52.09.\end{cases}$$

解得 $A=1.6380,b=3.3520$，于是得最小二乘拟合直线为 $y=1.6380+3.3520x$. 其图像为图 3-10(b)中的直线，从图可见中间的三个数据点均在拟合直线的一侧，而两个端点的数据点在拟合直线的另一侧，这反映出所给数据点可能呈指数关系，而不是呈线性关系. 画出数据$(x_i,\ln y_i)$的散点图，见图 3-10(c)，从图中可见这时的数据点确实呈线性关系. 设拟合曲线方程为 $y=a\mathrm{e}^{bx}$，两边取对数得 $\ln y=\ln a+bx$. 若令 $\bar{y}=\ln y,A=\ln a$，则得 $\bar{y}=A+bx$，故仍可取 $\varphi_0(x)=1,\varphi_1(x)=x,\omega(x)\equiv 1$，这时法方程的系数矩阵与前面所得的系数矩阵相同，而右端项为

$$(\boldsymbol{\varphi}_0,\bar{\boldsymbol{y}})=\sum_{i=0}^{4}\bar{y}_i=9.404,\quad (\boldsymbol{\varphi}_1,\bar{\boldsymbol{y}})=\sum_{i=0}^{4}x_i\bar{y}_i=14.422.$$

故有法方程

$$\begin{cases}5A+7.50b=9.404,\\7.50A+11.875b=14.422.\end{cases}$$

解得 $A=1.1224, b=0.5056, a=e^A=3.0722$.于是得最小二乘拟合曲线为 $y=3.0722e^{0.5056x}$，其图像如图 3-10(d)所示.

现在很多数学软件配有自动选择数学模型的程序,其方法与本例相同.程序中因变量与自变量变换的函数类型较多,通过计算比较误差找到拟合得较好的曲线,最后输出曲线图形及数学表达式.

3.4.2 用正交多项式作最小二乘拟合

用最小二乘法得到的法方程(3.40),其系数矩阵 $\boldsymbol{G}$ 是病态的,但如果 $\varphi_0(x),\varphi_1(x),\cdots,\varphi_n(x)$ 是关于点集 $\{x_i\}(i=0,1,\cdots,m)$ 带权 $\omega(x_i)(i=0,1,\cdots,m)$ 正交的函数族,即

$$(\boldsymbol{\varphi}_j,\boldsymbol{\varphi}_k)=\sum_{i=0}^{m}\omega(x_i)\varphi_j(x_i)\varphi_k(x_i)=\begin{cases}0, & j\neq k,\\A_k>0, & j=k,\end{cases}$$

则法方程(3.40)的解为

$$a_k^*=\frac{(\boldsymbol{y},\boldsymbol{\varphi}_k)}{(\boldsymbol{\varphi}_k,\boldsymbol{\varphi}_k)}=\frac{\sum\limits_{i=0}^{m}\omega(x_i)y_i\varphi_k(x_i)}{\sum\limits_{i=0}^{m}\omega(x_i)\varphi_k^2(x_i)},\quad k=0,1,\cdots,n,$$

且平方误差为

$$\|\boldsymbol{\delta}\|_2^2=\|\boldsymbol{y}\|_2^2-\sum_{k=0}^{n}A_k(a_k^*)^2.$$

现在我们根据给定节点 $x_0,x_1,\cdots,x_m$ 及权函数 $\omega(x)>0$,造出带权 $\omega(x)$ 正交的多项式 $\{p_n(x)\}$.注意 $n\leqslant m$,用递推公式表示 $p_k(x)$,即

$$\begin{cases}p_0(x)=1, \qquad p_1(x)=(x-\alpha_1)p_0(x),\\p_{k+1}(x)=(x-\alpha_{k+1})p_k(x)-\beta_k p_{k-1}(x), \quad k=1,2,\cdots,n-1.\end{cases}\tag{3.42}$$

这里 $p_k(x)$ 是首项系数为 1 的 k 次多项式,根据 $p_k(x)$ 的正交性,得

$$\begin{cases}\alpha_{k+1}=\dfrac{\sum\limits_{i=0}^{m}\omega(x_i)x_i p_k^2(x_i)}{\sum\limits_{i=0}^{m}\omega(x_i)p_k^2(x_i)}\overset{\text{def}}{=\!=}\dfrac{(\boldsymbol{x}\boldsymbol{p}_k,\boldsymbol{p}_k)}{(\boldsymbol{p}_k,\boldsymbol{p}_k)}, \quad k=0,1,\cdots,n-1,\\[2ex]\beta_k=\dfrac{\sum\limits_{i=0}^{m}\omega(x_i)p_k^2(x_i)}{\sum\limits_{i=0}^{m}\omega(x_i)p_{k-1}^2(x_i)}\overset{\text{def}}{=\!=}\dfrac{(\boldsymbol{p}_k,\boldsymbol{p}_k)}{(\boldsymbol{p}_{k-1},\boldsymbol{p}_{k-1})}, \quad k=1,2,\cdots,n-1.\end{cases}\tag{3.43}$$

下面用归纳法证明这样给出的 $\{p_k(x)\}$ 是正交的.由(3.42)式第二式及(3.43)式中 α_1 的表达式,有

$$(\boldsymbol{p}_0,\boldsymbol{p}_1)=(\boldsymbol{p}_0,\boldsymbol{x}\boldsymbol{p}_0)-\alpha_1(\boldsymbol{p}_0,\boldsymbol{p}_0)=(\boldsymbol{p}_0,\boldsymbol{x}\boldsymbol{p}_0)-\frac{(\boldsymbol{x}\boldsymbol{p}_0,\boldsymbol{p}_0)}{(\boldsymbol{p}_0,\boldsymbol{p}_0)}(\boldsymbol{p}_0,\boldsymbol{p}_0)=0.$$

现假定 $(\boldsymbol{p}_l,\boldsymbol{p}_s)=0\,(l\neq s)$ 对 $s=0,1,\cdots,l-1$ 及 $l=0,1,\cdots,k\ (k<n)$ 均成立,要证

$(\boldsymbol{p}_{k+1},\boldsymbol{p}_s)=0$ 对 $s=0,1,\cdots,k$ 均成立.由(3.42)式有

$$
\begin{aligned}
(\boldsymbol{p}_{k+1},\boldsymbol{p}_s) &= ((\boldsymbol{x}-\alpha_{k+1})\boldsymbol{p}_k,\boldsymbol{p}_s)-\beta_k(\boldsymbol{p}_{k-1},\boldsymbol{p}_s)\\
&= (\boldsymbol{x}\boldsymbol{p}_k,\boldsymbol{p}_s)-\alpha_{k+1}(\boldsymbol{p}_k,\boldsymbol{p}_s)-\beta_k(\boldsymbol{p}_{k-1},\boldsymbol{p}_s).
\end{aligned}
\tag{3.44}
$$

由归纳法假定,当 $0\leqslant s\leqslant k-2$ 时,

$$(\boldsymbol{p}_k,\boldsymbol{p}_s)=0,\quad (\boldsymbol{p}_{k-1},\boldsymbol{p}_s)=0.$$

另外,$xp_s(x)$是首项系数为1的 $s+1$ 次多项式,它可由 $p_0(x),p_1(x),\cdots,p_{s+1}(x)$的线性组合表示,而 $s+1\leqslant k-1$,故由归纳法假定又有

$$(\boldsymbol{x}\boldsymbol{p}_k,\boldsymbol{p}_s)\equiv(\boldsymbol{p}_k,\boldsymbol{x}\boldsymbol{p}_s)=0,$$

于是由(3.44)式,当 $s\leqslant k-2$ 时,$(\boldsymbol{p}_{k+1},\boldsymbol{p}_s)=0$.

另外

$$(\boldsymbol{p}_{k+1},\boldsymbol{p}_{k-1})=(\boldsymbol{x}\boldsymbol{p}_k,\boldsymbol{p}_{k-1})-\alpha_{k+1}(\boldsymbol{p}_k,\boldsymbol{p}_{k-1})-\beta_k(\boldsymbol{p}_{k-1},\boldsymbol{p}_{k-1}),$$

由假定有

$$(\boldsymbol{p}_k,\boldsymbol{p}_{k-1})=0,$$

$$(\boldsymbol{x}\boldsymbol{p}_k,\boldsymbol{p}_{k-1})=(\boldsymbol{p}_k,\boldsymbol{x}\boldsymbol{p}_{k-1})=\left(\boldsymbol{p}_k,\boldsymbol{p}_k+\sum_{j=0}^{k-1}c_j\boldsymbol{p}_j\right)=(\boldsymbol{p}_k,\boldsymbol{p}_k).$$

利用(3.43)式中 β_k 的表达式及以上结果,得

$$(\boldsymbol{p}_{k+1},\boldsymbol{p}_{k-1})=(\boldsymbol{x}\boldsymbol{p}_k,\boldsymbol{p}_{k-1})-\beta_k(\boldsymbol{p}_{k-1},\boldsymbol{p}_{k-1})=(\boldsymbol{p}_k,\boldsymbol{p}_k)-(\boldsymbol{p}_k,\boldsymbol{p}_k)=0.$$

最后,由(3.43)式有

$$
\begin{aligned}
(\boldsymbol{p}_{k+1},\boldsymbol{p}_k) &= (\boldsymbol{x}\boldsymbol{p}_k,\boldsymbol{p}_k)-\alpha_{k+1}(\boldsymbol{p}_k,\boldsymbol{p}_k)-\beta_k(\boldsymbol{p}_k,\boldsymbol{p}_{k-1})\\
&= (\boldsymbol{x}\boldsymbol{p}_k,\boldsymbol{p}_k)-\frac{(\boldsymbol{x}\boldsymbol{p}_k,\boldsymbol{p}_k)}{(\boldsymbol{p}_k,\boldsymbol{p}_k)}(\boldsymbol{p}_k,\boldsymbol{p}_k)\\
&= 0.
\end{aligned}
$$

至此已证明了由(3.42)式及(3.43)式确定的多项式$\{p_k(x)\}(k=0,1,\cdots,n,n\leqslant m)$组成一个关于点集$\{x_i\}$的正交系.

用正交多项式$\{p_k(x)\}$的线性组合作最小二乘曲线拟合,只要根据(3.42)式及(3.43)式逐步求 $p_k(x)$的同时,相应计算出系数

$$a_k^*=\frac{(\boldsymbol{y},\boldsymbol{p}_k)}{(\boldsymbol{p}_k,\boldsymbol{p}_k)}=\frac{\sum\limits_{i=0}^{m}\omega(x_i)y_ip_k(x_i)}{\sum\limits_{i=0}^{m}\omega(x_i)p_k^2(x_i)},\quad k=0,1,\cdots,n,$$

并逐步把 $a_k^*p_k(x)$累加到 $S(x)$中去,最后就可得到所求的拟合曲线

$$y=S(x)=a_0^*p_0(x)+a_1^*p_1(x)+\cdots+a_n^*p_n(x).$$

这里 n 可事先给定或在计算过程中根据误差确定.用这种方法编程序不用解线性方程组,只用递推公式,并且当逼近次数增加一次时,只要把程序中循环数加1,其余不用改变.这是目前用多项式做曲线拟合最好的计算方法,有通用的程序供用户使用.

3.5 有理逼近

3.5.1 有理逼近与连分式

前面讨论了用多项式逼近函数 $f(x)\in C[a,b]$,多项式是一种计算简便的函数类,但当

函数在某点附近无界或者当 $x\to\infty$ 时趋于某个定值，这时用多项式逼近效果不会很理想，这是因为多项式不可能反映函数的这些性质. 比如有理函数 $\dfrac{ax+b}{x-c}$ 就能很好地反映出函数在 $x=c$ 附近无界，当 $x\to\infty$ 时趋于定值 a. 有时用有理函数逼近则可得到较好的效果.所谓**有理逼近**是指用形如

$$R_{nm}(x)=\frac{p_n(x)}{q_m(x)}=\frac{\sum\limits_{k=0}^{n}a_kx^k}{\sum\limits_{k=0}^{m}b_kx^k} \tag{3.45}$$

的函数逼近 $f(x)$，其中 $p_n(x)$ 与 $q_m(x)$ 无公因子. 与前面讨论一样，若取 $\|f(x)-R_{nm}(x)\|_\infty$ 最小就可得到**最佳有理一致逼近**，若取 $\|f(x)-R_{nm}(x)\|_2$ 最小则可得到**最佳有理平方逼近函数**.这里不做具体介绍，可参看文献[22].本节主要讨论利用函数的泰勒展开获得有理逼近函数的方法.先从将函数 $\ln(1+x)$（当 $x\to-1$ 时，$\ln(1+x)\to-\infty$）的泰勒展开式转化为连分式开始. 由

$$\ln(1+x)=\sum_{k=1}^{\infty}(-1)^{k-1}\frac{x^k}{k},\quad x\in[-1,1]. \tag{3.46}$$

取部分和

$$S_n(x)=\sum_{k=1}^{n}(-1)^{k-1}\frac{x^k}{k}\approx\ln(1+x).$$

根据连分式理论可将(3.46)式右端的多项式做连分式展开，得

$$\ln(1+x)=\cfrac{x}{1+\cfrac{1\cdot x}{2+\cfrac{1\cdot x}{3+\cfrac{2^2\cdot x}{4+\cfrac{2^2\cdot x}{5+\cdots}}}}}. \tag{3.47}$$

(3.47)式右端为 $\ln(1+x)$ 的无穷连分式的前 5 项，还可以将其写成如下的紧凑形式：

$$\ln(1+x)=\frac{x}{1}\,{}_{+}\,\frac{1\cdot x}{2}\,{}_{+}\,\frac{1\cdot x}{3}\,{}_{+}\,\frac{2^2\cdot x}{4}\,{}_{+}\,\frac{2^2\cdot x}{5}\,{}_{+}\cdots.$$

若取(3.47)式的前 2,4,6,8 项，则可分别得到 $\ln(1+x)$ 的以下有理逼近

$$\begin{cases}R_{11}(x)=\dfrac{2x}{2+x},\quad R_{22}(x)=\dfrac{6x+3x^2}{6+6x+x^2},\\[2ex] R_{33}(x)=\dfrac{60x+60x^2+11x^3}{60+90x+36x^2+3x^3},\\[2ex] R_{44}(x)=\dfrac{420x+630x^2+260x^3+25x^4}{420+840x+540x^2+120x^3+6x^4}.\end{cases} \tag{3.48}$$

若用同样多项的泰勒展开部分和 $S_{2n}(x)$ 逼近 $\ln(1+x)$，并计算 $x=1$ 处的值 $S_{2n}(1)$ 及 $R_{nn}(1)$，计算结果见表 3-3.

表 3-3 计算结果

n	$S_{2n}(1)$	$\varepsilon_S = \lvert \ln 2 - S_{2n}(1) \rvert$	$R_{nn}(1)$	$\varepsilon_R = \lvert \ln 2 - R_{nn}(1) \rvert$
1	0.50	0.19	0.667	0.026
2	0.58	0.11	0.692 31	0.000 84
3	0.617	0.076	0.693 122	0.000 025
4	0.634	0.058	0.693 146 42	0.000 000 76

ln 2 的准确值为 0.693 147 18…，由此看出 $R_{44}(1)$的精度比 $S_8(1)$高出近 10 万倍，而它们的计算量是相当的，这说明用有理逼近比多项式逼近好得多.在计算机上计算有理函数(3.45)的值通常可转化为连分式，这样可以节省乘除法的计算次数.

例 3.12 对于有理函数

$$R_{43}(x)=\frac{2x^4+45x^3+381x^2+1353x+1511}{x^3+21x^2+157x+409},$$

用辗转相除法将它化为连分式并写成紧凑形式.

解 用辗转相除可逐步得到

$$\begin{aligned}R_{43}(x)&=2x+3+\frac{4x^2+64x+284}{x^3+21x^2+157x+409}\\&=2x+3+\cfrac{4}{x+5+\cfrac{6(x+9)}{x^2+16x+71}}\\&=2x+3+\cfrac{4}{x+5+\cfrac{6}{x+7+\cfrac{8}{x+9}}}\\&=2x+3+\frac{4}{x+5}+\frac{6}{x+7}+\frac{8}{x+9}.\end{aligned}$$

本例中用连分式计算 $R_{43}(x)$的值只需 3 次除法，1 次乘法和 7 次加法.若直接用多项式计算的秦九韶算法则需 6 次乘法和 1 次除法及 7 次加法，可见将 $R_{nm}(x)$化成连分式可节省计算中乘除法次数，对一般的有理函数(3.45)可转化为一个连分式

$$R_{nm}(x)=P_1(x)+\frac{c_2}{x+d_1}+\cdots+\frac{c_l}{x+d_l}.$$

它的乘除法运算只需 $\max\{m,n\}$次，而直接用有理函数(3.45)计算乘除法次数为 $n+m$ 次.

3.5.2 帕德逼近

利用函数 $f(x)$的泰勒展开可以得到它的有理逼近.设 $f(x)$在 $x=0$ 的泰勒展开为

$$f(x)=\sum_{k=0}^{N}\frac{1}{k!}f^{(k)}(0)x^k+\frac{f^{(N+1)}(\xi)}{(N+1)!}x^{N+1}.$$

它的部分和记作

$$p(x)=\sum_{k=0}^{N}\frac{1}{k!}f^{(k)}(0)x^k=\sum_{k=0}^{N}c_kx^k. \tag{3.49}$$

定义 3.8 设 $f(x)\in C^{N+1}(-a,a)$，$N=n+m$，如果有理函数

$$R_{nm}(x)=\frac{a_0+a_1x+\cdots+a_nx^n}{1+b_1x+\cdots+b_mx^m}=\frac{p_n(x)}{q_m(x)}, \tag{3.50}$$

其中 $p_n(x),q_m(x)$无公因式，且满足条件

$$R_{nm}^{(k)}(0)=f^{(k)}(0),\quad k=0,1,\cdots,N, \tag{3.51}$$

则称 $R_{nm}(x)$为函数 $f(x)$在 $x=0$ 处的(n,m)阶**帕德**(Padé)**逼近**，记作 $R(n,m)$，简称 $R(n,m)$的帕德逼近.

形如(3.50)式的有理函数 $R_{nm}(x)$共有 $n+m+1$ 个系数需要确定，与条件(3.51)中的个数一致，可以尝试列方程组求解.

根据定义 3.8，若令

$$h(x)=p(x)q_m(x)-p_n(x),$$

则满足条件(3.51)等价于

$$h^{(k)}(0)=0,\quad k=0,1,\cdots,N,$$

即

$$h^{(k)}(0)=(p(x)q_m(x)-p_n(x))^{(k)}\Big|_{x=0}=0,\quad k=0,1,\cdots,N.$$

由于 $p_n^{(k)}(0)=k!a_k$，应用莱布尼茨求导公式得

$$(p(x)q_m(x)-p_n(x))^{(k)}\Big|_{x=0}=k!\sum_{j=0}^{k}c_jb_{k-j}-k!\ a_k=0,\quad k=0,1,\cdots,N,$$

这里 $c_j=\frac{1}{j!}f^{(j)}(0)$是由(3.49)式得到的，上式两端除 $k!$，并由 $b_0=1,b_j=0$(当 $j>m$ 时)，可得

$$a_k=\sum_{j=0}^{k-1}c_jb_{k-j}+c_k,\quad k=0,1,\cdots,n \tag{3.52}$$

及

$$-\sum_{j=0}^{k-1}c_jb_{k-j}=c_k,\quad k=n+1,\cdots,n+m. \tag{3.53}$$

注意当 $j>m$ 时 $b_j=0$，故(3.53)式可写成

$$\begin{cases}-c_{n-m+1}b_m-\cdots-c_{n-1}b_2-c_nb_1=c_{n+1},\\ -c_{n-m+2}b_m-\cdots-c_nb_2-c_{n+1}b_1=c_{n+2},\\ \qquad\vdots\\ -c_nb_m-\cdots-c_{n+m-2}b_2-c_{n+m-1}b_1=c_{n+m}.\end{cases} \tag{3.54}$$

其中当 $j<0$ 时 $c_j=0$.若记

$$\boldsymbol{H}=\begin{pmatrix}-c_{n-m+1} & \cdots & -c_{n-1} & -c_n\\ -c_{n-m+2} & \cdots & -c_n & -c_{n+1}\\ \vdots & & \vdots & \vdots\\ -c_n & \cdots & -c_{n+m-2} & -c_{n+m-1}\end{pmatrix},$$

$$\bar{\boldsymbol{b}}=(b_m,b_{m-1},\cdots,b_1)^{\mathrm{T}},\quad \bar{\boldsymbol{c}}=(c_{n+1},c_{n+2},\cdots,c_{n+m})^{\mathrm{T}},$$

则线性方程组(3.54)的矩阵形式为

$$\boldsymbol{H}\bar{\boldsymbol{b}}=\bar{\boldsymbol{c}}.$$

综上所述得下面的定理.

定理 3.15　设 $f(x)\in C^{N+1}(-a,a)$，$N=n+m$，则形如(3.50)式的有理函数 $R_{nm}(x)$ 是 $f(x)$ 的 (n,m) 阶帕德逼近的充分必要条件是多项式 $p_n(x)$ 及 $q_m(x)$ 的系数 $a_0,a_1,\cdots,a_n$ 及 $b_1,b_2,\cdots,b_m$ 满足线性方程组(3.52)及(3.54).

根据定理 3.15 求 $f(x)$ 的帕德逼近时，首先要由线性方程组(3.54)解出 $q_m(x)$ 的系数 $b_1,b_2,\cdots,b_m$，再由(3.52)式直接算出 $p_n(x)$ 的系数 $a_0,a_1,\cdots,a_n$.

例 3.13　求 $f(x)=\ln(1+x)$ 的帕德逼近 $R(2,2)$ 及 $R(3,3)$.

解　由 $\ln(1+x)$ 在 $x=0$ 处的泰勒展开

$$\ln(1+x)=x-\frac{1}{2}x^2+\frac{1}{3}x^3-\frac{1}{4}x^4+\cdots$$

得 $c_0=0,c_1=1,c_2=-\frac{1}{2},c_3=\frac{1}{3},c_4=-\frac{1}{4},\cdots$.

当 $n=m=2$ 时，由线性方程组(3.54)得

$$\begin{cases}-b_2+\frac{1}{2}b_1=\frac{1}{3},\\ \frac{1}{2}b_2-\frac{1}{3}b_1=-\frac{1}{4},\end{cases}$$

求得 $b_1=1,b_2=\frac{1}{6}$. 而由(3.52)式得 $a_0=0,a_1=1,a_2=\frac{1}{2}$，于是得

$$R_{22}(x)=\frac{x+\frac{1}{2}x^2}{1+x+\frac{1}{6}x^2}=\frac{6x+3x^2}{6+6x+x^2}.$$

当 $n=m=3$ 时，由线性方程组(3.54)得

$$\begin{cases}-b_3+\frac{1}{2}b_2-\frac{1}{3}b_1=-\frac{1}{4},\\ \frac{1}{2}b_3-\frac{1}{3}b_2+\frac{1}{4}b_1=\frac{1}{5},\\ -\frac{1}{3}b_3+\frac{1}{4}b_2-\frac{1}{5}b_1=-\frac{1}{6},\end{cases}$$

解得

$$b_1=\frac{3}{2},\quad b_2=\frac{3}{5},\quad b_3=\frac{1}{20}.$$

代入(3.52)式得

$$a_0=0,\quad a_1=1,\quad a_2=1,\quad a_3=\frac{11}{60},$$

于是得

$$R_{33}(x)=\frac{x+x^2+\frac{11}{60}x^3}{1+\frac{3}{2}x+\frac{3}{5}x^2+\frac{1}{20}x^3}=\frac{60x+60x^2+11x^3}{60+90x+36x^2+3x^3}.$$

可以看到这里得到的 $R_{22}(x)$ 及 $R_{33}(x)$ 与 $\ln(1+x)$ 的前面连分式展开得到的有理逼近(3.48)式结果一样.

图 3-11 给出了在所用展开系数相同的情况下泰勒展开式近似与帕德逼近的图像对比，

其中,视觉上重合范围比较小的点画线为泰勒展开式近似,而视觉上几乎与 $\ln(1+x)$ 全部重合的为帕德逼近.

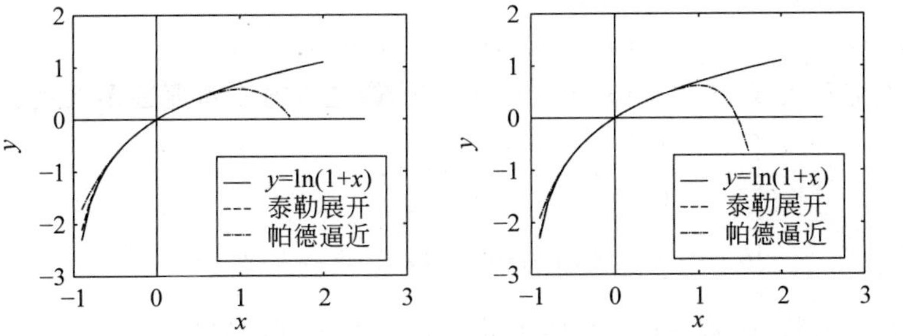

(a) 4阶泰勒展开式与 $R_{2,2}(x)$ 的图像对比　(b) 6阶泰勒展开式与 $R_{3,3}(x)$ 的图像对比

图 3-11　泰勒展开式近似与帕德逼近的图像对比

为了求帕德逼近 $R_{nm}(x)$ 的误差估计,由(3.52)式及(3.54)式求得的 $p_n(x),q_m(x)$ 系数 $a_0,a_1,a_2,\cdots,a_n$ 及 $b_1,b_2,\cdots,b_m$,直接代入则得

$$f(x)q_m(x)-p_n(x)=x^{n+m+1}\left(\sum_{l=0}^{\infty}\sum_{k=0}^{m}b_k c_{n+m+1+l-k}\right)x^l,$$

将 $q_m(x)$ 除上式两端,即得

$$f(x)-R_{nm}(x)=\frac{x^{n+m+1}\sum\limits_{l=0}^{\infty}r_l x^l}{q_m(x)},$$

其中 $r_l=\sum\limits_{k=0}^{m}b_k c_{n+m+l+1-k}$.

当 $|x|<1$ 时可得误差近似表达式

$$f(x)-R_{nm}(x)\approx r_0 x^{n+m+1},\quad r_0=\sum_{k=0}^{m}b_k c_{n+m+1-k}.$$

3.6 三角多项式逼近与快速傅里叶变换

自然界中存在种种复杂的振动现象,它由许多不同频率、不同振幅的波叠加得到.一个复杂的波还可分解为一系列谐波,它们呈周期现象,在模型数据具有周期性时,用三角函数特别是正弦函数和余弦函数作为基函数是合适的,这时前面讨论的用多项式、分段多项式或有理函数作基函数都是不合适的.

用正弦函数和余弦函数级数表示任意函数始于 18 世纪 50 年代,到 19 世纪逐步建立了一套有效的分析方法,称为**傅里叶变换**(简称**傅氏变换**).用计算机分析主要用到三角函数逼近给定样本函数的最小二乘和插值,称为**离散傅氏变换**(DFT),例如信号处理和石油地震勘探数字处理等.由于 DFT 计算量很大,应用上受到限制,直到 1965 年以后使用了**快速傅氏变换**(FFT),才使 DFT 得到更广泛的应用.

3.6.1 最佳平方三角逼近与三角插值

设 $f(x)$ 是以 2π 为周期的平方可积函数,用三角多项式

$$S_n(x)=\frac{1}{2}a_0+a_1\cos x+b_1\sin x+\cdots+a_n\cos nx+b_n\sin nx \tag{3.55}$$

做最佳平方逼近函数.由于三角函数族

$$1,\cos x,\sin x,\cdots,\cos kx,\sin kx,\cdots$$

在$[0,2\pi]$上是正交函数族,于是 $f(x)$在$[0,2\pi]$上的**最佳平方三角逼近**多项式 $S_n(x)$的系数是

$$\begin{cases}a_k=\dfrac{1}{\pi}\displaystyle\int_0^{2\pi}f(x)\cos kx\,\mathrm{d}x, & k=0,1,\cdots,n,\\ b_k=\dfrac{1}{\pi}\displaystyle\int_0^{2\pi}f(x)\sin kx\,\mathrm{d}x, & k=1,2,\cdots,n,\end{cases}$$

a_k,b_k 称为傅里叶系数,函数 $f(x)$按傅里叶系数展开得到的级数

$$\frac{1}{2}a_0+\sum_{k=1}^{\infty}(a_k\cos kx+b_k\sin kx) \tag{3.56}$$

就称为**傅里叶级数**.由"高等数学"或"数学分析"中的知识可知,只要 $f'(x)$在$[0,2\pi]$上分段连续,则级数(3.56)一致收敛到 $f(x)$.

对于最佳平方逼近多项式(3.55)有

$$\|f(x)-S_n(x)\|_2^2=\|f(x)\|_2^2-(S_n(x),f(x)).$$

由此可以得到相应于(3.31)式的贝塞尔不等式

$$\frac{1}{2}a_0^2+\sum_{k=1}^{n}(a_k^2+b_k^2)\leqslant\frac{1}{\pi}\int_0^{2\pi}[f(x)]^2\,\mathrm{d}x.$$

因为右边不依赖于 n,左边单调有界,所以级数 $\frac{1}{2}a_0^2+\sum_{k=1}^{\infty}(a_k^2+b_k^2)$ 收敛,从而有

$$\lim_{k\to\infty}a_k=\lim_{k\to\infty}b_k=0.$$

当 $f(x)$只在给定的点数为 N 的离散点集$\left\{x_j=\frac{2\pi}{N}j,j=0,1,\cdots,N-1\right\}$上已知时,则可类似地得到离散点集上的正交性与相应的离散傅里叶系数.

为方便起见,下面只给出奇数个点($N=2m+1$)的情形.令

$$x_j=\frac{2\pi j}{2m+1},\quad j=0,1,\cdots,2m,$$

可以证明对任何 $k,l=0,1,\cdots,m$ 成立

$$\begin{cases}\displaystyle\sum_{j=0}^{2m}\sin lx_j\sin kx_j=\begin{cases}0, & l\neq k,l=k=0,\\ \dfrac{2m+1}{2}, & l=k\neq 0;\end{cases}\\ \displaystyle\sum_{j=0}^{2m}\cos lx_j\cos kx_j=\begin{cases}0, & l\neq k,\\ \dfrac{2m+1}{2}, & l=k\neq 0,\\ 2m+1, & l=k=0;\end{cases}\\ \displaystyle\sum_{j=0}^{2m}\cos lx_j\sin kx_j=0,\quad 0\leqslant k,j\leqslant m.\end{cases}$$

这就表明函数族$\{1,\cos x,\sin x,\cdots,\cos mx,\sin mx\}$在点集$\left\{x_j=\frac{2\pi j}{2m+1}\right\}$上正交,若令 $f_j=$

$f(x_j)(j=0,1,\cdots,2m)$，则 $f(x)$ 的最小二乘三角逼近为

$$S_n(x)=\frac{1}{2}a_0+\sum_{k=1}^{n}(a_k\cos kx+b_k\sin kx),\quad n<m,$$

其中

$$\left.\begin{aligned}a_k&=\frac{2}{2m+1}\sum_{j=0}^{2m}f_j\cos\frac{2\pi jk}{2m+1},\quad k=0,1,\cdots,n,\\ b_k&=\frac{2}{2m+1}\sum_{j=0}^{2m}f_j\sin\frac{2\pi jk}{2m+1},\quad k=1,2,\cdots,n.\end{aligned}\right\}\tag{3.57}$$

当 $n=m$ 时，可证明

$$S_m(x_j)=f_j,\quad j=0,1,\cdots,2m,$$

于是

$$S_m(x)=\frac{1}{2}a_0+\sum_{k=1}^{m}(a_k\cos kx+b_k\sin kx)$$

就是**三角插值多项式**，系数仍由(3.57)式表示.

更一般的情形，假定 $f(x)$ 是以 2π 为周期的复函数，给定 $f(x)$ 在 N 个等分点 $x_j=\frac{2\pi}{N}j$ $(j=0,1,\cdots,N-1)$ 上的值 $f_j=f\left(\frac{2\pi}{N}j\right)$，由于

$$e^{ijx}=\cos(jx)+i\sin(jx),\quad j=0,1,\cdots,N-1,i=\sqrt{-1},$$

函数族 $\{1,e^{ix},\cdots,e^{i(N-1)x}\}$ 在区间 $[0,2\pi]$ 上是正交的，函数 e^{ijx} 在等距点集

$$x_k=\frac{2\pi}{N}k,\qquad k=0,1,\cdots,N-1$$

上的值 e^{ijx_k} 组成的向量记作

$$\boldsymbol{\phi}_j=(1,e^{ij\frac{2\pi}{N}},\cdots,e^{ij\frac{2\pi}{N}(N-1)})^{\mathrm{T}}.$$

当 $j=0,1,\cdots,N-1$ 时，N 个复向量 $\boldsymbol{\phi}_0,\boldsymbol{\phi}_1,\cdots,\boldsymbol{\phi}_{N-1}$ 具有下面所定义的正交性：

$$(\boldsymbol{\phi}_l,\boldsymbol{\phi}_s)=\sum_{k=0}^{N-1}e^{il\frac{2\pi}{N}k}e^{-is\frac{2\pi}{N}k}=\sum_{k=0}^{N-1}e^{i(l-s)\frac{2\pi}{N}k}=\begin{cases}0, & l\neq s;\\ N, & l=s.\end{cases}\tag{3.58}$$

事实上，令 $r=e^{i(l-s)\frac{2\pi}{N}}$，若 $l,s=0,1,\cdots,N-1$，则有

$$0\leqslant l\leqslant N-1,\quad -(N-1)\leqslant -s\leqslant 0,$$

于是

$$-(N-1)\leqslant l-s\leqslant N-1,\quad 即\quad -1<-\frac{N-1}{N}\leqslant\frac{l-s}{N}\leqslant\frac{N-1}{N}<1;$$

若 $l-s\neq 0$，则 $r\neq 1$，从而

$$r^N=e^{i(l-s)2\pi}=1;$$

于是

$$(\boldsymbol{\phi}_l,\boldsymbol{\phi}_s)=\sum_{k=0}^{N-1}r^k=\frac{1-r^N}{1-r}=0.$$

若 $l=s$，则 $r=1$，于是

$$(\boldsymbol{\phi}_s,\boldsymbol{\phi}_s)=\sum_{k=0}^{N-1}r^k=N.$$

这就证明了(3.58)式成立,即$\boldsymbol{\phi}_0,\boldsymbol{\phi}_1,\cdots,\boldsymbol{\phi}_{N-1}$是正交的.

因此,$f(x)$在 N 个点$\left\{x_j=\dfrac{2\pi}{N}j,j=0,1,\cdots,N-1\right\}$上的最小二乘傅里叶逼近为

$$S(x)=\sum_{k=0}^{n-1}c_k\mathrm{e}^{\mathrm{i}kx},\quad n\leqslant N,\tag{3.59}$$

其中

$$c_k=\frac{1}{N}\sum_{j=0}^{N-1}f_j\mathrm{e}^{-\mathrm{i}kj\frac{2\pi}{N}},\quad k=0,1,\cdots,n-1.\tag{3.60}$$

在(3.59)式中若 $n=N$,则 $S(x)$为 $f(x)$在点 $x_j(j=0,1,\cdots,N-1)$上的插值函数,即 $S(x_j)=f(x_j)$,于是由(3.59)式得

$$f_j=\sum_{k=0}^{N-1}c_k\mathrm{e}^{\mathrm{i}k\frac{2\pi}{N}j},\quad j=0,1,\cdots,N-1.\tag{3.61}$$

(3.60)式是由$\{f_j\}$求$\{c_k\}$的过程,称为 $f(x)$的**离散傅里叶变换**.而(3.61)式是由$\{c_k\}$求$\{f_j\}$的过程,称为**反变换**.它们是使用计算机进行傅里叶分析(简称傅氏分析)的主要方法,在数字信号处理、全息技术、光谱和声谱分析、石油勘探地震数字处理等很多领域都有广泛的应用.

3.6.2　N 点 DFT 与 FFT 算法

无论是按(3.60)式由$\{f_j\}$求$\{c_k\}$或是按(3.61)式由$\{c_k\}$求$\{f_j\}$,还是由(3.57)式计算傅里叶逼近系数 a_k,b_k 都可归结为计算

$$c_j=\sum_{k=0}^{N-1}x_k\omega_N^{kj},\quad j=0,1,\cdots,N-1,\tag{3.62}$$

其中,$\{x_k\}_0^{N-1}$ 为已知的输入数据,$\{c_j\}_0^{N-1}$ 为输出数据,而 N 次单位根之一

$$\omega_N=\mathrm{e}^{\mathrm{i}\frac{2\pi}{N}}=\cos\frac{2\pi}{N}+\mathrm{i}\sin\frac{2\pi}{N},\quad \mathrm{i}=\sqrt{-1}.$$

(3.62)式称为 N 点 DFT,表面上看计算 c_j 只需做 N 个复数乘法和 N 个加法,称为 N 个操作,计算全部 $c_j(j=0,1,\cdots,N-1)$共需要 N^2 个操作,计算并不复杂,但当 N 很大时其计算量是难以承受的,直到 1965 年产生了快速算法,大大提高了计算速度,才使 DFT 得到更广泛的应用.FFT 是快速算法的一个典范,其基本思想是尽量减少乘法次数,因为与加法相比,乘法的耗时长数倍. 例如计算 $ab+ac=a(b+c)$,用左端计算要用两次乘法,而用右端只用一次乘法.事实上,由 $\omega_N^0=\omega_N^N=1$ 知对于任意正整数 k,j 成立

$$\omega_N^j\,\omega_N^k=\omega_N^{j+k},\quad \omega_N^{jN+k}=\omega_N^{Nj}\omega_N^k=(\omega_N^N)^j\omega_N^k=\omega_N^k\text{(周期性)},$$

$$\omega_{jN}^{jk}=(\mathrm{e}^{\mathrm{i}\frac{2\pi}{jN}})^{jk}=(\mathrm{e}^{\mathrm{i}\frac{2\pi}{N}})^k=\omega_N^k.$$

由正弦函数及余弦函数的周期性可知所有 $\omega_N^{jk}(j,k=0,1,\cdots,N-1)$中,最多有 N 个不同的值 $\omega_N^0,\omega_N^1,\cdots,\omega_N^{N-1}$.特别地,当 N 为偶数时有

$$\omega_N^{N/2}=-1,\quad \omega_N^{jk+N/2}=-\omega_N^{jk}\text{(对称性)}.$$

ω_N^{jk} 只有 $N/2$ 个不同的值,如图 3-12 所示.

利用这些性质可将(3.62)式对半折成两个和式,然后将对应项相加,有

$$c_j=\sum_{k=0}^{N/2-1}x_k\omega_N^{jk}+\sum_{k=0}^{N/2-1}x_{N/2+k}\omega_N^{j(N/2+k)}=\sum_{k=0}^{N/2-1}\left[x_k+(-1)^jx_{N/2+k}\right]\omega_N^{jk}.$$

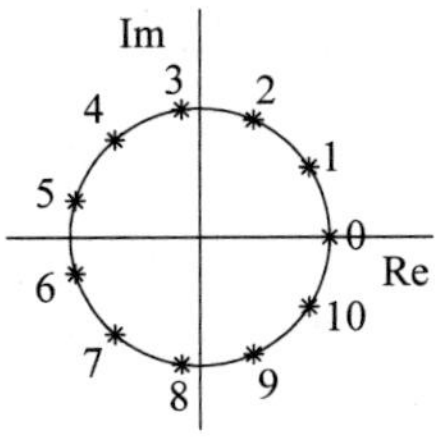

(a) N为奇数

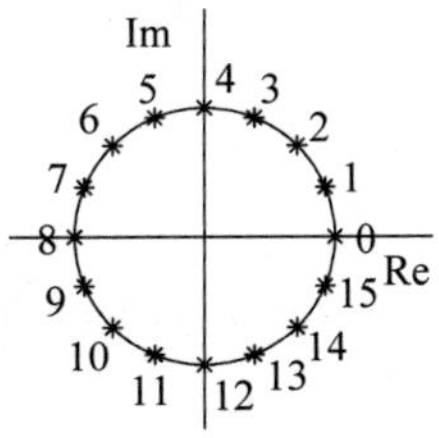

(b) N为偶数

图 3-12 单位根 ω_N 的周期性与对称性

依下标奇、偶分别考察，则对 $j=0,1,2,\cdots,N/2-1$，有

$$c_{2j}=\sum_{k=0}^{N/2-1}(x_k+(-1)^{2j}x_{N/2+k})\omega_N^{2jk}=\sum_{k=0}^{N/2-1}\left(x_k+x_{N/2+k}\right)\omega_{N/2}^{jk},$$

$$c_{2j+1}=\sum_{k=0}^{N/2-1}(x_k+(-1)^{2j+1}x_{N/2+k})\omega_N^{2jk+k}=\sum_{k=0}^{N/2-1}\left(x_k-x_{N/2+k}\right)\omega_N^k\,\omega_{N/2}^{jk}.$$

若令

$$y_k=x_k+x_{N/2+k},\quad y_{N/2+k}=\left(x_k-x_{N/2+k}\right)\omega_N^k,$$

则可将 N 点 DFT 归结为两个 $N/2$ 点 DFT：

$$\begin{cases}c_{2j}=\displaystyle\sum_{k=0}^{N/2-1}y_k\omega_{N/2}^{jk},\\ c_{2j+1}=\displaystyle\sum_{k=0}^{N/2-1}y_{N/2+k}\omega_{N/2}^{jk},\end{cases}\quad j=0,1,\cdots,N/2-1.$$

如果 $N/2$ 仍为偶数，上述手续可重复进行，如此反复施行二分手续即可得到 FFT 算法，因此，取 N 为 2 的幂.如果 N 不满足此条件，可以通过人为增加若干零值点来满足此条件.

下面以 $N=2^3$ 为例，说明 FFT 算法，此时 $k,j=0,1,\cdots,N-1=7$，在(3.62)式中将 $\omega_N=\omega_8$ 记为 ω，于是(3.62)式的和为

$$c_j=\sum_{k=0}^{7}x_k\omega^{jk},\quad j=0,1,\cdots,7. \tag{3.63}$$

将 k,j 用二进制表示为

$$k=k_2 2^2+k_1 2^1+k_0 2^0=(k_2k_1k_0),\qquad j=j_2 2^2+j_1 2^1+j_0 2^0=(j_2j_1j_0),$$

其中 $k_r,j_r(r=0,1,2)$ 只能取 0 或 1，例如 $6=2^2+2^1+0\cdot 2^0=(110)$.根据 k,j 的表示法，有

$$c_j=c(j_2j_1j_0),\quad x_k=x(k_2k_1k_0).$$

(3.63)式可表示为

$$\begin{aligned}c(j_2j_1j_0)&=\sum_{k_0=0}^{1}\sum_{k_1=0}^{1}\sum_{k_2=0}^{1}x(k_2k_1k_0)\omega^{(k_2k_1k_0)(j_2 2^2+j_1 2^1+j_0 2^0)}\\&=\sum_{k_0=0}^{1}\left\{\sum_{k_1=0}^{1}\left[\sum_{k_2=0}^{1}x(k_2k_1k_0)\omega^{j_0(k_2k_1k_0)}\right]\omega^{j_1(k_1k_00)}\right\}\omega^{j_2(k_000)}.\end{aligned} \tag{3.64}$$

若引入记号

$$\left.\begin{aligned}
A_0(k_2k_1k_0) &= x(k_2k_1k_0),\\
A_1(k_1k_0j_0) &= \sum_{k_2=0}^{1} A_0(k_2k_1k_0)\omega^{j_0(k_2k_1k_0)},\\
A_2(k_0j_1j_0) &= \sum_{k_1=0}^{1} A_1(k_1k_0j_0)\omega^{j_1(k_1k_00)},\\
A_3(j_2j_1j_0) &= \sum_{k_0=0}^{1} A_2(k_0j_1j_0)\omega^{j_2(k_000)},
\end{aligned}\right\} \tag{3.65}$$

则(3.64)式变成

$$c(j_2j_1j_0) = A_3(j_2j_1j_0).$$

若注意 $\omega^{j_0 2^{3-1}} = \omega^{j_0 N/2} = (-1)^{j_0}$，(3.65)式还可进一步简化为

$$\begin{aligned}
A_1(k_1k_0j_0) &= \sum_{k_2=0}^{1} A_0(k_2k_1k_0)\omega^{j_0(k_2k_1k_0)}\\
&= A_0(0k_1k_0)\omega^{j_0(0k_1k_0)} + A_0(1k_1k_0)\omega^{j_0 2^2}\omega^{j_0(0k_1k_0)}\\
&= [A_0(0k_1k_0) + (-1)^{j_0}A_0(1k_1k_0)]\omega^{j_0(0k_1k_0)},
\end{aligned}$$

$$A_1(k_1k_00) = A_0(0k_1k_0) + A_0(1k_1k_0),$$

$$A_1(k_1k_01) = [A_0(0k_1k_0) - A_0(1k_1k_0)]\omega^{(0k_1k_0)}.$$

将此表达式中二进制表示还原为十进制表示：$k=(0k_1k_0)=k_1 2^1 + k_0 2^0$，即 $k=0,1,2,3$，得

$$\begin{cases}
A_1(2k) = A_0(k) + A_0(k+2^2),\\
A_1(2k+1) = [A_0(k) - A_0(k+2^2)]\omega^k,
\end{cases}\quad k=0,1,2,3. \tag{3.66}$$

同样(3.65)式中的 A_2 也可简化为

$$A_2(k_0j_1j_0) = [A_1(0k_0j_0) + (-1)^{j_1}A_1(1k_0j_0)]\omega^{j_1(0k_00)},$$

即

$$A_2(k_00j_0) = A_1(0k_0j_0) + A_1(1k_0j_0),$$

$$A_2(k_01j_0) = [A_1(0k_0j_0) - A_1(1k_0j_0)]\omega^{(0k_00)}.$$

把二进制表示还原为十进制表示，得

$$\begin{cases}
A_2(k2^2+j) = A_1(2k+j) + A_1(2k+j+2^2),\\
A_2(k2^2+j+2) = [A_1(2k+j) - A_1(2k+j+2^2)]\omega^{2k},
\end{cases}\quad k,j=0,1. \tag{3.67}$$

同理(3.65)式中 A_3 可简化为

$$A_3(j_2j_1j_0) = A_2(0j_1j_0) + (-1)^{j_2}A_2(1j_1j_0),$$

即

$$A_3(0j_1j_0) = A_2(0j_1j_0) + A_2(1j_1j_0),$$

$$A_3(1j_1j_0) = A_2(0j_1j_0) - A_2(1j_1j_0).$$

表示为十进制，有

$$\begin{cases}
A_3(j) = A_2(j) + A_2(j+2^2),\\
A_3(j+2^2) = A_2(j) - A_2(j+2^2),
\end{cases}\quad j=0,1,2,3. \tag{3.68}$$

根据(3.66)式～(3.68)式，由 $A_0(k)=x(k)=x_k(k=0,1,\cdots,7)$ 逐次计算到 $A_3(j)=c_j(j=0,1,\cdots,7)$，见表 3-4.

表 3-4　计算过程

单元码号	0 000	1 001	2 010	3 011	4 100	5 101	6 110	7 111
					$\omega^0=1$	ω^1	ω^2	ω^3
$x_k=A_0(k)$	$A_0(0)$	$A_0(1)$	$A_0(2)$	$A_0(3)$	$A_0(4)$	$A_0(5)$	$A_0(6)$	$A_0(7)$
A_1	$A_0(0)+A_0(4)$	$[A_0(0)-A_0(4)]\omega^0$	$A_0(1)+A_0(5)$	$[A_0(1)-A_0(5)]\omega^1$	$A_0(2)+A_0(6)$	$[A_0(2)-A_0(6)]\omega^2$	$A_0(3)+A_0(7)$	$[A_0(3)-A_0(7)]\omega^3$
A_2	$A_1(0)+A_1(4)$	$A_1(1)+A_1(5)$	$[A_1(0)-A_1(4)]\omega^0$	$[A_1(1)-A_1(5)]\omega^0$	$A_1(2)+A_1(6)$	$A_1(3)+A_1(7)$	$[A_1(2)-A_1(6)]\omega^2$	$[A_1(3)-A_1(7)]\omega^2$
$c_j=A_3(j)$	$A_2(0)+A_2(4)$	$A_2(1)+A_2(5)$	$A_2(2)+A_2(6)$	$A_2(3)+A_2(7)$	$A_2(0)-A_2(4)$	$A_2(1)-A_2(5)$	$A_2(2)-A_2(6)$	$A_2(3)-A_2(7)$

从表 3-4 中看到计算全部 8 个 c_j 只用 8 次乘法运算和 24 次加法运算.

上面推导的 $N=2^3$ 的计算公式可类似地推广到 $N=2^p$ 的情形.根据(3.66)式～(3.68)式,一般情况的 FFT 计算公式如下：

$$\begin{cases}A_q(k2^q+j)=A_{q-1}(k2^{q-1}+j)+A_{q-1}(k2^{q-1}+j+2^{p-1}),\\A_q(k2^q+j+2^{q-1})=[A_{q-1}(k2^{q-1}+j)-A_{q-1}(k2^{q-1}+j+2^{p-1})]\omega^{k2^{q-1}},\\\text{其中},q=1,2,\cdots,p;k=0,1,\cdots,2^{p-q}-1;j=0,1,\cdots,2^{q-1}-1.\end{cases}\tag{3.69}$$

A_q 括号内的数代表它的位置,在计算机中代表存放数的地址.一组 A_q 占用 N 个复数单元,计算时需给出两组单元,从 $A_0(m)(m=0,1,\cdots,N-1)$ 出发,q 由 1 到 p 算到 $A_p(j)=c_j(j=0,1,\cdots,N-1)$,即为所求.计算过程中只要按地址号存放 A_q,则最后得到的 $A_p(j)$ 就是所求离散频谱的次序(注意,目前一些计算机程序计算结果地址是逆序排列,还要增加倒地址的一步才是我们这里介绍的结果).这个计算公式除了具有不倒地址的优点外,计算只有两重循环,外循环 q 由 1 计算到 p,内循环 k 由 0 计算到 $2^{p-q}-1$,j 由 0 计算到 $2^{q-1}-1$,更重要的是整个计算过程省计算量.由(3.69)式看到算一个 A_q 共做 $2^{p-q}2^{q-1}=N/2$ 次复数乘法,而最后一步计算 A_p 时,由于 $\omega^{k2p-1}=(\omega^{N/2})^k=(-1)^k=(-1)^0=1$(注意 $q=p$ 时 $2^{p-q}-1=0$,故$k=0$),因此,总共要算$(p-1)N/2$ 次复数乘法,它比直接用(3.62)式需 N^2 次乘法快得多,计算量比值是 $N:(p-1)/2$.当 $N=2^{10}$ 时比值是 1024∶4.5≈228∶1,它比一般 FFT 的计算量(pN 次乘法)也快一倍.我们称计算公式(3.69)为**改进 FFT 算法**,下面给出这一算法的程序步骤：

步骤 1　给出数组 $A_1(N)$,$A_2(N)$及 $\omega(N/2)$,$N=2^p$.

步骤 2　将已知的记录复数数组$\{x_k\}$输入单元 $A_1(k)$中(k 从 0 到 $N-1$).

步骤 3　计算 $\omega^m=\exp\left(-\mathrm{i}\dfrac{2\pi}{N}m\right)$$\left(\text{或 }\omega^m=\exp\left(\mathrm{i}\dfrac{2\pi}{N}m\right)\right)$存放在单元$\omega(m)$中($m$ 从 0 到 $(N/2)-1$).

步骤 4　q 循环从 1 到 p,若 q 为奇数做步骤 5,否则做步骤 6.

步骤 5　k 循环从 0 到 $2^{p-q}-1$,j 循环从 0 到 $2^{q-1}-1$,计算

$$A_2(k2^q+j)=A_1(k2^{q-1}+j)+A_1(k2^{q-1}+j+2^{p-1}),$$

$$A_2(k2^q+j+2^{q-1})=[A_1(k2^{q-1}+j)-A_1(k2^{q-1}+j+2^{p-1})]\omega(k2^{q-1}).$$

转步骤 7.

步骤 6　k 循环从 0 到 $2^{p-q}-1$，j 循环从 0 到 $2^{q-1}-1$，计算

$$A_1(k2^q+j)=A_2(k2^{q-1}+j)+A_2(k2^{q-1}+j+2^{p-1}),$$

$$A_1(k2^q+j+2^{q-1})=[A_2(k2^{q-1}+j)-A_2(k2^{q-1}+j+2^{p-1})]\omega(k2^{q-1}).$$

k,j 循环结束，做下一步.

步骤 7　若 $q=p$ 转步骤 8，否则 $q+1\to q$，转步骤 4.

步骤 8　q 循环结束，若 $p=$偶数，将 $A_1(j)\to A_2(j)$，则 $c_j=A_2(j)(j=0,1,\cdots,N-1)$ 即为所求.

例 3.14　设 $f(x)=x^4-3x^3+2x^2-\tan(x(x-2))$，$x\in[0,2]$. 给定数据 $\{x_k,f(x_k)\}_{k=0}^7$，$x_k=\dfrac{k}{4}$ 确定三角插值多项式.

解　先将区间 $[0,2]$ 变换为 $[0,2\pi]$，可令 $u_k=\pi x_k$，故输入数据为 $\{u_k,f_k\}_0^7$，$f_k=f\left(\dfrac{u_k}{\pi}\right)$. 由于给定 8 个点，故可确定 8 个参数的 4 次三角插值多项式

$$\widetilde{S}_4(u)=\frac{1}{2}a_0+\sum_{j=1}^{3}(a_j\cos ju+b_j\sin ju)+a_4\cos 4u. \tag{3.70}$$

由(3.57)式有

$$\begin{cases}a_j=\dfrac{2}{8}\displaystyle\sum_{k=0}^{7}f_k\cos\frac{2\pi}{8}kj, & j=0,1,\cdots,4,\\ b_j=\dfrac{2}{8}\displaystyle\sum_{k=0}^{7}f_k\sin\frac{2\pi}{8}kj, & j=1,2,3,\end{cases} \tag{3.71}$$

与(3.63)式比较我们可先计算 $c_j=\sum\limits_{k=0}^{7}f_k\omega^{jk}$，这里用 $\{f_k\}_0^7$ 代替(3.63)式中的 $\{x_k\}_0^7$，而

$$\omega=\mathrm{e}^{\mathrm{i}\frac{2}{8}\pi}=\mathrm{e}^{\mathrm{i}\frac{\pi}{4}}=\cos\frac{\pi}{4}+\mathrm{i}\sin\frac{\pi}{4}.$$

显然，当 $j=0,4$ 时，(3.71)式中的 $\sin\dfrac{2\pi}{8}kj=0$，故 $b_0=b_4=0$. 用 FFT 算法求出 $c_j(j=0,1,\cdots,4)$，由 $a_j+\mathrm{i}b_j=\dfrac{1}{4}c_j(j=0,1,\cdots,4)$ 即可求得(3.70)式中的插值系数，从而得到 4 次三角插值多项式

$$\begin{aligned}\widetilde{S}_4(u)=\ &0.761\,979-0.771\,841\cos u+\\&0.386\,373\,8\sin u+0.017\,303\,7\cos 2u+\\&0.046\,875\,0\sin 2u-0.006\,863\,04\cos 3u+\\&0.011\,373\,8\sin 3u-0.001\,157\,090\cos 4u.\end{aligned}$$

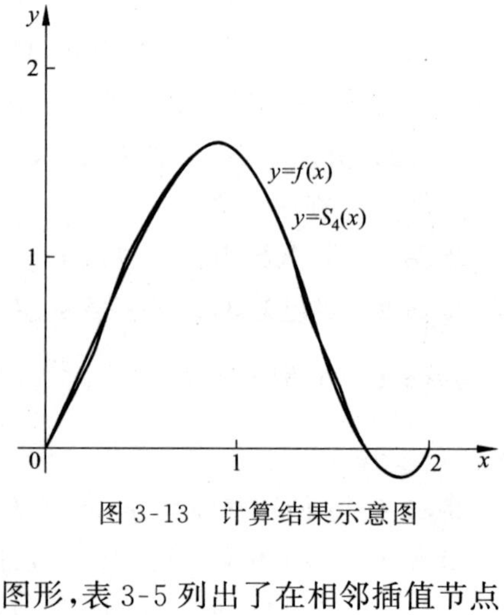

图 3-13　计算结果示意图

在 $[0,2]$ 上的三角多项式 $S_4(x)$ 可通过将 $u=\pi x$ 代入 $\widetilde{S}_4(u)$ 获得，图 3-13 绘出了 $y=f(x)$ 及 $y=S_4(u)$ 的图形，表 3-5 列出了在相邻插值节点的

中点 $x_l=0.125+0.25l(l=0,1,\cdots,7)$处 $f(x_l)$与 $S_4(x_l)$的值，$|f(x_l)-S_4(x_l)|$的值.

表 3-5　计算结果

l	x_l	$f(x_l)$	$S_4(x_l)$	$\|f(x_l)-S_4(x_l)\|$
0	0.125	0.264 40	0.250 01	1.44×10^{-2}
1	0.375	0.840 81	0.846 47	5.66×10^{-3}
2	0.625	1.361 50	1.358 24	3.27×10^{-3}
3	0.875	1.612 82	1.615 15	2.33×10^{-3}
4	1.125	1.366 72	1.364 71	2.02×10^{-3}
5	1.375	0.716 97	0.719 31	2.33×10^{-3}
6	1.625	0.079 09	0.074 96	4.14×10^{-3}
7	1.875	−0.145 76	−0.133 01	1.27×10^{-2}

还可以通过将区间[0,2]变换为$[-\pi,\pi]$来实现插值，这时的变换为 $u=\pi(x-1)$，(3.70)式中的插值系数为

$$\begin{cases} a_j=\dfrac{2}{8}\sum\limits_{k=0}^{7}f_k\cos j\left(-\pi+\dfrac{2\pi}{8}k\right)=(-1)^j\ \dfrac{1}{4}\sum\limits_{k=0}^{7}f_k\cos\dfrac{2\pi}{8}kj, & j=0,1,\cdots,4, \\ b_j=\dfrac{2}{8}\sum\limits_{k=0}^{7}f_k\sin j\left(-\pi+\dfrac{2\pi}{8}k\right)=(-1)^j\ \dfrac{1}{4}\sum\limits_{k=0}^{7}f_k\sin\dfrac{2\pi}{8}kj, & j=1,2,3, \end{cases}$$

即 $a_j+\mathrm{i}b_j=\dfrac{1}{4}(-1)^jc_j(j=0,1,\cdots,4)$.用 FFT 算法求出 $c_j(j=0,1,\cdots,4)$，即可求得(3.70)式中的插值系数，从而得到 4 次三角插值多项式

$$\begin{aligned}\widetilde{S}_4(u)=&\ 0.761\ 979+0.771\ 841\cos u-0.386\ 373\ 8\sin u+0.017\ 303\ 7\cos 2u+0.046\ 875\ 0\sin 2u+\\&0.006\ 863\ 04\cos 3u-0.011\ 373\ 78\sin 3u-0.001\ 157\ 090\cos 4u.\end{aligned}$$

在[0,2]上的三角多项式 $S_4(x)$可通过将 $u=\pi(x-1)$代入$\widetilde{S}_4(u)$获得，进而求得在相邻插值节点的中点 $x_l=0.125+0.25l(l=0,1,\cdots,7)$处 $S_4(x_l)$的值同表 3-5 所列的值.对应的图形同图 3-13 所绘制的图形.

评　注

函数逼近是研究用简单函数逼近复杂函数的问题，是数值分析的基础.本章讨论用多项式、有理函数和三角多项式逼近数据和函数，对多项式逼近着重介绍最佳平方逼近，当被逼近函数可以在任意自变量下计算时，这些逼近就是在整个区间上误差平方和积分.关于多项式最佳一致逼近由于计算的困难，本章只介绍基本概念，进一步了解可参看文献[22-24].正交多项式中的勒让德多项式和切比雪夫多项式是两个十分重要且经常使用的正交多项式，应引起高度关注.当一个函数由给定的一组可能不精确表示函数的数据来确定时，使用最小二乘的曲线拟合是最合适的，它是离散点的最佳平方逼近，当模型为次数较高的多项式时其法方程是病态的，为此推荐用点集正交化方法可避免解法方程，是目前计算机上常用的算法.

有理逼近是函数逼近的重要组成部分，本章只介绍帕德逼近，更详细的内容可参看文献[22,25].

如果数据是周期的，使用三角最小二乘或三角插值是合适的，计算用快速傅里叶变换，它是节省计算量的一个范例，它是由 Cooley 和 Tukey 在 1965 年提出的.本章介绍的算法是它的一种改进[26]，比原始算法节省一半计算量.有关三角逼近和快速傅里叶变换计算更详细的内容可参见文献[27,28].

函数逼近子程序可在有关程序库中找到，例如 NAG 和 IMSL 库都有关于计算最佳平方逼近多项式和最小二乘曲线拟合的子程序，也有帕德逼近和 FFT 的子程序.

在 MATLAB 中，内置函数 polyfit 和 ployval 联合使用，可实现最小二乘拟合，内置函数 deconv 可实现两个多项式的带余除法，内置函数 fft 可实现快速傅里叶变换.

复习与思考题

1. 何谓向量范数？给出三种常用的向量范数.

2. 设 $f\in C[a,b]$，写出三种常用范数 $\|f\|_1$，$\|f\|_2$ 及 $\|f\|_\infty$.

3. $f,g\in C[a,b]$，它们的内积是什么？如何判断函数族 $\{\varphi_0,\varphi_1,\cdots,\varphi_n\}\in C[a,b]$ 在 $[a,b]$ 上线性无关？

4. 什么是函数 $f\in C[a,b]$ 在区间 $[a,b]$ 上的 n 次最佳一致逼近多项式？

5. 什么是 f 在 $[a,b]$ 上的 n 次最佳平方逼近多项式？什么是数据 $\{f_i\}_0^m$ 的最小二乘曲线拟合？

6. 什么是 $[a,b]$ 上带权 $\rho(x)$ 的正交多项式？什么是 $[-1,1]$ 上的勒让德多项式？它有什么重要性质？

7. 什么是切比雪夫多项式？它有什么重要性质？

8. 用切比雪夫多项式零点做插值点得到的插值多项式与等距节点上的插值多项式有何不同？

9. 什么是最小二乘拟合的法方程？用多项式做拟合曲线时，当次数 n 较大时为什么不直接求解法方程？

10. 计算有理分式 $R_{mn}(x)$ 为什么要化为连分式？

11. 哪种类型函数用三角插值比用多项式插值或分段多项式插值更合适？

12. 对序列作 DFT 时，给定数据要有哪些性质？对 DFT 用 FFT 计算时数据长度有何要求？

13. 判断下列命题是否正确？

(1) 任何 $f(x)\in C[a,b]$ 都能找到 n 次多项式 $p_n(x)\in\mathscr{P}_n$，使 $\max\limits_{x\in[a,b]}|f(x)-p_n(x)|\leqslant\varepsilon$（$\varepsilon$ 为任给的误差限）.

(2) $p_n^*(x)\in\mathscr{P}_n$ 是连续函数 $f(x)$ 在 $[a,b]$ 上的最佳一致逼近多项式，则 $\lim\limits_{n\to\infty}p_n^*(x)=f(x)$ 对 $\forall x\in[a,b]$ 成立.

(3) $f(x)\in C[a,b]$ 在 $[a,b]$ 上的最佳平方逼近多项式 $p_n(x)\in\mathscr{P}_n$，则 $\lim\limits_{n\to\infty}p_n(x)=f(x)$.

(4) $\widetilde{\mathrm{P}}_n(x)$ 是首项系数为 1 的勒让德多项式，$q_n(x)\in\mathscr{P}_n$ 是任一首项系数为 1 的多项式，则 $\int_{-1}^{1}[\widetilde{\mathrm{P}}_n(x)]^2\mathrm{d}x\leqslant\int_{-1}^{1}q_n^2(x)\mathrm{d}x$.

(5) $\widetilde{\mathrm{T}}_n(x)$ 是 $[-1,1]$ 上首项系数为 1 的切比雪夫多项式.$q_n(x)\in\mathscr{P}_n$ 是任一首项系数

为 1 的多项式,则

$$\max_{-1\leqslant x\leqslant 1}|\widetilde{T}_n(x)|\leqslant \max_{-1\leqslant x\leqslant 1}|q_n(x)|.$$

(6) 函数的有理逼近(如帕德逼近)总比多项式逼近好.

(7) 当数据量很大时用最小二乘拟合比用插值好.

(8) 三角最小平方逼近与三角插值都要计算 N 点 DFT,所以它们没任何区别.

(9) 只有点数 $N=2^p$ 的 DFT 才能用 FFT 算法,所以 FFT 算法意义不大.

(10) FFT 算法计算 DFT 和它的逆变换效率相同.

习　题

1. 设 $\boldsymbol{P}\in\mathbb{R}^{n\times n}$ 且非奇异,又设 $\|\boldsymbol{x}\|$ 为$\mathbb{R}^n$上一向量范数,定义

$$\|\boldsymbol{x}\|_P=\|\boldsymbol{Px}\|.$$

试证明 $\|\boldsymbol{x}\|_P$ 是$\mathbb{R}^n$上向量的一种范数.

2. $f(x)=\sin\dfrac{\pi}{2}x$,给出$[0,1]$上的伯恩斯坦多项式 $B_1(f,x)$及 $B_3(f,x)$.

3. 当 $f(x)=x$ 时,求证 $B_n(f,x)=x$.

4. 证明函数 $1,x,\cdots,x^n$ 线性无关.

5. 计算下列函数 $f(x)$关于 $C[0,1]$的 $\|f\|_\infty$, $\|f\|_1$ 与 $\|f\|_2$:

(1) $f(x)=(x-1)^3$;　　(2) $f(x)=\left|x-\dfrac{1}{2}\right|$;

(3) $f(x)=x^m(1-x)^n$,m 与 n 为正整数.

6. 证明 $\|f-g\|\geqslant\|f\|-\|g\|$.

7. 对 $f(x),g(x)\in C^1[a,b]$,定义

(1) $(f,g)=\int_a^b f'(x)g'(x)\mathrm{d}x$;　(2) $(f,g)=\int_a^b f'(x)g'(x)\mathrm{d}x+f(a)g(a)$.

问它们是否构成内积.

8. 令 $T_n^*(x)=T_n(2x-1)$, $x\in[0,1]$,试证 $\{T_n^*(x)\}$ 是在$[0,1]$上带权 $\rho(x)=\dfrac{1}{\sqrt{x-x^2}}$的正交多项式,并求 $T_0^*(x)$, $T_1^*(x)$, $T_2^*(x)$, $T_3^*(x)$.

9. 对权函数 $\rho(x)=1+x^2$,在区间$[-1,1]$上,试求首项系数为 1 的正交多项式 $\varphi_n(x)$, $n=0,1,2,3$.

10. 试证明由(3.20)式给出的第二类切比雪夫多项式族$\{u_n(x)\}$是$[-1,1]$上带权 $\rho(x)=\sqrt{1-x^2}$的正交多项式.

11. 证明对每一个切比雪夫多项式 $T_n(x)$,有

$$\int_{-1}^{1}\frac{[T_n(x)]^2}{\sqrt{1-x^2}}\mathrm{d}x=\frac{\pi}{2}.$$

12. 用 $T_3(x)$的零点做插值点,求 $f(x)=\mathrm{e}^x$ 在区间$[-1,1]$上的二次插值多项式,并估计其最大误差界.

13. 设 $f(x)=x^2+3x+2$, $x\in[0,1]$,试求 $f(x)$在$[0,1]$上关于 $\rho(x)=1$,

$\Phi=\text{span}\{1,x\}$的最佳平方逼近多项式.若取 $\Phi=\text{span}\{1,x,x^2\}$，那么最佳平方逼近多项式是什么？

14. 求 $f(x)=x^3$ 在区间$[-1,1]$上关于 $\rho(x)=1$ 的最佳平方逼近二次多项式.

15. 求函数 $f(x)$在指定区间上对于 $\Phi=\text{span}\{1,x\}$的最佳平方逼近多项式：

(1) $f(x)=\dfrac{1}{x}$，$[1,3]$；　　(2) $f(x)=\mathrm{e}^x$，$[0,1]$；

(3) $f(x)=\cos\pi x$，$[0,1]$；　　(4) $f(x)=\ln x$，$[1,2]$.

16. $f(x)=\sin\dfrac{\pi}{2}x$，在区间$[-1,1]$上按勒让德多项式展开求三次最佳平方逼近多项式.

17. 观测物体的直线运动，得出以下数据：

时间 t/s	0	0.9	1.9	3.0	3.9	5.0
距离 s/m	0	10	30	50	80	110

求运动方程.

18. 已知实验数据如下：

x_i	19	25	31	38	44
y_i	19.0	32.3	49.0	73.3	97.8

用最小二乘法求形如 $y=a+bx^2$ 的经验公式，并计算均方误差.

19. 在某化学反应中，由实验得分解物浓度与时间关系如下：

时间 t/s	0	5	10	15	20	25	30	35	40	45	50	55
浓度 $y/(\times10^{-4})$	0	1.27	2.16	2.86	3.44	3.87	4.15	4.37	4.51	4.58	4.62	4.64

用最小二乘法求 $y=f(t)$.

20. 用辗转相除法将 $R_{22}(x)=\dfrac{3x^2+6x}{x^2+6x+6}$化为连分式.

21. 求 $f(x)=\sin x$ 在 $x=0$ 处的(3,3)阶帕德逼近 $R_{33}(x)$.

22. 求 $f(x)=\mathrm{e}^x$ 在 $x=0$ 处的(2,1)阶帕德逼近 $R_{21}(x)$.

23. 求 $f(x)=\dfrac{1}{x}\ln(1+x)$在 $x=0$ 处的(1,1)阶帕德逼近 $R_{11}(x)$.

24. 给定 $f(x)=\cos 2x$，$m=4$，$n=2$，求$[-\pi,\pi]$上的离散最小二乘三角多项式 $S_2(x)$.

25. 使用 FFT 算法，求函数 $f(x)=|x|$在$[-\pi,\pi]$上的 4 次三角插值多项式 $S_4(x)$.

计算实习题

1. 对于给函数 $f(x)=\dfrac{1}{1+25x^2}$，在区间$[-1,1]$上取 $x_i=-1+0.2i(i=0,1,\cdots,10)$，试求 3 次曲线拟合，试画出拟合曲线并写出具体方程，与第 2 章计算实习题 2 的结果比较.

2. 由实验给出数据表

x	0.0	0.1	0.2	0.3	0.5	0.8	1.0
y	1.0	0.41	0.50	0.61	0.91	2.02	2.46

试求 3 次、4 次多项式的曲线拟合，然后根据数据曲线形状，求一个另外函数的拟合曲线，用图示数据曲线及相应的三种拟合曲线.

3. 使用快速傅里叶变换确定函数 $f(x)=x^2\cos x$ 在区间$[-\pi,\pi]$上的 16 次三角插值多项式.

第 3 章二维码

第 4 章 数值积分与数值微分

4.1 数值积分概论

4.1.1 数值积分的基本思想

实际问题当中常常需要计算积分.有些数值方法,如微分方程和积分方程的求解,也都和积分计算相联系.

依据人们所熟知的微积分基本定理,对于积分

$$I=\int_a^b f(x)\mathrm{d}x,$$

只要找到被积函数 $f(x)$的原函数 $F(x)$,便可用牛顿-莱布尼茨(Newton-Leibniz)公式

$$\int_a^b f(x)\mathrm{d}x=F(b)-F(a)$$

求得积分. 但实际使用这种求积分的方法往往有困难.

首先,因为大量的被积函数,诸如$\dfrac{\sin x}{x}(x\neq 0)$, $\sin x^2$, e^{-x^2}等,其原函数不能用初等函数表达,故不能用上述公式计算. 其次,有时即使能求得原函数的积分计算也十分困难.例如对于被积函数 $f(x)=\dfrac{1}{1+x^6}$,其原函数为

$$F(x)=\frac{1}{3}\arctan x+\frac{1}{6}\arctan\left(x-\frac{1}{x}\right)+\frac{1}{4\sqrt{3}}\ln\frac{x^2+x\sqrt{3}+1}{x^2-x\sqrt{3}+1}+C,$$

计算 $F(a)$,$F(b)$仍然很困难.最后,当 $f(x)$是由测量或数值计算给出的一张数据表时,牛顿-莱布尼茨公式也不能直接运用.因此有必要研究积分的数值计算问题,即数值积分.

从上面的三种情况来看,被积函数的函数值是比较容易获得的,基于此背景及幂函数的积分简便性,自然会想到用插值多项式 $p(x)$来代替被积函数 $f(x)$或者列表数据,从而得到积分的近似值,即

$$\int_a^b f(x)\mathrm{d}x\approx\int_a^b p(x)\mathrm{d}x.$$

4.1.2 插值型求积公式

在积分区间$[a,b]$上给定一组节点 $a\leqslant x_0<x_1<\cdots<x_n\leqslant b$,且已知函数 $f(x)$在这些节点上的函数值 $f(x_i)(i=0,1,2,\cdots,n)$,作 n 次拉格朗日插值多项式

$$L_n(x)=\sum_{k=0}^n f(x_k)l_k(x)$$

近似被积函数 $f(x)$,则

$$f(x)=L_n(x)+R_n(x),$$

$$\int_a^b f(x)\mathrm{d}x = \int_a^b L_n(x)\mathrm{d}x + \int_a^b R_n(x)\mathrm{d}x.$$

取 $I_n = \int_a^b L_n(x)\mathrm{d}x = \int_a^b \sum_{k=0}^{n} f(x_k) l_k(x)\mathrm{d}x = \sum_{k=0}^{n} f(x_k)\int_a^b l_k(x)\mathrm{d}x$，作为积分 $I[f] = \int_a^b f(x)\mathrm{d}x$ 的近似值(加上$[f]$是为了强调积分 I 依赖于被积函数 f)，这样构造出求积公式

$$\int_a^b f(x)\mathrm{d}x \approx I_n = \sum_{k=0}^{n} A_k f(x_k), \tag{4.1}$$

其中，x_k 称为**求积节点**，$A_k = \int_a^b l_k(x)\mathrm{d}x (k=0,1,2,\cdots,n)$ 为插值基函数的积分，称为**求积系数**，亦称伴随节点的**权**. 权 A_k 仅仅与求积区间$[a,b]$及节点 x_k 的选取有关，而与被积函数 $f(x)$无关. (4.1)式称为**插值型求积公式**.

例如，用$[a,b]$上的线性插值函数 $L_1(x)$来近似被积函数 $f(x)$.设插值节点为 $x_0=a$，$x_1=b$，则

$$L_1(x) = l_0(x)f(x_0) + l_1(x)f(x_1) = \frac{x-b}{a-b}f(a) + \frac{x-a}{b-a}f(b),$$

$$\int_a^b f(x)\mathrm{d}x \approx \int_a^b L_1(x)\mathrm{d}x = \frac{b-a}{2}[f(a)+f(b)]. \tag{4.2}$$

此式称为**梯形公式**，其几何意义就是用梯形面积$\frac{b-a}{2}[f(a)+f(b)]$近似曲线 $f(x)$在$[a,b]$上的面积$\int_a^b f(x)\mathrm{d}x$，参见图 4-1，只不过梯形是侧放的.

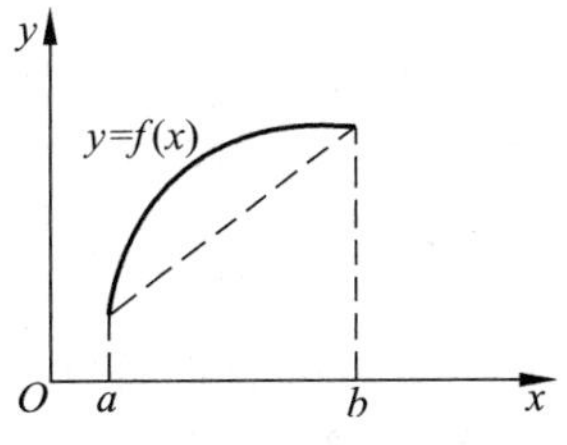

图 4-1 梯形求积公式示意图

如果可以获取被积函数 $f(x)$的更多信息(如其导函数或在一些节点处导函数的值)，也可以通过相应的插值多项式使这些信息在求积公式中反映出来.

4.1.3 代数精度

由插值余项公式可得求积公式(4.1)的余项为

$$R[f] = \int_a^b R_n(x)\mathrm{d}x = \frac{1}{(n+1)!}\int_a^b f^{(n+1)}(\xi)\omega_{n+1}(x)\mathrm{d}x, \tag{4.3}$$

其中，ξ 依赖于 x，$\omega_{n+1}(x) = (x-x_0)(x-x_1)\cdots(x-x_n)$.

由(4.3)式可知，如果被积函数 $f(x)$为次数小于或等于 n 的多项式 $p(x)$，则$p^{(n+1)}(x) = 0$，故求积公式的余项为零，从而$\int_a^b f(x)\mathrm{d}x = \sum_{k=0}^{n} A_k f(x_k)$，即求积公式是准确成立的. 由此引出衡量求积公式近似程度的概念——代数精度.

定义 4.1 如果某个求积公式对于次数不超过 m 的多项式均准确成立，但对于 $m+1$ 次多项式不准确成立，则称该求积公式具有 ***m* 次代数精度**(或**代数精确度**).

显然，代数精度越高，求积公式的近似效果越好. 由前述的过程可以得到下面的定理.

定理 4.1 插值型求积公式(4.1)的代数精度至少为 n.

由定理 4.1 知梯形公式(4.2)至少具有 1 次代数精度. 当 $f(x)=x^2$ 时，则

$$\frac{b-a}{2}[f(a)+f(b)]=\frac{b-a}{2}[a^2+b^2]\neq\int_a^b x^2\mathrm{d}x=\frac{1}{3}(b^3-a^3),$$

故梯形公式的代数精度为 1.

对于求积公式,也可以通过代数精度的要求来确定求积节点和求积系数. 例如，对于求积公式$\int_a^b f(x)\mathrm{d}x\approx A_0f(x_0)$，其中,$A_0$ 及 x_0 为待定参数. 根据代数精度的定义,可令 $f(x)=1,x$,从而得到非线性方程组

$$\begin{cases}A_0=b-a,\\ A_0x_0=\dfrac{1}{2}(b^2-a^2),\end{cases}$$

解得 $x_0=\dfrac{1}{2}(a+b)$,故有

$$\int_a^b f(x)\mathrm{d}x\approx(b-a)f\left(\frac{a+b}{2}\right).$$

此求积公式称为**中矩形公式**或**中点公式**，它可以视为用以积分区间的中点为节点的水平线插值函数来近似被积函数. 再令 $f(x)=x^2$,有

$$A_0x_0^2=(b-a)\left(\frac{a+b}{2}\right)^2=\frac{a+b}{4}(b^2-a^2)\neq\int_a^b x^2\mathrm{d}x=\frac{1}{3}(b^3-a^3).$$

由此可知中矩形公式的代数精度为 1.

给定求积节点后,还可以通过代数精度确定求积公式.

例 4.1　给定形如$\int_0^1 f(x)\mathrm{d}x\approx A_0f(0)+A_1f(1)+B_0f'(0)$的求积公式，试确定系数 A_0,A_1,B_0,使公式具有尽可能高的代数精确度.

解　由两点处的三个插值条件,可以构造出三次插值多项式,故至少具有二次代数精确度,因此,可令 $f(x)=1,x,x^2$ 分别代入求积公式使其精确成立：

当 $f(x)=1$ 时,得

$$A_0\cdot1+A_1\cdot1+B_0\cdot0=A_0+A_1=\int_0^1 1\mathrm{d}x=1;$$

当 $f(x)=x$ 时,得

$$A_0\cdot0+A_1\cdot1+B_0\cdot1=A_1+B_0=\int_0^1 x\mathrm{d}x=\frac{1}{2};$$

当 $f(x)=x^2$ 时,得

$$A_0\cdot0+A_1\cdot1+B_0\cdot0=A_1=\int_0^1 x^2\mathrm{d}x=\frac{1}{3}.$$

方程联立,解得 $A_1=\dfrac{1}{3},A_0=\dfrac{2}{3},B_0=\dfrac{1}{6}$,于是有

$$\int_0^1 f(x)\mathrm{d}x\approx\frac{2}{3}f(0)+\frac{1}{3}f(1)+\frac{1}{6}f'(0)$$

当 $f(x)=x^3$ 时,$\int_0^1 x^3\mathrm{d}x=\dfrac{1}{4}$. 而上式右端为

$$\frac{2}{3}f(0)+\frac{1}{3}f(1)+\frac{1}{6}f'(0)=\frac{2}{3}\cdot0+\frac{1}{3}\cdot1+\frac{1}{6}\cdot0=\frac{1}{3},$$

故公式对 $f(x)=x^3$ 不准确成立,其代数精确度为 2.

4.1.4 求积公式的余项

若求积公式(4.1)的代数精确度为 m,则可以证明余项可表示为

$$R[f]=\int_a^b f(x)\mathrm{d}x-\sum_{k=0}^{n}A_k f(x_k)=Kf^{(m+1)}(\eta), \tag{4.4}$$

其中,K 为不依赖于 $f(x)$ 的待定参数,$\eta\in(a,b)$.这个结果表明当$f(x)$是次数小于等于 m 的多项式时,由于 $f^{(m+1)}(x)=0$,故此时$R[f]=0$,即求积公式(4.1)精确成立.而当 $f(x)=x^{m+1}$时,$f^{(m+1)}(x)=(m+1)!$,(4.4)式的左端 $R_n(f)\neq 0$,故可求得

$$\begin{aligned}K&=\frac{1}{(m+1)!}\left[\int_a^b x^{m+1}\mathrm{d}x-\sum_{k=0}^{n}A_k x_k^{m+1}\right]\\&=\frac{1}{(m+1)!}\left[\frac{1}{m+2}(b^{m+2}-a^{m+2})-\sum_{k=0}^{n}A_k x_k^{m+1}\right].\end{aligned} \tag{4.5}$$

代入余项(4.4)式中可以得到具体的余项表达式.

例如梯形公式(4.2)的代数精确度为 1,可将它的余项表示为

$$R[f]=Kf''(\eta),\quad \eta\in(a,b),$$

其中

$$K=\frac{1}{2}\left[\frac{1}{3}(b^3-a^3)-\frac{b-a}{2}(a^2+b^2)\right]=\frac{1}{2}\left[-\frac{1}{6}(b-a)^3\right]=-\frac{1}{12}(b-a)^3.$$

于是得到梯形公式(4.2)的余项为

$$R[f]=-\frac{(b-a)^3}{12}f''(\eta),\quad \eta\in(a,b). \tag{4.6}$$

例 4.2 求例 4.1 中求积公式

$$\int_0^1 f(x)\mathrm{d}x\approx\frac{2}{3}f(0)+\frac{1}{3}f(1)+\frac{1}{6}f'(0)$$

的余项.

解 由于此求积公式的代数精确度为 2,故余项表达式为$R[f]=Kf'''(\eta)$.令 $f(x)=x^3$,得 $f'''(\eta)=3!$,于是有

$$K=\frac{1}{3!}\left[\int_0^1 x^3\mathrm{d}x-\left(\frac{2}{3}f(0)+\frac{1}{3}f(1)+\frac{1}{6}f'(0)\right)\right]=\frac{1}{3!}\left(\frac{1}{4}-\frac{1}{3}\right)=-\frac{1}{72}.$$

故得

$$R[f]=-\frac{1}{72}f'''(\eta),\quad \eta\in(0,1).$$

4.1.5 求积公式的收敛性与稳定性

定义 4.2 在求积公式(4.1)中,若

$$\lim_{\substack{n\to\infty\\h\to 0}}\sum_{k=0}^{n}A_k f(x_k)=\int_a^b f(x)\mathrm{d}x,$$

其中 $h=\max\limits_{1\leqslant i\leqslant n}\{x_i-x_{i-1}\}$,则称求积公式(4.1)是**收敛的**.

在求积公式(4.1)中,由于计算 $f(x_k)$可能产生误差 δ_k,实际得到 $\tilde{f}_k$,即 $f(x_k)=\tilde{f}_k+\delta_k$.记

$$I_n[f]=\sum_{k=0}^{n}A_kf(x_k),\quad I_n[\tilde{f}]=\sum_{k=0}^{n}A_k\tilde{f}_k.$$

如果对任给小正数 $\varepsilon>0$,只要误差$|\delta_k|$充分小就有

$$|I_n[f]-I_n[\tilde{f}]|=\left|\sum_{k=0}^{n}A_k(f(x_k)-\tilde{f}_k)\right|\leqslant\varepsilon,\tag{4.7}$$

它表明求积公式(4.1)计算是稳定的,由此给出下面的定义.

定义 4.3　对任给 $\varepsilon>0$,若$\exists\delta>0$,只要$|f(x_k)-\tilde{f}_k|\leqslant\delta(k=0,1,2,\cdots,n)$就有(4.7)式成立,则称求积公式(4.1)是**稳定**的.

定理 4.2　若求积公式(4.1)中系数 $A_k>0(k=0,1,\cdots,n)$,则此求积公式是稳定的.

证明　对任给 $\varepsilon>0$,若取 $\delta=\dfrac{\varepsilon}{b-a}$,对 $k=0,1,\cdots,n$ 都要求$|f(x_k)-\tilde{f}_k|\leqslant\delta$,则有

$$|I_n[f]-I_n[\tilde{f}]|=\left|\sum_{k=0}^{n}A_k(f(x_k)-\tilde{f}_k)\right|\leqslant\sum_{k=0}^{n}|A_k||f(x_k)-\tilde{f}_k|$$

$$\leqslant\delta\sum_{k=0}^{n}A_k=\delta\int_a^b 1\mathrm{d}x=\delta(b-a)=\varepsilon.$$

由定义 4.3 可知求积公式(4.1)是稳定的.　□

定理 4.2 表明只要求积系数 $A_k>0$,就能保证计算的稳定性.

4.2　牛顿-柯特斯公式

4.2.1　柯特斯系数与辛普森公式

设将积分区间$[a,b]$划分为 n 等份,步长 $h=\dfrac{b-a}{n}$,选取等距节点 $x_k=a+kh$ 构造出的插值型求积公式

$$I_n=(b-a)\sum_{k=0}^{n}C_k^{(n)}f(x_k),\tag{4.8}$$

称为**牛顿-柯特斯**(Newton-Cotes)**公式**,式中 $C_k^{(n)}$ 称为**柯特斯系数**.由求积系数的表示式,引进变换 $x=a+th$,则有

$$C_k^{(n)}=\frac{1}{b-a}\int_a^b l_k(x)\mathrm{d}x=\frac{h}{b-a}\int_0^n\prod_{\substack{j=0\\j\neq k}}^{n}\frac{t-j}{k-j}\mathrm{d}t=\frac{(-1)^{n-k}}{nk!\,(n-k)!}\int_0^n\prod_{\substack{j=0\\j\neq k}}^{n}(t-j)\mathrm{d}t.\tag{4.9}$$

由于是多项式的积分,柯特斯系数的计算不会遇到实质性的困难.当 $n=1$ 时,

$$C_0^{(1)}=C_1^{(1)}=\frac{1}{2},$$

这时的求积公式就是我们所熟悉的梯形公式(4.2).

当 $n=2$ 时,按(4.9)式,这时的柯特斯系数为

$$C_0^{(2)}=\frac{1}{4}\int_0^2(t-1)(t-2)\mathrm{d}t=\frac{1}{6},$$

$$C_1^{(2)}=-\frac{1}{2}\int_0^2 t(t-2)\mathrm{d}t=\frac{4}{6},\qquad C_2^{(2)}=\frac{1}{4}\int_0^2 t(t-1)\mathrm{d}t=\frac{1}{6}.$$

相应的求积公式是下列**辛普森**(Simpson)**公式**:

$$S=\frac{b-a}{6}\left[f(a)+4f\left(\frac{a+b}{2}\right)+f(b)\right]. \tag{4.10}$$

而 $n=4$ 时的牛顿-柯特斯公式则特别称为**柯特斯公式**,其形式是

$$C=\frac{b-a}{90}[7f(x_0)+32f(x_1)+12f(x_2)+32f(x_3)+7f(x_4)]. \tag{4.11}$$

这里 $h=\frac{b-a}{4}$,$x_k=a+kh(k=0,1,2,3,4)$.

表 4-1 列出柯特斯系数表开头的一部分.

表 4-1 柯特斯公式的系数

n	$C_k^{(n)}$								
1	$\frac{1}{2}$	$\frac{1}{2}$							
2	$\frac{1}{6}$	$\frac{2}{3}$	$\frac{1}{6}$						
3	$\frac{1}{8}$	$\frac{3}{8}$	$\frac{3}{8}$	$\frac{1}{8}$					
4	$\frac{7}{90}$	$\frac{16}{45}$	$\frac{2}{15}$	$\frac{16}{45}$	$\frac{7}{90}$				
5	$\frac{19}{288}$	$\frac{25}{96}$	$\frac{25}{144}$	$\frac{25}{144}$	$\frac{25}{96}$	$\frac{19}{288}$			
6	$\frac{41}{840}$	$\frac{9}{35}$	$\frac{9}{280}$	$\frac{34}{105}$	$\frac{9}{280}$	$\frac{9}{35}$	$\frac{41}{840}$		
7	$\frac{751}{17\,280}$	$\frac{3577}{17\,280}$	$\frac{1323}{17\,280}$	$\frac{2989}{17\,280}$	$\frac{2989}{17\,280}$	$\frac{1323}{17\,280}$	$\frac{3577}{17\,280}$	$\frac{751}{17\,280}$	
8	$\frac{989}{28\,350}$	$\frac{5888}{28\,350}$	$\frac{-928}{28\,350}$	$\frac{10\,496}{28\,350}$	$\frac{-4540}{28\,350}$	$\frac{10\,496}{28\,350}$	$\frac{-928}{28\,350}$	$\frac{5888}{28\,350}$	$\frac{989}{28\,350}$

从表 4-1 中看到当 $n=8$ 时,柯特斯系数 $C_k^{(n)}$ 出现负值,于是有

$$\sum_{k=0}^{n}|C_k^{(n)}|>\sum_{k=0}^{n}C_k^{(n)}=1.$$

特别地,假定 $C_k^{(n)}(f(x_k)-\tilde{f}_k)>0(k=0,1,2,\cdots,n)$,且 $|f(x_k)-\tilde{f}_k|=\delta$,则有

$$\begin{aligned}|I_n[f]-I_n[\tilde{f}]|&=\left|\sum_{k=0}^{n}C_k^{(n)}(f(x_k)-\tilde{f}_k)\right|=\sum_{k=0}^{n}C_k^{(n)}(f(x_k)-\tilde{f}_k)\\&=\sum_{k=0}^{n}|C_k^{(n)}||f(x_k)-\tilde{f}_k|=\delta\sum_{k=0}^{n}|C_k^{(n)}|>\delta.\end{aligned}$$

它表明初始数据误差将会引起计算结果误差增大,即计算不稳定,故 $n\geqslant 8$ 时的牛顿-柯特斯公式是不适合使用的.

4.2.2 偶阶求积公式的代数精度

作为插值型的求积公式,n 阶的牛顿-柯特斯公式至少具有 n 次的代数精度(定理 4.1).实际的代数精度能否进一步提高呢?

先看辛普森公式(4.10),它是二阶牛顿-柯特斯公式,因此至少具有二次代数精度.进一步用 $f(x)=x^3$ 进行检验,按辛普森公式计算得

$$S=\frac{b-a}{6}\left[a^3+4\left(\frac{a+b}{2}\right)^3+b^3\right]=\frac{b-a}{6}\cdot\frac{3(a^3+a^2b+ab^2+b^3)}{2}=\frac{b^4-a^4}{4}.$$

而直接求积得

$$I=\int_a^b x^3\mathrm{d}x=\frac{b^4-a^4}{4}.$$

这时有 $S=I$,即辛普森公式对次数不超过三次的多项式均能准确成立,又容易验证它对 $f(x)=x^4$ 通常是不准确的,因此,辛普森公式实际上具有三次代数精度.

一般地,我们可以证明下述论断.

定理 4.3 当阶 n 为偶数时,牛顿-柯特斯公式(4.8)至少有 $n+1$ 次代数精度.

证明 我们只要验证,当 n 为偶数时,牛顿-柯特斯公式对 $f(x)=x^{n+1}$ 的余项为零.

按余项公式(4.3),由于这里 $f^{(n+1)}(x)=(n+1)!$,从而有

$$R[f]=\int_a^b\prod_{j=0}^{n}(x-x_j)\mathrm{d}x.$$

引进变换 $x=a+th$,并注意到 $x_j=a+jh$,有

$$R[f]=h^{n+2}\int_0^n\prod_{j=0}^{n}(t-j)\mathrm{d}t.$$

若 n 为偶数,则 $\frac{n}{2}$ 为整数,再令 $t=u+\frac{n}{2}$,进一步有

$$R[f]=h^{n+2}\int_{-\frac{n}{2}}^{\frac{n}{2}}\prod_{j=0}^{n}\left(u+\frac{n}{2}-j\right)\mathrm{d}u,$$

据此可以断定 $R[f]=0$,因为被积函数

$$H(u)=\prod_{j=0}^{n}\left(u+\frac{n}{2}-j\right)=\prod_{j=-n/2}^{n/2}(u-j)$$

是个奇函数. □

4.2.3 辛普森公式的余项

对牛顿-柯特斯求积公式通常只用 $n=1,2,4$ 时的三个公式,$n=1$ 时即为梯形公式(4.2),其余项为(4.6)式.对 $n=2$,即辛普森公式(4.10),其代数精确度为3,可将余项表示为

$$R[f]=Kf^{(4)}(\eta),\quad \eta\in(a,b),$$

其中 K 由(4.5)式及(4.10)式可得:

$$K=\frac{1}{4!}\left\{\frac{1}{5}(b^5-a^5)-\frac{b-a}{6}\left[a^4+4\left(\frac{a+b}{2}\right)^4+b^4\right]\right\}$$
$$=-\frac{1}{4!}\frac{(b-a)^5}{120}=-\frac{b-a}{180}\left(\frac{b-a}{2}\right)^4,$$

从而可得辛普森公式(4.10)的余项为

$$R[f]=-\frac{b-a}{180}\left(\frac{b-a}{2}\right)^4 f^{(4)}(\eta),\quad \eta\in(a,b). \tag{4.12}$$

对 $n=4$ 的柯特斯公式(4.11),其代数精确度为 5,故类似于求(4.10)式的余项可得到(4.11)式的余项为

$$R[f]=-\frac{2(b-a)}{945}\left(\frac{b-a}{4}\right)^6 f^{(6)}(\eta),\quad \eta\in(a,b).$$

4.3 复合求积公式

由于牛顿-柯特斯公式在 $n\geqslant 8$ 时不具有稳定性,故不可能通过提高代数精度的阶的方法来提高求积精度.注意求积公式的余项与积分的区间长度密切相关,缩短积分的区间长度也可以减小余项,因此为了提高近似精度通常可把积分区间分成若干子区间(通常是等分),然后在每个子区间上用低阶代数精度的求积公式.这种方法称为复合求积法.本节只讨论复合梯形公式与复合辛普森公式.

4.3.1 复合梯形公式

将区间 $[a,b]$ 划分为 n 等份,分点 $x_k=a+kh$, $h=\dfrac{b-a}{n}$, $k=0,1,\cdots,n$,在每个子区间 $[x_k,x_{k+1}]$ $(k=0,1,\cdots,n-1)$ 上采用梯形公式(4.2),则得

$$I=\int_a^b f(x)\mathrm{d}x=\sum_{k=0}^{n-1}\int_{x_k}^{x_{k+1}} f(x)\mathrm{d}x=\frac{h}{2}\sum_{k=0}^{n-1}[f(x_k)+f(x_{k+1})]+R_n(f).$$

记

$$T_n=\frac{h}{2}\sum_{k=0}^{n-1}[f(x_k)+f(x_{k+1})]=\frac{h}{2}\left[f(a)+2\sum_{k=1}^{n-1}f(x_k)+f(b)\right],\tag{4.13}$$

称为**复合梯形公式**,其余项可由(4.6)式得

$$R_n[f]=I-T_n=\sum_{k=0}^{n-1}\left[-\frac{h^3}{12}f''(\eta_k)\right],\quad \eta_k\in(x_k,x_{k+1}).$$

如果 $f(x)\in C^2[a,b]$,那么

$$\min_{0\leqslant k\leqslant n-1} f''(\eta_k)\leqslant\frac{1}{n}\sum_{k=0}^{n-1}f''(\eta_k)\leqslant\max_{0\leqslant k\leqslant n-1} f''(\eta_k),$$

所以 $\exists\,\eta\in(a,b)$ 使

$$f''(\eta)=\frac{1}{n}\sum_{k=0}^{n-1}f''(\eta_k).$$

于是复合梯形公式的余项为

$$R_n[f]=-\frac{b-a}{12}h^2 f''(\eta).\tag{4.14}$$

可以看出误差是 h^2 阶,且由(4.14)式立即得到,当 $f(x)\in C^2[a,b]$ 时,则

$$\lim_{n\to\infty}T_n=\int_a^b f(x)\mathrm{d}x,$$

即复合梯形公式是收敛的.事实上只要设 $f(x)\in C[a,b]$,则可得到收敛性,因为只要把 T_n 改写为

$$T_n=\frac{1}{2}\left[\frac{b-a}{n}\sum_{k=0}^{n-1}f(x_k)+\frac{b-a}{n}\sum_{k=1}^{n}f(x_k)\right].$$

当 $n\to\infty$ 时，上式右端括号内的两个和式均收敛到积分 $\int_a^b f(x)\mathrm{d}x$，所以复合梯形公式(4.13)收敛.此外，T_n 的求积系数为正，由定理 4.2 知复合梯形公式是稳定的.

4.3.2 复合辛普森求积公式

将区间$[a,b]$分为 n 等份，在每个子区间$[x_k,x_{k+1}]$上采用辛普森公式(4.10)，若记 $x_{k+1/2}=x_k+\frac{1}{2}h$，则得

$$I=\int_a^b f(x)\mathrm{d}x=\sum_{k=0}^{n-1}\int_{x_k}^{x_{k+1}} f(x)\mathrm{d}x$$

$$=\frac{h}{6}\sum_{k=0}^{n-1}\left[f(x_k)+4f(x_{k+1/2})+f(x_{k+1})\right]+R_n[f].$$

记

$$S_n=\frac{h}{6}\sum_{k=0}^{n-1}\left[f(x_k)+4f(x_{k+1/2})+f(x_{k+1})\right]$$

$$=\frac{h}{6}\left[f(a)+4\sum_{k=0}^{n-1}f(x_{k+1/2})+2\sum_{k=1}^{n-1}f(x_k)+f(b)\right], \tag{4.15}$$

称为**复合辛普森求积公式**，其余项由(4.12)式得

$$R_n[f]=I-S_n=-\frac{h}{180}\left(\frac{h}{2}\right)^4\sum_{k=0}^{n-1}f^{(4)}(\eta_k),\quad \eta_k\in(x_k,x_{k+1}).$$

于是当 $f(x)\in C^4[a,b]$时，与复合梯形公式相似地有

$$R_n[f]=I-S_n=-\frac{b-a}{180}\left(\frac{h}{2}\right)^4 f^{(4)}(\eta),\quad \eta\in(a,b). \tag{4.16}$$

由(4.16)式看出，误差阶为 h^4，收敛性是显然的，实际上，只要$f(x)\in C[a,b]$则可得到收敛性，即

$$\lim_{n\to\infty}S_n=\int_a^b f(x)\mathrm{d}x.$$

此外，由于 S_n 中求积系数均为正数，故知复合辛普森公式计算稳定.

表 4-2 函数表

x	$f(x)$
0	1
1/8	0.997 397 9
1/4	0.989 615 8
3/8	0.976 726 7
1/2	0.958 851 1
5/8	0.936 155 6
3/4	0.908 851 7
7/8	0.877 192 6
1	0.841 471 0

例 4.3 对于正弦积分的被积函数 $f(x)=\frac{\sin x}{x}$，给出 $n=8$ 时的函数表(见表 4-2，令 $f(0)=1$)，试用复合梯形公式(4.13)及复合辛普森公式(4.15)计算积分

$$I=\int_0^1\frac{\sin x}{x}\mathrm{d}x,$$

并估计误差.

解 将积分区间$[0,1]$划分为 8 等份，应用复合梯形法求得

$$T_8=0.945\,690\,9;$$

而如果将$[0,1]$分为 4 等份，应用复合辛普森法有

$$S_4=0.946\,083\,3.$$

比较上面两个结果 T_8 与 S_4，它们都需要提供 9 个点上的函数值，计算量基本相同，然而精度却差别很大，同积分的精度更高的近似值 $I=0.946\ 083\ 1$ 比较，复合梯形法的结果 $T_8=0.945\ 690\ 9$ 只有 3 位有效数字，而复合辛普森法的结果 $S_4=0.946\ 083\ 3$ 却有 6 位有效数字.

为了利用余项公式估计误差，要求 $f(x)=\dfrac{\sin x}{x}$ 的高阶导数.由于

$$f(x)=\frac{\sin x}{x}=\int_0^1 \cos(xt)\mathrm{d}t,$$

所以有

$$f^{(k)}(x)=\int_0^1 \frac{\mathrm{d}^k}{\mathrm{d}x^k}(\cos xt)\mathrm{d}t=\int_0^1 t^k\cos\left(xt+\frac{k\pi}{2}\right)\mathrm{d}t,$$

于是

$$\max_{0\leqslant x\leqslant 1}|f^{(k)}(x)|\leqslant\int_0^1\left|\cos\left(xt+\frac{k\pi}{2}\right)\right|t^k\mathrm{d}t\leqslant\int_0^1 t^k\mathrm{d}t=\frac{1}{k+1}.$$

由(4.14)式得复合梯形公式的误差

$$|R_8[f]|=|I-T_8|\leqslant\frac{h^2}{12}\max_{0\leqslant x\leqslant 1}|f''(x)|\leqslant\frac{1}{12}\left(\frac{1}{8}\right)^2\frac{1}{3}=0.434\times10^{-3}.$$

对复合辛普森公式的误差，由(4.16)式得

$$|R_4[f]|=|I-S_4|\leqslant\frac{1}{2880}\left(\frac{1}{4}\right)^4\frac{1}{5}=0.271\times10^{-6}.$$

例 4.4　计算积分 $I=\int_0^1 \mathrm{e}^x\mathrm{d}x$，若用复合梯形公式，问区间[0,1]应分多少等份才能使误差不超过 $\dfrac{1}{2}\times10^{-5}$，若改用复合辛普森公式，要达到同样精度，区间[0,1]应分多少等份？

解　本题只要根据 T_n 及 S_n 的余项(4.14)式及(4.16)式即可求得其截断误差应满足的精度.由于 $f(x)=\mathrm{e}^x$，$f''(x)=\mathrm{e}^x$，$f^{(4)}(x)=\mathrm{e}^x$，$b-a=1$，对复合梯形公式 T_n 的余项由(4.14)式得误差上界为

$$|R[f]|=\left|-\frac{b-a}{12}h^2f''(\xi)\right|\leqslant\frac{1}{12}\left(\frac{1}{n}\right)^2\mathrm{e}\leqslant\frac{1}{2}\times10^{-5}.$$

由此有 $n^2\geqslant\dfrac{\mathrm{e}}{6}\times10^5$，$n\geqslant212.85$，可取 $n=213$，即将区间[0,1]分为 213 等份，则可使误差不超过 $\dfrac{1}{2}\times10^{-5}$. 这时由复合梯形公式计算所得值为 1.718 284 15，与准确的积分值 $\mathrm{e}^x\Big|_0^1=1.718\ 281\ 828\ 459$ 间的误差为 $-2.326\ 240\ 85\times10^{-6}$.

若改用复合辛普森公式(4.15)计算积分，则由余项公式(4.16)可知要满足精度要求，必须使

$$|R_n[f]|=\frac{b-a}{2880}h^4|f^{(4)}(\xi)|\leqslant\frac{1}{2880}\left(\frac{1}{n}\right)^4\mathrm{e}\leqslant\frac{1}{2}\times10^{-5},$$

由此得

$$n^4\geqslant\frac{\mathrm{e}}{144}\times10^4,\quad n\geqslant3.707.$$

可取 $n=4$，即用 $n=4$ 的复合辛普森公式(4.15)计算即可达到精度要求，此时区间[0,1]实

际上应分为 8 等份.这时由复合辛普森公式计算所得值为 1.718 284 98,与准确的积分值间的误差为 $3.156\ 122\ 02\times10^{-6}$. 即达到同样精度,后者只需计算 9 个函数值,而复合梯形公式则需 214 个函数值,工作量相差近 24 倍.

4.4　龙贝格求积公式

4.4.1　梯形法的递推化

4.3 节介绍的复合求积方法可提高求积精度,实际计算时若精度不够可将步长逐次分半.设将区间$[a,b]$分为 n 等份,共有 $n+1$ 个分点,如果将求积区间再二分一次,则分点增至 $2n+1$ 个,我们将二分前后两个积分值联系起来加以考察.注意到每个子区间$[x_k,x_{k+1}]$经过二分只增加了一个分点 $x_{k+\frac{1}{2}}=\frac{1}{2}(x_k+x_{k+1})$,用复合梯形公式求得该子区间上的积分值为

$$\frac{h}{4}[f(x_k)+2f(x_{k+\frac{1}{2}})+f(x_{k+1})].$$

注意,这里 $h=\frac{b-a}{n}$代表二分前的步长.将每个子区间上的积分值相加得

$$T_{2n}=\frac{h}{4}\sum_{k=0}^{n-1}[f(x_k)+f(x_{k+1})]+\frac{h}{2}\sum_{k=0}^{n-1}f(x_{k+\frac{1}{2}}),$$

从而利用(4.13)式可导出下列递推公式:

$$T_{2n}=\frac{1}{2}T_n+\frac{h}{2}\sum_{k=0}^{n-1}f(x_{k+\frac{1}{2}}).\tag{4.17}$$

例 4.5　计算正弦积分 $I=\int_0^1\frac{\sin x}{x}\mathrm{d}x$.

解　我们先对整个区间[0,1]使用梯形公式. 借助表 4-2 中的函数值,根据梯形公式计算得

$$T_1=\frac{1}{2}[f(0)+f(1)]=0.920\ 735\ 5.$$

然后将区间二等分,求出中点的函数值 $f\left(\frac{1}{2}\right)=0.958\ 851\ 1$,从而利用递推公式(4.17),有

$$T_2=\frac{1}{2}T_1+\frac{1}{2}f\left(\frac{1}{2}\right)=0.939\ 793\ 3.$$

进一步二分求积区间,并计算新分点上的函数值

$$f\left(\frac{1}{4}\right)=0.989\ 615\ 8,\quad f\left(\frac{3}{4}\right)=0.908\ 851\ 6.$$

再利用(4.17)式,有

$$T_4=\frac{1}{2}T_2+\frac{1}{4}\left[f\left(\frac{1}{4}\right)+f\left(\frac{3}{4}\right)\right]=0.944\ 513\ 5.$$

这样不断二分下去并添加函数值,计算结果见表 4-3(表中 k 代表二分次数,区间等分数 $n=2^k$).

表 4-3　计算结果

k	1	2	3	4	5
T_n	0.939 793 3	0.944 513 5	0.945 690 9	0.945 985 0	0.946 058 6
k	6	7	8	9	10
T_n	0.946 076 9	0.946 081 5	0.946 082 7	0.946 083 0	0.946 083 0

由表 4-3 可见，用复合梯形公式计算积分 I 要达到 7 位有效数字的精度需要二分区间 10 次，即要有分点 1025 个，计算量很大.

4.4.2　外推技巧

从梯形公式出发，将区间$[a,b]$逐次二分可提高求积公式精度，当$[a,b]$分为 n 等份时，有

$$I-T_n=-\frac{b-a}{12}h^2f''(\eta),\quad \eta\in[a,b],\quad h=\frac{b-a}{n}.$$

若记 $T_n=T(h)$，当区间$[a,b]$分为 $2n$ 等份时，则有 $T_{2n}=T\left(\frac{h}{2}\right)$，并且有

$$T(h)=I+\frac{b-a}{12}h^2f''(\eta),\quad \lim_{h\to 0}T(h)=T(0)=I,$$

可以证明梯形公式的余项可展成级数形式，即有下面定理.

定理 4.4　设 $f(x)\in C^\infty[a,b]$，则有

$$T(h)=I+\alpha_1h^2+\alpha_2h^4+\cdots+\alpha_lh^{2l}+\cdots,\tag{4.18}$$

其中系数 $\alpha_l(l=1,2,\cdots)$与 h 无关.

此定理可利用 $f(x)$的泰勒展开推导得到，此处从略.

定理 4.4 表明 $T(h)\approx I$ 是$O(h^2)$阶，在(4.18)式中，若用 $h/2$ 代替 h，有

$$T\left(\frac{h}{2}\right)=I+\alpha_1\frac{h^2}{4}+\alpha_2\frac{h^4}{16}+\cdots+\alpha_l\left(\frac{h}{2}\right)^{2l}+\cdots.\tag{4.19}$$

若用 4 乘以(4.19)式减去(4.18)式后除以 3，将所得的式子记为 $S(h)$，则有

$$S(h)=\frac{4T(h/2)-T(h)}{3}=I+\beta_1h^4+\beta_2h^6+\cdots,\tag{4.20}$$

这里 $\beta_1,\beta_2,\cdots$是与 h 无关的系数.用 $S(h)$近似积分值 I，其误差阶为 $O(h^4)$，这比复合梯形公式的误差阶 $O(h^2)$提高了，容易看到 $S(h)=S_n$，即将$[a,b]$分为 n 等份得到的复合辛普森公式.这种将计算 I 的近似值的误差阶由 $O(h^2)$提高到 $O(h^4)$的方法称为**外推算法**，也称为**理查森**(Richardson)**外推算法**.这是“数值分析”中一个重要的技巧，只要真值与近似值的误差能表示成 h 的幂级数，如(4.18)式所示，都可使用外推算法，提高精度.

与上述做法类似，从(4.20)式出发，当 n 增加一倍，即 h 减少一半时，有

$$S\left(\frac{h}{2}\right)=I+\beta_1\left(\frac{h}{2}\right)^4+\beta_2\left(\frac{h}{2}\right)^6+\cdots.\tag{4.21}$$

用 16 乘以(4.21)式减去(4.20)式后除以 15，将所得的式子记为$C(h)$，则有

$$C(h)=\frac{16S(h/2)-S(h)}{15}=I+r_1h^6+r_2h^8+\cdots.\tag{4.22}$$

它就是把区间$[a,b]$分为 n 个子区间的复合柯特斯公式，$C(h)=C_n$，它的精度为 $C(h)-I=$

$O(h^6)$.它由辛普森法二分前后的两个积分近似值 S_n 与 $S_{2n}=S\left(\frac{h}{2}\right)$ 由(4.22)式组合得到，即 $C_n=\frac{1}{15}(16S_{2n}-S_n)$.

从(4.22)式出发，利用外推技巧还可得到逼近阶为 $O(h^8)$ 的算法公式

$$R(h)=\frac{1}{63}\left[64C\left(\frac{h}{2}\right)-C(h)\right]. \tag{4.23}$$

如此继续下去就可得到龙贝格(Romberg)算法.

4.4.3 龙贝格算法

将上述外推技巧得到的(4.20)式、(4.22)式、(4.23)式重新引入记号 $T_0(h)=T(h)$，$T_1(h)=S(h)$，$T_2(h)=C(h)$，$T_3(h)=R(h)$ 等，从而可将上述公式写成统一形式

$$T_m(h)=\frac{4^m}{4^m-1}T_{m-1}\left(\frac{h}{2}\right)-\frac{1}{4^m-1}T_{m-1}(h). \tag{4.24}$$

经过 $m(m=1,2,\cdots)$ 次加速后，余项便取下列形式：

$$T_m(h)=I+\delta_1 h^{2(m+1)}+\delta_2 h^{2(m+2)}+\cdots.$$

上述处理方法通常称为**理查森外推加速方法**.

设以 $T_0^{(k)}$ 表示二分 k 次后求得的梯形值，且以 $T_m^{(k)}$ 表示序列 $\{T_0^{(k)}\}$ 的 m 次加速值，则依递推式(4.24)可得

$$T_m^{(k)}=\frac{4^m}{4^m-1}T_{m-1}^{(k+1)}-\frac{1}{4^m-1}T_{m-1}^{(k)},\quad k=1,2,\cdots. \tag{4.25}$$

递推式(4.25)也称为**龙贝格求积算法**，计算过程如下：

(1) 取 $h=b-a$，求 $T_0^{(0)}=\frac{h}{2}[f(a)+f(b)]$. 令 $1\to k$（k 记区间 $[a,b]$ 的二分次数).

(2) 求梯形值 $T_0\left(\frac{b-a}{2^k}\right)$，即按递推式(4.17)计算 $T_0^{(k)}$.

(3) 求加速值，按递推式(4.25)逐个求出 T 表（见表 4-4）的第 k 行其余各元素 $T_j^{(k-j)}$ $(j=1,2,\cdots,k)$.

(4) 若 $|T_k^{(0)}-T_{k-1}^{(0)}|<\varepsilon$（预先给定的精度），则终止计算，并取 $T_k^{(0)}\approx I$；否则令 $k+1\to k$ 转过程(2)继续计算.

表 4-4　T 表

k	h	$T_0^{(k)}$	$T_1^{(k)}$	$T_2^{(k)}$	$T_3^{(k)}$	$T_4^{(k)}$	$\cdots$
0	$b-a$	$T_0^{(0)}$					
1	$\frac{b-a}{2}$	$T_0^{(1)}$ ↓→①	$T_1^{(0)}$				
2	$\frac{b-a}{4}$	$T_0^{(2)}$ ↓→②	$T_1^{(1)}$ ↓→③	$T_2^{(0)}$			
3	$\frac{b-a}{8}$	$T_0^{(3)}$ ↓→④	$T_1^{(2)}$ ↓→⑤	$T_2^{(1)}$ ↓→⑥	$T_3^{(0)}$		
4	$\frac{b-a}{16}$	$T_0^{(4)}$ ↓→⑦	$T_1^{(3)}$ ↓→⑧	$T_2^{(2)}$ ↓→⑨	$T_3^{(1)}$ ↓→⑩	$T_4^{(0)}$	
⋮	⋮	⋮	⋮	⋮	⋮	⋮	⋱

表 4-4 指出了计算过程,第 2 列 $h=\dfrac{b-a}{2^k}$ 给出了子区间长度,ⓘ表示第 i 步外推.

可以证明,如果 $f(x)$ 充分光滑,那么 T 表每一列的元素及对角线元素均收敛到所求的积分值 I,即

$$\lim_{k\to\infty} T_m^{(k)}=I \quad (m \text{ 固定}), \qquad \lim_{m\to\infty} T_m^{(0)}=I.$$

对于 $f(x)$ 不充分光滑的函数也可用龙贝格算法计算,只是收敛慢一些,这时也可以直接使用复合辛普森公式计算.见下面例题.

例 4.6 用龙贝格算法计算积分 $I=\int_0^1 x^{3/2}\mathrm{d}x$.

解 $f(x)=x^{3/2}$ 在$[0,1]$上仅是一次连续可微,用龙贝格算法计算结果见表 4-5.从表中看到用龙贝格算到 $k=5$ 时 $T_5^{(5)}$ 的精度与辛普森求积时 $T_1^{(5)}$ 的精度相当.这里 I 的精确值为 $\frac{2}{5}\sqrt{x}\Big|_0^1=0.4$.

表 4-5 计算结果

k	$T_0^{(k)}$	$T_1^{(k)}$	$T_2^{(k)}$	$T_3^{(k)}$	$T_4^{(k)}$	$T_5^{(k)}$
0	0.500 000					
1	0.426 777	0.402 369				
2	0.407 018	0.400 432	0.400 303			
3	0.401 812	0.400 077	0.400 054	0.400 050		
4	0.400 463	0.400 014	0.400 009	0.400 009	0.400 009	
5	0.400 118	0.400 002	0.400 002	0.400 002	0.400 002	0.400 002

4.5 自适应积分方法

复合求积方法通常适用于被积函数在积分区间上变化不太大的情形,如果在求积区间中被积函数变化很大,有的部分函数值变化剧烈,另一部分变化平缓.这时统一将区间等分用复合求积公式计算积分工作量大,因为要达到误差要求对变化剧烈部分必须将区间细分,而平缓部分则可用大步长,针对被积函数在区间上不同情形采用不同的步长,使得在满足精度前提下积分计算工作量尽可能小,针对这类问题的算法技巧是在不同区间上预测被积函数变化的剧烈程度确定相应步长,这种方法称为**自适应积分方法**.下面仅以常用的复合辛普森公式为例说明方法的基本思想.

设给定精度要求 $\varepsilon>0$,计算积分

$$I[f]=\int_a^b f(x)\mathrm{d}x$$

的近似值.先取步长 $h=b-a$,应用辛普森公式有

$$I[f]=\int_a^b f(x)\mathrm{d}x=S(a,b)-\frac{b-a}{180}\left(\frac{h}{2}\right)^4 f^{(4)}(\eta), \quad \eta\in(a,b), \tag{4.26}$$

其中

$$S(a,b)=\frac{h}{6}\left[f(a)+4f\left(\frac{a+b}{2}\right)+f(b)\right].$$

若把区间$[a,b]$对分，步长 $h_2=\frac{h}{2}=\frac{b-a}{2}$，在每个小区间上用辛普森公式，则得

$$I[f]=S_2(a,b)-\frac{b-a}{180}\left(\frac{h_2}{2}\right)^4 f^{(4)}(\xi),\quad \xi\in(a,b),\tag{4.27}$$

其中

$$S_2(a,b)=S\left(a,\frac{a+b}{2}\right)+S\left(\frac{a+b}{2},b\right),$$

$$S\left(a,\frac{a+b}{2}\right)=\frac{h_2}{6}\left[f(a)+4f\left(a+\frac{h}{4}\right)+f\left(a+\frac{h}{2}\right)\right],$$

$$S\left(\frac{a+b}{2},b\right)=\frac{h_2}{6}\left[f\left(a+\frac{h}{2}\right)+4f\left(a+\frac{3}{4}h\right)+f(b)\right].$$

实际上(4.27)式即为

$$I[f]=S_2(a,b)-\frac{b-a}{180}\left(\frac{h}{4}\right)^4 f^{(4)}(\xi),\quad \xi\in(a,b).$$

与(4.26)式比较，若 $f^{(4)}(x)$在(a,b)内变化不大，可假定 $f^{(4)}(\eta)\approx f^{(4)}(\xi)$，从而可得

$$\frac{16}{15}[S(a,b)-S_2(a,b)]\approx\frac{b-a}{180}\left(\frac{h}{2}\right)^4 f^{(4)}(\eta).$$

与(4.27)式比较，则得

$$|I[f]-S_2(a,b)|\approx\frac{1}{15}|S(a,b)-S_2(a,b)|=\frac{1}{15}|S_1-S_2|,$$

这里 $S_1=S(a,b)$，$S_2=S_2(a,b)$.如果有

$$|S_1-S_2|<15\varepsilon,\tag{4.28}$$

则可期望得到

$$|I[f]-S_2(a,b)|<\varepsilon,$$

此时可取 $S_2(a,b)$作为 $I[f]=\int_a^b f(x)\mathrm{d}x$ 的近似，则可达到给定的误差精度 ε.若不等式(4.28)不成立，则应分别对子区间$\left[a,\frac{a+b}{2}\right]$及$\left[\frac{a+b}{2},b\right]$再用辛普森公式，此时步长 $h_3=\frac{1}{2}h_2$，得到 $S_3\left(a,\frac{a+b}{2}\right)$ 及 $S_3\left(\frac{a+b}{2},b\right)$.只要分别考察$\left|I-S_3\left(a,\frac{a+b}{2}\right)\right|<\frac{\varepsilon}{2}$ 及$\left|I-S_3\left(\frac{a+b}{2},b\right)\right|<\frac{\varepsilon}{2}$是否成立.对满足要求的区间不再细分，对不满足要求的还要继续上述过程，直到满足要求为止，最后还要应用龙贝格法则求出相应区间的积分近似值.为了更直观地说明自适应积分法的计算过程及方法为何能节省计算量，看下面例题.

例 4.7　计算积分$\int_{0.2}^1\frac{1}{x^2}\mathrm{d}x$，若用复合辛普森法(4.15)式计算结果见表 4-6$\left(\text{此处 } h_n \text{ 即为公式中的 } h\text{，积分精确值为}-\frac{1}{x}\bigg|_{0.2}^1=4\right)$.

表 4-6 计算结果

n	h_n	S_n	$\lvert S_n - S_{n-1}\rvert$
1	0.8	4.948 148	
2	0.4	4.187 037	0.761 11
3	0.2	4.024 218	0.162 819
4	0.1	4.002 164	0.022 053
5	0.05	4.000 154	0.002 010

计算到 $\lvert S_n - S_{n-1}\rvert < 0.02$ 为止，此时 $I[f] = \int_{0.2}^{1} \frac{1}{x^2}\mathrm{d}x$ 的近似值 $S_5[0.2,1] = 4.000\ 154$，若用龙贝格算法则得到

$$C_4[0.2,1] = S_5 + \frac{S_5 - S_4}{15} = 4.000\ 02.$$

整个计算是将[0.2,1]做 32 等分，即需要计算 33 个 $f(x)$的值.这个被积函数在 0.2 附近变化剧烈，所以尽管步长已经取到 0.05，积分值的精度也没有提高多少.现在若用自适应积分法，在不同的区间，采用不同的步长，以减少求函数值的次数. 当 $h_2 = 0.4$ 时有

$$S_2[0.2,0.6] = 3.518\ 518\ 52, \qquad S_2[0.6,1] = 0.668\ 518\ 52.$$

由于 $S_2 = S_2[0.2,1] = S_2[0.2,0.6] + S_2[0.6,1] = 4.187\ 037$，$\lvert S_1 - S_2\rvert = 0.761\ 111$ 大于允许误差 0.02，故要对[0.2,0.6]及[0.6,1]两区间再用 $h_3 = \frac{h_2}{2}$做积分.

先计算[0.6,1]的积分$S_3[0.6,0.8] = 0.416\ 784\ 77$，$S_3[0.8,1] = 0.250\ 025\ 72$.由于

$$\begin{aligned} S_2[0.6,1] - (S_3[0.6,0.8] + S_3[0.8,1]) &= 0.668\ 518\ 52 - 0.666\ 810\ 49 \\ &= 0.001\ 708 \end{aligned}$$

小于允许误差 0.01，故在[0.6,1]区间的积分值为

$$C_2[0.6,1] = 0.666\ 810\ 49 + \frac{1}{15}(0.666\ 810\ 49 - 0.668\ 518\ 52) = 0.666\ 696\ 62.$$

下面再计算子区间[0.2,0.6]的积分，其中 $S_2[0.2,0.6] = 3.518\ 518\ 52$，而对 $h_3 = \frac{h_2}{2}$可求得

$$S_3[0.2,0.4] = 2.523\ 148\ 15, \qquad S_3[0.4,0.6] = 0.834\ 259\ 26.$$

由于

$$S_2[0.2,0.6] - (S_3[0.2,0.4] + S_3[0.4,0.6]) = 0.161\ 111$$

大于允许误差 0.01，因此还要分别计算[0.2,0.4]及[0.4,0.6]的积分.当 $h_4 = \frac{h_3}{2}$时可求得

$$S_4[0.4,0.5] = 0.500\ 051\ 44, \qquad S_4[0.5,0.6] = 0.333\ 348\ 64.$$

而

$$S_3[0.4,0.6] - (S_4[0.4,0.5] + S_4[0.5,0.6]) = 0.000\ 859$$

小于允许误差 0.005，故可得[0.4,0.6]的积分近似

$$C_3[0.4,0.6] = 0.833\ 342\ 8.$$

而对区间[0.2,0.4],其误差 $S_3[0.2,0.4]-S_4[0.2,0.4]$不小于 0.005,故还要分别计算[0.2,0.3]及[0.3,0.4]的积分,其中$S_4[0.3,0.4]=0.833\,569\,54$,当 $h_5=\frac{h_4}{2}$可求得

$$S_5[0.3,0.35]=0.476\,201\,66,\qquad S_5[0.35,0.4]=0.357\,147\,58,$$

且

$$S_4[0.3,0.4]-(S_5[0.3,0.35]+S_5[0.35,0.4])=0.000\,220$$

小于允许误差 0.0025,故有

$$C_4[0.3,0.4]=0.833\,334\,92,$$

最后子区间[0.2,0.3]的积分可检验出它的误差小于 0.0025,且可得

$$C_4[0.2,0.3]=1.666\,686.$$

将以上各区间的积分近似值相加可得

$$I[f]\approx C_4[0.2,0.3]+C_4[0.3,0.4]+C_3[0.4,0.6]+C_2[0.6,1]=4.000\,059\,57,$$

它一共只需计算 17 个 $f(x)$的值.

4.6　高斯求积公式

4.6.1　一般理论

在 3.2.4 节中所讲述的切比雪夫多项式零点插值的近似精度较用等分点作为插值节点的拉格朗日插值多项式的近似精度高. 相应地,这样所得到的数值积分的近似精度也更高. 我们自然会想到探索用正交多项式零点插值进行数值积分. 第一步就是放开对插值节点的限制,将插值节点也作为变量来构造数值积分公式.

形如(4.1)式的插值型求积公式

$$\int_a^b f(x)\mathrm{d}x\approx\sum_{k=0}^{n}A_k f(x_k)$$

含有 $2n+2$ 个待定参数 $x_k,A_k(k=0,1,\cdots,n)$.当 x_k 为等距节点时得到的求积公式其代数精度至少为 n 次,如果适当选取 $x_k(k=0,1,\cdots,n)$,有可能使求积公式具有 $2n+1$ 次代数精度.

例 4.8　对于求积公式

$$\int_{-1}^{1} f(x)\mathrm{d}x\approx A_0 f(x_0)+A_1 f(x_1),\tag{4.29}$$

试确定节点 x_0 及 x_1 和系数 A_0,A_1,使其具有尽可能高的代数精度.

解　令求积公式(4.29)对于 $f(x)=1,x,x^2,x^3$ 精确成立,则得

$$\begin{cases}A_0+A_1=2,\\ A_0x_0+A_1x_1=0,\\ A_0x_0^2+A_1x_1^2=\dfrac{2}{3},\\ A_0x_0^3+A_1x_1^3=0.\end{cases}\tag{4.30}$$

用(4.30)式中的第 4 式减去第 2 式乘 x_0^2 得

$$A_1x_1(x_1^2-x_0^2)=0,$$

由此得 $x_1=\pm x_0$.

用 x_0 乘(4.30)式中的第 1 式减第 2 式有

$$A_1(x_0-x_1)=2x_0,$$

用(4.30)式中的第 3 式减去 x_0 乘(4.30)式中的第 2 式有

$$A_1x_1(x_1-x_0)=\frac{2}{3}.$$

用前一式代入则得

$$x_0x_1=-\frac{1}{3},$$

由此得出 x_0 与 x_1 异号,即 $x_1=-x_0$,从而有

$$A_1=1 \quad 及 \quad x_1^2=\frac{1}{3}.$$

于是可取 $x_0=-\dfrac{\sqrt{3}}{3}$,$x_1=\dfrac{\sqrt{3}}{3}$,再由(4.30)式的第 1 式则得 $A_0=A_1=1$.于是有

$$\int_{-1}^{1}f(x)\mathrm{d}x\approx f\left(-\frac{\sqrt{3}}{3}\right)+f\left(\frac{\sqrt{3}}{3}\right). \tag{4.31}$$

当 $f(x)=x^4$ 时,(4.31)式两端分别为 $\dfrac{2}{5}$ 及 $\dfrac{2}{9}$,(4.31)式对 $f(x)=x^4$ 不精确成立,故(4.31)式的代数精度为 3.

实际上,对形如(4.29)式的求积公式,其代数精度不可能超过 3,因为当 $x_0,x_1\in[-1,1]$ 时,设 $f(x)=(x-x_0)^2(x-x_1)^2$,这是 4 次多项式,代入(4.29)式左端有 $\int_{-1}^{1}f(x)\mathrm{d}x>0$,而 $f(x_0)=f(x_1)=0$,故右端为 0.它表明两个节点的求积公式的最高代数精度为 3.而一般 $n+1$ 个节点的求积公式的代数精度最高为 $2n+1$ 次.下面研究带权积分 $I=\int_a^b f(x)\rho(x)\mathrm{d}x$,这里 $\rho(x)$为权函数,类似于(4.1)式,它的求积公式为

$$\int_a^b f(x)\rho(x)\mathrm{d}x\approx\sum_{k=0}^{n}A_kf(x_k), \tag{4.32}$$

$A_k(k=0,1,\cdots,n)$为不依赖于 $f(x)$的求积系数,$x_k(k=0,1,\cdots,n)$为求积节点,可适当选取 x_k 及 $A_k(k=0,1,\cdots,n)$使(4.32)式具有$2n+1$ 次代数精度.

定义 4.4　如果求积的(4.32)式具有 $2n+1$ 次代数精度,则称其节点 $x_k(k=0,1,\cdots,n)$为**高斯点**,相应的(4.32)式称为**高斯型求积公式**.

根据定义 4.4 要使(4.32)式具有 $2n+1$ 次代数精度,只要取 $f(x)=x^m$,对 $m=0,1,\cdots,2n+1$,(4.32)式精确成立,则得

$$\sum_{k=0}^{n}A_kx_k^m=\int_a^b x^m\rho(x)\mathrm{d}x,\quad m=0,1,\cdots,2n+1. \tag{4.33}$$

当给定权函数 $\rho(x)$,求出右端积分,则可由(4.33)式解得 A_k 及$x_k(k=0,1,\cdots,n)$.

由于(4.33)式是关于 A_k 及 $x_k(k=0,1,\cdots,n)$的非线性方程组,当$n>1$ 时求解是很困难的.只有在节点 $x_k(k=0,1,\cdots,n)$确定以后,方可利用(4.33)式求解 $A_k(k=0,1,\cdots,n)$.

此时(4.33)式为关于 A_k 的线性方程组.下面先讨论如何选取节点 $x_k(k=0,1,\cdots,n)$ 才能使求积公式(4.32)具有 $2n+1$ 次代数精度.

设$[a,b]$上的 $n+1$ 个节点 $a\leqslant x_0<x_1<\cdots<x_n\leqslant b$. $f(x)$的拉格朗日插值多项式为

$$L_n(x)=\sum_{k=0}^{n}f(x_k)l_k(x),$$

则

$$f(x)=\sum_{k=0}^{n}f(x_k)l_k(x)+\frac{1}{(n+1)!}f^{(n+1)}(\xi(x))\omega_{n+1}(x),\quad \xi(x)\in(a,b).$$

用 $\rho(x)$乘上式并从 a 到 b 积分,则得

$$\int_a^b f(x)\rho(x)\mathrm{d}x=\sum_{k=0}^{n}A_kf(x_k)+\frac{1}{(n+1)!}\int_a^b f^{(n+1)}(\xi(x))\omega_{n+1}(x)\rho(x)\mathrm{d}x,$$

其中

$$A_k=\int_a^b l_k(x)\rho(x)\mathrm{d}x,$$

余项

$$R[f]=\frac{1}{(n+1)!}\int_a^b f^{(n+1)}(\xi(x))\omega_{n+1}(x)\rho(x)\mathrm{d}x.$$

显然当 $f(x)$取为 $1,x,\cdots,x^n$ 时有 $R[f]=0$,此时有

$$\int_a^b f(x)\rho(x)\mathrm{d}x=\sum_{k=0}^{n}A_kf(x_k),$$

即求积公式(4.32)至少具有 n 次代数精度.

现在考察如何选取节点 $x_k(k=0,1,\cdots,n)$才能使求积公式精确度提高到 $2n+1$ 次.此时要求对 $f(x)$为 $2n+1$ 次多项式时 $R[f]=0$,而当 $f(x)\in\mathscr{P}_{2n+1}$时,$f^{(n+1)}(\xi(x))$为 n 次多项式.若要求对任意 $p(x)\in\mathscr{P}_n$,积分

$$\int_a^b p(x)\omega_{n+1}(x)\rho(x)\mathrm{d}x=0,$$

即相当于要求 $\omega_{n+1}(x)$与每个 $p(x)\in\mathscr{P}_n$ 带权 $\rho(x)$在$[a,b]$上正交.也就是以节点 $x_k(k=0,1,\cdots,n)$为零点的 $n+1$ 次多项式 $\omega_{n+1}(x)$是$[a,b]$上带权 $\rho(x)$的正交多项式,于是便有以下定理.

定理 4.5 插值型求积公式(4.32)的节点 $a\leqslant x_0<x_1<\cdots<x_n\leqslant b$ 是高斯点的充分必要条件是以这些节点为零点的多项式

$$\omega_{n+1}(x)=(x-x_0)(x-x_1)\cdots(x-x_n)$$

与任何次数不超过 n 的多项式 $p(x)$带权 $\rho(x)$正交,即

$$\int_a^b p(x)\omega_{n+1}(x)\rho(x)\mathrm{d}x=0.\tag{4.34}$$

证明 先证必要性.设 $p(x)\in\mathscr{P}_n$,则 $p(x)\omega_{n+1}(x)\in\mathscr{P}_{2n+1}$,因此,如果 $x_0,x_1,\cdots,x_n$ 是高斯点,则求积公式(4.32)对于 $f(x)=p(x)\omega_{n+1}(x)$精确成立,即有

$$\int_a^b p(x)\omega_{n+1}(x)\rho(x)\mathrm{d}x=\sum_{k=0}^{n}A_kp(x_k)\omega_{n+1}(x_k).$$

因 $\omega_{n+1}(x_k)=0(k=0,1,\cdots,n)$,故(4.34)式成立.

再证充分性.对于任意 $f(x)\in\mathscr{P}_{2n+1}$,用 $\omega_{n+1}(x)$除 $f(x)$,记商为 $p(x)$,余式为 $q(x)$,

即 $f(x)=p(x)\omega_{n+1}(x)+q(x)$，其中 $p(x),q(x)\in\mathscr{P}_n$.由(4.34)式可得

$$\int_a^b f(x)\rho(x)\mathrm{d}x=\int_a^b q(x)\rho(x)\mathrm{d}x. \tag{4.35}$$

由于所给求积公式(4.32)是插值型的，它对于 $q(x)\in\mathscr{P}_n$ 是精确的，即

$$\int_a^b q(x)\rho(x)\mathrm{d}x=\sum_{k=0}^{n}A_k q(x_k).$$

再注意到 $\omega_{n+1}(x_k)=0(k=0,1,\cdots,n)$，知 $q(x_k)=f(x_k)(k=0,1,\cdots,n)$，从而由(4.35)式有

$$\int_a^b f(x)\rho(x)\mathrm{d}x=\int_a^b q(x)\rho(x)\mathrm{d}x=\sum_{k=0}^{n}A_k f(x_k).$$

可见求积公式(4.32)对一切次数不超过 $2n+1$ 的多项式均精确成立.因此 $x_k(k=0,1,\cdots,n)$为高斯点. □

定理 4.5 表明在$[a,b]$上带权 $\rho(x)$的 $n+1$ 次正交多项式的零点就是求积公式(4.32)的高斯点，有了求积节点 $x_k(k=0,1,\cdots,n)$，然后利用(4.33)式对 $m=0,1,\cdots,n$ 成立，则得到一组关于求积系数 $A_0,A_1,\cdots,A_n$ 的线性方程组.解此方程组则得 $A_k(k=0,1,\cdots,n)$.也可直接由 $x_0,x_1,\cdots,x_n$ 的插值多项式求出求积系数 $A_k(k=0,1,\cdots,n)$.

例 4.9 确定求积公式

$$\int_0^1\sqrt{x}f(x)\mathrm{d}x\approx A_0f(x_0)+A_1f(x_1)$$

的系数 A_0,A_1 及节点 x_0,x_1，使它具有最高代数精度.

解 具有最高代数精度的求积公式是高斯型求积公式，其节点为关于权函数 $\rho(x)=\sqrt{x}$ 的正交多项式零点 x_0 及 x_1，设 $\omega(x)=(x-x_0)(x-x_1)=x^2+bx+c$，由正交性知 $\omega(x)$与 1 及 x 带权正交，即得

$$\int_0^1\sqrt{x}\,\omega(x)\mathrm{d}x=0,\quad \int_0^1\sqrt{x}\,x\omega(x)\mathrm{d}x=0.$$

于是得

$$\frac{2}{7}+\frac{2}{5}b+\frac{2}{3}c=0\quad 及\quad \frac{2}{9}+\frac{2}{7}b+\frac{2}{5}c=0,$$

由此解得 $b=-\frac{10}{9},c=\frac{5}{21}$，即 $\omega(x)=x^2-\frac{10}{9}x+\frac{5}{21}$.

令 $\omega(x)=0$，则得 $x_0=0.289\,949,x_1=0.821\,162$.

由于两个节点的高斯型求积公式具有 3 次代数精确度，故公式对 $f(x)=1,x$ 精确成立.

当 $f(x)=1$ 时，有

$$A_0+A_1=\int_0^1\sqrt{x}\,\mathrm{d}x=\frac{2}{3};$$

当 $f(x)=x$ 时，有

$$A_0x_0+A_1x_1=\int_0^1\sqrt{x}\cdot x\,\mathrm{d}x=\frac{2}{5}.$$

由此解出 $A_0=0.277\,556,A_1=0.389\,111$.

下面讨论高斯求积公式(4.33)的余项.利用 $f(x)$在节点 $x_k(k=0,1,\cdots,n)$的埃尔米特

插值 $H_{2n+1}(x)$，即

$$H_{2n+1}(x_k)=f(x_k),\quad H'_{2n+1}(x_k)=f'(x_k),\quad k=0,1,\cdots,n.$$

于是

$$f(x)=H_{2n+1}(x)+\frac{f^{(2n+2)}(\xi)}{(2n+2)!}\omega_{n+1}^2(x).$$

两端乘 $\rho(x)$，并由 a 到 b 积分，则得

$$I=\int_a^b f(x)\rho(x)\mathrm{d}x=\int_a^b H_{2n+1}(x)\rho(x)\mathrm{d}x+R_n[f],$$

其中右端第一项积分对 $2n+1$ 次多项式精确成立，故

$$R_n[f]=I-\sum_{k=0}^n A_k f(x_k)=\int_a^b \frac{f^{(2n+2)}(\xi)}{(2n+2)!}\omega_{n+1}^2(x)\rho(x)\mathrm{d}x.$$

由于 $\omega_{n+1}^2(x)\rho(x)\geqslant 0$，故由积分中值定理得(4.32)式的余项为

$$R_n[f]=\frac{f^{(2n+2)}(\eta)}{(2n+2)!}\int_a^b \omega_{n+1}^2(x)\rho(x)\mathrm{d}x. \tag{4.36}$$

下面讨论高斯求积公式的稳定性与收敛性.

定理 4.6　高斯求积公式(4.32)的求积系数 $A_k(k=0,1,\cdots,n)$ 全是正的.

证明　考察

$$l_k(x)=\prod_{\substack{j=0\\ j\neq k}}^n \frac{x-x_j}{x_k-x_j},$$

它是 n 次多项式，因而 $l_k^2(x)$ 是 $2n$ 次多项式，故高斯求积公式(4.32)对于它能准确成立，即有

$$0<\int_a^b l_k^2(x)\rho(x)\mathrm{d}x=\sum_{i=0}^n A_i l_k^2(x_i).$$

注意到 $l_k(x_i)=\delta_{ki}$，上式右端实际上即等于 A_k，从而有

$$A_k=\int_a^b l_k^2(x)\rho(x)\mathrm{d}x>0.$$ □

由本定理及定理 4.2，则得以下推论.

推论　高斯求积公式(4.32)是稳定的.

定理 4.7　设 $f(x)\in C[a,b]$，则高斯求积公式(4.32)是收敛的，即

$$\lim_{n\to\infty}\sum_{k=0}^n A_k f(x_k)=\int_a^b f(x)\rho(x)\mathrm{d}x.$$

证明见文献[1].

4.6.2　高斯-勒让德求积公式

在高斯求积公式(4.32)中，若取权函数 $\rho(x)=1$，区间为$[-1,1]$，则得公式

$$\int_{-1}^1 f(x)\mathrm{d}x\approx\sum_{k=0}^n A_k f(x_k). \tag{4.37}$$

我们知道勒让德多项式(见(3.10)式)是区间$[-1,1]$上的正交多项式，因此，勒让德多项式 $\mathrm{P}_{n+1}(x)$ 的零点就是求积公式(4.37)的高斯点.形如(4.37)式的高斯公式特别地称为**高斯-勒让德求积公式.**

若取 $P_1(x)=x$ 的零点 $x_0=0$ 做节点构造求积公式

$$\int_{-1}^{1} f(x)\mathrm{d}x \approx A_0 f(0),$$

令它对 $f(x)=1$ 准确成立,即可定出 $A_0=2$.这样构造出的一点高斯-勒让德求积公式是中矩形公式.

再取 $P_2(x)=\frac{1}{2}(3x^2-1)$的两个零点$\pm\frac{1}{\sqrt{3}}$构造求积公式

$$\int_{-1}^{1} f(x)\mathrm{d}x \approx A_0 f\left(-\frac{1}{\sqrt{3}}\right)+A_1 f\left(\frac{1}{\sqrt{3}}\right),$$

在例 4.8 中已经得到 $A_0=A_1=1$,因此求积公式为

$$\int_{-1}^{1} f(x)\mathrm{d}x \approx f\left(-\frac{1}{\sqrt{3}}\right)+f\left(\frac{1}{\sqrt{3}}\right).$$

三点高斯-勒让德公式的形式是

$$\int_{-1}^{1} f(x)\mathrm{d}x \approx \frac{5}{9}f\left(-\frac{\sqrt{15}}{5}\right)+\frac{8}{9}f(0)+\frac{5}{9}f\left(\frac{\sqrt{15}}{5}\right).$$

表 4-7 列出高斯-勒让德求积公式(4.37)的节点和系数.

表 4-7 高斯-勒让德求积公式的节点和系数

n	x_k	A_k	n	x_k	A_k
0	0.000 000 0	2.000 000 0	3	±0.861 136 3 ±0.339 981 0	0.347 854 8 0.652 145 2
1	±0.577 350 3	1.000 000 0	4	±0.906 179 8 ±0.538 469 3 0.000 000 0	0.236 926 9 0.478 628 7 0.568 888 9
2	±0.774 596 7 0.000 000 0	0.555 555 6 0.888 888 9	5	±0.932 469 5 ±0.661 209 4 ±0.238 619 2	0.171 324 5 0.360 761 6 0.467 913 9

(4.37)式的余项由(4.36)式得

$$R_n[f]=\frac{f^{(2n+2)}(\eta)}{(2n+2)!}\int_{-1}^{1}\widetilde{P}_{n+1}^2(x)\mathrm{d}x,\quad \eta\in[-1,1],$$

这里 $\widetilde{P}_{n+1}(x)$是最高项系数为 1 的勒让德多项式,由(3.11)式及(3.12)式得

$$R_n[f]=\frac{2^{2n+3}[(n+1)!]^4}{(2n+3)[(2n+2)!]^3}f^{(2n+2)}(\eta),\quad \eta\in(-1,1).$$

当 $n=1$ 时,有 $R_1[f]=\frac{1}{135}f^{(4)}(\eta)$. 它比辛普森公式余项 $R_1[f]=-\frac{1}{90}f^{(4)}(\eta)$(区间为$[-1,1]$)还小,且比辛普森公式少算一个函数值.

当积分区间不是$[-1,1]$,而是一般的区间$[a,b]$时,只要做变换

$$x=\frac{b-a}{2}t+\frac{a+b}{2},$$

可将$[a,b]$化为$[-1,1]$,这时

$$\int_a^b f(x)\,\mathrm{d}x = \frac{b-a}{2}\int_{-1}^{1} f\left(\frac{b-a}{2}t + \frac{a+b}{2}\right)\mathrm{d}t. \tag{4.38}$$

对等式右端的积分即可使用高斯-勒让德求积公式.

例 4.10 用 4 点($n=3$)的高斯-勒让德求积公式计算 $I=\int_0^{\frac{\pi}{2}} x^2\cos x\,\mathrm{d}x$.

解 先将区间$\left[0,\frac{\pi}{2}\right]$化为$[-1,1]$,由(4.38)式有

$$I=\left(\frac{\pi}{4}\right)^3\int_{-1}^{1}(1+t)^2\cos\left[\frac{\pi}{4}(1+t)\right]\mathrm{d}t.$$

根据表 4-7 中 $n=3$ 的节点及系数值可求得

$$I\approx\sum_{k=0}^{3}A_k f(x_k)\approx 0.467\,402 \quad (\text{准确值 } I=0.467\,401\cdots).$$

4.6.3 高斯-切比雪夫求积公式

若 $a=-1,b=1$,且取权函数 $\rho(x)=\frac{1}{\sqrt{1-x^2}}$,则所建立的高斯公式

$$\int_{-1}^{1}\frac{f(x)}{\sqrt{1-x^2}}\mathrm{d}x\approx\sum_{k=0}^{n}A_k f(x_k), \tag{4.39}$$

称为**高斯-切比雪夫求积公式.**

由于区间$[-1,1]$上关于权函数$\frac{1}{\sqrt{1-x^2}}$的正交多项式是切比雪夫多项式(见 3.2 节),因此求积公式(4.39)的高斯点是 $n+1$ 次切比雪夫多项式的零点,即为

$$x_k=\cos\left(\frac{2k+1}{2n+2}\pi\right),\quad k=0,1,\cdots,n.$$

通过计算(见文献[2])可知(4.39)式的系数 $A_k=\frac{\pi}{n+1}$,使用时将$n+1$ 个节点公式改为 n 个节点,于是高斯-切比雪夫求积公式写成

$$x_k=\cos\frac{(2k-1)}{2n}\pi,\qquad \int_{-1}^{1}\frac{f(x)}{\sqrt{1-x^2}}\mathrm{d}x\approx\frac{\pi}{n}\sum_{k=1}^{n}f(x_k), \tag{4.40}$$

公式余项由(4.36)式可算得,即

$$R[f]=\frac{2\pi}{2^{2n}(2n)!}f^{(2n)}(\eta),\quad \eta\in(-1,1). \tag{4.41}$$

带权的高斯求积公式可用于计算奇异积分.

例 4.11 用 5 点($n=5$)的高斯-切比雪夫求积公式计算积分

$$I=\int_{-1}^{1}\frac{\mathrm{e}^x}{\sqrt{1-x^2}}\mathrm{d}x.$$

解 注意切比雪夫多项式对应的权函数,有 $f(x)=\mathrm{e}^x$,当 $n=5$ 时由(4.40)式可得

$$I=\frac{\pi}{5}\sum_{k=1}^{5}\mathrm{e}^{\cos\frac{2k-1}{10}\pi}=3.977\,463.$$

而 $f^{(2n)}(x)=\mathrm{e}^x$，由余项(4.41)式可估计误差

$$|R[f]|\leqslant\frac{\pi}{2^9\times 10!}\mathrm{e}\leqslant 4.6\times 10^{-9}.$$

4.6.4 无穷区间的高斯型求积公式

区间为$[0,+\infty)$，权函数 $\rho(x)=\mathrm{e}^{-x}$ 的正交多项式为拉盖尔多项式

$$\mathrm{L}_n(x)=\mathrm{e}^x\frac{\mathrm{d}^n}{\mathrm{d}x^n}(x^n\mathrm{e}^{-x}),$$

对应的高斯型求积公式

$$\int_0^{+\infty}\mathrm{e}^{-x}f(x)\mathrm{d}x\approx\sum_{k=0}^{n}A_kf(x_k),$$

称为**高斯-拉盖尔求积公式**，其节点 $x_0,x_1,\cdots,x_n$ 为 $n+1$ 次拉盖尔多项式的零点，系数为

$$A_k=\frac{[(n+1)!]^2}{x_k[\mathrm{L}'_{n+1}(x_k)]^2},\quad k=0,1,\cdots,n,$$

余项为

$$R[f]=\frac{[(n+1)!]^2}{[2(n+1)!]}f^{(2n+2)}(\xi),\quad \xi\in[0,+\infty).$$

其节点和系数可见表 4-8. 取 $f(x)=1$，得 $\sum_{k=0}^{n}A_k=\int_0^{+\infty}\mathrm{e}^{-x}\mathrm{d}x=-\int_0^{+\infty}\mathrm{d}\mathrm{e}^{-x}=-\mathrm{e}^{-x}\Big|_0^{+\infty}=1.$

表 4-8 高斯-拉盖尔求积公式的节点和系数

n	x_k	A_k
0	1	1
1	0.585 786 438	0.853 553 391
	3.414 213 562	0.146 446 609
2	0.415 774 557	0.711 093 010
	2.294 280 360	0.278 517 734
	6.289 945 083	0.010 389 257
3	0.322 547 690	0.603 154 104
	1.745 761 101	0.357 418 692
	4.536 620 297	0.038 887 909
	9.395 070 912	0.000 539 295
4	0.263 560 320	0.521 755 611
	1.413 403 059	0.398 666 811
	3.596 425 771	0.075 942 497
	7.085 810 006	$0.361\ 175\ 868\times 10^{-2}$
	12.640 800 844	$0.233\ 699\ 724\times 10^{-4}$
5	0.222 846 604	0.458 964 674
	1.188 932 102	0.417 000 831
	2.992 736 326	0.113 373 382
	5.775 143 569	0.010 399 197
	9.837 467 418	$0.261\ 017\ 203\times 10^{-3}$
	15.982 873 981	$0.898\ 547\ 906\times 10^{-6}$

例 4.12 用高斯-拉盖尔求积公式计算 $\int_0^{+\infty}\mathrm{e}^{-x}\sin x\,\mathrm{d}x$ 的近似值.

解 注意拉盖尔多项式对应的权函数，有 $f(x)=\sin x$. 取 $n=1$，查表 4-8 得 $x_0=0.585\ 786\ 438$，$x_1=3.414\ 213\ 562$. $A_0=0.853\ 553\ 391$，$A_1=0.146\ 446\ 609$，故

$$\int_0^{+\infty}\mathrm{e}^{-x}\sin x\,\mathrm{d}x\approx A_0\sin x_0+A_1\sin x_1=0.432\ 46.$$

若取 $n=2$，可得 $\int_0^{+\infty}\mathrm{e}^{-x}\sin x\,\mathrm{d}x\approx 0.496\ 03.$

若取 $n=5$,可得 $\int_0^{+\infty} e^{-x}\sin x\,dx \approx 0.500\,05$.

由分部积分可得 $\int_0^{+\infty} e^{-x}\sin x\,dx = 0.5$,这表明取 $n=5$ 的求积公式已相当精确.

区间为$(-\infty,+\infty)$,权函数 $\rho(x)=e^{-x^2}$ 的正交多项式为埃尔米特多项式

$$H_n(x)=(-1)^n e^{x^2}\frac{d^n}{dx^n}e^{-x^2},\quad n=0,1,\cdots,$$

对应的高斯型求积公式

$$\int_{-\infty}^{+\infty} e^{-x^2} f(x)\,dx \approx \sum_{k=0}^{n} A_k f(x_k),\tag{4.42}$$

称为**高斯-埃尔米特求积公式**.节点 $x_k(k=0,1,\cdots,n)$为 $n+1$ 次埃尔米特多项式的零点,求积系数为

$$A_k = 2^{n+2}(n+1)!\ \frac{\sqrt{\pi}}{[H'_{n+1}(x_k)]^2}.\tag{4.43}$$

余项为

$$R[f]=\frac{(n+1)!\ \sqrt{\pi}}{2^{n+1}(2n+2)!}f^{(2n+2)}(\xi),\quad \xi\in(-\infty,+\infty).$$

高斯-埃尔米特求积公式的节点和系数可见表 4-9.取 $f(x)=1$,得

$$\sum_{k=0}^{n} A_k = \int_{-\infty}^{+\infty} e^{-x^2}dx = \frac{1}{\sqrt{2}}\int_{-\infty}^{+\infty} e^{-\frac{t^2}{2}}dt = \frac{1}{\sqrt{2}}\sqrt{2\pi}=\sqrt{\pi}.$$

表 4-9　高斯-埃尔米特求积公式的节点和系数

n	x_k	A_k	n	x_k	A_k
0	0	1.772 453 851	5	±2.350 604 974 ±1.335 849 074 ±0.436 077 412	0.004 530 010 0.157 067 320 0.724 629 595
1	±0.707 106 781	0.886 226 926			
2	±1.224 744 871 0	0.295 408 975 1.181 635 901			
3	±1.650 680 124 ±0.524 647 623	0.081 312 835 0.804 914 090	6	±2.651 961 357 ±1.673 551 629 ±0.816 287 883 0	0.000 971 781 2 0.054 515 582 8 0.425 607 253 0.810 264 618
4	±2.020 182 871 ±0.958 572 465 0	0.019 953 242 0.393 619 323 0.945 308 721			

例 4.13　用两个节点的高斯-埃尔米特求积公式(4.42)计算积分 $\int_{-\infty}^{+\infty} e^{-x^2}x^2\,dx$.

解　注意埃尔米特多项式对应的权函数,有 $f(x)=x^2$.先求节点 x_0,x_1,由 $H_2(x)=4x^2-2$,其零点为 $x_0=-\frac{\sqrt{2}}{2}$,$x_1=\frac{\sqrt{2}}{2}$,由(4.43)式可求得 $A_0=A_1=\frac{\sqrt{\pi}}{2}$,于是

$$\int_{-\infty}^{+\infty} e^{-x^2}x^2\,dx \approx \frac{\sqrt{\pi}}{2}\left[\left(\frac{-\sqrt{2}}{2}\right)^2+\left(\frac{\sqrt{2}}{2}\right)^2\right]=\frac{\sqrt{\pi}}{2}.$$

高斯型求积公式代数精确度为 3,故对 $f(x)=x^2$ 求积公式精确成立,从而得

$$\int_{-\infty}^{+\infty} e^{-x^2} x^2 dx = \frac{\sqrt{\pi}}{2}.$$

4.7 多重积分

前面各节讨论的方法可用于计算**多重积分**.考虑二重积分

$$\iint_R f(x,y)dA,$$

它是曲面 $z=f(x,y)$ 与平面区域 R 围成的体积,对于矩形区域

$$R=\{(x,y) \mid a \leqslant x \leqslant b, c \leqslant y \leqslant d\},$$

可将它写成累次积分

$$\iint_R f(x,y)dxdy = \int_a^b \left(\int_c^d f(x,y)dy\right) dx. \tag{4.44}$$

若用复合辛普森公式,可分别将 $[a,b]$,$[c,d]$ 分为 N,M 等份,步长 $h=\frac{b-a}{N}$,$k=\frac{d-c}{M}$,先对积分

$$\int_c^d f(x,y)dy$$

应用复合辛普森公式(4.15),令 $y_i=c+ik$,$y_{i+1/2}=c+\left(i+\frac{1}{2}\right)k$,则

$$\int_c^d f(x,y)dy = \frac{k}{6}\left[f(x,y_0)+4\sum_{i=0}^{M-1} f(x,y_{i+1/2})+2\sum_{i=1}^{M-1} f(x,y_i)+f(x,y_M)\right],$$

从而得

$$\int_a^b\int_c^d f(x,y)dydx = \frac{k}{6}\left[\int_a^b f(x,y_0)dx + 4\sum_{i=0}^{M-1}\int_a^b f(x,y_{i+1/2})dx + 2\sum_{i=1}^{M-1}\int_a^b f(x,y_i)dx + \int_a^b f(x,y_M)dx\right].$$

对每个积分再分别用复合辛普森公式(4.15)即可求得积分值.

例 4.14 用复合辛普森公式求二重积分 $\int_{1.4}^{2}\int_{1.0}^{1.5} \ln(x+2y)dydx$ 的近似值.

解 取 $N=2$,$M=1$,即 $h=0.3$,$k=0.5$ 得

$$\begin{aligned}
&\int_{1.4}^{2.0}\int_{1.0}^{1.5} \ln(x+2y)dydx \\
&\approx \frac{k}{6}\left[\int_{1.4}^{2.0}\ln(x+2.0)dx + 4\int_{1.4}^{2.0}\ln(x+2.5)dx + \int_{1.4}^{2.0}\ln(x+3.0)dx\right] \\
&= \frac{0.5}{6}\times\frac{0.3}{6}[\ln 3.4 + 4(\ln 3.55+\ln 3.85) + 2\ln 3.7 + \ln 4.0] + \\
&\quad \frac{0.5}{6}\times\frac{1.2}{6}[\ln 3.9 + 4(\ln 4.05+\ln 4.35) + 2\ln 4.2 + \ln 4.5] + \\
&\quad \frac{0.5}{6}\times\frac{0.3}{6}[\ln 4.4 + 4(\ln 4.55+\ln 4.85) + 2\ln 4.7 + \ln 5.0]
\end{aligned}$$

$$=0.42955244,$$

此积分的真值是 $f(x)\Big|_{1.4}^{2}=0.4295545275$（保留小数后 10 位），其中 $f(x)=\frac{1}{4}\left[(x+3)^2\ln(x+3)-\frac{1}{2}(x+3)^2\right]-\frac{1}{4}\left[(x+2)^2\ln(x+2)-\frac{1}{2}(x+2)^2\right]-\frac{1}{2}x.$

对二重积分(4.44)式也可用其他求积公式计算，特别是为了减小函数值计算可采用高斯求积公式.

例 4.15 用 $n=2$ 的高斯求积公式求例 4.14 中的二重积分.

解 先将区域 $R=\{(x,y)\mid 1.4\leqslant x\leqslant 2, 1.0\leqslant y\leqslant 1.5\}$ 变换为区域

$$\overline{R}=\{(u,v)\mid -1\leqslant u,v\leqslant 1\},$$

其中

$$u=\frac{1}{0.6}(2x-3.4),\quad v=\frac{1}{0.5}(2y-2.5),$$

或等价于

$$x=0.3u+1.7,\quad y=0.25v+1.25,$$

于是有

$$\frac{\partial(x,y)}{\partial(u,v)}=\begin{vmatrix}\frac{\partial x}{\partial u} & \frac{\partial x}{\partial v}\\ \frac{\partial y}{\partial u} & \frac{\partial y}{\partial v}\end{vmatrix}=\begin{vmatrix}0.3 & 0\\ 0 & 0.25\end{vmatrix}=0.075,$$

$$I=\int_{1.4}^{2.0}\int_{1.0}^{1.5}\ln(x+2y)\,\mathrm{d}y\,\mathrm{d}x=\int_{-1}^{1}\int_{-1}^{1}0.075\ln(0.3u+0.5v+4.2)\,\mathrm{d}v\,\mathrm{d}u.$$

对于 u,v 取 $n=2$ 时的高斯求积公式节点及系数，即

$$u_0=v_0=-0.774596662,\quad u_1=v_1=0,$$

$$u_2=v_2=0.774596662,\quad A_0=A_2=\frac{5}{9},\quad A_1=\frac{8}{9}.$$

用 $n=2$ 的高斯求积公式计算积分 I 可得

$$\begin{aligned}I&=0.075\int_{-1}^{1}\int_{-1}^{1}\ln(0.3u+0.5v+4.2)\,\mathrm{d}v\,\mathrm{d}u\\&\approx 0.075\sum_{i=0}^{2}\sum_{j=0}^{2}A_iA_j\ln(0.3u_i+0.5v_j+4.2)\\&=0.42955453.\end{aligned}$$

这里只需计算 9 个函数值.而例 4.14 中需求 15 个函数值，这里的精度也比例 4.14 高，达到 8 位有效数字.

对于非矩形区域上的二重积分，只要化为累次积分，也可类似矩形域情形求得其近似值，如二重积分

$$I=\int_a^b\int_{c(x)}^{d(x)}f(x,y)\,\mathrm{d}y\,\mathrm{d}x,$$

用辛普森公式可转化为

$$I\approx\int_a^b\frac{k(x)}{3}[f(x,c(x))+4f(x,c(x)+k(x))+f(x,d(x))]\mathrm{d}x,$$

其中 $k(x)=\dfrac{d(x)-c(x)}{2}$.然后再对每个积分使用辛普森公式,则可求得积分 I 的近似值.

4.8 数 值 微 分

如果函数形式比较简单,那么可以给出其解析形式的导函数.然而,当函数很复杂时,给出其解析形式的导函数变得困难甚至是不可能的. 另外,函数表达式常常是未知的,而仅仅给出它在离散点上的测量值. 针对这两种情形,都需要利用数值方法获得导数的近似值.

4.8.1 中点方法与误差分析

数值微分就是用函数值的线性组合近似函数在某点的导数值.按导数定义可以简单地用差商近似导数,这样立即得到几种数值微分公式

$$\left.\begin{aligned} f'(a) &\approx \frac{f(a+h)-f(a)}{h},\\ f'(a) &\approx \frac{f(a)-f(a-h)}{h},\\ f'(a) &\approx \frac{f(a+h)-f(a-h)}{2h}, \end{aligned}\right\} \tag{4.45}$$

其中 h 为一增量,称为**步长**.后一种数值微分方法称为**中点方法**,它其实是前两种方法的算术平均,但它的误差阶却由 $O(h)$ 提高到 $O(h^2)$.上面给出的三个公式是很实用的.尤其是中点公式更为常用.

为要利用中点公式

$$G(h)=\frac{f(a+h)-f(a-h)}{2h}$$

计算导数 $f'(a)$ 的近似值,首先必须选取合适的步长,为此需要进行误差分析.分别将 $f(a\pm h)$ 在 $x=a$ 处做泰勒展开有

$$f(a\pm h)=f(a)\pm hf'(a)+\frac{h^2}{2!}f''(a)\pm\frac{h^3}{3!}f'''(a)+\frac{h^4}{4!}f^{(4)}(a)\pm\frac{h^5}{5!}f^{(5)}(a)+\cdots,$$

代入上式得

$$G(h)=f'(a)+\frac{h^2}{3!}f'''(a)+\frac{h^4}{5!}f^{(5)}(a)+\cdots.$$

由此得知,从截断误差的角度看,步长越小,计算结果越准确,且

$$|f'(a)-G(h)|\leqslant\frac{h^2}{6}M,$$

其中 $M\geqslant\max\limits_{|x-a|\leqslant h}|f'''(x)|$.

考察舍入误差.按中点公式计算,当 h 很小时,因 $f(a+h)$ 与 $f(a-h)$ 很接近,直接相减会造成有效数字的严重损失(参看 1.3 节).因此,从舍入误差的角度来看,步长是不宜太小的.

例如,用中点公式求 $f(x)=\sqrt{x}$ 在 $x=2$ 处的一阶导数

$$G(h)=\frac{\sqrt{2+h}-\sqrt{2-h}}{2h}.$$

设取 5 位有效数字计算.结果见表 4-10(导数的准确值 $f'(2)=0.353\,553$).

表 4-10 计算结果

h	$G(h)$	h	$G(h)$	h	$G(h)$
1	0.3660	0.05	0.3540	0.001	0.3500
0.5	0.3564	0.01	0.3500	0.0005	0.4000
0.1	0.3535	0.005	0.3600	0.0001	0.0000

从表 4-10 中看到 $h=0.1$ 的逼近效果最好,如果进一步缩小步长,则逼近效果反而越差.这是因为当 $f(a+h)$ 及 $f(a-h)$ 分别有舍入误差 ε_1 及 ε_2 时,若令 $\varepsilon=\max\{|\varepsilon_1|,|\varepsilon_2|\}$,则计算 $f'(a)$ 的舍入误差上界为

$$\delta(f'(a))=|f'(a)-G(a)|\leqslant\frac{|\varepsilon_1|+|\varepsilon_2|}{2h}=\frac{\varepsilon}{h},$$

它表明 h 越小,舍入误差 $\delta(f'(a))$ 越大,故它是病态的.用中点公式(4.45)计算 $f'(a)$ 的误差上界为

$$E(h)=\frac{h^2}{6}M+\frac{\varepsilon}{h}.$$

要使误差 $E(h)$ 最小,步长 h 应使 $E'(h)=0$,由

$$E'(h)=\frac{h}{3}M-\frac{\varepsilon}{h^2}=0,$$

可得 $h=\sqrt[3]{3\varepsilon/M}$. 如果 $h<\sqrt[3]{3\varepsilon/M}$,有 $E'(h)<0$;如果 $h>\sqrt[3]{3\varepsilon/M}$,有 $E'(h)>0$.由此得出当 $h=\sqrt[3]{3\varepsilon/M}$ 时 $E(h)$ 最小.当 $f(x)=\sqrt{x}$ 时,有

$$f'''(x)=\frac{3}{8}x^{-5/2},\quad M=\max_{1.9\leqslant x\leqslant 2.1}\left|\frac{3}{8}x^{-\frac{5}{2}}\right|\approx 0.075\,36.$$

假定 $\varepsilon=\frac{1}{2}\times10^{-4}$,则 $h=\sqrt[3]{\frac{1.5\times10^{-4}}{0.075\,36}}\approx0.125$.与表 4-10 基本相符.

4.8.2 插值型的求导公式

对于列表函数 $y=f(x)$:

x	x_0	x_1	x_2	$\cdots$	x_n
y	y_0	y_1	y_2	$\cdots$	y_n

运用插值原理,可以建立插值多项式 $y=p_n(x)$ 作为它的近似.由于多项式的求导比较容易,我们取 $p_n'(x)$ 的值作为 $f'(x)$ 的近似值,这样建立的数值公式

$$f'(x)\approx p_n'(x) \tag{4.46}$$

统称**插值型的求导公式**.

必须指出,即使 $f(x)$ 与 $p_n(x)$ 的值相差不多,导数的近似值 $p_n'(x)$ 与导数的真值 $f'(x)$ 仍然可能差别很大,因而在使用求导公式(4.46)时应特别注意误差的分析.

依据插值余项定理,求导公式(4.46)的余项为

$$f'(x)-p_n'(x)=\frac{f^{(n+1)}(\xi)}{(n+1)!}\omega_{n+1}'(x)+\frac{\omega_{n+1}(x)}{(n+1)!}\frac{\mathrm{d}}{\mathrm{d}x}f^{(n+1)}(\xi),$$

式中 $\omega_{n+1}(x)=\prod_{i=0}^{n}(x-x_i)$.

在这一余项公式中,由于 ξ 是 x 的未知函数,我们无法对它的第二项 $\frac{\omega_{n+1}(x)}{(n+1)!}\frac{\mathrm{d}}{\mathrm{d}x}f^{(n+1)}(\xi)$ 做出进一步的说明.因此,对于随意给出的点 x,误差 $f'(x)-p_n'(x)$ 是无法预估的.但是,如果我们限定求某个节点 x_k 上的导数值,那么上面的第二项因式 $\omega_{n+1}(x_k)$ 变为零,这时有余项公式

$$f'(x_k)-p_n'(x_k)=\frac{f^{(n+1)}(\xi)}{(n+1)!}\omega_{n+1}'(x_k). \tag{4.47}$$

下面我们仅仅考察节点处的导数值.为简化讨论,假定所给的节点是等距的.

1. 两点公式

设已给出两个节点 x_0,x_1 上的函数值 $f(x_0),f(x_1)$,做线性插值得公式

$$p_1(x)=\frac{x-x_1}{x_0-x_1}f(x_0)+\frac{x-x_0}{x_1-x_0}f(x_1).$$

对上式两端求导,记 $x_1-x_0=h$,有

$$p_1'(x)=\frac{1}{h}[-f(x_0)+f(x_1)],$$

于是有下列求导公式:

$$p_1'(x_0)=\frac{1}{h}[f(x_1)-f(x_0)];\quad p_1'(x_1)=\frac{1}{h}[f(x_1)-f(x_0)].$$

而利用余项公式(4.47)知,带余项的两点公式是

$$f'(x_0)=\frac{1}{h}[f(x_1)-f(x_0)]-\frac{h}{2}f''(\xi_0);$$

$$f'(x_1)=\frac{1}{h}[f(x_1)-f(x_0)]+\frac{h}{2}f''(\xi_1).$$

2. 三点公式

设已给出三个节点 $x_0,x_1=x_0+h,\ x_2=x_0+2h$ 上的函数值,做二次插值

$$p_2(x)=\frac{(x-x_1)(x-x_2)}{(x_0-x_1)(x_0-x_2)}f(x_0)+\frac{(x-x_0)(x-x_2)}{(x_1-x_0)(x_1-x_2)}f(x_1)+\frac{(x-x_0)(x-x_1)}{(x_2-x_0)(x_2-x_1)}f(x_2).$$

令 $x=x_0+th$,上式可表示为

$$p_2(x_0+th)=\frac{1}{2}(t-1)(t-2)f(x_0)-t(t-2)f(x_1)+\frac{1}{2}t(t-1)f(x_2).$$

两端对 t 求导,有

$$p_2'(x_0+th)=\frac{1}{2h}[(2t-3)f(x_0)-(4t-4)f(x_1)+(2t-1)f(x_2)]. \tag{4.48}$$

这里撇号(′)表示对变量 t 求导数.上式分别取 $t=0,1,2$,得到三种三点公式:

$$p_2'(x_0)=\frac{1}{2h}[-3f(x_0)+4f(x_1)-f(x_2)];$$

$$p_2'(x_1)=\frac{1}{2h}[-f(x_0)+f(x_2)];$$

$$p_2'(x_2)=\frac{1}{2h}[f(x_0)-4f(x_1)+3f(x_2)].$$

而带余项的三点求导公式如下:

$$\begin{cases} f'(x_0)=\dfrac{1}{2h}[-3f(x_0)+4f(x_1)-f(x_2)]+\dfrac{h^2}{3}f'''(\xi_0); \\ f'(x_1)=\dfrac{1}{2h}[-f(x_0)+f(x_2)]-\dfrac{h^2}{6}f'''(\xi_1); \\ f'(x_2)=\dfrac{1}{2h}[f(x_0)-4f(x_1)+3f(x_2)]+\dfrac{h^2}{3}f'''(\xi_2). \end{cases}$$

其中中间的公式就是我们所熟悉的中点公式.在三点公式中,它由于少用了一个函数值 $f(x_1)$而引人注目.

用插值多项式 $p_n(x)$作为 $f(x)$的近似函数,还可以建立高阶数值微分公式:

$$f^{(k)}(x)\approx p_n^{(k)}(x),\quad k=1,2,\cdots.$$

例如,将(4.48)式再对 t 求导一次,有

$$p_2''(x_0+th)=\frac{1}{h^2}[f(x_0)-2f(x_1)+f(x_2)],$$

于是有

$$p_2''(x_1)=\frac{1}{h^2}[f(x_1-h)-2f(x_1)+f(x_1+h)].$$

而带余项的二阶三点公式如下:

$$f''(x_1)=\frac{1}{h^2}[f(x_1-h)-2f(x_1)+f(x_1+h)]-\frac{h^2}{12}f^{(4)}(\xi).$$

4.8.3 三次样条求导

三次样条函数 $S(x)$作为 $f(x)$的近似,不但函数值很接近,导数值也很接近,并有

$$\|f^{(k)}(x)-S^{(k)}(x)\|_\infty\leqslant C_k\|f^{(4)}\|_\infty h^{4-k},\quad k=0,1,2 \tag{4.49}$$

(见定理 2.5).因此利用三次样条函数 $S(x)$直接得到

$$f^{(k)}(x)\approx S^{(k)}(x),\quad k=0,1,2.$$

根据(2.42)式,(2.43)式可求得

$$f'(x_k)\approx S'(x_k)=-\frac{h_k}{3}M_k-\frac{h_k}{6}M_{k+1}+f[x_k,x_{k+1}],\qquad f''(x_k)=M_k.$$

这里 $f[x_k,x_{k+1}]$为一阶均差.其误差由(4.49)式可得

$$\|f'-S'\|_\infty\leqslant\frac{1}{24}\|f^{(4)}\|_\infty h^3,\qquad \|f''-S''\|_\infty\leqslant\frac{3}{8}\|f^{(4)}\|_\infty h^2.$$

4.8.4 数值微分的外推算法

利用中点公式计算导数值时

$$f'(x) \approx G(h) = \frac{1}{2h}[f(x+h) - f(x-h)].$$

对 $f(x)$在点 x 做泰勒级数展开有

$$f'(x) = G(h) + \alpha_1 h^2 + \alpha_2 h^4 + \cdots,$$

其中 $\alpha_i(i=1,2,\cdots)$与 h 无关,利用理查森外推(见 4.4 节)对 h 逐次分半,若记 $G_0(h)=G(h)$,则有

$$G_m(h) = \frac{4^m G_{m-1}\left(\frac{h}{2}\right) - G_{m-1}(h)}{4^m - 1}, \quad m=1,2,\cdots. \tag{4.50}$$

(4.50)式的计算过程见表 4-11,表中ⓘ为外推步数.

表 4-11 计算过程

$G(h)$							
$G\left(\frac{h}{2}\right)$	$\downarrow\overset{①}{\rightarrow}$	$G_1(h)$					
$G\left(\frac{h}{2^2}\right)$	$\downarrow\overset{②}{\rightarrow}$	$G_1\left(\frac{h}{2}\right)$	$\downarrow\overset{③}{\rightarrow}$	$G_2(h)$			
$G\left(\frac{h}{2^3}\right)$	$\downarrow\overset{④}{\rightarrow}$	$G_1\left(\frac{h}{2^2}\right)$	$\downarrow\overset{⑤}{\rightarrow}$	$G_2\left(\frac{h}{2}\right)$	$\downarrow\overset{⑥}{\rightarrow}$	$G_3(h)$	
$\vdots$		$\vdots$		$\vdots$		$\vdots$	$\ddots$

根据理查森外推方法,(4.50)式的误差为

$$f'(x) - G_m(h) = O(h^{2(m+1)}).$$

由此看出当 m 较大时,计算是很精确的.考虑到舍入误差,一般 m 不能取太大.

例 4.16 用外推法计算 $f(x)=x^2e^{-x}$在 $x=0.5$ 的导数.

解 令 $G(h)=\frac{1}{2h}\left[\left(\frac{1}{2}+h\right)^2 e^{-\left(\frac{1}{2}+h\right)} - \left(\frac{1}{2}-h\right)^2 e^{-\left(\frac{1}{2}-h\right)}\right]$.

当 $h=0.1,0.05,0.025$ 时,由外推法表 4-11 可算得

$$G(0.1) = 0.451\,604\,908\,1,$$

$$G(0.05) = 0.454\,076\,169\,4 \downarrow\overset{①}{\rightarrow} G_1(h) = 0.454\,899\,923\,1,$$

$$G(0.025) = 0.454\,692\,628\,8 \downarrow\overset{②}{\rightarrow} G_1\left(\frac{h}{2}\right) = 0.454\,898\,115\,2,$$

$$\downarrow\overset{③}{\rightarrow} G_2 = 0.454\,897\,994\,7.$$

$f'(x)=e^x(2x-x^2)$,故 $f'(0.5)=0.454\,897\,994\,784$,可见当 $h=0.025$ 时用中点微分公式只有 3 位有效数字,外推一次达到 5 位有效数字,外推两次达到 9 位有效数字.

评　　注

本章介绍积分和微分的数值计算方法.我们知道,积分和微分是两种分析运算,它们都是用极限来定义的.数值积分和数值微分则归结为函数值的四则运算,从而使计算过程可以在计算机上完成.

处理数值积分和数值微分的基本方法是逼近法：设法构造某个简单函数 $P(x)$近似 $f(x)$,然后对 $P(x)$求积(求导)得到 $f(x)$的积分(导数)的近似值.本章基于插值原理推导了数值积分和数值微分的基本公式.

建立求积公式的另一途径是利用代数精度定义,通过解方程得到求积系数.

早在 1676 年牛顿就提出了基于等距节点的插值求积方法,1743 年辛普森提出的复合辛普森求积公式一直是计算积分近似值的重要方法,直到 1955 年由龙贝格利用理查森外推得到了龙贝格求积方法,使等距节点求积精度进一步提高,龙贝格方法是目前计算机上求积的重要方法,针对被积函数变化不均匀的自适应方法也是以此为基础给出的.另一类不等距节点的求积公式是 1814 年由高斯首先提出的具有最高代数精度的高斯求积公式,它精度高,稳定性好,还可计算某些奇异积分,是一类减少计算函数值的好方法.有关高斯型求积公式的节点和系数可在文献[19]中查到.

关于数值积分的文献可见参考文献[29,30],多重积分可见参考文献[31],数值微分可见参考文献[8,19].

数值积分的软件在 MATLAB 库中有 quad(一维)及 dBlquad(二维)；在 IMSL 库中有 QDAG,它是一个自适应求积方法；对重积分有 TWODQ,高维的还有 QAND;在 NAG 库中计算积分的子程序是 D01AJF,计算二重积分子程序是 D01DAF,高维积分可用 D01FCF.对数值微分可用 MATLAB 中的 diff,IMSL 库中的 DERIV 和 NAG 库中的 D04AAF.数值微分由于受到步长选择和离散化误差限制,往往精度不够,此时可用计算机程序自动求导,简称为 AD,它的软件包有 ADIC,ADIFOR,GRESS,PADRE2 等.

复习与思考题

1. 给出计算积分的梯形公式及中矩形公式.说明它们的几何意义.

2. 什么是求积公式的代数精确度？梯形公式及中矩形公式的代数精确度是多少？

3. 对给定求积公式的节点,给出两种计算求积系数的方法.

4. 什么是牛顿-柯特斯求积？它的求积节点如何分布？它的代数精确度是多少？

5. 什么是辛普森求积公式？它的余项是什么？它的代数精确度是多少？

6. 什么是复合求积法？给出复合梯形公式及其余项表达式.

7. 给出复合辛普森公式及其余项表达式.如何估计它的截断误差？

8. 什么是龙贝格求积？它有什么优点？

9. 什么是高斯型求积公式？它的求积节点是如何确定的？它的代数精确度是多少？为何称它是具有最高代数精确度的求积公式？

10. 牛顿-柯特斯求积和高斯求积的节点分布有什么不同？对同样数目的节点,两种求积方法哪个更精确？为什么？

11. 描述自适应求积的一般步骤.怎样得到所需的误差估计？

12. 怎样利用标准的一维求积公式计算矩形域上的二重积分？

13. 对给定函数，给出两种近似求导的方法.若给定函数值有扰动，在你的方法中怎样处理这个问题？

14. 判断下列命题是否正确？

(1) 如果被积函数在区间$[a,b]$上连续，则它的黎曼(Riemann)积分一定存在.

(2) 数值求积公式计算总是稳定的.

(3) 代数精确度是衡量算法稳定性的一个重要指标.

(4) $n+1$ 个点的插值型求积公式的代数精确度至少是 n 次，最多可达到 $2n+1$ 次.

(5) 高斯求积公式只能计算区间$[-1,1]$上的积分.

(6) 求积公式的阶数与所依据的插值多项式的次数一样.

(7) 梯形公式与两点高斯公式精度一样.

(8) 高斯求积公式系数都是正数，故计算总是稳定的.

(9) 由于龙贝格求积节点与牛顿-柯特斯求积节点相同，因此它们的精度相同.

(10) 阶数不同的高斯求积公式没有公共节点.

习　题

1. 确定下列求积公式中的待定参数，使其代数精度尽量高，并指明所构造出的求积公式所具有的代数精度：

(1) $\int_{-h}^{h} f(x)\mathrm{d}x \approx A_{-1}f(-h)+A_0f(0)+A_1f(h)$；

(2) $\int_{-2h}^{2h} f(x)\mathrm{d}x \approx A_{-1}f(-h)+A_0f(0)+A_1f(h)$；

(3) $\int_{-1}^{1} f(x)\mathrm{d}x \approx [f(-1)+2f(x_1)+3f(x_2)]/3$；

(4) $\int_{0}^{h} f(x)\mathrm{d}x \approx h[f(0)+f(h)]/2+ah^2[f'(0)-f'(h)]$.

2. 分别用梯形公式和辛普森公式计算下列积分：

(1) $\int_0^1 \frac{x}{4+x^2}\mathrm{d}x, n=8$；　(2) $\int_1^9 \sqrt{x}\,\mathrm{d}x, n=4$；　(3) $\int_0^{\pi/6} \sqrt{4-\sin^2\varphi}\,\mathrm{d}\varphi, n=6$.

3. 直接验证柯特斯公式(4.11)具有 5 次代数精度.

4. 用辛普森公式求积分 $\int_0^1 \mathrm{e}^{-x}\mathrm{d}x$ 并估计误差.

5. 推导下列三种矩形求积公式：

$$\int_a^b f(x)\mathrm{d}x=(b-a)f(a)+\frac{f'(\eta)}{2}(b-a)^2;$$

$$\int_a^b f(x)\mathrm{d}x=(b-a)f(b)-\frac{f'(\eta)}{2}(b-a)^2;$$

$$\int_a^b f(x)\mathrm{d}x=(b-a)f\left(\frac{a+b}{2}\right)+\frac{f''(\eta)}{24}(b-a)^3.$$

6. 若用复合梯形公式计算积分 $I=\int_1^2 \ln x\,\mathrm{d}x$，问区间[1,2]应分多少等份才能使截断误差不超过 $\frac{1}{2}\times 10^{-5}$？若改用复合辛普森公式，要达到同样精度区间[1,2]应分多少等份？

7. 如果 $f''(x)>0$，证明用梯形公式计算积分 $I=\int_a^b f(x)\mathrm{d}x$ 所得结果比准确值 I 大，并说明其几何意义.

8. 用龙贝格求积方法计算下列积分，使误差不超过 10^{-5}.

(1) $\frac{2}{\sqrt{\pi}}\int_0^1 \mathrm{e}^{-x}\mathrm{d}x$；　(2) $\int_0^{2\pi} x\sin x\,\mathrm{d}x$；　(3) $\int_0^3 x\sqrt{1+x^2}\,\mathrm{d}x$.

9. 用辛普森公式的自适应积分计算 $\int_1^{1.5} x^2\ln x\,\mathrm{d}x$，允许误差 10^{-3}.

10. 试构造高斯型求积公式

$$\int_0^1 \frac{1}{\sqrt{x}}f(x)\mathrm{d}x \approx A_0 f(x_0)+A_1 f(x_1).$$

11. 用 $n=2,3$ 的高斯-勒让德公式计算积分

$$\int_1^3 \mathrm{e}^x \sin x\,\mathrm{d}x.$$

12. 地球卫星轨道是一个椭圆，椭圆周长的计算公式是

$$S=4a\int_0^{\pi/2}\sqrt{1-\left(\frac{c}{a}\right)^2\sin^2\theta}\,\mathrm{d}\theta,$$

这里 a 是椭圆的半长轴，c 是地球中心与轨道中心（椭圆中心）的距离，记 h 为近地点距离，H 为远地点距离，$R=6371$(km)为地球半径，则

$$a=(2R+H+h)/2,\quad c=(H-h)/2.$$

我国第一颗人造地球卫星近地点距离 $h=439$(km)，远地点距离 $H=2384$(km)，试求卫星轨道的周长.

13. 证明等式

$$n\sin\frac{\pi}{n}=\pi-\frac{\pi^3}{3!\,n^2}+\frac{\pi^5}{5!\,n^4}-\cdots.$$

试依据 $n\sin(\pi/n)(n=3,6,12)$ 的值，用外推算法求 π 的近似值.

14. 用下列方法计算积分 $\int_1^3 \frac{\mathrm{d}y}{y}$，并比较结果.

(1) 龙贝格方法；

(2) 三点及五点高斯公式；

(3) 将积分区间分为四等份，用复合两点高斯公式.

15. 用 $n=2$ 的高斯-拉盖尔求积公式计算积分

$$\int_0^{+\infty}\frac{\mathrm{e}^{-x}}{1+\mathrm{e}^{-2x}}\mathrm{d}x.$$

16. 用辛普森公式(取 $N=M=2$)计算二重积分 $\int_0^{0.5}\int_0^{0.5} e^{y-x}\,dy\,dx$.

17. 确定数值微分公式的截断误差表达式

$$f'(x_0)\approx\frac{1}{2h}[4f(x_0+h)-3f(x_0)-f(x_0+2h)].$$

18. 用三点公式求 $f(x)=\dfrac{1}{(1+x)^2}$ 在 $x=1.0,1.1$ 和 1.2 处的导数值,并估计误差.$f(x)$ 的值由下表给出:

x	1.0	1.1	1.2
$f(x)$	0.2500	0.2268	0.2066

计算实习题

1. 用不同数值方法计算积分 $\int_0^1 \sqrt{x}\ln x\,dx=-\dfrac{4}{9}$.

(1) 取不同的步长 h.分别用复合梯形及复合辛普森求积计算积分,给出误差中关于 h 的函数,并与积分精确值比较两个公式的精度,是否存在一个最小的 h,使得精度不能再被改善?

(2) 用龙贝格求积计算完成问题(1).

(3) 用自适应辛普森积分,使其精度达到 10^{-4}.

2. 计算二重积分 $\iint\limits_D e^{-xy}\,dx\,dy$.

(1) 若区域 $D=\{0\leqslant x\leqslant 1,0\leqslant y\leqslant 1\}$,试分别用复合辛普森公式(取 $n=4$)及高斯求积公式(取 $n=4$)求积分.

(2) 若区域 $D=\{x^2+y^2\leqslant 1:\ x\geqslant 0,y\geqslant 0\}$用复合辛普森公式(取 $n=4$)求此积分.

第 4 章二维码

第 5 章　解线性方程组的直接方法

5.1　引言与预备知识

5.1.1　引言

在自然科学和工程技术中很多问题的解决常常归结为解线性代数方程组,例如电学中的网络问题,船体数学放样中建立三次样条插值问题,用最小二乘法求实验数据的曲线拟合问题,解非线性方程组问题,用差分法或者有限元方法解常微分方程、偏微分方程边值问题等都导致求解线性代数方程组,而这些方程组的系数矩阵大致分为两种,一种是低阶稠密矩阵(例如,未知元个数,即矩阵阶数不超过 150),另一种是大型稀疏矩阵(即矩阵阶数高且零元素较多).

关于线性方程组的数值解法一般有两类:直接法和迭代法.

1. 直接法

直接法就是经过有限步算术运算,可求得线性方程组精确解的方法(若计算过程中没有舍入误差). 但实际计算中由于舍入误差的存在和影响,这种方法也只能求得线性方程组的近似解. 本章将阐述这类算法中最基本的高斯消去法及其某些变形. 这类方法是解低阶稠密线性方程组及某些大型稀疏线性方程组(例如,大型带状线性方程组)的有效方法.

2. 迭代法

迭代法就是用某种极限过程去逐步逼近线性方程组精确解的方法. 迭代法具有需要计算机的存储单元较少、程序设计简单、原始系数矩阵在计算过程中始终不变等优点,但存在收敛性及收敛速度的问题. 迭代法是解大型稀疏线性方程组(尤其是由微分方程离散后得到的大型线性方程组)的重要方法(见第 6 章).

为了讨论线性方程组的数值解法,需复习一些基本的矩阵代数知识.

5.1.2　向量和矩阵知识回顾

用$\mathbb{R}^{m\times n}$表示全部 $m\times n$ 实矩阵构成的线性空间,$\mathbb{C}^{m\times n}$表示全部 $m\times n$ 复矩阵构成的线性空间.

$$\boldsymbol{A}\in\mathbb{R}^{m\times n}\Leftrightarrow\boldsymbol{A}=(a_{ij})=\begin{pmatrix}a_{11}&a_{12}&\cdots&a_{1n}\\a_{21}&a_{22}&\cdots&a_{2n}\\\vdots&\vdots&&\vdots\\a_{m1}&a_{m2}&\cdots&a_{mn}\end{pmatrix}$$

(实数排成的矩形表,称为 m 行 n 列矩阵).

$$\boldsymbol{x}\in\mathbb{R}^{n}\Leftrightarrow\boldsymbol{x}=\begin{pmatrix}x_1\\x_2\\\vdots\\x_n\end{pmatrix}\text{(本书默认}\mathbb{R}^n\text{中的向量为 }n\text{ 维列向量).}$$

$$\boldsymbol{A}=(\boldsymbol{a}_1,\boldsymbol{a}_2,\cdots,\boldsymbol{a}_n),$$

其中 $\boldsymbol{a}_i$ 为 $\boldsymbol{A}$ 的第 i 列. 同理

$$\boldsymbol{A}=\begin{pmatrix}\boldsymbol{b}_1^{\mathrm{T}}\\ \boldsymbol{b}_2^{\mathrm{T}}\\ \vdots\\ \boldsymbol{b}_m^{\mathrm{T}}\end{pmatrix},$$

其中 $\boldsymbol{b}_i^{\mathrm{T}}$ 为 $\boldsymbol{A}$ 的第 i 行($\boldsymbol{b}_i^{\mathrm{T}}$ 是将矩阵 $\boldsymbol{A}$ 的第 i 行用列向量的形式来表示).

矩阵的基本运算:

(1) 矩阵加法　$\boldsymbol{C}=\boldsymbol{A}+\boldsymbol{B}, c_{ij}=a_{ij}+b_{ij}(\boldsymbol{A}\in\mathbb{R}^{m\times n}, \boldsymbol{B}\in\mathbb{R}^{m\times n}, \boldsymbol{C}\in\mathbb{R}^{m\times n})$.

(2) 矩阵与标量的乘法　$\boldsymbol{C}=\alpha\boldsymbol{A}$, $c_{ij}=\alpha a_{ij}$.

(3) 矩阵与矩阵乘法　$\boldsymbol{C}=\boldsymbol{AB}$, $c_{ij}=\sum\limits_{k=1}^{n}a_{ik}b_{kj}(\boldsymbol{A}\in\mathbb{R}^{m\times n}, \boldsymbol{B}\in\mathbb{R}^{n\times p}, \boldsymbol{C}\in\mathbb{R}^{m\times p})$.

(4) 转置矩阵　$\boldsymbol{A}\in\mathbb{R}^{m\times n}$, $\boldsymbol{C}=\boldsymbol{A}^{\mathrm{T}}$, $c_{ij}=a_{ji}$.

(5) 单位矩阵　$\boldsymbol{I}=(\boldsymbol{e}_1,\boldsymbol{e}_2,\cdots,\boldsymbol{e}_n)\in\mathbb{R}^{n\times n}$,其中

$$\boldsymbol{e}_k=(0,\cdots,0,\underset{k}{1},0,\cdots,0)^{\mathrm{T}},\quad k=1,2,\cdots,n.$$

(6) 非奇异矩阵　设 $\boldsymbol{A}\in\mathbb{R}^{n\times n}$, $\boldsymbol{B}\in\mathbb{R}^{n\times n}$. 如果 $\boldsymbol{AB}=\boldsymbol{BA}=\boldsymbol{I}$,则称 $\boldsymbol{B}$ 是 $\boldsymbol{A}$ 的逆矩阵,记为 $\boldsymbol{A}^{-1}$, 且 $(\boldsymbol{A}^{-1})^{\mathrm{T}}=(\boldsymbol{A}^{\mathrm{T}})^{-1}$. 如果 $\boldsymbol{A}^{-1}$ 存在,则称 $\boldsymbol{A}$ 为非奇异矩阵. 如果 $\boldsymbol{A},\boldsymbol{B}\in\mathbb{R}^{n\times n}$ 均为非奇异矩阵,则 $(\boldsymbol{AB})^{-1}=\boldsymbol{B}^{-1}\boldsymbol{A}^{-1}$.

(7) 矩阵的行列式　设 $\boldsymbol{A}\in\mathbb{R}^{n\times n}$,则 $\boldsymbol{A}$ 的行列式可按任一行(或列)展开,即

$$\det(\boldsymbol{A})=\sum_{j=1}^{n}a_{ij}A_{ij},\quad i=1,2,\cdots,n,\quad \det(\boldsymbol{A})=\sum_{i=1}^{n}a_{ij}A_{ij},\quad j=1,2,\cdots,n,$$

其中 A_{ij} 为 a_{ij} 的代数余子式, $A_{ij}=(-1)^{i+j}M_{ij}$, M_{ij} 为元素 a_{ij} 的余子式.

行列式的性质:

① $\det(\boldsymbol{AB})=\det(\boldsymbol{A})\det(\boldsymbol{B})$, $\boldsymbol{A}, \boldsymbol{B}\in\mathbb{R}^{n\times n}$.

② $\det(\boldsymbol{A}^{\mathrm{T}})=\det(\boldsymbol{A})$, $\boldsymbol{A}\in\mathbb{R}^{n\times n}$.

③ $\det(c\boldsymbol{A})=c^n\det(\boldsymbol{A})$, $c\in\mathbb{R}$, $\boldsymbol{A}\in\mathbb{R}^{n\times n}$.

④ $\det(\boldsymbol{A})\neq 0\Leftrightarrow\boldsymbol{A}$ 是非奇异矩阵.

设 $\boldsymbol{A}=(a_{ij})\in\mathbb{R}^{n\times n}$,若存在数 λ(实数或复数)和非零向量 $\boldsymbol{x}=(x_1,x_2,\cdots,x_n)^{\mathrm{T}}\in\mathbb{C}^n$,使 $\boldsymbol{Ax}=\lambda\boldsymbol{x}$,则称 λ 为 $\boldsymbol{A}$ 的**特征值**,$\boldsymbol{x}$ 为 $\boldsymbol{A}$ 对应 λ 的**特征向量**,$\boldsymbol{A}$ 的全体特征值称为 $\boldsymbol{A}$ 的**谱**,记作 $\sigma(\boldsymbol{A})$,即 $\sigma(\boldsymbol{A})=\{\lambda_1,\lambda_2,\cdots,\lambda_n\}$.记 $\rho(\boldsymbol{A})=\max\limits_{1\leqslant i\leqslant n}|\lambda_i|$,称为矩阵 $\boldsymbol{A}$ 的**谱半径**.

设 $\boldsymbol{A}=(a_{ij})\in\mathbb{R}^{n\times n}$.

(1) 对角矩阵　如果当 $i\neq j$ 时,$a_{ij}=0$.

(2) 三对角矩阵　如果当 $|i-j|>1$ 时,$a_{ij}=0$.

(3) 上(下)三角矩阵　如果当 $i>j\,(j<i)$ 时,$a_{ij}=0$.

(4) 上黑森伯格(Hessenberg)矩阵　如果当 $i>j+1$ 时,$a_{ij}=0$.

(5) 对称矩阵　如果 $\boldsymbol{A}^{\mathrm{T}}=\boldsymbol{A}$.

(6) 埃尔米特矩阵　设 $\boldsymbol{A}\in\mathbb{C}^{n\times n}$, 如果 $\boldsymbol{A}^{\mathrm{H}}=\boldsymbol{A}$ ($\boldsymbol{A}^{\mathrm{H}}=\bar{\boldsymbol{A}}^{\mathrm{T}}$, 即为 $\boldsymbol{A}$ 的共轭转置).

(7) 对称正定矩阵　如果①$\boldsymbol{A}^{\mathrm{T}}=\boldsymbol{A}$，②对任意非零向量$\boldsymbol{x}\in\mathbb{R}^n$，$(\boldsymbol{Ax},\ \boldsymbol{x})=\boldsymbol{x}^{\mathrm{T}}\boldsymbol{Ax}>0$.

(8) 正交矩阵　如果 $\boldsymbol{A}^{-1}=\boldsymbol{A}^{\mathrm{T}}$.

(9) 酉矩阵　设 $\boldsymbol{A}\in\mathbb{C}^{n\times n}$，如果 $\boldsymbol{A}^{-1}=\boldsymbol{A}^{\mathrm{H}}$.

(10) 初等置换矩阵　由单位矩阵 $\boldsymbol{I}$ 交换第 i 行与第 j 行(或交换第 i 列与第 j 列)，得到的矩阵记为 $\boldsymbol{I}_{ij}$，且

$$\boldsymbol{I}_{ij}\boldsymbol{A}=\widetilde{\boldsymbol{A}}\quad(\text{为交换 }\boldsymbol{A}\text{ 第 }i\text{ 行与第 }j\text{ 行得到的矩阵});$$

$$\boldsymbol{A}\boldsymbol{I}_{ij}=\boldsymbol{B}\quad(\text{为交换 }\boldsymbol{A}\text{ 第 }i\text{ 列与第 }j\text{ 列得到的矩阵}).$$

(11) 置换矩阵　由同阶初等置换矩阵的乘积得到的矩阵.

定理 5.1　设 $\boldsymbol{A}\in\mathbb{R}^{n\times n}$，则下述命题等价：

(1) 对任何 $\boldsymbol{b}\in\mathbb{R}^n$，线性方程组 $\boldsymbol{Ax}=\boldsymbol{b}$ 有唯一解.

(2) 齐次线性方程组 $\boldsymbol{Ax}=\boldsymbol{0}$ 只有唯一解 $\boldsymbol{x}=\boldsymbol{0}$.

(3) $\det(\boldsymbol{A})\neq 0$.

(4) $\boldsymbol{A}^{-1}$存在.

(5) $\boldsymbol{A}$ 的秩 $\operatorname{rank}(\boldsymbol{A})=n$.

定理 5.2　设 $\boldsymbol{A}\in\mathbb{R}^{n\times n}$ 为对称矩阵，则：

(1) $\boldsymbol{A}$ 的特征值均为实数.

(2) $\boldsymbol{A}$ 有 n 个线性无关的特征向量.

(3) 存在一个正交矩阵 $\boldsymbol{P}$ 使

$$\boldsymbol{P}^{\mathrm{T}}\boldsymbol{AP}=\begin{pmatrix}\lambda_1 & & & \\ & \lambda_2 & & \\ & & \ddots & \\ & & & \lambda_n\end{pmatrix},$$

且 $\lambda_i(i=1,2,\cdots,n)$为 $\boldsymbol{A}$ 的特征值，而 $\boldsymbol{P}=(\boldsymbol{u}_1,\boldsymbol{u}_2,\cdots,\boldsymbol{u}_n)$的列向量 $\boldsymbol{u}_i$ 为 $\boldsymbol{A}$ 对应于 λ_i 的特征向量.

定理 5.3　设 $\boldsymbol{A}\in\mathbb{R}^{n\times n}$ 为对称正定矩阵，则：

(1) $\boldsymbol{A}$ 为非奇异矩阵，且 $\boldsymbol{A}^{-1}$亦是对称正定矩阵；

(2) 记 $\boldsymbol{A}_k$ 为 $\boldsymbol{A}$ 的顺序主子阵，则 $\boldsymbol{A}_k(k=1,2,\cdots,n)$亦是对称正定矩阵，其中

$$\boldsymbol{A}_k=\begin{pmatrix}a_{11} & \cdots & a_{1k}\\ \vdots & & \vdots\\ a_{k1} & \cdots & a_{kk}\end{pmatrix},\quad k=1,2,\cdots,n;$$

(3) $\boldsymbol{A}$ 的特征值$\lambda_i>0(i=1,2,\cdots,n)$；

(4) $\boldsymbol{A}$ 的顺序主子式都大于零，即 $\det(\boldsymbol{A}_k)>0(k=1,2,\cdots,n)$.

定理 5.4　设 $\boldsymbol{A}\in\mathbb{R}^{n\times n}$ 为对称矩阵. 如果 $\det(\boldsymbol{A}_k)>0(k=1,2,\cdots,n)$，或 $\boldsymbol{A}$ 的特征值 $\lambda_i>0(i=1,2,\cdots,n)$，则 $\boldsymbol{A}$ 为对称正定矩阵.

有重特征值的矩阵不一定相似于对角矩阵，一般 n 阶矩阵 $\boldsymbol{A}$ 在相似变换下可简化为块对角矩阵，各个块矩阵对应矩阵的特征值. 具体内容可查阅若尔当(Jordan)标准形的知识.

5.2 高斯消去法

本节介绍高斯消去法(逐次消去法)及消去法和矩阵三角分解之间的关系. 虽然高斯消去法是一个古老的求解线性方程组的方法(早在公元前 250 年我国就掌握了解线性方程组的消去法),但由它改进、变形得到的选主元消去法、三角分解法仍然是目前计算机上常用的有效方法.

5.2.1 顺序高斯消去法

设有线性方程组

$$\begin{cases} a_{11}x_1 + a_{12}x_2 + \cdots + a_{1n}x_n = b_1, \\ a_{21}x_1 + a_{22}x_2 + \cdots + a_{2n}x_n = b_2, \\ \qquad\qquad \vdots \\ a_{n1}x_1 + a_{n2}x_2 + \cdots + a_{nn}x_n = b_n, \end{cases} \tag{5.1}$$

或写为矩阵形式

$$\begin{pmatrix} a_{11} & a_{12} & \cdots & a_{1n} \\ a_{21} & a_{22} & \cdots & a_{2n} \\ \vdots & \vdots & & \vdots \\ a_{n1} & a_{n2} & \cdots & a_{nn} \end{pmatrix} \begin{pmatrix} x_1 \\ x_2 \\ \vdots \\ x_n \end{pmatrix} = \begin{pmatrix} b_1 \\ b_2 \\ \vdots \\ b_n \end{pmatrix},$$

简记为 $\boldsymbol{Ax}=\boldsymbol{b}$.

由线性代数的知识可知,当线性方程组 $\boldsymbol{Ax}=\boldsymbol{b}$ 的系数矩阵 $\boldsymbol{A}$ 非奇异(可逆)时,此线性方程组有唯一解.

首先举一个简单的例子来说明消去法的基本思想.

例 5.1 用消去法解线性方程组

$$\begin{cases} x_1 + x_2 + x_3 = 6, & (5.2) \\ \qquad 4x_2 - x_3 = 5, & (5.3) \\ 2x_1 - 2x_2 + x_3 = 1. & (5.4) \end{cases}$$

解 第 1 步. 将方程(5.2)乘上 -2 加到方程(5.4)上去,消去(5.4)式中的未知数 x_1,得到

$$-4x_2 - x_3 = -11. \tag{5.5}$$

第 2 步. 将方程(5.3)加到方程(5.5)上去,消去方程(5.5)中的未知数 x_2,得到与原方程组等价的三角形线性方程组

$$\begin{cases} x_1 + x_2 + x_3 = 6, \\ \qquad 4x_2 - x_3 = 5, \\ \qquad\quad -2x_3 = -6. \end{cases} \tag{5.6}$$

显然,线性方程组(5.6)是容易由下向上依次求解的,解为 $\boldsymbol{x}^* = (1,2,3)^{\mathrm{T}}$.

上述过程相当于

$$(\boldsymbol{A}\,\vdots\,\boldsymbol{b})=\left(\begin{array}{ccc:c}1&1&1&6\\0&4&-1&5\\2&-2&1&1\end{array}\right)\xrightarrow{(-2)\times r_1+r_3\to r_3}\left(\begin{array}{ccc:c}1&1&1&6\\0&4&-1&5\\0&-4&-1&-11\end{array}\right)$$

$$\xrightarrow{r_2+r_3\to r_3}\left(\begin{array}{ccc:c}1&1&1&6\\0&4&-1&5\\0&0&-2&-6\end{array}\right),$$

其中用 r_i 表示矩阵的第 i 行.

由此看出，用消去法解线性方程组的基本思想是用逐次消去未知数（将未知数的系数消为零）的方法把原线性方程组 $\boldsymbol{Ax}=\boldsymbol{b}$ 化为与其等价的三角形线性方程组，而求解三角形线性方程组可用由下向上依次回代的方法求解. 换句话说，上述过程就是用行初等变换将原线性方程组的系数矩阵化为简单形式（上三角矩阵），从而将求解原线性方程组(5.1)的问题转化为求解简单方程组的问题. 或者说，对系数矩阵 $\boldsymbol{A}$ 施行一些行变换（用一些简单矩阵左乘 $\boldsymbol{A}$）将其约化为上三角矩阵.

下面我们讨论求解一般线性方程组的高斯消去法.

将方程组(5.1)记为 $\boldsymbol{A}^{(1)}\boldsymbol{x}=\boldsymbol{b}^{(1)}$，其中

$$\boldsymbol{A}^{(1)}=(a_{ij}^{(1)})=(a_{ij}),\quad \boldsymbol{b}^{(1)}=\boldsymbol{b}.$$

(1) 第 1 步消元($k=1$).

设主对角元 $a_{11}^{(1)}\neq 0$，首先计算乘数

$$m_{i1}=a_{i1}^{(1)}/a_{11}^{(1)},\quad i=2,3,\cdots,n.$$

用 $-m_{i1}$ 乘方程组(5.1)的第 1 个方程，加到第 i 个($i=2,3,\cdots,n$)方程上，消去方程组(5.1)的从第 2 个方程到第 n 个方程中的未知数 x_1，得到与方程组(5.1)等价的线性方程组

$$\begin{pmatrix}a_{11}^{(1)}&a_{12}^{(1)}&\cdots&a_{1n}^{(1)}\\0&a_{22}^{(2)}&\cdots&a_{2n}^{(2)}\\\vdots&\vdots&&\vdots\\0&a_{n2}^{(2)}&\cdots&a_{nn}^{(2)}\end{pmatrix}\begin{pmatrix}x_1\\x_2\\\vdots\\x_n\end{pmatrix}=\begin{pmatrix}b_1^{(1)}\\b_2^{(2)}\\\vdots\\b_n^{(2)}\end{pmatrix}.\tag{5.7}$$

简记为 $\boldsymbol{A}^{(2)}\boldsymbol{x}=\boldsymbol{b}^{(2)}$，其中 $\boldsymbol{A}^{(2)}$，$\boldsymbol{b}^{(2)}$ 的元素的计算公式为

$$\begin{cases}a_{ij}^{(2)}=a_{ij}^{(1)}-m_{i1}a_{1j}^{(1)}, & i,j=2,3,\cdots,n,\\ b_i^{(2)}=b_i^{(1)}-m_{i1}b_1^{(1)}, & i=2,3,\cdots,n.\end{cases}$$

(2) 第 k 步消元($k=1,2,\cdots,n-1$).

设上述第 1 步，…，第 $k-1$ 步消元过程计算已经完成，即已计算好与方程组(5.1)等价的线性方程组

$$\begin{pmatrix}a_{11}^{(1)}&a_{12}^{(1)}&\cdots&a_{1k}^{(1)}&\cdots&a_{1n}^{(1)}\\&a_{22}^{(2)}&\cdots&a_{2k}^{(2)}&\cdots&a_{2n}^{(2)}\\&&\ddots&\vdots&&\vdots\\&&&a_{kk}^{(k)}&\cdots&a_{kn}^{(k)}\\&&&\vdots&&\vdots\\&&&a_{nk}^{(k)}&\cdots&a_{nn}^{(k)}\end{pmatrix}\begin{pmatrix}x_1\\x_2\\\vdots\\x_k\\\vdots\\x_n\end{pmatrix}=\begin{pmatrix}b_1^{(1)}\\b_2^{(2)}\\\vdots\\b_k^{(k)}\\\vdots\\b_n^{(k)}\end{pmatrix},\tag{5.8}$$

简记为 $\boldsymbol{A}^{(k)}\boldsymbol{x}=\boldsymbol{b}^{(k)}$.

设主对角元 $a_{kk}^{(k)} \neq 0$，计算乘数

$$m_{ik} = a_{ik}^{(k)} / a_{kk}^{(k)}, \quad i = k+1, \cdots, n.$$

用 $-m_{ik}$ 乘方程组(5.8)的第 k 个方程加到第 i 个方程($i=k+1,\cdots,n$)，消去从第 $k+1$ 个方程到第 n 个方程中的未知数 x_k，得到与方程组(5.1)等价的线性方程组 $\boldsymbol{A}^{(k+1)}\boldsymbol{x}=\boldsymbol{b}^{(k+1)}$. $\boldsymbol{A}^{(k+1)}$，$\boldsymbol{b}^{(k+1)}$ 的元素的计算公式分别为

$$\begin{cases} a_{ij}^{(k+1)} = a_{ij}^{(k)} - m_{ik} a_{kj}^{(k)}, & i, j = k+1, \cdots, n, \\ b_i^{(k+1)} = b_i^{(k)} - m_{ik} b_k^{(k)}, & i = k+1, \cdots, n, \end{cases}$$

显然 $\boldsymbol{A}^{(k+1)}$ 中从第 1 行到第 k 行与 $\boldsymbol{A}^{(k)}$ 相同.

(3) 继续上述过程，且设主对角元 $a_{kk}^{(k)} \neq 0$($k=1,2,\cdots,n-1$)，直到完成第 $n-1$ 步消元计算. 最后得到与原方程组等价的简单方程组 $\boldsymbol{A}^{(n)}\boldsymbol{x}=\boldsymbol{b}^{(n)}$，即

$$\begin{pmatrix} a_{11}^{(1)} & a_{12}^{(1)} & \cdots & a_{1n}^{(1)} \\ & a_{22}^{(2)} & \cdots & a_{2n}^{(2)} \\ & & \ddots & \vdots \\ & & & a_{nn}^{(n)} \end{pmatrix} \begin{pmatrix} x_1 \\ x_2 \\ \vdots \\ x_n \end{pmatrix} = \begin{pmatrix} b_1^{(1)} \\ b_2^{(2)} \\ \vdots \\ b_n^{(n)} \end{pmatrix}. \tag{5.9}$$

由方程组(5.1)约化为方程组(5.9)的过程称为**消元过程**，这种消去法称为**顺序高斯消去法**.

如果 $\boldsymbol{A} \in \mathbb{R}^{n \times n}$ 是非奇异矩阵，且各步的主对角元 $a_{kk}^{(k)} \neq 0$($k=1,2,\cdots,n-1$)，自然也有 $a_{nn}^{(n)} \neq 0$，求解三角形线性方程组(5.9)，得到求解公式

$$\begin{cases} x_n = b_n^{(n)} / a_{nn}^{(n)}, \\ x_k = \left(b_k^{(k)} - \sum\limits_{j=k+1}^{n} a_{kj}^{(k)} x_j \right) / a_{kk}^{(k)}, & k = n-1, n-2, \cdots, 1. \end{cases}$$

方程组(5.9)的上述求解过程称为**回代过程**.

高斯消去法对于某些简单的矩阵可能会失败，例如

$$\boldsymbol{A} = \begin{pmatrix} 0 & 1 \\ 1 & 0 \end{pmatrix}.$$

但在假设 $\boldsymbol{A}$ 非奇异的条件下，对顺序高斯消去法进行适当调整，还是可以进行下去的. 事实上，设 $\boldsymbol{Ax}=\boldsymbol{b}$，其中 $\boldsymbol{A} \in \mathbb{R}^{n \times n}$ 为非奇异矩阵，如果 $a_{11}=0$，由于 $\boldsymbol{A}$ 为非奇异矩阵，所以 $\boldsymbol{A}$ 的第 1 列一定有元素不等于零，例如 $a_{i_1 1} \neq 0$，于是可交换两行元素(即 $r_1 \leftrightarrow r_{i_1}$)，将 $a_{i_1 1}$ 调到(1,1)位置，然后进行消元计算，这时 $\boldsymbol{A}^{(2)}$ 右下角矩阵为 $n-1$ 阶非奇异矩阵. 继续这个过程，高斯消去法照样可进行计算.

总结上述讨论即有以下定理.

定理 5.5 设 $\boldsymbol{Ax}=\boldsymbol{b}$，其中 $\boldsymbol{A} \in \mathbb{R}^{n \times n}$.

(1) 如果各步的主对角元 $a_{kk}^{(k)} \neq 0$($k=1,2,\cdots,n$)，则可通过高斯消去法将 $\boldsymbol{Ax}=\boldsymbol{b}$ 约化为等价的三角形线性方程组(5.9)，且计算公式为：

① 消元计算($k=1,2,\cdots,n-1$)

$$\begin{cases} m_{ik} = a_{ik}^{(k)} / a_{kk}^{(k)}, & i = k+1, \cdots, n, \\ a_{ij}^{(k+1)} = a_{ij}^{(k)} - m_{ik} a_{kj}^{(k)}, & i, j = k+1, \cdots, n, \\ b_i^{(k+1)} = b_i^{(k)} - m_{ik} b_k^{(k)}, & i = k+1, \cdots, n. \end{cases}$$

② 回代计算

$$\begin{cases} x_n = b_n^{(n)}/a_{nn}^{(n)}, \\ x_i = \left(b_i^{(i)} - \sum\limits_{j=i+1}^{n} a_{ij}^{(i)} x_j\right)/a_{ii}^{(i)}, \quad i = n-1, \cdots, 2, 1. \end{cases}$$

(2) 如果 $\boldsymbol{A}$ 为非奇异矩阵，则可通过高斯消去法(及交换两行的初等变换)将方程组 $\boldsymbol{Ax}=\boldsymbol{b}$ 约化为方程组(5.9).

计算可得，以上消元和回代过程总的乘除法次数为$\frac{n^3}{3}+n^2-\frac{n}{3}\approx\frac{n^3}{3}$，加减法次数为

$$\frac{n^3}{3}+\frac{n^2}{2}-\frac{5}{6}n \approx \frac{n^3}{3}.$$

为简便起见，下面研究矩阵 $\boldsymbol{A}$ 在什么条件下才能保证各步的主对角元 $a_{kk}^{(k)}\neq 0(k=1,2,\cdots,n)$. 下面的定理给出了这个条件.

定理 5.6　约化的主对角元 $a_{ii}^{(i)}\neq 0(i=1,2,\cdots,k)$的充要条件是矩阵 $\boldsymbol{A}$ 的顺序主子式 $D_i\neq 0(i=1,2,\cdots,k)$.即

$$D_1 = a_{11} \neq 0, \quad D_i = \begin{vmatrix} a_{11} & \cdots & a_{1i} \\ \vdots & & \vdots \\ a_{i1} & \cdots & a_{ii} \end{vmatrix} \neq 0, \quad i = 1, 2, \cdots, k.$$

证明　首先利用归纳法证明定理 5.6 的充分性. 显然，当 $k=1$ 时，定理 5.6 成立，现设定理 5.6 的充分性对 $k-1$ 是成立的，求证此充分性对 k 亦成立. 设 $D_i\neq 0(i=1,2,\cdots,k)$，于是由归纳法假设有 $a_{ii}^{(i)}\neq 0(i=1,2,\cdots,k-1)$，可用高斯消去法将 $\boldsymbol{A}^{(1)}$ 约化到 $\boldsymbol{A}^{(k)}$，即

$$\boldsymbol{A}^{(1)} \to \boldsymbol{A}^{(k)} = \begin{pmatrix} a_{11}^{(1)} & a_{12}^{(1)} & \cdots & a_{1k}^{(1)} & \cdots & a_{1n}^{(1)} \\ & a_{22}^{(2)} & \cdots & a_{2k}^{(2)} & \cdots & a_{2n}^{(2)} \\ & & \ddots & \vdots & & \vdots \\ & & & a_{kk}^{(k)} & \cdots & a_{kn}^{(k)} \\ & & & \vdots & & \vdots \\ & & & a_{nk}^{(k)} & \cdots & a_{nn}^{(k)} \end{pmatrix},$$

且有

$$\left.\begin{aligned} D_2 &= \begin{vmatrix} a_{11}^{(1)} & a_{12}^{(1)} \\ 0 & a_{22}^{(2)} \end{vmatrix} = a_{11}^{(1)} a_{22}^{(2)}, \\ &\vdots \\ D_k &= \begin{vmatrix} a_{11}^{(1)} & \cdots & a_{1k}^{(1)} \\ & \ddots & \vdots \\ & & a_{kk}^{(k)} \end{vmatrix} = a_{11}^{(1)} a_{22}^{(2)} \cdots a_{kk}^{(k)}. \end{aligned}\right\} \tag{5.10}$$

由设 $D_i\neq 0(i=1,2,\cdots,k)$，利用(5.10)式，则有 $a_{kk}^{(k)}\neq 0$，定理 5.6 充分性对 k 亦成立. 显然，由假设 $a_{ii}^{(i)}\neq 0(i=1,2,\cdots,k)$，利用(5.10)式亦可推出 $D_i\neq 0(i=1,2,\cdots,k)$. □

推论　如果 $\boldsymbol{A}$ 的顺序主子式 $D_k\neq 0(k=1,2,\cdots,n-1)$，则

$$\begin{cases} a_{11}^{(1)} = D_1, \\ a_{kk}^{(k)} = D_k/D_{k-1}, \quad k = 2, 3, \cdots, n. \end{cases}$$

5.2.2　矩阵的三角分解

下面我们借助矩阵理论进一步对消去法进行分析，从而建立顺序高斯消去法与矩阵分

解的关系.

设方程组(5.1)的系数矩阵 $\boldsymbol{A}\in\mathbb{R}^{n\times n}$ 的各顺序主子式均不为零. 由于对 $\boldsymbol{A}$ 施行行初等变换相当于用初等矩阵左乘 $\boldsymbol{A}$,于是对方程组(5.1)施行第一步消元后化为方程(5.7),这时 $\boldsymbol{A}^{(1)}$ 化为 $\boldsymbol{A}^{(2)}$,$\boldsymbol{b}^{(1)}$ 化为 $\boldsymbol{b}^{(2)}$,即

$$\boldsymbol{L}_1\boldsymbol{A}^{(1)}=\boldsymbol{A}^{(2)},\quad \boldsymbol{L}_1\boldsymbol{b}^{(1)}=\boldsymbol{b}^{(2)},$$

其中

$$\boldsymbol{L}_1=\begin{pmatrix}1 & & & & \\ -m_{21} & 1 & & & \\ -m_{31} & & 1 & & \\ \vdots & & & \ddots & \\ -m_{n1} & & & & 1\end{pmatrix}.$$

第 k 步消元,$\boldsymbol{A}^{(k)}$ 化为 $\boldsymbol{A}^{(k+1)}$,$\boldsymbol{b}^{(k)}$ 化为 $\boldsymbol{b}^{(k+1)}$,相当于

$$\boldsymbol{L}_k\boldsymbol{A}^{(k)}=\boldsymbol{A}^{(k+1)},\quad \boldsymbol{L}_k\boldsymbol{b}^{(k)}=\boldsymbol{b}^{(k+1)},$$

其中

$$\boldsymbol{L}_k=\begin{pmatrix}1 & & & & \\ & \ddots & & & \\ & & 1 & & \\ & & -m_{k+1,k} & 1 & \\ & & \vdots & & \ddots & \\ & & -m_{nk} & & & 1\end{pmatrix}.$$

重复以上过程,最后得到

$$\begin{cases}\boldsymbol{L}_{n-1}\cdots\boldsymbol{L}_2\boldsymbol{L}_1\boldsymbol{A}^{(1)}=\boldsymbol{A}^{(n)};\\ \boldsymbol{L}_{n-1}\cdots\boldsymbol{L}_2\boldsymbol{L}_1\boldsymbol{b}^{(1)}=\boldsymbol{b}^{(n)}.\end{cases}\tag{5.11}$$

将上面的三角矩阵 $\boldsymbol{A}^{(n)}$ 记为 $\boldsymbol{U}$,由(5.11)式得到

$$\boldsymbol{A}=\boldsymbol{L}_1^{-1}\boldsymbol{L}_2^{-1}\cdots\boldsymbol{L}_{n-1}^{-1}\boldsymbol{U}=\boldsymbol{L}\boldsymbol{U},$$

其中

$$\boldsymbol{L}=\boldsymbol{L}_1^{-1}\boldsymbol{L}_2^{-1}\cdots\boldsymbol{L}_{n-1}^{-1}=\begin{pmatrix}1 & & & & \\ m_{21} & 1 & & & \\ m_{31} & m_{32} & 1 & & \\ \vdots & \vdots & \vdots & \ddots & \\ m_{n1} & m_{n2} & m_{n3} & \cdots & 1\end{pmatrix}$$

为单位下三角矩阵.

这就是说,顺序高斯消去法实质上产生了一个将 $\boldsymbol{A}$ 分解为两个三角形矩阵相乘的形式,称其为**矩阵分解**,于是我们得到如下的定理,它在解线性方程组的直接法中起着重要作用.

定理 5.7(矩阵的 LU 分解) 设 n 阶矩阵 $\boldsymbol{A}$ 的顺序主子式 $D_i\neq0(i=1,2,\cdots,n-1)$,则 $\boldsymbol{A}$ 可分解为一个单位下三角矩阵 $\boldsymbol{L}$ 和一个上三角矩阵 $\boldsymbol{U}$ 的乘积,且这种分解是唯一的.

证明 根据以上顺序高斯消去法的矩阵分析,$\boldsymbol{A}=\boldsymbol{L}\boldsymbol{U}$ 的存在性已经得到证明,现仅在 $\boldsymbol{A}$ 为非奇异矩阵的假定下来证明唯一性,当 $\boldsymbol{A}$ 为奇异矩阵的情况留作练习. 设

$$\boldsymbol{A}=\boldsymbol{L}\boldsymbol{U}=\boldsymbol{L}_1\boldsymbol{U}_1,$$

其中 $\boldsymbol{L},\boldsymbol{L}_1$ 为单位下三角矩阵，$\boldsymbol{U},\boldsymbol{U}_1$ 为上三角矩阵.

由于 $\boldsymbol{U}_1^{-1}$ 存在，故

$$\boldsymbol{L}^{-1}\boldsymbol{L}_1=\boldsymbol{U}\boldsymbol{U}_1^{-1}.$$

上式右边是两个上三角矩阵的乘积，仍为上三角矩阵，左边是两个单位下三角矩阵的乘积，仍为单位下三角矩阵，从而上式两边都必须等于单位矩阵，故 $\boldsymbol{U}=\boldsymbol{U}_1,\boldsymbol{L}=\boldsymbol{L}_1$. □

例 5.2　对于例 5.1，系数矩阵

$$\boldsymbol{A}=\begin{pmatrix}1 & 1 & 1\\ 0 & 4 & -1\\ 2 & -2 & 1\end{pmatrix},$$

由高斯消去法的过程知，$m_{21}=0$, $m_{31}=2$, $m_{32}=-1$，故

$$\boldsymbol{A}=\begin{pmatrix}1 & 0 & 0\\ 0 & 1 & 0\\ 2 & -1 & 1\end{pmatrix}\begin{pmatrix}1 & 1 & 1\\ 0 & 4 & -1\\ 0 & 0 & -2\end{pmatrix}=\boldsymbol{L}\boldsymbol{U}.$$

5.2.3　列主元消去法

由高斯消去法知道，在消元过程中可能出现 $a_{kk}^{(k)}=0$ 的情况，这时消去法将无法进行；即使主对角元 $a_{kk}^{(k)}\neq 0$ 但很小时，也不宜用其作除数，否则会导致其他元素数量级的严重增长和舍入误差的扩散，最后也使得计算解不可靠.

例 5.3　求解线性方程组

$$\begin{pmatrix}0.001 & 2.000 & 3.000\\ -1.000 & 3.712 & 4.623\\ -2.000 & 1.072 & 5.643\end{pmatrix}\begin{pmatrix}x_1\\ x_2\\ x_3\end{pmatrix}=\begin{pmatrix}1.000\\ 2.000\\ 3.000\end{pmatrix}.$$

用 4 位浮点数进行计算. 精确解舍入到 4 位有效数字为

$$\boldsymbol{x}^*=(-0.4904,\ -0.0510,\ 0.3675)^{\mathrm{T}}.$$

解　**方法 1**　用顺序高斯消去法求解.

$$(\boldsymbol{A}\ \vdots\ \boldsymbol{b})=\left(\begin{array}{ccc:c}0.001 & 2.000 & 3.000 & 1.000\\ -1.000 & 3.712 & 4.623 & 2.000\\ -2.000 & 1.072 & 5.643 & 3.000\end{array}\right)\qquad \begin{array}{l}m_{21}=-1.000/0.001=-1000\\ m_{31}=-2.000/0.001=-2000\end{array}$$

$$\rightarrow\left(\begin{array}{ccc:c}0.001 & 2.000 & 3.000 & 1.000\\ 0 & 2004 & 3005 & 1002\\ 0 & 4001 & 6006 & 2003\end{array}\right)\qquad m_{32}=4001/2004=1.997$$

$$\rightarrow\left(\begin{array}{ccc:c}0.001 & 2.000 & 3.000 & 1.000\\ 0 & 2004 & 3005 & 1002\\ 0 & 0 & 5.015 & 2.006\end{array}\right),$$

计算解为

$$\bar{\boldsymbol{x}}=(-0.39920,\ -0.09980,\ 0.4000)^{\mathrm{T}}.$$

显然计算解 $\bar{\boldsymbol{x}}$ 是一个很坏的结果，不能作为方程组的近似解. 其原因是我们在第 1 步消元

计算时用了小的主对角元 0.001，使得约化后的方程组元素数量级大大增长，经舍入使得在计算(3,3)元素时发生了严重的相消情况((3,3)元素舍入到第 4 位数字的正确值是6006)，因此经消元后得到的三角形方程组就不准确了.

方法 2 交换行，避免绝对值小的对角元作除数.

$$(\boldsymbol{A} \mid \boldsymbol{b}) \xrightarrow{r_1 \longleftrightarrow r_3} \left(\begin{array}{ccc|c} -2.000 & 1.072 & 5.643 & 3.000 \\ -1.000 & 3.712 & 4.623 & 2.000 \\ 0.001 & 2.000 & 3.000 & 1.000 \end{array}\right) \quad \begin{array}{l} m_{21}=0.5000 \\ m_{31}=-0.0005 \end{array}$$

$$\longrightarrow \left(\begin{array}{ccc|c} -2.000 & 1.072 & 5.643 & 3.000 \\ 0 & 3.176 & 1.802 & 0.5000 \\ 0 & 2.001 & 3.003 & 1.002 \end{array}\right) \quad m_{32}=0.6300$$

$$\longrightarrow \left(\begin{array}{ccc|c} -2.000 & 1.072 & 5.643 & 3.000 \\ 0 & 3.176 & 1.802 & 0.5000 \\ 0 & 0 & 1.868 & 0.6870 \end{array}\right),$$

得计算解为

$$\boldsymbol{x}=(-0.4897, -0.05127, 0.3678)^{\mathrm{T}} \approx \boldsymbol{x}^{*}.$$

例 5.3 告诉我们，在采用高斯消去法解方程组时，小的主对角元可能产生麻烦，故应避免采用绝对值小的主对角元 $a_{kk}^{(k)}$. 对一般矩阵来说，最好每一步选取系数矩阵(或消元后的低阶矩阵)中绝对值最大的元素(称为**主元素**)作为主对角元，以使高斯消去法具有较好的数值稳定性，这就是**全主元消去法**. 在全主元消去法中，选主元时要花费较多的机器时间，目前主要使用的是在消元后的低阶矩阵的首列中选绝对值最大的元素(称为列主元)作为主对角元，称为**列主元消去法**，下面介绍列主元消去法，假定线性方程组(5.1)的系数矩阵 $\boldsymbol{A} \in \mathbb{R}^{n \times n}$ 为非奇异的.

设线性方程组(5.1)的增广矩阵为

$$\boldsymbol{B}=\left(\begin{array}{cccc|c} a_{11} & a_{12} & \cdots & a_{1n} & b_1 \\ a_{21} & a_{22} & \cdots & a_{2n} & b_2 \\ \vdots & \vdots & & \vdots & \vdots \\ a_{n1} & a_{n2} & \cdots & a_{nn} & b_n \end{array}\right).$$

首先在 $\boldsymbol{A}$ 的第 1 列中选取绝对值最大的元素(选列主元)，例如

$$|a_{i_1,1}|=\max_{1 \leqslant i \leqslant n}|a_{i1}| \neq 0,$$

然后交换 $\boldsymbol{B}$ 的第 1 行与第 i_1 行使其成为主对角元，经第 1 步消元计算得

$$(\boldsymbol{A} \mid \boldsymbol{b}) \rightarrow (\boldsymbol{A}^{(2)} \mid \boldsymbol{b}^{(2)}).$$

重复上述过程，设已完成第 $k-1$ 步的选列主元，交换两行及消元计算，$(\boldsymbol{A} \mid \boldsymbol{b})$约化为

$$(\boldsymbol{A}^{(k)} \mid \boldsymbol{b}^{(k)})=\left(\begin{array}{cccccc|c} a_{11} & a_{12} & \cdots & a_{1k} & \cdots & a_{1n} & b_1 \\ & a_{22} & \cdots & a_{2k} & \cdots & a_{2n} & b_2 \\ & & \ddots & \vdots & & \vdots & \vdots \\ & & & a_{kk} & \cdots & a_{kn} & b_k \\ & & & \vdots & & \vdots & \vdots \\ & & & a_{nk} & \cdots & a_{nn} & b_n \end{array}\right),$$

其中 $\boldsymbol{A}^{(k)}$ 的元素仍记为 a_{ij}，$\boldsymbol{b}^{(k)}$ 的元素仍记为 b_i.

第 k 步选列主元(在 $\boldsymbol{A}^{(k)}$ 右下角方阵的第1列内选),即确定 i_k,使

$$|a_{i_k,k}| = \max_{k\leqslant i\leqslant n} |a_{ik}| \neq 0.$$

交换($\boldsymbol{A}^{(k)} \mid \boldsymbol{b}^{(k)}$)第 k 行与 i_k 行的元素,然后进行消元计算.

当进行到 $k=n-1$ 步时,最后将原线性方程组化为

$$\begin{pmatrix} a_{11} & a_{12} & \cdots & a_{1n} \\ & a_{22} & \cdots & a_{2n} \\ & & \ddots & \vdots \\ & & & a_{nn} \end{pmatrix} \begin{pmatrix} x_1 \\ x_2 \\ \vdots \\ x_n \end{pmatrix} = \begin{pmatrix} b_1 \\ b_2 \\ \vdots \\ b_n \end{pmatrix}.$$

回代求解得

$$\begin{cases} x_n = b_n / a_{nn}, \\ x_i = \left(b_i - \sum\limits_{j=i+1}^{n} a_{ij} x_j\right) / a_{ii}, \quad i = n-1, \cdots, 2, 1. \end{cases}$$

算法 5.1(列主元消去法)　设 $\boldsymbol{Ax}=\boldsymbol{b}$. 本算法用 $\boldsymbol{A}$ 的具有行交换的列主元消去法,消元结果冲掉 $\boldsymbol{A}$,乘数 m_{ij} 冲掉 a_{ij},计算解 $\boldsymbol{x}$ 冲掉常数项 $\boldsymbol{b}$,行列式存放在 det 中.

1. det←1
2. 对于 $k=1,2,\cdots,n-1$

(1) 按列选主元

$$|a_{i_k,k}| = \max_{k\leqslant i\leqslant n} |a_{ik}|$$

(2) 如果 $a_{i_k,k}=0$,则计算停止(det($\boldsymbol{A}$)=0)

(3) 如果 $i_k=k$ 则转(4),否则

换行:$a_{kj} \leftrightarrow a_{i_k,j}\ (j=k,k+1,\cdots,n)$

$b_k \leftrightarrow b_{i_k}$

det←−det

(4) 消元计算

对于 $i=k+1,\cdots,n$

① $a_{ik} \leftarrow m_{ik} = a_{ik}/a_{kk}$

② 对于 $j=k+1,\cdots,n$

$$a_{ij} \leftarrow a_{ij} - m_{ik} * a_{kj}$$

③ $b_i \leftarrow b_i - m_{ik} * b_k$

(5) det←a_{kk} * det

3. 如果 $a_{nn}=0$,则计算停止(det($\boldsymbol{A}$)=0)
4. 回代求解

(1) $b_n \leftarrow b_n / a_{nn}$

(2) 对于 $i=n-1,\cdots,2,1$

$$b_i \leftarrow \left(b_i - \sum_{j=i+1}^{n} a_{ij} * b_j\right) / a_{ii}$$

5. det←a_{nn} * det

例 5.3 的方法 2 用的就是列主元消去法.

下面用矩阵运算来描述解线性方程组(5.1)的列主元消去法. 列主元消去法为

$$\boldsymbol{L}_k\boldsymbol{I}_{k,i_k}\boldsymbol{A}^{(k)}=\boldsymbol{A}^{(k+1)},\quad \boldsymbol{L}_k\boldsymbol{I}_{k,i_k}\boldsymbol{b}^{(k)}=\boldsymbol{b}^{(k+1)},\quad k=1,2,\cdots,n-1,\tag{5.12}$$

其中 $\boldsymbol{L}_k$ 的元素满足 $|m_{ik}|\leqslant 1(k=1,2,\cdots,n-1)$，$\boldsymbol{I}_{k,i_k}$ 是初等置换阵.

利用(5.12)式得到

$$\boldsymbol{L}_{n-1}\boldsymbol{I}_{n-1,i_{n-1}}\cdots\boldsymbol{L}_2\boldsymbol{I}_{2,i_2}\boldsymbol{L}_1\boldsymbol{I}_{1,i_1}\boldsymbol{A}=\boldsymbol{A}^{(n)}=\boldsymbol{U},$$

简记为

$$\widetilde{\boldsymbol{P}}\boldsymbol{A}=\boldsymbol{U},\quad \widetilde{\boldsymbol{P}}\boldsymbol{b}=\boldsymbol{b}^{(n)},$$

其中

$$\widetilde{\boldsymbol{P}}=\boldsymbol{L}_{n-1}\boldsymbol{I}_{n-1,i_{n-1}}\cdots\boldsymbol{L}_2\boldsymbol{I}_{2,i_2}\boldsymbol{L}_1\boldsymbol{I}_{1,i_1}.$$

下面就 $n=4$ 来考察一下矩阵 $\widetilde{\boldsymbol{P}}$. 注意 $\boldsymbol{I}_{k,i_k}\boldsymbol{I}_{k,i_k}=\boldsymbol{I}$，则得

$$\begin{aligned}\boldsymbol{U}=\boldsymbol{A}^{(4)}&=\boldsymbol{L}_3\boldsymbol{I}_{3,i_3}\boldsymbol{L}_2\boldsymbol{I}_{2,i_2}\boldsymbol{L}_1\boldsymbol{I}_{1,i_1}\boldsymbol{A}\\&=\boldsymbol{L}_3(\boldsymbol{I}_{3,i_3}\boldsymbol{L}_2\boldsymbol{I}_{3,i_3})(\boldsymbol{I}_{3,i_3}\boldsymbol{I}_{2,i_2}\boldsymbol{L}_1\boldsymbol{I}_{2,i_2}\boldsymbol{I}_{3,i_3})(\boldsymbol{I}_{3,i_3}\boldsymbol{I}_{2,i_2}\boldsymbol{I}_{1,i_1})\boldsymbol{A}\\&\equiv\widetilde{\boldsymbol{L}}_3\widetilde{\boldsymbol{L}}_2\widetilde{\boldsymbol{L}}_1\boldsymbol{P}\boldsymbol{A},\end{aligned}\tag{5.13}$$

其中

$$\widetilde{\boldsymbol{L}}_1=\boldsymbol{I}_{3,i_3}\boldsymbol{I}_{2,i_2}\boldsymbol{L}_1\boldsymbol{I}_{2,i_2}\boldsymbol{I}_{3,i_3},\quad \widetilde{\boldsymbol{L}}_2=\boldsymbol{I}_{3,i_3}\boldsymbol{L}_2\boldsymbol{I}_{3,i_3},\quad \widetilde{\boldsymbol{L}}_3=\boldsymbol{L}_3,\quad \boldsymbol{P}=\boldsymbol{I}_{3,i_3}\boldsymbol{I}_{2,i_2}\boldsymbol{I}_{1,i_1}.$$

由本章习题 3 知 $\widetilde{\boldsymbol{L}}_k(k=1,2,3)$亦为单位下三角矩阵,其元素的绝对值不超过 1. 记

$$\boldsymbol{L}^{-1}=\widetilde{\boldsymbol{L}}_3\widetilde{\boldsymbol{L}}_2\widetilde{\boldsymbol{L}}_1,$$

由(5.13)式得到

$$\boldsymbol{PA}=\boldsymbol{LU},$$

其中,$\boldsymbol{P}$ 为排列矩阵,$\boldsymbol{L}$ 为单位下三角矩阵,$\boldsymbol{U}$ 为上三角矩阵. 这说明对线性方程组(5.1)应用列主元消去法相当于对$(\boldsymbol{A}\mid\boldsymbol{b})$先进行一系列行交换后对 $\boldsymbol{PAx}=\boldsymbol{Pb}$ 应用高斯消去法. 在实际计算中我们只能在计算过程中做行的交换.

总结以上的讨论有下面的定理.

定理 5.8(列主元消去法的三角分解定理) 如果 $\boldsymbol{A}$ 为非奇异矩阵,则存在排列矩阵 $\boldsymbol{P}$ 使

$$\boldsymbol{PA}=\boldsymbol{LU},$$

其中,$\boldsymbol{L}$ 为单位下三角矩阵,$\boldsymbol{U}$ 为上三角矩阵.

在编程实现过程中,$\boldsymbol{L}$ 元素存放在数组 $\boldsymbol{A}$ 的下三角部分,$\boldsymbol{U}$ 元素存放在 $\boldsymbol{A}$ 上三角部分,由记录主元素所在行的整型数组 Ip(n)可知 $\boldsymbol{P}$ 的情况.

5.3 矩阵三角分解法

高斯消去法有很多变形,有的是高斯消去法的改进、改写,有的是用于某一类特殊矩阵的高斯消去法的简化.

5.3.1 直接三角分解法

从系数矩阵 $\boldsymbol{A}$ 的 LU 分解出发,可以直接从矩阵 $\boldsymbol{A}$ 的元素得到计算 $\boldsymbol{L}$,$\boldsymbol{U}$ 元素的递推公式,而不需任何中间步骤,这就是所谓**直接三角分解法**. 一旦实现了矩阵 $\boldsymbol{A}$ 的 LU 分解,那么求解 $\boldsymbol{Ax}=\boldsymbol{b}$ 的问题就等价于求解两个三角形方程组:

(1) $\boldsymbol{Ly}=\boldsymbol{b}$, 求 $\boldsymbol{y}$;

(2) $\boldsymbol{Ux}=\boldsymbol{y}$, 求 $\boldsymbol{x}$.

1. 不选主元的三角分解法

设 $\boldsymbol{A}$ 为非奇异矩阵,且有分解式

$$\boldsymbol{A}=\boldsymbol{LU},$$

其中,$\boldsymbol{L}$ 为单位下三角矩阵,$\boldsymbol{U}$ 为上三角矩阵,即

$$\boldsymbol{A}=\begin{pmatrix} a_{11} & a_{12} & \cdots & a_{1n} \\ a_{21} & a_{22} & \cdots & a_{2n} \\ \vdots & \vdots & & \vdots \\ a_{n1} & a_{n2} & \cdots & a_{nn} \end{pmatrix}=\begin{pmatrix} 1 & & & \\ l_{21} & 1 & & \\ \vdots & \vdots & \ddots & \\ l_{n1} & l_{n2} & \cdots & 1 \end{pmatrix}\begin{pmatrix} u_{11} & u_{12} & \cdots & u_{1n} \\ & u_{22} & \cdots & u_{2n} \\ & & \ddots & \vdots \\ & & & u_{nn} \end{pmatrix}. \tag{5.14}$$

下面说明 $\boldsymbol{L}$,$\boldsymbol{U}$ 的元素可以由 n 步直接计算定出,其中第 r 步定出 $\boldsymbol{U}$ 的第 r 行和 $\boldsymbol{L}$ 的第 r 列元素.比较分解式(5.14)两边有

$$a_{1i}=u_{1i}, \quad i=1,2,\cdots,n,$$

于是得 $\boldsymbol{U}$ 的第 1 行元素;然后由

$$a_{i1}=l_{i1}u_{11}, \quad l_{i1}=a_{i1}/u_{11}, \quad i=2,3,\cdots,n,$$

得 $\boldsymbol{L}$ 的第 1 列元素.

设已经定出 $\boldsymbol{U}$ 的第 1 行到第 $r-1$ 行元素与 $\boldsymbol{L}$ 的第 1 列到第 $r-1$ 列元素. 由分解式(5.14),利用矩阵乘法(注意当 $r<k$ 时,$l_{rk}=0$),有

$$a_{ri}=\sum_{k=1}^{n}l_{rk}u_{ki}=\sum_{k=1}^{r-1}l_{rk}u_{ki}+u_{ri},$$

故

$$u_{ri}=a_{ri}-\sum_{k=1}^{r-1}l_{rk}u_{ki}, \quad i=r,r+1,\cdots,n.$$

又由分解式(5.14)有

$$a_{ir}=\sum_{k=1}^{n}l_{ik}u_{kr}=\sum_{k=1}^{r-1}l_{ik}u_{kr}+l_{ir}u_{rr},$$

故

$$l_{ir}=\left(a_{ir}-\sum_{k=1}^{r-1}l_{ik}u_{kr}\right)/u_{rr}, \quad i=r+1,\cdots,n,r\neq n.$$

总结上述讨论,得到用直接三角分解法解 $\boldsymbol{Ax}=\boldsymbol{b}$(要求 $\boldsymbol{A}$ 的所有顺序主子式都不为零)的计算公式.

① $u_{1i}=a_{1i}(i=1,2,\cdots,n)$,$l_{i1}=a_{i1}/u_{11}$, $i=2,3,\cdots,n$.

计算 $\boldsymbol{U}$ 的第 r 行,$\boldsymbol{L}$ 的第 r 列元素($r=2,3,\cdots,n$):

② $u_{ri}=a_{ri}-\sum\limits_{k=1}^{r-1}l_{rk}u_{ki}$, $i=r,r+1,\cdots,n$. (5.15)

③ $l_{ir}=\left(a_{ir}-\sum\limits_{k=1}^{r-1}l_{ik}u_{kr}\right)/u_{rr}$, $i=r+1,\cdots,n$,且 $r\neq n$. (5.16)

求解 $\boldsymbol{L}\boldsymbol{y}=\boldsymbol{b}$，$\boldsymbol{U}\boldsymbol{x}=\boldsymbol{y}$ 的计算公式：

④ $$\begin{cases} y_1=b_1, \\ y_i=b_i-\sum\limits_{k=1}^{i-1}l_{ik}y_k, \ i=2,3,\cdots,n. \end{cases}$$

⑤ $$\begin{cases} x_n=y_n/u_{nn}, \\ x_i=\left(y_i-\sum\limits_{k=i+1}^{n}u_{ik}x_k\right)/u_{ii}, \ i=n-1,n-2,\cdots,1. \end{cases}$$

例 5.4 用直接三角分解法解

$$\begin{pmatrix} 1 & 2 & 3 \\ 2 & 5 & 2 \\ 3 & 1 & 5 \end{pmatrix}\begin{pmatrix} x_1 \\ x_2 \\ x_3 \end{pmatrix}=\begin{pmatrix} 14 \\ 18 \\ 20 \end{pmatrix}.$$

解 用分解式(5.15)及分解式(5.16)计算得

$$\boldsymbol{A}=\begin{pmatrix} 1 & 0 & 0 \\ 2 & 1 & 0 \\ 3 & -5 & 1 \end{pmatrix}\begin{pmatrix} 1 & 2 & 3 \\ 0 & 1 & -4 \\ 0 & 0 & -24 \end{pmatrix}=\boldsymbol{L}\boldsymbol{U}.$$

求解

$$\boldsymbol{L}\boldsymbol{y}=(14,18,20)^{\mathrm{T}}, \quad \text{得 } \boldsymbol{y}=(14,-10,-72)^{\mathrm{T}},$$
$$\boldsymbol{U}\boldsymbol{x}=(14,-10,-72)^{\mathrm{T}}, \quad \text{得 } \boldsymbol{x}=(1,2,3)^{\mathrm{T}}.$$

由于在计算机实现时当 u_{ri} 计算好后 a_{ri} 就不用了，因此计算好 $\boldsymbol{L}$，$\boldsymbol{U}$ 的元素后就存放在 $\boldsymbol{A}$ 的相应位置. 例如

$$\boldsymbol{A}=\begin{pmatrix} a_{11} & a_{12} & a_{13} & a_{14} \\ a_{21} & a_{22} & a_{23} & a_{24} \\ a_{31} & a_{32} & a_{33} & a_{34} \\ a_{41} & a_{42} & a_{43} & a_{44} \end{pmatrix} \to \begin{pmatrix} u_{11} & u_{12} & u_{13} & u_{14} \\ l_{21} & u_{22} & u_{23} & u_{24} \\ l_{31} & l_{32} & u_{33} & u_{34} \\ l_{41} & l_{42} & l_{43} & u_{44} \end{pmatrix},$$

最后在存放 $\boldsymbol{A}$ 的数组中得到 $\boldsymbol{L}$，$\boldsymbol{U}$ 的元素.

直接三角分解法大约需要 $n^3/3$ 次乘除法，和高斯消去法计算量基本相同.

如果已经实现了 $\boldsymbol{A}=\boldsymbol{L}\boldsymbol{U}$ 的分解计算，且 $\boldsymbol{L}$，$\boldsymbol{U}$ 保存在 $\boldsymbol{A}$ 的相应位置，则用直接三角分解法解具有相同系数矩阵的方程组 $\boldsymbol{A}\boldsymbol{x}=(\boldsymbol{b}_1,\boldsymbol{b}_2,\cdots,\boldsymbol{b}_m)$ 是相当方便的，每解一个方程组 $\boldsymbol{A}\boldsymbol{x}=\boldsymbol{b}_j$ 仅需要增加 n^2 次乘除法运算.

矩阵 $\boldsymbol{A}$ 的分解式(5.15)，分解式(5.16)又称为**杜利特尔**(Doolittle)**分解**.

2. 选主元的三角分解法

从直接三角分解公式可看出当 $u_{rr}=0$ 时计算将中断，或者当 u_{rr} 绝对值很小时，按分解式(5.16)计算可能引起舍入误差的放大. 但如果 $\boldsymbol{A}$ 非奇异，我们可通过交换 $\boldsymbol{A}$ 的行实现矩阵 $\boldsymbol{PA}$ 的 LU 分解，因此可采用与列主元消去法类似的方法(可以证明下述方法与列主元消去法等价)，将直接三角分解法修改为(部分)选主元的三角分解法.

设第 $r-1$ 步分解已完成，这时有

$$A \to \begin{pmatrix} u_{11} & u_{12} & \cdots & u_{1,r-1} & u_{1r} & \cdots & u_{1n} \\ l_{21} & u_{22} & \cdots & u_{2,r-1} & u_{2r} & \cdots & u_{2n} \\ \vdots & \vdots & & \vdots & \vdots & & \vdots \\ l_{r-1,1} & l_{r-1,2} & \cdots & u_{r-1,r-1} & u_{r-1,r} & \cdots & u_{r-1,n} \\ l_{r1} & l_{r2} & \cdots & l_{r,r-1} & a_{rr} & \cdots & a_{rn} \\ \vdots & \vdots & & \vdots & \vdots & & \vdots \\ l_{n1} & l_{n2} & \cdots & l_{n,r-1} & a_{nr} & \cdots & a_{nn} \end{pmatrix}.$$

第 r 步分解需用到(5.15)式及(5.16)式，为了避免用小的数 u_{rr} 作除数，引进量

$$s_i = a_{ir} - \sum_{k=1}^{r-1} l_{ik} u_{kr}, \quad i = r, r+1, \cdots, n.$$

于是有

$$u_{rr} = s_r, l_{ir} = s_i / s_r, \quad i = r+1, \cdots, n.$$

取 $\max\limits_{r \leqslant i \leqslant n} |s_i| = |s_{i_r}|$，交换 A 的 r 行与 i_r 行元素，将 s_{i_r} 调到 (r,r) 位置（将 (i,j) 位置的新元素仍记为 l_{ij} 及 a_{ij}），于是有 $|l_{ir}| \leqslant 1 (i=r+1,\cdots,n)$. 由此再进行第 r 步分解计算.

算法 5.2（选主元的三角分解法） 设 $\boldsymbol{Ax}=\boldsymbol{b}$，其中 $\boldsymbol{A}$ 为非奇异矩阵. 本算法采用选主元的三角分解法，用 $\boldsymbol{PA} = \boldsymbol{I}_{n-1,i_{n-1}} \cdots \boldsymbol{I}_{1,i_1} \boldsymbol{A}$ 的三角分解冲掉 $\boldsymbol{A}$，用整型数组 Ip(n) 记录主元素所在行，解 $\boldsymbol{x}$ 存放在 $\boldsymbol{b}$ 内.

1. 对于 $r=1,2,\cdots,n$.

(1) 计算 s_i

$$a_{ir} \leftarrow s_i = a_{ir} - \sum_{k=1}^{r-1} l_{ik} u_{kr}, \quad i = r, r+1, \cdots, n$$

(2) 选主元素

$$|s_{i_r}| = \max_{r \leqslant i \leqslant n} |s_i|, \quad \mathrm{Ip}(r) \leftarrow i_r$$

(3) 交换 $\boldsymbol{A}$ 的 r 行与 i_r 行元素

$$a_{ri} \longleftrightarrow a_{i_r,i}, \quad i = 1, 2, \cdots, n$$

(4) 计算 $\boldsymbol{U}$ 的第 r 行元素，$\boldsymbol{L}$ 的第 r 列元素

$$a_{rr} = u_{rr} = s_r$$

$$a_{ir} \leftarrow l_{ir} = s_i / u_{rr} = a_{ir} / a_{rr}, \quad i = r+1, \cdots, n, \text{且 } r \neq n$$

$$a_{ri} \leftarrow u_{ri} = a_{ri} - \sum_{k=1}^{r-1} l_{rk} u_{ki}, \quad i = r+1, \cdots, n, \text{且 } r \neq n$$

（这时有 $|l_{ir}| \leqslant 1$）

上述计算过程完成后就实现了 $\boldsymbol{PA}$ 的 LU 分解，且 $\boldsymbol{U}$ 保存在 $\boldsymbol{A}$ 的上三角部分，$\boldsymbol{L}$ 保存在 $\boldsymbol{A}$ 的下三角部分，排列阵 $\boldsymbol{P}$ 由 Ip(n) 最后记录可知.

求解 $\boldsymbol{Ly}=\boldsymbol{Pb}$ 及 $\boldsymbol{Ux}=\boldsymbol{y}$.

2. 对于 $i=1,2,\cdots,n-1$.

(1) $t \leftarrow \mathrm{Ip}(i)$

(2) 如果 $i=t$ 则转(3)

$b_i \longleftrightarrow b_t$

(3)（继续循环）

3. $b_i \leftarrow b_i - \sum_{k=1}^{i-1} l_{ik} b_k$，$i = 2, 3, \cdots, n$.

4. $b_n \leftarrow b_n / u_{nn}$，$b_i \leftarrow \left(b_i - \sum_{k=i+1}^{n} u_{ik} b_k\right) / u_{ii}$，$i = n-1, \cdots, 1$.

利用算法 5.2 的结果（实现 $\boldsymbol{PA} = \boldsymbol{LU}$ 三角分解），则可以计算 $\boldsymbol{A}$ 的逆矩阵

$$\boldsymbol{A}^{-1} = \boldsymbol{U}^{-1} \boldsymbol{L}^{-1} \boldsymbol{P}.$$

利用 $\boldsymbol{PA}$ 的三角分解计算 $\boldsymbol{A}^{-1}$ 的步骤：

(1) 计算上三角矩阵的逆阵 $\boldsymbol{U}^{-1}$；

(2) 计算 $\boldsymbol{U}^{-1}\boldsymbol{L}^{-1}$；

(3) 交换 $\boldsymbol{U}^{-1}\boldsymbol{L}^{-1}$ 列（利用 Ip(n)最后记录）.

上述方法求 $\boldsymbol{A}^{-1}$ 大约需要 n^3 次乘法运算.

5.3.2 平方根法

应用有限元法解结构力学问题时，最后归结为求解线性方程组，其对应的系数矩阵大多具有对称正定的性质. 所谓**平方根法**，就是利用对称正定矩阵的三角分解而得到的求解对称正定方程组的一种有效方法.

设 $\boldsymbol{A}$ 为对称矩阵，且 $\boldsymbol{A}$ 的所有顺序主子式均不为零，由定理 5.7 知，$\boldsymbol{A}$ 可唯一分解为如(5.14)式的形式.

为了利用 $\boldsymbol{A}$ 的对称性，将 $\boldsymbol{U}$ 进一步分解为

$$\boldsymbol{U} = \begin{pmatrix} u_{11} & & & \\ & u_{22} & & \\ & & \ddots & \\ & & & u_{nn} \end{pmatrix} \begin{pmatrix} 1 & \dfrac{u_{12}}{u_{11}} & \cdots & \dfrac{u_{1n}}{u_{11}} \\ & 1 & \cdots & \dfrac{u_{2n}}{u_{22}} \\ & & \ddots & \vdots \\ & & & 1 \end{pmatrix} = \boldsymbol{D}\boldsymbol{U}_0,$$

其中，$\boldsymbol{D}$ 为对角矩阵，$\boldsymbol{U}_0$ 为单位上三角矩阵. 于是

$$\boldsymbol{A} = \boldsymbol{LU} = \boldsymbol{LDU}_0. \tag{5.17}$$

又

$$\boldsymbol{A} = \boldsymbol{A}^{\mathrm{T}} = \boldsymbol{U}_0^{\mathrm{T}} (\boldsymbol{DL}^{\mathrm{T}}),$$

由分解的唯一性即得

$$\boldsymbol{U}_0^{\mathrm{T}} = \boldsymbol{L}.$$

代入(5.17)式得到对称矩阵 $\boldsymbol{A}$ 的分解式 $\boldsymbol{A} = \boldsymbol{LDL}^{\mathrm{T}}$. 总结上述讨论有下面定理.

定理 5.9（对称矩阵的三角分解定理） 设 $\boldsymbol{A}$ 为 n 阶对称矩阵，且 $\boldsymbol{A}$ 的所有顺序主子式均不为零，则 $\boldsymbol{A}$ 可唯一分解为

$$\boldsymbol{A} = \boldsymbol{LDL}^{\mathrm{T}},$$

其中，$\boldsymbol{L}$ 为单位下三角矩阵，$\boldsymbol{D}$ 为对角矩阵.

现设 $\boldsymbol{A}$ 为对称正定矩阵. 首先说明 $\boldsymbol{A}$ 的分解式 $\boldsymbol{A} = \boldsymbol{LDL}^{\mathrm{T}}$ 中 $\boldsymbol{D}$ 的对角元素 d_i 均为正数.

事实上，由 $\boldsymbol{A}$ 的对称正定性，定理 5.6 的推论成立，即

$$d_1 = D_1 > 0, \quad d_i = D_i / D_{i-1} > 0, \quad i = 2,3,\cdots,n.$$

于是

$$\boldsymbol{D} = \begin{pmatrix} d_1 & & \\ & \ddots & \\ & & d_n \end{pmatrix} = \begin{pmatrix} \sqrt{d_1} & & \\ & \ddots & \\ & & \sqrt{d_n} \end{pmatrix} \begin{pmatrix} \sqrt{d_1} & & \\ & \ddots & \\ & & \sqrt{d_n} \end{pmatrix} = \boldsymbol{D}^{\frac{1}{2}} \boldsymbol{D}^{\frac{1}{2}},$$

由定理 5.7 得到

$$\boldsymbol{A} = \boldsymbol{L}\boldsymbol{D}\boldsymbol{L}^{\mathrm{T}} = \boldsymbol{L}\boldsymbol{D}^{\frac{1}{2}} \boldsymbol{D}^{\frac{1}{2}} \boldsymbol{L}^{\mathrm{T}} = (\boldsymbol{L}\boldsymbol{D}^{\frac{1}{2}})(\boldsymbol{L}\boldsymbol{D}^{\frac{1}{2}})^{\mathrm{T}} = \boldsymbol{L}_1 \boldsymbol{L}_1^{\mathrm{T}},$$

其中 $\boldsymbol{L}_1 = \boldsymbol{L}\boldsymbol{D}^{\frac{1}{2}}$ 为下三角矩阵.

定理 5.10(对称正定矩阵的三角分解或楚列斯基(Cholesky)分解)　如果 $\boldsymbol{A}$ 为 n 阶对称正定矩阵,则存在一个实的非奇异下三角矩阵 $\boldsymbol{L}$ 使 $\boldsymbol{A} = \boldsymbol{L}\boldsymbol{L}^{\mathrm{T}}$,当限定 $\boldsymbol{L}$ 的对角元素为正时,这种分解是唯一的.

下面我们用直接分解方法来确定计算 $\boldsymbol{L}$ 元素的递推公式. 因为

$$\boldsymbol{A} = \begin{pmatrix} a_{11} & a_{12} & \cdots & a_{1n} \\ a_{21} & a_{22} & \cdots & a_{2n} \\ \vdots & \vdots & & \vdots \\ a_{n1} & a_{n2} & \cdots & a_{nn} \end{pmatrix} = \begin{pmatrix} l_{11} & & & \\ l_{21} & l_{22} & & \\ \vdots & \vdots & \ddots & \\ l_{n1} & l_{n2} & \cdots & l_{nn} \end{pmatrix} \begin{pmatrix} l_{11} & l_{21} & \cdots & l_{n1} \\ & l_{22} & \cdots & l_{n2} \\ & & \ddots & \vdots \\ & & & l_{nn} \end{pmatrix},$$

其中 $l_{ii} > 0 (i = 1,2,\cdots,n)$. 由矩阵乘法及 $l_{jk} = 0$(当 $j < k$ 时),比较分解式两边得

$$a_{ij} = \sum_{k=1}^{n} l_{ik} l_{jk} = \sum_{k=1}^{j-1} l_{ik} l_{jk} + l_{jj} l_{ij},$$

于是得到解对称正定方程组 $\boldsymbol{A}\boldsymbol{x} = \boldsymbol{b}$ 的平方根法计算公式:

对于 $j = 1,2,\cdots,n$.

$$(1)\ l_{jj} = \left(a_{jj} - \sum_{k=1}^{j-1} l_{jk}^2\right)^{\frac{1}{2}}. \tag{5.18}$$

$$(2)\ l_{ij} = \left(a_{ij} - \sum_{k=1}^{j-1} l_{ik} l_{jk}\right) / l_{jj},\ i = j+1,\cdots,n.$$

求解 $\boldsymbol{A}\boldsymbol{x} = \boldsymbol{b}$,即求解两个三角形方程组:

① $\boldsymbol{L}\boldsymbol{y} = \boldsymbol{b}$, 求 $\boldsymbol{y}$;　　② $\boldsymbol{L}^{\mathrm{T}}\boldsymbol{x} = \boldsymbol{y}$, 求 $\boldsymbol{x}$.

$$(3)\ y_i = \left(b_i - \sum_{k=1}^{i-1} l_{ik} y_k\right) / l_{ii},\ i = 1,2,\cdots,n.$$

$$(4)\ x_i = \left(b_i - \sum_{k=i+1}^{n} l_{ki} x_k\right) / l_{ii},\ i = n, n-1,\cdots,1.$$

由计算公式(5.18)知

$$a_{jj} = \sum_{k=1}^{j} l_{jk}^2, \quad j = 1,2,\cdots,n,$$

所以

$$l_{jk}^2 \leqslant a_{jj} \leqslant \max_{1 \leqslant i \leqslant n} \{a_{ii}\},$$

于是

$$\max_{j,k} \{l_{jk}^2\} \leqslant \max_{1 \leqslant i \leqslant n} \{a_{ii}\}.$$

上面分析说明,分解过程中元素 l_{jk} 的数量级不会增长且对角元素 l_{jj} 恒为正数. 于是不选主元素的平方根法是一个数值稳定的方法.

当求出 $\boldsymbol{L}$ 的第 j 列元素时,$\boldsymbol{L}^{\mathrm{T}}$ 的第 j 行元素亦算出. 所以平方根法约需 $n^3/6$ 次乘除法,大约为一般直接三角分解法计算量的一半.

由于 $\boldsymbol{A}$ 为对称矩阵,因此在计算机实现时只需存储 $\boldsymbol{A}$ 的下三角部分,共需要存储 $n(n+1)/2$ 个元素,可用一维数组存放,即

$$\mathrm{A}(1,2,\cdots,n(n+1)/2)=(a_{11},a_{21},a_{22},\cdots,a_{n1},a_{n2},\cdots,a_{nn}).$$

矩阵元素 a_{ij} 在一维数组中表示为 $\mathrm{A}(i(i-1)/2+j)$, $\boldsymbol{L}$ 的元素存放在 A 的相应位置.

由(5.18)式看出,用平方根法解对称正定方程组时,计算 $\boldsymbol{L}$ 的元素 l_{ii} 需要用到开方运算. 为了避免开方,我们下面用定理 5.9 的分解式 $\boldsymbol{A}=\boldsymbol{LDL}^{\mathrm{T}}$,即

$$\boldsymbol{A}=\begin{pmatrix}1 & & & \\ l_{21} & 1 & & \\ \vdots & \vdots & \ddots & \\ l_{n1} & l_{n2} & \cdots & 1\end{pmatrix}\begin{pmatrix}d_1 & & & \\ & d_2 & & \\ & & \ddots & \\ & & & d_n\end{pmatrix}\begin{pmatrix}1 & l_{21} & \cdots & l_{n1}\\ & 1 & \cdots & l_{n2}\\ & & \ddots & \vdots \\ & & & 1\end{pmatrix}.$$

由矩阵乘法,并注意 $l_{jj}=1$, $l_{jk}=0(j<k)$, 得

$$a_{ij}=\sum_{k=1}^{n}(\boldsymbol{LD})_{ik}(\boldsymbol{L}^{\mathrm{T}})_{kj}=\sum_{k=1}^{n}l_{ik}d_k l_{jk}=\sum_{k=1}^{j-1}l_{ik}d_k l_{jk}+l_{ij}d_j l_{jj}.$$

于是得到计算 $\boldsymbol{L}$ 的元素及 $\boldsymbol{D}$ 的对角元素公式:

对于 $i=1,2,\cdots,n$.

(1) $l_{ij}=\left(a_{ij}-\sum\limits_{k=1}^{j-1}l_{ik}d_k l_{jk}\right)\Big/d_j$, $j=1,2,\cdots,i-1$;

(2) $d_i=a_{ii}-\sum\limits_{k=1}^{i-1}l_{ik}^2 d_k$.

在上述的(1)和(2)中,都出现了算式 $l_{ik}d_k(k=1,2,\cdots,i-1)$,为了避免重复计算,引进

$$t_{ij}=l_{ij}d_j,\quad i=2,3,\cdots,n,j=1,2,\cdots,n-1.$$

由上述的(1)和(2)得到按行计算 $\boldsymbol{L}$,$\boldsymbol{T}$ 元素的公式:

$$d_1=a_{11}.$$

对于 $i=2,3,\cdots,n$.

(1) $t_{ij}=a_{ij}-\sum\limits_{k=1}^{j-1}t_{ik}l_{jk}$, $j=1,2,\cdots,i-1$;

(2) $l_{ij}=t_{ij}/d_j$, $j=1,2,\cdots,i-1$;

(3) $d_i=a_{ii}-\sum\limits_{k=1}^{i-1}t_{ik}l_{ik}$.

计算出 $\boldsymbol{T}=\boldsymbol{LD}$ 的第 i 行元素 $t_{ij}(j=1,2,\cdots,i-1)$后,存放在 $\boldsymbol{A}$ 的第 i 行相应位置,然后计算 $\boldsymbol{L}$ 的第 i 行元素,存放在 $\boldsymbol{A}$ 的第 i 行. $\boldsymbol{D}$ 的对角元素存放在 $\boldsymbol{A}$ 的相应位置. 例如

$$\boldsymbol{A}=\begin{pmatrix}a_{11} & & & \\ a_{21} & a_{22} & \text{对称} & \\ a_{31} & a_{32} & a_{33} & \\ a_{41} & a_{42} & a_{43} & a_{44}\end{pmatrix}\rightarrow\begin{pmatrix}d_1 & & & \\ l_{21} & d_2 & & \\ l_{31} & l_{32} & d_3 & \\ t_{41} & t_{42} & t_{43} & a_{44}\end{pmatrix}\rightarrow\begin{pmatrix}d_1 & & & \\ l_{21} & d_2 & & \\ l_{31} & l_{32} & d_3 & \\ l_{41} & l_{42} & l_{43} & d_4\end{pmatrix}.$$

对称正定矩阵 $\boldsymbol{A}$ 按 $\boldsymbol{LDL}^{\mathrm{T}}$ 分解和按 $\boldsymbol{LL}^{\mathrm{T}}$ 分解计算量差不多，但 $\boldsymbol{LDL}^{\mathrm{T}}$ 分解不需要开方计算.

求解 $\boldsymbol{Ly}=\boldsymbol{b}$，$\boldsymbol{DL}^{\mathrm{T}}\boldsymbol{x}=\boldsymbol{y}$ 计算公式：

(4) $\begin{cases} y_1=b_1; \\ y_i=b_i-\sum\limits_{k=1}^{i-1} l_{ik}y_k,\ i=2,3,\cdots,n. \end{cases}$

(5) $\begin{cases} x_n=y_n/d_n; \\ x_i=y_i/d_i-\sum\limits_{k=i+1}^{n} l_{ki}x_k,\ i=n-1,\cdots,2,1. \end{cases}$

上述计算步骤(1)～步骤(5)称为**改进平方根法**.

5.3.3 追赶法

在一些实际问题中，例如解常微分方程边值问题、解热传导方程以及船体数学放样中建立三次样条插值等，都会遇到解系数矩阵为如下的三对角线方程组

$$\begin{pmatrix} b_1 & c_1 & & & \\ a_2 & b_2 & c_2 & & \\ & \ddots & \ddots & \ddots & \\ & & a_{n-1} & b_{n-1} & c_{n-1} \\ & & & a_n & b_n \end{pmatrix}\begin{pmatrix} x_1 \\ x_2 \\ \vdots \\ x_{n-1} \\ x_n \end{pmatrix}=\begin{pmatrix} f_1 \\ f_2 \\ \vdots \\ f_{n-1} \\ f_n \end{pmatrix}, \tag{5.19}$$

简记为 $\boldsymbol{Ax}=\boldsymbol{f}$. 其中，当 $|i-j|>1$ 时，$a_{ij}=0$，且：

① $|b_1|>|c_1|>0$；

② $|b_i|\geqslant|a_i|+|c_i|$，$a_i,c_i\neq0$，$i=2,3,\cdots,n-1$；

③ $|b_n|>|a_n|>0$.

为了探究此类线性方程组的性质，我们引入对角占优矩阵的概念，并讨论其性质.

定义 5.1(对角占优矩阵)　设 $\boldsymbol{A}=(a_{ij})_{n\times n}$.

(1) 如果 $\boldsymbol{A}$ 的元素满足

$$|a_{ii}|>\sum_{\substack{j=1\\j\neq i}}^{n}|a_{ij}|,\quad i=1,2,\cdots,n,$$

称 $\boldsymbol{A}$ 为**严格对角占优矩阵**.

(2) 如果 $\boldsymbol{A}$ 的元素满足

$$|a_{ii}|\geqslant\sum_{\substack{j=1\\j\neq i}}^{n}|a_{ij}|,\quad i=1,2,\cdots,n,$$

且上式至少有一个不等式严格成立，则称 $\boldsymbol{A}$ 为**弱对角占优矩阵**.

定义 5.2(可约与不可约矩阵)　设 $\boldsymbol{A}=(a_{ij})_{n\times n}(n\geqslant2)$，如果存在置换矩阵 $\boldsymbol{P}$ 使

$$\boldsymbol{P}^{\mathrm{T}}\boldsymbol{AP}=\begin{pmatrix} \boldsymbol{A}_{11} & \boldsymbol{A}_{12} \\ \boldsymbol{0} & \boldsymbol{A}_{22} \end{pmatrix}, \tag{5.20}$$

其中 $\boldsymbol{A}_{11}$ 为 r 阶方阵，$\boldsymbol{A}_{22}$ 为 $n-r$ 阶方阵($1\leqslant r<n$)，则称 $\boldsymbol{A}$ 为**可约矩阵**，否则，如果不存在这样的置换矩阵 $\boldsymbol{P}$ 使(5.20)式成立，则称 $\boldsymbol{A}$ 为**不可约矩阵**.

$\boldsymbol{A}$ 为可约矩阵意即 $\boldsymbol{A}$ 可经过若干行列重排化(5.20)式或$\boldsymbol{Ax}=\boldsymbol{b}$ 可化为两个低阶线性方程组求解(如果 $\boldsymbol{A}$ 经过两行交换的同时进行相应两列的交换,称对 $\boldsymbol{A}$ 进行一次行列重排).

事实上,由 $\boldsymbol{Ax}=\boldsymbol{b}$ 可化为

$$\boldsymbol{P}^{\mathrm{T}}\boldsymbol{AP}(\boldsymbol{P}^{\mathrm{T}}\boldsymbol{x})=\boldsymbol{P}^{\mathrm{T}}\boldsymbol{b},$$

且记 $\boldsymbol{y}=\boldsymbol{P}^{\mathrm{T}}\boldsymbol{x}=\begin{pmatrix}\boldsymbol{y}_1\\\boldsymbol{y}_2\end{pmatrix}$, $\boldsymbol{P}^{\mathrm{T}}\boldsymbol{b}=\begin{pmatrix}\boldsymbol{d}_1\\\boldsymbol{d}_2\end{pmatrix}$,其中 $\boldsymbol{y}_1,\boldsymbol{d}_1$ 为 r 维向量. 于是,求解 $\boldsymbol{Ax}=\boldsymbol{b}$ 化为求解

$$\begin{cases}\boldsymbol{A}_{11}\boldsymbol{y}_1+\boldsymbol{A}_{12}\boldsymbol{y}_2=\boldsymbol{d}_1,\\ \qquad\qquad\ \boldsymbol{A}_{22}\boldsymbol{y}_2=\boldsymbol{d}_2.\end{cases}$$

由上式第 2 个方程组先求出 $\boldsymbol{y}_2$，将其代入第 1 个方程组即可求出 $\boldsymbol{y}_1$.

显然,如果 $\boldsymbol{A}$ 所有元素都非零,则 $\boldsymbol{A}$ 为不可约矩阵.

例 5.5 设有矩阵

$$\boldsymbol{A}=\begin{pmatrix}b_1 & c_1 & & & \\ a_2 & b_2 & c_2 & & \\ & \ddots & \ddots & \ddots & \\ & & a_{n-1} & b_{n-1} & c_{n-1}\\ & & & a_n & b_n\end{pmatrix},\quad a_i,b_i,c_i \text{ 都不为零},$$

$$\boldsymbol{B}=\begin{pmatrix}4 & -1 & -1 & 0\\ -1 & 4 & 0 & -1\\ -1 & 0 & 4 & -1\\ 0 & -1 & -1 & 4\end{pmatrix},$$

则 $\boldsymbol{A},\boldsymbol{B}$ 都是不可约矩阵.

定理 5.11(对角占优定理) 如果 $\boldsymbol{A}=(a_{ij})_{n\times n}$ 为严格对角占优矩阵或不可约弱对角占优矩阵,则 $\boldsymbol{A}$ 为非奇异矩阵.

证明 只就 $\boldsymbol{A}$ 为严格对角占优矩阵证明此定理. 采用反证法,如果 $\det(\boldsymbol{A})=0$,则 $\boldsymbol{Ax}=\boldsymbol{0}$ 有非零解,记为 $\boldsymbol{x}=(x_1,x_2,\cdots,x_n)^{\mathrm{T}}$，则 $|x_k|=\max\limits_{1\leqslant i\leqslant n}|x_i|\neq 0$.

由齐次方程组第 k 个方程

$$\sum_{j=1}^{n}a_{kj}x_j=0,$$

则有

$$|a_{kk}x_k|=\left|\sum_{\substack{j=1\\j\neq k}}^{n}a_{kj}x_j\right|\leqslant\sum_{\substack{j=1\\j\neq k}}^{n}|a_{kj}||x_j|\leqslant|x_k|\sum_{\substack{j=1\\j\neq k}}^{n}|a_{kj}|,$$

即

$$|a_{kk}|\leqslant\sum_{\substack{j=1\\j\neq k}}^{n}|a_{kj}|,$$

与假设矛盾,故 $\det(\boldsymbol{A})\neq 0$. □

由定理 5.11 知三对角线方程组(5.19)的系数矩阵为不可约弱对角占优矩阵,是非奇异的,故此方程组存在唯一解.

我们利用矩阵的直接三角分解法来推导解三对角线方程组(5.19)的计算公式. 由系数

矩阵 $\boldsymbol{A}$ 的特点，可以将 $\boldsymbol{A}$ 分解为两个三角矩阵的乘积，即

$$\boldsymbol{A}=\boldsymbol{LU},$$

其中 $\boldsymbol{L}$ 为下三角矩阵，$\boldsymbol{U}$ 为单位上三角矩阵. 下面我们来说明这种分解是可能的. 设

$$\boldsymbol{A}=\begin{pmatrix} b_1 & c_1 & & & \\ a_2 & b_2 & c_2 & & \\ & \ddots & \ddots & \ddots & \\ & & a_{n-1} & b_{n-1} & c_{n-1} \\ & & & a_n & b_n \end{pmatrix}=\begin{pmatrix} \alpha_1 & & & \\ r_2 & \alpha_2 & & \\ & \ddots & \ddots & \\ & & r_n & \alpha_n \end{pmatrix}\begin{pmatrix} 1 & \beta_1 & & \\ & 1 & \ddots & \\ & & \ddots & \beta_{n-1} \\ & & & 1 \end{pmatrix},\tag{5.21}$$

其中 α_i,β_i,r_i 为待定系数. 比较分解式(5.21)两边即得

$$\begin{cases} b_1=\alpha_1, c_1=\alpha_1\beta_1, \\ a_i=r_i, b_i=r_i\beta_{i-1}+\alpha_i, \quad i=2,3,\cdots,n, \\ c_i=\alpha_i\beta_i, \quad i=2,3,\cdots,n-1. \end{cases}\tag{5.22}$$

由 $\alpha_1=b_1\neq 0$, $|b_1|>|c_1|>0$, $\beta_1=c_1/b_1$，得 $0<|\beta_1|<1$. 下面我们用归纳法证明

$$|\alpha_i|>|c_i|\neq 0, \quad i=1,2,\cdots,n-1,\tag{5.23}$$

或 $0<|\beta_i|<1$，从而由(5.22)式可以计算下去.

(5.23)式对 $i=1$ 是成立的. 现设(5.23)式对 $i-1$ 成立，求证对 i 亦成立.

由归纳法假设 $0<|\beta_{i-1}|<1$，又由(5.23)式及 $\boldsymbol{A}$ 的假设条件有

$$|\alpha_i|=|b_i-a_i\beta_{i-1}|\geqslant|b_i|-|a_i\beta_{i-1}|>|b_i|-|a_i|\geqslant|c_i|\neq 0,$$

也就是 $0<|\beta_i|<1$. 由(5.22)式得到

$$\alpha_i=b_i-a_i\beta_{i-1}, \quad i=2,3,\cdots,n;$$

$$\beta_i=c_i/(b_i-a_i\beta_{i-1}), \quad i=2,3,\cdots,n-1.$$

这就是说，由 $\boldsymbol{A}$ 的假设条件，我们完全确定了 $\{\alpha_i\}$，$\{\beta_i\}$，$\{r_i\}$，实现了 $\boldsymbol{A}$ 的 $\boldsymbol{LU}$ 分解.

求解 $\boldsymbol{Ax}=\boldsymbol{f}$ 等价于解两个三角形方程组：

① $\boldsymbol{Ly}=\boldsymbol{f}$，求 $\boldsymbol{y}$；② $\boldsymbol{Ux}=\boldsymbol{y}$，求 $\boldsymbol{x}$.

从而得到解三对角线方程组的**追赶法**公式：

(1) 计算 $\{\beta_i\}$ 的递推公式

$$\beta_1=c_1/b_1,$$

$$\beta_i=c_i/(b_i-a_i\beta_{i-1}), \quad i=2,3,\cdots,n-1;$$

(2) 解 $\boldsymbol{Ly}=\boldsymbol{f}$

$$y_1=f_1/b_1,$$

$$y_i=(f_i-a_iy_{i-1})/(b_i-a_i\beta_{i-1}), \quad i=2,3,\cdots,n;$$

(3) 解 $\boldsymbol{Ux}=\boldsymbol{y}$

$$x_n=y_n,$$

$$x_i=y_i-\beta_ix_{i+1}, \quad i=n-1,n-2,\cdots,2,1.$$

我们将计算系数 $\beta_1\to\beta_2\to\cdots\to\beta_{n-1}$ 及 $y_1\to y_2\to\cdots\to y_n$ 从前向后的迭代过程称为追的过程，将计算方程组的解 $x_n\to x_{n-1}\to\cdots\to x_1$ 从后向前的迭代过程称为赶的过程.

总结上述讨论有下面定理.

定理 5.12　设有三对角线方程组 $\boldsymbol{Ax}=\boldsymbol{f}$，其中 $\boldsymbol{A}$ 满足对角占优的条件①②③，则 $\boldsymbol{A}$ 为非奇异矩阵且追赶法计算公式中的 $\{\alpha_i\}$，$\{\beta_i\}$ 满足：

(1) $0<|\beta_i|<1$, $i=1,2,\cdots,n-1$;

(2) $0<|c_i|\leqslant|b_i|-|a_i|<|\alpha_i|<|b_i|+|a_i|$, $i=2,3,\cdots,n-1$;

$0<|b_n|-|a_n|<|\alpha_n|<|b_n|+|a_n|$.

追赶法公式实际上就是把高斯消去法用到求解三对角线方程组上去的结果. 这时由于 $\boldsymbol{A}$ 特别简单,因此使得求解的计算公式非常简单,而且计算量仅为 $5n-4$ 次乘除法,而另外增加解一个方程组 $\boldsymbol{Ax}=\boldsymbol{f}_2$ 仅增加 $3n-2$ 次乘除运算. 易见追赶法的计算量是比较小的.

由定理 5.12 中的结论(1)(2),说明追赶法计算过程中出现的中间量有界,且由 $\{a_i\}$, $\{b_i\}$, $\{c_i\}$控制,可以稳定地算出结果.

在计算机实现时我们只需用三个一维数组分别存储 $\boldsymbol{A}$ 的三条线元素 $\{a_i\}$, $\{b_i\}$, $\{c_i\}$,此外还需要用两组工作单元保存 $\{\beta_i\}$, $\{y_i\}$或 $\{x_i\}$.

5.4 与向量范数相容的矩阵范数

在 3.1.1 节曾给出线性空间中范数的定义,并给出了 n 维向量空间 $\mathbb{R}^n$(或 $\mathbb{C}^n$)中几种常用的向量范数.

(1) 向量的∞-范数(最大范数):

$$\|\boldsymbol{x}\|_\infty=\max_{1\leqslant i\leqslant n}|x_i|.$$

(2) 向量的 1-范数:

$$\|\boldsymbol{x}\|_1=\sum_{i=1}^n|x_i|.$$

(3) 向量的 2-范数:

$$\|\boldsymbol{x}\|_2=(\boldsymbol{x},\boldsymbol{x})^{\frac{1}{2}}=\left(\sum_{i=1}^n x_i^2\right)^{\frac{1}{2}}.$$

(4) 向量的 p-范数:

$$\|\boldsymbol{x}\|_p=\left(\sum_{i=1}^n|x_i|^p\right)^{1/p},$$

其中 $p\in[1,+\infty)$. 上述三种范数是 p-范数的特殊情况($\|\boldsymbol{x}\|_\infty=\lim\limits_{p\to+\infty}\|\boldsymbol{x}\|_p$).

下面我们将向量范数概念推广到矩阵上去. 视 $\mathbb{R}^{n\times n}$ 中的矩阵为 $\mathbb{R}^{n^2}$ 中的向量,则由 $\mathbb{R}^{n^2}$ 上的 2-范数可以得到 $\mathbb{R}^{n\times n}$ 中矩阵的一种范数

$$F(\boldsymbol{A})=\|\boldsymbol{A}\|_F=\left(\sum_{i,j=1}^n a_{ij}^2\right)^{\frac{1}{2}},$$

称为 $\boldsymbol{A}$ 的**弗罗贝尼乌斯**(Frobenius)**范数**. $\|\boldsymbol{A}\|_F$ 显然满足范数定义中的正定性、齐次性及三角不等式.

由于在大多数与估计有关的问题中,会涉及矩阵与矩阵及矩阵与向量的乘法,自然矩阵和向量会同时参与讨论,所以希望对矩阵的范数提出特殊的要求,使其与向量范数相联系. 如要求对任何向量 $\boldsymbol{x}\in\mathbb{R}^n$ 及 $\boldsymbol{A}\in\mathbb{R}^{n\times n}$ 都成立

$$\|\boldsymbol{Ax}\|\leqslant\|\boldsymbol{A}\|\,\|\boldsymbol{x}\|.$$

这时称矩阵范数和向量范数**相容**.为此我们再引进一种矩阵的范数.

设 $\boldsymbol{x}\in\mathbb{R}^n$,给出一种向量范数 $\|\boldsymbol{x}\|_v$(如 $v=1,2$ 或∞),相应地定义一个对应于矩阵

$\boldsymbol{A}\in\mathbb{R}^{n\times n}$ 的非负函数

$$\|\boldsymbol{A}\|_v=\max_{\boldsymbol{x}\neq\boldsymbol{0}}\frac{\|\boldsymbol{Ax}\|_v}{\|\boldsymbol{x}\|_v}.$$

可以验证 $\|\boldsymbol{A}\|_v$ 满足范数定义中的正定性、齐次性及三角不等式,得下面的定理.

定理 5.13 设 $\|\boldsymbol{x}\|_v$ 是$\mathbb{R}^n$上的一个向量范数,则

$$\|\boldsymbol{A}\|_v=\max_{\boldsymbol{x}\neq\boldsymbol{0}}\frac{\|\boldsymbol{Ax}\|_v}{\|\boldsymbol{x}\|_v} \tag{5.24}$$

是$\mathbb{R}^{n\times n}$上矩阵的范数,且满足相容条件

$$\|\boldsymbol{Ax}\|_v\leqslant\|\boldsymbol{A}\|_v\|\boldsymbol{x}\|_v. \tag{5.25}$$

及

$$\|\boldsymbol{AB}\|_v\leqslant\|\boldsymbol{A}\|_v\|\boldsymbol{B}\|_v,\quad \forall\boldsymbol{A},\boldsymbol{B}\in\mathbb{R}^{n\times n}. \tag{5.26}$$

证明 由(5.24)式知相容性条件(5.25)是显然的. 现只验证(5.26)式.

由相容性条件(5.25),对于任意的 $\boldsymbol{A},\boldsymbol{B}\in\mathbb{R}^{n\times n}$ 有

$$\|\boldsymbol{ABx}\|_v\leqslant\|\boldsymbol{A}\|_v\|\boldsymbol{Bx}\|_v\leqslant\|\boldsymbol{A}\|_v\|\boldsymbol{B}\|_v\|\boldsymbol{x}\|_v.$$

当 $\boldsymbol{x}\neq\boldsymbol{0}$ 时,有

$$\frac{\|\boldsymbol{ABx}\|_v}{\|\boldsymbol{x}\|_v}\leqslant\|\boldsymbol{A}\|_v\|\boldsymbol{B}\|_v,$$

故

$$\|\boldsymbol{AB}\|_v=\max_{\boldsymbol{x}\neq\boldsymbol{0}}\frac{\|\boldsymbol{ABx}\|_v}{\|\boldsymbol{x}\|_v}\leqslant\|\boldsymbol{A}\|_v\|\boldsymbol{B}\|_v.$$ □

不难证明弗罗贝尼乌斯范数 $\|\cdot\|_F$ 也满足(5.26)式,即

$$\|\boldsymbol{AB}\|_F\leqslant\|\boldsymbol{A}\|_F\|\boldsymbol{B}\|_F,\quad \forall\boldsymbol{A},\boldsymbol{B}\in\mathbb{R}^{n\times n}.$$

定义 5.3(矩阵的从属范数) 设 $\|\cdot\|_v$是$\mathbb{R}^n$上的一个向量范数,则由

$$\|\boldsymbol{A}\|_v=\max_{\boldsymbol{x}\neq\boldsymbol{0}}\frac{\|\boldsymbol{Ax}\|_v}{\|\boldsymbol{x}\|_v}=\max_{\|\boldsymbol{x}\|_v=1}\|\boldsymbol{Ax}\|_v$$

定义的量称为 $\boldsymbol{A}$ 的与向量范数 $\|\cdot\|_v$ **相容的矩阵范数**,也称从属于向量范数 $\|\cdot\|_v$的矩阵范数,简称**从属范数**.

显然这种矩阵的范数 $\|\boldsymbol{A}\|_v$ 依赖于向量范数 $\|\boldsymbol{x}\|_v$ 的具体含义. 也就是说,当给出一种具体的向量范数 $\|\boldsymbol{x}\|_v$ 时,相应地就得到了一种矩阵范数 $\|\boldsymbol{A}\|_v$.

定理 5.14 设 $\boldsymbol{x}\in\mathbb{R}^n$, $\boldsymbol{A}\in\mathbb{R}^{n\times n}$, 则:

(1) $\|\boldsymbol{A}\|_\infty=\max\limits_{1\leqslant i\leqslant n}\sum\limits_{j=1}^{n}|a_{ij}|$(称为 $\boldsymbol{A}$ 的行范数);

(2) $\|\boldsymbol{A}\|_1=\max\limits_{1\leqslant j\leqslant n}\sum\limits_{i=1}^{n}|a_{ij}|$(称为 $\boldsymbol{A}$ 的列范数);

(3) $\|\boldsymbol{A}\|_2=\sqrt{\lambda_{\max}(\boldsymbol{A}^{\mathrm{T}}\boldsymbol{A})}$(称为 $\boldsymbol{A}$ 的 2- 范数),其中 $\lambda_{\max}(\boldsymbol{A}^{\mathrm{T}}\boldsymbol{A})$表示 $\boldsymbol{A}^{\mathrm{T}}\boldsymbol{A}$ 的最大特征值.

证明 只就(1)(3)给出证明,(2)同理可证.

(1) 设 $\boldsymbol{x}=(x_1,x_2,\cdots,x_n)^{\mathrm{T}}\neq\boldsymbol{0}$, 不妨设 $\boldsymbol{A}\neq\boldsymbol{0}$. 记

$$t=\|\boldsymbol{x}\|_\infty=\max_{1\leqslant i\leqslant n}|x_i|,\quad \mu=\max_{1\leqslant i\leqslant n}\sum_{j=1}^{n}|a_{ij}|,$$

则

$$\| \boldsymbol{Ax} \|_\infty = \max_{1\leqslant i\leqslant n} \left| \sum_{j=1}^n a_{ij} x_j \right| \leqslant \max_i \sum_{j=1}^n |a_{ij}| |x_j| \leqslant t \max_i \sum_{j=1}^n |a_{ij}|.$$

这说明对任何非零 $\boldsymbol{x} \in \mathbb{R}^n$，有

$$\frac{\| \boldsymbol{Ax} \|_\infty}{\| \boldsymbol{x} \|_\infty} \leqslant \mu.$$

下面来说明有一个向量 $\boldsymbol{x}_0 \neq \boldsymbol{0}$，使 $\dfrac{\| \boldsymbol{Ax}_0 \|_\infty}{\| \boldsymbol{x}_0 \|_\infty} = \mu$. 设 $\mu = \sum_{j=1}^n |a_{i_0 j}|$，取向量

$$\boldsymbol{x}_0 = (x_1, x_2, \cdots, x_n)^{\mathrm{T}}, \quad 其中\ x_j = \operatorname{sgn}(a_{i_0 j}), \quad j = 1, 2, \cdots, n$$

显然 $\| \boldsymbol{x}_0 \|_\infty = 1$，且 $\boldsymbol{Ax}_0$ 的第 i_0 个分量为 $\sum_{i=1}^n a_{i_0 j} x_j = \sum_{j=1}^n |a_{i_0 j}|$，这说明

$$\| \boldsymbol{Ax}_0 \|_\infty = \max_{1\leqslant i\leqslant n} \left| \sum_{j=1}^n a_{ij} x_j \right| = \sum_{j=1}^n |a_{i_0 j}| = \mu.$$

(3) 由于对一切 $\boldsymbol{x} \in \mathbb{R}^n$，$\| \boldsymbol{Ax} \|_2^2 = (\boldsymbol{Ax}, \boldsymbol{Ax}) = (\boldsymbol{A}^{\mathrm{T}}\boldsymbol{Ax}, \boldsymbol{x}) \geqslant 0$，从而 $\boldsymbol{A}^{\mathrm{T}}\boldsymbol{A}$ 的特征值为非负实数，设为

$$\lambda_1 \geqslant \lambda_2 \geqslant \cdots \geqslant \lambda_n \geqslant 0. \tag{5.27}$$

一方面，$\boldsymbol{A}^{\mathrm{T}}\boldsymbol{A}$ 为对称矩阵，故由定理 5.2 可设 $\boldsymbol{u}_1, \boldsymbol{u}_2, \cdots, \boldsymbol{u}_n$ 为 $\boldsymbol{A}^{\mathrm{T}}\boldsymbol{A}$ 的相应于特征值序列(5.27)的特征向量且 $(\boldsymbol{u}_i, \boldsymbol{u}_j) = \delta_{ij}$. 又设 $\boldsymbol{x} \in \mathbb{R}^n$ 为任一非零向量，于是有

$$\boldsymbol{x} = \sum_{i=1}^n c_i \boldsymbol{u}_i,$$

其中 c_i 为组合系数，则

$$\frac{\| \boldsymbol{Ax} \|_2^2}{\| \boldsymbol{x} \|_2^2} = \frac{(\boldsymbol{A}^{\mathrm{T}}\boldsymbol{Ax}, \boldsymbol{x})}{(\boldsymbol{x}, \boldsymbol{x})} = \frac{\sum_{i=1}^n c_i^2 \lambda_i}{\sum_{i=1}^n c_i^2} \leqslant \lambda_1.$$

另一方面，取 $\boldsymbol{x} = \boldsymbol{u}_1$，则上式等号成立，故

$$\| \boldsymbol{A} \|_2 = \max_{\boldsymbol{x}\neq \boldsymbol{0}} \frac{\| \boldsymbol{Ax} \|_2}{\| \boldsymbol{x} \|_2} = \sqrt{\lambda_1} = \sqrt{\lambda_{\max}(\boldsymbol{A}^{\mathrm{T}}\boldsymbol{A})}.$$

由定理 5.14 看出，计算一个矩阵的 $\| \boldsymbol{A} \|_\infty$，$\| \boldsymbol{A} \|_1$ 还是比较容易的，而矩阵的 2-范数 $\| \boldsymbol{A} \|_2$ 在计算上不方便，但是矩阵的 2-范数具有许多好的性质，它在理论上是非常有用的.

例 5.6 设 $\boldsymbol{A} = \begin{pmatrix} 1 & -2 \\ -3 & 4 \end{pmatrix}$，计算 $\boldsymbol{A}$ 的各种范数.

解
$$\| \boldsymbol{A} \|_1 = 6, \quad \| \boldsymbol{A} \|_\infty = 7, \quad \| \boldsymbol{A} \|_F \approx 5.477,$$
$$\| \boldsymbol{A} \|_2 = \sqrt{15 + \sqrt{221}} \approx 5.465.$$

我们指出，对于复矩阵(即 $\boldsymbol{A} \in \mathbb{C}^{n\times n}$)定理 5.14 中(1)，(2). 显然也成立，对于(3)应改为

$$\| \boldsymbol{A} \|_2 = \max_{\boldsymbol{x}\neq \boldsymbol{0}} \left(\frac{\boldsymbol{x}^{\mathrm{H}}\boldsymbol{A}^{\mathrm{H}}\boldsymbol{Ax}}{\boldsymbol{x}^{\mathrm{H}}\boldsymbol{x}} \right)^{1/2} = \sqrt{\lambda_{\max}(\boldsymbol{A}^{\mathrm{H}}\boldsymbol{A})}.$$

定理 5.15 对任何 $\boldsymbol{A} \in \mathbb{R}^{n\times n}$，$\| \cdot \|$ 为任一种从属范数，则

$$\rho(\boldsymbol{A}) \leqslant \| \boldsymbol{A} \| \quad (对\ \| \boldsymbol{A} \|_F\ 也成立).$$

反之，对任意实数 $\varepsilon > 0$，至少存在一种从属范数 $\| \cdot \|_\varepsilon$，使

$$\| \boldsymbol{A} \|_\varepsilon \leqslant \rho(\boldsymbol{A}) + \varepsilon.$$

证明 设 λ 为 $\boldsymbol{A}$ 的任一特征值，$\boldsymbol{x}$ 为对应的特征向量，则 $\boldsymbol{x} \neq \boldsymbol{0}$ 且 $\boldsymbol{Ax} = \lambda \boldsymbol{x}$，由相容条件

(5.25)得

$$|\lambda|\ \|\boldsymbol{x}\| = \|\lambda\boldsymbol{x}\| = \|\boldsymbol{A}\boldsymbol{x}\| \leqslant \|\boldsymbol{A}\|\ \|\boldsymbol{x}\|.$$

注意到 $\|\boldsymbol{x}\|\neq 0$,则得 $|\lambda|\leqslant\|\boldsymbol{A}\|$,即 $\rho(\boldsymbol{A})\leqslant\|\boldsymbol{A}\|$.

定理后半部分证明可见文献[2].

定理 5.16　如果 $\boldsymbol{A}\in\mathbb{R}^{n\times n}$ 为对称矩阵,则 $\|\boldsymbol{A}\|_2=\rho(\boldsymbol{A})$.

证明留作习题.

定理 5.17　如果 $\|\boldsymbol{B}\|<1$,则 $\boldsymbol{I}\pm\boldsymbol{B}$ 为非奇异矩阵,且

$$\|(\boldsymbol{I}\pm\boldsymbol{B})^{-1}\| \leqslant \frac{1}{1-\|\boldsymbol{B}\|},$$

其中 $\|\cdot\|$ 是指矩阵的从属范数.

证明　用反证法. 若 $\det(\boldsymbol{I}\pm\boldsymbol{B})=0$, 则方程组 $(\boldsymbol{I}\pm\boldsymbol{B})\boldsymbol{x}=\boldsymbol{0}$ 有非零解,即存在 $\boldsymbol{x}_0\neq\boldsymbol{0}$ 使 $\boldsymbol{B}\boldsymbol{x}_0=\mp\boldsymbol{x}_0$, $\dfrac{\|\boldsymbol{B}\boldsymbol{x}_0\|}{\|\boldsymbol{x}_0\|}=1$, 故 $\|\boldsymbol{B}\|\geqslant 1$, 与假设矛盾. 又由 $(\boldsymbol{I}\pm\boldsymbol{B})(\boldsymbol{I}\pm\boldsymbol{B})^{-1}=\boldsymbol{I}$,有

$$(\boldsymbol{I}\pm\boldsymbol{B})^{-1}=\boldsymbol{I}\mp\boldsymbol{B}(\boldsymbol{I}\pm\boldsymbol{B})^{-1},$$

从而

$$\|(\boldsymbol{I}\pm\boldsymbol{B})^{-1}\| \leqslant \|\boldsymbol{I}\| + \|\boldsymbol{B}\|\ \|(\boldsymbol{I}\pm\boldsymbol{B})^{-1}\|,$$

$$\|(\boldsymbol{I}\pm\boldsymbol{B})^{-1}\| \leqslant \frac{1}{1-\|\boldsymbol{B}\|}. \qquad \square$$

5.5 误差分析

5.5.1 矩阵的条件数

考虑线性方程组 $\boldsymbol{A}\boldsymbol{x}=\boldsymbol{b}$, 其中设 $\boldsymbol{A}$ 为非奇异矩阵,$\boldsymbol{x}$ 为方程组的精确解.

由于 $\boldsymbol{A}$(或 $\boldsymbol{b}$)元素是测量得到的,或者是计算的结果,在第一种情况 $\boldsymbol{A}$(或 $\boldsymbol{b}$)常带有某些观测误差,在后一种情况 $\boldsymbol{A}$(或 $\boldsymbol{b}$)又包含舍入误差. 因此我们处理的实际矩阵是 $\boldsymbol{A}+\delta\boldsymbol{A}$(或 $\boldsymbol{b}+\delta\boldsymbol{b}$),下面我们来研究数据 $\boldsymbol{A}$(或 $\boldsymbol{b}$)的微小误差对解的影响. 即考虑估计 $\boldsymbol{x}-\boldsymbol{y}$,其中 $\boldsymbol{y}$ 是 $(\boldsymbol{A}+\delta\boldsymbol{A})\boldsymbol{y}=\boldsymbol{b}$ 的解.

首先考察一个例子.

例 5.7　设有线性方程组

$$\begin{pmatrix}1 & 1\\ 1 & 1.0001\end{pmatrix}\begin{pmatrix}x_1\\ x_2\end{pmatrix}=\begin{pmatrix}2\\ 2\end{pmatrix}, \tag{5.28}$$

记为 $\boldsymbol{A}\boldsymbol{x}=\boldsymbol{b}$, 它的精确解为 $\boldsymbol{x}=(2,0)^{\mathrm{T}}$.

现在考虑常数项的微小变化对线性方程组解的影响,即考察线性方程组

$$\begin{pmatrix}1 & 1\\ 1 & 1.0001\end{pmatrix}\begin{pmatrix}y_1\\ y_2\end{pmatrix}=\begin{pmatrix}2\\ 2.0001\end{pmatrix}, \tag{5.29}$$

也可表示为 $\boldsymbol{A}(\boldsymbol{x}+\delta\boldsymbol{x})=\boldsymbol{b}+\delta\boldsymbol{b}$, 其中 $\delta\boldsymbol{b}=(0,0.0001)^{\mathrm{T}}$, $\boldsymbol{y}=\boldsymbol{x}+\delta\boldsymbol{x}$,$\boldsymbol{x}$ 为方程组(5.28)的解. 显然线性方程组(5.29)的解为 $\boldsymbol{x}+\delta\boldsymbol{x}=(1,1)^{\mathrm{T}}$.

我们看到线性方程组(5.28)的常数项 $\boldsymbol{b}$ 的第 2 个分量只有 $\dfrac{1}{10\,000}$ 的微小变化,方程组的解却变化很大. 这样的线性方程组就是下面将定义的病态方程组.

定义 5.4 如果矩阵 $\boldsymbol{A}$ 或常数项 $\boldsymbol{b}$ 的微小变化，引起线性方程组 $\boldsymbol{Ax}=\boldsymbol{b}$ 解的巨大变化，则称此线性方程组为**病态方程组**，系数矩阵 $\boldsymbol{A}$ 称为**病态矩阵**（相对于方程组而言），否则称线性方程组为**良态方程组**，$\boldsymbol{A}$ 称为**良态矩阵**.

应该注意，矩阵的"病态"性质是矩阵本身的特性，下面我们希望找出刻画矩阵"病态"性质的量. 设有线性方程组

$$\boldsymbol{Ax}=\boldsymbol{b}, \tag{5.30}$$

其中 $\boldsymbol{A}$ 为非奇异阵，$\boldsymbol{x}$ 为线性方程组(5.30)的准确解. 以下我们研究线性方程组的系数矩阵 $\boldsymbol{A}$(或 $\boldsymbol{b}$)的微小误差(扰动)时对解的影响.

现设 $\boldsymbol{A}$ 是精确的，$\boldsymbol{b}$ 有误差 $\delta\boldsymbol{b}$，解为 $\boldsymbol{x}+\delta\boldsymbol{x}$，则 $\boldsymbol{A}(\boldsymbol{x}+\delta\boldsymbol{x})=\boldsymbol{b}+\delta\boldsymbol{b}$，即 $\delta\boldsymbol{x}=\boldsymbol{A}^{-1}\delta\boldsymbol{b}$，进而得

$$\|\delta\boldsymbol{x}\|\leqslant\|\boldsymbol{A}^{-1}\|\ \|\delta\boldsymbol{b}\|. \tag{5.31}$$

由线性方程组(5.30)有 $\|\boldsymbol{b}\|\leqslant\|\boldsymbol{A}\|\ \|\boldsymbol{x}\|$，故

$$\frac{1}{\|\boldsymbol{x}\|}\leqslant\frac{\|\boldsymbol{A}\|}{\|\boldsymbol{b}\|}\quad(\text{设 }\boldsymbol{b}\neq\boldsymbol{0}). \tag{5.32}$$

于是由(5.31)式及(5.32)式，得到下面定理.

定理 5.18 设 $\boldsymbol{A}$ 是非奇异阵，$\boldsymbol{Ax}=\boldsymbol{b}\neq\boldsymbol{0}$，且 $\boldsymbol{A}(\boldsymbol{x}+\delta\boldsymbol{x})=\boldsymbol{b}+\delta\boldsymbol{b}$，则

$$\frac{\|\delta\boldsymbol{x}\|}{\|\boldsymbol{x}\|}\leqslant\|\boldsymbol{A}^{-1}\|\ \|\boldsymbol{A}\|\ \frac{\|\delta\boldsymbol{b}\|}{\|\boldsymbol{b}\|}.$$

定理 5.18 给出了解的相对误差的上界，常数项 $\boldsymbol{b}$ 的相对误差在解中可能放大 $\|\boldsymbol{A}^{-1}\|\ \|\boldsymbol{A}\|$ 倍.

现设 $\boldsymbol{b}$ 是精确的，$\boldsymbol{A}$ 有微小误差(扰动)$\delta\boldsymbol{A}$，解为 $\boldsymbol{x}+\delta\boldsymbol{x}$，则 $(\boldsymbol{A}+\delta\boldsymbol{A})(\boldsymbol{x}+\delta\boldsymbol{x})=\boldsymbol{b}$，即

$$(\boldsymbol{A}+\delta\boldsymbol{A})\delta\boldsymbol{x}=-(\delta\boldsymbol{A})\boldsymbol{x}. \tag{5.33}$$

如果 $\delta\boldsymbol{A}$ 不受限制的话，$\boldsymbol{A}+\delta\boldsymbol{A}$ 可能奇异，而

$$\boldsymbol{A}+\delta\boldsymbol{A}=\boldsymbol{A}(\boldsymbol{I}+\boldsymbol{A}^{-1}\delta\boldsymbol{A}),$$

由定理 5.17 知，当 $\|\boldsymbol{A}^{-1}\delta\boldsymbol{A}\|<1$ 时，$(\boldsymbol{I}+\boldsymbol{A}^{-1}\delta\boldsymbol{A})^{-1}$ 存在. 由(5.33)式有

$$\delta\boldsymbol{x}=-(\boldsymbol{I}+\boldsymbol{A}^{-1}\delta\boldsymbol{A})^{-1}\boldsymbol{A}^{-1}(\delta\boldsymbol{A})\boldsymbol{x},$$

因此

$$\|\delta\boldsymbol{x}\|\leqslant\frac{\|\boldsymbol{A}^{-1}\|\ \|\delta\boldsymbol{A}\|\ \|\boldsymbol{x}\|}{1-\|\boldsymbol{A}^{-1}(\delta\boldsymbol{A})\|}.$$

设 $\|\boldsymbol{A}^{-1}\|\ \|\delta\boldsymbol{A}\|<1$，即得

$$\frac{\|\delta\boldsymbol{x}\|}{\|\boldsymbol{x}\|}\leqslant\frac{\|\boldsymbol{A}^{-1}\|\ \|\boldsymbol{A}\|\ \dfrac{\|\delta\boldsymbol{A}\|}{\|\boldsymbol{A}\|}}{1-\|\boldsymbol{A}^{-1}\|\ \|\boldsymbol{A}\|\ \dfrac{\|\delta\boldsymbol{A}\|}{\|\boldsymbol{A}\|}}. \tag{5.34}$$

定理 5.19 设 $\boldsymbol{A}$ 为非奇异矩阵，$\boldsymbol{Ax}=\boldsymbol{b}\neq\boldsymbol{0}$，且

$$(\boldsymbol{A}+\delta\boldsymbol{A})(\boldsymbol{x}+\delta\boldsymbol{x})=\boldsymbol{b}.$$

如果 $\|\boldsymbol{A}^{-1}\|\|\delta\boldsymbol{A}\|<1$，则(5.34)式成立.

如果 $\delta\boldsymbol{A}$ 充分小，且在条件 $\|\boldsymbol{A}^{-1}\|\|\delta\boldsymbol{A}\|<1$ 下，那么(5.34)式说明矩阵 $\boldsymbol{A}$ 的相对误差 $\dfrac{\|\delta\boldsymbol{A}\|}{\|\boldsymbol{A}\|}$ 在解中可能放大 $\|\boldsymbol{A}^{-1}\|\|\boldsymbol{A}\|$ 倍.

总之,量 $\|A^{-1}\|\|A\|$ 越小,由 A(或 b)的相对误差引起的解的相对误差就越小;量 $\|A^{-1}\|\|A\|$ 越大,解的相对误差就可能越大. 所以量 $\|A^{-1}\|\|A\|$ 实际上刻画了解对原始数据变化的灵敏程度,即刻画了方程组的"病态"程度,于是引进下述定义.

定义 5.5　设 A 为非奇异阵,称数 $\mathrm{cond}(A)_v=\|A^{-1}\|_v\|A\|_v$ ($v=1,2$ 或 ∞)为矩阵 A 的**条件数**.

由此看出矩阵的条件数与范数有关.

矩阵的条件数是一个十分重要的概念,由上面讨论知,当 A 的条件数相对较大,即 $\mathrm{cond}(A)\gg 1$ 时,则线性方程组(5.30)是"病态"的(即 A 是"病态"矩阵,或者说 A 是坏条件的),当 A 的条件数相对较小,则线性方程组(5.30)是"良态"的(或者说 A 是好条件的). 注意,线性方程组病态性质是方程组本身的特性. A 的条件数越大,方程组的病态程度越严重,也就越难用一般的计算方法求得比较准确的解.

通常使用的条件数有

(1) $\mathrm{cond}(A)_\infty=\|A^{-1}\|_\infty\|A\|_\infty$;

(2) A 的谱条件数

$$\mathrm{cond}(A)_2=\|A\|_2\|A^{-1}\|_2=\sqrt{\frac{\lambda_{\max}(A^{\mathrm{T}}A)}{\lambda_{\min}(AA^{\mathrm{T}})}}.$$

当 A 为对称矩阵时

$$\mathrm{cond}(A)_2=\frac{|\lambda_1|}{|\lambda_n|},$$

其中 λ_1,λ_n 分别为 A 的绝对值最大和绝对值最小的特征值.

条件数的性质:

(1) 对任何非奇异矩阵 A,都有 $\mathrm{cond}(A)_v\geqslant 1$. 事实上,

$$\mathrm{cond}(A)_v=\|A^{-1}\|_v\|A\|_v\geqslant\|A^{-1}A\|_v=1;$$

(2) 设 A 为非奇异阵且 $c\neq 0$(常数),则

$$\mathrm{cond}(cA)_v=\mathrm{cond}(A)_v;$$

(3) 如果 A 为正交矩阵,则 $\mathrm{cond}(A)_2=1$;如果 A 为非奇异矩阵,Q 为正交矩阵,则

$$\mathrm{cond}(QA)_2=\mathrm{cond}(AQ)_2=\mathrm{cond}(A)_2.$$

例 5.8　已知**希尔伯特**(Hilbert)**矩阵**

$$H_n=\begin{pmatrix}1 & \frac{1}{2} & \cdots & \frac{1}{n}\\ \frac{1}{2} & \frac{1}{3} & \cdots & \frac{1}{n+1}\\ \vdots & \vdots & & \vdots\\ \frac{1}{n} & \frac{1}{1+n} & \cdots & \frac{1}{2n-1}\end{pmatrix},$$

计算 H_3 的条件数.

解

$$H_3=\begin{pmatrix}1&\frac{1}{2}&\frac{1}{3}\\ \frac{1}{2}&\frac{1}{3}&\frac{1}{4}\\ \frac{1}{3}&\frac{1}{4}&\frac{1}{5}\end{pmatrix},\quad H_3^{-1}=\begin{pmatrix}9&-36&30\\ -36&192&-180\\ 30&-180&180\end{pmatrix}.$$

(1) 计算 H_3 的条件数 $\mathrm{cond}(H_3)_\infty$：

$\|H_3\|_\infty=11/6$，$\|H_3^{-1}\|_\infty=408$，所以 $\mathrm{cond}(H_3)_\infty=748$. 同样可计算

$$\mathrm{cond}(H_6)_\infty=2.9\times10^7,\quad \mathrm{cond}(H_7)_\infty=9.85\times10^8.$$

当 n 越大时，H_n 矩阵病态越严重.

(2) 考虑线性方程组

$$H_3x=(11/6,\ 13/12,\ 47/60)^{\mathrm{T}}=b,$$

设 H_3 及 b 有微小误差(取 3 位有效数字)有

$$\begin{pmatrix}1.00&0.500&0.333\\0.500&0.333&0.250\\0.333&0.250&0.200\end{pmatrix}\begin{pmatrix}x_1+\delta x_1\\x_2+\delta x_2\\x_3+\delta x_3\end{pmatrix}=\begin{pmatrix}1.83\\1.08\\0.783\end{pmatrix},\tag{5.35}$$

简记为 $(H_3+\delta H_3)(x+\delta x)=b+\delta b$. 线性方程组 $H_3x=b$ 与线性方程组(5.35)的精确解分别为 $x=(1,1,1)^{\mathrm{T}}$，$x+\delta x=(1.089\,512\,528, 0.487\,967\,110, 1.491\,002\,753)^{\mathrm{T}}$. 于是

$$\delta x=(0.0895,\ -0.5120,\ 0.4910)^{\mathrm{T}},$$

$$\frac{\|\delta H_3\|_\infty}{\|H_3\|_\infty}\approx0.18\times10^{-3}<0.02\%,\quad \frac{\|\delta b\|_\infty}{\|b\|_\infty}\approx0.182\%,\quad \frac{\|\delta x\|_\infty}{\|x\|_\infty}\approx51.2\%.$$

这就是说 H_3 与 b 相对误差不超过 0.2%，而引起解的相对误差超过 50%.

由上面的讨论可知，要判别一个矩阵是否病态需要计算条件数 $\mathrm{cond}(A)=\|A^{-1}\|\|A\|$，而计算 A^{-1} 是比较费劲的，那么在实际计算中如何发现病态情况呢？

(1) 如果在 A 的三角约化时(尤其是用主元消去法解线性方程组(5.30)时)出现小主元，对大多数矩阵来说，A 是病态矩阵. 例如用选列主元的直接三角分解法解线性方程组(5.35)(结果舍入为 3 位浮点数)，则有

$$I_{23}(H_3+\delta H_3)=\begin{pmatrix}1&&\\0.333&1&\\0.500&0.994&1\end{pmatrix}\begin{pmatrix}1&0.5000&0.3330\\&0.0835&0.0891\\&&-0.005\,07\end{pmatrix}=LU.$$

(2) 系数矩阵的行列式值相对说很小，或系数矩阵某些行近似线性相关，这时 A 可能病态.

(3) 系数矩阵 A 元素间数量级相差很大，并且无一定规则，A 可能病态.

用选主元的消去法不能解决病态问题，对于病态方程组可采用高精度的算术运算(采用双倍字长进行运算)或者采用预处理方法. 即将求解 $Ax=b$ 转化为一等价线性方程组

$$\begin{cases}PAQy=Pb;\\ y=Q^{-1}x.\end{cases}$$

选择非奇异矩阵 P,Q 使

$$\mathrm{cond}(PAQ)<\mathrm{cond}(A).$$

一般选择 $\boldsymbol{P},\boldsymbol{Q}$ 为对角阵或者三角矩阵.

当矩阵 $\boldsymbol{A}$ 的元素大小不均时,对 $\boldsymbol{A}$ 的行(或列)引进适当的比例因子(使矩阵 $\boldsymbol{A}$ 的所有行或列按∞-范数大体上有相同的长度,使 $\boldsymbol{A}$ 的系数均衡),对 $\boldsymbol{A}$ 的条件数是有影响的. 这种方法不能保证 $\boldsymbol{A}$ 的条件数一定得到改善.

例 5.9　设

$$\begin{pmatrix}1 & 10^4\\ 1 & 1\end{pmatrix}\begin{pmatrix}x_1\\ x_2\end{pmatrix}=\begin{pmatrix}10^4\\ 2\end{pmatrix}, \tag{5.36}$$

计算 $\operatorname{cond}(\boldsymbol{A})_\infty$.

$$\boldsymbol{A}=\begin{pmatrix}1 & 10^4\\ 1 & 1\end{pmatrix},\quad \boldsymbol{A}^{-1}=\frac{1}{10^4-1}\begin{pmatrix}-1 & 10^4\\ 1 & -1\end{pmatrix},$$

$$\operatorname{cond}(\boldsymbol{A})_\infty=\frac{(1+10^4)^2}{10^4-1}\approx 10^4.$$

现在 $\boldsymbol{A}$ 的第一行引进比例因子. 如用 $s_1=\max\limits_{1\leqslant i\leqslant 2}|a_{1i}|=10^4$ 除第一个方程式,得 $\boldsymbol{A}'\boldsymbol{x}=\boldsymbol{b}'$,即

$$\begin{pmatrix}10^{-4} & 1\\ 1 & 1\end{pmatrix}\begin{pmatrix}x_1\\ x_2\end{pmatrix}=\begin{pmatrix}1\\ 2\end{pmatrix}, \tag{5.37}$$

而

$$(\boldsymbol{A}')^{-1}=\frac{1}{1-10^{-4}}\begin{pmatrix}-1 & 1\\ 1 & -10^{-4}\end{pmatrix},$$

于是

$$\operatorname{cond}(\boldsymbol{A}')_\infty=\frac{4}{1-10^{-4}}\approx 4.$$

当用列主元消去法解线性方程组(5.36)时(计算到 3 位有效数字),

$$(\boldsymbol{A}\ \vdots\ \boldsymbol{b})\rightarrow\left(\begin{array}{cc:c}1 & 10^4 & 10^4\\ 0 & -10^4 & -10^4\end{array}\right),$$

于是得到很坏的结果: $x_2=1$, $x_1=0$.

现用列主元消去法解线性方程组(5.37),得到

$$(\boldsymbol{A}'\ \vdots\ \boldsymbol{b}')\rightarrow\left(\begin{array}{cc:c}1 & 1 & 2\\ 10^{-4} & 1 & 1\end{array}\right)\rightarrow\left(\begin{array}{cc:c}1 & 1 & 2\\ 0 & 1 & 1\end{array}\right),$$

从而得到较好的计算解 $x_1=1$, $x_2=1$.

设 $\bar{\boldsymbol{x}}$ 为线性方程组 $\boldsymbol{A}\boldsymbol{x}=\boldsymbol{b}$ 的近似解,于是可计算 $\bar{\boldsymbol{x}}$ 的剩余向量 $\boldsymbol{r}=\boldsymbol{b}-\boldsymbol{A}\bar{\boldsymbol{x}}$,当 $\boldsymbol{r}$ 很小时,$\bar{\boldsymbol{x}}$ 是否为 $\boldsymbol{A}\boldsymbol{x}=\boldsymbol{b}$ 一个较好的近似解呢? 下述定理给出了解答.

定理 5.20(事后误差估计)　设 $\boldsymbol{A}$ 为非奇异矩阵,$\boldsymbol{x}$ 是线性方程组 $\boldsymbol{A}\boldsymbol{x}=\boldsymbol{b}\neq\boldsymbol{0}$ 的精确解. 再设 $\bar{\boldsymbol{x}}$ 是此方程组的近似解,$\boldsymbol{r}=\boldsymbol{b}-\boldsymbol{A}\bar{\boldsymbol{x}}$, 则

$$\frac{\|\boldsymbol{x}-\bar{\boldsymbol{x}}\|}{\|\boldsymbol{x}\|}\leqslant\operatorname{cond}(\boldsymbol{A})\cdot\frac{\|\boldsymbol{r}\|}{\|\boldsymbol{b}\|}. \tag{5.38}$$

证明　由 $\boldsymbol{x}-\bar{\boldsymbol{x}}=\boldsymbol{A}^{-1}\boldsymbol{r}$,得

$$\|\boldsymbol{x}-\bar{\boldsymbol{x}}\|\leqslant\|\boldsymbol{A}^{-1}\|\ \|\boldsymbol{r}\|. \tag{5.39}$$

又有 $\|\boldsymbol{b}\|=\|\boldsymbol{A}\boldsymbol{x}\|\leqslant\|\boldsymbol{A}\|\ \|\boldsymbol{x}\|$,则

$$\frac{1}{\|\boldsymbol{x}\|} \leqslant \frac{\|\boldsymbol{A}\|}{\|\boldsymbol{b}\|}, \tag{5.40}$$

由(5.39)式及(5.40)式即得到(5.38)式.

(5.38)式说明,近似解 $\bar{x}$ 的精度(误差界)不仅依赖于剩余 $\boldsymbol{r}$ 的“大小”,而且依赖于 $\boldsymbol{A}$ 的条件数. 当 $\boldsymbol{A}$ 是病态时,即使有很小的剩余 $\boldsymbol{r}$,也不能保证 $\bar{x}$ 是高精度的近似解.

5.5.2 迭代改善法

设 $\boldsymbol{Ax}=\boldsymbol{b}$,其中 $\boldsymbol{A}\in\mathbb{R}^{n\times n}$ 为非奇异矩阵,且为病态方程组(但不过分病态). 当求得线性方程组的近似解 $\boldsymbol{x}_1$,下面研究改善方程组近似解 $\boldsymbol{x}_1$ 精度的方法.

首先用列主元三角分解法实现分解计算

$$\boldsymbol{PA} \doteq \boldsymbol{LU},$$

其中,$\boldsymbol{P}$ 为置换阵,$\boldsymbol{L}$ 为单位下三角阵,$\boldsymbol{U}$ 为上三角阵,且求得计算解 $\boldsymbol{x}_1$.

现利用 $\boldsymbol{x}_1$ 的剩余向量来提高 $\boldsymbol{x}_1$ 的精度.

计算剩余向量

$$\boldsymbol{r}_1=\boldsymbol{b}-\boldsymbol{Ax}_1, \tag{5.41}$$

求解 $\boldsymbol{Ad}=\boldsymbol{r}_1$,得到的解记为 $\boldsymbol{d}_1$. 然后改善

$$\boldsymbol{x}_2=\boldsymbol{x}_1+\boldsymbol{d}_1. \tag{5.42}$$

显然,如果(5.41)式、(5.42)式及解 $\boldsymbol{Ad}=\boldsymbol{r}_1$ 的计算没有误差,则 $\boldsymbol{x}_2$ 就是 $\boldsymbol{Ax}=\boldsymbol{b}$ 的精确解. 事实上,

$$\boldsymbol{Ax}_2=\boldsymbol{A}(\boldsymbol{x}_1+\boldsymbol{d}_1)=\boldsymbol{Ax}_1+\boldsymbol{Ad}_1=\boldsymbol{Ax}_1+\boldsymbol{r}_1=\boldsymbol{b}.$$

但是,在实际计算中,由于有舍入误差,$\boldsymbol{x}_2$ 只是方程组的近似解,重复(5.41)式,(5.42)式的过程,就产生一近似解序列$\{\boldsymbol{x}_k\}$,有时可能得到比较好的近似.

算法 5.3(迭代改善法) 设 $\boldsymbol{Ax}=\boldsymbol{b}$,其中 $\boldsymbol{A}\in\mathbb{R}^{n\times n}$ 为非奇异矩阵,且 $\boldsymbol{Ax}=\boldsymbol{b}$ 为病态方程组(但不过分病态),用列主元三角分解法实现 $\boldsymbol{PA}\doteq\boldsymbol{LU}$ 及计算解 $\boldsymbol{x}_1$.本算法用迭代改善法提高近似解 $\boldsymbol{x}_1$ 精度. 设计算机中采用 β 进制,字长为 t,用数组 $A(n,n)$保存 $\boldsymbol{A}$ 元素,数组 $C(n,n)$保存三角矩阵 $\boldsymbol{L}$ 及 $\boldsymbol{U}$,用 $\mathrm{Ip}(n)$记录行交换信息,$x(n)$存储 $\boldsymbol{x}_1$ 及 $\boldsymbol{x}_k$, $r(n)$保存 $\boldsymbol{r}_k$ 或 $\boldsymbol{d}_k$.

1. 用列主元三角分解实行分解计算

$\boldsymbol{PA}\doteq\boldsymbol{LU}$ 且求计算解 $\boldsymbol{x}_1$(用单精度)

2. 对于 $k=1,2,\cdots,N_0$

(1) 计算 $\boldsymbol{r}_k=\boldsymbol{b}-\boldsymbol{Ax}_k$(用原始 $\boldsymbol{A}$ 及双精度计算)

(2) 求解 $\boldsymbol{LUd}_k=\boldsymbol{Pr}_k$, 即$\begin{cases}\boldsymbol{Ly}=\boldsymbol{Pr}_k,\\ \boldsymbol{Ud}_k=\boldsymbol{y}.\end{cases}$(用单精度计算)

(3) 如果 $\|\boldsymbol{d}_k\|_\infty/\|\boldsymbol{x}_k\|_\infty\leqslant 10^{-t}$,则输出 $k,\boldsymbol{x}_k,\boldsymbol{r}_k$,停机

(4) 改善 $\boldsymbol{x}_{k+1}=\boldsymbol{x}_k+\boldsymbol{d}_k$(用单精度计算)

3. 输出迭代改善方法迭代 N_0 次失败信息

当 $\boldsymbol{Ax}=\boldsymbol{b}$ 不是过分病态时,迭代改善法是比较好地改进近似解精度的一种方法,当 $\boldsymbol{Ax}=\boldsymbol{b}$ 非常病态时,$\{\boldsymbol{x}_k\}$可能不收敛.

迭代改善法的实现要依赖于机器及需要保留 $\boldsymbol{A}$ 的原始副本.

例 5.10　用迭代改善法解

$$\begin{pmatrix} 1.0303 & 0.99030 \\ 0.99030 & 0.95285 \end{pmatrix}\begin{pmatrix} x_1 \\ x_2 \end{pmatrix}=\begin{pmatrix} 2.4944 \\ 2.3988 \end{pmatrix} \quad (\text{记为 } \boldsymbol{Ax}=\boldsymbol{b})$$

(这里 $\beta=10$，$t=5$，用 5 位浮点数运算).

解　精确解 $\boldsymbol{x}^*=(1.2240,\ 1.2454)^{\mathrm{T}}$(舍入到小数后第 4 位).

容易计算

$$\mathrm{cond}(\boldsymbol{A})_\infty=\|\boldsymbol{A}\|_\infty\|\boldsymbol{A}^{-1}\|_\infty \doteq 2\times 2000=4000.$$

首先实现分解计算 $\boldsymbol{A}\doteq\boldsymbol{LU}$，且求 $\boldsymbol{x}_1$.

$$\boldsymbol{A}\doteq\begin{pmatrix} 1 & 0 \\ 0.96118 & 1 \end{pmatrix}\begin{pmatrix} 1.0303 & 0.99030 \\ 0 & 0.00100 \end{pmatrix}=\boldsymbol{LU},$$

且得计算解 $\boldsymbol{x}_1=(1.2240,1.2454)^{\mathrm{T}}$.

应用迭代改善法需要用原始矩阵 $\boldsymbol{A}$ 且用双倍字长精度计算剩余向量 $\boldsymbol{r}=\boldsymbol{b}-\boldsymbol{Ax}$，其他计算用单精度. 计算如表 5-1 所列.

表 5-1　计算结果

$\boldsymbol{x}_1$	$\boldsymbol{r}_1$	$\boldsymbol{d}_1$	$\boldsymbol{x}_2$	$\boldsymbol{r}_2$	$\boldsymbol{d}_2$
1.2363	0	−0.012 226	1.2241	0	-3.60138×10^{-3}
1.2326	1.27195×10^{-3}	0.012 720	1.2453	3.74685×10^{-6}	-3.74685×10^{-3}

$$\boldsymbol{x}_3=(1.2240,1.2454)^{\mathrm{T}},$$
$$\boldsymbol{r}_3=(0,1.10373\times10^{-8})^{\mathrm{T}},$$
$$\boldsymbol{d}_3=(-1.06088\times10^{-5},1.10373\times10^{-5})^{\mathrm{T}}.$$

如果 $\boldsymbol{x}_k$ 需要更多的数位，迭代可以继续.

评　　注

本章讨论解线性方程组的直接方法，这些方法使用有限步算术运算即可求得方程组的精确解且仅受舍入误差影响，为减少舍入误差，通常推荐列主元消去法，它减少了舍入误差的影响而不增加太多的额外计算.经典的顺序高斯消去法是 1810 年提出的.它稍作修改产生矩阵的 LU 分解，则是 20 世纪 40 年代才提出的. 当 $\boldsymbol{A}$ 非奇异时只要对 $\boldsymbol{A}$ 做行置换，总可使 $\boldsymbol{PA}=\boldsymbol{LU}$，其中 $\boldsymbol{P}$ 为行置换矩阵，利用它求解线性方程组相当于列主元消去法，它的好处是解具有相同系数矩阵 $\boldsymbol{A}$ 及不同向量 $\boldsymbol{b}$ 的线性方程组 $\boldsymbol{Ax}=\boldsymbol{b}$ 时可节省工作量. 当矩阵 $\boldsymbol{A}$ 对称正定时可用 $\boldsymbol{LL}^{\mathrm{T}}$ 分解的平方根法或改进平方根法，它是计算稳定的.追赶法是解三对角方程组的有效方法，它具有计算量少，方法简单且计算稳定等优点.

关于矩阵条件数，病态方程组及算法稳定性也是很重要的，但本章只做简单介绍，有关舍入误差分析可见 Wilkinson 的著作[12]. 本章更详细信息可见文献[32].

求解线性方程组 $\boldsymbol{Ax}=\boldsymbol{b}$ 的软件包主要来自 LINPACK 和 LAPACK，它们中许多子程序都可用 MATLAB 实现，它比传统软件求解简单. 命令 x=A\b 是通过 LU 分解求得线性方程组的解.也可通过内置函数 lu 单独计算 LU 分解，[L,U]=lu(A)，如果 $\boldsymbol{A}$ 对称正定，可通过 L=chol(A)得到 $\boldsymbol{LL}^{\mathrm{T}}$ 分解.

IMSL 库中包含几乎所有 LAPACK 子程序，例如 LSLRG 是求解实线性方程组的解，LFTRG 是分解实系数矩阵 $\boldsymbol{A}$ 等.NAG 库中也有许多求解线性方程组直接法的子程序，如 F07AEF 为求解一般实线性方程组，F07ADF 是实矩阵的 LU 分解，对称正定矩阵可用 F07FDF 分解，然后由 F07FEF 求解.

复习与思考题

1. 用高斯消去法为什么要选主元？哪些线性方程组可以不选主元？

2. 高斯消去法与 LU 分解有什么关系？用它们解线性方程组 $\boldsymbol{Ax}=\boldsymbol{b}$ 有何不同？$\boldsymbol{A}$ 要满足什么条件？

3. 楚列斯基分解与 LU 分解相比，有什么优点？

4. 哪种线性方程组可用平方根法求解？为什么说平方根法计算稳定？

5. 何谓矩阵 $\boldsymbol{A}$ 严格对角占优？何谓 $\boldsymbol{A}$ 不可约？

6. 什么样的线性方程组可用追赶法求解并能保证计算稳定？

7. 何谓矩阵的从属范数？给出矩阵 $\boldsymbol{A}=(a_{ij})$ 的三种范数 $\|\boldsymbol{A}\|_1$，$\|\boldsymbol{A}\|_2$，$\|\boldsymbol{A}\|_\infty$. $\|\boldsymbol{A}\|_1$ 与 $\|\boldsymbol{A}\|_2$ 哪个更容易计算？为什么？

8. 什么是矩阵的条件数？如何判断线性方程组是病态的？

9. 满足下面哪个条件可判定矩阵接近奇异？

(1) 矩阵行列式的值很小.

(2) 矩阵的范数小.

(3) 矩阵的范数大.

(4) 矩阵的条件数小.

(5) 矩阵的元素绝对值小.

10. 判断下列命题是否正确？

(1) 只要矩阵 $\boldsymbol{A}$ 非奇异，则用顺序消去法或直接三角分解可求得线性方程组 $\boldsymbol{Ax}=\boldsymbol{b}$ 的解.

(2) 对称正定的线性方程组总是良态的.

(3) 一个单位下三角矩阵的逆仍为单位下三角矩阵.

(4) 如果 $\boldsymbol{A}$ 非奇异，则 $\boldsymbol{Ax}=\boldsymbol{b}$ 的解的个数是由右端向量 $\boldsymbol{b}$ 决定的.

(5) 如果三对角矩阵的主对角元素上有零元素，则矩阵必奇异.

(6) 范数为零的矩阵一定是零矩阵.

(7) 奇异矩阵的范数一定是零.

(8) 如果矩阵对称，则 $\|\boldsymbol{A}\|_1=\|\boldsymbol{A}\|_\infty$.

(9) 如果线性方程组是良态的，则高斯消去法可以不选主元.

(10) 在求解非奇异性线性方程组时，即使系数矩阵病态，用列主元消去法产生的误差也很小.

(11) $\|\boldsymbol{A}\|_1=\|\boldsymbol{A}^{\mathrm{T}}\|_\infty$.

(12) 若 $\boldsymbol{A}$ 是 $n\times n$ 的非奇异矩阵，则 $\mathrm{cond}(\boldsymbol{A})=\mathrm{cond}(\boldsymbol{A}^{-1})$.

习　　题

1. 设 $\boldsymbol{A}$ 是对称矩阵且 $a_{11}\neq 0$，经过一步高斯消去法后，$\boldsymbol{A}$ 约化为

$$\begin{pmatrix} a_{11} & \boldsymbol{a}_1^{\mathrm{T}} \\ \boldsymbol{0} & \boldsymbol{A}_2 \end{pmatrix}.$$

证明 $\boldsymbol{A}_2$ 是对称矩阵.

2. 设 $\boldsymbol{A}=(a_{ij})_n$ 是对称正定矩阵，经过高斯消去法一步后，$\boldsymbol{A}$ 约化为

$$\begin{pmatrix} a_{11} & \boldsymbol{a}_1^{\mathrm{T}} \\ \boldsymbol{0} & \boldsymbol{A}_2 \end{pmatrix},$$

其中 $\boldsymbol{A}_2=(a_{ij}^{(2)})_{n-1}$. 证明：

(1) $\boldsymbol{A}$ 的主对角元 $a_{ii}>0$，$i=1,2,\cdots,n$；

(2) $\boldsymbol{A}_2$ 是对称正定矩阵.

3. 设 $\boldsymbol{L}_k$ 为指标取 k 的初等下三角矩阵(除第 k 列主对角元以下元素外，$\boldsymbol{L}_k$ 和单位阵 $\boldsymbol{I}$ 相同)，即

$$\boldsymbol{L}_k=\begin{pmatrix} 1 & & & & & \\ & \ddots & & & & \\ & & \overset{k}{1} & & & \\ & & m_{k+1,k} & 1 & & \\ & & \vdots & & \ddots & \\ & & m_{n,k} & & & 1 \end{pmatrix}.$$

求证当 $i,j>k$ 时，$\widetilde{\boldsymbol{L}}_k=\boldsymbol{I}_{ij}\boldsymbol{L}_k\boldsymbol{I}_{ij}$ 也是一个指标取 k 的初等下三角矩阵，其中 $\boldsymbol{I}_{ij}$ 为初等置换矩阵.

4. 试推导矩阵 $\boldsymbol{A}$ 的克劳特(Crout)分解 $\boldsymbol{A}=\boldsymbol{L}\boldsymbol{U}$ 的计算公式，其中，$\boldsymbol{L}$ 为下三角矩阵，$\boldsymbol{U}$ 为单位上三角矩阵.

5. 设 $\boldsymbol{U}\boldsymbol{x}=\boldsymbol{d}$，其中 $\boldsymbol{U}$ 为三角矩阵.

(1) 就 $\boldsymbol{U}$ 为上及下三角矩阵推导一般的求解公式，并写出算法.

(2) 计算解三角形方程组 $\boldsymbol{U}\boldsymbol{x}=\boldsymbol{d}$ 的乘除法次数.

(3) 设 $\boldsymbol{U}$ 为非奇异阵，试推导求 $\boldsymbol{U}^{-1}$ 的计算公式.

6. 证明：(1) 如果 $\boldsymbol{A}$ 是对称正定矩阵，则 $\boldsymbol{A}^{-1}$ 也是对称正定矩阵；

(2) 如果 $\boldsymbol{A}$ 是对称正定矩阵，则 $\boldsymbol{A}$ 可唯一地写成 $\boldsymbol{A}=\boldsymbol{L}^{\mathrm{T}}\boldsymbol{L}$，其中 $\boldsymbol{L}$ 是具有正对角元的下三角矩阵.

7. 用列主元消去法解线性方程组

$$\begin{cases} 12x_1-3x_2+3x_3=15, \\ -18x_1+3x_2-x_3=-15, \\ x_1+x_2+x_3=6, \end{cases}$$

并求出系数矩阵 $\boldsymbol{A}$ 的行列式(即 $\det\boldsymbol{A}$)的值.

8. 用直接三角分解(杜利特尔分解)求线性方程组

$$\begin{cases}\frac{1}{4}x_1+\frac{1}{5}x_2+\frac{1}{6}x_3=9,\\ \frac{1}{3}x_1+\frac{1}{4}x_2+\frac{1}{5}x_3=8,\\ \frac{1}{2}x_1+\ x_2+\ 2x_3=8\end{cases}$$

的解.

9. 用追赶法解三对角方程组 $\boldsymbol{Ax}=\boldsymbol{b}$,其中

$$\boldsymbol{A}=\begin{pmatrix}2&-1&0&0&0\\-1&2&-1&0&0\\0&-1&2&-1&0\\0&0&-1&2&-1\\0&0&0&-1&2\end{pmatrix},\quad \boldsymbol{b}=\begin{pmatrix}1\\0\\0\\0\\0\end{pmatrix}.$$

10. 用改进平方根法解线性方程组

$$\begin{pmatrix}2&-1&1\\-1&-2&3\\1&3&1\end{pmatrix}\begin{pmatrix}x_1\\x_2\\x_3\end{pmatrix}=\begin{pmatrix}4\\5\\6\end{pmatrix}.$$

11. 下述矩阵能否分解为 $\boldsymbol{LU}$(其中,$\boldsymbol{L}$ 为单位下三角矩阵,$\boldsymbol{U}$ 为上三角矩阵)? 若能分解,那么分解是否唯一?

$$\boldsymbol{A}=\begin{pmatrix}1&2&3\\2&4&1\\4&6&7\end{pmatrix},\quad \boldsymbol{B}=\begin{pmatrix}1&1&1\\2&2&1\\3&3&1\end{pmatrix},\quad \boldsymbol{C}=\begin{pmatrix}1&2&6\\2&5&15\\6&15&46\end{pmatrix}.$$

12. 设

$$\boldsymbol{A}=\begin{pmatrix}0.6&0.5\\0.1&0.3\end{pmatrix},$$

计算 $\boldsymbol{A}$ 的行范数,列范数,2-范数及 F-范数.

13. 求证:(1) $\|\boldsymbol{x}\|_\infty\leqslant\|\boldsymbol{x}\|_1\leqslant n\|\boldsymbol{x}\|_\infty$;(2) $\frac{1}{\sqrt{n}}\|\boldsymbol{A}\|_F\leqslant\|\boldsymbol{A}\|_2\leqslant\|\boldsymbol{A}\|_F$.

14. 设 $\boldsymbol{A}\in\mathbb{R}^{n\times n}$ 为对称正定矩阵,定义

$$\|\boldsymbol{x}\|_A=(\boldsymbol{Ax},\boldsymbol{x})^{\frac{1}{2}},$$

试证明 $\|\boldsymbol{x}\|_A$ 为$\mathbb{R}^n$上向量的一种范数.

15. 设 $\boldsymbol{A}$ 为非奇异矩阵,求证

$$\frac{1}{\|\boldsymbol{A}^{-1}\|_\infty}=\min_{\boldsymbol{y}\neq\boldsymbol{0}}\frac{\|\boldsymbol{Ay}\|_\infty}{\|\boldsymbol{y}\|_\infty}.$$

16. 矩阵第一行乘以一数 λ,成为

$$\boldsymbol{A}=\begin{pmatrix}2\lambda&\lambda\\1&1\end{pmatrix},$$

证明当 $\lambda=\pm\frac{2}{3}$时,$\mathrm{cond}(\boldsymbol{A})_\infty$ 有最小值.

17. 设

$$A=\begin{pmatrix}100 & 99\\ 99 & 98\end{pmatrix},$$

计算 $\boldsymbol{A}$ 的条件数 $\mathrm{cond}(\boldsymbol{A})_v\ (v=2,\ \infty)$.

18. 证明：如果 $\boldsymbol{A}$ 是正交矩阵，则 $\mathrm{cond}(\boldsymbol{A})_2=1$.

19. 设 $\boldsymbol{A},\boldsymbol{B}\in\mathbb{R}^{n\times n}$，且 $\|\cdot\|$ 为 $\mathbb{R}^{n\times n}$ 上矩阵的从属范数，证明：

$$\mathrm{cond}(\boldsymbol{AB})\leqslant \mathrm{cond}(\boldsymbol{A})\mathrm{cond}(\boldsymbol{B}).$$

20. 设 $\boldsymbol{Ax}=\boldsymbol{b}$，其中 $\boldsymbol{A}\in\mathbb{R}^{n\times n}$ 为非奇异矩阵，证明：

(1) $\boldsymbol{A}^{\mathrm{T}}\boldsymbol{A}$ 为对称正定矩阵；

(2) $\mathrm{cond}(\boldsymbol{A}^{\mathrm{T}}\boldsymbol{A})_2=(\mathrm{cond}(\boldsymbol{A})_2)^2$.

计算实习题

1. 用 LU 分解及列主元高斯消去法解线性方程组

$$\begin{pmatrix}10 & -7 & 0 & 1\\ -3 & 2.099\,999 & 6 & 2\\ 5 & -1 & 5 & -1\\ 2 & 1 & 0 & 2\end{pmatrix}\begin{pmatrix}x_1\\ x_2\\ x_3\\ x_4\end{pmatrix}=\begin{pmatrix}8\\ 5.900\,001\\ 5\\ 1\end{pmatrix}.$$

输出 $\boldsymbol{Ax}=\boldsymbol{b}$ 中系数 $\boldsymbol{A}=\boldsymbol{LU}$ 分解的矩阵 $\boldsymbol{L}$ 及 $\boldsymbol{U}$，解向量 $\boldsymbol{x}$ 及 $\det\boldsymbol{A}$；列主元法的行交换次序，解向量 $\boldsymbol{x}$ 及 $\det\boldsymbol{A}$；比较两种方法所得的结果.

2. 用列主元高斯消去法解线性方程组 $\boldsymbol{Ax}=\boldsymbol{b}$.

(1) $$\begin{pmatrix}3.01 & 6.03 & 1.99\\ 1.27 & 4.16 & -1.23\\ 0.987 & -4.81 & 9.34\end{pmatrix}\begin{pmatrix}x_1\\ x_2\\ x_3\end{pmatrix}=\begin{pmatrix}1\\ 1\\ 1\end{pmatrix};$$

(2) $$\begin{pmatrix}3.00 & 6.03 & 1.99\\ 1.27 & 4.16 & -1.23\\ 0.990 & -4.81 & 9.34\end{pmatrix}\begin{pmatrix}x_1\\ x_2\\ x_3\end{pmatrix}=\begin{pmatrix}1\\ 1\\ 1\end{pmatrix}.$$

分别输出 $\boldsymbol{A},\boldsymbol{b},\det\boldsymbol{A}$，解向量 $\boldsymbol{x}$，(1)中 $\boldsymbol{A}$ 的条件数.分析比较(1)，(2)的计算结果.

3. 线性方程组 $\boldsymbol{Ax}=\boldsymbol{b}$ 的 $\boldsymbol{A}$ 及 $\boldsymbol{b}$ 为

$$\boldsymbol{A}=\begin{pmatrix}10 & 7 & 8 & 7\\ 7 & 5 & 6 & 5\\ 8 & 6 & 10 & 9\\ 7 & 5 & 9 & 10\end{pmatrix},\quad \boldsymbol{b}=\begin{pmatrix}32\\ 23\\ 33\\ 31\end{pmatrix},$$

则解 $\boldsymbol{x}=(1,1,1,1)^{\mathrm{T}}$.用 MATLAB 内置函数求 $\det\boldsymbol{A}$ 及 $\boldsymbol{A}$ 的所有特征值和 $\mathrm{cond}(\boldsymbol{A})_2$.若令

$$\boldsymbol{A}+\delta\boldsymbol{A}=\begin{pmatrix}10 & 7 & 8.1 & 7.2\\ 7.08 & 5.04 & 6 & 5\\ 8 & 5.98 & 9.89 & 9\\ 6.99 & 5 & 9 & 9.98\end{pmatrix},$$

求解 $(\boldsymbol{A}+\delta\boldsymbol{A})(\boldsymbol{x}+\delta\boldsymbol{x})=\boldsymbol{b}$，输出向量 $\delta\boldsymbol{x}$ 和 $\|\delta\boldsymbol{x}\|_2$.从理论结果和实际计算两方面分析线性

方程组 $\boldsymbol{Ax}=\boldsymbol{b}$ 解的相对误差 $\|\delta\boldsymbol{x}\|_2/\|\boldsymbol{x}\|_2$ 及 $\boldsymbol{A}$ 的相对误差 $\|\delta\boldsymbol{A}\|_2/\|\boldsymbol{A}\|_2$ 的关系.

4. 希尔伯特矩阵 $\boldsymbol{H}_n=(h_{ij})\in\mathbb{R}^{n\times n}$,其元素 $h_{ij}=\dfrac{1}{i+j-1}$.

(1) 分别对 $n=2,3,\cdots,6$ 计算 $\mathrm{cond}(\boldsymbol{H}_n)_\infty$,分析条件数作为 n 的函数如何变化.

(2) 令 $\boldsymbol{x}=(1,1,\cdots,1)^{\mathrm{T}}\in\mathbb{R}^n$,计算 $\boldsymbol{b}_n=\boldsymbol{H}_n\boldsymbol{x}$,然后用高斯消去法或楚列斯基方法解线性方程组 $\boldsymbol{H}_n\bar{\boldsymbol{x}}=\boldsymbol{b}_n$,求出 $\bar{\boldsymbol{x}}$,计算剩余向量 $\boldsymbol{r}_n=\boldsymbol{b}_n-\boldsymbol{H}_n\bar{\boldsymbol{x}}$ 及 $\Delta\boldsymbol{x}=\bar{\boldsymbol{x}}-\boldsymbol{x}$.分析当 n 增加时解 $\bar{\boldsymbol{x}}$ 分量的有效位数如何随 n 变化.它与条件数有何关系?当 n 多大时 $\bar{\boldsymbol{x}}$ 连 1 位有效数字也没有了?

第 5 章二维码

第 6 章　解线性方程组的迭代法

6.1　迭代法的基本概念

6.1.1　引言

考虑线性方程组

$$\boldsymbol{A}\boldsymbol{x}=\boldsymbol{b}, \tag{6.1}$$

其中 $\boldsymbol{A}$ 为非奇异矩阵,当 $\boldsymbol{A}$ 为低阶稠密矩阵时,第 5 章所讨论的选主元消去法是解此方程组的有效方法. 但是,对于由工程技术中产生的大型稀疏线性方程组(系数矩阵 $\boldsymbol{A}$ 的阶数 n 很大,但零元素较多,例如求某些偏微分方程数值解所产生的线性方程组,$n\geqslant 10^4$),利用迭代法求解线性方程组(6.1)是合适的. 在计算机内存和运算两方面,迭代法通常都可利用 $\boldsymbol{A}$ 中有大量零元素的特点.

本章将介绍迭代法的一些基本理论及雅可比迭代法、高斯-塞德尔迭代法、超松弛迭代法和共轭梯度法.

下面举简例,以便了解迭代法的思想.

例 6.1　求解二元线性方程组

$$\begin{cases}3x_1+2x_2=12,\\ x_1+2x_2=2\end{cases} \tag{6.2}$$

就是在平面中求两条直线 l_1: $3x_1+2x_2=12$ 和 l_2:$x_1+2x_2=2$ 的交点 $\boldsymbol{x}^*=(5,-3/2)^{\mathrm{T}}$. 在平面中任取一点 $\boldsymbol{x}^{(0)}=(x_1^{(0)},x_2^{(0)})^{\mathrm{T}}$,如何从 $\boldsymbol{x}^{(0)}$ 出发,找到一个新的点,使其与交点 $\boldsymbol{x}^*$ 更接近呢(如图 6-1(a)所示)? 我们可以尝试在 l_1 和 l_2 上找到分别以 $x_1^{(0)}$,$x_2^{(0)}$ 为纵坐标和横坐标的点,即过 $\boldsymbol{x}^{(0)}$ 分别作平行于横轴和纵轴的直线,交 l_1 和 l_2 于点 A,B,C,D,其中 l_1 上的 A 和 l_2 上的 D 与交点 $\boldsymbol{x}^*$ 更近些,分别由 A 的横坐标和 D 的纵坐标,得到点 E,此点与 $\boldsymbol{x}^*$ 更近些,如图 6-1(b)所示. 记 E 点为 $\boldsymbol{x}^{(1)}=(x_1^{(1)},x_2^{(1)})^{\mathrm{T}}$,则其分量可以表示为

$$\begin{cases}x_1^{(1)}=\dfrac{1}{3}(-2x_2^{(0)}+12),\\[2ex] x_2^{(1)}=\dfrac{1}{2}(-x_1^{(0)}+2).\end{cases} \tag{6.3}$$

上述的过程可以重复进行,用 k 表示重复的次数,这时(6.3)式可以改写为

$$\begin{cases}x_1^{(k+1)}=\dfrac{1}{3}(-2x_2^{(k)}+12),\\[2ex] x_2^{(k+1)}=\dfrac{1}{2}(-x_1^{(k)}+2),\end{cases}\quad k=0,1,2,\cdots, \tag{6.4}$$

由此得到逐渐接近交点 $\boldsymbol{x}^*$ 的点列,即向量序列$\{\boldsymbol{x}^{(k)}\}$,(6.4)式为一个递推公式,由此得到求解线性方程组的迭代解法.

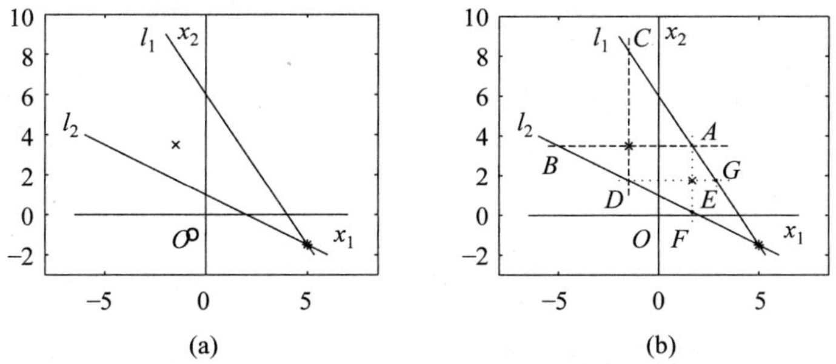

图 6-1 解二元线性方程组迭代法的几何图示

采用向量与矩阵的表示方式，(6.4)式可以改写为

$$\boldsymbol{x}^{(k+1)}=\boldsymbol{B}\boldsymbol{x}^{(k)}+\boldsymbol{f},\quad k=0,1,2,\cdots,$$

其中

$$\boldsymbol{B}=\begin{pmatrix}0 & -\dfrac{2}{3}\\ -\dfrac{1}{2} & 0\end{pmatrix},\quad \boldsymbol{f}=\begin{pmatrix}4\\1\end{pmatrix}.$$

取 $\boldsymbol{x}^{(0)}=(0,0)^{\mathrm{T}}$，按(6.4)式迭代到第 25 次有

$$\boldsymbol{x}^{(25)}=(4.999\ 998\ 118\ 323\ 58,-1.499\ 995\ 295\ 808\ 94)^{\mathrm{T}},$$

$$\|\boldsymbol{\varepsilon}^{(25)}\|_{\infty}\leqslant 10^{-5},\qquad \boldsymbol{\varepsilon}^{(25)}=\boldsymbol{x}^{(25)}-\boldsymbol{x}^{*}.$$

由图 6-1(b)可见，过 A 点平行于纵轴的直线与 l_2 的交点 F，其坐标分量较 $\boldsymbol{x}^{(0)}$ 都更新了，而且与 $\boldsymbol{x}^{(0)}$ 相比其距 $\boldsymbol{x}^{*}$ 更近了. 记 F 点为 $\boldsymbol{x}^{(1)}=(x_1^{(1)},x_2^{(1)})^{\mathrm{T}}$，则其分量可以表示为

$$\begin{cases}x_1^{(1)}=\dfrac{1}{3}(-2x_2^{(0)}+12),\\[2mm] x_2^{(1)}=\dfrac{1}{2}(-x_1^{(1)}+2).\end{cases}\tag{6.5}$$

上述的过程可以重复进行，用 k 表示重复的次数，这时(6.5)式可以改写为

$$\begin{cases}x_1^{(k+1)}=\dfrac{1}{3}(-2x_2^{(k)}+12),\\[2mm] x_2^{(k+1)}=\dfrac{1}{2}(-x_1^{(k+1)}+2),\end{cases}\quad k=0,1,2,\cdots,\tag{6.6}$$

由此得到逐渐接近交点 $\boldsymbol{x}^{*}$ 的点列，即向量序列 $\{\boldsymbol{x}^{(k)}\}$，(6.6)式为一个递推公式，由此又得到求解线性方程组的一个迭代解法.

取 $\boldsymbol{x}^{(0)}=(0,0)^{\mathrm{T}}$，按(6.6)式迭代到第 13 次有

$$\boldsymbol{x}^{(13)}=(4.999\ 998\ 118\ 323\ 58,-1.499\ 999\ 059\ 161\ 79)^{\mathrm{T}},$$

$$\|\boldsymbol{\varepsilon}^{(13)}\|_{\infty}\leqslant 10^{-5},\qquad \boldsymbol{\varepsilon}^{(13)}=\boldsymbol{x}^{(13)}-\boldsymbol{x}^{*}.$$

同样，图 6-1(b)中过 D 点平行于横轴的直线与 l_1 的交点 G，它们的坐标分量较 $\boldsymbol{x}^{(0)}$ 都更新了，而且与 $\boldsymbol{x}^{(0)}$ 相比其距 $\boldsymbol{x}^{*}$ 也近了. 由此也得到求解线性方程组的一个迭代解法.

对于任何一个线性方程组 $\boldsymbol{x}=\boldsymbol{B}\boldsymbol{x}+\boldsymbol{f}$（由 $\boldsymbol{A}\boldsymbol{x}=\boldsymbol{b}$ 变形得到的等价线性方程组），由迭代法产生的向量序列 $\{\boldsymbol{x}^{(k)}\}$ 是否一定逐步逼近此方程组的解 $\boldsymbol{x}^{*}$ 呢？回答是不一定. 实际上，

在例 6.1 中，如果分别由 B 的横坐标和 C 的纵坐标，得到新的迭代点（参考图 6-1(b)），所得的向量序列将远离交点 $\boldsymbol{x}^*$.

对于给定的线性方程组 $\boldsymbol{x}=\boldsymbol{B}\boldsymbol{x}+\boldsymbol{f}$，设有唯一解 $\boldsymbol{x}^*$，则

$$\boldsymbol{x}^*=\boldsymbol{B}\boldsymbol{x}^*+\boldsymbol{f}. \tag{6.7}$$

又设 $\boldsymbol{x}^{(0)}$ 为任取的初始向量，按公式

$$\boldsymbol{x}^{(k+1)}=\boldsymbol{B}\boldsymbol{x}^{(k)}+\boldsymbol{f},\quad k=0,1,2,\cdots \tag{6.8}$$

构造向量序列 $\{\boldsymbol{x}^{(k)}\}$，其中 k 表迭代次数.

定义 6.1　(1) 对于给定的线性方程组 $\boldsymbol{x}=\boldsymbol{B}\boldsymbol{x}+\boldsymbol{f}$，用(6.8)式逐步代入求近似解的方法称为**迭代法**（或称为单步定常迭代法，因这里 $\boldsymbol{B}$ 与 k 无关）.

(2) 如果 $\lim\limits_{k\to\infty}\boldsymbol{x}^{(k)}$ 存在（记为 $\boldsymbol{x}^*$），称此**迭代法收敛**，显然 $\boldsymbol{x}^*$ 就是此方程组的解，否则称此**迭代法发散**.

由上述讨论，需要研究 $\{\boldsymbol{x}^{(k)}\}$ 的收敛性. 引进误差向量

$$\boldsymbol{\varepsilon}^{(k+1)}=\boldsymbol{x}^{(k+1)}-\boldsymbol{x}^*,$$

由(6.8)式减去(6.7)式，得 $\boldsymbol{\varepsilon}^{(k+1)}=\boldsymbol{B}\boldsymbol{\varepsilon}^{(k)}\ (k=0,1,2,\cdots)$，递推得

$$\boldsymbol{\varepsilon}^{(k)}=\boldsymbol{B}\boldsymbol{\varepsilon}^{(k-1)}=\cdots=\boldsymbol{B}^k\boldsymbol{\varepsilon}^{(0)}.$$

要考察 $\{\boldsymbol{x}^{(k)}\}$ 的收敛性. 就要研究 $\boldsymbol{B}$ 在什么条件下有 $\lim\limits_{k\to\infty}\boldsymbol{\varepsilon}^{(k)}=\boldsymbol{0}$，亦即要研究 $\boldsymbol{B}$ 满足什么条件时有 $\boldsymbol{B}^k\to\boldsymbol{0}$（零矩阵）$(k\to\infty)$.

6.1.2　矩阵序列的极限

在定义 3.2 中曾给出了向量序列极限的定义，矩阵为向量的拓展，自然也可以相似地定义**矩阵序列的极限**.

定义 6.2　设有矩阵序列 $\boldsymbol{A}_k=(a_{ij}^{(k)})\in\mathbb{R}^{n\times n}$ 及 $\boldsymbol{A}=(a_{ij})\in\mathbb{R}^{n\times n}$，如果 n^2 个数列 $\{a_{ij}^{(k)}\}$ 的极限存在且有

$$\lim_{k\to\infty}a_{ij}^{(k)}=a_{ij},\quad i,j=1,2,\cdots,n,$$

则称 $\{\boldsymbol{A}_k\}$ **收敛**于 $\boldsymbol{A}$，记为 $\lim\limits_{k\to\infty}\boldsymbol{A}_k=\boldsymbol{A}$.

例 6.2　设有矩阵序列

$$\boldsymbol{A}=\begin{pmatrix}\lambda & 1\\ 0 & \lambda\end{pmatrix},\quad \boldsymbol{A}^2=\begin{pmatrix}\lambda^2 & 2\lambda\\ 0 & \lambda^2\end{pmatrix},\quad \cdots,\quad \boldsymbol{A}^k=\begin{pmatrix}\lambda^k & k\lambda^{k-1}\\ 0 & \lambda^k\end{pmatrix},\quad \cdots,$$

且设 $|\lambda|<1$，考察其极限.

解　显然，当 $|\lambda|<1$ 时，有 $\lim\limits_{k\to\infty}\boldsymbol{A}_k\equiv\lim\limits_{k\to\infty}\boldsymbol{A}^k=\begin{pmatrix}0 & 0\\ 0 & 0\end{pmatrix}$.

矩阵序列极限的概念可以用矩阵的从属范数来描述.

定理 6.1　$\lim\limits_{k\to\infty}\boldsymbol{A}_k=\boldsymbol{A}\Leftrightarrow\lim\limits_{k\to\infty}\|\boldsymbol{A}_k-\boldsymbol{A}\|=0$，其中 $\|\cdot\|$ 为矩阵的任意一种从属范数.

证明　显然有

$$\lim_{k\to\infty}\boldsymbol{A}_k=\boldsymbol{A}\Leftrightarrow\lim_{k\to\infty}\|\boldsymbol{A}_k-\boldsymbol{A}\|_\infty=0.$$

利用矩阵范数的等价性，可证定理对其他从属范数也成立.　□

定理 6.2　$\lim\boldsymbol{A}_k=\boldsymbol{0}$ 的充分必要条件是

$$\lim\boldsymbol{A}_k\boldsymbol{x}=\boldsymbol{0},\quad \forall\,\boldsymbol{x}\in\mathbb{R}^n, \tag{6.9}$$

其中两个极限右端分别指零矩阵与零向量.

证明 对任一种矩阵的从属范数有

$$\|\boldsymbol{A}_k\boldsymbol{x}\| \leqslant \|\boldsymbol{A}_k\| \|\boldsymbol{x}\|.$$

若$\lim\limits_{k\to\infty}\boldsymbol{A}_k=\boldsymbol{0}$,则$\lim\limits_{k\to\infty}\|\boldsymbol{A}_k\|=0$,故对一切$\boldsymbol{x}\in\mathbb{R}^n$,有$\lim\limits_{k\to\infty}\|\boldsymbol{A}_k\boldsymbol{x}\|=0$.所以(6.9)式成立.

反之,若(6.9)式成立,取$\boldsymbol{x}$为第j个坐标向量$\boldsymbol{e}_j$,则$\lim\limits_{k\to\infty}\boldsymbol{A}_k\boldsymbol{e}_j=\boldsymbol{0}$,表示$\boldsymbol{A}_k$的第$j$列元素极限均为零,当$j=1,2,\cdots,n$时就证明了$\lim\limits_{k\to\infty}\boldsymbol{A}_k=\boldsymbol{0}$. □

下面讨论一种与迭代法(6.8)有关的矩阵序列的收敛性,这种序列由矩阵的幂构成,即$\{\boldsymbol{B}^k\}$,其中$\boldsymbol{B}\in\mathbb{R}^{n\times n}$.

定理 6.3 设$\boldsymbol{B}\in\mathbb{R}^{n\times n}$,则下面3个命题等价:

(1)$\lim\limits_{k\to\infty}\boldsymbol{B}^k=\boldsymbol{0}$;(2)$\rho(\boldsymbol{B})<1$;(3)至少存在一种从属的矩阵范数$\|\cdot\|_\varepsilon$,使$\|\boldsymbol{B}\|_\varepsilon<1$.

证明 (1)⇒(2) 用反证法,假定$\boldsymbol{B}$有一个特征值λ,满足$|\lambda|\geqslant1$,则存在$\boldsymbol{x}\neq\boldsymbol{0}$,使$\boldsymbol{Bx}=\lambda\boldsymbol{x}$,由此可得$\|\boldsymbol{B}^k\boldsymbol{x}\|=|\lambda|^k\|\boldsymbol{x}\|$,当$k\to\infty$时$\{\boldsymbol{B}^k\boldsymbol{x}\}$不收敛于零向量.由定理6.2可知(1)不成立,从而知$|\lambda|<1$,即(2)成立.

(2)⇒(3) 根据定理5.15,对任意$\varepsilon>0$,存在一种从属的矩阵范数$\|\cdot\|_\varepsilon$,使得$\|\boldsymbol{B}\|_\varepsilon\leqslant\rho(\boldsymbol{A})+\varepsilon$,由(2)有$\rho(\boldsymbol{B})<1$,适当选择$\varepsilon>0$,可使$\|\boldsymbol{B}\|_\varepsilon<1$,即(3)成立.

(3)⇒(1) 由(3)给出的从属范数$\|\boldsymbol{B}\|_\varepsilon<1$,由于$\|\boldsymbol{B}^k\|_\varepsilon\leqslant\|\boldsymbol{B}\|_\varepsilon^k$,可得$\lim\limits_{k\to\infty}\|\boldsymbol{B}^k\|_\varepsilon=0$,从而有$\lim\limits_{k\to\infty}\boldsymbol{B}^k=\boldsymbol{0}$. □

定理 6.4 设$\boldsymbol{B}\in\mathbb{R}^{n\times n}$,$\|\cdot\|$为任一种从属的矩阵范数,则

$$\lim_{k\to\infty}\|\boldsymbol{B}^k\|^{\frac{1}{k}}=\rho(\boldsymbol{B}).$$

证明 由定理5.15,对一切k有

$$\rho(\boldsymbol{B})=[\rho(\boldsymbol{B}^k)]^{\frac{1}{k}}\leqslant\|\boldsymbol{B}^k\|^{\frac{1}{k}}.$$

另一方面对任意$\varepsilon>0$,记

$$\boldsymbol{B}_\varepsilon=[\rho(\boldsymbol{B})+\varepsilon]^{-1}\boldsymbol{B},$$

显然有$\rho(\boldsymbol{B}_\varepsilon)<1$.由定理6.3有$\lim\limits_{k\to\infty}\boldsymbol{B}_\varepsilon^k=\boldsymbol{0}$,所以存在正整数$N=N(\varepsilon)$,使当$k>N$时,有

$$\|\boldsymbol{B}_\varepsilon^k\|=\frac{\|\boldsymbol{B}^k\|}{[\rho(\boldsymbol{B})+\varepsilon]^k}<1,$$

即$k>N$时有

$$\rho(\boldsymbol{B})\leqslant\|\boldsymbol{B}^k\|^{\frac{1}{k}}\leqslant\rho(\boldsymbol{B})+\varepsilon,$$

由ε任意性即得定理结论. □

6.1.3 迭代法及其收敛性

设有线性方程组

$$\boldsymbol{Ax}=\boldsymbol{b},$$

其中$\boldsymbol{A}=(a_{ij})\in\mathbb{R}^{n\times n}$为非奇异矩阵,这保证此线性方程组的解存在且唯一.下面研究如何建立解$\boldsymbol{Ax}=\boldsymbol{b}$的迭代法.

将$\boldsymbol{A}$分裂为

$$\boldsymbol{A}=\boldsymbol{M}-\boldsymbol{N},$$

其中，$\boldsymbol{M}$ 为可选择的非奇异矩阵，且使 $\boldsymbol{Mx}=\boldsymbol{d}$ 容易求解，一般选择为 $\boldsymbol{A}$ 的某种近似，称 $\boldsymbol{M}$ 为**分裂矩阵**.

于是，求解$\boldsymbol{Ax}=\boldsymbol{b}$ 转化为求解 $\boldsymbol{Mx}=\boldsymbol{Nx}+\boldsymbol{b}$，即

$$\text{求解 } \boldsymbol{Ax}=\boldsymbol{b}\Leftrightarrow \text{求解 } \boldsymbol{x}=\boldsymbol{M}^{-1}\boldsymbol{Nx}+\boldsymbol{M}^{-1}\boldsymbol{b}.$$

也就是求解线性方程组

$$\boldsymbol{x}=\boldsymbol{Bx}+\boldsymbol{f}, \tag{6.10}$$

从而可构造单步定常迭代法：

$$\begin{cases}\boldsymbol{x}^{(0)} \quad (\text{初始向量}),\\ \boldsymbol{x}^{(k+1)}=\boldsymbol{Bx}^{(k)}+\boldsymbol{f}, \quad k=0,1,2,\cdots,\end{cases} \tag{6.11}$$

其中，$\boldsymbol{B}=\boldsymbol{M}^{-1}\boldsymbol{N}=\boldsymbol{M}^{-1}(\boldsymbol{M}-\boldsymbol{A})=\boldsymbol{I}-\boldsymbol{M}^{-1}\boldsymbol{A}$，$\boldsymbol{f}=\boldsymbol{M}^{-1}\boldsymbol{b}$. 称 $\boldsymbol{B}=\boldsymbol{I}-\boldsymbol{M}^{-1}\boldsymbol{A}$ 为迭代法的迭代矩阵，选取不同的 $\boldsymbol{M}$ 矩阵，就得到解 $\boldsymbol{Ax}=\boldsymbol{b}$ 的各种迭代法.

下面给出迭代法(6.11)收敛的充分必要条件.

定理 6.5 给定线性方程组(6.10)及单步定常迭代法(6.11)，对任意选取初始向量 $\boldsymbol{x}^{(0)}$，迭代法(6.11)收敛的充要条件是矩阵 $\boldsymbol{B}$ 的谱半径 $\rho(\boldsymbol{B})<1$.

证明 充分性. 设 $\rho(\boldsymbol{B})<1$，易知 $\boldsymbol{Ax}=\boldsymbol{f}$(其中 $\boldsymbol{A}=\boldsymbol{I}-\boldsymbol{B}$)有唯一解，记为 $\boldsymbol{x}^*$，则

$$\boldsymbol{x}^*=\boldsymbol{Bx}^*+\boldsymbol{f},$$

误差向量

$$\boldsymbol{\varepsilon}^{(k)}=\boldsymbol{x}^{(k)}-\boldsymbol{x}^*=\boldsymbol{B}^k\boldsymbol{\varepsilon}^{(0)}, \quad \boldsymbol{\varepsilon}^{(0)}=\boldsymbol{x}^{(0)}-\boldsymbol{x}^*.$$

由设 $\rho(\boldsymbol{B})<1$，应用定理 6.3，有$\lim\limits_{k\to\infty}\boldsymbol{B}^k=\boldsymbol{0}$. 于是对任意 $\boldsymbol{x}^{(0)}$ 有$\lim\limits_{k\to\infty}\boldsymbol{\varepsilon}^{(k)}=\boldsymbol{0}$，即$\lim\limits_{k\to\infty}\boldsymbol{x}^{(k)}=\boldsymbol{x}^*$.

必要性. 设对任意 $\boldsymbol{x}^{(0)}$ 有

$$\lim_{k\to\infty}\boldsymbol{x}^{(k)}=\boldsymbol{x}^*,$$

其中 $\boldsymbol{x}^{(k+1)}=\boldsymbol{Bx}^{(k)}+\boldsymbol{f}$. 显然，极限 $\boldsymbol{x}^*$ 是线性方程组(6.10)的解，且对任意 $\boldsymbol{x}^{(0)}$ 有

$$\boldsymbol{\varepsilon}^{(k)}=\boldsymbol{x}^{(k)}-\boldsymbol{x}^*=\boldsymbol{B}^k\boldsymbol{\varepsilon}^{(0)}\to\boldsymbol{0}, \quad k\to\infty.$$

由定理 6.2 知$\lim\limits_{k\to\infty}\boldsymbol{B}^k=\boldsymbol{0}$，再由定理 6.3，即得 $\rho(\boldsymbol{B})<1$. □

定理 6.5 是单步定常迭代法的基本定理.

例 6.3 考察线性方程组(6.2)给出的迭代法(6.4)的收敛性.

解 先求迭代矩阵 $\boldsymbol{B}$ 的特征值.由特征方程

$$\det(\lambda\boldsymbol{I}-\boldsymbol{B})=\begin{vmatrix}\lambda & \dfrac{2}{3}\\ \dfrac{1}{2} & \lambda\end{vmatrix}=0$$

可得

$$\det(\lambda\boldsymbol{I}-\boldsymbol{B})=\lambda^2-\frac{1}{3}=0,$$

解得

$$\lambda_1=-\frac{\sqrt{3}}{3}, \quad \lambda_2=\frac{\sqrt{3}}{3}, \quad |\lambda_2|=|\lambda_3|=\frac{\sqrt{3}}{3}<1,$$

得 $\rho(\boldsymbol{B})<1$. 所以用迭代法(6.4)解线性方程组(6.2)是收敛的.

例 6.4 考察用迭代法解线性方程组

$$\boldsymbol{x}^{(k+1)}=\boldsymbol{B}\boldsymbol{x}^{(k)}+\boldsymbol{f}$$

的收敛性,其中 $\boldsymbol{B}=\begin{pmatrix}0 & -2\\ -\dfrac{3}{2} & 0\end{pmatrix}$, $\boldsymbol{f}=\begin{pmatrix}2\\6\end{pmatrix}$.

解 特征方程为 $\det(\lambda\boldsymbol{I}-\boldsymbol{B})=\lambda^2-3=0$,特征根 $\lambda_{1,2}=\pm\sqrt{3}$,即 $\rho(\boldsymbol{B})>1$. 这说明用迭代法解此方程组不收敛.

此迭代过程在几何直观上就对应于图 6-1(b)中分别由 B 的横坐标和 C 的纵坐标得到的点.

迭代法的基本定理在理论上是重要的,由于 $\rho(\boldsymbol{B})\leqslant\|\boldsymbol{B}\|$,下面利用矩阵 $\boldsymbol{B}$ 的从属范数建立判别迭代法收敛的充分条件.

定理 6.6(迭代法收敛的充分条件) 设有线性方程组

$$\boldsymbol{x}=\boldsymbol{B}\boldsymbol{x}+\boldsymbol{f},\quad \boldsymbol{B}\in\mathbb{R}^{n\times n},$$

及单步定常迭代法

$$\begin{cases}\boldsymbol{x}^{(0)} \quad (\text{初始向量}),\\ \boldsymbol{x}^{(k+1)}=\boldsymbol{B}\boldsymbol{x}^{(k)}+\boldsymbol{f}, \quad k=0,1,2,\cdots.\end{cases}$$

如果有 $\boldsymbol{B}$ 的某种从属范数 $\|\boldsymbol{B}\|=q<1$,则:

(1) 迭代法收敛,即对任取 $\boldsymbol{x}^{(0)}$ 有

$$\lim_{k\to\infty}\boldsymbol{x}^{(k)}=\boldsymbol{x}^*, \quad 且 \quad \boldsymbol{x}^*=\boldsymbol{B}\boldsymbol{x}^*+\boldsymbol{f};$$

(2) $\|\boldsymbol{x}^*-\boldsymbol{x}^{(k)}\|\leqslant q^k\|\boldsymbol{x}^*-\boldsymbol{x}^{(0)}\|$;

(3) $\|\boldsymbol{x}^*-\boldsymbol{x}^{(k)}\|\leqslant\dfrac{q}{1-q}\|\boldsymbol{x}^{(k)}-\boldsymbol{x}^{(k-1)}\|$;

(4) $\|\boldsymbol{x}^*-\boldsymbol{x}^{(k)}\|\leqslant\dfrac{q^k}{1-q}\|\boldsymbol{x}^{(1)}-\boldsymbol{x}^{(0)}\|$.

证明 (1) 由定理 6.5 知,结论(1)是显然的.

(2) 显然有关系式 $\boldsymbol{x}^*-\boldsymbol{x}^{(k+1)}=\boldsymbol{B}(\boldsymbol{x}^*-\boldsymbol{x}^{(k)})$ 及 $\boldsymbol{x}^{(k+1)}-\boldsymbol{x}^{(k)}=\boldsymbol{B}(\boldsymbol{x}^{(k)}-\boldsymbol{x}^{(k-1)})$.于是有

① $\|\boldsymbol{x}^{(k+1)}-\boldsymbol{x}^{(k)}\|\leqslant q\|\boldsymbol{x}^{(k)}-\boldsymbol{x}^{(k-1)}\|$;

② $\|\boldsymbol{x}^*-\boldsymbol{x}^{(k+1)}\|\leqslant q\|x^*-x^{(k)}\|$.

反复利用不等式②即得结论(2).

(3) 考查

$$\begin{aligned}\|\boldsymbol{x}^{(k+1)}-\boldsymbol{x}^{(k)}\| &= \|\boldsymbol{x}^*-\boldsymbol{x}^{(k)}-(\boldsymbol{x}^*-\boldsymbol{x}^{(k+1)})\|\\ &\geqslant\|\boldsymbol{x}^*-\boldsymbol{x}^{(k)}\|-\|\boldsymbol{x}^*-\boldsymbol{x}^{(k+1)}\|\geqslant(1-q)\|\boldsymbol{x}^*-\boldsymbol{x}^{(k)}\|,\end{aligned}$$

即有

$$\|\boldsymbol{x}^*-\boldsymbol{x}^{(k)}\|\leqslant\frac{1}{1-q}\|\boldsymbol{x}^{(k+1)}-\boldsymbol{x}^{(k)}\|\leqslant\frac{q}{1-q}\|\boldsymbol{x}^{(k)}-\boldsymbol{x}^{(k-1)}\|.$$

(4) 由结论(3)并反复利用不等式①,则得到结论(4). □

注意定理 6.6 只给出迭代法(6.11)收敛的充分条件,即使条件 $\|\boldsymbol{B}\|<1$ 对任何常用范数均不成立,迭代序列仍可能收敛.

例 6.5 迭代法 $\boldsymbol{x}^{(k+1)}=\boldsymbol{B}\boldsymbol{x}^{(k)}+\boldsymbol{f}$,其中 $\boldsymbol{B}=\begin{pmatrix}0.9 & 0\\ 0.3 & 0.8\end{pmatrix}$, $\boldsymbol{f}=\begin{pmatrix}1\\2\end{pmatrix}$,显然 $\|\boldsymbol{B}\|_\infty=1.1$,

$\|\boldsymbol{B}\|_1=1.2$，$\|\boldsymbol{B}\|_2=1.043$，$\|\boldsymbol{B}\|_F=\sqrt{1.54}$，表明$\boldsymbol{B}$ 的这几种范数均大于 1，但此下三角矩阵的特征值为主对角元素 0.9，0.8，故 $\rho(\boldsymbol{B})=0.9<1$，故由此迭代法产生的迭代序列$\{\boldsymbol{x}^{(k)}\}$是收敛的.

下面考察迭代法(6.11)的收敛速度.假定迭代法(6.11)是收敛的，即 $\rho(\boldsymbol{B})<1$，由 $\boldsymbol{\varepsilon}^{(k)}=\boldsymbol{B}^k\boldsymbol{\varepsilon}^{(0)}$，$\boldsymbol{\varepsilon}^{(0)}=\boldsymbol{x}^{(0)}-\boldsymbol{x}^*$，得

$$\|\boldsymbol{\varepsilon}^{(k)}\|\leqslant\|\boldsymbol{B}^k\|\,\|\boldsymbol{\varepsilon}^{(0)}\|,\quad \forall\,\boldsymbol{\varepsilon}^{(0)}\neq\boldsymbol{0}.$$

于是

$$\frac{\|\boldsymbol{\varepsilon}^{(k)}\|}{\|\boldsymbol{\varepsilon}^{(0)}\|}\leqslant\|\boldsymbol{B}^k\|.$$

根据矩阵从属范数的定义，有

$$\|\boldsymbol{B}^k\|=\max_{\boldsymbol{\varepsilon}^{(0)}\neq\boldsymbol{0}}\frac{\|\boldsymbol{B}^k\boldsymbol{\varepsilon}^{(0)}\|}{\|\boldsymbol{\varepsilon}^{(0)}\|}=\max_{\boldsymbol{\varepsilon}^{(0)}\neq\boldsymbol{0}}\frac{\|\boldsymbol{\varepsilon}^{(k)}\|}{\|\boldsymbol{\varepsilon}^{(0)}\|},$$

所以$\|\boldsymbol{B}^k\|$是迭代 k 次后误差向量$\boldsymbol{\varepsilon}^{(k)}$的范数与初始误差向量$\boldsymbol{\varepsilon}^{(0)}$的范数之比的最大值.这样，迭代 k 次后，平均每次迭代误差向量范数的压缩率可看成是$\|\boldsymbol{B}^k\|^{\frac{1}{k}}$，若要求迭代 k 次后有

$$\|\boldsymbol{\varepsilon}^{(k)}\|\leqslant\sigma\|\boldsymbol{\varepsilon}^{(0)}\|,\quad 即\quad \frac{\|\boldsymbol{\varepsilon}^{(k)}\|}{\|\boldsymbol{\varepsilon}^{(0)}\|}\leqslant\|\boldsymbol{B}^k\|\leqslant\sigma,$$

其中 $\sigma\ll1$，可取 $\sigma=10^{-s}$.因为 $\rho(\boldsymbol{B})<1$，故$\|\boldsymbol{B}^k\|^{\frac{1}{k}}<1$，由$\|\boldsymbol{B}^k\|^{\frac{1}{k}}\leqslant\sigma^{\frac{1}{k}}$两边取对数得

$$\ln\|\boldsymbol{B}^k\|^{\frac{1}{k}}\leqslant\frac{1}{k}\ln\sigma,$$

即

$$k\geqslant\frac{-\ln\sigma}{-\ln\|\boldsymbol{B}^k\|^{\frac{1}{k}}}=\frac{s\ln10}{-\ln\|\boldsymbol{B}^k\|^{\frac{1}{k}}}.$$

它表明迭代次数 k 与$-\ln\|\boldsymbol{B}^k\|^{\frac{1}{k}}$成反比.

定义 6.3 迭代法(6.11)的**平均收敛速度**定义为

$$R_k(\boldsymbol{B})=-\ln\|\boldsymbol{B}^k\|^{\frac{1}{k}}.\tag{6.12}$$

平均收敛速度 $R_k(\boldsymbol{B})$依赖于迭代次数及所取范数，给计算分析带来不便，由定理 6.4 可知$\lim\limits_{k\to\infty}\|\boldsymbol{B}^k\|^{\frac{1}{k}}=\rho(\boldsymbol{B})$，所以$\lim\limits_{k\to\infty}R_k(\boldsymbol{B})=-\ln\rho(\boldsymbol{B})$.

定义 6.4 迭代法(6.11)的**渐近收敛速度**定义为

$$R(\boldsymbol{B})=-\ln\rho(\boldsymbol{B}).\tag{6.13}$$

$R(\boldsymbol{B})$与迭代次数及 $\boldsymbol{B}$ 取何种范数无关，它反映了迭代次数趋于无穷时迭代法的渐近性质，当 $\rho(\boldsymbol{B})$越小时，$-\ln\rho(\boldsymbol{B})$越大，迭代法收敛越快，可用

$$k\geqslant\frac{-\ln\sigma}{R(\boldsymbol{B})}=\frac{s\ln10}{R(\boldsymbol{B})}$$

作为迭代法(6.11)所需的迭代次数的估计.

例如在例 6.1 中迭代法(6.4)的迭代矩阵 $\boldsymbol{B}$ 的谱半径 $\rho(\boldsymbol{B})=\frac{\sqrt{3}}{3}$. 若要求$\frac{\|\boldsymbol{\varepsilon}^{(k)}\|}{\|\boldsymbol{\varepsilon}^{(0)}\|}\leqslant10^{-5}$，则由(6.13)式知 $R(\boldsymbol{B})=-\ln\rho(\boldsymbol{B})=0.5493$，于是有

$$k \geqslant \frac{s\ln 10}{R(\boldsymbol{B})} \approx 20.96,$$

即取 $k=21$ 即可达到要求.

6.2 雅可比迭代法与高斯-塞德尔迭代法

6.2.1 雅可比迭代法

将线性方程组(6.1)中的系数矩阵 $\boldsymbol{A}=(a_{ij})\in\mathbb{R}^{n\times n}$ 分成三部分

$$\boldsymbol{A}=\begin{pmatrix} a_{11} & & & \\ & a_{22} & & \\ & & \ddots & \\ & & & a_{nn}\end{pmatrix}-\begin{pmatrix} 0 & & & & \\ -a_{21} & 0 & & & \\ \vdots & \vdots & \ddots & & \\ -a_{n-1,1} & -a_{n-1,2} & \cdots & 0 & \\ -a_{n1} & -a_{n2} & \cdots & -a_{n,n-1} & 0\end{pmatrix}-$$

$$\begin{pmatrix} 0 & -a_{12} & \cdots & -a_{1,n-1} & -a_{1n} \\ & 0 & \cdots & -a_{2,n-1} & -a_{2n} \\ & & \ddots & \vdots & \vdots \\ & & & 0 & -a_{n-1,n} \\ & & & & 0\end{pmatrix}$$

$$\equiv \boldsymbol{D}-\boldsymbol{L}-\boldsymbol{U}.$$

设 $a_{ii}\neq 0(i=1,2,\cdots,n)$,选取 $\boldsymbol{M}$ 为 $\boldsymbol{A}$ 的主对角元部分,即选取 $\boldsymbol{M}=\boldsymbol{D}$(对角矩阵),$\boldsymbol{A}=\boldsymbol{D}-\boldsymbol{N}$,由迭代法(6.11)得到解 $\boldsymbol{Ax}=\boldsymbol{b}$ 的**雅可比**(Jacobi)**迭代法**

$$\begin{cases}\boldsymbol{x}^{(0)} \quad (\text{初始向量}), \\ \boldsymbol{x}^{(k+1)}=\boldsymbol{Bx}^{(k)}+\boldsymbol{f}, \quad k=0,1,2,\cdots,\end{cases} \tag{6.14}$$

其中,$\boldsymbol{B}=\boldsymbol{I}-\boldsymbol{D}^{-1}\boldsymbol{A}=\boldsymbol{D}^{-1}(\boldsymbol{L}+\boldsymbol{U})\equiv\boldsymbol{J}$,$\boldsymbol{f}=\boldsymbol{D}^{-1}\boldsymbol{b}$. 称 $\boldsymbol{J}$ 为解 $\boldsymbol{Ax}=\boldsymbol{b}$ 的雅可比迭代法的迭代矩阵.

下面给出雅可比迭代法(6.14)的分量计算公式,记

$$\boldsymbol{x}^{(k)}=(x_1^{(k)},\cdots,x_i^{(k)},\cdots,x_n^{(k)})^{\mathrm{T}},$$

由雅可比迭代法(6.14)有

$$\boldsymbol{Dx}^{(k+1)}=(\boldsymbol{L}+\boldsymbol{U})\boldsymbol{x}^{(k)}+\boldsymbol{b},$$

或

$$a_{ii}x_i^{(k+1)}=-\sum_{j=1}^{i-1}a_{ij}x_j^{(k)}-\sum_{j=i+1}^{n}a_{ij}x_j^{(k)}+b_i, \quad i=1,2,\cdots,n.$$

于是,解 $\boldsymbol{Ax}=\boldsymbol{b}$ 的雅可比迭代法的计算公式为

$$\begin{cases}\boldsymbol{x}^{(0)}=(x_1^{(0)},x_2^{(0)},\cdots,x_n^{(0)})^{\mathrm{T}}, \\ x_i^{(k+1)}=\left(b_i-\sum\limits_{\substack{j=1\\ j\neq i}}^{n}a_{ij}x_j^{(k)}\right)/a_{ii}, \\ i=1,2,\cdots,n;k=0,1,2,\cdots \text{ 表示迭代次数}.\end{cases} \tag{6.15}$$

由(6.15)式可知,雅可比迭代法计算公式简单,每迭代一次只需计算一次矩阵和向量的乘法且计算过程中原始矩阵 $\boldsymbol{A}$ 始终不变.例 6.1 给出的迭代公式(6.4)就是雅可比迭代法.

6.2.2 高斯-塞德尔迭代法

选取分裂矩阵 $\boldsymbol{M}$ 为 $\boldsymbol{A}$ 的下三角部分,即选取 $\boldsymbol{M}=\boldsymbol{D}-\boldsymbol{L}$(下三角矩阵),$\boldsymbol{A}=\boldsymbol{M}-\boldsymbol{N}$,于是由迭代法(6.11)得到解 $\boldsymbol{Ax}=\boldsymbol{b}$ 的**高斯-塞德尔**(Gauss-Seidel)**迭代法**

$$\begin{cases}\boldsymbol{x}^{(0)} & (\text{初始向量}),\\ \boldsymbol{x}^{(k+1)}=\boldsymbol{Bx}^{(k)}+\boldsymbol{f}, & k=0,1,2,\cdots,\end{cases} \tag{6.16}$$

其中,$\boldsymbol{B}=\boldsymbol{I}-(\boldsymbol{D}-\boldsymbol{L})^{-1}\boldsymbol{A}=(\boldsymbol{D}-\boldsymbol{L})^{-1}\boldsymbol{U}\equiv\boldsymbol{G}$, $\boldsymbol{f}=(\boldsymbol{D}-\boldsymbol{L})^{-1}\boldsymbol{b}$. 称 $\boldsymbol{G}=(\boldsymbol{D}-\boldsymbol{L})^{-1}\boldsymbol{U}$ 为解 $\boldsymbol{Ax}=\boldsymbol{b}$ 的高斯-塞德尔迭代法的迭代矩阵.

下面给出高斯-塞德尔迭代法的分量计算公式. 记

$$\boldsymbol{x}^{(k)}=(x_1^{(k)},\cdots,x_i^{(k)},\cdots,x_n^{(k)})^{\mathrm{T}}.$$

由(6.16)式有

$$(\boldsymbol{D}-\boldsymbol{L})\boldsymbol{x}^{(k+1)}=\boldsymbol{Ux}^{(k)}+\boldsymbol{b},$$

或

$$\boldsymbol{Dx}^{(k+1)}=\boldsymbol{Lx}^{(k+1)}+\boldsymbol{Ux}^{(k)}+\boldsymbol{b},$$

即

$$a_{ii}x_i^{(k+1)}=b_i-\sum_{j=1}^{i-1}a_{ij}x_j^{(k+1)}-\sum_{j=i+1}^{n}a_{ij}x_j^{(k)}, \quad i=1,2,\cdots,n.$$

于是解 $\boldsymbol{Ax}=\boldsymbol{b}$ 的高斯-塞德尔迭代法计算公式为

$$\begin{cases}\boldsymbol{x}^{(0)}=(x_1^{(0)},x_2^{(0)},\cdots,x_n^{(0)})^{\mathrm{T}} \quad (\text{初始向量}),\\ x_i^{(k+1)}=\left(b_i-\sum\limits_{j=1}^{i-1}a_{ij}x_j^{(k+1)}-\sum\limits_{j=i+1}^{n}a_{ij}x_j^{(k)}\right)\Big/a_{ii},\\ i=1,2,\cdots,n;\ k=0,1,2,\cdots.\end{cases}$$

或

$$\begin{cases}\boldsymbol{x}^{(0)}=(x_1^{(0)},x_2^{(0)},\cdots,x_n^{(0)})^{\mathrm{T}},\\ x_i^{(k+1)}=x_i^{(k)}+\Delta x_i,\\ \Delta x_i=\left(b_i-\sum\limits_{j=1}^{i-1}a_{ij}x_j^{(k+1)}-\sum\limits_{j=i}^{n}a_{ij}x_j^{(k)}\right)\Big/a_{ii},\\ i=1,2,\cdots,n;\ k=0,1,2,\cdots.\end{cases} \tag{6.17}$$

雅可比迭代法不使用变量的最新信息计算 $x_i^{(k+1)}$,而由高斯-塞德尔迭代公式(6.17)可知,计算 $\boldsymbol{x}^{(k+1)}$ 的第 i 个分量 $x_i^{(k+1)}$ 时,利用了已经计算出的最新分量 $x_j^{(k+1)}$ $(j=1,2,\cdots,i-1)$. 高斯-塞德尔迭代法可看作雅可比迭代法的一种改进. 由(6.17)式可知,高斯-塞德尔迭代法每迭代一次只需计算一次矩阵与向量的乘法.

算法 6.1(高斯-塞德尔迭代法) 设 $\boldsymbol{Ax}=\boldsymbol{b}$,其中 $\boldsymbol{A}\in\mathbb{R}^{n\times n}$ 为非奇异矩阵且 $a_{ii}\neq 0(i=1,2,\cdots,n)$,本算法用高斯-塞德尔迭代法解 $\boldsymbol{Ax}=\boldsymbol{b}$,$n$ 元数组 $\boldsymbol{x}$ 开始存放 $\boldsymbol{x}^{(0)}$,后存放 $\boldsymbol{x}^{(k)}$, N_0 为最大迭代次数.

1. $x_i \leftarrow 0.0(i=1,2,\cdots,n)$
2. 对于 $k=1,2,\cdots,N_0$

对于 $i=1,2,\cdots,n$

$$x_i \leftarrow \left(b_i - \sum_{j=1}^{i-1} a_{ij}x_j - \sum_{j=i+1}^{n} a_{ij}x_j\right) \Big/ a_{ii}$$

迭代一次,这个算法需要的运算次数至多与矩阵 $\boldsymbol{A}$ 的非零元素的个数一样多.

例 6.6 用雅可比迭代法及高斯-塞德尔迭代法解线性方程组

$$\begin{cases} 8x_1 - 3x_2 + 2x_3 = 20, \\ 4x_1 + 11x_2 - x_3 = 33, \\ 6x_1 + 3x_2 + 12x_3 = 36. \end{cases}$$

解 取 $\boldsymbol{x}^{(0)}=(0,0,0)^{\mathrm{T}}$ 作为初始值. 雅可比迭代的迭代公式为

$$\begin{cases} x_1^{(k+1)} = \dfrac{1}{8}(3x_2^{(k)} - 2x_3^{(k)} + 20), \\ x_2^{(k+1)} = \dfrac{1}{11}(-4x_1^{(k)} + x_3^{(k)} + 33), \qquad k=0,1,2,\cdots, \\ x_3^{(k+1)} = \dfrac{1}{12}(-6x_1^{(k)} - 3x_2^{(k)} + 36), \end{cases}$$

迭代到第 14 次有

$$\boldsymbol{x}^{(14)} = (3.000\,001\,117\,084\,54, 2.000\,000\,623\,473\,39, 0.999\,998\,890\,127\,66)^{\mathrm{T}},$$

$$\|\boldsymbol{x}^* - \boldsymbol{x}^{(14)}\|_\infty < 10^{-5}.$$

高斯-塞德尔迭代的迭代公式为

$$\begin{cases} x_1^{(k+1)} = \dfrac{1}{8}(3x_2^{(k)} - 2x_3^{(k)} + 20), \\ x_2^{(k+1)} = \dfrac{1}{11}(-4x_1^{(k+1)} + x_3^{(k)} + 33), \qquad k=0,1,2,\cdots, \\ x_3^{(k+1)} = \dfrac{1}{12}(-6x_1^{(k+1)} - 3x_2^{(k+1)} + 36), \end{cases}$$

迭代到第 7 次有

$$\boldsymbol{x}^{(7)} = (3.000\,002\,012\,910\,80, 1.999\,998\,701\,513\,27, 0.999\,999\,318\,166\,29)^{\mathrm{T}},$$

$$\|\boldsymbol{x}^* - \boldsymbol{x}^{(7)}\|_\infty < 10^{-5}.$$

由此例可知,用高斯-塞德尔迭代法,雅可比迭代法解此线性方程组(且取 $\boldsymbol{x}^{(0)}=\boldsymbol{0}$)均收敛,而高斯-塞德尔迭代法比雅可比迭代法收敛较快(即取 $\boldsymbol{x}^{(0)}$ 相同,达到同样精度所需迭代次数较少),但这结论只当 $\boldsymbol{A}$ 满足一定条件时才是对的.

6.2.3 雅可比迭代法与高斯-塞德尔迭代法的收敛性

由定理 6.5 可立即得到以下结论.

定理 6.7 设 $\boldsymbol{Ax}=\boldsymbol{b}$,其中 $\boldsymbol{A}=\boldsymbol{D}-\boldsymbol{L}-\boldsymbol{U}$ 为非奇异矩阵,且对角矩阵 $\boldsymbol{D}$ 也非奇异,则:

(1) 解线性方程组的雅可比迭代法收敛的充要条件是 $\rho(\boldsymbol{J})<1$,其中

$$\boldsymbol{J} = \boldsymbol{D}^{-1}(\boldsymbol{L}+\boldsymbol{U}).$$

(2) 解线性方程组的高斯-塞德尔迭代法收敛的充要条件是 $\rho(\boldsymbol{G})<1$,其中

$$\boldsymbol{G} = (\boldsymbol{D}-\boldsymbol{L})^{-1}\boldsymbol{U}.$$

由定理 6.6 还可得到雅可比迭代法收敛的充分条件是 $\|\boldsymbol{J}\|<1$.高斯-塞德尔迭代法收敛的充分条件是 $\|\boldsymbol{G}\|<1$.

在科学及工程计算中,所要求解的线性方程组 $\boldsymbol{Ax}=\boldsymbol{b}$,其矩阵 $\boldsymbol{A}$ 常常具有某些特性. 例如,$\boldsymbol{A}$ 具有对角占优性质或 $\boldsymbol{A}$ 为不可约矩阵,或 $\boldsymbol{A}$ 是对称正定矩阵等,下面讨论解这些方程组的收敛性.

定理 6.8 设 $\boldsymbol{Ax}=\boldsymbol{b}$, 如果:

(1) $\boldsymbol{A}$ 为严格对角占优矩阵,则解 $\boldsymbol{Ax}=\boldsymbol{b}$ 的雅可比迭代法,高斯-塞德尔迭代法均收敛.

(2) $\boldsymbol{A}$ 为弱对角占优矩阵,且 $\boldsymbol{A}$ 为不可约矩阵,则解 $\boldsymbol{Ax}=\boldsymbol{b}$ 的雅可比迭代法,高斯-塞德尔迭代法均收敛.

证明 只证(1)中高斯-塞德尔迭代法收敛,其他同理可证.

由假设可知,$a_{ii}\neq 0(i=1,2,\cdots,n)$,解方程组 $\boldsymbol{Ax}=\boldsymbol{b}$ 的高斯-塞德尔迭代法的迭代矩阵为 $\boldsymbol{G}=(\boldsymbol{D}-\boldsymbol{L})^{-1}\boldsymbol{U}$ $(\boldsymbol{A}=\boldsymbol{D}-\boldsymbol{L}-\boldsymbol{U})$. 下面考查 $\boldsymbol{G}$ 的特征值情况.

$$\det(\lambda\boldsymbol{I}-\boldsymbol{G})=\det(\lambda\boldsymbol{I}-(\boldsymbol{D}-\boldsymbol{L})^{-1}\boldsymbol{U})=\det((\boldsymbol{D}-\boldsymbol{L})^{-1})\det(\lambda(\boldsymbol{D}-\boldsymbol{L})-\boldsymbol{U}).$$

由于 $\det((\boldsymbol{D}-\boldsymbol{L})^{-1})\neq 0$, 于是 $\boldsymbol{G}$ 特征值即为 $\det(\lambda(\boldsymbol{D}-\boldsymbol{L})-\boldsymbol{U})=0$ 之根. 记

$$\boldsymbol{C}\equiv\lambda(\boldsymbol{D}-\boldsymbol{L})-\boldsymbol{U}=\begin{pmatrix}\lambda a_{11} & a_{12} & \cdots & a_{1n}\\ \lambda a_{21} & \lambda a_{22} & \cdots & a_{2n}\\ \vdots & \vdots & & \vdots\\ \lambda a_{n1} & \lambda a_{n2} & \cdots & \lambda a_{nn}\end{pmatrix},$$

下面来证明,当 $|\lambda|\geqslant 1$ 时,则 $\det(\boldsymbol{C})\neq 0$,即 $\boldsymbol{G}$ 的特征值均满足 $|\lambda|<1$. 由定理 6.5,则有高斯-塞德尔迭代法收敛.

事实上,当 $|\lambda|\geqslant 1$ 时,由 $\boldsymbol{A}$ 为严格对角占优矩阵,则有

$$\begin{aligned}|c_{ii}|=|\lambda a_{ii}|&>|\lambda|\left(\sum_{j=1}^{i-1}|a_{ij}|+\sum_{j=i+1}^{n}|a_{ij}|\right)\\ &\geqslant\sum_{j=1}^{i-1}|\lambda a_{ij}|+\sum_{j=i+1}^{n}|a_{ij}|=\sum_{\substack{j=1\\ j\neq i}}^{n}|c_{ij}|,\quad i=1,2,\cdots,n.\end{aligned}$$

这说明,当 $|\lambda|\geqslant 1$ 时,矩阵 $\boldsymbol{C}$ 为严格对角占优矩阵,由定理 5.11 有 $\det(\boldsymbol{C})\neq 0$. □

如果线性方程组系数矩阵 $\boldsymbol{A}$ 对称正定,则有以下的收敛定理.

定理 6.9 设矩阵 $\boldsymbol{A}$ 对称,且主对角元 $a_{ii}>0(i=1,2,\cdots,n)$,则:

(1) 解线性方程组 $\boldsymbol{Ax}=\boldsymbol{b}$ 的雅可比迭代法收敛的充分必要条件是 $\boldsymbol{A}$ 及 $2\boldsymbol{D}-\boldsymbol{A}$ 均为正定矩阵,其中 $\boldsymbol{D}=\mathrm{diag}(a_{11},a_{22},\cdots,a_{nn})$;

(2) 解线性方程组 $\boldsymbol{Ax}=\boldsymbol{b}$ 的高斯-塞德尔迭代法收敛的充分条件是 $\boldsymbol{A}$ 正定.

定理 6.9 的证明可见文献[2],其中第(2)部分为下面定理 6.11 的一部分.定理表明若 $\boldsymbol{A}$ 对称正定则高斯-塞德尔迭代法一定收敛,但雅可比迭代法则不一定收敛.

例 6.7 在线性方程组 $\boldsymbol{Ax}=\boldsymbol{b}$ 中,已知

$$\boldsymbol{A}=\begin{pmatrix}1 & a & a\\ a & 1 & a\\ a & a & 1\end{pmatrix},$$

证明当 $-\dfrac{1}{2}<a<1$ 时高斯-塞德尔迭代法收敛,而雅可比迭代法只在 $-\dfrac{1}{2}<a<\dfrac{1}{2}$ 时才收敛.

证明 只要证$-\frac{1}{2}<a<1$时$\boldsymbol{A}$正定,由$\boldsymbol{A}$的顺序主子式$D_2=\begin{vmatrix}1 & a\\ a & 1\end{vmatrix}=1-a^2>0$,得$|a|<1$,而$D_3=\det\boldsymbol{A}=1+2a^3-3a^2=(1-a)^2(1+2a)>0$,得$a>-\frac{1}{2}$,于是得到$-\frac{1}{2}<a<1$时$D_1>0,D_2>0,D_3>0$,于是$\boldsymbol{A}$正定,故高斯-塞德尔迭代法收敛.

对雅可比迭代矩阵

$$\boldsymbol{J}=\begin{pmatrix}0 & -a & -a\\ -a & 0 & -a\\ -a & -a & 0\end{pmatrix},$$

有

$$\det(\lambda\boldsymbol{I}-\boldsymbol{J})=\lambda^3-3\lambda a^2+2a^3=(\lambda-a)^2(\lambda+2a)=0,$$

当$\rho(\boldsymbol{J})=|2a|<1$,即$|a|<\frac{1}{2}$时雅可比迭代法收敛.例如,当$a=0.8$时高斯-塞德尔迭代法收敛,而$\rho(\boldsymbol{J})=1.6>1$,雅可比迭代法不收敛,此时$2\boldsymbol{D}-\boldsymbol{A}$不是正定的.

注意,求线性方程组$\boldsymbol{Ax}=\boldsymbol{b}$时,如原线性方程组换行后$\boldsymbol{A}$满足收敛条件,则应将方程换行后,对新线性方程组构造雅可比迭代法及高斯-塞德尔迭代法.例如,线性方程组

$$\begin{cases}3x_1-10x_2=-7,\\ 9x_1-4x_2=5,\end{cases}$$

可换成

$$\begin{cases}9x_1-4x_2=5,\\ 3x_1-10x_2=-7,\end{cases}$$

即将$\boldsymbol{A}=\begin{pmatrix}3 & -10\\ 9 & -4\end{pmatrix}$换成$\tilde{\boldsymbol{A}}=\begin{pmatrix}9 & -4\\ 3 & -10\end{pmatrix}$,显然$\tilde{\boldsymbol{A}}$是严格对角占优矩阵,对新线性方程组$\tilde{\boldsymbol{A}}\boldsymbol{x}=\tilde{\boldsymbol{b}}$构造雅可比迭代法及高斯-塞德尔迭代法均收敛.

6.3 超松弛迭代法

6.3.1 逐次超松弛迭代法

选取分裂矩阵$\boldsymbol{M}$为带参数的下三角矩阵

$$\boldsymbol{M}=\frac{1}{\omega}(\boldsymbol{D}-\omega\boldsymbol{L}),$$

其中$\omega>0$为可选择的松弛因子.

于是,由迭代法(6.11)可构造一个迭代法,其迭代矩阵为

$$\boldsymbol{L}_\omega\equiv\boldsymbol{I}-\omega(\boldsymbol{D}-\omega\boldsymbol{L})^{-1}\boldsymbol{A}=(\boldsymbol{D}-\omega\boldsymbol{L})^{-1}((1-\omega)\boldsymbol{D}+\omega\boldsymbol{U}).$$

从而得到解$\boldsymbol{Ax}=\boldsymbol{b}$的**逐次超松弛**(successive over relaxation,简称 SOR)**迭代法**.

解$\boldsymbol{Ax}=\boldsymbol{b}$的 SOR 迭代法为

$$\begin{cases}\boldsymbol{x}^{(0)} \quad (\text{初始向量}),\\ \boldsymbol{x}^{(k+1)}=\boldsymbol{L}_\omega\boldsymbol{x}^{(k)}+\boldsymbol{f}, \quad k=0,1,2,\cdots,\end{cases} \tag{6.18}$$

其中,$\boldsymbol{L}_\omega=(\boldsymbol{D}-\omega\boldsymbol{L})^{-1}((1-\omega)\boldsymbol{D}+\omega\boldsymbol{U})$, $\boldsymbol{f}=\omega(\boldsymbol{D}-\omega\boldsymbol{L})^{-1}\boldsymbol{b}$.

下面给出解 $\boldsymbol{Ax}=\boldsymbol{b}$ 的 SOR 迭代法的分量计算公式. 记

$$\boldsymbol{x}^{(k)}=(x_1^{(k)},\cdots,x_i^{(k)},\cdots,x_n^{(k)})^{\mathrm{T}},$$

由(6.18)式可得

$$(\boldsymbol{D}-\omega\boldsymbol{L})\boldsymbol{x}^{(k+1)}=((1-\omega)\boldsymbol{D}+\omega\boldsymbol{U})\boldsymbol{x}^{(k)}+\omega\boldsymbol{b},$$

或

$$\boldsymbol{Dx}^{(k+1)}=\boldsymbol{Dx}^{(k)}+\omega(\boldsymbol{b}+\boldsymbol{Lx}^{(k+1)}+\boldsymbol{Ux}^{(k)}-\boldsymbol{Dx}^{(k)}).$$

由此,得到解 $\boldsymbol{Ax}=\boldsymbol{b}$ 的 SOR 迭代法的计算公式

$$\begin{cases}\boldsymbol{x}^{(0)}=(x_1^{(0)},x_2^{(0)},\cdots,x_n^{(0)})^{\mathrm{T}},\\ x_i^{(k+1)}=x_i^{(k)}+\omega\left(b_i-\sum\limits_{j=1}^{i-1}a_{ij}x_j^{(k+1)}-\sum\limits_{j=i}^{n}a_{ij}x_j^{(k)}\right)\Big/a_{ii},\\ i=1,2,\cdots,n,\ k=0,1,2,\cdots,\quad \omega\ \text{为松弛因子},\end{cases}\tag{6.19}$$

或

$$\begin{cases}\boldsymbol{x}^{(0)}=(x_1^{(0)},\ x_2^{(0)},\cdots,\ x_n^{(0)})^{\mathrm{T}},\\ x_i^{(k+1)}=x_i^{(k)}+\Delta x_i,\\ \Delta x_i=\omega\left(b_i-\sum\limits_{j=1}^{i-1}a_{ij}x_j^{(k+1)}-\sum\limits_{j=i}^{n}a_{ij}x_j^{(k)}\right)\Big/a_{ii},\\ i=1,2,\cdots,n,\ k=0,1,2,\cdots,\quad \omega\ \text{为松弛因子}.\end{cases}$$

(1) 显然,当 $\omega=1$ 时,SOR 迭代法即为高斯-塞德尔迭代法.

(2) SOR 迭代法每迭代一次主要运算量是计算一次矩阵与向量的乘法.

(3) 当 $\omega>1$ 时,称为超松弛法;当 $\omega<1$ 时,称为低松弛法.

(4) 在计算机实现时可用

$$\max_{1\leqslant i\leqslant n}|\Delta x_i|=\max_{1\leqslant i\leqslant n}|x_i^{(k+1)}-x_i^{(k)}|<\varepsilon$$

控制迭代终止,或用 $\|\boldsymbol{r}^{(k)}\|_\infty=\|\boldsymbol{b}-\boldsymbol{Ax}^{(k)}\|_\infty<\varepsilon$ 控制迭代终止.

SOR 迭代法是高斯-塞德尔迭代法的一种修正,可由下述思想得到.

设已知 $\boldsymbol{x}^{(k)}$ 及已计算 $\boldsymbol{x}^{(k+1)}$ 的分量 $x_j^{(k+1)}(j=1,2,\cdots,i-1)$.

(1) 首先用高斯-塞德尔迭代法定义辅助量 $\tilde{x}_i^{(k+1)}$,

$$\tilde{x}_i^{(k+1)}=\left(b_i-\sum_{j=1}^{i-1}a_{ij}x_j^{(k+1)}-\sum_{j=i+1}^{n}a_{ij}x_j^{(k)}\right)\Big/a_{ii}.\tag{6.20}$$

(2) 由 $x_i^{(k)}$ 与 $\tilde{x}_i^{(k+1)}$ 加权平均定义 $x_i^{(k+1)}$,即

$$x_i^{(k+1)}=(1-\omega)x_i^{(k)}+\omega\tilde{x}_i^{(k+1)}=x_i^{(k)}+\omega(\tilde{x}_i^{(k+1)}-x_i^{(k)}).\tag{6.21}$$

将(6.20)式代入(6.21)式得到解 $\boldsymbol{Ax}=\boldsymbol{b}$ 的 SOR 迭代法(6.19).

例 6.8　用 SOR 迭代法解线性方程组

$$\begin{pmatrix}-4&1&1&1\\1&-4&1&1\\1&1&-4&1\\1&1&1&-4\end{pmatrix}\begin{pmatrix}x_1\\x_2\\x_3\\x_4\end{pmatrix}=\begin{pmatrix}1\\1\\1\\1\end{pmatrix},$$

它的精确解为 $\boldsymbol{x}^*=(-1,-1,-1,-1)^{\mathrm{T}}$.

解　取 $\boldsymbol{x}^{(0)}=\mathbf{0}$,迭代公式为

$$\begin{cases}x_1^{(k+1)}=x_1^{(k)}-\omega(1+4x_1^{(k)}-x_2^{(k)}-x_3^{(k)}-x_4^{(k)})/4;\\ x_2^{(k+1)}=x_2^{(k)}-\omega(1-x_1^{(k+1)}+4x_2^{(k)}-x_3^{(k)}-x_4^{(k)})/4;\\ x_3^{(k+1)}=x_3^{(k)}-\omega(1-x_1^{(k+1)}-x_2^{(k+1)}+4x_3^{(k)}-x_4^{(k)})/4;\\ x_4^{(k+1)}=x_4^{(k)}-\omega(1-x_1^{(k+1)}-x_2^{(k+1)}-x_3^{(k+1)}+4x_4^{(k)})/4.\end{cases}$$

取 $\omega=1.3$,第 12 次迭代结果为

$$\boldsymbol{x}^{(12)}=(-1.000\,001\,52,-0.999\,999\,22,-1.000\,000\,12,-1.000\,000\,52)^{\mathrm{T}},$$

$$\|\boldsymbol{\varepsilon}^{(12)}\|_2\leqslant 10^{-5}.$$

对 ω 取其他值,迭代次数如表 6-1 所列. 从此例看到,松弛因子选择得好,会使 SOR 迭代法的收敛大大加速. 本例中 $\omega=1.3$ 是最佳松弛因子.

表 6-1　计算数据

松弛因子 ω	满足误差 $\|\boldsymbol{x}^{(k)}-\boldsymbol{x}^*\|_2<10^{-5}$ 的迭代次数	松弛因子 ω	满足误差 $\|\boldsymbol{x}^{(k)}-\boldsymbol{x}^*\|_2<10^{-5}$ 的迭代次数
1.0	22	1.5	19
1.1	17	1.6	25
1.2	13	1.7	36
1.3	12(最少迭代次数)	1.8	56
1.4	15	1.9	118

6.3.2　SOR 迭代法的收敛性

根据定理 6.5 可知 SOR 迭代法收敛的充分必要条件是 $\rho(\boldsymbol{L}_\omega)<1$,而 $\rho(\boldsymbol{L}_\omega)$ 与松弛因子 ω 有关,下面先研究 ω 在什么范围内,SOR 迭代法才可能收敛.

定理 6.10(SOR 迭代法收敛的必要条件)　设解线性方程组 $\boldsymbol{Ax}=\boldsymbol{b}$ 的 SOR 迭代法收敛,则 $0<\omega<2$.

证明　因 SOR 迭代法收敛,则由定理 6.5 有 $\rho(\boldsymbol{L}_\omega)<1$,设 $\boldsymbol{L}_\omega$ 的特征值为 $\lambda_1,\lambda_2,\cdots,\lambda_n$,则

$$|\det(\boldsymbol{L}_\omega)|=|\lambda_1\lambda_2\cdots\lambda_n|\leqslant[\rho(\boldsymbol{L}_\omega)]^n,$$

或

$$|\det(\boldsymbol{L}_\omega)|^{1/n}\leqslant\rho(\boldsymbol{L}_\omega)<1.$$

另一方面,

$$\det(\boldsymbol{L}_\omega)=\det[(\boldsymbol{D}-\omega\boldsymbol{L})^{-1}]\det((1-\omega)\boldsymbol{D}+\omega\boldsymbol{U})=(1-\omega)^n,$$

从而

$$|\det(\boldsymbol{L}_\omega)|^{1/n}=|1-\omega|\leqslant\rho(\boldsymbol{L}_\omega)<1,$$

即 $0<\omega<2$. □

定理 6.10 说明解 $\boldsymbol{Ax}=\boldsymbol{b}$ 的 SOR 迭代法,只有在(0,2)范围内取松弛因子 ω,才可能收敛.

定理 6.11　设 $\boldsymbol{Ax}=\boldsymbol{b}$,如果:

(1) $\boldsymbol{A}$ 为对称正定矩阵,$\boldsymbol{A}=\boldsymbol{D}-\boldsymbol{L}-\boldsymbol{U}$;

(2) $0<\omega<2$.

则解 $\boldsymbol{Ax}=\boldsymbol{b}$ 的 SOR 迭代法收敛.

证明　在上述假定下,若能证明 $|\lambda|<1$,那么此定理得证(其中 λ 为 $\boldsymbol{L}_\omega$ 的任一特征值).

事实上,设 $\boldsymbol{y}$ 为对应 λ 的 $\boldsymbol{L}_\omega$ 的特征向量,即

$$\boldsymbol{L}_\omega \boldsymbol{y}=\lambda \boldsymbol{y},\quad \boldsymbol{y}=(y_1,y_2,\cdots,y_n)^{\mathrm{T}}\neq \boldsymbol{0},$$

$$(\boldsymbol{D}-\omega \boldsymbol{L})^{-1}((1-\omega)\boldsymbol{D}+\omega \boldsymbol{U})\boldsymbol{y}=\lambda \boldsymbol{y},$$

亦即

$$((1-\omega)\boldsymbol{D}+\omega \boldsymbol{U})\boldsymbol{y}=\lambda(\boldsymbol{D}-\omega \boldsymbol{L})\boldsymbol{y}.$$

为了找出 λ 的表达式,考虑内积

$$(((1-\omega)\boldsymbol{D}+\omega \boldsymbol{U})\boldsymbol{y},\boldsymbol{y})=\lambda((\boldsymbol{D}-\omega \boldsymbol{L})\boldsymbol{y},\boldsymbol{y}),$$

则

$$\lambda=\frac{(\boldsymbol{Dy},\boldsymbol{y})-\omega(\boldsymbol{Dy},\boldsymbol{y})+\omega(\boldsymbol{Uy},\boldsymbol{y})}{(\boldsymbol{Dy},\boldsymbol{y})-\omega(\boldsymbol{Ly},\boldsymbol{y})}.$$

显然

$$(\boldsymbol{Dy},\boldsymbol{y})=\sum_{i=1}^{n}a_{ii}\,|\,y_i\,|^2\equiv\sigma>0. \tag{6.22}$$

记

$$-(\boldsymbol{Ly},\boldsymbol{y})=\alpha+\mathrm{i}\beta,$$

由于 $\boldsymbol{A}=\boldsymbol{A}^{\mathrm{T}}$,所以 $\boldsymbol{U}=\boldsymbol{L}^{\mathrm{T}}$,故

$$-(\boldsymbol{Uy},\boldsymbol{y})=-(\boldsymbol{y},\boldsymbol{Ly})=-\overline{(\boldsymbol{Ly},\boldsymbol{y})}=\alpha-\mathrm{i}\beta,$$

$$0<(\boldsymbol{Ay},\boldsymbol{y})=((\boldsymbol{D}-\boldsymbol{L}-\boldsymbol{U})\boldsymbol{y},\boldsymbol{y})=\sigma+2\alpha, \tag{6.23}$$

所以

$$\lambda=\frac{(\sigma-\omega\sigma-\alpha\omega)+\mathrm{i}\omega\beta}{(\sigma+\alpha\omega)+\mathrm{i}\omega\beta},$$

从而

$$|\,\lambda\,|^2=\frac{(\sigma-\omega\sigma-\alpha\omega)^2+\omega^2\beta^2}{(\sigma+\alpha\omega)^2+\omega^2\beta^2}.$$

当 $0<\omega<2$ 时,利用(6.22)式和(6.23)式,有

$$(\sigma-\omega\sigma-\alpha\omega)^2-(\sigma+\alpha\omega)^2=\omega\sigma(\sigma+2\alpha)(\omega-2)<0,$$

即 $\boldsymbol{L}_\omega$ 的任一特征值满足 $|\lambda|<1$,故 SOR 迭代法收敛(注意当 $0<\omega<2$ 时,可以证明 $(\sigma+2\omega)^2+\omega^2\beta^2\neq 0$).　□

定理 6.12　设 $\boldsymbol{Ax}=\boldsymbol{b}$,如果:

(1) $\boldsymbol{A}$ 为严格对角占优矩阵(或 $\boldsymbol{A}$ 为弱对角占优不可约矩阵);

(2) $0<\omega\leqslant 1$.

则解 $\boldsymbol{Ax}=\boldsymbol{b}$ 的 SOR 迭代法收敛.

SOR 迭代法的收敛速度与松弛因子 ω 有关,例 6.8 中也看到不同 ω 的迭代次数差别.

对于 SOR 迭代法希望选择松弛因子 ω 使迭代过程(6.19)收敛较快,在理论上即确定 ω_{opt} 使

$$\min_{0<\omega<2}\rho(\boldsymbol{L}_\omega)=\rho(\boldsymbol{L}_{\omega_{\text{opt}}}).$$

对某些特殊类型的矩阵，建立了 SOR 迭代法最佳松弛因子理论. 例如，对所谓具有"性质 A"等条件的线性方程组建立了最佳松弛因子公式

$$\omega_{\text{opt}}=\frac{2}{1+\sqrt{1-(\rho(\boldsymbol{J}))^2}},\tag{6.24}$$

其中 $\rho(\boldsymbol{J})$ 为解 $\boldsymbol{Ax}=\boldsymbol{b}$ 的雅可比迭代法的迭代矩阵 $\boldsymbol{J}$ 的谱半径.

下面将针对块迭代给出最佳松弛因子的结论.

6.3.3 块迭代法

块迭代法大多用于大型稀疏线性方程组求解.

例 6.9(模型问题) 考虑泊松(Poisson)方程边值问题

$$\begin{cases}-\left(\dfrac{\partial^2 u}{\partial x^2}+\dfrac{\partial^2 u}{\partial y^2}\right)=f(x,y), & (x,y)\in\Omega, \quad (6.25)\\ u(x,y)=0, & (x,y)\in\partial\Omega, \quad (6.26)\end{cases}$$

其中 $\Omega=\{(x,y)\mid 0<x,y<1\}$，$\partial\Omega$ 为 Ω 的边界，用差分方法求解边值问题(6.25)式和(6.26)式.

如图 6-2 所示，用直线 $x=x_i$，$y=y_j$ 在 Ω 打上网格，其中

$$x_i=ih,\quad y_j=jh,\quad h=\frac{1}{N+1},\quad i,j=1,2,\cdots,N.$$

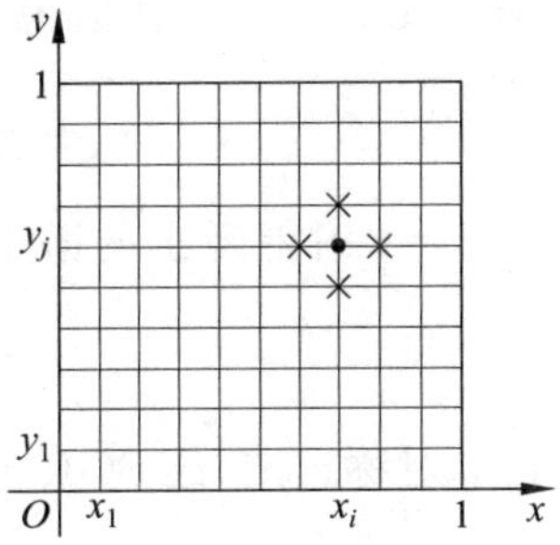

图 6-2 区域网格剖分

分别记网格内点和边界点的集合为

$$\Omega_h=\{(x_i,y_j)\mid i,j=1,2,\cdots,N\},$$
$$\partial\Omega_h=\{(x_i,0),(x_i,1),(0,y_j),(1,y_j)\mid i,j=0,1,\cdots,N+1\}.$$

在点 (x_i,y_j) 上用差商表示二阶偏导数，即

$$\left.\frac{\partial^2 u}{\partial x^2}\right|_{(x_i,y_j)}=\frac{1}{h^2}[u(x_{i+1},y_j)-2u(x_i,y_j)+u(x_{i-1},y_j)]+o(h^2),$$

$$\left.\frac{\partial^2 u}{\partial y^2}\right|_{(x_i,y_j)}=\frac{1}{h^2}[u(x_i,y_{j+1})-2u(x_i,y_j)+u(x_i,y_{j-1})]+o(h^2),$$

略去余项 $o(h^2)$，用 u_{ij} 表示 $u(x_i,y_j)$ 的近似值，由微分方程(6.25)就可得到差分方程

$$-\left(\frac{u_{i+1,j}-2u_{ij}+u_{i-1,j}}{h^2}+\frac{u_{i,j+1}-2u_{ij}+u_{i,j-1}}{h^2}\right)=f_{ij},$$

其中 $f_{ij}=f(x_i,y_j)$，此式可整理成

$$4u_{ij}-u_{i+1,j}-u_{i-1,j}-u_{i,j+1}-u_{i,j-1}=h^2 f_{ij},\tag{6.27}$$

其中 (i,j) 对应的点 $(x_i,y_j)\in\Omega_h$.(6.27)式称为泊松方程的五点差分格式.(6.27)式左端若有某项 u_{ij} 对应的点 $(x_i,y_j)\in\partial\Omega_h$，则 $u_{ij}=0$. 为将差分方程写成矩阵形式，我们把网格点逐行按由左至右和由下至上的自然次序排列，记向量

$$\boldsymbol{u}=(u_{11},u_{21},\cdots,u_{N1},u_{12},u_{22},\cdots,u_{N2},\cdots,u_{1N},u_{2N},\cdots,u_{NN})^{\mathrm{T}},$$

$$\boldsymbol{b} = h^2(f_{11}, f_{21}, \cdots, f_{N1}, f_{12}, f_{22}, \cdots, f_{N2}, \cdots, f_{1N}, f_{2N}, \cdots, f_{NN})^{\mathrm{T}},$$

则(6.27)式可写成

$$\boldsymbol{Au} = \boldsymbol{b}, \tag{6.28}$$

其中

$$\boldsymbol{A} = \begin{pmatrix} \boldsymbol{A}_{11} & -\boldsymbol{I} & & & \\ -\boldsymbol{I} & \boldsymbol{A}_{22} & -\boldsymbol{I} & & \\ & \ddots & \ddots & \ddots & \\ & & -\boldsymbol{I} & \boldsymbol{A}_{N-1,N-1} & -\boldsymbol{I} \\ & & & -\boldsymbol{I} & \boldsymbol{A}_{NN} \end{pmatrix} \in \mathbb{R}^{N^2 \times N^2}, \tag{6.29}$$

$$\boldsymbol{A}_{ii} = \begin{pmatrix} 4 & -1 & & & \\ -1 & 4 & -1 & & \\ & \ddots & \ddots & \ddots & \\ & & -1 & 4 & -1 \\ & & & -1 & 4 \end{pmatrix} \in \mathbb{R}^{N \times N}, \quad i = 1, 2, \cdots, N, \tag{6.30}$$

$\boldsymbol{I}$ 为 $N \times N$ 单位矩阵，通常 N 是个大数，但 $\boldsymbol{A}$ 的每一行最多只有5个非零元素，所以 $\boldsymbol{A}$ 是一个稀疏矩阵，故线性方程组(6.28)是一个大型稀疏方程组，它可用 SOR 迭代法求解.可算出 $\boldsymbol{J} = \boldsymbol{D}^{-1}(\boldsymbol{L} + \boldsymbol{U})$的特征值为

$$\mu_{ij} = \frac{1}{2}(\cos i\pi h + \cos j\pi h), \quad i, j = 1, 2, \cdots, N.$$

当 $i = j = 1$ 时得到 $\boldsymbol{J}$ 的谱半径

$$\mu = \rho(\boldsymbol{J}) = \cos \pi h = 1 - \frac{1}{2}\pi^2 h^2 + o(h^4).$$

由于 $\boldsymbol{A}$ 对称正定，故 SOR 迭代法收敛，且可利用(6.24)式求出最佳松弛因子.

$$\omega_{\text{opt}} = \frac{2}{1 + \sin \pi h},$$

且

$$\rho(\boldsymbol{L}_{\omega_{\text{opt}}}) = \omega_{\text{opt}} - 1 = \frac{\cos^2 \pi h}{(1 + \sin \pi h)^2}.$$

根据(6.29)式及渐近收敛速度的定义可得

$$R(\boldsymbol{J}) = -\ln \rho(\boldsymbol{J}) = \frac{1}{2}\pi^2 h^2 + o(h^4),$$

$$R(\boldsymbol{L}_{\omega_{\text{opt}}}) = -\ln(\omega_{\text{opt}} - 1) = -2[\ln \cos \pi h - \ln(1 + \sin \pi h)] = 2\pi h + o(h^3).$$

由上可见 $R(\boldsymbol{L}_{\omega_{\text{opt}}})$比 $R(\boldsymbol{J})$高一个 h 的数量级，若取 $h = 0.05$，$f(x, y) = 0$，则 $\boldsymbol{b} = \boldsymbol{0}$，因线性方程组(6.29)的系数矩阵为严格对角占优矩阵，是非奇异的，故此齐次线性方程组的解为 $\boldsymbol{0} \in \mathbb{R}^{N^2}$.初值取 $\boldsymbol{u}^{(0)} = (1, 1, \cdots, 1)^{\mathrm{T}}$，计算到 $\| \boldsymbol{u}^{(k)} - \boldsymbol{u}^{(k-1)} \|_{\infty} < 10^{-6}$ 且 $\| \boldsymbol{u}^{(k)} \|_{\infty} < 10^{-6}$ 停止，则雅可比迭代法需要 1154 次迭代，高斯-塞德尔迭代法需要 578 次迭代，而 SOR 迭代法若取$\omega = 1.73$，则只需 61 次迭代.$h = 0.05$ 时，$\omega_{\text{opt}} = 1.729\,45$.

在线性方程组(6.28)中的 $\boldsymbol{A}$ 由(6.29)式及(6.30)式表示就是分块矩阵，下面给出一般情形的分块矩阵处理.

设 $\boldsymbol{Ax}=\boldsymbol{b}$，其中 $\boldsymbol{A}\in\mathbb{R}^{n\times n}$ 为大型稀疏矩阵且将 $\boldsymbol{A}$ 分块为三部分 $\boldsymbol{A}=\boldsymbol{D}-\boldsymbol{L}-\boldsymbol{U}$，其中

$$\boldsymbol{A}=\begin{pmatrix}\boldsymbol{A}_{11} & \boldsymbol{A}_{12} & \cdots & \boldsymbol{A}_{1q}\\ \boldsymbol{A}_{21} & \boldsymbol{A}_{22} & \cdots & \boldsymbol{A}_{2q}\\ \vdots & \vdots & & \vdots\\ \boldsymbol{A}_{q1} & \boldsymbol{A}_{q2} & \cdots & \boldsymbol{A}_{qq}\end{pmatrix},\quad \boldsymbol{D}=\begin{pmatrix}\boldsymbol{A}_{11} & & & \\ & \boldsymbol{A}_{22} & & \\ & & \ddots & \\ & & & \boldsymbol{A}_{qq}\end{pmatrix},$$

$$\boldsymbol{L}=\begin{pmatrix}\boldsymbol{0} & & & \\ -\boldsymbol{A}_{21} & \boldsymbol{0} & & \\ \vdots & \vdots & \ddots & \\ -\boldsymbol{A}_{q1} & -\boldsymbol{A}_{q2} & \cdots & \boldsymbol{0}\end{pmatrix},\quad \boldsymbol{U}=\begin{pmatrix}\boldsymbol{0} & -\boldsymbol{A}_{12} & \cdots & -\boldsymbol{A}_{1q}\\ & \boldsymbol{0} & \cdots & -\boldsymbol{A}_{2q}\\ & & \ddots & \vdots\\ & & & \boldsymbol{0}\end{pmatrix},$$

且 $\boldsymbol{A}_{ii}(i=1,2,\cdots,q)$ 为 $n_i\times n_i$ 非奇异矩阵，$\sum_{i=1}^{q}n_i=n$. 对 $\boldsymbol{x}$ 及 $\boldsymbol{b}$ 同样分块

$$\boldsymbol{x}=\begin{pmatrix}\boldsymbol{x}_1\\ \boldsymbol{x}_2\\ \vdots\\ \boldsymbol{x}_q\end{pmatrix},\quad \boldsymbol{b}=\begin{pmatrix}\boldsymbol{b}_1\\ \boldsymbol{b}_2\\ \vdots\\ \boldsymbol{b}_q\end{pmatrix},$$

其中，$\boldsymbol{x}_i\in\mathbb{R}^{n_i}$，$\boldsymbol{b}_i\in\mathbb{R}^{n_i}$.

选取分裂阵 $\boldsymbol{M}$ 为 $\boldsymbol{A}$ 的对角块部分，即选

$$\begin{cases}\boldsymbol{M}=\boldsymbol{D}\quad(\text{块对角矩阵}),\\ \boldsymbol{A}=\boldsymbol{M}-\boldsymbol{N}.\end{cases}$$

于是，得到块雅可比迭代法

$$\boldsymbol{x}^{(k+1)}=\boldsymbol{Bx}^{(k)}+\boldsymbol{f},\quad k=0,1,2,\cdots,$$

其中迭代矩阵

$$\boldsymbol{B}=\boldsymbol{I}-\boldsymbol{D}^{-1}\boldsymbol{A}=\boldsymbol{D}^{-1}(\boldsymbol{L}+\boldsymbol{U})\equiv\boldsymbol{J},\quad \boldsymbol{f}=\boldsymbol{D}^{-1}\boldsymbol{b},$$

或

$$\boldsymbol{Dx}^{(k+1)}=(\boldsymbol{L}+\boldsymbol{U})\boldsymbol{x}^{(k)}+\boldsymbol{b}.$$

由分块矩阵乘法，得到块雅可比迭代法的具体形式

$$\boldsymbol{A}_{ii}\boldsymbol{x}_i^{(k+1)}=\boldsymbol{b}_i-\sum_{\substack{j=1\\ j\neq i}}^{q}\boldsymbol{A}_{ij}\boldsymbol{x}_j^{(k)},\quad i=1,2,\cdots,q,\tag{6.31}$$

其中

$$\boldsymbol{x}^{(k)}=\begin{pmatrix}\boldsymbol{x}_1^{(k)}\\ \boldsymbol{x}_2^{(k)}\\ \vdots\\ \boldsymbol{x}_q^{(k)}\end{pmatrix},\quad \boldsymbol{x}_i^{(k)}\in\mathbb{R}^{n_i}.$$

这说明，块雅可比迭代法，每迭代一步，从 $\boldsymbol{x}^{(k)}\to\boldsymbol{x}^{(k+1)}$，需要求解 q 个低阶线性方程组

$$\boldsymbol{A}_{ii}\boldsymbol{x}_i^{(k+1)}=\boldsymbol{g}_i,\quad i=1,2,\cdots,q,$$

其中 $\boldsymbol{g}_i$ 为(6.31)式右边的部分.

选取分裂矩阵 $\boldsymbol{M}$ 为带松弛因子的 $\boldsymbol{A}$ 块下三角部分，即

$$\begin{cases} \boldsymbol{M}=\dfrac{1}{\omega}(\boldsymbol{D}-\omega\boldsymbol{L}), \\ \boldsymbol{A}=\boldsymbol{M}-\boldsymbol{N}, \end{cases}$$

得到块 SOR(BSOR)迭代法

$$\boldsymbol{x}^{(k+1)}=\boldsymbol{L}_\omega\boldsymbol{x}^{(k)}+\boldsymbol{f},$$

其中迭代矩阵

$$\boldsymbol{L}_\omega=\boldsymbol{I}-\omega(\boldsymbol{D}-\omega\boldsymbol{L})^{-1}\boldsymbol{A}=(\boldsymbol{D}-\omega\boldsymbol{L})^{-1}((1-\omega)\boldsymbol{D}+\omega\boldsymbol{U}),$$

$$\boldsymbol{f}=\omega(\boldsymbol{D}-\omega\boldsymbol{L})^{-1}\boldsymbol{b}.$$

由分块矩阵乘法得到块 SOR 迭代法的具体形式：

$$\boldsymbol{A}_{ii}\boldsymbol{x}_i^{(k+1)}=\boldsymbol{A}_{ii}\boldsymbol{x}_i^{(k)}+\omega\left(\boldsymbol{b}_i-\sum_{j=1}^{i-1}\boldsymbol{A}_{ij}\boldsymbol{x}_j^{(k+1)}-\sum_{j=i}^{q}\boldsymbol{A}_{ij}\boldsymbol{x}_j^{(k)}\right),$$

$$i=1,2,\cdots,q,\ k=0,1,2,\cdots, \tag{6.32}$$

其中，ω 为松弛因子.

于是，当 $\boldsymbol{x}^{(k)}$ 及 $\boldsymbol{x}_j^{(k+1)}(j=1,2,\cdots,i-1)$ 已计算时，解低阶线性方程组(6.32)可计算小块 $\boldsymbol{x}_i^{(k+1)}$. 从 $\boldsymbol{x}^{(k)}\to\boldsymbol{x}^{(k+1)}$ 共需要解 q 个低阶线性方程组，当 $\boldsymbol{A}_{ii}$ 为三对角矩阵或带状矩阵时，可用直接法求解.

我们给出下述结果.

定理 6.13 设 $\boldsymbol{Ax}=\boldsymbol{b}$，其中 $\boldsymbol{A}=\boldsymbol{D}-\boldsymbol{L}-\boldsymbol{U}$(分块形式).

(1) 如果 $\boldsymbol{A}$ 为对称正定矩阵，

(2) $0<\omega<2$.

则解 $\boldsymbol{Ax}=\boldsymbol{b}$ 的 BSOR 迭代法收敛.

例 6.9 的模型问题中(6.29)式和(6.30)式所表示的分块形式与一般形式相比，有 $q=n_i=N$，例 6.9 中(6.29)式的分块对应于图 6-2 的一条条网格线，按分块形式写出的迭代公式也称线迭代法.对于例 6.9 的模型问题，在同样的条件下，$h=0.05$ 时，块雅可比迭代法需要 581 次迭代，块高斯-塞德尔迭代法需要 292 次迭代，而块松弛迭代法若取 $\omega=1.729\ 45$，则只需 52 次迭代.

在 BSOR 迭代法的收敛性和最佳松弛因子的理论分析中，一类特殊的三对角块矩阵有很多好的性质，它就是 T-矩阵，其形式为

$$\boldsymbol{A}=\begin{pmatrix} \boldsymbol{D}_1 & \boldsymbol{F}_1 & & \\ \boldsymbol{E}_2 & \boldsymbol{D}_2 & \boldsymbol{F}_2 & \\ & \ddots & \ddots & \ddots \\ & \boldsymbol{E}_{q-1} & \boldsymbol{D}_{q-1} & \boldsymbol{F}_{q-1} \\ & & \boldsymbol{E}_q & \boldsymbol{D}_q \end{pmatrix} \tag{6.33}$$

的块三对角矩阵，其中主对角块 $\boldsymbol{D}_i(i=1,2,\cdots,q)$ 均为对角矩阵.

记 $\boldsymbol{D}=\mathrm{diag}(\boldsymbol{D}_1,\boldsymbol{D}_2,\cdots,\boldsymbol{D}_q)$，块雅可比迭代矩阵 $\boldsymbol{J}=\boldsymbol{I}-\boldsymbol{D}^{-1}\boldsymbol{A}$.设块 SOR 迭代法的迭代矩阵为 $\boldsymbol{L}_\omega$，则有以下结论.

定理 6.14 设 $\boldsymbol{A}$ 为非奇异的形如(6.33)式的 T-矩阵，且 $\boldsymbol{D}$ 非奇异.$\boldsymbol{J}=\boldsymbol{I}-\boldsymbol{D}^{-1}\boldsymbol{A}$，则当 $\rho(\boldsymbol{J})<1$ 时，对 $0<\omega<2$ 有 $\rho(\boldsymbol{L}_\omega)<1$ 及最佳松弛因子

$$\omega_{\text{opt}}=\frac{2}{1+\sqrt{1-[\rho(\boldsymbol{J})]^2}},\quad \rho(\boldsymbol{L}_{\omega_{\text{opt}}})=\omega_{\text{opt}}-1,$$

且

$$\rho(\boldsymbol{L}_\omega)=\begin{cases}\dfrac{1}{4}\left[\omega\mu+\sqrt{\omega^2\mu^2-4(\omega-1)}\right]^2, & 0<\omega<\omega_{\text{opt}},\\ \omega-1, & \omega_{\text{opt}}\leqslant\omega<2,\end{cases}\tag{6.34}$$

其中 $\mu=\rho(\boldsymbol{J})$.

证明可见文献[33].根据定理有

$$\rho(\boldsymbol{L}_{\omega_{\text{opt}}})=\min_{0<\omega<2}\rho(\boldsymbol{L}_\omega),$$

如图 6-3 所示.由(6.34)式可知,当 $\omega=1$ 时,$\rho(\boldsymbol{G})=\rho(\boldsymbol{L}_{\omega_1})=\mu^2=\rho^2(\boldsymbol{B})$,则得高斯-塞德尔迭代法的收敛速度为

$$R(\boldsymbol{G})=-\ln\rho(\boldsymbol{G})=-2\ln\rho(\boldsymbol{J})=2R(\boldsymbol{J}).$$

说明此时高斯-塞德尔迭代法的收敛速度比雅可比迭代法的收敛速度快一倍.由于 T-矩阵的特殊情形就是三对角矩阵,因此,当 $\boldsymbol{A}$ 为对称正定的三对角矩阵时 SOR 迭代法的最佳松弛因子就是由(6.24)式给出的.

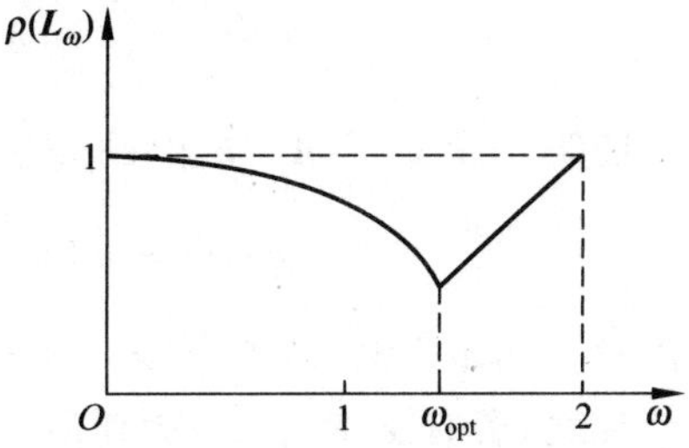

图 6-3 最佳松弛因子图示

注意对例 6.9 的模型问题得到的(6.29)式的矩阵 $\boldsymbol{A}$ 是按自然排序得到的,它不是 T-矩阵.如果改变网格点的排序,通常称为红-黑排序,则 $\boldsymbol{A}$ 可变成 T-矩阵.此处不做介绍,可参见文献[2,33].

6.4 共轭梯度法

6.4.1 与方程组等价的变分问题

共轭梯度(conjugate gradient,CG)法简称 CG 方法,又称共轭斜量法,它是一种变分方法,对应于求一个二次函数的极值.

设 $\boldsymbol{A}=(a_{ij})\in\mathbb{R}^{n\times n}$ 是对称正定矩阵,$\boldsymbol{b}=(b_1,b_2,\cdots,b_n)^{\mathrm{T}}$,求解的线性方程组为

$$\boldsymbol{Ax}=\boldsymbol{b}.\tag{6.35}$$

考虑如下定义的二次函数 $\varphi:\mathbb{R}^n\to\mathbb{R}$:

$$\varphi(\boldsymbol{x})=\frac{1}{2}(\boldsymbol{Ax},\boldsymbol{x})-(\boldsymbol{b},\boldsymbol{x})=\frac{1}{2}\sum_{i=1}^n\sum_{j=1}^n a_{ij}x_ix_j-\sum_{j=1}^n b_jx_j.\tag{6.36}$$

函数 φ 有如下性质:

(1) 对一切 $\boldsymbol{x}\in\mathbb{R}^n$,$\varphi(\boldsymbol{x})$的梯度

$$\nabla\varphi(\boldsymbol{x})=\boldsymbol{Ax}-\boldsymbol{b}.\tag{6.37}$$

(2) 对一切 $\boldsymbol{x},\boldsymbol{y}\in\mathbb{R}^n$ 及 $\alpha\in\mathbb{R}$,

$$\begin{aligned}\varphi(\boldsymbol{x}+\alpha\boldsymbol{y})&=\frac{1}{2}(\boldsymbol{A}(\boldsymbol{x}+\alpha\boldsymbol{y}),\boldsymbol{x}+\alpha\boldsymbol{y})-(\boldsymbol{b},\boldsymbol{x}+\alpha\boldsymbol{y})\\&=\varphi(\boldsymbol{x})+\alpha(\boldsymbol{Ax}-\boldsymbol{b},\boldsymbol{y})+\frac{\alpha^2}{2}(\boldsymbol{Ay},\boldsymbol{y}).\end{aligned}\tag{6.38}$$

(3) 设 $\boldsymbol{x}^*=\boldsymbol{A}^{-1}\boldsymbol{b}$ 是线性方程组(6.35)的解,则有

$$\varphi(\boldsymbol{x}^*)=-\frac{1}{2}(\boldsymbol{b},\boldsymbol{A}^{-1}\boldsymbol{b})=-\frac{1}{2}(\boldsymbol{A}\boldsymbol{x}^*,\boldsymbol{x}^*),$$

且对一切 $\boldsymbol{x}\in\mathbb{R}^n$,有

$$\begin{aligned}\varphi(\boldsymbol{x})-\varphi(\boldsymbol{x}^*)&=\frac{1}{2}(\boldsymbol{A}\boldsymbol{x},\boldsymbol{x})-(\boldsymbol{A}\boldsymbol{x}^*,\boldsymbol{x})+\frac{1}{2}(\boldsymbol{A}\boldsymbol{x}^*,\boldsymbol{x}^*)\\&=\frac{1}{2}(\boldsymbol{A}(\boldsymbol{x}-\boldsymbol{x}^*),\boldsymbol{x}-\boldsymbol{x}^*).\end{aligned}\tag{6.39}$$

以上性质可根据 $\varphi(\boldsymbol{x})$的定义(6.36)式直接运算验证.

定理 6.15　设 $\boldsymbol{A}$ 对称正定,则 $\boldsymbol{x}^*$ 为线性方程组(6.35)解的充分必要条件是 $\boldsymbol{x}^*$ 满足

$$\varphi(\boldsymbol{x}^*)=\min_{\boldsymbol{x}\in\mathbb{R}^n}\varphi(\boldsymbol{x}).$$

证明　设 $\boldsymbol{x}^*=\boldsymbol{A}^{-1}\boldsymbol{b}$.由(6.39)式及 $\boldsymbol{A}$ 的正定性有

$$\varphi(\boldsymbol{x})-\varphi(\boldsymbol{x}^*)=\frac{1}{2}(\boldsymbol{A}(\boldsymbol{x}-\boldsymbol{x}^*),\boldsymbol{x}-\boldsymbol{x}^*)\geqslant 0.$$

所以对一切 $\boldsymbol{x}\in\mathbb{R}^n$,均有 $\varphi(\boldsymbol{x})\geqslant\varphi(\boldsymbol{x}^*)$,即 $\boldsymbol{x}^*$ 使 $\varphi(\boldsymbol{x})$达到最小.

反之,若有 $\bar{\boldsymbol{x}}$ 使 $\varphi(\boldsymbol{x})$达到最小,则有 $\varphi(\bar{\boldsymbol{x}})\leqslant\varphi(\boldsymbol{x})$对任意 $\boldsymbol{x}\in\mathbb{R}^n$ 成立,由上面证明有 $\varphi(\bar{\boldsymbol{x}})-\varphi(\boldsymbol{x}^*)=0$,即

$$\frac{1}{2}(\boldsymbol{A}(\bar{\boldsymbol{x}}-\boldsymbol{x}^*),\bar{\boldsymbol{x}}-\boldsymbol{x}^*)=0.$$

由 $\boldsymbol{A}$ 的正定性,这只有 $\bar{\boldsymbol{x}}=\boldsymbol{x}^*$ 才能成立. □

由定理 6.15 可知,求 $\boldsymbol{x}^*\in\mathbb{R}^n$ 使 $\varphi(\boldsymbol{x})$($-\varphi(\boldsymbol{x})$)达到最小值(最大值),这就是求解等价于线性方程组(6.35)的变分问题.求解方法是构造一个向量序列$\{\boldsymbol{x}^{(k)}\}$使 $\varphi(\boldsymbol{x}^{(k)})\to\varphi(\boldsymbol{x}^*)$.

6.4.2　最速下降法

通常求 $\varphi(\boldsymbol{x})$的极小点 $\boldsymbol{x}^*$ 可转化为求一维问题的极小,即从 $\boldsymbol{x}^{(0)}$ 出发,找一个方向 $\boldsymbol{p}^{(0)}$,令 $\boldsymbol{x}^{(1)}=\boldsymbol{x}^{(0)}+\alpha\boldsymbol{p}^{(0)}$,使 $\varphi(\boldsymbol{x}^{(1)})=\min\limits_{\alpha\in\mathbf{R}}\varphi(\boldsymbol{x}^{(0)}+\alpha\boldsymbol{p}^{(0)})$.

一般地,取

$$\boldsymbol{x}^{(k+1)}=\boldsymbol{x}^{(k)}+\alpha_k\boldsymbol{p}^{(k)},\tag{6.40}$$

使

$$\varphi(\boldsymbol{x}^{(k+1)})=\min_{\alpha\in\mathbf{R}}\varphi(\boldsymbol{x}^{(k)}+\alpha\boldsymbol{p}^{(k)}).$$

由于

$$\varphi(\boldsymbol{x}^{(k)}+\alpha\boldsymbol{p}^{(k)})=\varphi(\boldsymbol{x}^{(k)})+\alpha(\boldsymbol{A}\boldsymbol{x}^{(k)}-\boldsymbol{b},\boldsymbol{p}^{(k)})+\frac{\alpha^2}{2}(\boldsymbol{A}\boldsymbol{p}^{(k)},\boldsymbol{p}^{(k)}),$$

$$\frac{\mathrm{d}\varphi(\boldsymbol{x}^{(k)}+\alpha\boldsymbol{p}^{(k)})}{\mathrm{d}\alpha}=(\boldsymbol{A}\boldsymbol{x}^{(k)}-\boldsymbol{b},\boldsymbol{p}^{(k)})+\alpha(\boldsymbol{A}\boldsymbol{p}^{(k)},\boldsymbol{p}^{(k)}),$$

于是,令$\dfrac{\mathrm{d}\varphi(\boldsymbol{x}^{(k)}+\alpha\boldsymbol{p}^{(k)})}{\mathrm{d}\alpha}=0$ 可得

$$\alpha_k=-\frac{(\boldsymbol{A}\boldsymbol{x}^{(k)}-\boldsymbol{b},\boldsymbol{p}^{(k)})}{(\boldsymbol{A}\boldsymbol{p}^{(k)},\boldsymbol{p}^{(k)})},\tag{6.41}$$

这样得到的 α_k 显然满足

$$\varphi(\boldsymbol{x}^{(k)}+\alpha_k\boldsymbol{p}^{(k)})\leqslant\varphi(\boldsymbol{x}^{(k)}+\alpha\boldsymbol{p}^{(k)}),\quad \forall\alpha\in\mathbb{R},$$

这就是求 $\varphi(\boldsymbol{x})$ 极小点的下降算法,这里 $\boldsymbol{p}^{(k)}$ 是任选的一个方向,我们可以选一个方向 $\boldsymbol{p}^{(k)}$ 使 $\varphi(\boldsymbol{x})$ 在点 $\boldsymbol{x}^{(k)}$ 沿 $\boldsymbol{p}^{(k)}$ 下降最快. 实际上二次函数(6.36)的几何意义是一族超椭球面 $\varphi(\boldsymbol{x})=\varphi(\boldsymbol{x}^{(k)})(\varphi(\boldsymbol{x}^{(k)})\geqslant\varphi(\boldsymbol{x}^{(k+1)}))$, $\boldsymbol{x}^*$ 为它的中心,若 $n=2$ 就是二维空间的椭圆曲线,我们从 $\boldsymbol{x}^{(k)}$ 出发,先找一个使函数值 $\varphi(\boldsymbol{x})$ 减少最快的方向,这就是正交于超椭球面的函数 $\varphi(\boldsymbol{x})$ 的等值线的负梯度方向 $-\nabla\varphi(\boldsymbol{x}^{(k)})=-\left(\frac{\partial\varphi(\boldsymbol{x}^{(k)})}{\partial x_1},\frac{\partial\varphi(\boldsymbol{x}^{(k)})}{\partial x_2},\cdots,\frac{\partial\varphi(\boldsymbol{x}^{(k)})}{\partial x_n}\right)^{\mathrm{T}}$, 由(6.37)式有

$$\boldsymbol{p}^{(k)}=-\nabla\varphi(\boldsymbol{x}^{(k)})=-(\boldsymbol{A}\boldsymbol{x}^{(k)}-\boldsymbol{b})=\boldsymbol{r}^{(k)}.$$

由(6.41)式可得

$$\alpha_k=\frac{(\boldsymbol{r}^{(k)},\boldsymbol{r}^{(k)})}{(\boldsymbol{A}\boldsymbol{r}^{(k)},\boldsymbol{r}^{(k)})},\tag{6.42}$$

于是

$$\boldsymbol{x}^{(k+1)}=\boldsymbol{x}^{(k)}+\alpha_k\boldsymbol{r}^{(k)},\quad k=0,1,2,\cdots,\tag{6.43}$$

其中 $\boldsymbol{r}^{(k)}=\boldsymbol{b}-\boldsymbol{A}\boldsymbol{x}^{(k)}$ 为剩余向量.由(6.42)式和(6.43)式计算得到的向量序列 $\{\boldsymbol{x}^{(k)}\}$ 称为解线性方程组的**最速下降法**.由于

$$(\boldsymbol{r}^{(k+1)},\boldsymbol{r}^{(k)})=(\boldsymbol{b}-\boldsymbol{A}(\boldsymbol{x}^{(k)}+\alpha_k\boldsymbol{r}^{(k)}),\boldsymbol{r}^{(k)})=(\boldsymbol{r}^{(k)},\boldsymbol{r}^{(k)})-\alpha_k(\boldsymbol{A}\boldsymbol{r}^{(k)},\boldsymbol{r}^{(k)})=0,$$

说明两个相邻的搜索方向是正交的.还可证明由(6.42)式和(6.43)式得到的 $\{\varphi(\boldsymbol{x}^{(k)})\}$ 是单调下降有下界的序列,它存在极限,满足

$$\lim_{k\to\infty}\boldsymbol{x}^{(k)}=\boldsymbol{x}^*=\boldsymbol{A}^{-1}\boldsymbol{b},$$

而且

$$\|\boldsymbol{x}^{(k)}-\boldsymbol{x}^*\|_{\boldsymbol{A}}\leqslant\left(\frac{\lambda_1-\lambda_n}{\lambda_1+\lambda_n}\right)^k\|\boldsymbol{x}^{(0)}-\boldsymbol{x}^*\|_{\boldsymbol{A}},$$

其中 λ_1,λ_n 分别为对称正定矩阵 $\boldsymbol{A}$ 的最大与最小特征值. $\|\boldsymbol{u}\|_{\boldsymbol{A}}=(\boldsymbol{A}\boldsymbol{u},\boldsymbol{u})^{\frac{1}{2}}$,当 $\lambda_1\gg\lambda_n$ 时收敛是很慢的,而且当 $\|\boldsymbol{r}^{(k)}\|$ 很小时,由于舍入误差影响,计算将出现不稳定,所以这个算法实际中很少使用,需要寻找对整体而言下降更快的算法.

6.4.3 共轭梯度法

共轭梯度法是一种求解大型稀疏对称正定方程组十分有效的方法.仍然选择一组搜索方向 $\boldsymbol{p}^{(0)},\boldsymbol{p}^{(1)},\cdots$.但它不再是具有正交性的 $\boldsymbol{r}^{(0)},\boldsymbol{r}^{(1)},\cdots$.如果按方向 $\boldsymbol{p}^{(0)},\boldsymbol{p}^{(1)},\cdots,\boldsymbol{p}^{(k-1)}$ 已进行 k 次一维搜索,求得 $\boldsymbol{x}^{(k)}$,下一步确定 $\boldsymbol{p}^{(k)}$ 方向能使 $\boldsymbol{x}^{(k+1)}$ 更快地求得 $\boldsymbol{x}^*$,在 $\boldsymbol{p}^{(k)}$ 确定后,仍按(6.40)式和(6.41)式的下降算法求得 α_k,若已算出 $\boldsymbol{x}^{(k)}$(不失一般性设 $\boldsymbol{x}^{(0)}=\boldsymbol{0}$),则由(6.40)式有

$$\boldsymbol{x}^{(k+1)}=\boldsymbol{x}^{(k)}+\alpha_k\boldsymbol{p}^{(k)},$$

$$\boldsymbol{x}^{(k)}=\alpha_0\boldsymbol{p}^{(0)}+\alpha_1\boldsymbol{p}^{(1)}+\cdots+\alpha_{k-1}\boldsymbol{p}^{(k-1)}.$$

开始可取 $\boldsymbol{p}^{(0)}=\boldsymbol{r}^{(0)}$,当 $k\geqslant1$ 时确定 $\boldsymbol{p}^{(k)}$ 除了使

$$\varphi(\boldsymbol{x}^{(k+1)})=\min_{\alpha}\varphi(\boldsymbol{x}^{(k)}+\alpha\boldsymbol{p}^{(k)}),$$

还希望$\{\boldsymbol{p}^{(k)}\}$的选择使

$$\varphi(\boldsymbol{x}^{(k+1)})=\min_{\boldsymbol{x}\in\mathrm{span}\{\boldsymbol{p}^{(0)},\boldsymbol{p}^{(1)},\cdots,\boldsymbol{p}^{(k)}\}}\varphi(\boldsymbol{x}),\tag{6.44}$$

这里 $\boldsymbol{x}\in\mathrm{span}\{\boldsymbol{p}^{(0)},\boldsymbol{p}^{(1)},\cdots,\boldsymbol{p}^{(k)}\}$可表示为

$$\boldsymbol{x}=\boldsymbol{y}+\alpha\boldsymbol{p}^{(k)},\quad \boldsymbol{y}\in\mathrm{span}\{\boldsymbol{p}^{(0)},\boldsymbol{p}^{(1)},\cdots,\boldsymbol{p}^{(k-1)}\},\quad \alpha\in\mathbb{R}.\tag{6.45}$$

所以由(6.38)式有

$$\varphi(\boldsymbol{x})=\varphi(\boldsymbol{y}+\alpha\boldsymbol{p}^{(k)})=\varphi(\boldsymbol{y})+\alpha(\boldsymbol{A}\boldsymbol{y},\boldsymbol{p}^{(k)})-\alpha(\boldsymbol{b},\boldsymbol{p}^{(k)})+\frac{\alpha^2}{2}(\boldsymbol{A}\boldsymbol{p}^{(k)},\boldsymbol{p}^{(k)}).\tag{6.46}$$

(6.45)式表示在 $\boldsymbol{y}$ 已确定的情况下,选 $\boldsymbol{p}^{(k)}$使 $\boldsymbol{x}$ 在整个线性空间 $\mathrm{span}\{\boldsymbol{p}^{(0)},\boldsymbol{p}^{(1)},\cdots,\boldsymbol{p}^{(k)}\}$中 $\varphi(\boldsymbol{x})$最小,为了使(6.44)式极小化,需要对 α 及 $\boldsymbol{y}$ 分别求极小,在(6.46)式中出现的"交叉项"$(\boldsymbol{A}\boldsymbol{y},\boldsymbol{p}^{(k)})$必须令它为 0,即

$$(\boldsymbol{A}\boldsymbol{y},\boldsymbol{p}^{(k)})=0,\quad \forall \boldsymbol{y}\in\mathrm{span}\{\boldsymbol{p}^{(0)},\boldsymbol{p}^{(1)},\cdots,\boldsymbol{p}^{(k-1)}\},$$

也就是

$$(\boldsymbol{A}\boldsymbol{p}^{(j)},\boldsymbol{p}^{(k)})=0,\quad j=0,1,\cdots,k-1.$$

如果对 $k=1,2,\cdots$每步都如此选择 $\boldsymbol{p}^{(k)}$,则它符合以下定义.

定义 6.5 设 $\boldsymbol{A}$ 对称正定,若$\mathbb{R}^n$中向量组$\{\boldsymbol{p}^{(0)},\boldsymbol{p}^{(1)},\cdots,\boldsymbol{p}^{(m)}\}$满足

$$(\boldsymbol{A}\boldsymbol{p}^{(i)},\boldsymbol{p}^{(j)})=0,\quad i\neq j,i,j=0,1,2,\cdots,m,$$

则称它为$\mathbb{R}^n$中一个**$\boldsymbol{A}$-共轭向量组**或称**$\boldsymbol{A}$-正交向量组**.

显然,当 $m<n$ 时,不含零向量的 $\boldsymbol{A}$-共轭向量组线性无关,当$\boldsymbol{A}=\boldsymbol{I}$ 时 $\boldsymbol{A}$-共轭性就是一般的正交性.

若取$\{\boldsymbol{p}^{(0)},\boldsymbol{p}^{(1)},\cdots\}$是 $\boldsymbol{A}$-共轭的,考虑(6.44)式的解,$\boldsymbol{p}^{(k)}$使(6.46)式中$(\boldsymbol{A}\boldsymbol{y},\boldsymbol{p}^{(k)})=0$,于是问题(6.44)可分离为两个极小问题,由(6.46)式可得

$$\begin{aligned}\min_{\boldsymbol{x}\in\mathrm{span}\{\boldsymbol{p}^{(0)},\boldsymbol{p}^{(1)},\cdots,\boldsymbol{p}^{(k)}\}}\varphi(\boldsymbol{x})&=\min_{\alpha,\boldsymbol{y}}\varphi(\boldsymbol{y}+\alpha\boldsymbol{p}^{(k)})\\&=\min_{\boldsymbol{y}}\varphi(\boldsymbol{y})+\min_{\alpha}\left[\frac{\alpha^2}{2}(\boldsymbol{A}\boldsymbol{p}^{(k)},\boldsymbol{p}^{(k)})+\alpha(\boldsymbol{A}\boldsymbol{y},\boldsymbol{p}^{(k)})-\alpha(\boldsymbol{b},\boldsymbol{p}^{(k)})\right].\end{aligned}$$

第一个极小 $\boldsymbol{y}\in\mathrm{span}\{\boldsymbol{p}^{(0)},\boldsymbol{p}^{(1)},\cdots,\boldsymbol{p}^{(k-1)}\}$的解 $\boldsymbol{y}=\boldsymbol{x}^{(k)}$.

第二个极小就是(6.40)式的极小,由 $\boldsymbol{r}^{(k)}=\boldsymbol{b}-\boldsymbol{A}\boldsymbol{x}^{(k)}$及(6.41)式得

$$\alpha_k=\frac{(\boldsymbol{r}^{(k)},\boldsymbol{p}^{(k)})}{(\boldsymbol{A}\boldsymbol{p}^{(k)},\boldsymbol{p}^{(k)})}.\tag{6.47}$$

共轭梯度法中向量组$\{\boldsymbol{p}^{(0)},\boldsymbol{p}^{(1)},\cdots\}$的选择,可令 $\boldsymbol{p}^{(0)}=\boldsymbol{r}^{(0)}$,$\boldsymbol{p}^{(k)}$选为 $\boldsymbol{p}^{(0)},\boldsymbol{p}^{(1)},\cdots,\boldsymbol{p}^{(k-1)}$的 $\boldsymbol{A}$-共轭,它并不唯一,可选为 $\boldsymbol{r}^{(k)}$与 $\boldsymbol{p}^{(k-1)}$的线性组合.不妨设

$$\boldsymbol{p}^{(k)}=\boldsymbol{r}^{(k)}+\beta_{k-1}\boldsymbol{p}^{(k-1)},\tag{6.48}$$

利用$(\boldsymbol{p}^{(k)},\boldsymbol{A}\boldsymbol{p}^{(k-1)})=0$,可定出

$$\beta_{k-1}=-\frac{(\boldsymbol{r}^{(k)},\boldsymbol{A}\boldsymbol{p}^{(k-1)})}{(\boldsymbol{p}^{(k-1)},\boldsymbol{A}\boldsymbol{p}^{(k-1)})},\tag{6.49}$$

这样由(6.48)式和(6.49)式得到的 $\boldsymbol{p}^{(k)}$与 $\boldsymbol{p}^{(k-1)}$是 $\boldsymbol{A}$-共轭的.

根据以上分析,取 $\boldsymbol{x}^{(0)}\in\mathbb{R}^n$,$\boldsymbol{r}^{(0)}=\boldsymbol{b}-\boldsymbol{A}\boldsymbol{x}^{(0)}$,$\boldsymbol{p}^{(0)}=\boldsymbol{r}^{(0)}$可按(6.47)式和(6.40)式求得 α_0,$\boldsymbol{x}^{(1)}$,再由(6.49)式和(6.48)式求得 β_0,$\boldsymbol{p}^{(1)}$,从而可得到序列$\{\boldsymbol{x}^{(k)}\}$,这就是**共轭梯度算法**,简称**共轭梯度法**.

下面对(6.47)式作进一步简化.由

$$\boldsymbol{r}^{(k+1)}=\boldsymbol{b}-\boldsymbol{A}\boldsymbol{x}^{(k+1)}=\boldsymbol{r}^{(k)}-\alpha_k\boldsymbol{A}\boldsymbol{p}^{(k)}, \tag{6.50}$$

有

$$(\boldsymbol{r}^{(k+1)},\boldsymbol{p}^{(k)})=(\boldsymbol{r}^{(k)},\boldsymbol{p}^{(k)})-\alpha_k(\boldsymbol{A}\boldsymbol{p}^{(k)},\boldsymbol{p}^{(k)})=0,$$

$$(\boldsymbol{r}^{(k)},\boldsymbol{p}^{(k)})=(\boldsymbol{r}^{(k)},\boldsymbol{r}^{(k)}+\beta_{k-1}\boldsymbol{p}^{(k-1)})=(\boldsymbol{r}^{(k)},\boldsymbol{r}^{(k)}).$$

代回(6.47)式,有

$$\alpha_k=\frac{(\boldsymbol{r}^{(k)},\boldsymbol{r}^{(k)})}{(\boldsymbol{p}^{(k)},\boldsymbol{A}\boldsymbol{p}^{(k)})}, \tag{6.51}$$

由此看出,当 $\boldsymbol{r}^{(k)}\neq\boldsymbol{0}$ 时,$\alpha_k>0$.

定理 6.16 由(6.40)式、(6.48)式～(6.51)式组成的共轭梯度算法得到的序列$\{\boldsymbol{r}^{(k)}\}$及$\{\boldsymbol{p}^{(k)}\}$有以下性质:

(1) $(\boldsymbol{r}^{(i)},\boldsymbol{r}^{(j)})=0(i\neq j)$,即$\{\boldsymbol{r}^{(k)}\}$构成$\mathbb{R}^n$中的正交向量组.

(2) $(\boldsymbol{A}\boldsymbol{p}^{(i)},\boldsymbol{p}^{(j)})=(\boldsymbol{p}^{(i)},\boldsymbol{A}\boldsymbol{p}^{(j)})=0(i\neq j)$,即$\{\boldsymbol{p}^{(k)}\}$为一个 $\boldsymbol{A}$-共轭向量组.

证明 用数学归纳法,由(6.50)式及 α_0,β_0 的表达式有

$$(\boldsymbol{r}^{(0)},\boldsymbol{r}^{(1)})=(\boldsymbol{r}^{(0)},\boldsymbol{r}^{(0)})-\alpha_0(\boldsymbol{r}^{(0)},\boldsymbol{A}\boldsymbol{r}^{(0)})=0,$$

$$(\boldsymbol{p}^{(1)},\boldsymbol{A}\boldsymbol{p}^{(0)})=(\boldsymbol{r}^{(1)},\boldsymbol{A}\boldsymbol{r}^{(0)})+\beta_0(\boldsymbol{r}^{(0)},\boldsymbol{A}\boldsymbol{r}^{(0)})=0.$$

现设 $\boldsymbol{r}^{(0)},\boldsymbol{r}^{(1)},\cdots,\boldsymbol{r}^{(k)}$ 互相正交,$\boldsymbol{p}^{(0)},\boldsymbol{p}^{(1)},\cdots,\boldsymbol{p}^{(k)}$ 相互 $\boldsymbol{A}$-共轭,则对 $k+1$,由(6.50)式有

$$(\boldsymbol{r}^{(k+1)},\boldsymbol{r}^{(j)})=(\boldsymbol{r}^{(k)},\boldsymbol{r}^{(j)})-\alpha_k(\boldsymbol{A}\boldsymbol{p}^{(k)},\boldsymbol{r}^{(j)}).$$

若 $j=k$,由 α_k 的表达式(6.51)得到$(\boldsymbol{r}^{(k+1)},\boldsymbol{r}^{(k)})=0$.

若 $j=0,1,\cdots,k-1$,由归纳法假设,有$(\boldsymbol{r}^{(k)},\boldsymbol{r}^{(j)})=0$,依据(6.48)式有

$$\boldsymbol{r}^{(j)}=\boldsymbol{p}^{(j)}-\beta_{j-1}\boldsymbol{p}^{(j-1)},$$

得

$$(\boldsymbol{r}^{(k+1)},\boldsymbol{r}^{(j)})=(\boldsymbol{r}^{(k)}-\alpha_k\boldsymbol{A}\boldsymbol{p}^{(k)},\boldsymbol{r}^{(j)})=-\alpha_k(\boldsymbol{A}\boldsymbol{p}^{(k)},\boldsymbol{p}^{(j)}-\beta_{j-1}\boldsymbol{p}^{(j-1)})=0.$$

观察 $\boldsymbol{p}^{(k+1)}$,由(6.48)式和(6.49)式有

$$(\boldsymbol{p}^{(k+1)},\boldsymbol{A}\boldsymbol{p}^{(k)})=(\boldsymbol{r}^{(k+1)},\boldsymbol{A}\boldsymbol{p}^{(k)})+\beta_k(\boldsymbol{p}^{(k)},\boldsymbol{A}\boldsymbol{p}^{(k)})=0,$$

对 $j=0,1,\cdots,k-1$,有

$$(\boldsymbol{p}^{(k+1)},\boldsymbol{A}\boldsymbol{p}^{(j)})=(\boldsymbol{r}^{(k+1)},\boldsymbol{A}\boldsymbol{p}^{(j)})+\beta_k(\boldsymbol{p}^{(k)},\boldsymbol{A}\boldsymbol{p}^{(j)}).$$

上式右端最后一项由归纳假设为零,前一项由(6.50)式有 $\boldsymbol{A}\boldsymbol{p}^{(j)}=\dfrac{1}{\alpha_j}(\boldsymbol{r}^{(j)}-\boldsymbol{r}^{(j+1)})$,而由 $\boldsymbol{r}^{(k+1)}$ 与 $\boldsymbol{r}^{(j)}$ 的正交性得$(\boldsymbol{r}^{(k+1)},\boldsymbol{A}\boldsymbol{p}^{(j)})=0$. □

由定理 6.16 证明的推导还可简化 β_k 的计算,由(6.49)式有

$$\beta_k=-\frac{(\boldsymbol{r}^{(k+1)},\boldsymbol{A}\boldsymbol{p}^{(k)})}{(\boldsymbol{p}^{(k)},\boldsymbol{A}\boldsymbol{p}^{(k)})}=\frac{-(\boldsymbol{r}^{(k+1)},\alpha_k^{-1}(\boldsymbol{r}^{(k)}-\boldsymbol{r}^{(k+1)}))}{(\boldsymbol{r}^{(k)}+\beta_{k-1}\boldsymbol{p}^{(k-1)},\boldsymbol{A}\boldsymbol{p}^{(k)})}$$

$$=\frac{(\boldsymbol{r}^{(k+1)},\boldsymbol{r}^{(k+1)})}{\alpha_k(\boldsymbol{r}^{(k)},\boldsymbol{A}\boldsymbol{p}^{(k)})}=\frac{(\boldsymbol{r}^{(k+1)},\boldsymbol{r}^{(k+1)})}{(\boldsymbol{r}^{(k)},\boldsymbol{r}^{(k)})}. \tag{6.52}$$

由此可见,若 $\boldsymbol{r}^{(k+1)}\neq\boldsymbol{0}$,则 $\beta_k>0$.根据(6.51)式和(6.52)式可将共轭梯度算法归纳如下.

共轭梯度算法(CG 算法)

(1) 任取 $\boldsymbol{x}^{(0)}\in\mathbb{R}^n$,计算 $\boldsymbol{r}^{(0)}=\boldsymbol{b}-\boldsymbol{A}\boldsymbol{x}^{(0)}$,取 $\boldsymbol{p}^{(0)}=\boldsymbol{r}^{(0)}$.

(2) 对 $k=0,1,2,\cdots$,计算

$$\alpha_k=\frac{(\boldsymbol{r}^{(k)},\boldsymbol{r}^{(k)})}{(\boldsymbol{p}^{(k)},\boldsymbol{A}\boldsymbol{p}^{(k)})},\qquad \boldsymbol{x}^{(k+1)}=\boldsymbol{x}^{(k)}+\alpha_k\boldsymbol{p}^{(k)}$$

$$\boldsymbol{r}^{(k+1)}=\boldsymbol{r}^{(k)}-\alpha_k\boldsymbol{A}\boldsymbol{p}^{(k)},\quad \beta_k=\frac{(\boldsymbol{r}^{(k+1)},\boldsymbol{r}^{(k+1)})}{(\boldsymbol{r}^{(k)},\boldsymbol{r}^{(k)})}$$

$$\boldsymbol{p}^{(k+1)}=\boldsymbol{r}^{(k+1)}+\beta_k\boldsymbol{p}^{(k)}$$

(3) 若 $\boldsymbol{r}^{(k)}=\boldsymbol{0}$,或$(\boldsymbol{p}^{(k)},\boldsymbol{A}\boldsymbol{p}^{(k)})=0$,则计算停止,这时 $\boldsymbol{x}^{(k)}=\boldsymbol{x}^*$.由于 $\boldsymbol{A}$ 正定,故当$(\boldsymbol{p}^{(k)},\boldsymbol{A}\boldsymbol{p}^{(k)})=0$ 时,$\boldsymbol{p}^{(k)}=\boldsymbol{0}$,而$(\boldsymbol{r}^{(k)},\boldsymbol{r}^{(k)})=(\boldsymbol{r}^{(k)},\boldsymbol{p}^{(k)})=0$,也即 $\boldsymbol{r}^{(k)}=\boldsymbol{0}$.

由于$\{\boldsymbol{r}^{(k)}\}$互相正交,故在 $\boldsymbol{r}^{(0)},\boldsymbol{r}^{(1)},\cdots,\boldsymbol{r}^{(n)}$ 中至少有一个零向量.若 $\boldsymbol{r}^{(k)}=\boldsymbol{0}$,则 $\boldsymbol{x}^{(k)}=\boldsymbol{x}^*$.所以用共轭梯度算法求解 n 元线性方程组,理论上最多 n 步便可求得精确解,从这个意义上讲共轭梯度算法是一种直接法.但在舍入误差存在的情况下,很难保证$\{\boldsymbol{r}^{(k)}\}$的正交性,此外当 n 很大时,实际计算步数 $k\ll n$,即可达到精度要求而不必计算 n 步.从这个意义上讲,它是一个迭代法,所以也有收敛性问题,可以证明对共轭梯度算法有估计式

$$\|\boldsymbol{x}^{(k)}-\boldsymbol{x}^*\|_{\boldsymbol{A}}\leqslant 2\left(\frac{\sqrt{K}-1}{\sqrt{K}+1}\right)^k\|\boldsymbol{x}^{(0)}-\boldsymbol{x}^*\|_{\boldsymbol{A}},\tag{6.53}$$

其中 $\|\boldsymbol{x}\|_{\boldsymbol{A}}=(\boldsymbol{x},\boldsymbol{A}\boldsymbol{x})^{\frac{1}{2}}$,$K=\operatorname{cond}(\boldsymbol{A})_2$(证明可见文献[34]).

例 6.10 用共轭梯度算法解线性方程组

$$\begin{cases}3x_1+x_2=5,\\x_1+2x_2=5.\end{cases}$$

解 显然 $\boldsymbol{A}=\begin{pmatrix}3&1\\1&2\end{pmatrix}$是对称正定的.取 $\boldsymbol{x}^{(0)}=(0,0)^{\mathrm{T}}$,则$\boldsymbol{p}^{(0)}=\boldsymbol{r}^{(0)}=\boldsymbol{b}-\boldsymbol{A}\boldsymbol{x}^{(0)}=(5,5)^{\mathrm{T}}$,

$$\alpha_0=\frac{(\boldsymbol{r}^{(0)},\boldsymbol{r}^{(0)})}{(\boldsymbol{A}\boldsymbol{p}^{(0)},\boldsymbol{p}^{(0)})}=\frac{2}{7},\qquad \boldsymbol{x}^{(1)}=\boldsymbol{x}^{(0)}+\alpha_0\boldsymbol{p}^{(0)}=\left(\frac{10}{7},\frac{10}{7}\right)^{\mathrm{T}},$$

$$\boldsymbol{r}^{(1)}=\boldsymbol{r}^{(0)}-\alpha_0\boldsymbol{A}\boldsymbol{p}^{(0)}=\left(-\frac{5}{7},\frac{5}{7}\right)^{\mathrm{T}},$$

$$\beta_0=\frac{(\boldsymbol{r}^{(1)},\boldsymbol{r}^{(1)})}{(\boldsymbol{r}^{(0)},\boldsymbol{r}^{(0)})}=\frac{1}{49},\qquad \boldsymbol{p}^{(1)}=\boldsymbol{r}^{(1)}+\beta_0\boldsymbol{p}^{(0)}=\left(-\frac{30}{49},\frac{40}{49}\right)^{\mathrm{T}}.$$

类似可计算出 $\alpha_1=\frac{7}{10}$,$\boldsymbol{x}^{(2)}=(1,2)^{\mathrm{T}}$ 为方程的精确解.

计算过程的三维等高线图及其二维投影图如图 6-4(a)、(b)所示,迭代两步即得其解.为了突出显示效果,这里取方程组的解为$-\varphi(\boldsymbol{x})$的最大值. 同时图 6-4(c)、(d)给出了用最速下降法求解此方程组的计算过程的三维等高线图及其二维投影图. 由图可见两种迭代法的第一步是相同的,但最速下降法在解的附近收敛缓慢.

由估计式(6.53)看出当 $K\gg1$,即 $\boldsymbol{A}$ 为病态矩阵时,共轭梯度法收敛很慢.为改善收敛性,可采用预处理方法降低矩阵的条件数,从而可得到各种预处理共轭梯度法,此处不做介绍,可参见文献[2,8].

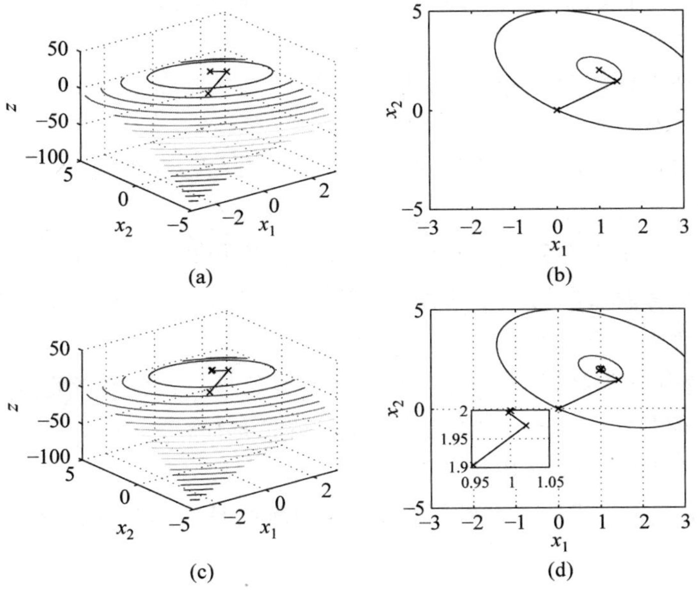

图 6-4 计算过程的三维等高线图及其二维投影图

评 注

本章介绍了解线性方程组的一些基本迭代法，例如，雅可比迭代法、高斯-塞德尔迭代法、SOR 迭代法、分块迭代法和共轭梯度法，迭代法有存储空间小，程序简单等特点，是解大型稀疏线性方程组的有效方法，经常出现在常微分方程边值问题和偏微分方程边值问题数值解中(如例 6.9 所示).这些方程中未知数的个数 n 可达上万个.而系数矩阵 $\boldsymbol{A}$ 非零元素很少.迭代法中收敛性与收敛速度十分重要，实用中以收敛较快的 SOR 法应用最广，但选出最优参数 ω_{opt} 是很困难的.它的理论在 1950 年由 Young 提出，本章只介绍了他的结论，详细内容可见文献[34,35]，共轭梯度法是由 Hestenes 和 Stiefel 于 1952 年给出的，其计算公式主要是向量内积与矩阵乘向量，比较简单，但由于舍入误差影响，一段时间得不到发展，直到 20 世纪 70 年代预处理技巧提出后使它达到快速收敛才被广泛使用.详细内容见文献[36].在很多软件包中都有迭代法的软件 SLAP，SPAR，SKIT，ITPACK 均包含了迭代法.在 IMSL 库中有一个子程序 PCGRC，是带预处理的共轭梯度法. 在 MATLAB 中可用命令 x=pcg(A，b)执行预处理共轭梯度方法解线性方程组 $\boldsymbol{Ax}=\boldsymbol{b}$.

复习与思考题

1. 写出求解线性方程组 $\boldsymbol{Ax}=\boldsymbol{b}$ 的迭代法的一般形式，并给出它收敛的充分必要条件.

2. 给出迭代法 $\boldsymbol{x}^{(k+1)}=\boldsymbol{B}\boldsymbol{x}^{(k)}+\boldsymbol{f}$ 收敛的充分条件、误差估计及其收敛速度.

3. 什么是矩阵 $\boldsymbol{A}$ 的分裂？由 $\boldsymbol{A}$ 的分裂构造解 $\boldsymbol{Ax}=\boldsymbol{b}$ 的迭代法，给出雅可比迭代矩阵与高斯-塞德尔迭代矩阵.

4. 写出解线性方程组 $\boldsymbol{Ax}=\boldsymbol{b}$ 的雅可比迭代法与高斯-塞德尔迭代法的计算公式.它们的基本区别是什么?

5. 给出解线性方程组的 SOR 迭代法计算公式,其松弛参数 ω 范围一般是多少? $\boldsymbol{A}$ 为对称正定三对角矩阵时最优松弛参数 $\omega_{\text{opt}}=$?

6. 将雅可比迭代法、高斯-塞德尔迭代法和具有最优松弛参数的 SOR 迭代法,按收敛快慢排列.

7. 什么是解对称正定方程组 $\boldsymbol{Ax}=\boldsymbol{b}$ 的最速下降法和共轭梯度法?

8. 为什么共轭梯度法原则上是一种直接法?但在实际计算中又将它作为迭代法?

9. 判断下列命题是否正确.

(1) 雅可比迭代法与高斯-塞德尔迭代法同时收敛且后者比前者收敛快.

(2) 高斯-塞德尔迭代法是 SOR 迭代法的特殊情形.

(3) $\boldsymbol{A}$ 对称正定则 SOR 迭代法一定收敛.

(4) $\boldsymbol{A}$ 为严格对角占优或不可约对角占优,则解线性方程组 $\boldsymbol{Ax}=\boldsymbol{b}$ 的雅可比迭代法与高斯-塞德尔迭代法均收敛.

(5) $\boldsymbol{A}$ 对称正定则雅可比迭代法与高斯-塞德尔迭代法都收敛.

(6) SOR 迭代法收敛,则松弛参数 $0<\omega<2$.

(7) 泊松方程边值问题的模型问题(见例 6.9),其五点差分格式为 $\boldsymbol{Au}=\boldsymbol{b}$,则 $\boldsymbol{A}$ 每行非零元素不超过 5.

(8) 求对称正定方程组 $\boldsymbol{Ax}=\boldsymbol{b}$ 的解等价于求二次函数 $\varphi(\boldsymbol{x})=\dfrac{1}{2}(\boldsymbol{Ax},\boldsymbol{x})-(\boldsymbol{b},\boldsymbol{x})$ 的最小点.

(9) 求 $\boldsymbol{Ax}=\boldsymbol{b}$ 的最速下降法是收敛最快的方法.

(10) 解 $\boldsymbol{Ax}=\boldsymbol{b}$ 的共轭梯度法,若 $\boldsymbol{A}\in\mathbb{R}^{n\times n}$ 则最多计算 n 步则有 $\boldsymbol{r}^{(n)}=\boldsymbol{b}-\boldsymbol{Ax}^{(n)}=\boldsymbol{0}$.

习　　题

1. 设线性方程组

$$\begin{cases} 5x_1+2x_2+x_3=-12, \\ -x_1+4x_2+2x_3=20, \\ 2x_1-3x_2+10x_3=3. \end{cases}$$

(1) 考察用雅可比迭代法,高斯-塞德尔迭代法解此方程组的收敛性;

(2) 用雅可比迭代法及高斯-塞德尔迭代法解此方程组,要求当 $\|\boldsymbol{x}^{(k+1)}-\boldsymbol{x}^{(k)}\|_\infty<10^{-4}$ 时迭代终止.

2. 设线性方程组

(1) $\begin{cases} x_1+0.4x_2+0.4x_3=1, \\ 0.4x_1+x_2+0.8x_3=2, \\ 0.4x_1+0.8x_2+x_3=3; \end{cases}$　　(2) $\begin{cases} x_1+2x_2-2x_3=1, \\ x_1+x_2+x_3=1, \\ 2x_1+2x_2+x_3=1. \end{cases}$

试考察解此线性方程组的雅可比迭代法及高斯-塞德尔迭代法的收敛性.

3. 设线性方程组

$$\begin{cases} a_{11}x_1 + a_{12}x_2 = b_1, \\ a_{21}x_1 + a_{22}x_2 = b_2, \end{cases} \quad a_{11}, a_{22} \neq 0.$$

证明解此方程组的雅可比迭代法与高斯-塞德尔迭代法同时收敛或发散.并求两种方法收敛速度之比.

4. 设 $\boldsymbol{A}=\begin{pmatrix} 10 & a & 0 \\ b & 10 & b \\ 0 & a & 5 \end{pmatrix}$, $\det\boldsymbol{A}\neq 0$,用 a,b 表示解线性方程组$\boldsymbol{Ax}=\boldsymbol{f}$ 的雅可比迭代法与高斯-塞德尔迭代法收敛的充分必要条件.

5. 对线性方程组$\begin{pmatrix} 3 & 2 \\ 1 & 2 \end{pmatrix}\begin{pmatrix} x_1 \\ x_2 \end{pmatrix}=\begin{pmatrix} 3 \\ -1 \end{pmatrix}$,若用迭代法

$$\boldsymbol{x}^{(k+1)}=\boldsymbol{x}^{(k)}+\alpha(\boldsymbol{Ax}^{(k)}-\boldsymbol{b}), \quad k=0,1,2,\cdots$$

求解,问 α 在什么范围内取值可使迭代法收敛,α 取什么值可使迭代法收敛最快?

6. 用雅可比迭代法与高斯-塞德尔迭代法解线性方程组 $\boldsymbol{Ax}=\boldsymbol{b}$,证明若取 $\boldsymbol{A}=\begin{pmatrix} 3 & 0 & -2 \\ 0 & 2 & 1 \\ -2 & 1 & 2 \end{pmatrix}$,则两种方法均收敛,试比较哪种方法收敛快?

7. 用 SOR 迭代法解线性方程组(分别取松弛因子 $\omega=1.03$, $\omega=1$, $\omega=1.1$)

$$\begin{cases} 4x_1 - x_2 = 1, \\ -x_1 + 4x_2 - x_3 = 4, \\ -x_2 + 4x_3 = -3. \end{cases}$$

精确解 $\boldsymbol{x}^*=\left(\frac{1}{2}, 1, -\frac{1}{2}\right)^{\mathrm{T}}$. 要求当 $\|\boldsymbol{x}^*-\boldsymbol{x}^{(k)}\|_\infty<5\times10^{-6}$时迭代终止,并且对每一个 ω 值确定迭代次数.

8. 用 SOR 迭代法解线性方程组(取 $\omega=0.9$)

$$\begin{cases} 5x_1+2x_2+x_3=-12, \\ -x_1+4x_2+2x_3=20, \\ 2x_1-3x_2+10x_3=3. \end{cases}$$

要求当 $\|\boldsymbol{x}^{(k+1)}-\boldsymbol{x}^{(k)}\|_\infty<10^{-4}$时迭代终止.

9. 设有线性方程组 $\boldsymbol{Ax}=\boldsymbol{b}$,其中 $\boldsymbol{A}$ 为对称正定矩阵,迭代公式

$$\boldsymbol{x}^{(k+1)}=\boldsymbol{x}^{(k)}+\omega(\boldsymbol{b}-\boldsymbol{Ax}^{(k)}), \quad k=0,1,2,\cdots,$$

试证明当 $0<\omega<\frac{2}{\beta}$时上述迭代法收敛(其中 $0<\alpha\leqslant\lambda(\boldsymbol{A})\leqslant\beta$).

10. 取 $\boldsymbol{x}^{(0)}=\boldsymbol{0}$.用共轭梯度法求解下列线性方程组:

(1) $\begin{pmatrix} 6 & 3 \\ 3 & 2 \end{pmatrix}\begin{pmatrix} x_1 \\ x_2 \end{pmatrix}=\begin{pmatrix} 0 \\ -1 \end{pmatrix}$;　　(2) $\begin{pmatrix} 4 & 3 & 0 \\ 3 & 4 & -1 \\ 0 & -1 & 4 \end{pmatrix}\begin{pmatrix} x_1 \\ x_2 \\ x_3 \end{pmatrix}=\begin{pmatrix} 3 \\ 5 \\ -5 \end{pmatrix}$.

11. 证明在共轭梯度法中有 $\varphi(\boldsymbol{x}^{(k+1)})\leqslant\varphi(\boldsymbol{x}^{(k)})$,若 $\boldsymbol{r}^{(k)}\neq\boldsymbol{0}$,则严格不等式成立.

计算实习题

1. 给出线性方程组 $\boldsymbol{H}_n\boldsymbol{x}=\boldsymbol{b}$，其中系数矩阵 $\boldsymbol{H}_n$ 为希尔伯特矩阵：

$$\boldsymbol{H}_n=(h_{ij})\in\mathbb{R}^{n\times n},\quad h_{ij}=\frac{1}{i+j-1},\quad i,j=1,2,\cdots,n.$$

假设 $\boldsymbol{x}^*=(1,1,\cdots,1)^{\mathrm{T}}\in\mathbb{R}^n$，$\boldsymbol{b}=\boldsymbol{H}_n\boldsymbol{x}^*$.若取 $n=6,8,10$，分别用雅可比迭代法及 SOR 迭代法($\omega=1,1.25,1.5$)求解.比较计算结果.

2. 考虑泊松方程边值问题

$$\begin{cases}\dfrac{\partial^2 u}{\partial x^2}+\dfrac{\partial^2 u}{\partial y^2}=(x^2+y^2)\mathrm{e}^{xy}, & (x,y)\in D=(0,1)\times(0,1),\\ u(0,y)=1,\quad u(1,y)=\mathrm{e}^y, & 0\leqslant y\leqslant 1,\\ u(x,0)=1,\quad u(x,1)=\mathrm{e}^x, & 0\leqslant x\leqslant 1,\end{cases}$$

这问题的解是 $u(x,y)=\mathrm{e}^{xy}$.

(1) 用 $N=10$ 的正方形网格离散化，得到 $n=100$ 的线性方程组.列出五点差分格式的线性方程组.

(2) 用雅可比迭代法和 SOR 迭代法($\omega=1,1.25,1.50,1.75$)，迭代初值取为 $u_{ij}^{(0)}=1$ $(i,j=1,2,\cdots,N)$.计算到 $\|\boldsymbol{u}^{(k)}-\boldsymbol{u}^{(k-1)}\|_\infty<10^{-5}$ 时停止.给出迭代次数 k，$\boldsymbol{u}^{(k)}$ 和 $\|\boldsymbol{u}^{(k)}-\boldsymbol{u}\|_\infty$，$\boldsymbol{u}$ 是解函数 $u(x,y)=\mathrm{e}^{xy}$ 在点(x_i,y_j)上的分量生成的向量.

(3) 用共轭梯度法解(1)的线性方程组，要求同(2)，比较计算结果.

第 6 章二维码

第 7 章　非线性方程与方程组的数值解法

非线性问题是实际中经常出现的，并且在科学与工程计算中的地位越来越重要，很多我们熟悉的线性模型都是在一定条件下由非线性问题简化得到的，为得到更符合实际的解答，往往需要直接研究非线性模型，从而产生非线性科学. 非线性科学是 21 世纪科学技术发展的重要支柱.非线性问题的数学模型有无限维的如微分方程，也有有限维的.但要用计算机进行科学计算都要转化为非线性的单个方程或方程组的求解.从线性到非线性是一个质的变化，方程的性质有本质不同，求解方法也有很大差别.本章将首先讨论单个方程求根，然后简单介绍非线性方程组的数值解法.

7.1　方程求根与二分法

7.1.1　引言

本章主要讨论求解单变量非线性方程

$$f(x)=0, \tag{7.1}$$

其中 $x\in\mathbb{R}$，$f(x)\in C[a,b]$，$[a,b]$也可以是无穷区间.如果实数 x^* 满足 $f(x^*)=0$，则称 x^* 是方程(7.1)的**根**.或称 x^* 是函数 $f(x)$的**零点**.若 $f(x)$可分解为

$$f(x)=(x-x^*)^m g(x),$$

其中 m 为正整数，且 $g(x^*)\neq 0$，则称 x^* 为方程(7.1)的 ***m* 重根**，或 x^* 为 $f(x)$的 ***m* 重零点**，当 $m=1$ 时称为**单根**，若 x^* 为 $f(x)$的 m 重零点，且 $g(x)$充分光滑，则

$$f(x^*)=f'(x^*)=\cdots=f^{(m-1)}(x^*)=0,\quad f^{(m)}(x^*)\neq 0.$$

如果函数 $f(x)$是 n 次多项式，即

$$f(x)=a_0x^n+a_1x^{n-1}+\cdots+a_{n-1}x+a_n,$$

其中 $a_0\neq 0$，$a_i(i=0,1,\cdots,n)$为实数，则称方程(7.1)为 ***n* 次代数方程**.根据代数基本定理可知，n 次代数方程在复数域上有且只有 n 个根(含重根，m 重根为 m 个根)，当 $n=1,2$ 时代数方程的求根公式是熟知的，当$n=3,4$时代数方程的求根公式可在数学手册中查到，但比较复杂，不适合手工计算.当 $n\geqslant 5$ 时就不能直接用公式表示代数方程的根，所以 $n\geqslant 3$ 时代数方程求根仍用一般的数值方法.

另一类是包含对数函数、指数函数、三角函数等超越函数的**超越方程**，例如

$$\mathrm{e}^{-x/10}\sin 10x=0,$$

它在整个 x 轴上有无穷多个解 $x=\dfrac{k\pi}{5}(k=0,\pm1,\pm2,\cdots)$，若限定 x 不同的取值范围，解也不同，因此讨论非线性方程(7.1)的求解必须强调 x 的求解区间$[a,b]$.另外，非线性问题一般不存在直接的求解公式，故没有直接方法求解，都要采用数值的方法求解，比如用迭代法求解，迭代法要求先给出根 x^* 的一个近似，这一般是很困难的.在一些情况下，可以通过分而治之的思路处理，这就是下面介绍的二分法.

7.1.2　二分法

若 $f(x)\in C[a,b]$ 且 $f(a)f(b)<0$，根据连续函数性质可知 $f(x)=0$ 在 (a,b) 内至少有一个实根，这时称 $[a,b]$ 为方程(7.1)的有根区间.通常可通过逐次搜索法求得方程(7.1)的有根区间.

例 7.1　求方程 $f(x)=x^3-11.1x^2+38.8x-41.77=0$ 的有根区间.

解　根据有根区间的定义，对 $f(x)=0$ 的根进行搜索计算，结果如表 7-1 所列.

表 7-1　计算结果

x	0	1	2	3	4	5	6
$f(x)$的符号	−	−	−	+	−	−	+

由此可知方程的有根区间为 $[2,3]$，$[3,4]$，$[5,6]$，这表明此三次多项式的 3 个零点均为实数.

逐次搜索过程中搜索的步长(在例 7.1 中此步长为 1)是人为设定的，不具自动性.

考察方程 $f(x)=0$ 的有根区间 $[a,b]$，取中点 $x_0=(a+b)/2$ 将它分为两半，若中点 x_0 不是 $f(x)=0$ 的根，则进行根的搜索，即检查 $f(x_0)$ 与 $f(a)$ 是否同号. 如果确系同号，说明所求的根 x^* 在 x_0 的右侧，这时令 $a_1=x_0$，$b_1=b$；否则 x^* 必在 x_0 的左侧，这时令 $a_1=a$，$b_1=x_0$(参见图 7-1).不管出现哪一种情况，新的有根区间 $[a_1,b_1]$ 的长度仅为 $[a,b]$ 长度的一半.

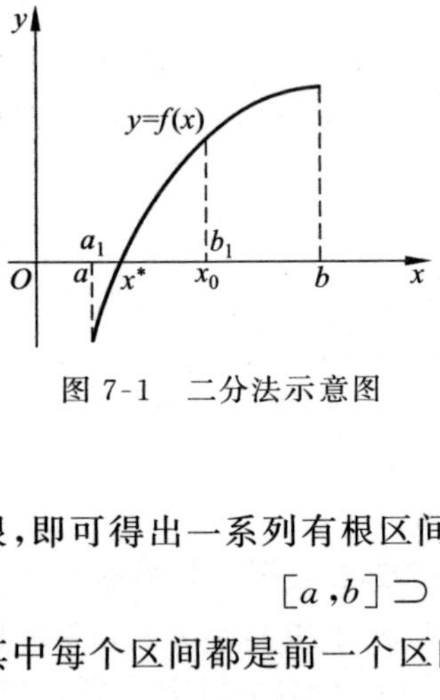

图 7-1　二分法示意图

对压缩了的有根区间 $[a_1,b_1]$ 仍可施行同样的手续，即用中点 $x_1=(a_1+b_1)/2$ 将区间 $[a_1,b_1]$ 再分为两半，然后通过根的搜索判定所求的根在 x_1 的哪一侧，从而又确定一个新的有根区间 $[a_2,b_2]$，其长度是 $[a_1,b_1]$ 长度的一半.

如此反复二分下去，如果所取的中点均不是 $f(x)=0$ 的根，即可得出一系列有根区间

$$[a,b]\supset[a_1,b_1]\supset[a_2,b_2]\supset\cdots\supset[a_k,b_k]\supset\cdots,$$

其中每个区间都是前一个区间的一半，因此当 $k\to\infty$ 时 $[a_k,b_k]$ 的长度

$$b_k-a_k=(b-a)/2^k$$

趋于零，就是说，如果二分过程无限地继续下去，这些区间最终必收缩于一点 x^*，该点显然就是所求的根.以上过程称为**二分法**.

每次二分后，设取有根区间 $[a_k,b_k]$ 的中点

$$x_k=(a_k+b_k)/2$$

作为根的近似值，则在二分过程中可以获得一个近似根的序列

$$x_0,x_1,x_2,\cdots,x_k,\cdots,$$

该序列必以根 x^* 为极限，且

$$|x_k-x^*|\leqslant\frac{1}{2}(b_k-a_k)=\frac{1}{2^{k+1}}(b-a),\tag{7.2}$$

即该序列收敛于 x^* 的速度与以 $\frac{1}{2}$ 为公比的等比数列收敛于零的速度相同.

不过在实际计算时,我们不可能完成这个无限过程,其实也没有这种必要,因为数值分析的结果允许带有一定的误差.由于 $|x^*-x_k|\leqslant(b-a)/2^{k+1}$,对于预定的精度 ε,只要二分足够多次(即 k 充分大),便有

$$|x^*-x_k|<\varepsilon,$$

或者是以在序列中某点的函数值小于预定的某个精度.

例 7.2　求方程

$$f(x)=x^3-x-1=0$$

在区间[1.0,1.5]内的一个实根,要求准确到小数点后的第 2 位.

解　这里 $a=1.0$, $b=1.5$,而 $f(a)<0$, $f(b)>0$.取 $[a,b]$ 的中点 $x_0=1.25$,将区间二等分,由于 $f(x_0)<0$,即 $f(x_0)$ 与 $f(a)$ 同号,故所求的根 x^* 必在 x_0 右侧,这时应令 $a_1=x_0=1.25$, $b_1=b=1.5$,而得到新的有根区间 $[a_1,b_1]$.

如此反复二分下去.二分过程无须赘述.我们现在预估所要二分的次数,按误差估计(7.2)式,只要二分 6 次($k=6$),便能达到预定的精度

$$|x^*-x_6|\leqslant 0.005.$$

二分法的计算结果如表 7-2 所列.

表 7-2　计算结果

k	a_k	b_k	x_k	$f(x_k)$符号
0	1.0	1.5	1.25	−
1	1.25		1.375	+
2		1.375	1.3125	−
3	1.3125		1.3438	+
4		1.3438	1.3281	+
5		1.3281	1.3203	−
6	1.3203		1.3242	−

二分法是程序设计中的一种常用算法,下面列出求非线性方程的实根的二分法的计算步骤:

步骤 1　准备　计算 $f(x)$ 在有根区间 $[a,b]$ 端点处的值 $f(a)$, $f(b)$.

步骤 2　二分　计算 $f(x)$ 在区间中点 $\frac{a+b}{2}$ 处的值 $f\left(\frac{a+b}{2}\right)$.

步骤 3　判断　若 $\left|f\left(\frac{a+b}{2}\right)\right|$ 小于预定的允许误差 ε_1,则 $\frac{a+b}{2}$ 即是根的近似,计算过程结束,否则检验:

若 $f\left(\frac{a+b}{2}\right)f(a)<0$,则以 $\frac{a+b}{2}$ 代替 b,否则以 $\frac{a+b}{2}$ 代替 a.

反复执行步骤 2 和步骤 3,直到区间 $[a,b]$ 的长度小于允许误差 ε_2,此时中点 $\frac{a+b}{2}$ 即为

所求近似根.

上述二分法的优点是算法简单,且总是收敛的,缺点是收敛太慢,故一般不单独将其用于求根,只用其为根求得一个较好的近似值.

7.2　不动点迭代法及其收敛性

7.2.1　不动点与不动点迭代法

将方程(7.1)改写成等价的形式

$$x=\varphi(x). \tag{7.3}$$

若要求 x^* 满足 $f(x^*)=0$,则 $x^*=\varphi(x^*)$;反之亦然.称 x^* 为函数 $\varphi(x)$ 的一个**不动点**.这样求 $f(x)$ 的零点就转化为求 $\varphi(x)$ 的不动点,选择零点的一个初始近似值 x_0,将它代入(7.3)式的右端,将所得的值作为新的近似值 x_1 即

$$x_1=\varphi(x_0).$$

可以如此反复以 $\varphi(x)$ 为迭代式进行迭代计算

$$x_{k+1}=\varphi(x_k),\quad k=0,1,2,\cdots. \tag{7.4}$$

$\varphi(x)$ 称为**迭代函数**.如果对任何 $x_0\in[a,b]$,由(7.4)式得到的序列 $\{x_k\}$ 有极限

$$\lim_{k\to\infty}x_k=x^*,$$

则称迭代方法(7.4)**收敛**,且 $x^*=\varphi(x^*)$ 为 $\varphi(x)$ 的不动点,故称迭代式(7.4)为**不动点迭代法**.

上述迭代法是一种逐次逼近法,其基本思想是将隐式方程(7.1)归结为一组显式的计算公式(7.4),就是说,迭代过程实质上是一个逐步显式化的过程.

我们用几何图像来显示迭代过程.方程 $x=\varphi(x)$ 的求根问题在 xOy 平面上就是要确定曲线 $y=\varphi(x)$ 与直线 $y=x$ 的交点 P^*(参见图 7-2).对于 x^* 的某个近似值 x_0,在曲线 $y=\varphi(x)$ 上可确定一点 P_0,它以 x_0 为横坐标,而纵坐标则等于 $\varphi(x_0)=x_1$.过 P_0 引平行 x 轴的直线,设此直线交直线 $y=x$ 于点 Q_1,然后过 Q_1 作平行于 y 轴的直线,它与曲线 $y=\varphi(x)$ 的交点记作 P_1,则点 P_1 的横坐标为 x_1,纵坐标则等于 $\varphi(x_1)=x_2$.按图 7-2 中箭头所示的路径继续做下去,在曲线 $y=\varphi(x)$ 上得到点列 $P_1,P_2,\cdots$,其横坐标分别为依公式 $x_{k+1}=\varphi(x_k)$ 求得的迭代值 $x_1,x_2,\cdots$.如果点列 $\{P_k\}$ 趋向于点 P^*,则相应的迭代值 $\{x_k\}$ 收敛到所求的根 x^*.

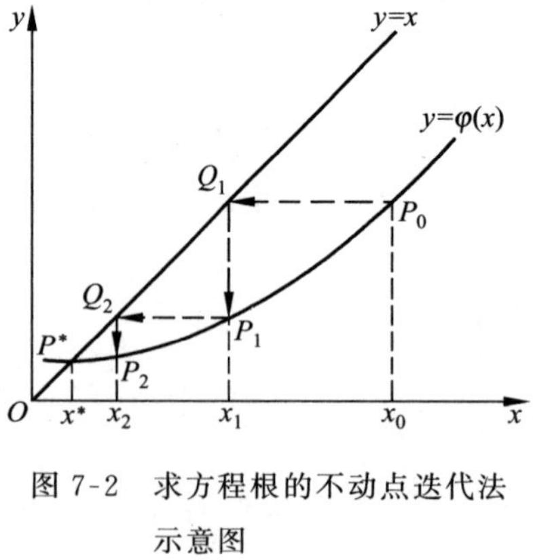

图 7-2　求方程根的不动点迭代法示意图

例 7.3　求方程

$$f(x)=x^3-x-1=0 \tag{7.5}$$

在 $x_0=1.5$ 附近的根 x^*.

解 设将方程(7.5)改写成下列形式

$$x=\sqrt[3]{x+1}\ .$$

据此建立迭代公式

$$x_{k+1}=\sqrt[3]{x_k+1},\quad k=0,1,2,\cdots.$$

表 7-3 记录了各步迭代的结果.我们看到,如果仅取 6 位数字,那么结果 x_7 与 x_8 完全相同,这时可以认为 x_7 实际上已满足方程(7.5),即为所求的根.

表 7-3 计算结果

k	0	1	2	3	4	5	6	7	8
x_k	1.5	1.357 21	1.330 86	1.325 88	1.324 94	1.324 76	1.324 73	1.324 72	1.324 72

应当指出,迭代法的效果并不是总能令人满意的.譬如,用方程(7.5)的另一种等价形式

$$x=x^3-1$$

建立迭代公式

$$x_{k+1}=x_k^3-1.$$

迭代初值仍取 $x_0=1.5$,则有

$$x_1=2.375,\quad x_2=12.39.$$

继续迭代下去已经没有必要,因为结果显然会越来越大,不可能趋于某个极限.这种不收敛的迭代过程称作是**发散**的.一个发散的迭代过程,纵使进行了千百次迭代,其结果也是毫无价值的.

图 7-3 给出了迭代法(7.4)发散情形的示意图. 作为练习读者可自行画出例 7.3 中两个迭代法的图形.

例 7.3 表明原方程化为(7.3)式的形式不同,所产生的迭代序列也不同,有的收敛,有的发散,只有收敛的迭代过程(7.4)才有意义,为此我们首先要研究 $\varphi(x)$的不动点的存在性及迭代法(7.4)的收敛性.

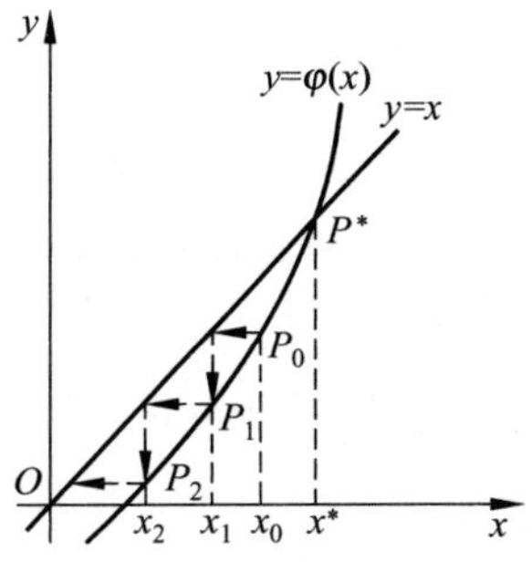

图 7-3 不动点迭代法发散示意图

7.2.2 不动点的存在性与迭代法的收敛性

首先考察 $\varphi(x)$在区间$[a,b]$上不动点的存在唯一性.

定理 7.1 设 $\varphi(x)\in C[a,b]$满足以下两个条件:

(1) 对任意 $x\in[a,b]$有 $a\leqslant\varphi(x)\leqslant b$.

(2) 存在正常数 $L<1$,使对任意 $x,y\in[a,b]$都有

$$|\varphi(x)-\varphi(y)|\leqslant L|x-y|,\tag{7.6}$$

则 $\varphi(x)$在$[a,b]$上存在唯一的不动点 x^*.

证明 先证不动点存在性.若 $\varphi(a)=a$ 或 $\varphi(b)=b$,显然 $\varphi(x)$在$[a,b]$上存在不动点.因 $a\leqslant\varphi(x)\leqslant b$,以下设 $\varphi(a)>a$ 及 $\varphi(b)<b$,定义函数

$$f(x)=\varphi(x)-x.$$

显然 $f(x)\in C[a,b]$,且满足 $f(a)=\varphi(a)-a>0$,$f(b)=\varphi(b)-b<0$,由连续函数性质可知存在 $x^*\in(a,b)$使 $f(x^*)=0$,即 $x^*=\varphi(x^*)$,x^*即为 $\varphi(x)$的不动点.

再证唯一性.设 x_1^* 及 $x_2^*\in[a,b]$都是 $\varphi(x)$的不动点,则由(7.6)式得

$$|x_1^*-x_2^*|=|\varphi(x_1^*)-\varphi(x_2^*)|\leqslant L|x_1^*-x_2^*|<|x_1^*-x_2^*|.$$

引出矛盾.故 $\varphi(x)$ 的不动点只能是唯一的. □

在 $\varphi(x)$ 的不动点存在唯一的情况下,可得到迭代法(7.4)收敛的一个充分条件.

定理 7.2 设 $\varphi(x)\in C[a,b]$ 满足定理 7.1 中的两个条件,则对任意 $x_0\in[a,b]$,由(7.4)式得到的迭代序列 $\{x_k\}$ 收敛到 $\varphi(x)$ 的不动点 x^*,并有误差估计

$$|x_k - x^*| \leqslant \frac{L^k}{1-L}|x_1 - x_0|. \tag{7.7}$$

证明 设 $x^*\in[a,b]$ 是 $\varphi(x)$ 在 $[a,b]$ 上的唯一不动点,由条件(1)可知 $\{x_k\}\subset[a,b]$,由(7.6)式得

$$|x_k - x^*| = |\varphi(x_{k-1}) - \varphi(x^*)| \leqslant L|x_{k-1} - x^*| \leqslant \cdots \leqslant L^k|x_0 - x^*|.$$

因 $0<L<1$,故当 $k\to\infty$ 时序列 $\{x_k\}$ 收敛到 x^*.

下面证明估计式(7.7),由(7.6)式有

$$|x_{k+1} - x_k| = |\varphi(x_k) - \varphi(x_{k-1})| \leqslant L|x_k - x_{k-1}|. \tag{7.8}$$

据此反复递推得

$$|x_{k+1} - x_k| \leqslant L^k|x_1 - x_0|.$$

于是对任意正整数 p 有

$$\begin{aligned}|x_{k+p} - x_k| &\leqslant |x_{k+p} - x_{k+p-1}| + |x_{k+p-1} - x_{k+p-2}| + \cdots + |x_{k+1} - x_k| \\ &\leqslant (L^{k+p-1} + L^{k+p-2} + \cdots + L^k)|x_1 - x_0| \leqslant \frac{L^k}{1-L}|x_1 - x_0|.\end{aligned}$$

在上式令 $p\to\infty$,注意到 $\lim\limits_{p\to\infty}x_{k+p} = x^*$ 即得(7.7)式. □

迭代过程是个极限过程.在用迭代法进行实际计算时,必须按精度要求控制迭代次数.误差估计式(7.7)原则上可用于确定迭代次数,但它由于含有信息 L 而不便于实际应用.根据(7.8)式,对任意正整数 p 有

$$|x_{k+p} - x_k| \leqslant (L^{p-1} + L^{p-2} + \cdots + 1)|x_{k+1} - x_k| \leqslant \frac{1}{1-L}|x_{k+1} - x_k|.$$

在上式中令 $p\to\infty$ 知

$$|x^* - x_k| \leqslant \frac{1}{1-L}|x_{k+1} - x_k|.$$

由此可见,只要相邻两次计算结果的偏差 $|x_{k+1} - x_k|$ 足够小即可保证近似值 x_k 具有足够的精度.

如果 $\varphi(x)\in C^1[a,b]$ 且对任意 $x\in[a,b]$ 有

$$|\varphi'(x)| \leqslant L < 1, \tag{7.9}$$

则由中值定理可知对 $\forall x,y\in[a,b]$ 有

$$|\varphi(x) - \varphi(y)| = |\varphi'(\xi)(x-y)| \leqslant L|x-y|, \quad \xi\in(a,b).$$

它表明实际使用时定理 7.2 和定理 7.1 中的条件(2)可用(7.9)式代替.

在例 7.3 中,当 $\varphi(x) = \sqrt[3]{x+1}$ 时,$\varphi'(x) = \frac{1}{3}(x+1)^{-2/3}$,在区间 $[1,2]$ 中,$|\varphi'(x)| \leqslant \frac{1}{3}\left(\frac{1}{4}\right)^{1/3} < 1$,故(7.9)式成立.又因 $1\leqslant\sqrt[3]{2}\leqslant\varphi(x)\leqslant\sqrt[3]{3}\leqslant 2$,故定理 7.1 中条件(1)也成立.所以迭代法是收敛的.而当 $\varphi(x) = x^3 - 1$ 时,$\varphi'(x) = 3x^2$,在区间 $[1,2]$ 中 $|\varphi'(x)|>1$ 不满足定理 7.1 的条件(2).

7.2.3 局部收敛性与收敛阶

上面给出了 x_0 取自区间$[a,b]$上时所产生的迭代序列$\{x_k\}$的收敛性，通常称为全局收敛性.有时不易检验定理 7.2 的条件，实际应用时通常只在不动点 x^* 的邻近考察其收敛性，即局部收敛性.

定义 7.1 设 $\varphi(x)$有不动点 x^*，如果存在 x^* 的某个邻域 R：$|x-x^*|\leqslant\delta$，对任意 $x_0\in R$，迭代法(7.4)产生的序列$\{x_k\}\subset R$，且收敛到 x^*，则称迭代法(7.4)**局部收敛**.

定理 7.3 设 x^* 为 $\varphi(x)$的不动点，$\varphi'(x)$在 x^* 的某个邻域连续，且$|\varphi'(x^*)|<1$，则迭代法(7.4)局部收敛.

证明 由连续函数的性质，存在 x^* 的某个邻域 R：$|x-x^*|\leqslant\delta$，使对于任意 $x\in R$ 成立

$$|\varphi'(x)|\leqslant L<1.$$

此外，对于任意 $x\in R$，总有 $\varphi(x)\in R$，这是因为

$$|\varphi(x)-x^*|=|\varphi(x)-\varphi(x^*)|\leqslant L|x-x^*|\leqslant|x-x^*|\leqslant\delta.$$

于是依据定理 7.2 可以断定迭代过程 $x_{k+1}=\varphi(x_k)$对于任意初值 $x_0\in R$ 均收敛. □

下面讨论迭代序列的收敛速度问题，先看例 7.4.

例 7.4 用不同方法求方程 $x^2-3=0$ 的根 $x^*=\sqrt{3}$.

解 这里 $f(x)=x^2-3$，可改写为各种不同的等价形式$x=\varphi(x)$，其不动点为 $x^*=\sqrt{3}$.由此构造不同的迭代法：

(1) $x_{k+1}=x_k^2+x_k-3,\quad \varphi(x)=x^2+x-3,$

$$\varphi'(x)=2x+1,\quad \varphi'(x^*)=\varphi'(\sqrt{3})=2\sqrt{3}+1>1.$$

(2) $x_{k+1}=\dfrac{3}{x_k},\quad \varphi(x)=\dfrac{3}{x},\quad \varphi'(x)=-\dfrac{3}{x^2},\quad \varphi'(x^*)=-1.$

(3) $x_{k+1}=x_k-\dfrac{1}{4}(x_k^2-3),\quad \varphi(x)=x-\dfrac{1}{4}(x^2-3),$

$$\varphi'(x)=1-\frac{1}{2}x,\quad \varphi'(x^*)=1-\frac{\sqrt{3}}{2}\approx 0.134<1.$$

(4) $x_{k+1}=\dfrac{1}{2}\left(x_k+\dfrac{3}{x_k}\right),\quad \varphi(x)=\dfrac{1}{2}\left(x+\dfrac{3}{x}\right),$

$$\varphi'(x)=\frac{1}{2}\left(1-\frac{3}{x^2}\right),\quad \varphi'(x^*)=\varphi'(\sqrt{3})=0.$$

取 $x_0=2$，对上述 4 种迭代法，计算三步所得的结果如表 7-4 所列.

表 7-4 计算结果

k	x_k	迭代法(1)	迭代法(2)	迭代法(3)	迭代法(4)
0	x_0	2	2	2	2
1	x_1	3	1.5	1.75	1.75
2	x_2	9	2	1.734 375	1.732 143
3	x_3	87	1.5	1.732 361	1.732 051
⋮	⋮	⋮	⋮	⋮	⋮

注意$\sqrt{3}=1.732\,050\,8\cdots$，从计算结果看到迭代法(1)及迭代法(2)均不收敛，且它们均不满足定理 7.3 中的局部收敛条件，迭代法(3)和迭代法(4)均满足局部收敛条件，且迭代法(4)比迭代法(3)收敛快，因在迭代法(4)中$\varphi'(x^*)=0$比迭代法(3)中$\varphi'(x^*)\approx 0.134$小.为了衡量迭代法(7.4)收敛速度的快慢可给出以下定义.

定义 7.2 设迭代过程$x_{k+1}=\varphi(x_k)$收敛于方程$x=\varphi(x)$的根x^*，如果当$k\to\infty$时迭代误差$e_k=x_k-x^*$满足渐近关系式

$$\frac{e_{k+1}}{e_k^p}\to C,\quad 常数\ C\neq 0,$$

则称该迭代过程是 ***p* 阶收敛**的.特别地，$p=1(|C|<1)$时称为**线性收敛**，$p>1$时称为**超线性收敛**，$p=2$时称为**平方收敛**.

定理 7.4 对于迭代过程$x_{k+1}=\varphi(x_k)$及正整数p，如果$\varphi^{(p)}(x)$在所求根x^*的邻域内连续，并且

$$\varphi'(x^*)=\varphi''(x^*)=\cdots=\varphi^{(p-1)}(x^*)=0,\qquad \varphi^{(p)}(x^*)\neq 0,\tag{7.10}$$

则该迭代过程在点x^*邻域内是p阶收敛的.

证明 由于$\varphi'(x^*)=0$，据定理 7.3 立即可以断定迭代过程$x_{k+1}=\varphi(x_k)$具有局部收敛性.

将$\varphi(x_k)$在根x^*处做泰勒展开，利用条件(7.10)，则有

$$\varphi(x_k)=\varphi(x^*)+\frac{\varphi^{(p)}(\xi)}{p!}(x_k-x^*)^p,\quad \xi\ 在\ x_k\ 与\ x^*\ 之间.$$

注意到$\varphi(x_k)=x_{k+1}$，$\varphi(x^*)=x^*$，代回上式得

$$x_{k+1}-x^*=\frac{\varphi^{(p)}(\xi)}{p!}(x_k-x^*)^p,$$

因此对迭代误差，当$k\to\infty$时有

$$\frac{e_{k+1}}{e_k^p}\to\frac{\varphi^{(p)}(x^*)}{p!}.\tag{7.11}$$

这表明迭代过程$x_{k+1}=\varphi(x_k)$确实为p阶收敛. □

定理 7.4 告诉我们，迭代过程的收敛速度依赖于迭代函数$\varphi(x)$的选取.如果当$x\in[a,b]$时$\varphi'(x)\neq 0$，则该迭代过程只可能是线性收敛.

在例 7.4 中，迭代法(3)的$\varphi'(x^*)\neq 0$，故它只是线性收敛，而迭代法(4)的$\varphi'(x^*)=0$，而$\varphi''(x)=\dfrac{3}{x^3}$，$\varphi''(x^*)=\dfrac{1}{\sqrt{3}}\neq 0$.由定理 7.4 知$p=2$，即该迭代过程为二阶收敛.

7.3 迭代收敛的加速方法

7.3.1 埃特金加速方法

对于收敛的迭代过程，只要迭代足够多次，就可以使结果达到任意的精度，但有时迭代过程收敛缓慢，从而使计算量变得很大，因此迭代过程的加速是个重要的课题.

设 x_0 是根 x^* 的某个近似值,用迭代公式迭代一次得 $x_1=\varphi(x_0)$,而由微分中值定理,有

$$x_1-x^*=\varphi(x_0)-\varphi(x^*)=\varphi'(\xi)(x_0-x^*),$$

其中 ξ 介于 x^* 与 x_0 之间.

假定 $\varphi'(x)$ 改变不大,近似地取某个近似值 L,则有

$$x_1-x^*\approx L(x_0-x^*). \tag{7.12}$$

若将校正值 $x_1=\varphi(x_0)$ 再迭代一次,又得 $x_2=\varphi(x_1)$.由于

$$x_2-x^*\approx L(x_1-x^*),$$

将它与(7.12)式联立,消去未知的 L,有

$$\frac{x_1-x^*}{x_2-x^*}\approx\frac{x_0-x^*}{x_1-x^*}.$$

由此推知

$$x^*\approx\frac{x_0x_2-x_1^2}{x_2-2x_1+x_0}=x_0-\frac{(x_1-x_0)^2}{x_2-2x_1+x_0}.$$

在计算了 x_1 及 x_2 之后,可用上式右端作为 x^* 的新近似,记作 $\bar{x}_1$.一般情形是由 x_k 计算 x_{k+1},x_{k+2},记

$$\bar{x}_{k+1}=x_k-\frac{(x_{k+1}-x_k)^2}{x_k-2x_{k+1}+x_{k+2}}=x_k-(\Delta x_k)^2/\Delta^2x_k,\quad k=0,1,\cdots.$$

上式称为**埃特金(Aitken)$\boldsymbol{\Delta^2}$ 加速方法**.

可以证明

$$\lim_{k\to\infty}\frac{\bar{x}_{k+1}-x^*}{x_k-x^*}=0.$$

这表明序列$\{\bar{x}_k\}$的收敛速度比$\{x_k\}$的收敛速度快.

7.3.2 斯特芬森迭代法

埃特金加速方法不管原序列$\{x_k\}$是怎样产生的,对$\{x_k\}$进行加速计算,得到序列$\{\bar{x}_k\}$.如果把埃特金加速方法与不动点迭代结合,则可得到如下的迭代法:

$$\begin{cases}y_k=\varphi(x_k),\quad z_k=\varphi(y_k),\\ x_{k+1}=x_k-\dfrac{(y_k-x_k)^2}{z_k-2y_k+x_k},\end{cases}\qquad k=0,1,\cdots, \tag{7.13}$$

称为**斯特芬森(Steffensen)迭代法**.它可以这样理解,我们要求 $x=\varphi(x)$ 的根 x^*,令 $\varepsilon(x)=\varphi(x)-x$,则 $\varepsilon(x^*)=\varphi(x^*)-x^*=0$,已知 x^* 的近似值 x_k 及 y_k,其误差分别为

$$\varepsilon(x_k)=\varphi(x_k)-x_k=y_k-x_k,$$
$$\varepsilon(y_k)=\varphi(y_k)-y_k=z_k-y_k.$$

把误差 $\varepsilon(x)$"外推到零",即过$(x_k,\varepsilon(x_k))$及$(y_k,\varepsilon(y_k))$两点做线性插值,此直线与 x 轴的交点就是(7.13)式中的 x_{k+1},即方程

$$\varepsilon(x_k)+\frac{\varepsilon(y_k)-\varepsilon(x_k)}{y_k-x_k}(x-x_k)=0$$

的解

$$x=x_k-\frac{\varepsilon(x_k)}{\varepsilon(y_k)-\varepsilon(x_k)}(y_k-x_k)=x_k-\frac{(y_k-x_k)^2}{z_k-2y_k+x_k}=x_{k+1}.$$

实际上(7.13)式是将不动点迭代法(7.4)计算两步合并成一步得到的,可将它写成另一种不动点迭代

$$x_{k+1}=\psi(x_k),\quad k=0,1,\cdots,\tag{7.14}$$

其中

$$\psi(x)=x-\frac{[\varphi(x)-x]^2}{\varphi(\varphi(x))-2\varphi(x)+x}.\tag{7.15}$$

对不动点迭代法(7.14)有以下局部收敛性定理.

定理 7.5　若 x^* 为(7.15)式定义的迭代函数 $\psi(x)$ 的不动点,则 x^* 为 $\varphi(x)$ 的不动点.反之,若 x^* 为 $\varphi(x)$ 的不动点,设 $\varphi''(x)$ 存在,$\varphi'(x^*)\neq 1$,则 x^* 是 $\psi(x)$ 的不动点,且斯特芬森迭代法(7.13)是二阶收敛的.

证明见文献[3].

例 7.5　用斯特芬森迭代法求解方程(7.5).

解　例 7.3 中已指出下列迭代

$$x_{k+1}=x_k^3-1$$

是发散的,现用(7.13)式计算,取 $\varphi(x)=x^3-1$,计算结果如表 7-5 所列.

表 7-5　计算结果

k	x_k	y_k	z_k
0	1.5	2.375 00	12.3965
1	1.416 29	1.840 92	5.238 87
2	1.355 65	1.491 40	2.317 27
3	1.328 95	1.347 06	1.444 35
4	1.324 80	1.325 17	1.327 12
5	1.324 72		

计算结果表明它是收敛的,这说明即使迭代法(7.4)不收敛,用斯特芬森迭代法(7.13)仍可能收敛.至于原来已收敛的迭代法(7.4),由定理 7.5 可知它可达到二阶收敛.更进一步还可知若迭代法(7.4)为 p 阶收敛,则迭代法(7.13)为 $p+1$ 阶收敛.

例 7.6　求方程 $3x^2-e^x=0$ 在[3,4]上的解.

解　由方程得 $e^x=3x^2$,取对数得

$$x=\ln 3x^2=2\ln x+\ln 3=\varphi(x).$$

若构造迭代法

$$x_{k+1}=2\ln x_k+\ln 3,$$

由于 $\varphi'(x)=\frac{2}{x}$, $\max\limits_{3\leqslant x\leqslant 4}|\varphi'(x)|\leqslant\frac{2}{3}<1$,且当 $x\in[3,4]$时,$\varphi(x)\in[3,4]$,根据定理 7.2 此

迭代法是收敛的.若取 $x_0=3.5$ 迭代 16 次得 $x_{16}=3.733\ 07$,有 6 位有效数字.

若用迭代法(7.13)式进行加速,计算结果如表 7-6 所列.

表 7-6 计算结果

k	x_k	y_k	z_k
0	3.5	3.604 14	3.662 78
1	3.738 35	3.735 90	3.734 59
2	3.733 08		

这里计算 2 步(相当于(7.4)式迭代 4 步)结果与 x_{16} 相同,说明用迭代法(7.12)的收敛速度比迭代法(7.4)快得多.

7.4 牛 顿 法

7.4.1 牛顿法及其收敛性

对于方程 $f(x)=0$,如果 $f(x)$ 是线性函数,则它的求根是容易的.牛顿法实质上是一种线性化方法,其基本思想是将非线性方程 $f(x)=0$ 逐步归结为某种线性方程来求解,即以直代曲.

设已知方程 $f(x)=0$ 有近似根 x_k(假定 $f'(x_k)\neq 0$),将函数 $f(x)$ 在点 x_k 做泰勒展开,有

$$f(x)\approx f(x_k)+f'(x_k)(x-x_k),$$

于是方程 $f(x)=0$ 可近似地表示为

$$f(x_k)+f'(x_k)(x-x_k)=0. \tag{7.16}$$

这是一个关于 x 的线性方程,记其根为 x_{k+1},则 x_{k+1} 的计算公式为

$$x_{k+1}=x_k-\frac{f(x_k)}{f'(x_k)},\quad k=0,1,\cdots, \tag{7.17}$$

这就是**牛顿法**.

牛顿法有明显的几何解释.方程 $f(x)=0$ 的根 x^* 可解释为曲线 $y=f(x)$ 与 x 轴的交点的横坐标(参见图 7-4).设 x_k 是根 x^* 的某个近似值,过曲线 $y=f(x)$ 上横坐标为 x_k 的点 P_k 引切线,并将该切线与 x 轴的交点的横坐标 x_{k+1} 作为 x^* 的新的近似值.注意到切线方程为

$$y=f(x_k)+f'(x_k)(x-x_k).$$

这样求得的值 x_{k+1} 必满足(7.16)式,从而就是牛顿公式(7.17)的计算结果.由于这种几何背景,牛顿法亦称**切线法**.

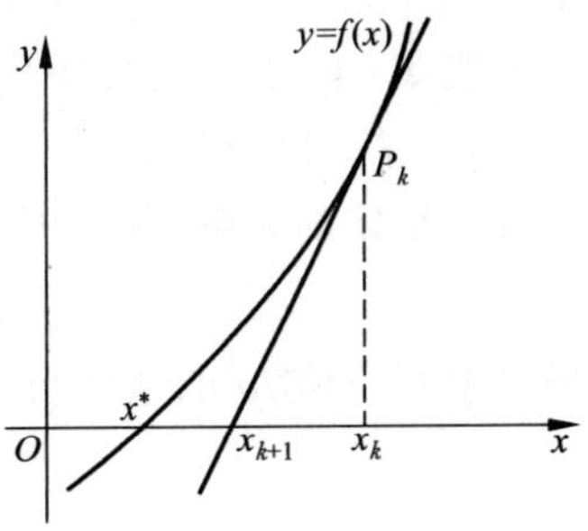

图 7-4 牛顿法示意图

关于牛顿法(7.17)的收敛性,可直接由定理 7.4 得到,对(7.17)式其迭代函数为

$$\varphi(x)=x-\frac{f(x)}{f'(x)}.$$

由于

$$\varphi'(x)=\frac{f(x)f''(x)}{[f'(x)]^2},$$

假定 x^* 是 $f(x)$ 的一个单根，即 $f(x^*)=0, f'(x^*)\neq 0$，则由上式知 $\varphi'(x^*)=0$，于是依据定理 7.4 可以断定，牛顿法在根 x^* 的邻近是平方收敛的. 又因 $\varphi''(x^*)=\dfrac{f''(x^*)}{f'(x^*)}$，故由 (7.11)式可得

$$\lim_{k\to\infty}\frac{x_{k+1}-x^*}{(x_k-x^*)^2}=\frac{f''(x^*)}{2f'(x^*)}.$$

例 7.7 用牛顿法解方程

$$f(x)=xe^x-1=0. \tag{7.18}$$

解 这里牛顿法迭代公式为

$$x_{k+1}=x_k-\frac{x_k-e^{-x_k}}{1+x_k},$$

取迭代初值 $x_0=0.5$，迭代结果列于表 7-7 中.

表 7-7 计算结果

k	x_k
0	0.5
1	0.571 02
2	0.567 16
3	0.567 14

所给方程(7.18)实际上是方程 $x=e^{-x}$ 的等价形式. 若用不动点迭代到同一精度要迭代 17 次，可见牛顿法的收敛速度是很快的.

下面列出牛顿法的计算步骤：

步骤 1 准备 选定初始近似值 x_0，计算 $f_0=f(x_0), f_0'=f'(x_0)$.

步骤 2 迭代 按公式

$$x_1=x_0-f_0/f_0'$$

迭代一次，得新的近似值 x_1，计算 $f_1=f(x_1), f_1'=f'(x_1)$.

步骤 3 控制 如果 x_1 满足 $|\delta|<\varepsilon_1$ 或 $|f_1|<\varepsilon_2$，则终止迭代，以 x_1 作为所求的根；否则转步骤 4. 此处 $\varepsilon_1, \varepsilon_2$ 是允许误差，而

$$\delta=\begin{cases} x_1-x_0, & \text{当 } |x_1|<C \text{ 时}, \\ \dfrac{x_1-x_0}{x_1}, & \text{当 } |x_1|\geqslant C \text{ 时}, \end{cases}$$

其中 C 是取绝对误差或相对误差的控制常数，一般可取 $C=1$.

步骤 4 修改 如果迭代过程达到预先指定的次数 N，或者 $f_1'=0$，则方法失败；否则以 (x_1, f_1, f_1') 代替 (x_0, f_0, f_0') 转步骤 2 继续迭代.

对于给定的正数 a，应用牛顿法解二次方程

$$f(x)=x^2-a=0,$$

可导出求开方值 $\sqrt{a}$ 的迭代公式

$$x_{k+1}=x_k-\frac{x_k^2-a}{2x_k}=\frac{1}{2}\left(x_k+\frac{a}{x_k}\right).$$

此迭代公式即为 1.4 节给出的(1.11)式.

7.4.2 简化牛顿法与牛顿下山法

牛顿法的优点是收敛快，缺点一是每步迭代要计算 $f(x_k)$ 及 $f'(x_k)$，计算量较大且有

时 $f'(x_k)$ 的计算较困难；二是初始近似 x_0 只在根 x^* 附近才能保证收敛，如 x_0 给的不合适可能不收敛.为克服这两个缺点，通常可用下述方法.

（1）简化牛顿法，也称平行弦法.其迭代公式为

$$x_{k+1}=x_k-Cf(x_k), \quad C\neq 0,\ k=0,1,\cdots. \tag{7.19}$$

迭代函数 $\varphi(x)=x-Cf(x)$.

若 $|\varphi'(x)|=|1-Cf'(x)|<1$，即取 $0<Cf'(x)<2$ 在根 x^* 附近成立，则迭代法(7.19)局部收敛.

在(7.19)式中取 $C=\dfrac{1}{f'(x_0)}$，则称为**简化牛顿法**，这类方法计算量省，但只有线性收敛，其几何意义是用斜率为 $f'(x_0)$ 的平行弦与 x 轴的交点作为 x^* 的近似.如图 7-5 所示.

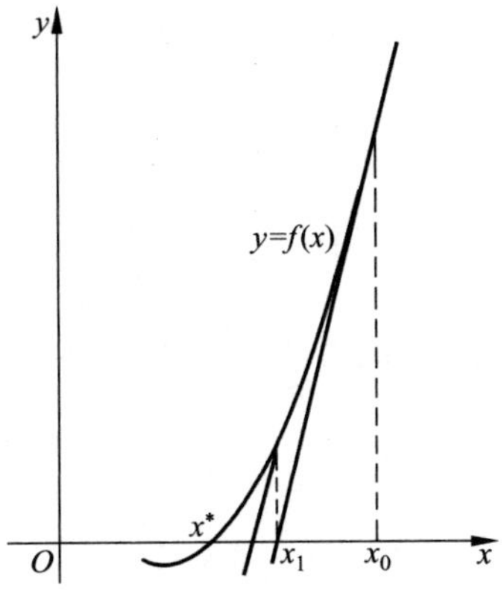

图 7-5 简化牛顿法示意图

（2）牛顿下山法.牛顿法收敛性依赖初值 x_0 的选取.如果 x_0 偏离所求根 x^* 较远，则牛顿法可能发散.

例如，用牛顿法求解例 7.3 中的方程(7.5).此方程在 $x=1.5$ 附近有一个根 x^*.设取迭代初值 $x_0=1.5$，用牛顿法迭代公式

$$x_{k+1}=x_k-\frac{x_k^3-x_k-1}{3x_k^2-1} \tag{7.20}$$

计算得

$$x_1=1.347\ 83, \quad x_2=1.325\ 20, \quad x_3=1.324\ 72.$$

迭代 3 次得到的结果 x_3 有 6 位有效数字.

但是，如果改用 $x_0=0.6$ 作为迭代初值，则依牛顿法迭代公式(7.20)迭代一次得

$$x_1=17.9.$$

这个结果反而比 $x_0=0.6$ 更偏离了所求的根 $x^*=1.324\ 72$.

为了防止迭代发散，我们对迭代过程附加一项要求，即具有单调性：

$$|f(x_{k+1})|<|f(x_k)|. \tag{7.21}$$

满足这项要求的算法称为**下山法**.

我们将牛顿法与下山法结合起来使用，即在下山法保证函数值稳定下降的前提下，用牛顿法加快收敛速度.为此，我们将牛顿法的计算结果

$$\bar{x}_{k+1}=x_k-\frac{f(x_k)}{f'(x_k)}$$

与前一步的近似值 x_k 的适当加权平均作为新的改进值，即

$$x_{k+1}=\lambda\bar{x}_{k+1}+(1-\lambda)x_k, \tag{7.22}$$

其中 $\lambda(0<\lambda\leqslant 1)$ 称为下山因子，(7.22)式即为

$$x_{k+1}=x_k-\lambda\frac{f(x_k)}{f'(x_k)}, \quad k=0,1,\cdots,$$

称为**牛顿下山法**.选择下山因子时从 $\lambda=1$ 开始，逐次将 λ 减半进行试算，直到能使下降条件(7.21)满足为止.若用此法解方程(7.5)，当 $x_0=0.6$ 时由(7.20)式求得 $x_1=17.9$，它不满足条件(7.21)，通过 λ 逐次取半进行试算，当 $\lambda=\dfrac{1}{32}$ 时可求得 $x_1=1.140\ 625$.此时有 $f(x_1)=$

$-0.656\ 643$，而 $f(x_0)=-1.384$，显然 $|f(x_1)|<|f(x_0)|$. 由 x_1 计算 $x_2,x_3,\cdots$ 时 $\lambda=1$，均能使条件(7.21)式满足. 计算结果如下：

$$x_2=1.366\ 81,\quad f(x_2)=0.1866;$$
$$x_3=1.326\ 28,\quad f(x_3)=0.006\ 67;$$
$$x_4=1.324\ 72,\quad f(x_4)=0.000\ 009\ 7.$$

x_4 即为 x^* 的近似. 一般情况只要能使条件(7.21)满足，则可得到 $\lim\limits_{k\to\infty}f(x_k)=0$，从而使 $\{x_k\}$ 收敛.

7.4.3　重根情形

设 $f(x)=(x-x^*)^m g(x)$，整数 $m\geqslant 2$，$g(x^*)\neq 0$，则 x^* 为方程 $f(x)=0$ 的 m 重根，此时有

$$f(x^*)=f'(x^*)=\cdots=f^{(m-1)}(x^*)=0,\quad f^{(m)}(x^*)\neq 0.$$

只要 $f'(x_k)\neq 0$ 仍可用牛顿法(7.17)计算，此时迭代函数 $\varphi(x)=x-\dfrac{f(x)}{f'(x)}$ 的导数满足 $\varphi'(x^*)=1-\dfrac{1}{m}\neq 0$，且 $|\varphi'(x^*)|<1$，所以牛顿法求重根只是线性收敛. 若取

$$\varphi(x)=x-m\,\frac{f(x)}{f'(x)},$$

则 $\varphi'(x^*)=0$. 用迭代法

$$x_{k+1}=x_k-m\,\frac{f(x_k)}{f'(x_k)},\quad k=0,1,\cdots,\tag{7.23}$$

求 m 重根，则具有二阶收敛性，但要知道 x^* 的重数 m.

构造求重根的迭代法，还可令 $\mu(x)=f(x)/f'(x)$，若 x^* 是 $f(x)=0$ 的 m 重根，则

$$\mu(x)=\frac{(x-x^*)g(x)}{mg(x)+(x-x^*)g'(x)},$$

故 x^* 是 $\mu(x)=0$ 的单根. 对它用牛顿法，其迭代函数为

$$\varphi(x)=x-\frac{\mu(x)}{\mu'(x)}=x-\frac{f(x)f'(x)}{[f'(x)]^2-f(x)f''(x)}.$$

从而可构造迭代法

$$x_{k+1}=x_k-\frac{f(x_k)f'(x_k)}{[f'(x_k)]^2-f(x_k)f''(x_k)},\quad k=0,1,\cdots,\tag{7.24}$$

它是二阶收敛的.

例 7.8　方程 $x^4-4x^2+4=0$ 的根 $x^*=\sqrt{2}$ 是二重根，用上述三种方法求根.

解　由 $x^4-4x^2+4=(x^2-2)^2$ 可写出三种方法的迭代公式：

(1) 牛顿法　$x_{k+1}=x_k-\dfrac{x_k^2-2}{4x_k}$.

(2) 用(7.23)式　$x_{k+1}=x_k-\dfrac{x_k^2-2}{2x_k}$.

(3) 用(7.24)式　$x_{k+1}=x_k-\dfrac{x_k(x_k^2-2)}{x_k^2+2}$.

取初值 $x_0=1.5$,计算结果如表 7-8 所列.

表 7-8 三种方法数值结果

k	x_k	方法(1)	方法(2)	方法(3)
1	x_1	1.458 333 333	1.416 666 667	1.411 764 706
2	x_2	1.436 607 143	1.414 215 686	1.414 211 438
3	x_3	1.425 497 619	1.414 213 562	1.414 213 562

计算三步,方法(2)及方法(3)均达到 10 位有效数字,而用牛顿法只有线性收敛,要达到同样精度需迭代 30 次.

7.5 弦截法与抛物线法

用牛顿法求方程(7.1)的根,每步除计算 $f(x_k)$外还要算$f'(x_k)$,当函数 $f(x)$比较复杂时,计算 $f'(x)$往往较困难,为此可以利用已求函数值 $f(x_k),f(x_{k-1}),\cdots$来回避导数值 $f'(x_k)$的计算.这类方法是建立在插值理论基础上的,下面介绍两种常用的方法.

7.5.1 弦截法

设 x_k,x_{k-1}是 $f(x)=0$ 的近似根,我们利用 $f(x_k),f(x_{k-1})$构造一次插值多项式 $p_1(x)$,并用 $p_1(x)=0$ 的根作为 $f(x)=0$ 的新的近似根 x_{k+1}.由于

$$p_1(x)=f(x_k)+\frac{f(x_k)-f(x_{k-1})}{x_k-x_{k-1}}(x-x_k),$$

因此有

$$x_{k+1}=x_k-\frac{f(x_k)}{f(x_k)-f(x_{k-1})}(x_k-x_{k-1}). \tag{7.25}$$

这样导出的迭代公式(7.25)可以看作牛顿公式

$$x_{k+1}=x_k-\frac{f(x_k)}{f'(x_k)}$$

中的导数 $f'(x_k)$用差商$\dfrac{f(x_k)-f(x_{k-1})}{x_k-x_{k-1}}$取代的结果.

现在解释这种迭代过程的几何意义.如图 7-6 所示,曲线 $y=f(x)$上横坐标为 x_k,x_{k-1}的点分别记为 P_k,P_{k-1},则弦线$\overline{P_kP_{k-1}}$的斜率等于差商值$\dfrac{f(x_k)-f(x_{k-1})}{x_k-x_{k-1}}$,其方程是

$$y=f(x_k)+\frac{f(x_k)-f(x_{k-1})}{x_k-x_{k-1}}(x-x_k).$$

于是,按(7.25)式求得的 x_{k+1}实际上是弦线$\overline{P_kP_{k-1}}$与 x 轴交点的横坐标.这种算法因此而称为**弦截法**.

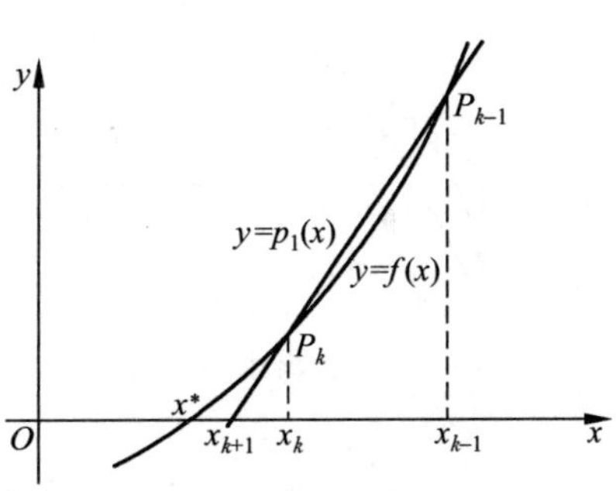

图 7-6 弦截法示意图

弦截法与切线法(牛顿法)都是线性化方法,但两者有本质的区别.切线法在计算 x_{k+1}时只用到前一步的值 x_k,而弦截法(7.25),在求 x_{k+1}时要用到前面两

步的结果 x_k, x_{k-1}，因此使用这种方法必须先给出两个初始值 x_0, x_1.

例 7.9（例 7.7 续）　用弦截法解方程(7.18).

解　设取 $x_0=0.5, x_1=0.6$ 作为开始值，用弦截法求得的结果见表 7-9，比较例 7.7 牛顿法的计算结果可以看出，弦截法的收敛速度也是相当快的.

表 7-9　计算结果

k	0	1	2	3	4
x_k	0.5	0.6	0.565 32	0.567 09	0.567 14

实际上，下述定理断言，弦截法具有超线性的收敛性.

定理 7.6　假设 $f(x)$ 在根 x^* 的邻域 $\Delta: |x-x^*|\leqslant\delta$ 内具有二阶连续导数，且对任意 $x\in\Delta$ 有 $f'(x)\neq 0$，又初值 $x_0, x_1\in\Delta$，那么当邻域 Δ 充分小时，弦截法(7.25)将按阶 $p=\dfrac{1+\sqrt{5}}{2}\approx 1.618$ 收敛到根 x^*.这里 p 是方程 $\lambda^2-\lambda-1=0$ 的正根.

定理的证明可见文献[3].

7.5.2　抛物线法

设已知方程 $f(x)=0$ 的三个近似根 x_k, x_{k-1}, x_{k-2}，我们以这三点为节点构造二次插值多项式 $p_2(x)$，并适当选取 $p_2(x)$ 的一个零点 x_{k+1} 作为新的近似根，这样确定的迭代过程称为**抛物线法**，亦称为**密勒**(Müller)**法**.在几何图形上，这种方法的基本思想是用抛物线 $y=p_2(x)$ 与 x 轴的一个交点 x_{k+1} 作为所求根 x^* 的近似位置(参见图 7-7).

现在推导抛物线法的计算公式.插值多项式为

$$\begin{aligned}p_2(x) &= f(x_k)+f[x_k,x_{k-1}](x-x_k)+\\&\quad f[x_k,x_{k-1},x_{k-2}](x-x_k)(x-x_{k-1})\\&= f(x_k)+[f[x_k,x_{k-1}]+\\&\quad f[x_k,x_{k-1},x_{k-2}](x_k-x_{k-1})](x-x_k)+\\&\quad f[x_k,x_{k-1},x_{k-2}](x-x_k)^2,\end{aligned}$$

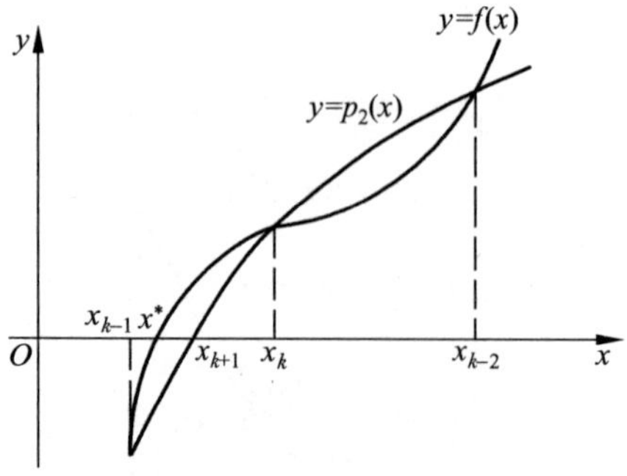

图 7-7　抛物线法示意图

它有两个零点：

$$x_{k+1}=x_k-\frac{2f(x_k)}{\omega\pm\sqrt{\omega^2-4f(x_k)f[x_k,x_{k-1},x_{k-2}]}},\tag{7.26}$$

其中

$$\omega=f[x_k,x_{k-1}]+f[x_k,x_{k-1},x_{k-2}](x_k-x_{k-1}).$$

为了从(7.26)式定出一个值 x_{k+1}，我们需要讨论根式前正负号的取舍问题.

在 x_k, x_{k-1}, x_{k-2} 三个近似根中，自然假定 x_k 更接近所求的根 x^*，这时，为了保证精度，我们选取(7.26)式中较接近 x_k 的一个值作为新的近似根 x_{k+1}.注意根式可能取复值，为此，只要取根式前的符号使分母的模最大即可.

例 7.10(例 7.7 及例 7.9 续) 用抛物线法求解方程(7.18).

解 设用表 7-9 的前三个值

$$x_0=0.5,\quad x_1=0.6,\quad x_2=0.565\,32$$

作为开始值,计算得

$$f(x_0)=-0.175\,639,\quad f(x_1)=0.093\,271,\quad f(x_2)=-0.005\,031,$$

$$f[x_1,x_0]=2.689\,11,\quad f[x_2,x_1]=2.834\,54,\quad f[x_2,x_1,x_0]=2.226\,51.$$

故

$$\omega=f[x_2,x_1]+f[x_2,x_1,x_0](x_2-x_1)=2.757\,33.$$

代入(7.26)式求得

$$x_3=x_2-\frac{2f(x_2)}{\omega+\sqrt{\omega^2-4f(x_2)f[x_2,x_1,x_0]}}=0.567\,14.$$

以上计算表明,抛物线法比弦截法收敛得更快.

事实上,在一定条件下可以证明,对于抛物线法,迭代误差有下列渐近关系式:

$$\frac{|e_{k+1}|}{|e_k|^{1.840}}\to\left|\frac{f'''(x^*)}{6f'(x^*)}\right|^{0.42}.$$

可见抛物线法也是超线性收敛的,其收敛的阶 $p=1.840$(方程$\lambda^3-\lambda^2-\lambda-1=0$的根),在收敛速度上比弦截法更接近于牛顿法.

从(7.26)式看到,即使 x_{k-2},x_{k-1},x_k 均为实数,x_{k+1}也可以是复数,所以抛物线法适用于求多项式的实根和复根.

7.6 求根问题的敏感性与多项式的零点

7.6.1 求根问题的敏感性与病态代数方程

方程求根的敏感性与函数求值是相反的,若 $f(x)=y$,则由 y 求 x 的病态性与由 x 求 y 的病态性相反,可微函数 f 在根 x^* 附近函数绝对误差与自变量误差之比$\dfrac{|\Delta y|}{|\Delta x|}\approx|f'(x^*)|$,若 $f'(x^*)\neq0$,则求根为反问题,即输入 x^* 满足 $y=f(x^*)=0$,若找到一个 $\bar{x}$ 使 $|f(\bar{x})|\leqslant\varepsilon$.则解的误差$|\Delta x|=|\bar{x}-x^*|$与$|\Delta y|=|f(\bar{x})-f(x^*)|$之比为$\dfrac{|\Delta x|}{|\Delta y|}\approx\dfrac{1}{f'(x^*)}$,即$|\Delta x|$误差将达到$\dfrac{\varepsilon}{|f'(x^*)|}$,如果$|f'(x^*)|$非常小,这个值就非常大,直观的图示可参见图 7-8.

对多项式方程

$$p(x)=a_0x^n+a_1x^{n-1}+\cdots+a_{n-1}x+a_n=0,\quad a_0\neq0,\tag{7.27}$$

若系数有微小扰动其根变化很大,这种根对系数变化的敏感性称为病态的代数方程.

若多项式 $p(x)$的系数有微小变化,可表示为

$$p_\varepsilon(x)=p(x)+\varepsilon q(x)=0,\tag{7.28}$$

其中 $q(x)\neq0$ 是一个多项式,次数不大于 n.$p_\varepsilon(x)$的零点表示为$x_1(\varepsilon),x_2(\varepsilon),\cdots,x_n(\varepsilon)$,令 $x_1(0),x_2(0),\cdots,x_n(0)$为 $p(x)$的零点,即 $x_i=x_i(0)(i=1,2,\cdots,n)$,将(7.28)式对 ε 求导,可得

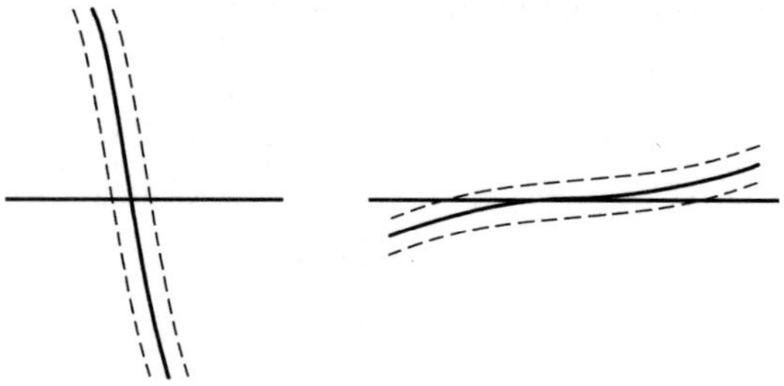

(a) 良态　　　　(b) 病态

图 7-8　方程求根与函数求值的敏感性间的互反关系示意图

$$p'(x)\frac{\mathrm{d}x}{\mathrm{d}\varepsilon}+q(x)+\varepsilon q'(x)\frac{\mathrm{d}x}{\mathrm{d}\varepsilon}=0,\quad 即\quad \frac{\mathrm{d}x}{\mathrm{d}\varepsilon}=\frac{-q(x)}{p'(x)+\varepsilon q'(x)}.$$

于是当 $\varepsilon=0$ 时有

$$\frac{\mathrm{d}x(0)}{\mathrm{d}\varepsilon}=\frac{-q(x(0))}{p'(x(0))}.$$

当 $|\varepsilon|$ 充分小时，利用 $x_k(\varepsilon)$ 在 $\varepsilon=0$ 处的泰勒展开得

$$x_k(\varepsilon)\approx x_k-\frac{q(x_k)}{p'(x_k)}\varepsilon,\quad k=1,2,\cdots,n, \tag{7.29}$$

它表明了系数有微小变化 ε 时引起根变化的情况.当 $|x_i(\varepsilon)-x_i|$ 很大时代数方程(7.27)就是病态的.

例 7.11　判断求多项式

$$\begin{aligned}p(x)&=(x-1)(x-2)\cdots(x-7)\\&=x^7-28x^6+322x^5-1960x^4+6769x^3-13\,132x^2+13\,068x-5040\end{aligned}$$

的根是否敏感.

解　取 $q(x)=x^6$，$\varepsilon=-0.002$，$p(x)$ 的根 $x_k=k\,(k=1,2,\cdots,7)$.

$p'(x_k)=\prod_{j\neq k}(k-j)$，$q(x_k)=k^6$，由(7.29)式可得

$$x_k(\varepsilon)\approx k+\frac{(-1)^{k-1}(0.002)k^6}{(k-1)!\,(7-k)!}.$$

实际上，方程 $p(x)+\varepsilon x^6=0$ 的根 $x_k(\varepsilon)$ 分别为

$$\begin{gathered}1.000\,002\,8,\ 1.998\,938\,2,\ 3.033\,125\,3,\ 3.819\,569\,2,\\5.458\,675\,8\pm0.540\,125\,78\mathrm{i},\ 7.233\,012\,8.\end{gathered}$$

这说明方程是严重病态的.

7.6.2　多项式的零点

很多问题需要求多项式的全部零点，即方程(7.27)的全部根，它等价于求

$$x^n+p_1x^{n-1}+\cdots+p_{n-1}x+p_n=0 \tag{7.30}$$

的全部根.

前面讨论的任一种方法都可用于求出一个根 x_1，但通常使用牛顿法最好，可利用秦九韶算法(见 1.4 节)计算 $p(x_1^{(k)})$ 及 $p'(x_1^{(k)})$ 的值.由牛顿法

$$x_1^{(k+1)}=x_1^{(k)}-\frac{p(x_1^{(k)})}{p'(x_1^{(k)})},\quad k=0,1,2,\cdots$$

计算到$|x_1^{(k+1)}-x_1^{(k)}|\leqslant\varepsilon$,则得$x_1\approx x_1^{(k+1)}$.由于$p(x)=(x-x_1)q_1(x)$,即$q_1(x)=\dfrac{p(x)}{x-x_1}$,将$p(x)$的次数降低一次.再求$q_1(x)=0$的一个根$x_2$,$q_1(x)=(x-x_2)q_2(x)$,如此反复直到求出全部$n$个根.一般地,$q_{i-1}(x)=(x-x_i)q_i(x)(i=1,2,\cdots,n-2)$,这里$q_0(x)=p(x)$,$q_{n-2}(x)$为二次多项式,在此过程中当$i$增加时不精确性增加,为了解决此困难可通过原方程$p(x)=0$的牛顿法改进$x_2,\cdots,x_{n-2}$的结果.由于$x_1$可能是复根,因此使用抛物线法对求复数根更有利.若$x_1$为复根,记$x_1=a+\mathrm{i}b$,则$\bar{x}_1=a-\mathrm{i}b$也是一个根,于是$(x-x_1)(x-\bar{x}_1)=x^2-2ax+a^2+b^2$是$p(x)$的一个二次因子,于是$\dfrac{p(x)}{x^2-2ax+a^2+b^2}=q_2(x)$是$n-2$次的多项式,可降低二次.即使不是复根,也可通过抛物线法求出两个实根,它比牛顿法更优越.

例 7.12　求$p(x)=16x^4-40x^3+5x^2+20x+6$的全部零点.

解　先用抛物线法求多项式的零点,取$x_0=0.5,x_1=-0.5,x_2=0$,计算到$|p(x_i)|<10^{-5}$为止.结果如表 7-10 所列.

表 7-10　计算结果

$x_0=0.5,x_1=-0.5,x_2=0$		
i	x_i	$p(x_i)$
3	−0.555 556+0.598 352i	−29.4007−3.898 72i
4	−0.435 450+0.102 101i	1.332 22−1.193 10i
5	−0.390 631+0.141 852i	−0.375 058−0.670 168i
6	−0.357 698+0.169 926i	−0.146 750−0.007 446 23i
7	−0.356 051+0.162 856i	$-0.184\,022\times10^{-2}+0.538\,456\times10^{-3}$i
8	−0.356 062+0.162 758i	$0.164\,836\times10^{-5}+0.892\,713\times10^{-6}$i

求得零点为$-0.356\,062\pm0.162\,758\mathrm{i}$,从而可得

$$p(x)=16(x^2+0.712\,124x+0.153\,270)(x^2-3.212\,124x+2.446\,658).$$

由$x^2-3.212\,124x+2.446\,658=0$可求得另外两根为

$$x_3=1.241\,677\,4,\quad x_4=1.970\,446.$$

可对原方程$p(x)=0$,以此两根为初值,用牛顿法迭代一次可得到更精确的零点

$$x_3^*=1.241\,677\,44\quad 及\quad x_4^*=1.970\,446\,08.$$

另一种求多项式零点的方法是将其转化为求矩阵的特征值问题.由于多项式(7.30)是矩阵

$$\boldsymbol{P}=\begin{pmatrix}-p_1 & -p_2 & \cdots & -p_n\\ 1 & 0 & \cdots & 0\\ \vdots & \ddots & \ddots & \vdots\\ 0 & \cdots & 1 & 0\end{pmatrix}$$

的特征多项式,利用计算矩阵特征值方法(见第 8 章)求矩阵$\boldsymbol{P}$(称为多项式(7.30)的**友矩阵**)的全部特征值,则可得到多项式(7.30)的全部根,MATLAB 中的内置 roots 函数使用的

就是这种方法.

此外,还有专门针对求多项式全部零点的专门方法,包括根的隔离,将多项式根隔离在复平面的一个区域内的卢斯(Ruth)表格法、伯努利(Bernoulli)方法、劈因子法、拉盖尔法及圆盘算法等.

7.7 非线性方程组的数值解法

7.7.1 非线性方程组

非线性方程组是非线性科学的重要组成部分.

考虑方程组

$$\begin{cases} f_1(x_1,x_2,\cdots,x_n)=0, \\ f_2(x_1,x_2,\cdots,x_n)=0, \\ \quad\vdots \\ f_n(x_1,x_2,\cdots,x_n)=0, \end{cases} \tag{7.31}$$

其中 $f_1,f_2,\cdots,f_n$ 均为$(x_1,x_2,\cdots,x_n)$的多元函数.若用向量记号记 $\boldsymbol{x}=(x_1,x_2,\cdots,x_n)^{\mathrm{T}}\in\mathbb{R}^n$,$\boldsymbol{F}=(f_1,f_2,\cdots,f_n)^{\mathrm{T}}$,方程组(7.31)就可写成

$$\boldsymbol{F}(\boldsymbol{x})=\boldsymbol{0}. \tag{7.32}$$

当 $n\geqslant2$,且 $f_i(i=1,2,\cdots,n)$中至少有一个是自变量 $x_i(i=1,2,\cdots,n)$的非线性函数时,则称方程组(7.31)为**非线性方程组**.非线性方程组(7.31)的求解问题无论在理论上或实际解法上均比线性方程组和单个方程求解要复杂和困难,它可能无解也可能有一个解或多个解.

例 7.13 求 xOy 平面上两条抛物线 $y=x^2+\alpha$ 及 $x=y^2+\alpha$ 的交点,这就是方程组(7.31)中 $n=2,x=x_1,y=x_2$ 的情形.

解 当 $\alpha=\dfrac{1}{2}$时,无解.当 $\alpha=\dfrac{1}{4}$时,有唯一解 $x=y=\dfrac{1}{2}$.

当 $\alpha=0$ 时,有两个解:$x=y=0$ 及 $x=y=1$.当 $\alpha=-1$ 时,有 4 个解:$x=-1,y=0;x=0,y=-1;x=y=\dfrac{1}{2}(1\pm\sqrt{5})$.参见图 7-9.

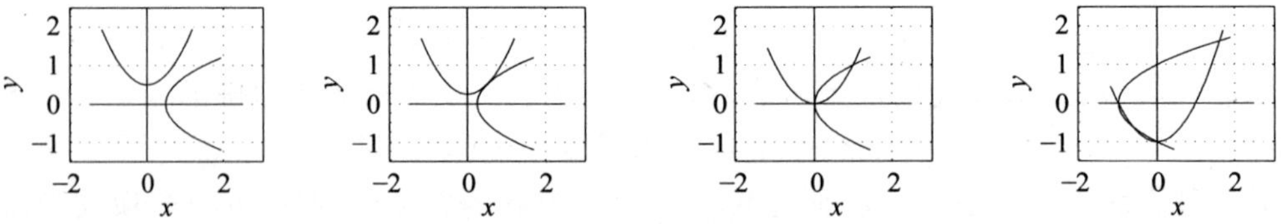

(a) $\alpha=\dfrac{1}{2}$　(b) $\alpha=\dfrac{1}{4}$　(c) $\alpha=0$　(d) $\alpha=1$

图 7-9 含参数的两条抛物线的交点情况

求方程组(7.31)的根可直接将单个方程($n=1$)的求根方法加以推广,实际上只要把单变量函数 $f(x)$看成向量函数 $\boldsymbol{F}(\boldsymbol{x})$,将方程组(7.31)改写为方程组(7.32),就可将前面讨论的求根方法用于求方程组(7.32)的根,为此设向量函数 $\boldsymbol{F}(\boldsymbol{x})$在区域 $D\subset\mathbb{R}^n$上连续可微.

向量函数 $\boldsymbol{F}(\boldsymbol{x})$的导数 $\boldsymbol{F}'(\boldsymbol{x})$称为 $\boldsymbol{F}$ 的**雅可比矩阵**,它表示为

$$\boldsymbol{F}'(\boldsymbol{x})=\begin{pmatrix}\dfrac{\partial f_1(\boldsymbol{x})}{\partial x_1} & \dfrac{\partial f_1(\boldsymbol{x})}{\partial x_2} & \cdots & \dfrac{\partial f_1(\boldsymbol{x})}{\partial x_n}\\ \dfrac{\partial f_2(\boldsymbol{x})}{\partial x_1} & \dfrac{\partial f_2(\boldsymbol{x})}{\partial x_2} & \cdots & \dfrac{\partial f_2(\boldsymbol{x})}{\partial x_n}\\ \vdots & \vdots & & \vdots\\ \dfrac{\partial f_n(\boldsymbol{x})}{\partial x_1} & \dfrac{\partial f_n(\boldsymbol{x})}{\partial x_2} & \cdots & \dfrac{\partial f_n(\boldsymbol{x})}{\partial x_n}\end{pmatrix}. \tag{7.33}$$

7.7.2　非线性方程组的不动点迭代法

为了求解方程组(7.32)，可将它改写为便于迭代的形式

$$\boldsymbol{x}=\boldsymbol{\Phi}(\boldsymbol{x}), \tag{7.34}$$

其中向量函数$\boldsymbol{\Phi}\in D\subset\mathbb{R}^n$，且在定义域$D$上连续，如果$\boldsymbol{x}^*\in D$，满足$\boldsymbol{x}^*=\boldsymbol{\Phi}(\boldsymbol{x}^*)$，称$\boldsymbol{x}^*$为函数$\boldsymbol{\Phi}$的**不动点**，$\boldsymbol{x}^*$也就是方程组(7.32)的一个解.

根据(7.34)式构造的迭代法

$$\boldsymbol{x}^{(k+1)}=\boldsymbol{\Phi}(\boldsymbol{x}^{(k)}),\quad k=0,1,2,\cdots \tag{7.35}$$

称为**不动点迭代法**，$\boldsymbol{\Phi}$为**迭代函数**，如果由它产生的向量序列$\{\boldsymbol{x}^{(k)}\}$满足$\lim\limits_{k\to\infty}\boldsymbol{x}^{(k)}=\boldsymbol{x}^*$，对(7.35)式取极限，由$\boldsymbol{\Phi}$的连续性可得$\boldsymbol{x}^*=\boldsymbol{\Phi}(\boldsymbol{x}^*)$，故$\boldsymbol{x}^*$是$\boldsymbol{\Phi}$的不动点，也就是方程组(7.32)的一个解.

类似于$n=1$时的单个方程的结论有下面的定理.

定理 7.7　函数$\boldsymbol{\Phi}$定义在区域$D\subset\mathbb{R}^n$，假设：

(1) 存在闭集$D_0\subset D$及实数$L\in(0,1)$，使

$$\|\boldsymbol{\Phi}(\boldsymbol{x})-\boldsymbol{\Phi}(\boldsymbol{y})\|\leqslant L\|\boldsymbol{x}-\boldsymbol{y}\|,\quad \forall\,\boldsymbol{x},\boldsymbol{y}\in D_0; \tag{7.36}$$

(2) 对任意$\boldsymbol{x}\in D_0$有$\boldsymbol{\Phi}(\boldsymbol{x})\in D_0$.

则$\boldsymbol{\Phi}$在D_0有唯一不动点$\boldsymbol{x}^*$，且对任意$\boldsymbol{x}^{(0)}\in D_0$，由迭代法(7.35)生成的序列$\{\boldsymbol{x}^{(k)}\}$收敛到$\boldsymbol{x}^*$，并有误差估计

$$\|\boldsymbol{x}^*-\boldsymbol{x}^{(k)}\|\leqslant\frac{L^k}{1-L}\|\boldsymbol{x}^{(1)}-\boldsymbol{x}^{(0)}\|.$$

此定理的条件(1)称为$\boldsymbol{\Phi}$的压缩条件.若$\boldsymbol{\Phi}$是压缩的，则它也是连续的.条件(2)表明$\boldsymbol{\Phi}$把区域D_0映入自身，此定理也称压缩映射原理.它是迭代法在区域D_0上的全局收敛性定理.类似于单个方程的结论还有以下局部收敛定理.

定理 7.8　设$\boldsymbol{\Phi}$在定义域内有不动点$\boldsymbol{x}^*$，$\boldsymbol{\Phi}$的分量函数有连续偏导数且

$$\rho(\boldsymbol{\Phi}'(\boldsymbol{x}^*))<1, \tag{7.37}$$

则存在$\boldsymbol{x}^*$的一个邻域S，对任意$\boldsymbol{x}^{(0)}\in S$，迭代法(7.35)产生的序列$\{\boldsymbol{x}^{(k)}\}$收敛于$\boldsymbol{x}^*$.

(7.37)式中的$\rho(\boldsymbol{\Phi}'(\boldsymbol{x}^*))$是指函数$\boldsymbol{\Phi}$的雅可比矩阵的谱半径.类似于一元方程迭代法的收敛阶的概念，也有向量序列$\{\boldsymbol{x}^{(k)}\}$收敛阶的定义，设$\{\boldsymbol{x}^{(k)}\}$收敛于$\boldsymbol{x}^*$，若存在常数$p\geqslant 1$及$\alpha>0$，使

$$\lim_{k\to\infty}\frac{\|\boldsymbol{x}^{(k+1)}-\boldsymbol{x}^*\|}{\|\boldsymbol{x}^{(k)}-\boldsymbol{x}^*\|^p}=\alpha,$$

则称$\{\boldsymbol{x}^{(k)}\}$为p阶收敛.

例 7.14　用不动点迭代法求解方程组

$$\begin{cases} x_1^2-10x_1+x_2^2+8=0, \\ x_1x_2^2+x_1-10x_2+8=0. \end{cases}$$

解　将方程组化为(7.34)式的形式,其中

$$\boldsymbol{x}=\begin{pmatrix} x_1 \\ x_2 \end{pmatrix}, \quad \boldsymbol{\Phi}(\boldsymbol{x})=\begin{pmatrix} \varphi_1(\boldsymbol{x}) \\ \varphi_2(\boldsymbol{x}) \end{pmatrix}=\begin{pmatrix} \dfrac{1}{10}(x_1^2+x_2^2+8) \\ \dfrac{1}{10}(x_1x_2^2+x_1+8) \end{pmatrix}.$$

设 $D=\{(x_1,x_2)\mid 0\leqslant x_1,x_2\leqslant 1.5\}$,不难验证 $0.8\leqslant\varphi_1(x)\leqslant 1.25$,$0.8\leqslant\varphi_2(x)\leqslant 1.2875$,故有当 $\boldsymbol{x}\in D$ 时 $\boldsymbol{\Phi}(\boldsymbol{x})\in D$.又对一切 $\boldsymbol{x},\boldsymbol{y}\in D$,有

$$|\varphi_1(\boldsymbol{y})-\varphi_1(\boldsymbol{x})|=\frac{1}{10}|y_1^2-x_1^2+y_2^2-x_2^2|\leqslant\frac{3}{10}(|y_1-x_1|+|y_2-x_2|),$$

$$|\varphi_2(\boldsymbol{y})-\varphi_2(\boldsymbol{x})|=\frac{1}{10}|y_1y_2^2-x_1x_2^2+y_1-x_1|\leqslant\frac{4.5}{10}(|y_1-x_1|+|y_2-x_2|).$$

于是有 $\|\boldsymbol{\Phi}(\boldsymbol{y})-\boldsymbol{\Phi}(\boldsymbol{x})\|_1\leqslant 0.75\|\boldsymbol{y}-\boldsymbol{x}\|_1$,即 $\boldsymbol{\Phi}$ 满足条件(7.36).根据定理 7.7,$\boldsymbol{\Phi}$ 在区域 D 中存在唯一不动点 $\boldsymbol{x}^*$,由 D 内任一点($\boldsymbol{x}^{(0)}$)出发的迭代法收敛于 $\boldsymbol{x}^*$,今取 $\boldsymbol{x}^{(0)}=(0,0)^{\mathrm{T}}$,用迭代法(7.35)可求得

$\boldsymbol{x}^{(1)}=(0.8,0.8)^{\mathrm{T}}$,　$\boldsymbol{x}^{(2)}=(0.928,0.9312)^{\mathrm{T}}$,　…,　$\boldsymbol{x}^{(7)}=(0.999\,328,\ 0.999\,329)^{\mathrm{T}}$,　…,　$\boldsymbol{x}^*=(1,1)^{\mathrm{T}}$.

由于

$$\boldsymbol{\Phi}'(\boldsymbol{x})=\begin{pmatrix} \dfrac{1}{5}x_1 & \dfrac{1}{5}x_2 \\ \dfrac{1}{10}(x_2^2+1) & \dfrac{1}{5}x_1x_2 \end{pmatrix}$$

对一切 $\boldsymbol{x}\in D$ 都有 $\left|\dfrac{\partial\varphi_i(\boldsymbol{x})}{\partial x_j}\right|\leqslant\dfrac{0.9}{2}\ (i,j=1,2)$,故 $\|\boldsymbol{\Phi}'(\boldsymbol{x})\|_1\leqslant 0.9$ 从而有 $\rho(\boldsymbol{\Phi}'(\boldsymbol{x}))<1$,满足定理 7.7 的条件.此外还可看到

$$\boldsymbol{\Phi}'(\boldsymbol{x}^*)=\begin{pmatrix} 0.2 & 0.2 \\ 0.2 & 0.2 \end{pmatrix}, \qquad \|\boldsymbol{\Phi}'(\boldsymbol{x}^*)\|_1=0.4<1, \quad 故 \quad \rho(\boldsymbol{\Phi}'(\boldsymbol{x}^*))\leqslant 0.4,$$

即满足定理 7.8 的条件.

7.7.3　非线性方程组的牛顿迭代法

将单个方程的牛顿法直接用于方程组(7.32),则可得到解非线性方程组的牛顿迭代法

$$\boldsymbol{x}^{(k+1)}=\boldsymbol{x}^{(k)}-\boldsymbol{F}'(\boldsymbol{x}^{(k)})^{-1}\boldsymbol{F}(\boldsymbol{x}^{(k)}), \quad k=0,1,2,\cdots, \tag{7.38}$$

这里 $\boldsymbol{F}'(\boldsymbol{x})^{-1}$ 是(7.33)式给出的雅可比矩阵的逆矩阵,具体计算时记 $\boldsymbol{x}^{(k+1)}-\boldsymbol{x}^{(k)}=\Delta\boldsymbol{x}^{(k)}$,先解线性方程组

$$\boldsymbol{F}'(\boldsymbol{x}^{(k)})\Delta\boldsymbol{x}^{(k)}=-\boldsymbol{F}(\boldsymbol{x}^{(k)}),$$

求出向量 $\Delta\boldsymbol{x}^{(k)}$,然后令 $\boldsymbol{x}^{(k+1)}=\boldsymbol{x}^{(k)}+\Delta\boldsymbol{x}^{(k)}$.每步包括了计算向量函数 $\boldsymbol{F}(\boldsymbol{x}^{(k)})$ 及矩阵 $\boldsymbol{F}'(\boldsymbol{x}^{(k)})$.牛顿法有下面的收敛性定理.

定理 7.9　设 $\boldsymbol{F}(\boldsymbol{x})$ 的定义域为 $D\subset\mathbb{R}^n$,$\boldsymbol{x}^*\in D$ 满足 $\boldsymbol{F}(\boldsymbol{x}^*)=\boldsymbol{0}$,在 $\boldsymbol{x}^*$ 的开邻域 $S_0\subset D$

上 $\boldsymbol{F}'(\boldsymbol{x})$ 存在且连续，$\boldsymbol{F}'(\boldsymbol{x}^*)$ 非奇异，则牛顿法生成的序列 $\{\boldsymbol{x}^{(k)}\}$ 在闭域 $S \subset S_0$ 上超线性收敛于 $\boldsymbol{x}^*$，若还存在常数 $L>0$，使

$$\|\boldsymbol{F}'(\boldsymbol{x})-\boldsymbol{F}'(\boldsymbol{x}^*)\| \leqslant L\|\boldsymbol{x}-\boldsymbol{x}^*\|, \quad \forall \boldsymbol{x} \in S,$$

则 $\{\boldsymbol{x}^{(k)}\}$ 至少平方收敛.

例 7.15（例 7.14 续）　用牛顿法解例 7.14 的方程组.

解　$$\boldsymbol{F}(\boldsymbol{x})=\begin{pmatrix} x_1^2-10x_1+x_2^2+8 \\ x_1x_2^2+x_1-10x_2+8 \end{pmatrix}, \quad \boldsymbol{F}'(\boldsymbol{x})=\begin{pmatrix} 2x_1-10 & 2x_2 \\ x_2^2+1 & 2x_1x_2-10 \end{pmatrix}.$$

选 $\boldsymbol{x}^{(0)}=(0,0)^{\mathrm{T}}$，解线性方程组 $\boldsymbol{F}'(\boldsymbol{x}^{(0)})\Delta\boldsymbol{x}^{(0)}=-\boldsymbol{F}(\boldsymbol{x}^{(0)})$，即

$$\begin{pmatrix} -10 & 0 \\ 1 & -10 \end{pmatrix}\begin{pmatrix} \Delta x_1^{(0)} \\ \Delta x_2^{(0)} \end{pmatrix}=\begin{pmatrix} -8 \\ -8 \end{pmatrix},$$

解得 $\Delta\boldsymbol{x}^{(0)}=(0.8,0.88)^{\mathrm{T}}$，$\boldsymbol{x}^{(1)}=\boldsymbol{x}^{(0)}+\Delta\boldsymbol{x}^{(0)}=(0.8,0.88)^{\mathrm{T}}$，按牛顿迭代法(7.38)计算结果如表 7-11 所列.

表 7-11　计算结果

	$\boldsymbol{x}^{(0)}$	$\boldsymbol{x}^{(1)}$	$\boldsymbol{x}^{(2)}$	$\boldsymbol{x}^{(3)}$	$\boldsymbol{x}^{(4)}$
$x_1^{(k)}$	0	0.80	0.991 787 2	0.999 975 2	1.000 000 0
$x_2^{(k)}$	0	0.88	0.991 711 7	0.999 968 5	1.000 000 0

评　注

本章着重介绍求解单变量非线性方程 $f(x)=0$ 的迭代法及其理论.不动点迭代、局部收敛性及收敛阶等基本概念是十分重要的，它很容易推广到非线性方程组.在迭代法中以牛顿法最实用，它在单根附近具有二阶收敛性，但应用时要选取较好的初始近似才能保证迭代收敛.为克服这一缺点，可使用牛顿下山法.斯特芬森方法可将一阶方法加速为二阶，也是值得重视的算法.弦截法（或称割线法）与抛物线法（也称密勒法）是属于插值方法，它们不用算 $f(x)$ 的导数，又具有超线性收敛，也是常用的有效方法.这类方法是多点迭代法，它不同于 $x_{k+1}=\varphi(x_k)$ 的单点迭代，计算时必须给出两个以上的初始近似.其收敛性说明可参看文献[3].迭代法的误差分析可见文献[8].关于方程求根的历史可见文献[7]，关于求多项式零点的方法可见文献[8,37]，用多项式的友矩阵求全部零点的方法可见文献[38].

求解单个方程 $f(x)=0$ 的软件一般要提供函数值 f 的程序名和误差限及迭代过程判停准则，初始近似或有根区间 $[a,b]$.在 IMSL 库中求方程根的子程序是 zreal，求多项式零点的子程序为 splrc，NAG 库中求方程根的子程序是 co5adf，求多项式零点的子程序为 co2agf.在 MATLAB 中用 fzero 计算出初值附近的一个根.而函数 roots 则用于计算多项式全部零点.

非线性方程组解法本章只介绍最基础的方法，其中牛顿迭代法是最常用最重要的方法，很多新方法是以它的变型或改进得到的，如拟牛顿法及 Broyden 法，还有同伦和延拓法等，这些方法本书均未涉及.方法的全面介绍及新的进展可见文献[39,40].求解非线性方程组的软件包 IMSL 库中有 negbf（不用导数）和 negnj（用导数）子程序.在 NAG 库中则分别是 co5nbf 和 co5pbf 子程序.在 MATLAB 中的内置函数为 fsolve.

复习与思考题

1. 什么是方程的有根区间？它与求根有何关系？

2. 什么是二分法？用二分法求 $f(x)=0$ 的根，$f(x)$要满足什么条件？

3. 什么是函数 $\varphi(x)$的不动点？如何确定 $\varphi(x)$使它的不动点等价于 $f(x)$的零点？

4. 什么是不动点迭代法？$\varphi(x)$满足什么条件才能保证不动点存在和不动点迭代序列收敛于 $\varphi(x)$的不动点？

5. 什么是迭代法的收敛阶？如何衡量迭代法收敛的快慢？如何确定 $x_{k+1}=\varphi(x_k)$ $(k=0,1,\cdots)$的收敛阶？

6. 什么是求解 $f(x)=0$ 的牛顿法？它是否总是收敛的？若 $f(x^*)=0$，x^* 是单根，$f(x)$光滑，证明牛顿法是局部二阶收敛的.

7. 什么是弦截法？试从收敛阶及每步迭代计算量与牛顿法比较其差别.

8. 什么是解方程的抛物线法？在求多项式全部零点时是否优于牛顿法？

9. 什么是方程的重根？重根对牛顿法收敛阶有何影响？试给出具有二阶收敛的计算重根的方法.

10. 什么是求解 n 维非线性方程组的牛顿法？它每步迭代要调用多少次标量函数(计算偏导数与计算函数值相当).

11. 判断下列命题是否正确：

(1) 非线性方程(或方程组)的解通常不唯一.

(2) 牛顿法是不动点迭代的一个特例.

(3) 不动点迭代法总是线性收敛的.

(4) 任何迭代法的收敛阶都不可能高于牛顿法.

(5) 牛顿法总比弦截法及抛物线法更节省计算时间.

(6) 求多项式 $p(x)$的零点问题一定是病态的问题.

(7) 二分法与牛顿法一样都可推广到多维方程组求解.

(8) 牛顿法有可能不收敛.

(9) 不动点迭代法 $x_{k+1}=\varphi(x_k)$，其中 $x^*=\varphi(x^*)$，若$|\varphi'(x^*)|<1$，则对任意初值 x_0 迭代都收敛.

(10) 弦截法也是不动点迭代的特例.

习　题

1. 用二分法求方程 $x^2-x-1=0$ 的正根，要求误差小于 0.05.

2. 为求方程 $x^3-x^2-1=0$ 在 $x_0=1.5$ 附近的一个根，设将方程改写成下列等价形式，并建立相应的迭代公式.

(1) $x=1+1/x^2$，迭代公式 $x_{k+1}=1+1/x_k^2$；

(2) $x^3=1+x^2$，迭代公式 $x_{k+1}=\sqrt[3]{1+x_k^2}$；

(3) $x^2=\frac{1}{x-1}$,迭代公式 $x_{k+1}=1/\sqrt{x_k-1}$.

试分析每种迭代公式的收敛性,并选取一种公式求出具有 4 位有效数字的近似根.

3. 比较求 $e^x+10x-2=0$ 的根到 3 位小数所需的计算量:

(1) 在区间[0,1]内用二分法;

(2) 用迭代法 $x_{k+1}=(2-e^{x_k})/10$,取初值 $x_0=0$.

4. 给定函数 $f(x)$,设对一切 x,$f'(x)$存在且 $0<m\leqslant f'(x)\leqslant M$,证明对于范围 $0<\lambda<2/M$ 内的任意定数 λ,迭代过程 $x_{k+1}=x_k-\lambda f(x_k)$均收敛于 $f(x)=0$ 的根 x^*.

5. 用斯特芬森迭代法计算第 2 题中(2),(3)的近似根,精确到 10^{-5}.

6. 设 $\varphi(x)=x-p(x)f(x)-q(x)f^2(x)$,试确定函数 $p(x)$和$q(x)$,使求解 $f(x)=0$ 且以 $\varphi(x)$为迭代函数的迭代法至少 3 阶收敛.

7. 用下列方法求 $f(x)=x^3-3x-1=0$ 在 $x_0=2$ 附近的根.根的准确值 $x^*=1.879\ 385\ 24\cdots$,要求计算结果准确到 4 位有效数字.

(1) 用牛顿法;

(2) 用弦截法,取 $x_0=2, x_1=1.9$;

(3) 用抛物线法,取 $x_0=1, x_1=3, x_2=2$.

8. 分别用二分法和牛顿法求 $x-\tan x=0$ 的最小正根.

9. 研究求$\sqrt{a}$的牛顿公式

$$x_{k+1}=\frac{1}{2}\left(x_k+\frac{a}{x_k}\right),\quad x_0>0.$$

证明对一切 $k=1,2,\cdots$,$x_k\geqslant\sqrt{a}$ 且序列 $x_1,x_2,\cdots$是递减的.

10. 对于 $f(x)=0$ 的牛顿公式 $x_{k+1}=x_k-f(x_k)/f'(x_k)$,证明

$$R_k=(x_k-x_{k-1})/(x_{k-1}-x_{k-2})^2$$

收敛到$-f''(x^*)/[2f'(x^*)]$,这里 x^* 为 $f(x)=0$ 的根.

11. 用牛顿法和求重根迭代法(7.23)式和(7.24)式计算方程 $f(x)=\left(\sin x-\frac{x}{2}\right)^2=0$ 的一个近似根,准确到 10^{-5},初始值 $x_0=\frac{\pi}{2}$.

12. 应用牛顿法于方程 $x^3-a=0$,导出求立方根$\sqrt[3]{a}$的迭代公式,并讨论其收敛性.

13. 应用牛顿法于方程 $f(x)=1-\frac{a}{x^2}=0$,导出求$\sqrt{a}$的迭代公式,并用此公式求$\sqrt{115}$的值.

14. 应用牛顿法于方程 $f(x)=x^n-a=0$ 和 $f(x)=1-\frac{a}{x^n}=0$,分别导出求$\sqrt[n]{a}$的迭代公式,并求

$$\lim_{k\to\infty}(\sqrt[n]{a}-x_{k+1})/(\sqrt[n]{a}-x_k)^2.$$

15. 证明迭代公式

$$x_{k+1}=\frac{x_k(x_k^2+3a)}{3x_k^2+a}$$

是计算$\sqrt{a}$的 3 阶方法.假定初值 x_0 充分靠近根 x^*,求

$$\lim_{k \to \infty} (\sqrt{a} - x_{k+1}) / (\sqrt{a} - x_k)^3.$$

16. 用抛物线法求多项式 $p(x)=4x^4-10x^3+1.25x^2+5x+1.5$ 的两个零点，然后利用降阶求出全部零点.

17. 非线性方程组 $\begin{cases} 3x_1^2-x_2^2=0, \\ 3x_1x_2^2-x_1^3-1=0 \end{cases}$ 在 $(0.4,0.7)^{\mathrm{T}}$ 附近有一个解.构造一个不动点迭代法，使它能收敛到这个解，并计算精确到 10^{-5}（按 $\|\cdot\|_\infty$）.

18. 用牛顿法解方程组 $\begin{cases} x^2+y^2=4, \\ x^2-y^2=1, \end{cases}$ 取 $\boldsymbol{x}^{(0)}=(1.6,1.2)^{\mathrm{T}}$.

计算实习题

1. 求下列方程的实根：

(1) $x^2-3x+2-\mathrm{e}^x=0$；　　(2) $x^3+2x^2+10x-20=0$.

要求：(1)设计一种不动点迭代法，要使迭代序列收敛，然后用斯特芬森加速迭代，计算到 $|x_k-x_{k-1}|<10^{-8}$ 为止. (2)用牛顿迭代，同样计算到 $|x_k-x_{k-1}|<10^{-8}$.输出迭代初值及各次迭代值和迭代次数 k，比较方法的优劣.

2. 多项式求根是一个病态问题，考虑多项式

$$p(x)=(x-1)(x-2)\cdots(x-10)=a_0+a_1x+\cdots+a_9x^9+x^{10}.$$

求解扰动方程 $p(x)+\varepsilon x^9=0$.

(1) 产生系数 $a_0,a_1,\cdots,a_9$.

(2) 取 $\varepsilon=10^{-6},10^{-8},10^{-10}$ 用 MATLAB 求根函数计算扰动方程的根.分析 ε 对根的影响.

3. 给出方程组

$$\begin{cases} 3x_1-\cos(x_2x_3)-\dfrac{1}{2}=0, \\ x_1^2-81(x_2+0.1)^2+\sin x_3+1.06=0, \\ \mathrm{e}^{-x_1x_2}+20x_3+\dfrac{10}{3}\pi-1=0. \end{cases}$$

(1) 建立一个在区域 $D=\{(x_1,x_2,x_3) \mid |x_i|\leqslant 1, i=1,2,3\}$ 上满足压缩映射定理的不动点迭代法，取 $\boldsymbol{x}^{(0)}=(0,0,0)^{\mathrm{T}}$ 计算方程的根.

(2) 用牛顿法求解此方程组，至少用三个不同初值计算，计算到 $\|\boldsymbol{x}^{(k)}-\boldsymbol{x}^{(k-1)}\|<10^{-8}$ 停止.

第 7 章二维码

第 8 章　矩阵特征值计算

8.1　特征值性质和估计

8.1.1　特征值问题及其性质

本章讨论计算矩阵特征值的数值方法,在科学和工程技术中很多问题在数学上都归结为求矩阵的特征值问题.

设矩阵 $\boldsymbol{A}\in\mathbb{R}^{n\times n}$,特征值问题是求 $\lambda\in\mathbb{C}$ 和非零向量 $\boldsymbol{x}\in\mathbb{C}^n$,使

$$\boldsymbol{A}\boldsymbol{x}=\lambda\boldsymbol{x}, \tag{8.1}$$

其中 $\boldsymbol{x}$ 是矩阵 $\boldsymbol{A}$ 属于特征值 λ 的特征向量.

由(8.1)式可知 λ 可使齐次线性方程组

$$(\lambda\boldsymbol{I}-\boldsymbol{A})\boldsymbol{x}=\boldsymbol{0},$$

有非零解,故系数行列式 $\det(\lambda\boldsymbol{I}-\boldsymbol{A})=0$,记

$$p(\lambda)=\det(\lambda\boldsymbol{I}-\boldsymbol{A})=\begin{vmatrix}\lambda-a_{11} & -a_{12} & \cdots & -a_{1n}\\ -a_{21} & \lambda-a_{22} & \cdots & -a_{2n}\\ \vdots & \vdots & & \vdots\\ -a_{n1} & -a_{n2} & \cdots & \lambda-a_{nn}\end{vmatrix}$$

$$=\lambda^n+c_1\lambda^{n-1}+\cdots+c_{n-1}\lambda+c_n=0. \tag{8.2}$$

$p(\lambda)$称为矩阵 $\boldsymbol{A}$ 的**特征多项式**,方程(8.2)称为矩阵 $\boldsymbol{A}$ 的**特征方程**.因为 n 次代数方程 $p(\lambda)$在复数域中有 n 个根 $\lambda_1,\lambda_2,\cdots,\lambda_n$,故

$$p(\lambda)=(\lambda-\lambda_1)(\lambda-\lambda_2)\cdots(\lambda-\lambda_n).$$

由(8.2)式中的行列式展开可得

$$-c_1=\lambda_1+\lambda_2+\cdots+\lambda_n=\sum_{i=1}^{n}a_{ii},$$

$$c_n=(-1)^n\lambda_1\lambda_2\cdots\lambda_n=(-1)^n\det\boldsymbol{A}.$$

故矩阵 $\boldsymbol{A}=(a_{ij})\in\mathbb{R}^{n\times n}$ 的 n 个特征值 $\lambda_1,\lambda_2,\cdots,\lambda_n$ 是它的特征方程(8.2)的 n 个根.并有

$$\det\boldsymbol{A}=\lambda_1\lambda_2\cdots\lambda_n,\quad 及\quad \mathrm{tr}\boldsymbol{A}=\sum_{i=1}^{n}a_{ii}=\sum_{i=1}^{n}\lambda_i.$$

称 $\mathrm{tr}\boldsymbol{A}$ 为 $\boldsymbol{A}$ 的**迹**.

$\boldsymbol{A}$ 的特征值 λ 和特征向量 $\boldsymbol{x}$ 还有以下性质:

(1) $\boldsymbol{A}^{\mathrm{T}}$ 与 $\boldsymbol{A}$ 有相同的特征值 λ.

(2) 若 $\boldsymbol{A}$ 非奇异,则 $\boldsymbol{A}^{-1}$的特征值为 λ^{-1},特征向量为 $\boldsymbol{x}$.

(3) 两相似矩阵 $\boldsymbol{A},\boldsymbol{B}(\boldsymbol{B}=\boldsymbol{S}^{-1}\boldsymbol{A}\boldsymbol{S})$有相同的特征多项式.

实矩阵的特征值和特征向量也可能是复的. 如果实矩阵存在复特征值, 则特征值和特征向量一定成对出现(相互共轭),而且复特征向量的实部和虚部对应的向量间是线性无

关的.

在 5.1.2 节已给出特征值的一些重要性质,下面再补充一些基本性质.

定理 8.1　设 λ 为 $\boldsymbol{A}\in\mathbb{R}^{n\times n}$ 的特征值,即 $\boldsymbol{Ax}=\lambda\boldsymbol{x},\boldsymbol{x}\neq\boldsymbol{0}$,则

(1) $c\lambda$ 为 $c\boldsymbol{A}$ 的特征值(c 为常数,$c\neq 0$);

(2) $\lambda-\mu$ 为 $\boldsymbol{A}-\mu\boldsymbol{I}$ 的特征值,即 $(\boldsymbol{A}-\mu\boldsymbol{I})\boldsymbol{x}=(\lambda-\mu)\boldsymbol{x}$;

(3) λ^k 为 $\boldsymbol{A}^k$ 的特征值.

定理 8.2　(1) $\boldsymbol{A}\in\mathbb{R}^{n\times n}$ 可对角化,即存在非奇异矩阵 $\boldsymbol{P}$ 使

$$\boldsymbol{P}^{-1}\boldsymbol{AP}=\begin{pmatrix}\lambda_1 & & & \\ & \lambda_2 & & \\ & & \ddots & \\ & & & \lambda_n\end{pmatrix}$$

的充分必要条件是 $\boldsymbol{A}$ 具有 n 个线性无关的特征向量.

(2) 若 $\boldsymbol{A}$ 有 m 个($m\leqslant n$)不同的特征值 $\lambda_1,\lambda_2,\cdots,\lambda_m$,则对应的特征向量 $\boldsymbol{x}_1,\boldsymbol{x}_2,\cdots,\boldsymbol{x}_m$ 线性无关.

定理 8.3　设 $\boldsymbol{A}\in\mathbb{R}^{n\times n}$ 为对称矩阵(其特征值依次记为 $\lambda_1\geqslant\lambda_2\geqslant\cdots\geqslant\lambda_n$),则

(1) $\lambda_n\leqslant\dfrac{(\boldsymbol{Ax},\boldsymbol{x})}{(\boldsymbol{x},\boldsymbol{x})}\leqslant\lambda_1$(对任何非零向量 $\boldsymbol{x}\in\mathbb{R}^n$).

(2) $\lambda_1=\max\limits_{\substack{\boldsymbol{x}\in\mathbb{R}^n\\ \boldsymbol{x}\neq\boldsymbol{0}}}\dfrac{(\boldsymbol{Ax},\boldsymbol{x})}{(\boldsymbol{x},\boldsymbol{x})},\lambda_n=\min\limits_{\substack{\boldsymbol{x}\in\mathbb{R}^n\\ \boldsymbol{x}\neq\boldsymbol{0}}}\dfrac{(\boldsymbol{Ax},\boldsymbol{x})}{(\boldsymbol{x},\boldsymbol{x})}$.

记 $R(\boldsymbol{x})=\dfrac{(\boldsymbol{Ax},\boldsymbol{x})}{(\boldsymbol{x},\boldsymbol{x})},\boldsymbol{x}\neq\boldsymbol{0}$,称为矩阵 $\boldsymbol{A}$ 的**瑞利**(Rayleigh)**商**.

证明　只证结论(1),结论(2)留作习题.

由于 $\boldsymbol{A}$ 为实对称矩阵,由定理 5.2 及格拉姆-施密特正交化方法可将 $\lambda_1,\lambda_2,\cdots,\lambda_n$ 对应的特征向量 $\boldsymbol{x}_1,\boldsymbol{x}_2,\cdots,\boldsymbol{x}_n$ 正交规范化,则有 $(\boldsymbol{x}_i,\boldsymbol{x}_j)=\delta_{ij}$. 设 $\boldsymbol{x}\neq\boldsymbol{0}$ 为 $\mathbb{R}^n$ 中任一向量,则有线性表示

$$\boldsymbol{x}=\sum_{i=1}^{n}\alpha_i\boldsymbol{x}_i,\quad 故\quad \|\boldsymbol{x}\|_2=\left(\sum_{i=1}^{n}\alpha_i^2\right)^{1/2}\neq 0,$$

于是

$$\frac{(\boldsymbol{Ax},\boldsymbol{x})}{(\boldsymbol{x},\boldsymbol{x})}=\frac{\sum\limits_{i=1}^{n}\alpha_i^2\lambda_i}{\sum\limits_{i=1}^{n}\alpha_i^2}.$$

从而结论(1)成立.结论(1)说明对称矩阵的瑞利商必位于最小特征值和最大特征值之间. □

8.1.2　特征值估计与扰动

定义 8.1　设 $\boldsymbol{A}=(a_{ij})_{n\times n}$.令:(1) $r_i=\sum\limits_{\substack{j=1\\ j\neq i}}^{n}|a_{ij}|\ (i=1,2,\cdots,n)$;(2) 集合 $D_i=\{z\mid |z-a_{ii}|\leqslant r_i,\ z\in\mathbb{C}\}$.称复平面上以 a_{ii} 为圆心,以 r_i 为半径的圆盘 D_i 的集合为 $\boldsymbol{A}$ 的**格什戈林**(Gershgorin)**圆盘**.

定理 8.4(格什戈林圆盘定理) (1) 设 $\boldsymbol{A}=(a_{ij})_{n\times n}$,则 $\boldsymbol{A}$ 的每一个特征值必属于下述某个圆盘之中

$$|\lambda-a_{ii}|\leqslant r_i=\sum_{\substack{j=1\\j\neq i}}^{n}|a_{ij}|,\quad i=1,2,\cdots,n.$$

或者说,$\boldsymbol{A}$ 的特征值都在复平面上 n 个格什戈林圆盘的并集中.

(2) 如果 $\boldsymbol{A}$ 有 m 个格什戈林圆盘组成一个连通的并集 S,且 S 与余下 $n-m$ 个格什戈林圆盘是分离的,则 S 内恰包含 $\boldsymbol{A}$ 的 m 个特征值.

特别地,如果 $\boldsymbol{A}$ 的一个格什戈林圆盘 D_i 是与其他格什戈林圆盘分离的(即孤立圆盘),则 D_i 中精确地包含 $\boldsymbol{A}$ 的一个特征值.

证明 只就结论(1)给出证明.设 λ 为 $\boldsymbol{A}$ 的特征值,即

$$\boldsymbol{Ax}=\lambda\boldsymbol{x},\quad 其中\quad \boldsymbol{x}=(x_1,x_2,\cdots,x_n)^{\mathrm{T}}\neq\boldsymbol{0}.$$

记 $|x_k|=\max\limits_{1\leqslant i\leqslant n}|x_i|=\|\boldsymbol{x}\|_\infty\neq0$,考虑 $\boldsymbol{Ax}=\lambda\boldsymbol{x}$ 的第 k 个方程,即

$$\sum_{j=1}^{n}a_{kj}x_j=\lambda x_k,\quad 或\quad (\lambda-a_{kk})x_k=\sum_{j\neq k}a_{kj}x_j,$$

于是

$$|\lambda-a_{kk}|\,|x_k|\leqslant\sum_{j\neq k}|a_{kj}|\,|x_j|\leqslant|x_k|\sum_{j\neq k}|a_{kj}|,$$

即

$$|\lambda-a_{kk}|\leqslant\sum_{j\neq k}|a_{kj}|=r_k.$$

这说明,$\boldsymbol{A}$ 的每一个特征值必位于 $\boldsymbol{A}$ 的一个格什戈林圆盘中,并且相应的特征值 λ 一定位于第 k 个格什戈林圆盘中(其中 k 是对应特征向量 $\boldsymbol{x}$ 绝对值最大的分量的下标). □

利用相似矩阵的性质,有时可以获得 $\boldsymbol{A}$ 的特征值进一步的估计,即适当选取非奇异对角矩阵

$$\boldsymbol{D}^{-1}=\begin{pmatrix}\alpha_1^{-1}&&&\\&\alpha_2^{-1}&&\\&&\ddots&\\&&&\alpha_n^{-1}\end{pmatrix},$$

并做相似变换 $\boldsymbol{D}^{-1}\boldsymbol{AD}=\left(\dfrac{a_{ij}\alpha_j}{\alpha_i}\right)_{n\times n}$.适当选取 $\alpha_i(i=1,2,\cdots,n)$可使某些格什戈林圆盘的半径缩小而改变这些圆盘间的连通性.

例 8.1 估计矩阵

$$\boldsymbol{A}=\begin{pmatrix}4&1&0\\1&0&-1\\1&1&-4\end{pmatrix}$$

的特征值的范围.

解 如图 8-1(a)所示,$\boldsymbol{A}$ 的 3 个格什戈林圆盘分别为

$$D_1:|\lambda-4|\leqslant1,\quad D_2:|\lambda|\leqslant2,\quad D_3:|\lambda+4|\leqslant2.$$

由定理 8.4,可知 $\boldsymbol{A}$ 的 3 个特征值位于 3 个格什戈林圆盘的并集中,由于 D_1 是孤立圆

(a) $\boldsymbol{A}$ 的格什戈林圆盘　　　　　　(b) $\boldsymbol{A}_1$ 的格什戈林圆盘

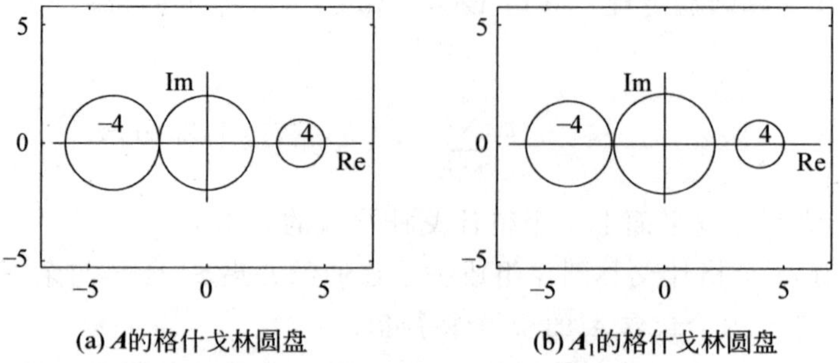

图 8-1　例 8.1 中矩阵对应的格什戈林圆盘

盘,所以 D_1 内恰好包含 $\boldsymbol{A}$ 的一个特征值 λ_1(为实特征值),即

$$3 \leqslant \lambda_1 \leqslant 5.$$

$\boldsymbol{A}$ 的其他两个特征值 λ_2, λ_3 包含在 D_2, D_3 的并集中.

现选取对角矩阵

$$\boldsymbol{D}^{-1} = \begin{pmatrix} 1 & & \\ & 1 & \\ & & 0.9 \end{pmatrix},$$

做相似变换

$$\boldsymbol{A} \to \boldsymbol{A}_1 = \boldsymbol{D}^{-1} \boldsymbol{A} \boldsymbol{D} = \begin{pmatrix} 4 & 1 & 0 \\ 1 & 0 & -\dfrac{10}{9} \\ 0.9 & 0.9 & -4 \end{pmatrix}.$$

$\boldsymbol{A}_1$ 的 3 个格什戈林圆盘分别为

$$E_1: |\lambda - 4| \leqslant 1, \quad E_2: |\lambda| \leqslant \frac{19}{9}, \quad E_3: |\lambda + 4| \leqslant 1.8.$$

显然,3 个格什戈林圆盘都是孤立圆盘(参见图 8-1(b)),所以,每一个格什戈林圆盘各包含 $\boldsymbol{A}$ 的一个特征值(为实特征值)且有估计

$$3 \leqslant \lambda_1 \leqslant 5, \qquad -\frac{19}{9} \leqslant \lambda_2 \leqslant \frac{19}{9}, \qquad -5.8 \leqslant \lambda_3 \leqslant -2.2.$$

$\boldsymbol{A}$ 的特征方程为

$$\det(\lambda \boldsymbol{I} - \boldsymbol{A}) = \begin{pmatrix} \lambda - 4 & -1 & 0 \\ -1 & \lambda & 1 \\ -1 & -1 & \lambda + 4 \end{pmatrix} = \lambda^3 - 16\lambda - 7 = 0,$$

进一步可得其特征值分别为 $\lambda_1 = 4.2030, \lambda_2 = -0.4429, \lambda_3 = -3.7601$,与上述的估计是一致的.

下面讨论当 $\boldsymbol{A}$ 有扰动时产生的特征值扰动,即 $\boldsymbol{A}$ 有微小变化时特征值的敏感性.

定理 8.5(Bauer-Fike 定理)　设 μ 是 $\boldsymbol{A} + \boldsymbol{E} \in \mathbb{R}^{n \times n}$ 的一个特征值,且 $\boldsymbol{P}^{-1} \boldsymbol{A} \boldsymbol{P} = \boldsymbol{D} = \operatorname{diag}(\lambda_1, \lambda_2, \cdots, \lambda_n)$,则有

$$\min_{\lambda \in \sigma(\boldsymbol{A})} |\lambda - \mu| \leqslant \| \boldsymbol{P}^{-1} \|_p \| \boldsymbol{P} \|_p \| \boldsymbol{E} \|_p, \tag{8.3}$$

其中 $\| \cdot \|_p$ 为矩阵的 p 范数,$p = 1, 2, \infty$.

证明 只要考虑 $\mu \notin \sigma(\boldsymbol{A})$.这时 $\boldsymbol{D}-\mu\boldsymbol{I}$ 非奇异,设 $\boldsymbol{x}$ 是 $\boldsymbol{A}+\boldsymbol{E}$ 对应于 μ 的特征向量,由 $(\boldsymbol{A}+\boldsymbol{E}-\mu\boldsymbol{I})\boldsymbol{x}=\boldsymbol{0}$ 左乘 $\boldsymbol{P}^{-1}$ 可得

$$(\boldsymbol{D}-\mu\boldsymbol{I})(\boldsymbol{P}^{-1}\boldsymbol{x})=-(\boldsymbol{P}^{-1}\boldsymbol{E}\boldsymbol{P})(\boldsymbol{P}^{-1}\boldsymbol{x}),$$

$$\boldsymbol{P}^{-1}\boldsymbol{x}=-(\boldsymbol{D}-\mu\boldsymbol{I})^{-1}(\boldsymbol{P}^{-1}\boldsymbol{E}\boldsymbol{P})(\boldsymbol{P}^{-1}\boldsymbol{x}),$$

$\boldsymbol{P}^{-1}\boldsymbol{x}$ 是非零向量.上式两边取范数有

$$\|(\boldsymbol{D}-\mu\boldsymbol{I})^{-1}(\boldsymbol{P}^{-1}\boldsymbol{E}\boldsymbol{P})\|_p \geqslant 1.$$

而对角矩阵 $(\boldsymbol{D}-\mu\boldsymbol{I})^{-1}$ 的范数为

$$\|(\boldsymbol{D}-\mu\boldsymbol{I})^{-1}\|_p=\frac{1}{m},\quad \text{其中}\quad m=\min_{\lambda\in\sigma(\boldsymbol{A})}\{|\lambda-\mu|\},$$

所以有

$$\|\boldsymbol{P}^{-1}\|_p\|\boldsymbol{E}\|_p\|\boldsymbol{P}\|_p \geqslant m.$$

这就得到(8.3)式.这时总有 $\sigma(\boldsymbol{A})$ 中的一个 λ 取到 m 值. □

由定理 8.5 可知 $\|\boldsymbol{P}^{-1}\|\|\boldsymbol{P}\|=\mathrm{cond}(\boldsymbol{P})$ 是特征值扰动的放大系数,但将 $\boldsymbol{A}$ 对角化的相似变换矩阵 $\boldsymbol{P}$ 不是唯一的,所以取 $\mathrm{cond}(\boldsymbol{P})$ 的下确界

$$\nu(\boldsymbol{A})=\inf\{\mathrm{cond}(\boldsymbol{P})\mid \boldsymbol{P}^{-1}\boldsymbol{A}\boldsymbol{P}=\mathrm{diag}(\lambda_1,\lambda_2,\cdots,\lambda_n)\},$$

称为特征值问题的**条件数**.只要 $\nu(\boldsymbol{A})$ 不是很大,矩阵的微小扰动只带来特征值的微小扰动.但是 $\nu(\boldsymbol{A})$ 难以计算,有时只对一个 $\boldsymbol{P}$,用 $\mathrm{cond}(\boldsymbol{P})$ 代替 $\nu(\boldsymbol{A})$.

特征值问题的条件数和解线性方程组时的矩阵条件数是两个不同的概念,对于一个矩阵 $\boldsymbol{A}$,两者可能一大一小,例如二阶矩阵 $\boldsymbol{A}=\mathrm{diag}(1,10^{-10})$,则 $\boldsymbol{IAI}=\mathrm{diag}(1,10^{-10})$,故有 $\nu(\boldsymbol{A})\leqslant\|\boldsymbol{I}^{-1}\|\|\boldsymbol{I}\|=1$,但解线性方程组的矩阵条件数 $\mathrm{cond}(\boldsymbol{A})=10^{10}$.

关于计算矩阵 $\boldsymbol{A}$ 的特征值问题,当 $n=2,3$ 时,我们还可按行列式展开的办法求特征方程 $p(\lambda)=0$ 的根.但当 n 较大时,如果按展开行列式的办法,首先求出 $p(\lambda)$ 的系数,再求 $p(\lambda)$ 的根,工作量就非常大,用这种办法求矩阵特征值是不切实际的,由此需要研究求 $\boldsymbol{A}$ 的特征值及特征向量的数值方法.

本章将介绍一些计算机上常用的两类方法,一类是求可分离的按模最大或最小的特征值和对应的特征向量的幂法及反幂法(迭代法);另一类是求全部特征值的正交相似变换的方法.

8.2 幂法及反幂法

8.2.1 幂法

幂法是一种计算矩阵主特征值(矩阵按模最大的特征值)及对应特征向量的迭代方法,特别适用于大型稀疏矩阵.反幂法是计算黑森伯格阵或三对角阵的对应一个给定近似特征值的特征向量的有效方法之一.

设矩阵 $\boldsymbol{A}\in\mathbb{R}^{n\times n}$ 可对角化,即存在 n 个线性无关的特征向量 $\boldsymbol{x}_1,\boldsymbol{x}_2,\cdots,\boldsymbol{x}_n$,它们对应的特征值为 $\lambda_1,\lambda_2,\cdots,\lambda_n$,且满足

$$|\lambda_1|>|\lambda_2|\geqslant\cdots\geqslant|\lambda_n|.$$

按模最大的实特征值 λ_1 称为**主特征值**,对应的特征向量 $\boldsymbol{x}_1$ 称为**主特征向量**.

任取 $\boldsymbol{v}_0\in\mathbb{R}^n$，则 $\boldsymbol{v}_0$ 可由特征向量组 $\boldsymbol{x}_1,\boldsymbol{x}_2,\cdots,\boldsymbol{x}_n$ 线性表出，即

$$\boldsymbol{v}_0=\alpha_1\boldsymbol{x}_1+\alpha_2\boldsymbol{x}_2+\cdots+\alpha_n\boldsymbol{x}_n.$$

用矩阵 $\boldsymbol{A}^k$ 左乘 $\boldsymbol{v}_0$，得

$$\boldsymbol{A}^k\boldsymbol{v}_0=\alpha_1\lambda_1^k\boldsymbol{x}_1+\alpha_2\lambda_2^k\boldsymbol{x}_2+\cdots+\alpha_n\lambda_n^k\boldsymbol{x}_n=\lambda_1^k\left(\alpha_1\boldsymbol{x}_1+\sum_{i=2}^{n}\alpha_i\left(\frac{\lambda_i}{\lambda_1}\right)^k\boldsymbol{x}_i\right).\tag{8.4}$$

由假设知 $\left|\frac{\lambda_i}{\lambda_1}\right|<1(i=2,3,\cdots,n)$，故 $\lim\limits_{k\to\infty}\left(\frac{\lambda_i}{\lambda_1}\right)^k=0$，所以当 k 充分大时，可以略去(8.4)式中趋于零向量的 $\boldsymbol{\varepsilon}_k\overset{\text{def}}{=\!=}\sum\limits_{i=2}^{n}\alpha_i\left(\frac{\lambda_i}{\lambda_1}\right)^k\boldsymbol{x}_i$，于是，如果 $\alpha_1\neq0$，除了一个数量因子外，向量 $\boldsymbol{A}^k\boldsymbol{v}_0$ 趋向于特征向量 $\boldsymbol{x}_1$，收敛速度由比值 $r=\frac{\lambda_2}{\lambda_1}$ 确定，这提供了计算主特征向量 $\boldsymbol{x}_1$ 的一种方法.

仿照秦九韶算法，向量 $\boldsymbol{A}^k\boldsymbol{v}_0$ 可以由迭代过程

$$\boldsymbol{v}_k=\boldsymbol{A}\boldsymbol{v}_{k-1},\quad k=1,2,\cdots.$$

的第 k 步得到. 这样每步迭代过程中乘法的运算次数为 $O(n^2)$，还是比较少的.

用 $(\boldsymbol{v}_k)_i$ 表示第 k 步迭代向量 $\boldsymbol{v}_k$ 的第 i 个分量，则

$$\frac{(\boldsymbol{v}_{k+1})_i}{(\boldsymbol{v}_k)_i}=\lambda_1\left[\frac{\alpha_1(\boldsymbol{x}_1)_i+(\boldsymbol{\varepsilon}_{k+1})_i}{\alpha_1(\boldsymbol{x}_1)_i+(\boldsymbol{\varepsilon}_k)_i}\right],$$

故 $\lim\limits_{k\to\infty}\frac{(\boldsymbol{v}_{k+1})_i}{(\boldsymbol{v}_k)_i}=\lambda_1$. 也就是说，当 k 充分大时相邻两个迭代向量分量的比值趋向于主特征值 λ_1.

注意，当 $|\lambda_1|>1$ 时，$\boldsymbol{A}^k\boldsymbol{v}_0$ 中 $\boldsymbol{x}_1$ 的系数趋于无穷，在计算机实现时会出现“溢出”的现象；当 $|\lambda_1|<1$ 时，$\boldsymbol{A}^k\boldsymbol{v}_0$ 中 $\boldsymbol{x}_1$ 的系数趋于零，在计算机实现时会出现“有效数字损失”的现象. 因此，上述的迭代及相关分析是基于理论层面上的，并不是实用的方法.

为了克服“溢出”或“有效数字损失”的困难，对迭代向量加以规范化，即用迭代向量 $\boldsymbol{v}_k$ 的无穷范数 $\|\boldsymbol{v}_k\|_\infty=\max\limits_{1\leqslant i\leqslant n}|(\boldsymbol{v}_k)_i|$ 去除 $\boldsymbol{v}_k$ 的各个分量，这样所得的向量的绝对值最大分量为 1.

对于 $\boldsymbol{v}=(v_1,v_2,\cdots,v_n)\neq\boldsymbol{0}$，记 $\max\{\boldsymbol{v}\}=|v_{i_0}|=\max\limits_{1\leqslant i\leqslant n}|v_i|$，如果出现多个分量相等且取得绝对值最大值的情形，取最小的下标所对应的分量的绝对值. 于是对于初始向量 $\boldsymbol{v}_0$ 可以给出迭代过程

$$\begin{cases}\boldsymbol{u}_0=\boldsymbol{v}_0\neq\boldsymbol{0},\\ \boldsymbol{v}_k=\boldsymbol{A}\boldsymbol{u}_{k-1},\quad \boldsymbol{u}_k=\dfrac{\boldsymbol{v}_k}{\max\{\boldsymbol{v}_k\}},\quad k=1,2,\cdots.\end{cases}$$

下面来分析这样处理之后，原来的收敛性质是否还保留.

由迭代过程有

$$\boldsymbol{v}_1=\boldsymbol{A}\boldsymbol{u}_0,\quad \boldsymbol{u}_1=\frac{\boldsymbol{v}_1}{\max\{\boldsymbol{v}_1\}}=\frac{1}{\max\{\boldsymbol{A}\boldsymbol{v}_0\}}\boldsymbol{A}\boldsymbol{v}_0,$$

$$\boldsymbol{v}_2=\boldsymbol{A}\boldsymbol{u}_1=\frac{1}{\max\{\boldsymbol{A}\boldsymbol{v}_0\}}\boldsymbol{A}^2\boldsymbol{v}_0,\quad \boldsymbol{u}_2=\frac{\boldsymbol{v}_2}{\max\{\boldsymbol{v}_2\}}=\frac{\dfrac{1}{\max\{\boldsymbol{A}\boldsymbol{v}_0\}}\boldsymbol{A}^2\boldsymbol{v}_0}{\dfrac{1}{\max\{\boldsymbol{A}\boldsymbol{v}_0\}}\max\{\boldsymbol{A}^2\boldsymbol{v}_0\}}=\frac{\boldsymbol{A}^2\boldsymbol{v}_0}{\max\{\boldsymbol{A}^2\boldsymbol{v}_0\}}.$$

由数学归纳法可得

$$\boldsymbol{v}_k=\boldsymbol{A}\boldsymbol{u}_{k-1}=\frac{1}{\max\{\boldsymbol{A}^{k-1}\boldsymbol{v}_0\}}\boldsymbol{A}^k\boldsymbol{v}_0,\quad \boldsymbol{u}_k=\frac{\boldsymbol{A}^k\boldsymbol{v}_0}{\max\{\boldsymbol{A}^k\boldsymbol{v}_0\}},\quad k=2,3,\cdots.$$

由(8.4)式,可得当 $k=2,3,\cdots$时,有

$$\begin{aligned}\boldsymbol{u}_k=\frac{\boldsymbol{A}^k\boldsymbol{v}_0}{\max\{\boldsymbol{A}^k\boldsymbol{v}_0\}}&=\frac{\lambda_1^k\left(\alpha_1\boldsymbol{x}_1+\sum\limits_{i=2}^n\alpha_i\left(\frac{\lambda_i}{\lambda_1}\right)^k\boldsymbol{x}_i\right)}{\max\left\{\lambda_1^k\left(\alpha_1\boldsymbol{x}_1+\sum\limits_{i=2}^n\alpha_i\left(\frac{\lambda_i}{\lambda_1}\right)^k\boldsymbol{x}_i\right)\right\}}\\&=\frac{\alpha_1\boldsymbol{x}_1+\sum\limits_{i=2}^n\alpha_i\left(\frac{\lambda_i}{\lambda_1}\right)^k\boldsymbol{x}_i}{\max\left\{\alpha_1\boldsymbol{x}_1+\sum\limits_{i=2}^n\alpha_i\left(\frac{\lambda_i}{\lambda_1}\right)^k\boldsymbol{x}_i\right\}}\to\frac{\boldsymbol{x}_1}{\max\{\boldsymbol{x}_1\}},\quad k\to\infty,\end{aligned}$$

$$\begin{aligned}\boldsymbol{v}_k=\frac{\boldsymbol{A}^k\boldsymbol{v}_0}{\max\{\boldsymbol{A}^{k-1}\boldsymbol{v}_0\}}&=\frac{\lambda_1^k\left(\alpha_1\boldsymbol{x}_1+\sum\limits_{i=2}^n\alpha_i\left(\frac{\lambda_i}{\lambda_1}\right)^k\boldsymbol{x}_i\right)}{\max\left\{\lambda_1^{k-1}\left(\alpha_1\boldsymbol{x}_1+\sum\limits_{i=2}^n\alpha_i\left(\frac{\lambda_i}{\lambda_1}\right)^{k-1}\boldsymbol{x}_i\right)\right\}}\\&=\frac{\lambda_1\left(\alpha_1\boldsymbol{x}_1+\sum\limits_{i=2}^n\alpha_i\left(\frac{\lambda_i}{\lambda_1}\right)^k\boldsymbol{x}_i\right)}{\max\left\{\alpha_1\boldsymbol{x}_1+\sum\limits_{i=2}^n\alpha_i\left(\frac{\lambda_i}{\lambda_1}\right)^{k-1}\boldsymbol{x}_i\right\}},\end{aligned}$$

$$\max\{\boldsymbol{v}_k\}=\frac{\lambda_1\max\left\{\alpha_1\boldsymbol{x}_1+\sum\limits_{i=2}^n\alpha_i\left(\frac{\lambda_i}{\lambda_1}\right)^k\boldsymbol{x}_i\right\}}{\max\left\{\alpha_1\boldsymbol{x}_1+\sum\limits_{i=2}^n\alpha_i\left(\frac{\lambda_i}{\lambda_1}\right)^{k-1}\boldsymbol{x}_i\right\}}\to\lambda_1,\quad k\to\infty.$$

这说明,规范化后所得的向量序列$\{\boldsymbol{u}_k\}$依然收敛到主特征值对应的特征向量,向量序列$\{\boldsymbol{v}_k\}$的无穷范数构成的数列$\{\max\{\boldsymbol{v}_k\}\}$收敛到主特征值,它们的收敛速度由比值 $r=\frac{\lambda_2}{\lambda_1}$确定. 这种由已知非零向量$\boldsymbol{v}_0$ 及矩阵 $\boldsymbol{A}$ 的乘幂$\boldsymbol{A}^k$ 生成向量序列$\{\boldsymbol{v}_k\}$,以计算 $\boldsymbol{A}$ 的主特征值及其特征向量的方法称为**幂法**.

下面给出幂法的计算过程

$$\begin{cases}\boldsymbol{u}_0=\boldsymbol{v}_0\neq\boldsymbol{0}(\text{常直接取 }\boldsymbol{u}_0=(1,1,\cdots,1)^{\mathrm{T}}),\\ \boldsymbol{v}_k=\boldsymbol{A}\boldsymbol{u}_{k-1},\quad \mu_k=\max\{\boldsymbol{v}_k\},\quad \boldsymbol{u}_k=\dfrac{\boldsymbol{v}_k}{\mu_k},\quad k=1,2,\cdots.\end{cases}\tag{8.5}$$

总结上述的讨论,有下面的定理.

定理 8.6　设$\boldsymbol{A}\in\mathbb{R}^{n\times n}$有 n 个线性无关的特征向量$\boldsymbol{x}_1,\boldsymbol{x}_2,\cdots,\boldsymbol{x}_n$,它们对应的特征值为$\lambda_1,\lambda_2,\cdots,\lambda_n$,且满足

$$|\lambda_1|>|\lambda_2|\geqslant|\lambda_3|\geqslant\cdots\geqslant|\lambda_n|.$$

如果非零初始向量 $\boldsymbol{v}_0=\sum\limits_{i=1}^n\alpha_i\boldsymbol{x}_i$ 中的系数$\alpha_1\neq0$,那么幂法(8.5)产生的向量序列$\{\boldsymbol{u}_k\}$和数列$\{\mu_k\}$满足

(1) $\lim\limits_{k\to\infty}\boldsymbol{u}_k=\dfrac{\boldsymbol{x}_1}{\max\{\boldsymbol{x}_1\}}$，　　(2) $\lim\limits_{k\to\infty}\mu_k=\lambda_1$，

且收敛速度由比值 $r=\dfrac{\lambda_2}{\lambda_1}$ 确定.

设 $\boldsymbol{A}\in\mathbb{R}^{n\times n}$ 有 n 个线性无关的特征向量 $\boldsymbol{x}_1,\boldsymbol{x}_2,\cdots,\boldsymbol{x}_n$，它们对应的特征值为 $\lambda_1,\lambda_2,\cdots,\lambda_n$，且满足

$$\lambda_1=\lambda_2=\cdots=\lambda_r,\quad |\lambda_r|>|\lambda_{r+1}|\geqslant\cdots\geqslant|\lambda_n|.$$

如果非零初始向量 $\boldsymbol{v}_0=\sum\limits_{i=1}^{n}\alpha_i\boldsymbol{x}_i$ 中的系数 $\alpha_1,\alpha_2,\cdots,\alpha_r$ 不全为零，则

$$\boldsymbol{A}^k\boldsymbol{v}_0=\lambda_1^k\left(\sum_{i=1}^{r}\alpha_i\boldsymbol{x}_i+\sum_{i=r+1}^{n}\alpha_i\left(\frac{\lambda_i}{\lambda_1}\right)^k\boldsymbol{x}_i\right),$$

由此可以得出

$$\lim_{k\to\infty}\boldsymbol{u}_k=\frac{\sum\limits_{i=1}^{r}\alpha_i\boldsymbol{x}_i}{\max\left\{\sum\limits_{i=1}^{r}\alpha_i\boldsymbol{x}_i\right\}},\quad \lim_{k\to\infty}\mu_k=\lambda_1.$$

这说明当矩阵 $\boldsymbol{A}$ 的主特征值为实重根时，定理 8.6 的结论还是正确的.

定理 8.6 中的条件 $\alpha_1\neq0$ 并不是本质的，因为计算过程中所出现的舍入误差可以使这个条件很容易得到满足. 幂法的迭代过程可以在 $\|\boldsymbol{u}_k-\boldsymbol{u}_{k-1}\|<\varepsilon$ 或 $\|\mu_k-\mu_{k-1}\|<\varepsilon$ 时结束，其中 ε 为误差精度.

例 8.2　用幂法计算

$$\boldsymbol{A}=\begin{pmatrix}1.0&1.0&0.5\\1.0&1.0&0.25\\0.5&0.25&2.0\end{pmatrix}$$

的主特征值及其特征向量.计算过程如表 8-1 所列.

表 8-1　计算结果

k	$\boldsymbol{u}_k^{\mathrm{T}}$(规范化向量)			$\mu_k=\max\{\boldsymbol{v}_k\}$
0	(1,	1,	1)	
1	(0.9091,	0.8182,	1)	2.750 000 0
5	(0.7651,	0.6674,	1)	2.558 791 9
10	(0.7494,	0.6508,	1)	2.538 003 2
15	(0.7483,	0.6497,	1)	2.536 625 7
16	(0.7483,	0.6497,	1)	2.536 584 1
17	(0.7482,	0.6497,	1)	2.536 559 8
18	(0.7482,	0.6497,	1)	2.536 545 7
19	(0.7482,	0.6497,	1)	2.536 537 4
20	(0.7482,	0.6497,	1)	2.536 532 6

下述结果是用 8 位浮点数字进行运算得到的，$\boldsymbol{u}_k$ 的分量值是舍入值.于是得到

$$\lambda_1\approx2.536\,532\,6$$

及其特征向量$(0.7482,0.6497,1)^{\mathrm{T}}$.$\lambda_1$ 及其特征向量的真值(8 位浮点数字)为

$$\lambda_1 = 2.536\,525\,9, \quad 及其 \quad \tilde{\boldsymbol{x}}_1 = (0.748\,221\,15, 0.649\,661\,14, 1)^{\mathrm{T}}.$$

8.2.2 加速方法

原点平移法

由前面讨论知道，应用幂法计算 $\boldsymbol{A}$ 的主特征值的收敛速度主要由比值 $r=\frac{\lambda_2}{\lambda_1}$ 来决定，但当 r 接近于 1 时，收敛可能很慢.这时，一个补救的办法是采用加速收敛的方法.

引进矩阵

$$\boldsymbol{B} = \boldsymbol{A} - p\boldsymbol{I},$$

其中 p 为选择参数. 设 $\boldsymbol{A}$ 的特征值为 $\lambda_1,\lambda_2,\cdots,\lambda_n$，则 $\boldsymbol{B}$ 的相应特征值为 $\lambda_1-p,\lambda_2-p,\cdots,\lambda_n-p$，而且 $\boldsymbol{A},\boldsymbol{B}$ 的特征向量相同.

如果需要计算 $\boldsymbol{A}$ 的主特征值 λ_1，就要适当选择 p 使 λ_1-p 仍然是 $\boldsymbol{B}$ 的主特征值，且使

$$\left|\frac{\lambda_2-p}{\lambda_1-p}\right| < \left|\frac{\lambda_2}{\lambda_1}\right|.$$

对 $\boldsymbol{B}$ 应用幂法，使得在计算 $\boldsymbol{B}$ 的主特征值 λ_1-p 的过程中得到加速.这种方法通常称为**原点平移法**.对于 $\boldsymbol{A}$ 的特征值的某种分布，它是十分有效的.

例 8.3 设 $\boldsymbol{A}\in\mathbb{R}^{4\times 4}$ 有特征值

$$\lambda_j = 15 - j, \quad j = 1,2,3,4,$$

比值 $r=\frac{\lambda_2}{\lambda_1}\approx 0.9$.做变换

$$\boldsymbol{B} = \boldsymbol{A} - p\boldsymbol{I}, \quad p = 12,$$

则 $\boldsymbol{B}$ 的特征值为

$$\mu_1 = 2, \quad \mu_2 = 1, \quad \mu_3 = 0, \quad \mu_4 = -1.$$

应用幂法计算 $\boldsymbol{B}$ 的主特征值 μ_1 的收敛速度的比值为

$$\left|\frac{\mu_2}{\mu_1}\right| = \left|\frac{\lambda_2-p}{\lambda_1-p}\right| = \frac{1}{2} < \left|\frac{\lambda_2}{\lambda_1}\right| \approx 0.9.$$

虽然常常能够选择有利的 p 值，使幂法得到加速，但设计一个自动选择适当参数 p 的过程是困难的.

下面考虑当 $\boldsymbol{A}$ 的特征值是实数时，怎样选择 p 使采用幂法计算 λ_1 得到加速.

设 $\boldsymbol{A}$ 的特征值满足

$$\lambda_1 > \lambda_2 \geqslant \cdots \geqslant \lambda_{n-1} > \lambda_n, \tag{8.6}$$

则不管 p 如何，$\boldsymbol{B}=\boldsymbol{A}-p\boldsymbol{I}$ 的主特征值为 λ_1-p 或 λ_n-p.

当我们希望计算 λ_1 及 $\boldsymbol{x}_1$ 时，首先应选择 p 使

$$|\lambda_1 - p| > |\lambda_n - p|,$$

且使收敛速度的比值

$$\omega = \max\left\{\frac{|\lambda_2-p|}{|\lambda_1-p|}, \frac{|\lambda_n-p|}{|\lambda_1-p|}\right\} = \min.$$

显然，当 $\frac{\lambda_2-p}{\lambda_1-p}=-\frac{\lambda_n-p}{\lambda_1-p}$，即 $p=\frac{\lambda_2+\lambda_n}{2}\equiv p^*$ 时 ω 为最小，这时收敛速度的比值为

$$\frac{\lambda_2 - p^*}{\lambda_1 - p^*} = -\frac{\lambda_n - p^*}{\lambda_1 - p^*} \equiv \frac{\lambda_2 - \lambda_n}{2\lambda_1 - \lambda_2 - \lambda_n}.$$

当 $\boldsymbol{A}$ 的特征值满足(8.6)式且 λ_2, λ_n 能初步估计时,我们就能确定 p^* 的近似值.

当希望计算 λ_n 时,应选择

$$p = \frac{\lambda_1 + \lambda_{n-1}}{2} = p^*,$$

使得应用幂法计算 λ_n 得到加速.

例 8.4　计算例 8.2 中矩阵 $\boldsymbol{A}$ 的主特征值.

因为 $\mathrm{tr}\boldsymbol{A}=4$,而例 8.2 中已经计算得 $\lambda_1=2.536\ 525\ 9$,故可取

$$p = \frac{\lambda_2 + \lambda_3}{2} = \frac{\mathrm{tr}\boldsymbol{A} - \lambda_1}{2} \approx 0.75,$$

做变换 $\boldsymbol{B}=\boldsymbol{A}-p\boldsymbol{I}$,则

$$\boldsymbol{B} = \begin{pmatrix} 0.25 & 1 & 0.5 \\ 1 & 0.25 & 0.25 \\ 0.5 & 0.25 & 1.25 \end{pmatrix}.$$

对 $\boldsymbol{B}$ 应用幂法,计算结果如表 8-2 所列.

表 8-2　计算结果

k	$\boldsymbol{u}_k^{\mathrm{T}}$(规范化向量)			$\mu_k=\max\{\boldsymbol{v}_k\}$
0	(1,	1,	1)	
5	(0.7516,	0.6522,	1)	1.791 401 3
6	(0.7491,	0.6511,	1)	1.788 844 4
7	(0.7488,	0.6501,	1)	1.787 330 1
8	(0.7484,	0.6499,	1)	1.786 915 3
9	(0.7483,	0.6497,	1)	1.786 658 9
10	(0.7482,	0.6497,	1)	1.786 591 4

由此得 $\boldsymbol{B}$ 的主特征值为 $\mu_1\approx1.786\ 591\ 4$,$\boldsymbol{A}$ 的主特征值 λ_1 为

$$\lambda_1 \approx \mu_1 + 0.75 = 2.536\ 591\ 4.$$

与例 8.2 结果比较,上述结果比例 8.2 迭代 15 次还好.若迭代 15 次,$\mu_1=1.786\ 527\ 7$(相应的 $\lambda_1=2.536\ 527\ 7$).

原点位移的加速方法,是一个矩阵变换方法.这种变换容易计算,又不破坏矩阵 $\boldsymbol{A}$ 的稀疏性,但 p 的选择依赖于对 $\boldsymbol{A}$ 的特征值分布的大致了解.

瑞利商加速

由定理 8.3 知,对称矩阵 $\boldsymbol{A}$ 的 λ_1 及 λ_n 可用瑞利商的极值来表示.下面我们将把瑞利商应用到用幂法计算实对称矩阵 $\boldsymbol{A}$ 的主特征值的加速收敛上来,即得**瑞利商加速**.

定理 8.7　设 $\boldsymbol{A}\in\mathbb{R}^{n\times n}$ 为对称矩阵,特征值满足

$$|\lambda_1| > |\lambda_2| \geqslant |\lambda_3| \geqslant \cdots \geqslant |\lambda_n|,$$

对应的特征向量满足 $(\boldsymbol{x}_i, \boldsymbol{x}_j)=\delta_{ij}$,应用幂法(公式(8.5))计算 $\boldsymbol{A}$ 的主特征值 λ_1,则规范化向量 $\boldsymbol{u}_k$ 的瑞利商给出 λ_1 的较好的近似

$$\frac{(\boldsymbol{A}\boldsymbol{u}_k,\boldsymbol{u}_k)}{(\boldsymbol{u}_k,\boldsymbol{u}_k)}=\lambda_1+O\left(\left(\frac{\lambda_2}{\lambda_1}\right)^{2k}\right).$$

证明 由(8.4)式及

$$\boldsymbol{u}_k=\frac{\boldsymbol{A}^k\boldsymbol{u}_0}{\max\{\boldsymbol{A}^k\boldsymbol{u}_0\}},\quad \boldsymbol{v}_{k+1}=\boldsymbol{A}\boldsymbol{u}_k=\frac{\boldsymbol{A}^{k+1}\boldsymbol{u}_0}{\max\{\boldsymbol{A}^k\boldsymbol{u}_0\}},$$

得

$$\frac{(\boldsymbol{A}\boldsymbol{u}_k,\boldsymbol{u}_k)}{(\boldsymbol{u}_k,\boldsymbol{u}_k)}=\frac{(\boldsymbol{A}^{k+1}\boldsymbol{u}_0,\boldsymbol{A}^k\boldsymbol{u}_0)}{(\boldsymbol{A}^k\boldsymbol{u}_0,\boldsymbol{A}^k\boldsymbol{u}_0)}=\frac{\sum_{j=1}^{n}\alpha_j^2\lambda_j^{2k+1}}{\sum_{j=1}^{n}\alpha_j^2\lambda_j^{2k}}=\lambda_1+O\left(\left(\frac{\lambda_2}{\lambda_1}\right)^{2k}\right).\qquad\square$$

8.2.3 反幂法

反幂法用来计算矩阵按模最小的特征值及其特征向量,也可用来计算对应于一个给定近似特征值的特征向量.

设 $\boldsymbol{A}\in\mathbb{R}^{n\times n}$ 为非奇异矩阵,$\boldsymbol{A}$ 的特征值次序记为

$$|\lambda_1|\geqslant|\lambda_2|\geqslant\cdots\geqslant|\lambda_n|>0,$$

相应的特征向量仍为 $\boldsymbol{x}_1,\boldsymbol{x}_2,\cdots,\boldsymbol{x}_n$,则 $\boldsymbol{A}^{-1}$ 的特征值为

$$\left|\frac{1}{\lambda_n}\right|\geqslant\left|\frac{1}{\lambda_{n-1}}\right|\geqslant\cdots\geqslant\left|\frac{1}{\lambda_1}\right|,$$

对应的特征向量仍为 $\boldsymbol{x}_n,\boldsymbol{x}_{n-1},\cdots,\boldsymbol{x}_1$.

因此计算 $\boldsymbol{A}$ 的按模最小的特征值 λ_n 的问题就是计算 $\boldsymbol{A}^{-1}$ 的按模最大的特征值的问题.对于 $\boldsymbol{A}^{-1}$ 应用幂法迭代(称为**反幂法**),可求得矩阵 $\boldsymbol{A}^{-1}$ 的主特征值 $1/\lambda_n$,从而求得 $\boldsymbol{A}$ 的按模最小的特征值 λ_n.

反幂法迭代公式为:任取初始向量 $\boldsymbol{v}_0=\boldsymbol{u}_0\neq\boldsymbol{0}$,构造向量序列

$$\boldsymbol{v}_k=\boldsymbol{A}^{-1}\boldsymbol{u}_{k-1},\quad \boldsymbol{u}_k=\frac{\boldsymbol{v}_k}{\max\{\boldsymbol{v}_k\}},\quad k=1,2,\cdots.$$

仿照 8.2.1 节的推导可以得出,在与定理 8.6 相仿的条件下,由反幂法构造的向量序列 $\{\boldsymbol{v}_k\},\{\boldsymbol{u}_k\}$ 满足:

(1) $\lim\limits_{k\to\infty}\boldsymbol{u}_k=\dfrac{\boldsymbol{x}_n}{\max\{\boldsymbol{x}_n\}}$;

(2) $\lim\limits_{k\to\infty}\max\{\boldsymbol{v}_k\}=\dfrac{1}{\lambda_n}$.

收敛速度由比值 $\left|\dfrac{\lambda_n}{\lambda_{n-1}}\right|$ 确定.

在反幂法中也可以用原点平移法来加速迭代过程或求其他特征值及特征向量.

如果 p 是 $\boldsymbol{A}$ 的特征值 λ_j 的一个近似值,且矩阵 $(\boldsymbol{A}-p\boldsymbol{I})^{-1}$ 存在,显然其特征值为

$$\frac{1}{\lambda_1-p},\frac{1}{\lambda_2-p},\cdots,\frac{1}{\lambda_n-p},$$

对应的特征向量仍然是 $\boldsymbol{x}_1,\boldsymbol{x}_2,\cdots,\boldsymbol{x}_n$.设 λ_j 与其他特征值是分离的,即

$$|\lambda_j-p|\ll|\lambda_i-p|,\qquad i\neq j,$$

就是说$\dfrac{1}{\lambda_j - p}$是$(\boldsymbol{A}-p\boldsymbol{I})^{-1}$的主特征值. 现对矩阵$(\boldsymbol{A}-p\boldsymbol{I})^{-1}$应用幂法,即对$\boldsymbol{A}-p\boldsymbol{I}$应用反幂法得到迭代公式

$$\begin{cases}\boldsymbol{u}_0=\boldsymbol{v}_0\neq\boldsymbol{0}\quad(\text{初始向量}),\\ \boldsymbol{v}_k=(\boldsymbol{A}-p\boldsymbol{I})^{-1}\boldsymbol{u}_{k-1},\quad \boldsymbol{u}_k=\dfrac{\boldsymbol{v}_k}{\max\{\boldsymbol{v}_k\}},\quad k=1,2,\cdots.\end{cases}\tag{8.7}$$

可用反幂法(8.7)计算特征值及特征向量.

仿照 8.2.1 节的推导过程可得下面的定理.

定理 8.8　设$\boldsymbol{A}\in\mathbb{R}^{n\times n}$有$n$个线性无关的特征向量,$\boldsymbol{A}$的特征值及对应的特征向量分别记为$\lambda_i$及$\boldsymbol{x}_i(i=1,2,\cdots,n)$,而$p$为$\lambda_j$的近似值,$(\boldsymbol{A}-p\boldsymbol{I})^{-1}$存在,且

$$|\lambda_j-p|\ll|\lambda_i-p|,\quad i\neq j.$$

则对任意的非零初始向量$\boldsymbol{u}_0=\sum\limits_{i=1}^{n}\alpha_i\boldsymbol{x}_i$中的系数$\alpha_j\neq 0$,由反幂法迭代公式(8.7)构造的向量序列$\{\boldsymbol{v}_k\}$,$\{\boldsymbol{u}_k\}$满足:

(1) $\lim\limits_{k\to\infty}\boldsymbol{u}_k=\dfrac{\boldsymbol{x}_j}{\max\{\boldsymbol{x}_j\}}$;

(2) $\lim\limits_{k\to\infty}\max\{\boldsymbol{v}_k\}=\dfrac{1}{\lambda_j-p}$,即

$$p+\frac{1}{\max\{\boldsymbol{v}_k\}}\to\lambda_j,\quad 当\ k\to\infty,$$

且收敛速度由比值$r=|\lambda_j-p|/\min\limits_{i\neq j}|\lambda_i-p|$确定.

由该定理知,对$\boldsymbol{A}-p\boldsymbol{I}$(其中$p\approx\lambda_j$)应用反幂法,可用来计算特征向量$\boldsymbol{x}_j$.只要选择的$p$是$\lambda_j$的一个较好的近似且特征值分离情况较好,一般比值$r$很小,常常只要迭代一两次就可完成特征向量的计算.

反幂法迭代公式中的$\boldsymbol{v}_k$是通过解线性方程组

$$(\boldsymbol{A}-p\boldsymbol{I})\boldsymbol{v}_k=\boldsymbol{u}_{k-1}$$

求得的.为了节省工作量,可以先将$\boldsymbol{A}-p\boldsymbol{I}$进行三角分解

$$\boldsymbol{P}(\boldsymbol{A}-p\boldsymbol{I})=\boldsymbol{L}\boldsymbol{U},$$

其中$\boldsymbol{P}$为某个排列矩阵,于是求$\boldsymbol{v}_k$相当于解两个三角形方程组

$$\boldsymbol{L}\boldsymbol{y}_k=\boldsymbol{P}\boldsymbol{u}_{k-1},\qquad \boldsymbol{U}\boldsymbol{v}_k=\boldsymbol{y}_k.$$

实验表明,按下述方法选择$\boldsymbol{u}_0$是较好的:选$\boldsymbol{u}_0$使

$$\boldsymbol{U}\boldsymbol{v}_1=\boldsymbol{L}^{-1}\boldsymbol{P}\boldsymbol{u}_0=(1,1,\cdots,1)^{\mathrm{T}},\tag{8.8}$$

即为规范化的向量. 用回代求解三角形方程组(8.8)即得$\boldsymbol{v}_1$,然后按(8.7)式进行迭代.

反幂法计算公式:

1. 分解计算$\boldsymbol{P}(\boldsymbol{A}-p\boldsymbol{I})=\boldsymbol{L}\boldsymbol{U}$,且保存$\boldsymbol{L}$,$\boldsymbol{U}$及$\boldsymbol{P}$信息

2. 反幂法迭代

　(1) 解$\boldsymbol{U}\boldsymbol{v}_1=(1,1,\cdots,1)^{\mathrm{T}}$求$\boldsymbol{v}_1$

$$\mu_1=\max\{\boldsymbol{v}_1\},\quad \boldsymbol{u}_1=\boldsymbol{v}_1/\mu_1$$

　(2) $k=2,3,\cdots$

　① 解$\boldsymbol{L}\boldsymbol{y}_k=\boldsymbol{P}\boldsymbol{u}_{k-1}$求$\boldsymbol{y}_k$

解 $\boldsymbol{U}\boldsymbol{v}_k=\boldsymbol{y}_k$ 求 $\boldsymbol{v}_k$

② $\mu_k=\max\{\boldsymbol{v}_k\}$

③ 计算 $\boldsymbol{u}_k=\boldsymbol{v}_k/\mu_k$

例 8.5 用反幂法求

$$\boldsymbol{A}=\begin{pmatrix}2&1&0\\1&3&1\\0&1&4\end{pmatrix}$$

的对应于计算特征值 $\lambda=1.2679$(精确特征值为 $\lambda_3=3-\sqrt{3}$)的特征向量(用 5 位浮点数进行运算).

解 用部分选主元的三角分解将 $\boldsymbol{A}-p\boldsymbol{I}$(其中 $p=1.2679$)分解为

$$\boldsymbol{P}(\boldsymbol{A}-p\boldsymbol{I})=\boldsymbol{L}\boldsymbol{U},$$

其中

$$\boldsymbol{P}=\begin{pmatrix}0&1&0\\0&0&1\\1&0&0\end{pmatrix},\quad \boldsymbol{L}=\begin{pmatrix}1&0&0\\0&1&0\\0.7321&-0.268\,07&1\end{pmatrix},$$

$$\boldsymbol{U}=\begin{pmatrix}1&1.7321&1\\0&1&2.7321\\0&0&0.295\,17\times10^{-3}\end{pmatrix}.$$

由 $\boldsymbol{U}\boldsymbol{v}_1=(1,1,1)^{\mathrm{T}}$,得

$$\boldsymbol{v}_1=(12\,692,-9290.3,3400.8)^{\mathrm{T}},\qquad \boldsymbol{u}_1=(1,-0.731\,98,0.267\,95)^{\mathrm{T}},$$

由 $\boldsymbol{L}\boldsymbol{U}\boldsymbol{v}_2=\boldsymbol{P}\boldsymbol{u}_1$,得

$$\boldsymbol{v}_2=(20\,404,-14\,937,5467.4)^{\mathrm{T}},\qquad \boldsymbol{u}_2=(1,-0.732\,06,0.267\,96)^{\mathrm{T}},$$

λ_3 对应的特征向量是

$$\boldsymbol{x}_3=(1,1-\sqrt{3},2-\sqrt{3})^{\mathrm{T}}\approx(1,-0.732\,05,0.267\,95)^{\mathrm{T}},$$

由此看出 $\boldsymbol{u}_2$ 是 $\boldsymbol{x}_3$ 的相当好的近似.

特征值 $\lambda_3\approx1.2679+1/\mu_2=1.267\,949\,01$,$\lambda_3$ 的真值为 $\lambda_3=3-\sqrt{3}=1.267\,949\,12\cdots$.

8.3 矩阵分解与正交变换

8.3.1 基本 QR 方法

非奇异矩阵 $\boldsymbol{A}$ 存在 LU 分解,即 $\boldsymbol{A}=\boldsymbol{L}\boldsymbol{U}$, 如果交换 $\boldsymbol{L}$ 和 $\boldsymbol{U}$ 的次序可得到一个新矩阵 $\boldsymbol{B}=\boldsymbol{U}\boldsymbol{L}$,利用 $\boldsymbol{U}=\boldsymbol{L}^{-1}\boldsymbol{A}$,则得 $\boldsymbol{B}=\boldsymbol{U}\boldsymbol{L}=\boldsymbol{L}^{-1}\boldsymbol{A}\boldsymbol{L}$, 即 $\boldsymbol{B}$ 和 $\boldsymbol{A}$ 相似,它们具有相同的特征值. 这个过程是可以重复的,这样迭代下去,得到一个相互相似的矩阵序列,如果此矩阵序列所得矩阵的特征值相对容易求,即得到求矩阵特征值的一种方法. 1958 年 Rutishauser 基于上述想法提出了计算矩阵特征值的 LR 算法.

如果矩阵 $\boldsymbol{A}\in\mathbb{R}^{n\times n}$ 非奇异,则 $\boldsymbol{A}=(\boldsymbol{a}_1,\boldsymbol{a}_2,\cdots,\boldsymbol{a}_n)$的列向量构成的向量组线性无关,通过格拉姆-施密特正交化手续,可以将列向量组 $\boldsymbol{a}_1,\boldsymbol{a}_2,\cdots,\boldsymbol{a}_n$ 化成正交的向量组 $\boldsymbol{\eta}_1,\boldsymbol{\eta}_2,\cdots,\boldsymbol{\eta}_n$,即

$$\boldsymbol{\eta}_1 = \boldsymbol{a}_1,$$

$$\boldsymbol{\eta}_2 = \boldsymbol{a}_2 - \frac{(\boldsymbol{a}_2, \boldsymbol{\eta}_1)}{(\boldsymbol{\eta}_1, \boldsymbol{\eta}_1)}\boldsymbol{\eta}_1,$$

$$\vdots$$

$$\boldsymbol{\eta}_n = \boldsymbol{a}_n - \frac{(\boldsymbol{a}_n, \boldsymbol{\eta}_1)}{(\boldsymbol{\eta}_1, \boldsymbol{\eta}_1)}\boldsymbol{\eta}_1 - \frac{(\boldsymbol{a}_n, \boldsymbol{\eta}_2)}{(\boldsymbol{\eta}_2, \boldsymbol{\eta}_2)}\boldsymbol{\eta}_2 - \cdots - \frac{(\boldsymbol{a}_n, \boldsymbol{\eta}_{n-1})}{(\boldsymbol{\eta}_{n-1}, \boldsymbol{\eta}_{n-1})}\boldsymbol{\eta}_{n-1}.$$

单位化后得单位正交的向量组 $\boldsymbol{q}_1, \boldsymbol{q}_2, \cdots, \boldsymbol{q}_n$，即

$$\boldsymbol{q}_i = \frac{\boldsymbol{\eta}_i}{\|\boldsymbol{\eta}_i\|}, \quad i = 1, 2, \cdots, n.$$

这个过程表示成矩阵相乘的形式，即为

$$(\boldsymbol{a}_1, \boldsymbol{a}_2, \cdots, \boldsymbol{a}_n) = (\boldsymbol{\eta}_1, \boldsymbol{\eta}_2, \cdots, \boldsymbol{\eta}_n)\begin{pmatrix} 1 & \frac{(\boldsymbol{a}_2, \boldsymbol{\eta}_1)}{(\boldsymbol{\eta}_1, \boldsymbol{\eta}_1)} & \cdots & \frac{(\boldsymbol{a}_n, \boldsymbol{\eta}_1)}{(\boldsymbol{\eta}_1, \boldsymbol{\eta}_1)} \\ 0 & 1 & \cdots & \frac{(\boldsymbol{a}_n, \boldsymbol{\eta}_2)}{(\boldsymbol{\eta}_2, \boldsymbol{\eta}_2)} \\ \vdots & \vdots & \ddots & \vdots \\ 0 & 0 & \cdots & 1 \end{pmatrix}$$

$$= \left(\frac{\boldsymbol{\eta}_1}{\|\boldsymbol{\eta}_1\|}, \frac{\boldsymbol{\eta}_2}{\|\boldsymbol{\eta}_2\|}, \cdots, \frac{\boldsymbol{\eta}_n}{\|\boldsymbol{\eta}_n\|}\right)\begin{pmatrix} \|\boldsymbol{\eta}_1\| & \frac{(\boldsymbol{a}_2, \boldsymbol{\eta}_1)}{\|\boldsymbol{\eta}_1\|} & \cdots & \frac{(\boldsymbol{a}_n, \boldsymbol{\eta}_1)}{\|\boldsymbol{\eta}_1\|} \\ 0 & \|\boldsymbol{\eta}_2\| & \cdots & \frac{(\boldsymbol{a}_n, \boldsymbol{\eta}_2)}{\|\boldsymbol{\eta}_2\|} \\ \vdots & \vdots & \ddots & \vdots \\ 0 & 0 & \cdots & \|\boldsymbol{\eta}_n\| \end{pmatrix}$$

$$= (\boldsymbol{q}_1, \boldsymbol{q}_2, \cdots, \boldsymbol{q}_n)\begin{pmatrix} \|\boldsymbol{\eta}_1\| & (\boldsymbol{a}_2, \boldsymbol{q}_1) & \cdots & (\boldsymbol{a}_n, \boldsymbol{q}_1) \\ 0 & \|\boldsymbol{\eta}_2\| & \cdots & (\boldsymbol{a}_n, \boldsymbol{q}_2) \\ \vdots & \vdots & \ddots & \vdots \\ 0 & 0 & \cdots & \|\boldsymbol{\eta}_n\| \end{pmatrix}.$$

由此可得一个正交矩阵 $\boldsymbol{Q} = (\boldsymbol{q}_1, \boldsymbol{q}_2, \cdots, \boldsymbol{q}_n)$ 和上三角矩阵 $\boldsymbol{R} = (r_{ij})$，其中

$$r_{ii} = \|\boldsymbol{\eta}_i\|, \quad r_{ij} = (\boldsymbol{a}_j, \boldsymbol{q}_i), \quad i, j = 1, 2, \cdots, n, i < j,$$

使得 $\boldsymbol{A} = \boldsymbol{QR}$，即

$$\boldsymbol{A} = (\boldsymbol{a}_1, \boldsymbol{a}_2, \cdots, \boldsymbol{a}_n) = (\boldsymbol{q}_1, \boldsymbol{q}_2, \cdots, \boldsymbol{q}_n)\begin{pmatrix} r_{11} & r_{12} & \cdots & r_{1n} \\ 0 & r_{22} & \cdots & r_{2n} \\ \vdots & \vdots & \ddots & \vdots \\ 0 & 0 & \cdots & r_{nn} \end{pmatrix}. \tag{8.9}$$

由此可得非奇异矩阵的 **QR 分解**.

定理 8.9　设 $\boldsymbol{A} \in \mathbb{R}^{n \times n}$ 非奇异，则存在正交矩阵 $\boldsymbol{Q}$，使 $\boldsymbol{A} = \boldsymbol{QR}$，其中 $\boldsymbol{R}$ 为上三角矩阵.

1961 年 Francis 利用矩阵的 QR 分解建立了计算矩阵特征值的 QR 方法：

对于非奇异矩阵 $\boldsymbol{A}$，取

$$\boldsymbol{A}_1 = \boldsymbol{A},$$

$$\boldsymbol{A}_k = \boldsymbol{Q}_k \boldsymbol{R}_k \text{（QR 分解）},$$

$$A_{k+1}=R_kQ_k,\quad k=1,2,\cdots.$$

这个迭代过程称为**基本 QR 方法**. 对于基本 QR 方法有如下的理论结果.

定理 8.10 设 $A_1=A\in\mathbb{R}^{n\times n}$,构造 QR 方法:

$$\begin{cases}A_k=Q_kR_k, & \text{其中 } Q_k^{\mathrm{T}}Q_k=I, R_k \text{ 为上三角矩阵;}\\ A_{k+1}=R_kQ_k, & k=1,2,\cdots,\end{cases}$$

记 $\widetilde{Q}_k=Q_1Q_2\cdots Q_k$, $\widetilde{R}_k\equiv R_k\cdots R_2R_1$,则有

(1) A_{k+1} 相似于 A_k,即 $A_{k+1}=Q_k^{\mathrm{T}}A_kQ_k$;

(2) $A_{k+1}=(Q_1Q_2\cdots Q_k)^{\mathrm{T}}A_1(Q_1Q_2\cdots Q_k)=\widetilde{Q}_k^{\mathrm{T}}A_1\widetilde{Q}_k$;

(3) A^k 的 QR 分解式为 $A^k=\widetilde{Q}_k\widetilde{R}_k$.

证明 (1),(2)显然,现证(3).

用归纳法,显然,当 $k=1$ 时有 $A_1=\widetilde{Q}_1\widetilde{R}_1=Q_1R_1$.设 A^{k-1} 有分解式 $A^{k-1}=\widetilde{Q}_{k-1}\widetilde{R}_{k-1}$,于是

$$\begin{aligned}\widetilde{Q}_k\widetilde{R}_k&=Q_1Q_2\cdots(Q_kR_k)\cdots R_1=Q_1Q_2\cdots Q_{k-1}A_kR_{k-1}\cdots R_1\\&=\widetilde{Q}_{k-1}A_k\widetilde{R}_{k-1}=A\widetilde{Q}_{k-1}\widetilde{R}_{k-1}=A^k\text{(因为 }A_k=\widetilde{Q}_{k-1}^{\mathrm{T}}A\widetilde{Q}_{k-1}).\end{aligned}$$ □

定理 8.11(基本 QR 方法的收敛性) 设 $A=(a_{ij})\in\mathbb{R}^{n\times n}$,

(1) 如果 A 的特征值满足:$|\lambda_1|>|\lambda_2|>\cdots>|\lambda_n|>0$;

(2) A 有标准形 $A=XDX^{-1}$,其中 $D=\mathrm{diag}(\lambda_1,\lambda_2,\cdots,\lambda_n)$,且设 X^{-1} 有三角分解 $X^{-1}=LU$(L 为单位下三角矩阵,U 为上三角矩阵),则由 QR 方法产生的 $\{A_k\}$ 本质上收敛于上三角矩阵,即

$$A_k\xrightarrow{\text{本质上}}R=\begin{pmatrix}\lambda_1 & * & \cdots & *\\ & \lambda_2 & \cdots & *\\ & & \ddots & \vdots\\ & & & \lambda_n\end{pmatrix},\quad \text{当 } k\to\infty \text{ 时}.$$

若记 $A_k=(a_{ij}^{(k)})$,则

(1) $\lim\limits_{k\to\infty}a_{ii}^{(k)}=\lambda_i$;

(2) 当 $i>j$ 时,$\lim\limits_{k\to\infty}a_{ij}^{(k)}=0$;

当 $i<j$ 时 $a_{ij}^{(k)}$ 极限不一定存在.

证明可参阅文献[32].

定理 8.12 如果对称矩阵 A 满足定理 8.11 的条件,则由 QR 方法产生的 $\{A_k\}$ 收敛于对角矩阵 $D=\mathrm{diag}(\lambda_1,\lambda_2,\cdots,\lambda_n)$.

证明 由定理 8.11 即知. □

关于 QR 方法收敛性进一步有以下结果:

设 $A\in\mathbb{R}^{n\times n}$,且 A 有完备的特征向量组(即 A 有 n 个线性无关的特征向量),如果 A 的等模特征值中只有实重特征值或多重共轭复特征值,则由 QR 方法产生的 $\{A_k\}$ 本质收敛于分块上三角矩阵(对角块为一阶和二阶子块)且对角块中每一个 2×2 子块给出 A 的一对共轭复特征值,每一个一阶对角子块给出 A 的实特征值,即

$$
A_k \to \begin{pmatrix} \lambda_1 & \cdots & * & * & \cdots & * \\ & \ddots & \vdots & \vdots & & \vdots \\ & & \lambda_m & * & \cdots & * \\ & & & B_1 & \cdots & * \\ & & & & \ddots & \vdots \\ & & & & & B_l \end{pmatrix},
$$

其中,$m+2l=n$,$B_i(i=1,2,\cdots,l)$为 2×2 子块,它给出 A 一对共轭复特征值.

我们回过头来讨论格拉姆-施密特正交化的数值实现. 将(8.9)式右端按照如此分块相乘得 $a_k=\sum_{i=1}^{k} r_{ik}q_k, k=1,2,\cdots,n$, 从而得算法

$$
\begin{cases} q_k = \dfrac{a_k - \sum_{i=1}^{k-1} r_{ik} q_k}{r_{kk}}, \quad k=1,2,\cdots,n, \\ r_{ik}=(a_k,q_i), \quad i=1,2,\cdots,k-1, \quad \eta_k = a_k - \sum_{i=1}^{k-1} r_{ik} q_k, \quad r_{kk}=\| \eta_k \|. \end{cases} \tag{8.10}
$$

按此步骤可以实现 QR 分解 $A=QR$.

可惜这个算法的数值效果不太好,所计算的 q_i 之间的正交性常常会严重损失.

例 8.6　对于 4～9 阶希尔伯特矩阵 H,按照(8.10)式进行 QR 分解 $H=QR$,对所得的正交矩阵 Q 验算其正交性,理论上 Q^TQ 的非对角元素 e_{ij} 应当充分小,因此我们核查 Q^TQ 的非对角元素 e_{ij} 的数量级即可,注意到 Q^TQ 为对称矩阵,用 Q^TQ 的严格下三角元素 e_{ij} 的绝对值的最大值 $e=\max\limits_{i>j}\{|e_{ij}|\}$ 作为验算指标,则可以得到表 8-3.

表 8-3　用格拉姆-施密特正交化方法求希尔伯特矩阵的 QR 分解的正交性

n	4	5	6	7	8	9
e	4.3964e-11	6.6685e-08	3.0277e-04	8.9561e-02	9.9997e-01	9.9999e-01

这说明对于条件数比较大的希尔伯特矩阵,用格拉姆-施密特正交化方法所得的 QR 分解的数值效果并不好.

如果将正交矩阵 Q 按列分块,上三角矩阵 R 按行分块,即

$$
A=(q_1,q_2,\cdots,q_n)\begin{pmatrix} r_1 \\ r_2 \\ \vdots \\ r_n \end{pmatrix},
$$

右端按照如此分块相乘得 $A=\sum_{i=1}^{n} q_i r_i$, 其中累加式中的每一项为一个由列向量与行向量相乘所得的矩阵,注意行向量 r_i 的前 i 个元素为零,则有

$$
A-\sum_{i=1}^{k-1} q_i r_i = \sum_{i=k}^{n} q_i r_i = (0\ A^{(k)}),
$$

$A^{(k)}$ 的第 1 列为 $r_{kk}q_k$. 因此,如果 $A^{(k)}=(z\ \ B)$,则 $r_{kk}=\| z \|_2$, $q_k=z/r_{kk}$, 而

$(r_{k,k+1},\cdots,r_{kn})=\boldsymbol{q}_k\boldsymbol{B}$，于是得 $\boldsymbol{A}^{(k+1)}=\boldsymbol{B}-\boldsymbol{q}_k(r_{k,k+1},\cdots,r_{kn})$. 由此可得格拉姆-施密特改进算法. 尽管只是改变了计算的次序，但数值效果得到改进. 比如对于 4～9 阶希尔伯特矩阵 $\boldsymbol{H}$，用格拉姆-施密特改进算法所得的 $\boldsymbol{Q}$，其 $\boldsymbol{Q}^{\mathrm{T}}\boldsymbol{Q}$ 的严格下三角元素 e_{ij} 的绝对值的最大值 $e=\max\limits_{i>j}\{|e_{ij}|\}$ 的变化情况如表 8-4 所示.

表 8-4 用格拉姆-施密特正交化方法改进算法求希尔伯特矩阵的 QR 分解的正交性

n	4	5	6	7	8	9
e	2.8047e-13	1.2004e-11	5.7325e-10	1.6075e-08	2.5853e-07	3.0337e-06

明显好于算法(8.10)，但数值稳定性还是不太好.

下面介绍两种数值效果稳定的正交变换——豪斯霍尔德(Householder)反射变换和吉文斯(Givens)旋转变换，并利用它们讨论矩阵的 OR 分解，主要讨论实矩阵和实向量.

8.3.2 豪斯霍尔德变换

定义 8.2 设列向量 $\boldsymbol{w}\in\mathbb{R}^n$，且 $\boldsymbol{w}^{\mathrm{T}}\boldsymbol{w}=1$，称矩阵

$$\boldsymbol{H}(\boldsymbol{w})=\boldsymbol{I}-2\boldsymbol{w}\boldsymbol{w}^{\mathrm{T}}$$

为**初等反射矩阵**，也称为**豪斯霍尔德变换**. 如果记 $\boldsymbol{w}=(w_1,w_2,\cdots,w_n)^{\mathrm{T}}$，则

$$\boldsymbol{H}(\boldsymbol{w})=\begin{pmatrix}1-2w_1^2 & -2w_1w_2 & \cdots & -2w_1w_n\\ -2w_2w_1 & 1-2w_2^2 & \cdots & -2w_2w_n\\ \vdots & \vdots & & \vdots\\ -2w_nw_1 & -2w_nw_2 & \cdots & 1-2w_n^2\end{pmatrix}.$$

定理 8.13 设有初等反射矩阵 $\boldsymbol{H}=\boldsymbol{I}-2\boldsymbol{w}\boldsymbol{w}^{\mathrm{T}}$，其中 $\boldsymbol{w}^{\mathrm{T}}\boldsymbol{w}=1$，则：

(1) $\boldsymbol{H}$ 是对称矩阵，即 $\boldsymbol{H}^{\mathrm{T}}=\boldsymbol{H}$.

(2) $\boldsymbol{H}$ 是正交矩阵，即 $\boldsymbol{H}^{-1}=\boldsymbol{H}$.

(3) 设 $\boldsymbol{A}$ 为对称矩阵，那么 $\boldsymbol{A}_1=\boldsymbol{H}^{-1}\boldsymbol{A}\boldsymbol{H}=\boldsymbol{H}\boldsymbol{A}\boldsymbol{H}$ 亦是对称矩阵.

证明 只证 $\boldsymbol{H}$ 的正交性，其他显然.

$$\boldsymbol{H}^{\mathrm{T}}\boldsymbol{H}=\boldsymbol{H}^2=(\boldsymbol{I}-2\boldsymbol{w}\boldsymbol{w}^{\mathrm{T}})(\boldsymbol{I}-2\boldsymbol{w}\boldsymbol{w}^{\mathrm{T}})=\boldsymbol{I}-4\boldsymbol{w}\boldsymbol{w}^{\mathrm{T}}+4\boldsymbol{w}(\boldsymbol{w}^{\mathrm{T}}\boldsymbol{w})\boldsymbol{w}^{\mathrm{T}}=\boldsymbol{I}.$$ □

设向量 $\boldsymbol{u}\neq\boldsymbol{0}$，则显然

$$\boldsymbol{H}=\boldsymbol{I}-2\frac{\boldsymbol{u}\boldsymbol{u}^{\mathrm{T}}}{\|\boldsymbol{u}\|_2^2}$$

是一个初等反射矩阵.

下面考察初等反射矩阵的几何意义. 参见图 8-2，考虑以 $\boldsymbol{w}$ 为法向量且过原点 O 的超平面 S：$\boldsymbol{w}^{\mathrm{T}}\boldsymbol{x}=0$. 设任意向量 $\boldsymbol{v}\in\mathbb{R}^n$，则 $\boldsymbol{v}=\boldsymbol{x}+\boldsymbol{y}$，其中 $\boldsymbol{x}\in S$，$\boldsymbol{y}\in S^{\perp}$. 于是

$$\boldsymbol{H}\boldsymbol{x}=(\boldsymbol{I}-2\boldsymbol{w}\boldsymbol{w}^{\mathrm{T}})\boldsymbol{x}=\boldsymbol{x}-2\boldsymbol{w}\boldsymbol{w}^{\mathrm{T}}\boldsymbol{x}=\boldsymbol{x}.$$

对于 $\boldsymbol{y}\in S^{\perp}$，即 $\boldsymbol{y}=\mu\boldsymbol{w}$，则 $\boldsymbol{H}\boldsymbol{y}=\mu\boldsymbol{H}\boldsymbol{w}=\mu(\boldsymbol{I}-2\boldsymbol{w}\boldsymbol{w}^{\mathrm{T}})\boldsymbol{w}=\mu\boldsymbol{w}-2\mu\boldsymbol{w}\boldsymbol{w}^{\mathrm{T}}\boldsymbol{w}=-\mu\boldsymbol{w}=-\boldsymbol{y}$，从而对任意向量 $\boldsymbol{v}\in\mathbb{R}^n$，总有

$$\boldsymbol{H}\boldsymbol{v}=\boldsymbol{H}(\boldsymbol{x}+\boldsymbol{y})=\boldsymbol{x}-\boldsymbol{y}=\boldsymbol{v}',$$

其中 $\boldsymbol{v}'$ 为 $\boldsymbol{v}$ 关于平面 S 的镜面反射(见图 8-2).

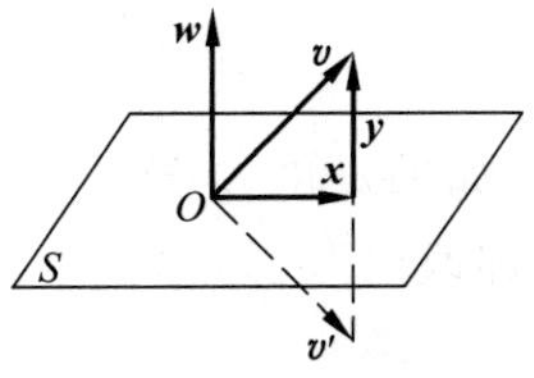

图 8-2 初等反射矩阵的几何意义

初等反射矩阵在计算上的意义是它能用来约化矩阵，例如设向量 $\boldsymbol{x}\neq\boldsymbol{0}$，可选择一初等反射阵 $\boldsymbol{H}$ 使 $\boldsymbol{Hx}=\sigma\boldsymbol{e}_1$. 为此给出下面定理.

定理 8.14　设 $\boldsymbol{x},\boldsymbol{y}$ 为两个不相等的 n 维向量，但 $\|\boldsymbol{x}\|_2=\|\boldsymbol{y}\|_2$，则存在一个初等反射矩阵 $\boldsymbol{H}$，使 $\boldsymbol{Hx}=\boldsymbol{y}$.

证明　令 $w=\dfrac{\boldsymbol{x}-\boldsymbol{y}}{\|\boldsymbol{x}-\boldsymbol{y}\|_2}$，则得到一个初等反射矩阵

$$\boldsymbol{H}=\boldsymbol{I}-2\boldsymbol{w}\boldsymbol{w}^{\mathrm{T}}=\boldsymbol{I}-2\frac{(\boldsymbol{x}-\boldsymbol{y})}{\|\boldsymbol{x}-\boldsymbol{y}\|_2^2}(\boldsymbol{x}^{\mathrm{T}}-\boldsymbol{y}^{\mathrm{T}}),$$

而且

$$\boldsymbol{Hx}=\boldsymbol{x}-2\frac{\boldsymbol{x}-\boldsymbol{y}}{\|\boldsymbol{x}-\boldsymbol{y}\|_2^2}(\boldsymbol{x}^{\mathrm{T}}-\boldsymbol{y}^{\mathrm{T}})\boldsymbol{x}=\boldsymbol{x}-2\frac{(\boldsymbol{x}-\boldsymbol{y})(\boldsymbol{x}^{\mathrm{T}}\boldsymbol{x}-\boldsymbol{y}^{\mathrm{T}}\boldsymbol{x})}{\|\boldsymbol{x}-\boldsymbol{y}\|_2^2}.$$

因为 $\|\boldsymbol{x}\|_2=\|\boldsymbol{y}\|_2$，故

$$\|\boldsymbol{x}-\boldsymbol{y}\|_2^2=(\boldsymbol{x}-\boldsymbol{y})^{\mathrm{T}}(\boldsymbol{x}-\boldsymbol{y})=2(\boldsymbol{x}^{\mathrm{T}}\boldsymbol{x}-\boldsymbol{y}^{\mathrm{T}}\boldsymbol{x}),$$

所以

$$\boldsymbol{Hx}=\boldsymbol{x}-(\boldsymbol{x}-\boldsymbol{y})=\boldsymbol{y}.$$ □

容易说明，$\boldsymbol{w}$ 是使 $\boldsymbol{Hx}=\boldsymbol{y}$ 成立的唯一长度等于 1 的向量(不计符号).

定理 8.15(约化定理)　设 $\boldsymbol{x}=(x_1,x_2,\cdots,x_n)^{\mathrm{T}}\neq\boldsymbol{0}$，则存在初等反射矩阵 $\boldsymbol{H}$ 使得 $\boldsymbol{Hx}=-\sigma\boldsymbol{e}_1$，其中

$$\begin{cases}\sigma=\operatorname{sgn}(x_1)\|\boldsymbol{x}\|_2, \quad \boldsymbol{u}=\boldsymbol{x}+\sigma\boldsymbol{e}_1, \quad \beta=\dfrac{1}{2}\|\boldsymbol{u}\|_2^2=\sigma(\sigma+x_1),\\ \boldsymbol{H}=\boldsymbol{I}-\beta^{-1}\boldsymbol{u}\boldsymbol{u}^{\mathrm{T}}.\end{cases} \tag{8.11}$$

证明　记 $\boldsymbol{y}=-\sigma\boldsymbol{e}_1$，设 $\boldsymbol{x}\neq\boldsymbol{y}$，取 $\sigma=\pm\|\boldsymbol{x}\|_2$，则有 $\|\boldsymbol{x}\|_2=\|\boldsymbol{y}\|_2$，于是由定理 8.14 存在 $\boldsymbol{H}$ 变换

$$\boldsymbol{H}=\boldsymbol{I}-2\boldsymbol{w}\boldsymbol{w}^{\mathrm{T}},$$

其中 $\boldsymbol{w}=\dfrac{\boldsymbol{x}+\sigma\boldsymbol{e}_1}{\|\boldsymbol{x}+\sigma\boldsymbol{e}_1\|_2}$，使 $\boldsymbol{Hx}=\boldsymbol{y}=-\sigma\boldsymbol{e}_1$.

记 $\boldsymbol{u}=\boldsymbol{x}+\sigma\boldsymbol{e}_1\equiv(u_1,u_2,\cdots,u_n)^{\mathrm{T}}$. 于是

$$\boldsymbol{H}=\boldsymbol{I}-2\frac{\boldsymbol{u}\boldsymbol{u}^{\mathrm{T}}}{\|\boldsymbol{u}\|_2^2}=\boldsymbol{I}-\beta^{-1}\boldsymbol{u}\boldsymbol{u}^{\mathrm{T}},$$

其中 $\boldsymbol{u}=(x_1+\sigma,x_2,\cdots,x_n)^{\mathrm{T}}$，$\beta=\dfrac{1}{2}\|\boldsymbol{u}\|_2^2$. 显然

$$\beta=\frac{1}{2}\|\boldsymbol{u}\|_2^2=\frac{1}{2}((x_1+\sigma)^2+x_2^2+\cdots+x_n^2)=\sigma(\sigma+x_1).$$

如果 σ 和 x_1 异号，那么计算 $x_1+\sigma$ 时有效数字可能损失，我们取 σ 和 x_1 有相同的符号，即取

$$\sigma=\operatorname{sgn}(x_1)\|\boldsymbol{x}\|_2=\operatorname{sgn}(x_1)\Big(\sum_{i=1}^{n}x_i^2\Big)^{1/2}.$$ □

在计算 σ 时，可能上溢或下溢，为了避免溢出，将 $\boldsymbol{x}$ 规范化

$$d = \| \boldsymbol{x} \|_\infty, \quad \boldsymbol{x}' = \frac{\boldsymbol{x}}{d} \quad (\text{设 } d \neq 0),$$

则有 $\boldsymbol{H}'$ 使 $\boldsymbol{H}'\boldsymbol{x}' = \sigma' \boldsymbol{e}_1$，其中

$$\begin{cases} \sigma' = \sigma/d, \quad \boldsymbol{u}' = \boldsymbol{u}/d, \quad \beta' = \beta/d^2, \\ \boldsymbol{H}' = \boldsymbol{I} - (\beta')^{-1}\boldsymbol{u}'\boldsymbol{u}'^{\mathrm{T}}, \\ \boldsymbol{H} = \boldsymbol{H}'. \end{cases}$$

例 8.7 设 $\boldsymbol{x} = (3,5,1,1)^{\mathrm{T}}$，则 $\| \boldsymbol{x} \|_2 = 6$，即 $\sigma = 6$，于是

$$\boldsymbol{u} = \boldsymbol{x} + 6\boldsymbol{e}_1 = (9,5,1,1)^{\mathrm{T}}, \quad \| \boldsymbol{u} \|_2^2 = 108, \quad \beta = \frac{1}{2} \| \boldsymbol{u} \|_2^2 = 54,$$

$$\boldsymbol{H} = \boldsymbol{I} - \beta^{-1}\boldsymbol{u}\boldsymbol{u}^{\mathrm{T}} = \frac{1}{54}\begin{pmatrix} -27 & -45 & -9 & -9 \\ -45 & 29 & -5 & -5 \\ -9 & -5 & 53 & -1 \\ -9 & -5 & -1 & 53 \end{pmatrix},$$

可直接验证 $\boldsymbol{H}\boldsymbol{x} = (-6,0,0,0)^{\mathrm{T}}$.

设 $\boldsymbol{A} \in \mathbb{R}^{n\times n}$ 非奇异，可以用豪斯霍尔德变换构造正交矩阵 $\boldsymbol{P}$，使 $\boldsymbol{PA} = \boldsymbol{R}$，其中 $\boldsymbol{R}$ 为上三角矩阵.

记 $\boldsymbol{A}^{(0)} = \boldsymbol{A}$，它的第一列记为 $\boldsymbol{a}_1^{(0)}$. 不妨设 $\boldsymbol{a}_1^{(0)} \neq \boldsymbol{0}$，可按(8.11)式找到矩阵 $\boldsymbol{H}_1 \in \mathbb{R}^{n\times n}$，$\boldsymbol{H}_1 = \boldsymbol{I} - \beta_1^{-1}\boldsymbol{u}_1\boldsymbol{u}_1^{\mathrm{T}}$，使

$$\boldsymbol{H}_1\boldsymbol{a}_1^{(0)} = -\sigma_1\boldsymbol{e}_1, \quad \boldsymbol{e}_1 = (1,0,\cdots,0)^{\mathrm{T}} \in \mathbb{R}^n.$$

于是

$$\boldsymbol{A}^{(1)} = \boldsymbol{H}_1\boldsymbol{A}^{(0)} = (\boldsymbol{H}_1\boldsymbol{a}_1^{(0)}, \boldsymbol{H}_1\boldsymbol{a}_2^{(0)}, \cdots, \boldsymbol{H}_1\boldsymbol{a}_n^{(1)}) = \begin{pmatrix} -\sigma_1 & \boldsymbol{b}^{(1)} \\ \boldsymbol{0} & \bar{\boldsymbol{A}}^{(1)} \end{pmatrix},$$

其中 $\bar{\boldsymbol{A}}^{(1)} = (\boldsymbol{a}_1^{(1)}, \boldsymbol{a}_2^{(1)}, \cdots, \boldsymbol{a}_{n-1}^{(1)}) \in \mathbb{R}^{(n-1)\times(n-1)}$.

一般地，设

$$\boldsymbol{A}^{(j-1)} = \begin{pmatrix} \boldsymbol{D}^{(j-1)} & \boldsymbol{B}^{(j-1)} \\ \boldsymbol{0} & \bar{\boldsymbol{A}}^{(j-1)} \end{pmatrix},$$

其中 $\boldsymbol{D}^{(j-1)}$ 为 $j-1$ 阶方阵，其对角线以下元素均为零，$\bar{\boldsymbol{A}}^{(j-1)}$ 为 $n-j+1$ 阶方阵，设其第一列为 $\boldsymbol{a}_1^{(j-1)}$，可选择 $n-j+1$ 阶的豪斯霍尔德矩阵变换 $\bar{\boldsymbol{H}}_j \in \mathbb{R}^{(n-j+1)\times(n-j+1)}$，使

$$\bar{\boldsymbol{H}}_j\boldsymbol{a}_1^{(j-1)} = -\sigma_j\boldsymbol{e}_1, \quad \boldsymbol{e}_1 = (1,0,\cdots,0) \in \mathbb{R}^{n-j+1}.$$

根据 $\bar{\boldsymbol{H}}_j$ 构造 $n\times n$ 的变换矩阵 $\boldsymbol{H}_j$ 为

$$\boldsymbol{H}_j = \begin{pmatrix} \boldsymbol{I}_{j-1} & \boldsymbol{0} \\ \boldsymbol{0} & \bar{\boldsymbol{H}}_j \end{pmatrix},$$

于是有

$$\boldsymbol{A}^{(j)} = \boldsymbol{H}_j\boldsymbol{A}^{(j-1)} = \begin{pmatrix} \boldsymbol{D}^{(j)} & \boldsymbol{B}^{(j)} \\ \boldsymbol{0} & \bar{\boldsymbol{A}}^{(j)} \end{pmatrix}.$$

它和 $\boldsymbol{A}^{(j-1)}$ 有类似的形式，只是 $\boldsymbol{D}^{(j)}$ 为 j 阶方阵，其对角线以下元素是零，这样经过 $n-1$ 步运算得到

$$\boldsymbol{H}_{n-1}\cdots\boldsymbol{H}_1\boldsymbol{A}=\boldsymbol{A}^{(n-1)}=\boldsymbol{R},$$

其中$\boldsymbol{R}=\boldsymbol{A}^{(n-1)}$为上三角矩阵,$\boldsymbol{P}=\boldsymbol{H}_{n-1}\cdots\boldsymbol{H}_1$为正交矩阵.从而有$\boldsymbol{PA}=\boldsymbol{R}$.

8.3.3　吉文斯变换

设$\boldsymbol{x},\boldsymbol{y}\in\mathbb{R}^2$,则变换

$$\begin{pmatrix}y_1\\y_2\end{pmatrix}=\begin{pmatrix}\cos\theta & \sin\theta\\-\sin\theta & \cos\theta\end{pmatrix}\begin{pmatrix}x_1\\x_2\end{pmatrix},\quad 或\quad \boldsymbol{y}=\boldsymbol{Px}$$

是平面上向量的一个旋转变换,其中

$$\boldsymbol{P}(\theta)=\begin{pmatrix}\cos\theta & \sin\theta\\-\sin\theta & \cos\theta\end{pmatrix}$$

为正交矩阵.

$\mathbb{R}^n$中变换

$$\boldsymbol{y}=\boldsymbol{Px},$$

其中$\boldsymbol{x}=(x_1,x_2,\cdots,x_n)^{\mathrm{T}}$, $\boldsymbol{y}=(y_1,y_2,\cdots,y_n)^{\mathrm{T}}$,而

$$\boldsymbol{P}\equiv\boldsymbol{P}(i,j,\theta)=\begin{pmatrix}1 &&&&&&&&\\ &\ddots&&&&&&&\\ &&1&&&&&&\\ &&&\cos\theta&\cdots&\sin\theta&&&\\ &&&0&1&0&&&\\ &&&\vdots&\ddots&\vdots&&&\\ &&&0&1&0&&&\\ &&&-\sin\theta&\cdots&\cos\theta&&&\\ &&&&&&1&&\\ &&&&&&&\ddots&\\ &&&&&&&&1\end{pmatrix}\begin{matrix}\\ \\ \\ i\\ \\ \\ \\ j\\ \\ \\ \\ \end{matrix}$$

称为$\mathbb{R}^n$中平面$\{x_i,x_j\}$的旋转变换,也称**吉文斯变换**.$\boldsymbol{P}=\boldsymbol{P}(i,j,\theta)=\boldsymbol{P}(i,j)$称为平面旋转矩阵.

显然,$\boldsymbol{P}(i,j,\theta)$具有性质:

(1) $\boldsymbol{P}$与单位阵$\boldsymbol{I}$只是在$(i,i),(i,j),(j,i),(j,j)$位置元素不一样,其他相同.

(2) $\boldsymbol{P}$为正交矩阵($\boldsymbol{P}^{-1}=\boldsymbol{P}^{\mathrm{T}}$).

(3) $\boldsymbol{P}(i,j)\boldsymbol{A}$(左乘)只需计算第$i$行与第$j$行元素,即对$\boldsymbol{A}=(a_{ij})_{m\times n}$有

$$\begin{pmatrix}a'_{il}\\a'_{jl}\end{pmatrix}=\begin{pmatrix}c & s\\-s & c\end{pmatrix}\begin{pmatrix}a_{il}\\a_{jl}\end{pmatrix},\quad l=1,2,\cdots,n,$$

其中$c=\cos\theta$, $s=\sin\theta$.

(4) $\boldsymbol{AP}(i,j)$(右乘)只需计算第i列与第j列元素

$$(a'_{li},\ a'_{lj})=(a_{li},\ a_{lj})\begin{pmatrix}c & s\\-s & c\end{pmatrix},\quad l=1,2,\cdots,m.$$

利用平面旋转变换,可使向量$\boldsymbol{x}$中的指定元素变为零.

定理 8.16(约化定理)　设$\boldsymbol{x}=(x_1,\cdots,x_i,\cdots,x_j,\cdots,x_n)^{\mathrm{T}}$,其中$x_i$, x_j不全为零,则

可选择平面旋转阵 $\boldsymbol{P}(i,j,\theta)$，使

$$\boldsymbol{P}\boldsymbol{x}=(x_1,\cdots,\overset{i}{x_i'},\cdots,\overset{j}{0},\cdots,x_n)^{\mathrm{T}},$$

其中 $x_i'=\sqrt{x_i^2+x_j^2}$，$\theta=\arctan(x_j/x_i)$.

证明 取 $c=\cos\theta=x_i/x_i'$，$s=\sin\theta=x_j/x_i'$. 由

$$\boldsymbol{P}(i,j,\theta)\boldsymbol{x}=\boldsymbol{x}'=(x_1',x_2',\cdots,x_i',\cdots,x_j',\cdots,x_n')^{\mathrm{T}},$$

利用矩阵乘法，显然有

$$\begin{cases}x_i'=cx_i+sx_j,\\ x_j'=-sx_i+cx_j,\\ x_k'=x_k,\quad k\neq i,j.\end{cases}$$

于是，由 c,s 的取法得

$$x_i'=\sqrt{x_i^2+x_j^2},\quad x_j'=0.$$

□

为了防止出现溢出的情况，可以采用如下的算法来计算 c 和 s：

如果 $x_j=0$，则取 $c=1,s=0$；否则($x_j\neq0$)，当 $|x_j|\geqslant|x_i|$ 时，取 $t=\dfrac{x_i}{x_j}$，$s=(1+t^2)^{-\frac{1}{2}}$，$c=st$，而当 $|x_j|<|x_i|$ 时，取 $t=\dfrac{x_j}{x_i}$，$c=(1+t^2)^{-\frac{1}{2}}$，$s=ct$.

设 $\boldsymbol{A}\in\mathbb{R}^{n\times n}$ 非奇异，可以用吉文斯变换构造正交矩阵 $\boldsymbol{P}$，使 $\boldsymbol{PA}=\boldsymbol{R}$，其中 $\boldsymbol{R}$ 为上三角矩阵.

(1) 第 1 步约化，由设有 $j\in\{1,2,\cdots,n\}$ 使 $a_{j1}\neq0$(否则 $\boldsymbol{A}$ 奇异)，则可选择吉文斯变换 $\boldsymbol{P}(1,j)$，将 a_{j1} 处的元素化为零.若 $a_{j1}\neq0(j=2,3,\cdots,n)$，则存在 $\boldsymbol{P}(1,j)$ 使得

$$\boldsymbol{P}(1,n)\cdots\boldsymbol{P}(1,2)\boldsymbol{A}=\begin{pmatrix}r_{11} & r_{12} & \cdots & r_{1n}\\ & a_{22}^{(2)} & \cdots & a_{2n}^{(2)}\\ & \vdots & & \vdots\\ & a_{n2}^{(2)} & \cdots & a_{nn}^{(2)}\end{pmatrix}\equiv\boldsymbol{A}^{(2)},$$

可简记为 $\boldsymbol{P}_1\boldsymbol{A}=\boldsymbol{A}^{(2)}$，其中 $\boldsymbol{P}_1=\boldsymbol{P}(1,n)\cdots\boldsymbol{P}(1,2)$.

(2) 第 k 步约化：设上述过程已完成第 1 步至第 $k-1$ 步，于是有

$$\boldsymbol{P}_{k-1}\cdots\boldsymbol{P}_2\boldsymbol{P}_1\boldsymbol{A}=\begin{pmatrix}r_{11} & r_{12} & \cdots & r_{1k} & \cdots & r_{1n}\\ & r_{22} & \cdots & r_{2k} & \cdots & r_{2n}\\ & & \ddots & \vdots & & \vdots\\ & & & a_{kk}^{(k)} & \cdots & a_{kn}^{(k)}\\ & & & \vdots & & \vdots\\ & & & a_{nk}^{(k)} & \cdots & a_{nn}^{(k)}\end{pmatrix}\equiv\boldsymbol{A}^{(k)}.$$

由设有 $j\in\{k,\cdots,n\}$ 使 $a_{jk}^{(k)}\neq0$. 若 $a_{jk}^{(k)}\neq0(j=k+1,\cdots,n)$，则可选择吉文斯变换 $\boldsymbol{P}(k,j)(j=k+1,\cdots,n)$ 使

$$\boldsymbol{P}_k\boldsymbol{A}^{(k)}=\boldsymbol{P}(k,n)\cdots\boldsymbol{P}(k,k+1)\boldsymbol{A}^{(k)}=\boldsymbol{P}_k\boldsymbol{P}_{k-1}\cdots\boldsymbol{P}_1\boldsymbol{A}=\boldsymbol{A}^{(k+1)},$$

其中 $\boldsymbol{P}_k\equiv\boldsymbol{P}(k,n)\cdots\boldsymbol{P}(k,k+1)$.

(3) 继续上述约化过程，最后则有

$$\boldsymbol{P}_{n-1}\cdots\boldsymbol{P}_2\boldsymbol{P}_1\boldsymbol{A}=\boldsymbol{R}\quad(\text{上三角矩阵}).$$

令 $\boldsymbol{P}=\boldsymbol{P}_{n-1}\cdots\boldsymbol{P}_1$，它是一个正交矩阵，故有 $\boldsymbol{PA}=\boldsymbol{R}$.

前面给出了求非奇异矩阵 QR 分解的三种方法：格拉姆-施密特正交化手续、豪斯霍尔德变换方法及吉文斯变换方法. 关于 QR 分解有如下的唯一性结果.

定理 8.17(QR 分解定理)　设 $\boldsymbol{A}\in\mathbb{R}^{n\times n}$ 为非奇异矩阵，则存在正交矩阵 $\boldsymbol{Q}$ 与上三角矩阵 $\boldsymbol{R}$，使 $\boldsymbol{A}$ 有分解

$$\boldsymbol{A}=\boldsymbol{QR}.$$

且当 $\boldsymbol{R}$ 的对角元素为正时，分解是唯一的.

证明　上述过程已经给出了 QR 分解的存在性，下面证明分解的唯一性. 设有两种分解

$$\boldsymbol{A}=\boldsymbol{Q}_1\boldsymbol{R}_1=\boldsymbol{Q}_2\boldsymbol{R}_2,$$

其中 $\boldsymbol{Q}_1,\boldsymbol{Q}_2$ 为正交矩阵.$\boldsymbol{R}_1,\boldsymbol{R}_2$ 为对角元素均为正的上三角矩阵，则

$$\boldsymbol{A}^{\mathrm{T}}\boldsymbol{A}=\boldsymbol{R}_1^{\mathrm{T}}\boldsymbol{Q}_1^{\mathrm{T}}\boldsymbol{Q}_1\boldsymbol{R}_1=\boldsymbol{R}_1^{\mathrm{T}}\boldsymbol{R}_1,\qquad \boldsymbol{A}^{\mathrm{T}}\boldsymbol{A}=\boldsymbol{R}_2^{\mathrm{T}}\boldsymbol{Q}_2^{\mathrm{T}}\boldsymbol{Q}_2\boldsymbol{R}_2=\boldsymbol{R}_2^{\mathrm{T}}\boldsymbol{R}_2.$$

由假设及对称正定矩阵 $\boldsymbol{A}^{\mathrm{T}}\boldsymbol{A}$ 的楚列斯基分解的唯一性，则得 $\boldsymbol{R}_1=\boldsymbol{R}_2$，从而可得 $\boldsymbol{Q}_1=\boldsymbol{Q}_2$. □

定理 8.9 保证了 $\boldsymbol{A}$ 可分解为 $\boldsymbol{A}=\boldsymbol{QR}$.因 $\boldsymbol{A}$ 非奇异，故 $\boldsymbol{R}$ 也非奇异.如果不规定 $\boldsymbol{R}$ 的对角元为正，则分解不是唯一的.一般按吉文斯变换或豪斯霍尔德变换方法作出的分解 $\boldsymbol{A}=\boldsymbol{QR}$，$\boldsymbol{R}$ 的对角元不一定是正的，设上三角矩阵 $\boldsymbol{R}=(r_{ij})$，只要令

$$\boldsymbol{D}=\operatorname{diag}\left(\frac{r_{11}}{|r_{11}|},\frac{r_{22}}{|r_{22}|},\cdots,\frac{r_{nn}}{|r_{nn}|}\right),$$

则 $\bar{\boldsymbol{Q}}=\boldsymbol{QD}$ 为正交矩阵，$\bar{\boldsymbol{R}}=\boldsymbol{D}^{-1}\boldsymbol{R}$ 为对角元是 $|r_{ii}|$ 的上三角矩阵，这样 $\boldsymbol{A}=\bar{\boldsymbol{Q}}\bar{\boldsymbol{R}}$ 便是符合定理 8.17 的唯一 QR 分解.

例 8.8　用豪斯霍尔德变换作矩阵 $\boldsymbol{A}$ 的 QR 分解：

$$\boldsymbol{A}=\begin{pmatrix}2&-2&3\\1&1&1\\1&3&-1\end{pmatrix}.$$

解　按(8.11)式找豪斯霍尔德矩阵 $\boldsymbol{H}_1\in\mathbb{R}^{3\times 3}$，使

$$\boldsymbol{H}_1\begin{pmatrix}2\\1\\1\end{pmatrix}=\begin{pmatrix}*\\0\\0\end{pmatrix},$$

则有

$$\boldsymbol{H}_1=\begin{pmatrix}-0.816\,497&-0.408\,248&-0.408\,248\\-0.408\,248&0.908\,248&-0.091\,751\,7\\-0.408\,248&-0.091\,751\,7&0.908\,248\end{pmatrix},$$

$$\boldsymbol{H}_1\boldsymbol{A}=\begin{pmatrix}-2.449\,49&0&-2.449\,49\\0&1.449\,49&-0.224\,745\\0&3.449\,49&-2.224\,74\end{pmatrix}.$$

然后找 $\bar{\boldsymbol{H}}_2\in\mathbb{R}^{2\times 2}$，使 $\bar{\boldsymbol{H}}_2(1.449\,49,\ 3.449\,49)^{\mathrm{T}}=(*,\ 0)^{\mathrm{T}}$，得

$$\boldsymbol{H}_2=\begin{pmatrix}1 & \boldsymbol{0}\\ \boldsymbol{0} & \bar{\boldsymbol{H}}_2\end{pmatrix}=\begin{pmatrix}1 & 0 & 0\\ 0 & -0.387\,392 & -0.921\,915\\ 0 & -0.921\,915 & 0.387\,392\end{pmatrix},$$

$$\boldsymbol{H}_2(\boldsymbol{H}_1\boldsymbol{A})=\begin{pmatrix}-2.449\,49 & 0 & -2.449\,49\\ 0 & -3.741\,66 & 2.138\,09\\ 0 & 0 & -0.654\,654\end{pmatrix}.$$

这是一个上三角矩阵，但对角元皆为负数，只要令 $\boldsymbol{D}=-\boldsymbol{I}$，则有 $\boldsymbol{R}=-\boldsymbol{H}_2\boldsymbol{H}_1\boldsymbol{A}$ 是对角元为正的上三角矩阵.取

$$\boldsymbol{Q}=-(\boldsymbol{H}_2\boldsymbol{H}_1)^{\mathrm{T}}=\begin{pmatrix}0.816\,497 & -0.534\,522 & -0.218\,218\\ 0.408\,248 & 0.267\,261 & 0.872\,872\\ 0.408\,248 & 0.801\,783 & -0.436\,436\end{pmatrix},$$

则得 $\boldsymbol{A}=\boldsymbol{QR}$.

对于例 8.6 中的 4～9 阶希尔伯特矩阵 $\boldsymbol{H}$，用正交相似变换进行 QR 分解 $\boldsymbol{H}=\boldsymbol{QR}$，对所得的正交矩阵 $\boldsymbol{Q}$ 进行验算，$\boldsymbol{Q}^{\mathrm{T}}\boldsymbol{Q}$ 的严格下三角元素e_{ij}的绝对值的最大值 $e=\max\limits_{i>j}\{|e_{ij}|\}$均不超过 e-15，显然，计算精度高于例 8.6 中所采用的方法，这也验证了用正交矩阵进行相似约化有一些特点，如构造的 $\boldsymbol{H}_k$ 容易求逆，且 $\boldsymbol{H}_k$ 的元素数量级不大，这个算法是十分稳定的.

8.3.4 舒尔分解与用正交相似变换约化一般矩阵为上黑森伯格矩阵

除了 QR 分解，矩阵的舒尔(Schur)分解也是一个重要的工具，它解决矩阵 $\boldsymbol{A}\in\mathbb{R}^{n\times n}$ 相似可约化到什么程度的问题，对复矩阵 $\boldsymbol{A}\in\mathbb{C}^{n\times n}$，则存在酉矩阵 $\boldsymbol{U}$，使 $\boldsymbol{U}^{\mathrm{H}}\boldsymbol{AU}$ 为一个上三角矩阵 $\boldsymbol{R}$，其对角线元素就是 $\boldsymbol{A}$ 的特征值，$\boldsymbol{A}=\boldsymbol{URU}^{\mathrm{H}}$ 称 $\boldsymbol{A}$ 的**舒尔分解**.

对于实矩阵 $\boldsymbol{A}$，因其特征值可能有复数，$\boldsymbol{A}$ 不能用正交相似变换约化为上三角矩阵，但它可约化为块上三角矩阵的形式.

定理 8.18(实舒尔分解)　设 $\boldsymbol{A}\in\mathbb{R}^{n\times n}$，则存在正交矩阵 $\boldsymbol{Q}$ 使

$$\boldsymbol{Q}^{\mathrm{T}}\boldsymbol{AQ}=\begin{pmatrix}\boldsymbol{R}_{11} & \boldsymbol{R}_{12} & \cdots & \boldsymbol{R}_{1m}\\ & \boldsymbol{R}_{22} & \cdots & \boldsymbol{R}_{2m}\\ & & \ddots & \vdots\\ & & & \boldsymbol{R}_{mm}\end{pmatrix},\tag{8.12}$$

其中对角块 $\boldsymbol{R}_{ii}(i=1,2,\cdots,m)$为一阶或二阶方阵，且每个一阶 $\boldsymbol{R}_{ii}$ 是 $\boldsymbol{A}$ 的实特征值，每个二阶对角块 $\boldsymbol{R}_{jj}$ 的两个特征值是 $\boldsymbol{A}$ 的两个共轭复特征值.

记(8.12)式右端的矩阵为 $\boldsymbol{R}$，它是特殊形式的块上三角矩阵——舒尔型矩阵. 由(8.12)式有 $\boldsymbol{A}=\boldsymbol{QRQ}^{\mathrm{T}}$ 称为 $\boldsymbol{A}$ 的实舒尔分解，有了定理 8.18(此结论为存在性结果，无法像 QR 分解那样可以数值实现)，可以考虑实运算的舒尔型快速计算，通过逐次正交变换使 $\boldsymbol{A}$ 趋于实舒尔型矩阵，以求 $\boldsymbol{A}$ 的特征值.

基本 QR 方法中每步对矩阵 $\boldsymbol{A}\in\mathbb{R}^{n\times n}$ 进行 QR 分解的计算量是 $O(n^3)$，利用实舒尔分解定理 8.18，可以找到减少计算的方法.

(8.12)式右端矩阵的下次对角线以下的元素均为零元素，这样的矩阵称为**上黑森伯格**

(Hessenberg)**矩阵**. 下面将说明：存在正交矩阵 $\boldsymbol{Q}$ 使得矩阵 $\boldsymbol{A}\in\mathbb{R}^{n\times n}$ 正交相似于上黑森伯格矩阵.

设 $\boldsymbol{A}=(a_{ij})\in\mathbb{R}^{n\times n}$. 下面来说明,可选择初等反射矩阵 $\boldsymbol{U}_1,\boldsymbol{U}_2,\cdots,\boldsymbol{U}_{n-2}$ 使 $\boldsymbol{A}$ 经正交相似变换约化为一个上黑森伯格矩阵.

(1) 设

$$\boldsymbol{A}=\begin{pmatrix} a_{11} & a_{12} & \cdots & a_{1n} \\ a_{21} & a_{22} & \cdots & a_{2n} \\ \vdots & \vdots & & \vdots \\ a_{n1} & a_{n2} & \cdots & a_{nn} \end{pmatrix}=\begin{pmatrix} a_{11} & \boldsymbol{A}_{12}^{(1)} \\ \boldsymbol{c}_1 & \boldsymbol{A}_{22}^{(1)} \end{pmatrix},$$

其中 $\boldsymbol{c}_1=(a_{21},\cdots,a_{n1})^{\mathrm{T}}\in\mathbb{R}^{n-1}$,不妨设 $\boldsymbol{c}_1\neq\boldsymbol{0}$,否则这一步不需要约化.于是,可选择初等反射矩阵 $\boldsymbol{H}_1$ 使 $\boldsymbol{H}_1\boldsymbol{c}_1=-\sigma_1\boldsymbol{e}_1$,其中

$$\begin{cases} \sigma_1=\operatorname{sgn}(a_{21})\left(\sum\limits_{i=2}^{n}a_{i1}^2\right)^{1/2}, \quad \boldsymbol{u}_1=\boldsymbol{c}_1+\sigma_1\boldsymbol{e}_1, \quad \beta_1=\sigma_1(\sigma_1+a_{21}), \\ \boldsymbol{H}_1=\boldsymbol{I}-\beta_1^{-1}\boldsymbol{u}_1\boldsymbol{u}_1^{\mathrm{T}} \end{cases}$$

令

$$\boldsymbol{U}_1=\begin{pmatrix} 1 & \\ & \boldsymbol{H}_1 \end{pmatrix},$$

则

$$\boldsymbol{A}_2=\boldsymbol{U}_1\boldsymbol{A}_1\boldsymbol{U}_1=\begin{pmatrix} a_{11} & \boldsymbol{A}_{12}^{(1)}\boldsymbol{H}_1 \\ \boldsymbol{H}_1\boldsymbol{c}_1 & \boldsymbol{H}_1\boldsymbol{A}_{22}^{(1)}\boldsymbol{H}_1 \end{pmatrix}=\begin{pmatrix} a_{11} & a_{12}^{(2)} & a_{13}^{(2)} & \cdots & a_{1n}^{(2)} \\ -\sigma_1 & a_{22}^{(2)} & a_{23}^{(2)} & \cdots & a_{2n}^{(2)} \\ 0 & a_{32}^{(2)} & a_{33}^{(2)} & \cdots & a_{3n}^{(2)} \\ \vdots & \vdots & \vdots & & \vdots \\ 0 & a_{n2}^{(2)} & a_{n3}^{(2)} & \cdots & a_{nn}^{(2)} \end{pmatrix}\equiv\left(\begin{array}{c:c} \boldsymbol{A}_{11}^{(2)} & \boldsymbol{A}_{12}^{(2)} \\ \hdashline \boldsymbol{0} \quad \boldsymbol{c}_2 & \boldsymbol{A}_{22}^{(2)} \end{array}\right),$$

其中 $\boldsymbol{c}_2=(a_{32}^{(2)},\cdots,a_{n2}^{(2)})^{\mathrm{T}}\in\mathbb{R}^{n-2}$, $\boldsymbol{A}_{22}^{(2)}\in\mathbb{R}^{(n-2)\times(n-2)}$.

(2) 第 k 步约化:重复上述过程,设对 $\boldsymbol{A}$ 已完成第 1 步,…,第 $k-1$ 步正交相似变换,即有

$$\boldsymbol{A}_k=\boldsymbol{U}_{k-1}\boldsymbol{A}_{k-1}\boldsymbol{U}_{k-1}, \quad 或 \quad \boldsymbol{A}_k=\boldsymbol{U}_{k-1}\cdots\boldsymbol{U}_1\boldsymbol{A}_1\boldsymbol{U}_1\cdots\boldsymbol{U}_{k-1},$$

且

$$\boldsymbol{A}_k=\begin{pmatrix} a_{11}^{(1)} & a_{12}^{(2)} & \cdots & a_{1,k-1}^{(k-1)} & a_{1k}^{(k)} & a_{1,k+1}^{(k)} & \cdots & a_{1n}^{(k)} \\ -\sigma_1 & a_{22}^{(2)} & \cdots & a_{2,k-1}^{(k-1)} & a_{2k}^{(k)} & a_{2,k+1}^{(k)} & & a_{2n}^{(k)} \\ & \ddots & \ddots & \vdots & \vdots & \vdots & & \vdots \\ & & \ddots & a_{k-1,k-1}^{(k-1)} & a_{k-1,k}^{(k)} & a_{k-1,k+1}^{(k)} & \cdots & a_{k-1,n}^{(k)} \\ & & & -\sigma_{k-1} & a_{kk}^{(k)} & a_{k,k+1}^{(k)} & \cdots & a_{kn}^{(k)} \\ & & & & a_{k+1,k}^{(k)} & a_{k+1,k+1}^{(k)} & \cdots & a_{k+1,n}^{(k)} \\ & & & & \vdots & \vdots & & \vdots \\ & & & & a_{nk}^{(k)} & a_{n,k+1}^{(k)} & \cdots & a_{nn}^{(k)} \end{pmatrix}$$

$$
\begin{matrix} & k & n-k & \\ = & \begin{pmatrix} \boldsymbol{A}_{11}^{(k)} & \boldsymbol{A}_{12}^{(k)} \\ \boldsymbol{0} \ \boldsymbol{c}_k & \boldsymbol{A}_{22}^{(k)} \end{pmatrix} & \begin{matrix} k \\ n-k \end{matrix}, \end{matrix}
$$

其中,$\boldsymbol{c}_k=(a_{k+1,k}^{(k)},\cdots,a_{nk}^{(k)})^{\mathrm{T}}\in\mathbb{R}^{n-k}$,$\boldsymbol{A}_{11}^{(k)}$ 为 k 阶上黑森伯格矩阵,$\boldsymbol{A}_{22}^{(k)}\in\mathbb{R}^{(n-k)\times(n-k)}$.

设 $\boldsymbol{c}_k\neq\boldsymbol{0}$,于是可选择初等反射矩阵 $\boldsymbol{H}_k$ 使 $\boldsymbol{H}_k\boldsymbol{c}_k=-\sigma_k\boldsymbol{e}_1$,其中,$\boldsymbol{H}_k$ 的计算公式为

$$
\begin{cases} \sigma_k=\mathrm{sgn}(a_{k+1,k}^{(k)})\left(\displaystyle\sum_{i=k+1}^{n}(a_{ik}^{(k)})^2\right)^{1/2}, \quad \boldsymbol{u}_k=\boldsymbol{c}_k+\sigma_k\boldsymbol{e}_1, \quad \beta_k=\sigma_k(a_{k+1,k}^{(k)}+\sigma_k), \\ \boldsymbol{H}_k=\boldsymbol{I}-\beta_k^{-1}\boldsymbol{u}_k\boldsymbol{u}_k^{\mathrm{T}}. \end{cases}
$$

令

$$
\boldsymbol{U}_k=\begin{pmatrix} \boldsymbol{I} & \\ & \boldsymbol{H}_k \end{pmatrix},
$$

则

$$
\boldsymbol{A}_{k+1}=\boldsymbol{U}_k\boldsymbol{A}_k\boldsymbol{U}_k=\left(\begin{array}{c:c} \boldsymbol{A}_{11}^{(k)} & \boldsymbol{A}_{12}^{(k)}\boldsymbol{H}_k \\ \hdashline \boldsymbol{0} \ \vdots \ \boldsymbol{H}_k\boldsymbol{c}_k & \boldsymbol{H}_k\boldsymbol{A}_{22}^{(k)}\boldsymbol{H}_k \end{array}\right)=\left(\begin{array}{c:c} \boldsymbol{A}_{11}^{(k+1)} & \boldsymbol{A}_{12}^{(k+1)} \\ \hdashline \boldsymbol{0} \ \vdots \ \boldsymbol{c}_{k+1} & \boldsymbol{A}_{22}^{(k+1)} \end{array}\right),
$$

其中,$\boldsymbol{A}_{11}^{(k+1)}$ 为 $k+1$ 阶上黑森伯格矩阵.第 k 步约化只需计算$\boldsymbol{A}_{12}^{(k)}\boldsymbol{H}_k$ 及 $\boldsymbol{H}_k\boldsymbol{A}_{22}^{(k)}\boldsymbol{H}_k$(当 $\boldsymbol{A}$ 为对称阵时,只需计算 $\boldsymbol{H}_k\boldsymbol{A}_{22}^{(k)}\boldsymbol{H}_k$).

(3) 重复上述过程,则有

$$
\boldsymbol{U}_{n-2}\cdots\boldsymbol{U}_2\boldsymbol{U}_1\boldsymbol{A}\boldsymbol{U}_1\boldsymbol{U}_2\cdots\boldsymbol{U}_{n-2}=\begin{pmatrix} a_{11} & * & * & \cdots & * & * \\ -\sigma_1 & a_{22}^{(2)} & * & \cdots & * & * \\ & -\sigma_2 & a_{33}^{(3)} & \cdots & * & * \\ & & \ddots & \ddots & \vdots & \vdots \\ & & & -\sigma_{n-2} & a_{n-1,n-1}^{(n-2)} & * \\ & & & & -\sigma_{n-1} & a_{nn}^{(n-1)} \end{pmatrix}=\boldsymbol{A}_{n-1}.
$$

总结上述讨论,有下面的定理.

定理 8.19(豪斯霍尔德约化矩阵为上黑森伯格矩阵) 设 $\boldsymbol{A}\in\mathbb{R}^{n\times n}$,则存在初等反射矩阵 $\boldsymbol{U}_1,\boldsymbol{U}_2,\cdots,\boldsymbol{U}_{n-2}$ 使

$$
\boldsymbol{U}_{n-2}\cdots\boldsymbol{U}_2\boldsymbol{U}_1\ \boldsymbol{A}\boldsymbol{U}_1\boldsymbol{U}_2\cdots\boldsymbol{U}_{n-2}\equiv\boldsymbol{U}_0^{\mathrm{T}}\boldsymbol{A}\boldsymbol{U}_0=\boldsymbol{H} \quad (\text{上黑森伯格矩阵}).
$$

k 阶豪斯霍尔德反射是单位矩阵减去一个由 k 维列向量同 k 维行向量相乘所得的矩阵 $\boldsymbol{u}\boldsymbol{u}^{\mathrm{T}}$,将豪斯霍尔德反射作用于矩阵时,可以利用这个结构来节省计算量. 如果 $\boldsymbol{B}\in\mathbb{R}^{k\times k}$, $\boldsymbol{H}=\boldsymbol{I}-\dfrac{2}{\|\boldsymbol{u}\|^2}\boldsymbol{u}\boldsymbol{u}^{\mathrm{T}}$,则

$$
\boldsymbol{H}\boldsymbol{B}=\left(\boldsymbol{I}-\frac{2}{\|\boldsymbol{u}\|^2}\boldsymbol{u}\boldsymbol{u}^{\mathrm{T}}\right)\boldsymbol{B}=\boldsymbol{B}-\boldsymbol{u}\boldsymbol{w}^{\mathrm{T}}, \quad \text{其中} \quad \boldsymbol{w}=\frac{2}{\|\boldsymbol{u}\|^2}\boldsymbol{B}^{\mathrm{T}}\boldsymbol{u};
$$

同样有

$$
\boldsymbol{B}\boldsymbol{H}=\boldsymbol{B}\left(\boldsymbol{I}-\frac{2}{\|\boldsymbol{u}\|^2}\boldsymbol{u}\boldsymbol{u}^{\mathrm{T}}\right)=\boldsymbol{B}-\boldsymbol{w}\boldsymbol{u}^{\mathrm{T}}, \quad \text{其中} \quad \boldsymbol{w}=\frac{2}{\|\boldsymbol{u}\|^2}\boldsymbol{B}\boldsymbol{u}.
$$

这样一次豪斯霍尔德反射由一次矩阵与向量的乘法 $\boldsymbol{B}^{\mathrm{T}}\boldsymbol{u}$(或 $\boldsymbol{B}\boldsymbol{u}$)和一次由 k 维列向量同 k 维行向量相乘所得的矩阵 $\boldsymbol{u}\boldsymbol{w}^{\mathrm{T}}$(或 $\boldsymbol{w}\boldsymbol{u}^{\mathrm{T}}$)构成.

本算法约需要$\dfrac{5}{3}n^3$ 次乘法运算.如果要把 $\boldsymbol{U}_0$ 也算出来还需增加$\dfrac{2}{3}n^3$ 次乘法.

例 8.9 用豪斯霍尔德方法将矩阵

$$A_1 = A = \begin{pmatrix} -4 & -3 & -7 \\ 2 & 3 & 2 \\ 4 & 2 & 7 \end{pmatrix}$$

约化为上黑森伯格矩阵.

解 选取初等反射矩阵 H_1 使 $H_1 c_1 = -\sigma_1 e_1$,其中 $c_1 = (2,4)^{\mathrm{T}}$.

(1) 计算 H_1: $\alpha = \max\{2,4\} = 4$, $c_1 \to c_1' = (0.5,\ 1)^{\mathrm{T}}$(规范化)

$$\begin{cases} \sigma = \sqrt{1.25} = 1.118\,034, & u_1 = c_1' + \sigma e_1 = (1.618\,034,\ 1)^{\mathrm{T}}, \\ \beta_1 = \sigma(\sigma + 0.5) = 1.809\,017, & \sigma_1 = \alpha\sigma = 4.472\,136, \\ H_1 = I - \beta_1^{-1} u_1 u_1^{\mathrm{T}}. \end{cases}$$

则有 $H_1 c_1 = -\sigma_1 e_1$.

(2) 约化计算:令

$$U_1 = \begin{pmatrix} 1 & \mathbf{0} \\ \mathbf{0} & H_1 \end{pmatrix},$$

则

$$A_2 = U_1 A U_1 = \begin{pmatrix} -4 & 7.602\,631 & -0.447\,214 \\ -4.472\,136 & 7.800\,000 & -0.400\,000 \\ 0 & -0.400\,000 & 2.200\,000 \end{pmatrix} = H.$$

如果 A 是对称的,则 $C = U_0^{\mathrm{T}} A U_0$ 也对称,这时 C 是一个对称三对角矩阵.

定理 8.20(豪斯霍尔德约化对称矩阵为对称三对角矩阵) 设$A \in \mathbb{R}^{n\times n}$ 为对称矩阵,则存在初等反射矩阵 $U_1, U_2, \cdots, U_{n-2}$ 使

$$U_{n-2}\cdots U_2 U_1 A U_1 U_2 \cdots U_{n-2} = \begin{pmatrix} c_1 & b_1 & & & \\ b_1 & c_2 & b_2 & & \\ & \ddots & \ddots & \ddots & \\ & & b_{n-2} & c_{n-1} & b_{n-1} \\ & & & b_{n-1} & c_n \end{pmatrix} \equiv C.$$

证明 由定理 8.19,存在初等反射矩阵 $U_1, U_2, \cdots, U_{n-2}$ 使

$$U_{n-2}\cdots U_2 U_1 A U_1 U_2 \cdots U_{n-2} = B = A_{n-1}$$

为上黑森伯格矩阵,且 A_{n-1} 亦是对称矩阵,因此,A_{n-1} 为对称三对角矩阵. □

由上面讨论可知,当 A 为对称矩阵时,由 $A_k \to A_{k+1} = U_k A_k U_k$ 一步约化计算中只需计算 H_k 及 $H_k A_{22}^{(k)} H_k$.又由于 A 的对称性,故只需计算 $H_k A_{22}^{(k)} H_k$ 的对角线以下元素.注意到

$$H_k A_{22}^{(k)} H_k = (I - \beta_k^{-1} u_k u_k^{\mathrm{T}})\,(A_{22}^{(k)} - \beta_k^{-1} A_{22}^{(k)} u_k u_k^{\mathrm{T}}).$$

引进记号

$$r_k = \beta_k^{-1} A_{22}^{(k)} u_k \in \mathbb{R}^{n-k}, \qquad t_k = r_k - \frac{\beta_k^{-1}}{2}(u_k^{\mathrm{T}} r_k) u_k \in \mathbb{R}^{n-k},$$

则

$$H_k A_{22}^{(k)} H_k = A_{22}^{(k)} - u_k t_k^{\mathrm{T}} - t_k u_k^{\mathrm{T}}, \qquad i = k+1, \cdots, n, j = k+1, \cdots, i.$$

对对称矩阵 A 用初等反射矩阵正交相似约化为对称三对角矩阵大约需要 $\frac{2}{3}n^3$ 次乘法.

8.4 QR 方法

下面考虑用 QR 方法计算上黑森伯格矩阵的特征值.

设 $\boldsymbol{B}$ 为上黑森伯格矩阵,即

$$\boldsymbol{B}=\begin{pmatrix} b_{11} & b_{12} & \cdots & b_{1n} \\ b_{21} & b_{22} & \cdots & b_{2n} \\ & \ddots & \ddots & \vdots \\ & & b_{n,n-1} & b_{nn} \end{pmatrix}.$$

如果 $b_{i+1,i}\neq 0(i=1,2,\cdots,n-1)$,则称 $\boldsymbol{B}$ 为不可约上黑森伯格矩阵.

设 $\boldsymbol{A}\in\mathbb{R}^{n\times n}$,由定理 8.19 可选正交矩阵 $\boldsymbol{U}_0$ 使 $\boldsymbol{H}=\boldsymbol{U}_0^{\mathrm{T}}\boldsymbol{A}\boldsymbol{U}_0$ 为上黑森伯格矩阵,对 $\boldsymbol{H}$ 应用 QR 方法.

QR 方法:$\boldsymbol{H}_1=\boldsymbol{H}$.

对于 $k=1,2,\cdots$,

$$\left.\begin{aligned} \boldsymbol{H}_k &= \boldsymbol{Q}_k\boldsymbol{R}_k \quad (\text{QR 分解}), \\ \boldsymbol{H}_{k+1} &= \boldsymbol{R}_k\boldsymbol{Q}_k. \end{aligned}\right\} \tag{8.13}$$

由用豪斯霍尔德变换求 QR 分解的过程或用吉文斯变换求 QR 分解的过程可知,对矩阵 $\boldsymbol{A}_k$ 进行 QR 分解,即将 $\boldsymbol{A}_k$ 用一系列正交变换(左变换)化为上三角矩阵

$$\boldsymbol{Q}_k^{\mathrm{T}}\boldsymbol{A}_k=\boldsymbol{R}_k,$$

其中 $\boldsymbol{Q}_k^{\mathrm{T}}=\boldsymbol{P}_{n-1}\cdots\boldsymbol{P}_2\boldsymbol{P}_1$,故

$$\boldsymbol{A}_{k+1}=\boldsymbol{Q}_k^{\mathrm{T}}\boldsymbol{A}_k\boldsymbol{Q}_k=\boldsymbol{P}_{n-1}\cdots\boldsymbol{P}_2\boldsymbol{P}_1\boldsymbol{A}_k\boldsymbol{P}_1^{\mathrm{T}}\boldsymbol{P}_2^{\mathrm{T}}\cdots\boldsymbol{P}_{n-1}^{\mathrm{T}}.$$

这就是说 $\boldsymbol{A}_{k+1}$ 可由 $\boldsymbol{A}_k$ 按下述方法求得:

(1) 左变换 $\boldsymbol{P}_{n-1}\cdots\boldsymbol{P}_2\boldsymbol{P}_1\boldsymbol{A}_k=\boldsymbol{R}_k$(上三角矩阵);

(2) 右变换 $\boldsymbol{R}_k\boldsymbol{P}_1^{\mathrm{T}}\boldsymbol{P}_2^{\mathrm{T}}\cdots\boldsymbol{P}_{n-1}^{\mathrm{T}}=\boldsymbol{A}_{k+1}$.

并不需要生成并保存 $\boldsymbol{Q}_k$.

不失一般性,可假设由(8.13)式迭代产生的每一个上黑森伯格矩阵 $\boldsymbol{H}_k$ 都是不可约的.否则,若在某步有

$$\boldsymbol{H}_{k+1}=\begin{matrix} & \begin{matrix} p & n-p \end{matrix} & \\ & \begin{pmatrix} \boldsymbol{H}_{11} & \boldsymbol{H}_{12} \\ \boldsymbol{0} & \boldsymbol{H}_{22} \end{pmatrix} & \begin{matrix} p \\ n-p \end{matrix} \end{matrix},$$

于是,这个问题就分离为 $\boldsymbol{H}_{11}$ 与 $\boldsymbol{H}_{22}$ 两个较小的问题.当 $p=n-1$ 或 $n-2$ 时,有

$$\boldsymbol{H}_{k+1}=\begin{matrix} \begin{matrix} n-1 & 1 \end{matrix} & \\ \begin{pmatrix} \boldsymbol{H}_{11} & \boldsymbol{H}_{12} \\ \boldsymbol{0} & h_{nn}^{(k+1)} \end{pmatrix} & \begin{matrix} n-1 \\ 1 \end{matrix} \end{matrix} \quad \text{或} \quad \boldsymbol{H}_{k+1}=\begin{matrix} \begin{matrix} n-2 & 2 \end{matrix} & \\ \begin{pmatrix} \boldsymbol{H}_{11} & \boldsymbol{H}_{12} \\ & * \quad * \\ \boldsymbol{0} & \\ & * \quad * \end{pmatrix} & \begin{matrix} n-2 \\ \\ \\ 2 \end{matrix} \end{matrix},$$

从而可求出 $\boldsymbol{H}$ 的特征值 $\lambda_n=h_{nn}^{(k+1)}$ 或 λ_{n-1},λ_n(由 $\boldsymbol{H}_{k+1}$ 右下角二阶矩阵的特征值求得),且求 $\boldsymbol{H}$ 的其余特征值时,转化为降阶求 $\boldsymbol{H}_{11}$ 的特征值.

实际上,每当 $\boldsymbol{H}_{k+1}$ 的次对角元适当小时,就可进行分离.例如,如果

$$|h_{p+1,p}|\leqslant\varepsilon(|h_{pp}|+|h_{p+1,p+1}|),$$

就把 $h_{p+1,p}$ 视为零.一般取 $\varepsilon=10^{-t}$,其中 t 是计算中有效数字的位数.

8.4.1　带原点位移的 QR 方法

进一步的分析指出:定理 8.11 中 $\lim\limits_{k\to\infty} a_{nn}^{(k)}=\lambda_n$ 的速度依赖于比值 $r_n=|\lambda_n/\lambda_{n-1}|$,当 r_n 很小时,收敛较快,如果 s 为 λ_n 的一个估计,且对 $\boldsymbol{A}-s\boldsymbol{I}$ 运用 QR 方法,则 $(n,n-1)$ 元素将以收敛因子 $|(\lambda_n-s)/(\lambda_{n-1}-s)|$ 线性收敛于零,(n,n) 元素将比在基本算法中收敛更快.

为此,为了加速收敛,选择数列 $\{s_k\}$,按下述方法构造矩阵序列 $\{\boldsymbol{A}_k\}$,称为**带原点位移的 QR 方法**:

设 $\boldsymbol{A}_1=\boldsymbol{A}\in\mathbb{R}^{n\times n}$;

对 $\boldsymbol{A}_1-s_1\boldsymbol{I}$ 进行 QR 分解 $\boldsymbol{A}_1-s_1\boldsymbol{I}=\boldsymbol{Q}_1\boldsymbol{R}_1$;

形成矩阵

$$\boldsymbol{A}_2=\boldsymbol{R}_1\boldsymbol{Q}_1+s_1\boldsymbol{I}=\boldsymbol{Q}_1^{\mathrm{T}}(\boldsymbol{A}_1-s_1\boldsymbol{I})\boldsymbol{Q}_1+s_1\boldsymbol{I}=\boldsymbol{Q}_1^{\mathrm{T}}\boldsymbol{A}_1\boldsymbol{Q}_1;$$

求得 $\boldsymbol{A}_k$ 后,将 $\boldsymbol{A}_k-s_k\boldsymbol{I}$ 进行 QR 分解

$$\boldsymbol{A}_k-s_k\boldsymbol{I}=\boldsymbol{Q}_k\boldsymbol{R}_k,\quad k=2,3,\cdots,$$

形成矩阵

$$\boldsymbol{A}_{k+1}=\boldsymbol{R}_k\boldsymbol{Q}_k+s_k\boldsymbol{I}=\boldsymbol{Q}_k^{\mathrm{T}}\boldsymbol{A}_k\boldsymbol{Q}_k.$$

如果令 $\widetilde{\boldsymbol{Q}}_k=\boldsymbol{Q}_1\boldsymbol{Q}_2\cdots\boldsymbol{Q}_k$, $\widetilde{\boldsymbol{R}}_k=\boldsymbol{R}_k\cdots\boldsymbol{R}_2\boldsymbol{R}_1$,则有 $\boldsymbol{A}_{k+1}=\widetilde{\boldsymbol{Q}}_k^{\mathrm{T}}\boldsymbol{A}\widetilde{\boldsymbol{Q}}_k$,并且矩阵

$$(\boldsymbol{A}-s_1\boldsymbol{I})(\boldsymbol{A}-s_2\boldsymbol{I})\cdots(\boldsymbol{A}-s_n\boldsymbol{I})\equiv\varphi(\boldsymbol{A})$$

有 QR 分解式 $\varphi(\boldsymbol{A})=\widetilde{\boldsymbol{Q}}_k\widetilde{\boldsymbol{R}}_k$.

在带位移 QR 方法中,每步并不需要形成 $\boldsymbol{Q}$ 和 $\boldsymbol{R}$,可按下面的方法计算:

首先用正交变换(左变换)将 $\boldsymbol{A}_k-s_k\boldsymbol{I}$ 化为上三角矩阵,即

$$\boldsymbol{P}_{n-1}\cdots\boldsymbol{P}_2\boldsymbol{P}_1(\boldsymbol{A}_k-s_k\boldsymbol{I})=\boldsymbol{R}_k$$

(当 $\boldsymbol{A}$ 为上黑森伯格矩阵或对称三对角矩阵时,$\boldsymbol{P}_i$ 可为平面旋转矩阵),则

$$\boldsymbol{A}_{k+1}=\boldsymbol{P}_{n-1}\cdots\boldsymbol{P}_2\boldsymbol{P}_1(\boldsymbol{A}_k-s_k\boldsymbol{I})\boldsymbol{P}_1^{\mathrm{T}}\boldsymbol{P}_2^{\mathrm{T}}\cdots\boldsymbol{P}_{n-1}^{\mathrm{T}}+s_k\boldsymbol{I}.$$

8.4.2　用单步 QR 方法计算上黑森伯格矩阵的特征值

上黑森伯格矩阵的单步 QR 方法:选取 s_k 并设

$$\boldsymbol{H}_1=\boldsymbol{H}=\begin{pmatrix} h_{11} & h_{12} & \cdots & h_{1n} \\ h_{21} & h_{22} & \cdots & h_{2n} \\ & \ddots & \ddots & \vdots \\ & & h_{n,n-1} & h_{nn} \end{pmatrix}\quad(\text{设 } \boldsymbol{H} \text{ 为不可约矩阵}).$$

对于 $k=1,2,\cdots$(用位移来加速收敛)

$$\begin{cases}\boldsymbol{H}_k-s_k\boldsymbol{I}=\boldsymbol{Q}_k\boldsymbol{R}_k, \\ \boldsymbol{H}_{k+1}=\boldsymbol{R}_k\boldsymbol{Q}_k+s_k\boldsymbol{I}.\end{cases}$$

由 $\boldsymbol{H}_1\to\boldsymbol{H}_2$ 实际计算为

(1) 左变换:$\boldsymbol{P}_{n-1,n}\cdots\boldsymbol{P}_{23}\boldsymbol{P}_{12}(\boldsymbol{H}_1-s_1\boldsymbol{I})=\boldsymbol{R}_1$(上三角矩阵);

(2) 右变换:$\boldsymbol{H}_2=\boldsymbol{R}_1\boldsymbol{P}_{12}^{\mathrm{T}}\boldsymbol{P}_{23}^{\mathrm{T}}\cdots\boldsymbol{P}_{n-1,n}^{\mathrm{T}}+s_1\boldsymbol{I}$.

其中 $\boldsymbol{P}_{k,k+1}=\boldsymbol{P}(k,k+1)$ 为平面旋转矩阵.

左变换计算　先作位移

$$h_{kk} \leftarrow h_{kk} - s_1, \quad k = 1, 2, \cdots, n.$$

然后确定平面旋转矩阵 $\boldsymbol{P}_{12} = \boldsymbol{P}(1,2)$ 使

$$\boldsymbol{P}_{12}(\boldsymbol{H}_1 - s_1\boldsymbol{I}) = \begin{pmatrix} r_{11} & h_{12}^{(2)} & h_{13}^{(2)} & \cdots & h_{1n}^{(2)} \\ 0 & h_{22}^{(2)} & h_{23}^{(2)} & \cdots & h_{2n}^{(2)} \\ 0 & h_{32} & h_{33} & \cdots & h_{3n} \\ & & \ddots & \ddots & \vdots \\ & & & h_{n,n-1} & h_{nn} \end{pmatrix}.$$

设已完成第 1 次……第 $k-1$ 次左变换，即有

$$\boldsymbol{P}_{k-1,k} \cdots \boldsymbol{P}_{23}\boldsymbol{P}_{12}(\boldsymbol{H}_1 - s_1\boldsymbol{I}) = \begin{pmatrix} r_{11} & \cdots & h_{1,k-1}^{(2)} & h_{1k}^{(2)} & \cdots & h_{1,n-1} & h_{1n}^{(2)} \\ & \ddots & \vdots & \vdots & & \vdots & \vdots \\ & & r_{k-1,k-1} & h_{k-1,k}^{(k)} & \cdots & h_{k-1,n-1} & h_{k-1,n}^{(k)} \\ & & & h_{kk}^{(k)} & \cdots & h_{k,n-1} & h_{kn}^{(k)} \\ & & & h_{k+1,k} & \cdots & h_{k+1,n-1} & h_{k+1,n} \\ & & & & \ddots & \vdots & \vdots \\ & & & & & h_{n,n-1} & h_{nn} \end{pmatrix}. \quad (8.14)$$

确定平面旋转矩阵 $\boldsymbol{P}_{k,k+1} = \boldsymbol{P}(k, k+1)$，使 $h_{k+1,k}$ 变为 0，且完成第 k 次左变换

$$\boldsymbol{P}_{k,k+1}\boldsymbol{P}_{k-1,k} \cdots \boldsymbol{P}_{12}(\boldsymbol{H}_1 - s_1\boldsymbol{I}),$$

计算(只需计算(8.14)式所表示矩阵的第 k 行及第 $k+1$ 行元素，这两行的前 $k-1$ 个零元素不变).

继续这一过程到第 $n-1$ 次左变换，最后有

$$\boldsymbol{P}_{n-1,n} \cdots \boldsymbol{P}_{12}(\boldsymbol{H}_1 - s_1\boldsymbol{I}) = \boldsymbol{R}_1 \quad (\text{上三角矩阵}).$$

右变换计算

$$\boldsymbol{H}_2 = \boldsymbol{R}_1\boldsymbol{P}_{12}^{\mathrm{T}}\boldsymbol{P}_{23}^{\mathrm{T}} \cdots \boldsymbol{P}_{n-1,n}^{\mathrm{T}} + s_1\boldsymbol{I}.$$

在第 k 次右变换 $(\boldsymbol{R}_1\boldsymbol{P}_{12}^{\mathrm{T}} \cdots)\boldsymbol{P}_{k,k+1}^{\mathrm{T}}$ 中，只需计算 $\boldsymbol{R}_1\boldsymbol{P}_{12}^{\mathrm{T}} \cdots \boldsymbol{P}_{k-1,k}^{\mathrm{T}}$ 的第 k 列及第 $k+1$ 列元素，并注意 $\boldsymbol{R}_1\boldsymbol{P}_{12}^{\mathrm{T}} \cdots \boldsymbol{P}_{k-1,k}^{\mathrm{T}}$ 的 (j,k)，$(j,k+1)$ $(j=k+2,\cdots,n)$ 元素均为零，所以第 k 次右变换后的矩阵 $(\boldsymbol{R}_1\boldsymbol{P}_{12}^{\mathrm{T}} \cdots)\boldsymbol{P}_{k,k+1}^{\mathrm{T}}$ 中，(j,k)，$(j,k+1)$ $(j=k+2,\cdots,n)$ 元素仍为零. 继续这一过程到第 $n-1$ 次右变换，再作位移.

$$h_{k,k} \leftarrow h_{k,k} + s_1, \quad k = 1, 2, \cdots, n.$$

最后

$$\boldsymbol{H}_2 = \boldsymbol{R}_1\boldsymbol{P}_{12}^{\mathrm{T}} \cdots \boldsymbol{P}_{n-1,n}^{\mathrm{T}} + s_1\boldsymbol{I} = \begin{pmatrix} * & * & \cdots & * \\ * & * & \cdots & * \\ & \ddots & \ddots & \vdots \\ & & * & * \end{pmatrix} \quad (\text{为上黑森伯格矩阵}).$$

由上述过程可得，对于上黑森伯格矩阵 $\boldsymbol{H} \in \mathbb{R}^{n \times n}$，在左变换过程可以用计算量较少的吉文斯旋转变换依次将下次对角线上的元素约化为零，实现 QR 分解，而且右变换过程所得的矩阵还具有上黑森伯格矩阵的形状，即上黑森伯格矩阵在 QR 变换下形式不变，这样就达到了减少计算量的目的，由 $\boldsymbol{H}_k$ 到 $\boldsymbol{H}_{k+1}$ $(k=1,2,\cdots)$ 的计算量从 $O(n^3)$ 降为 $O(n^2)$.

下述定理讨论一个极端的情况.

定理 8.21　设：① $\boldsymbol{H}\in\mathbb{R}^{n\times n}$ 为不可约上黑森伯格矩阵；② μ 为 $\boldsymbol{H}_1=\boldsymbol{H}$ 的一个特征值，则 QR 方法

$$\begin{cases}\boldsymbol{H}_1-\mu\boldsymbol{I}=\boldsymbol{QR} & \text{(QR 分解)},\\ \boldsymbol{H}_2=\boldsymbol{RQ}+\mu\boldsymbol{I}\end{cases}$$

中 $h_{n,n-1}^{(2)}=0$，$h_{nn}^{(2)}=\mu$.

证明　记

$$\boldsymbol{R}=\begin{pmatrix}r_{11} & \cdots & r_{1n}\\ & \ddots & \vdots\\ & & r_{nn}\end{pmatrix}\quad\text{(上三角矩阵)}.$$

由假设 $\boldsymbol{H}_1$ 为不可约矩阵，则上黑森伯格矩阵 $\boldsymbol{H}_1-\mu\boldsymbol{I}$ 亦为不可约. 由将上黑森伯格矩阵 $\boldsymbol{H}_1-\mu\boldsymbol{I}$ 约化为上三角矩阵 $\boldsymbol{R}$ 的平面旋转变换的取法可知

$$|r_{ii}|\geqslant|h_{i+1,i}|\neq 0,\quad i=1,2,\cdots,n-1.$$

又因为 $\boldsymbol{Q}^{\mathrm{T}}(\boldsymbol{H}_1-\mu\boldsymbol{I})=\boldsymbol{R}$ 为奇异矩阵，从而得到 $r_{nn}=0$. 因此，$\boldsymbol{H}_2$ 的最后一行为 $(0,0,\cdots,0,\mu)$，即

$$h_{n\,n-1}^{(2)}=0,\quad h_{nn}^{(2)}=\mu.$$ □

这就启发我们在 QR 方法迭代中，参数 s_k 可选为 $h_{nn}^{(k)}$，即 $\boldsymbol{H}_k$ 的 (n,n) 元素. 通常可以作为特征值的最好近似.

算法 8.1（上黑森伯格矩阵的 QR 方法）　给定 $\boldsymbol{H}\in\mathbb{R}^{n\times n}$ 为上黑森伯格矩阵，本算法计算

$$\begin{cases}\boldsymbol{H}_1-s\boldsymbol{I}=\boldsymbol{Q}_1\boldsymbol{R}_1 & \text{(QR 分解)}\quad(\text{取 } s=h_{nn})\\ \boldsymbol{H}_2=\boldsymbol{R}_1\boldsymbol{Q}_1+s\boldsymbol{I}\end{cases}$$

且 $\boldsymbol{H}_2$ 覆盖 $\boldsymbol{H}(\boldsymbol{H}=\boldsymbol{H}_1)$

1. $h_{11}\leftarrow h_{11}-s$
2. 对于 $k=1,2,\cdots,n-1$

　(1) $h_{k+1,k+1}\leftarrow h_{k+1,k+1}-s$

　(2) 确定 $\boldsymbol{P}(k,k+1)$ 使

$$\begin{pmatrix}c_k & s_k\\ -s_k & c_k\end{pmatrix}\begin{pmatrix}h_{kk}\\ h_{k+1,k}\end{pmatrix}=\begin{pmatrix}r_{kk}\\ 0\end{pmatrix}$$

　(3) 左变换

　对于 $j=k,\cdots,n$

$$\begin{pmatrix}h_{kj}\\ h_{k+1,j}\end{pmatrix}\leftarrow\begin{pmatrix}c_k & s_k\\ -s_k & c_k\end{pmatrix}\begin{pmatrix}h_{kj}\\ h_{k+1,j}\end{pmatrix}$$

3. 对于 $k=1,2,\cdots,n-1$

　(1) 右变换

　对于 $i=1,2,\cdots,k+1$

$$(h_{ik},h_{i,k+1})\leftarrow(h_{ik},h_{i,k+1})\begin{pmatrix}c_k & -s_k\\ s_k & c_k\end{pmatrix}$$

(2) $h_{kk} \leftarrow h_{kk} + s$

4. $h_{nn} \leftarrow h_{nn} + s$

如果用不同的位移 $s_k = h_{nn}^{(k)}$，反复应用算法 8.1 就产生正交相似的上黑森伯格矩阵序列 $\boldsymbol{H}_1, \boldsymbol{H}_2, \cdots, \boldsymbol{H}_k, \cdots$.当 $h_{n,n-1}^{(k)}$ 充分小时，可将它置为零就得到 $\boldsymbol{H}$ 的近似特征值 $\lambda_n \approx h_{nn}^{(k)}$.然后将矩阵降阶，对较小矩阵连续应用算法.

例 8.10 用 QR 方法计算对称三对角矩阵

$$\boldsymbol{A}_1 = \boldsymbol{A} = \begin{pmatrix} 2 & 1 & 0 \\ 1 & 3 & 1 \\ 0 & 1 & 4 \end{pmatrix}$$

的全部特征值.

解 选取 $s_k = a_{nn}^{(k)}$，则 $s_1 = 4$.

$$\boldsymbol{P}_{23}\boldsymbol{P}_{12}(\boldsymbol{A}_1 - s_1\boldsymbol{I}) = \boldsymbol{R} = \begin{pmatrix} -2.2361 & 1.3416 & -0.4472 \\ & 1.0954 & -0.3651 \\ & & -0.81650 \end{pmatrix},$$

$$\boldsymbol{A}_2 = \boldsymbol{R}\boldsymbol{P}_{12}^{\mathrm{T}}\boldsymbol{P}_{23}^{\mathrm{T}} + s_1\boldsymbol{I} = \begin{pmatrix} 1.4000 & -0.4899 & 0 \\ -0.4899 & 3.2667 & -0.7454 \\ 0 & -0.7454 & 4.3333 \end{pmatrix}.$$

取 $s_2 = 4.3333$，则得

$$\boldsymbol{A}_3 = \begin{pmatrix} 1.2915 & -0.2017 & 0 \\ -0.2017 & 3.0202 & 0.2725 \\ 0 & 0.2725 & 4.6884 \end{pmatrix},$$

取 $s_3 = 4.6884$，则得

$$\boldsymbol{A}_4 = \begin{pmatrix} 1.2737 & -0.0993 & 0 \\ -0.0993 & 2.9943 & -0.0072 \\ 0 & -0.0072 & 4.7320 \end{pmatrix},$$

取 $s_4 = 4.7320$，则得

$$\boldsymbol{A}_5 = \begin{pmatrix} 1.2694 & -0.0498 & 0 \\ -0.0498 & 2.9986 & 0 \\ 0 & 0 & 4.7321 \end{pmatrix}.$$

$\boldsymbol{A}_5$ 中的 $a_{32} = 1.235 \times 10^{-7}$ 已经充分小了，进行收缩，继续对 $\boldsymbol{A}_5$ 的子矩阵

$$\widetilde{\boldsymbol{A}}_5 = \begin{pmatrix} 1.2694 & -0.0498 \\ -0.0498 & 2.9986 \end{pmatrix} \in \mathbb{R}^{2\times 2}$$

进行变换，取 $s_5 = 2.9986$ 得到

$$\widetilde{\boldsymbol{A}}_6 = \boldsymbol{P}_{12}(\widetilde{\boldsymbol{A}}_5 - s_5\boldsymbol{I})\boldsymbol{P}_{12}^{\mathrm{T}} + s_5\boldsymbol{I} = \begin{pmatrix} 1.2680 & 4 \times 10^{-5} \\ 4 \times 10^{-5} & 3.0000 \end{pmatrix},$$

故求得 $\boldsymbol{A}$ 近似特征值为

$$\lambda_3 \approx 4.7321, \quad \lambda_2 \approx 3.0000, \quad \lambda_1 \approx 1.2680.$$

而 $\boldsymbol{A}$ 的特征值是

$$\lambda_3 = 3 + \sqrt{3} \approx 4.7321, \quad \lambda_2 = 3.0, \quad \lambda_1 = 3 - \sqrt{3} \approx 1.2679.$$

算法 8.1 是在实数中进行选择位移 $s_k = h_{nn}^{(k)}$，不能逼近一个复特征值，所以算法 8.1 不能用来计算 $\boldsymbol{H}$ 的复特征值，它主要用于对称矩阵的情形.

*8.4.3　双步 QR 方法(隐式 QR 方法)

在 8.3.4 节中将 $\boldsymbol{A} \in \mathbb{R}^{n\times n}$ 经过正交相似变换化为上黑森伯格矩阵 $\boldsymbol{H}$，即 $\boldsymbol{U}_0^{\mathrm{T}} \boldsymbol{A} \boldsymbol{U}_0 = \boldsymbol{H}$，其中 $\boldsymbol{H}$ 不是唯一的.但是，如果规定了正交矩阵 $\boldsymbol{U}_0$ 的第一列，则 $\boldsymbol{U}_0$ 和 $\boldsymbol{H}$ 除差 ± 1 因子外唯一.

定理 8.22(隐式 Q 定理)　设 $\boldsymbol{A} \in \mathbb{R}^{n\times n}$，且：

(1) $\boldsymbol{Q} = (\boldsymbol{q}_1, \boldsymbol{q}_2, \cdots, \boldsymbol{q}_n)$ 及 $\boldsymbol{V} = (\boldsymbol{v}_1, \boldsymbol{v}_2, \cdots, \boldsymbol{v}_n)$ 都是正交矩阵，而 $\boldsymbol{Q}^{\mathrm{T}} \boldsymbol{A} \boldsymbol{Q} = \boldsymbol{H}$，$\boldsymbol{V}^{\mathrm{T}} \boldsymbol{A} \boldsymbol{V} = \boldsymbol{G}$ 都是上黑森伯格矩阵.

(2) $\boldsymbol{H}$ 为不可约上黑森伯格矩阵，且 $\boldsymbol{q}_1 = \boldsymbol{v}_1$(即 $\boldsymbol{Q}$ 与 $\boldsymbol{V}$ 的第 1 列相同).则：

① $\boldsymbol{v}_i = \pm \boldsymbol{q}_i$，且 $|h_{i,i-1}| = |g_{i,i-1}|$，$i = 2, \cdots, n$；

② $\boldsymbol{G} = \boldsymbol{D}^{-1} \boldsymbol{H} \boldsymbol{D}$，其中 $\boldsymbol{D} = \mathrm{diag}(1, \pm 1, \cdots, \pm 1)$，即 $\boldsymbol{H}$ 和 $\boldsymbol{G}$ 在 $\boldsymbol{G} = \boldsymbol{D}^{-1} \boldsymbol{H} \boldsymbol{D}$ 的意义上“本质上相等”.

算法 8.1 不能用来求 $\boldsymbol{H}$ 的一个复特征值，当 $\boldsymbol{H}$(上黑森伯格矩阵)的依模最小特征值是复数时，位移参数 s_k，s_{k+1} 可取为某步 $\boldsymbol{H}_k$ 右下角的二阶矩阵

$$\boldsymbol{C} = \begin{pmatrix} h_{n-1,n-1} & h_{n-1,n} \\ h_{n,n-1} & h_{nn} \end{pmatrix}$$

的特征值.

当 $\boldsymbol{C}$ 的特征值 s_1 与 s_2 为复数时，如果应用算法 8.1 就要引进复数运算，这对于实矩阵 $\boldsymbol{H}$ 是不必要的，事实上，在某些条件下，可以用正交相似变换将 $\boldsymbol{H}$ 约化为实舒尔型.

下面引进隐式位移的 QR 方法，即用 s_1 与 s_2 作位移连续进行二次单步的 QR 迭代，简称**双步 QR 方法**，这里使用复位移，又避免复数运算.

(1) 设 $\boldsymbol{H}_1 = \boldsymbol{H} \in \mathbb{R}^{n\times n}$ 为上黑森伯格矩阵，取共轭复数 s_1, s_2 作两步位移的 QR 方法，即

$$\left.\begin{aligned} &\boldsymbol{H}_1 - s_1 \boldsymbol{I} = \boldsymbol{Q}_1 \boldsymbol{R}_1, \\ &\boldsymbol{H}_2 = \boldsymbol{R}_1 \boldsymbol{Q}_1 + s_1 \boldsymbol{I} = \boldsymbol{Q}_1^{\mathrm{T}} \boldsymbol{H}_1 \boldsymbol{Q}_1, \\ &\boldsymbol{H}_2 - s_2 \boldsymbol{I} = \boldsymbol{Q}_2 \boldsymbol{R}_2, \\ &\boldsymbol{H}_3 = \boldsymbol{R}_2 \boldsymbol{Q}_2 + s_2 \boldsymbol{I} = \boldsymbol{Q}_2^{\mathrm{T}} \boldsymbol{Q}_1^{\mathrm{T}} \boldsymbol{H}_1 \boldsymbol{Q}_1 \boldsymbol{Q}_2 = \boldsymbol{Q}^{\mathrm{T}} \boldsymbol{H}_1 \boldsymbol{Q}, \\ &\text{其中}, \boldsymbol{Q} = \boldsymbol{Q}_1 \boldsymbol{Q}_2, \ \boldsymbol{R} = \boldsymbol{R}_2 \boldsymbol{R}_1. \end{aligned}\right\} \tag{8.15}$$

显然 $\boldsymbol{M} = (\boldsymbol{H}_1 - s_1 \boldsymbol{I})(\boldsymbol{H}_1 - s_2 \boldsymbol{I})$ 有 QR 分解

$$\boldsymbol{M} = \boldsymbol{Q}\boldsymbol{R}. \tag{8.16}$$

事实上，由(8.15)式并利用 $\boldsymbol{H}_2 - s_2 \boldsymbol{I} = \boldsymbol{Q}_1^{\mathrm{T}} (\boldsymbol{H}_1 - s_2 \boldsymbol{I}) \boldsymbol{Q}_1 = \boldsymbol{Q}_2 \boldsymbol{R}_2$ 有

$$\boldsymbol{M} = (\boldsymbol{H}_1 - s_2 \boldsymbol{I}) \boldsymbol{Q}_1 \boldsymbol{R}_1 = (\boldsymbol{Q}_1 \boldsymbol{Q}_2 \boldsymbol{R}_2 \boldsymbol{Q}_1^{\mathrm{T}}) \boldsymbol{Q}_1 \boldsymbol{R}_1 = \boldsymbol{Q}_1 \boldsymbol{Q}_2 \boldsymbol{R}_2 \boldsymbol{R}_1 = \boldsymbol{Q}\boldsymbol{R},$$

且矩阵 $\boldsymbol{M}$ 为实矩阵，这是因为(即使二阶矩阵 $\boldsymbol{C}$ 的特征值为复数)

$$\boldsymbol{M} = \boldsymbol{H}_1^2 - (s_1 + s_2) \boldsymbol{H}_1 + s_1 s_2 \boldsymbol{I},$$

其中 $s_1 + s_2 = h_{n-1,n-1} + h_{nn} = s$，$s_1 s_2 = h_{n-1,n-1} h_{nn} - h_{n,n-1} h_{n-1,n} = t$ 为实数.于是，(8.16)式为实矩阵 $\boldsymbol{M}$ 的 QR 分解，并且可以选取 $\boldsymbol{Q}_1$ 和 $\boldsymbol{Q}_2$ 使 $\boldsymbol{Q} = \boldsymbol{Q}_1 \boldsymbol{Q}_2$ 为实的正交矩阵.由此得出

$$\boldsymbol{H}_3 = (\boldsymbol{Q}_1 \boldsymbol{Q}_2)^{\mathrm{T}} \boldsymbol{H}_1 (\boldsymbol{Q}_1 \boldsymbol{Q}_2) = \boldsymbol{Q}^{\mathrm{T}} \boldsymbol{H}_1 \boldsymbol{Q}$$

是实矩阵.

如果用下述算法就能保证 $\boldsymbol{H}_3$ 是实矩阵

(a) 直接形成实矩阵 $\boldsymbol{M}=\boldsymbol{H}_1^2-s\boldsymbol{H}_1+t\boldsymbol{I}$.

(b) 计算矩阵 $\boldsymbol{M}$ 的实 QR 分解 $\boldsymbol{M}=\boldsymbol{QR}$.

(c) 令 $\boldsymbol{H}_3=\boldsymbol{Q}^{\mathrm{T}}\boldsymbol{H}_1\boldsymbol{Q}$.

但是步骤(a)需要 $O(n^3)$次乘法运算,并不实用.

(2) 根据隐式 Q 定理,如果按下述算法进行,就有可能用$O(n^2)$次运算来实现从 $\boldsymbol{H}_1$ 到 $\boldsymbol{H}_3$ 的转换.

(a′) 求与 $\boldsymbol{Q}$ 有相同第一列的正交矩阵 $\boldsymbol{P}_0$.

(b′) 应用豪斯霍尔德方法将 $\boldsymbol{P}_0^{\mathrm{T}}\boldsymbol{H}_1\boldsymbol{P}_0$ 化为一个上黑森伯格矩阵,即

$$\boldsymbol{P}_{n-2}\cdots\boldsymbol{P}_2\boldsymbol{P}_1(\boldsymbol{P}_0^{\mathrm{T}}\boldsymbol{H}_1\boldsymbol{P}_0)\boldsymbol{P}_1\boldsymbol{P}_2\cdots\boldsymbol{P}_{n-2}=\boldsymbol{H}'.$$

记 $\boldsymbol{Q}'=\boldsymbol{P}_0\boldsymbol{P}_1\cdots\boldsymbol{P}_{n-2}$, 上式为

$$\boldsymbol{Q}'^{\mathrm{T}}\boldsymbol{H}_1\boldsymbol{Q}'=\boldsymbol{H}'.$$

显然,$\boldsymbol{Q}'$ 的第一列与 $\boldsymbol{P}_0$ 的第一列相同,即 $\boldsymbol{Q}'$ 与 $\boldsymbol{Q}$ 第一列相同 ($\boldsymbol{Q}'\boldsymbol{e}_1=\boldsymbol{P}_0\boldsymbol{e}_1=\boldsymbol{Q}\boldsymbol{e}_1$).若 $\boldsymbol{Q}^{\mathrm{T}}\boldsymbol{H}_1\boldsymbol{Q}$ 与 $\boldsymbol{Q}'^{\mathrm{T}}\boldsymbol{H}_1\boldsymbol{Q}'$两者都是不可约上黑森伯格矩阵,则由隐式 Q 定理知 $\boldsymbol{H}'$与 $\boldsymbol{H}_3$ 本质上相等.

(3) 如何寻求正交矩阵 $\boldsymbol{P}_0$.

由于 $\boldsymbol{M}=\boldsymbol{QR}$ (为 $\boldsymbol{M}$ 的 QR 分解),而 $\boldsymbol{R}$ 为上三角矩阵,则

$$\boldsymbol{M}\boldsymbol{e}_1=\boldsymbol{QR}\boldsymbol{e}_1=r_{11}\boldsymbol{Q}\boldsymbol{e}_1.$$

这说明 $\boldsymbol{Q}$ 的第一列即是 $\boldsymbol{M}$ 第一列的一个倍数,于是,对矩阵 $\boldsymbol{M}$ 的第一列(非零)寻求初等反射矩阵 $\boldsymbol{P}_0$ 使

$$\boldsymbol{P}_0(\boldsymbol{M}\boldsymbol{e}_1)=r_{11}\boldsymbol{e}_1,\quad \text{其中}\quad r_{11}=-\sigma,$$

即

$$\boldsymbol{M}\boldsymbol{e}_1=r_{11}\boldsymbol{P}_0\boldsymbol{e}_1.$$

这说明 $\boldsymbol{P}_0$ 与 $\boldsymbol{Q}$ 具有相同的第一列.

由于 $\boldsymbol{M}=(\boldsymbol{H}_1-s_1\boldsymbol{I})(\boldsymbol{H}_1-s_2\boldsymbol{I})$,则

$$\boldsymbol{M}\boldsymbol{e}_1=(x,y,z,0,\cdots,0)^{\mathrm{T}},$$

其中

$$\left.\begin{aligned}x&=(h_{11}-s_1)(h_{11}-s_2)+h_{12}h_{21}=h_{11}^2+h_{12}h_{21}-sh_{11}+t,\\ y&=(h_{11}-s_2)h_{21}+(h_{22}-s_1)h_{21}=h_{21}(h_{11}+h_{22}-s),\\ z&=h_{21}h_{32}.\end{aligned}\right\}\tag{8.17}$$

双步 QR 方法:设 $\boldsymbol{H}_1=\boldsymbol{H}\in\mathbb{R}^{n\times n}$ 为不可约上黑森伯格矩阵.

(a) 计算矩阵 $\boldsymbol{M}$ 的第一列,即按(8.17)式计算

$$\boldsymbol{M}\boldsymbol{e}_1=(x,y,z,0,\cdots,0)^{\mathrm{T}};$$

(b) 确定初等反射矩阵 $\boldsymbol{P}_0$ 使

$$\boldsymbol{P}_0(\boldsymbol{M}\boldsymbol{e}_1)=-\sigma\,\boldsymbol{e}_1,$$

即确定初等反射矩阵 $\boldsymbol{H}_0\in\mathbb{R}^{3\times 3}$使

$$\boldsymbol{H}_0\begin{pmatrix}x\\y\\z\end{pmatrix}=-\sigma\boldsymbol{e}_1,\quad \boldsymbol{P}_0=\begin{pmatrix}\boldsymbol{H}_0 & \\ & \boldsymbol{I}\end{pmatrix}\begin{matrix}3\\n-3\end{matrix};$$

(c) 计算初等反射矩阵 $\boldsymbol{P}_1,\boldsymbol{P}_2,\cdots,\boldsymbol{P}_{n-2}$ 使

$$\boldsymbol{P}_{n-2}\cdots\boldsymbol{P}_2\boldsymbol{P}_1(\boldsymbol{P}_0\boldsymbol{H}_1\boldsymbol{P}_0)\boldsymbol{P}_1\boldsymbol{P}_2\cdots\boldsymbol{P}_{n-2}=\boldsymbol{H}'$$

为上黑森伯格矩阵，则 $\boldsymbol{Q}=\boldsymbol{Q}_1\boldsymbol{Q}_2$ 与 $\boldsymbol{Q}'=\boldsymbol{P}_0\boldsymbol{P}_1\cdots\boldsymbol{P}_{n-2}$ 第一列相同且 $\boldsymbol{H}'=\boldsymbol{H}_3$.

这样上面的算法就完成了从 $\boldsymbol{H}_1$ 到 $\boldsymbol{H}_3$ 的变换，但没有明显的应用到位移 s_1 和 s_2.

算法的具体实现可参见文献[41].

评　注

利用格什戈林圆盘定理给出特征值的大致估计是很必要的，对特征值的扰动分析本章只给出最基本概念和简单情形的分析，进一步的可参见文献[32,41].

关于特征值计算本章只给出较常用的三种方法，即幂法、反幂法及 QR 方法.前两种，只求按模最大与按模最小的特征值及特征向量；最后一种是基于矩阵的正交变换的迭代法，可求全部特征值.幂法计算简单，适用于稀疏情形，但收敛速度往往不能令人满意，使用时可结合反幂法及位移技巧等手段加速收敛.本章只针对 $|\lambda_1|>|\lambda_2|$ 的情形进行讲解.更详细内容可见文献[32,41].

本章着重介绍正交变换(豪斯霍尔德变换和吉文斯变换)，它是简化矩阵和 QR 分解的有力工具，将矩阵变换为上黑森伯格矩阵，然后用 QR 方法求全部特征值，是最值得注意的算法之一，是计算中小型矩阵特征值十分有效的方法，关于 QR 方法更详细的内容可参见文献[42].

关于对称矩阵的特征值计算除本章给出的 QR 方法和瑞利商加速外还有很多方法，如古老的雅可比方法，兰乔斯(Lanczos)方法及较新的分而治之法，本章均未介绍，要了解的可参见文献[7,32]，有关特征值计算的经典著作是文献[41].关于大型特征值问题的讨论见文献[43].

关于特征值计算在 MATLAB 中的函数为[V,D]=eig(A)，可以得到一个(实或复)矩阵 **A** 的特征值和完备的特征向量矩阵，并分别存放于对角矩阵 D 和矩阵 V 中.其他数学库有 LAPACK 中的 SGEEV(一般矩阵)及 SSYEV(对称矩阵)；NAG 库中有 F02EBF(一般矩阵)及 F02FAF(对称矩阵).

复习与思考题

1. 什么是矩阵 **A** 的特征值和特征向量？什么是对角矩阵的特征值和特征向量？举例说明.

2. 什么是矩阵 **A** 的格什戈林圆盘？它与 **A** 的特征值有何关系？什么是矩阵 **A** 的瑞利商？

3. 什么是求解特征值问题的条件数？它与求解线性方程组问题的条件数是否相同？两者间的区别是什么？实对称矩阵的特征值问题总是良态吗？

4. 什么是幂法？它收敛到矩阵 **A** 的哪个特征向量？若 **A** 的主特征值 λ_1 为单的，用幂法计算 λ_1 的收敛速度由什么量决定？怎样改进幂法的收敛速度？

5. 反幂法收敛到矩阵 **A** 的哪个特征向量？在幂法或反幂法中，为什么每步都要将迭代

向量规范化?

6. 什么是豪斯霍尔德变换? 它有哪些重要性质?

7. 什么是吉文斯变换? 它有什么重要性质?

8. 对 $n>3$ 的矩阵,一般都不利用求特征多项式的根计算其特征值,为什么?

9. 用一次 QR 分解可将一般矩阵约化成三角形式,而三角矩阵的特征值恰为其对角元素,能否通过这一过程得到原始矩阵的特征值? 为什么?

10. 为什么使用 QR 迭代计算矩阵特征值时要先将它化为上黑森伯格矩阵或三对角矩阵? 为什么不能约化到三角矩阵?

11. 求矩阵 $\boldsymbol{A}$ 特征值的 QR 迭代时,具体收敛到哪种矩阵是由 $\boldsymbol{A}$ 的哪种性质决定的?

12. 判断下列命题是否正确?

(1) 对应于给定特征值的特征向量是唯一的.

(2) 实矩阵的特征值一定是实的.

(3) 每个 n 阶矩阵都有 n 个线性无关的特征向量.

(4) n 阶矩阵奇异的充分必要条件是 0 不是特征值.

(5) 任意 n 阶矩阵一定与某个对角矩阵相似.

(6) 两个 n 阶矩阵的特征值相同,则它们一定相似.

(7) 如果两个矩阵相似,则它们一定有相同的特征向量.

(8) 若矩阵 $\boldsymbol{A}$ 的所有特征值 λ 都是 0,则 $\boldsymbol{A}$ 是零矩阵.

(9) 若 n 阶矩阵的特征值互异,则对 $\boldsymbol{A}$ 进行 QR 迭代一定收敛到对角矩阵.

(10) 对称的上黑森伯格矩阵一定是三对角矩阵.

习　题

1. 利用格什戈林圆盘定理估计下面矩阵特征值的界:

(1) $\begin{pmatrix} -1 & 0 & 0 \\ -1 & 0 & 1 \\ -1 & -1 & 2 \end{pmatrix}$;　(2) $\begin{pmatrix} 4 & -1 & & & \\ -1 & 4 & -1 & & \\ & \ddots & \ddots & \ddots & \\ & & -1 & 4 & -1 \\ & & & -1 & 4 \end{pmatrix}$.

2. 计算如下矩阵的特征值与特征向量.它们是否相似于对角矩阵?

(1) $\begin{pmatrix} 2 & -3 & 6 \\ 0 & 3 & -4 \\ 0 & 2 & -3 \end{pmatrix}$;　(2) $\begin{pmatrix} 2 & 0 & 1 \\ 0 & 2 & 0 \\ 1 & 0 & 2 \end{pmatrix}$;　(3) $\begin{pmatrix} 1 & 0 & 0 \\ -1 & 0 & 1 \\ -1 & -1 & 2 \end{pmatrix}$.

3. 用幂法计算下列矩阵的主特征值及对应的特征向量:

(1) $\boldsymbol{A}_1=\begin{pmatrix} 7 & 3 & -2 \\ 3 & 4 & -1 \\ -2 & -1 & 3 \end{pmatrix}$;　(2) $\boldsymbol{A}_2=\begin{pmatrix} 3 & -4 & 3 \\ -4 & 6 & 3 \\ 3 & 3 & 1 \end{pmatrix}$.

当特征值有 3 位小数稳定时迭代终止.

4. 利用反幂法求矩阵

$$\begin{pmatrix} 6 & 2 & 1 \\ 2 & 3 & 1 \\ 1 & 1 & 1 \end{pmatrix}$$

的最接近于 6 的特征值及对应的特征向量.

5. 求矩阵

$$\begin{pmatrix} 4 & 0 & 0 \\ 0 & 3 & 1 \\ 0 & 1 & 3 \end{pmatrix}$$

与特征值 4 对应的特征向量.

6. (1) 设 $\boldsymbol{A}$ 是对称矩阵,λ 和 $\boldsymbol{x}(\|\boldsymbol{x}\|_2=1)$是 $\boldsymbol{A}$ 的一个特征值及相应的特征向量.又设 $\boldsymbol{P}$ 为一个正交矩阵,使

$$\boldsymbol{P}\boldsymbol{x}=\boldsymbol{e}_1=(1,0,\cdots,0)^{\mathrm{T}}.$$

证明 $\boldsymbol{B}=\boldsymbol{P}\boldsymbol{A}\boldsymbol{P}^{\mathrm{T}}$ 的第一行和第一列除 λ 外其余元素均为零.

(2) 对于矩阵

$$\boldsymbol{A}=\begin{pmatrix} 2 & 10 & 2 \\ 10 & 5 & -8 \\ 2 & -8 & 11 \end{pmatrix},$$

$\lambda=9$ 是其特征值,$\boldsymbol{x}=\left(\dfrac{2}{3},\dfrac{1}{3},\dfrac{2}{3}\right)^{\mathrm{T}}$ 是相应于 9 的特征向量,试求一初等反射矩阵 $\boldsymbol{P}$,使 $\boldsymbol{P}\boldsymbol{x}=\boldsymbol{e}_1$,并计算 $\boldsymbol{B}=\boldsymbol{P}\boldsymbol{A}\boldsymbol{P}^{\mathrm{T}}$.

7. 利用初等反射矩阵将

$$\boldsymbol{A}=\begin{pmatrix} 1 & 3 & 4 \\ 3 & 1 & 2 \\ 4 & 2 & 1 \end{pmatrix}$$

正交相似约化为对称三对角矩阵.

8. 设 $\boldsymbol{A}_{n-1}$是由豪斯霍尔德方法得到的矩阵,又设 $\boldsymbol{y}$ 是 $\boldsymbol{A}_{n-1}$的一个特征向量.

(1) 证明矩阵 $\boldsymbol{A}$ 对应的特征向量是 $\boldsymbol{x}=\boldsymbol{P}_1\boldsymbol{P}_2\cdots\boldsymbol{P}_{n-2}\boldsymbol{y}$;

(2) 对于给出的 $\boldsymbol{y}$ 应如何计算 $\boldsymbol{x}$?

9. 用带位移的 QR 方法计算

(1) $\boldsymbol{A}=\begin{pmatrix} 1 & 2 & 0 \\ 2 & -1 & 1 \\ 0 & 1 & 3 \end{pmatrix}$, (2) $\boldsymbol{B}=\begin{pmatrix} 3 & 1 & 0 \\ 1 & 2 & 1 \\ 0 & 1 & 1 \end{pmatrix}$

的全部特征值.

10. 试用初等反射矩阵将

$$\boldsymbol{A}=\begin{pmatrix} 1 & 1 & 1 \\ 2 & -1 & -1 \\ 2 & -4 & 5 \end{pmatrix}$$

分解为 $\boldsymbol{QR}$ 的形式,其中 $\boldsymbol{Q}$ 为正交矩阵,$\boldsymbol{R}$ 为上三角矩阵.

11. 设 $\boldsymbol{A}=\begin{pmatrix} \overset{3}{\boldsymbol{A}_{11}} & \overset{2}{\boldsymbol{A}_{12}} \\ \boldsymbol{0} & \boldsymbol{A}_{22} \end{pmatrix}\begin{matrix} 3 \\ 2 \end{matrix}$，又设 λ_i 为 $\boldsymbol{A}_{11}$ 的特征值，λ_j 为 $\boldsymbol{A}_{22}$ 的特征值，$\boldsymbol{x}_i=(\alpha_1,\alpha_2,\alpha_3)^{\mathrm{T}}$ 为对应于 λ_i，$\boldsymbol{A}_{11}$ 的特征向量，$\boldsymbol{y}_i=(\beta_1,\beta_2)^{\mathrm{T}}$ 为对应于 λ_j，$\boldsymbol{A}_{22}$ 的特征向量.求证：

(1) λ_i,λ_j 为 $\boldsymbol{A}$ 的特征值.

(2) $\boldsymbol{x}'_i=(\alpha_1,\alpha_2,\alpha_3,0,0)^{\mathrm{T}}$ 为 $\boldsymbol{A}$ 的对应于 λ_i 的特征向量，$\boldsymbol{y}'_i=(0,0,0,\beta_1,\beta_2)^{\mathrm{T}}$ 为 $\boldsymbol{A}$ 的对应于 λ_j 的特征向量.

计算实习题

1. 已知矩阵

$$\boldsymbol{A}=\begin{pmatrix} 10 & 7 & 8 & 7 \\ 7 & 5 & 6 & 5 \\ 8 & 6 & 10 & 9 \\ 7 & 5 & 9 & 10 \end{pmatrix},\quad \boldsymbol{B}=\begin{pmatrix} 2 & 3 & 4 & 5 & 6 \\ 4 & 4 & 5 & 6 & 7 \\ 0 & 3 & 6 & 7 & 8 \\ 0 & 0 & 2 & 8 & 9 \\ 0 & 0 & 0 & 1 & 0 \end{pmatrix},\quad \boldsymbol{H}_6=\begin{pmatrix} 1 & \frac{1}{2} & \cdots & \frac{1}{6} \\ \frac{1}{2} & \frac{1}{3} & \cdots & \frac{1}{7} \\ \vdots & \vdots & & \vdots \\ \frac{1}{6} & \frac{1}{7} & \cdots & \frac{1}{11} \end{pmatrix}.$$

(1) 用 MATLAB 函数"eig"求矩阵全部特征值.

(2) 用基本 QR 方法求全部特征值(可用 MATLAB 函数"qr"实现矩阵的 QR 分解).

2. 给定矩阵

$$\boldsymbol{A}=\begin{pmatrix} 5 & 4 & 1 & 1 \\ 4 & 5 & 1 & 1 \\ 1 & 1 & 4 & 2 \\ 1 & 1 & 2 & 4 \end{pmatrix}.$$

(1) 用幂法求 $\boldsymbol{A}$ 的主特征值及对应的特征向量，并用瑞利商加速方法观察加速效果.

(2) 利用反幂法迭代(8.7)，试用不同 p 值，求 $\boldsymbol{A}$ 的不同特征值及特征向量.比较结果.

第 8 章二维码

第 9 章　常微分方程初值问题数值解法

9.1　引　言

科学技术中很多问题都可用常微分方程的定解问题来描述，主要有初值问题与边值问题两大类，本章只考虑初值问题.常微分方程初值问题中最简单的例子是人口模型.设某特定区域在 t_0 时刻人口 $y(t_0)=y_0$ 为已知，该区域的人口自然增长率为 λ，人口增长与人口总数成正比，所以 t 时刻的人口总数 $y(t)$ 满足以下微分方程：

$$\begin{cases} y'(t)=\lambda y(t), \quad t\in[t_0,b], \\ y(t_0)=y_0. \end{cases}$$

很多物理系统与时间有关，从卫星运行轨道到单摆运动，从化学反应到物种竞争都是随时间的延续而不断变化的.常微分方程是描述连续变化的数学语言.

微分方程的求解就是确定满足给定方程的可微函数 $y(t)$，对于初值问题，已经有了比较完善的理论结果. 在一定的条件下，可以保证初值问题解的存在唯一性(参见定理 9.1).但能够求出解的表达式的问题还是比较少的.研究它的数值方法是本章的主要目的.

考虑一阶常微分方程的初值问题

$$\begin{cases} y'=f(x,y), \quad x\in[x_0,b], & (9.1) \\ y(x_0)=y_0. & (9.2) \end{cases}$$

如果存在实数 $L>0$，使得

$$|f(x,y_1)-f(x,y_2)|\leqslant L|y_1-y_2|, \quad \forall y_1,y_2\in\mathbb{R}, \tag{9.3}$$

则称 $f(x,y)$ 关于 y 满足**利普希茨**(Lipschitz)**条件**，L 称为 $f(x,y)$ 的**利普希茨常数**(简称 Lips.常数).

定理 9.1　设 $f(x,y)$ 在区域 $D=\{(x,y)|a\leqslant x\leqslant b, y\in\mathbb{R}\}$ 上连续，关于 y 满足利普希茨条件，则对任意 $x_0\in[a,b]$，$y_0\in\mathbb{R}$，常微分方程初值问题(9.1)式和(9.2)式当 $x\in[x_0,b]$ 时存在唯一的连续可微解 $y(x)$.

解的存在唯一性定理是常微分方程理论的基本内容，也是数值方法的出发点，此外还要考虑方程的解对扰动的敏感性，它有以下结论.

定理 9.2　设 $f(x,y)$ 在区域 D(如定理 9.1 所定义)上连续，且关于 y 满足利普希茨条件，设初值问题

$$\begin{cases} y'(x)=f(x,y), \\ y(x_0)=s \end{cases}$$

的解为 $y(x,s)$，则

$$|y(x,s_1)-y(x,s_2)|\leqslant e^{L|x-x_0|}|s_1-s_2|.$$

定理 9.2 表明解对初值依赖的敏感性，它与右端函数 $f(x,y)$ 有关，当 $f(x,y)$ 的 Lips.常数 L 比较小时解对初值和右端函数相对不敏感，可视为好条件.若 L 较大，则可视为坏条件，即为病态问题.

如果右端函数 $f(x,y)$ 可导，由中值定理有

$$|f(x,y_1)-f(x,y_2)|=\left|\frac{\partial f(x,\xi)}{\partial y}\right||y_1-y_2|,\quad \xi \text{ 在 } y_1,y_2 \text{ 之间}.$$

若假定 $\frac{\partial f(x,y)}{\partial y}$ 在域 D 内有界，设 $\left|\frac{\partial f(x,y)}{\partial y}\right|\leqslant L$，则

$$|f(x,y_1)-f(x,y_2)|\leqslant L|y_1-y_2|.$$

这表明 $f(x,y)$ 满足利普希茨条件，且 L 的大小反映了右端函数 $f(x,y)$ 关于 y 变化的快慢，刻画了初值问题(9.1)式和(9.2)式是否为好条件.这在数值求解中也是很重要的.

虽然求解常微分方程有各种各样的解析方法，但解析方法只能用来求解一些特殊类型的方程，实际问题中归结出来的微分方程主要靠数值解法.

所谓数值解法，就是寻求解 $y(x)$ 在一系列离散节点

$$x_0<x_1<x_2<\cdots<x_n<x_{n+1}<\cdots$$

上的近似值 $y_1,y_2,\cdots,y_n,y_{n+1},\cdots$.相邻两个节点的间距 $h_n=x_{n+1}-x_n$ 称为**步长**.今后如不特别说明，总是假定 $h_i=h(i=0,1,2,\cdots)$ 为常数，这时节点为

$$x_n=x_0+nh,\quad n=0,1,2,\cdots.$$

本章首先要对常微分方程(9.1)离散化，建立求数值解的递推公式. 一类递推公式中，在计算 y_{n+1} 时只用到前一点的值 y_n，称为**单步法**.另一类递推公式中，在计算 y_{n+1} 时用到前面 k 点的值 $y_n,y_{n-1},\cdots,y_{n-k+1}$，称为 ***k* 步法**.其次，要研究公式的局部截断误差和阶，数值解 y_n 与精确解 $y(x_n)$ 的误差估计及数值解法的收敛性，还有递推公式的计算稳定性等问题.

9.2 简单的数值方法

9.2.1 欧拉法与后退欧拉法

我们知道，在 xy 平面上，微分方程(9.1)的解 $y=y(x)$ 称作它的**积分曲线**.积分曲线上一点 (x,y) 的切线斜率等于函数 $f(x,y)$ 的值.如果按函数 $f(x,y)$ 在 xy 平面上建立一个方向场，那么，积分曲线上每一点的切线方向均与方向场在该点的方向一致.

基于上述几何解释，我们从初始点 $P_0(x_0,y_0)$ 出发，先依方向场在该点的方向推进到 $x=x_1$ 上一点 P_1，然后从 P_1 依方向场的方向推进到 $x=x_2$ 上一点 P_2，循此前进作出一条折线 $\overline{P_0P_1P_2\cdots}$(图 9-1).

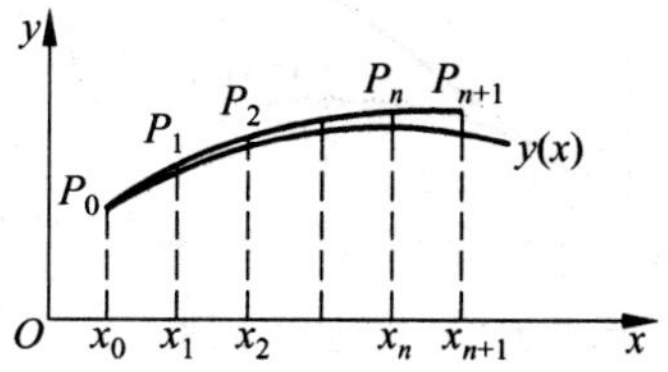

图 9-1 数值方法示意图

一般地，设已作出该折线的顶点 P_n，过 $P_n(x_n,y_n)$ 依方向场的方向推进到 $P_{n+1}(x_{n+1},y_{n+1})$，显然两个顶点 P_n，P_{n+1} 的坐标有关系

$$\frac{y_{n+1}-y_n}{x_{n+1}-x_n}=f(x_n,y_n),$$

即

$$y_{n+1}=y_n+hf(x_n,y_n). \tag{9.4}$$

此递推公式称为**欧拉**(Euler)**法**.实际上，这是对常微分方程(9.1)中的导数用均差近似，即

$$\frac{y(x_{n+1})-y(x_n)}{h}\approx y'(x_n)=f(x_n,y(x_n))$$

直接得到的.若初值 y_0 已知,则由(9.4)式可逐次算出

$$y_1=y_0+hf(x_0,y_0),$$
$$y_2=y_1+hf(x_1,y_1),$$
$$\vdots$$

例 9.1　求解初值问题

$$\begin{cases}y'=y-\dfrac{2x}{y}, & 0<x<1,\\ y(0)=1.\end{cases}\tag{9.5}$$

解　为便于进行比较,本章将用不同的方法求解上述初值问题.这里先用欧拉法,欧拉公式的具体形式为

$$y_{n+1}=y_n+h\left(y_n-\frac{2x_n}{y_n}\right),\quad n=0,1,2,\cdots.$$

取步长 $h=0.1$,计算结果见表 9-1.

表 9-1　计算结果对比

x_n	y_n	$y(x_n)$	x_n	y_n	$y(x_n)$
0.1	1.1000	1.0954	0.6	1.5090	1.4832
0.2	1.1918	1.1832	0.7	1.5803	1.5492
0.3	1.2774	1.2649	0.8	1.6498	1.6125
0.4	1.3582	1.3416	0.9	1.7178	1.6733
0.5	1.4351	1.4142	1.0	1.7848	1.7321

初值问题(9.5)为伯努利方程,可得其解析解为 $y=\sqrt{1+2x}$,按这个解析式算出的准确值 $y(x_n)$ 同近似值 y_n 一起列在表 9-1 中,两者相比较可以看出欧拉法的精度并不高,大多只有前两位数字是相同的.

还可以通过几何直观来考察欧拉方法的精度.假设 $y_n=y(x_n)$,即顶点 P_n 落在积分曲线 $y=y(x)$ 上,那么,按欧拉法作出的折线 P_nP_{n+1} 便是 $y=y(x)$ 过点 P_n 的切线(图 9-2).从图形上看,这样定出的顶点 P_{n+1} 显著地偏离了原来的积分曲线,可见欧拉法是相当粗糙的.

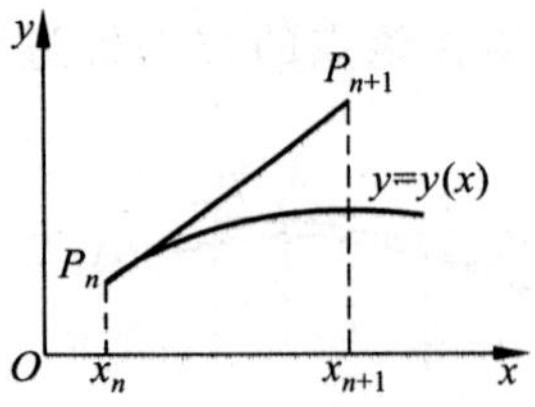

图 9-2　欧拉法示意图

为了分析计算过程中递推公式的精度,通常可用泰勒展开将 $y(x_{n+1})$ 在 x_n 处展开,则有

$$\begin{aligned}y(x_{n+1})&=y(x_n+h)\\&=y(x_n)+y'(x_n)h+\frac{h^2}{2}y''(\xi_n),\quad \xi_n\in(x_n,x_{n+1}).\end{aligned}$$

在 $y_n=y(x_n)$,即在 x_n 处为准确值的前提下,$f(x_n,y_n)=f(x_n,y(x_n))=y'(x_n)$.于是可得欧拉法(9.4)的误差

$$y(x_{n+1})-y_{n+1}=\frac{h^2}{2}y''(\xi_n)\approx\frac{h^2}{2}y''(x_n),\tag{9.6}$$

称其为此方法的局部截断误差.

如果对微分方程(9.1)从 x_n 到 x_{n+1} 积分($n=0,1,2,\cdots$),得

$$y(x_{n+1})=y(x_n)+\int_{x_n}^{x_{n+1}} f(t,y(t))\mathrm{d}t. \tag{9.7}$$

右端积分用左矩形公式 $hf(x_n,y(x_n))$ 近似,以 y_n 代替 $y(x_n)$,y_{n+1} 代替 $y(x_{n+1})$ 也得到欧拉法(9.4)式.

如果在(9.7)式中右端积分用右矩形公式 $hf(x_{n+1},y(x_{n+1}))$ 近似,则得另一个公式

$$y_{n+1}=y_n+hf(x_{n+1},y_{n+1}),\quad n=0,1,2,\cdots, \tag{9.8}$$

此递推公式称为**后退欧拉法**.它也可以通过利用均差近似导数 $y'(x_{n+1})$,即

$$\frac{y(x_{n+1})-y(x_n)}{x_{n+1}-x_n}\approx y'(x_{n+1})=f(x_{n+1},\ y(x_{n+1}))$$

直接得到.

后退欧拉公式与欧拉公式有着本质的区别,后者是关于 y_{n+1} 的一个直接的计算公式,这类公式称作是**显式的**;然而(9.8)式的右端含有未知的 y_{n+1},它实际上是关于 y_{n+1} 的一个函数方程,这类公式称作是**隐式的**.后退欧拉法(9.8)式也称为隐式欧拉法.

显式与隐式两类方法各有特点.考虑到数值稳定性等其他因素,人们有时需要选用隐式方法,但使用显式方法远比隐式方法方便.

隐式方程(9.8)通常用迭代法求解,而迭代过程的实质是逐步显式化.

设用欧拉公式

$$y_{n+1}^{(0)}=y_n+hf(x_n,y_n)$$

给出迭代初值 $y_{n+1}^{(0)}$,用它代入(9.8)式的右端,使之转化为显式,直接计算得

$$y_{n+1}^{(1)}=y_n+hf(x_{n+1},y_{n+1}^{(0)}),$$

然后再用 $y_{n+1}^{(1)}$ 代入(9.8)式,又有

$$y_{n+1}^{(2)}=y_n+hf(x_{n+1},y_{n+1}^{(1)}).$$

如此反复进行,得

$$y_{n+1}^{(k+1)}=y_n+hf(x_{n+1},y_{n+1}^{(k)}),\quad k=0,1,2,\cdots. \tag{9.9}$$

由于 $f(x,y)$ 对 y 满足利普希茨条件(9.3).由(9.9)式减(9.8)式得

$$|y_{n+1}^{(k+1)}-y_{n+1}|=h|f(x_{n+1},y_{n+1}^{(k)})-f(x_{n+1},y_{n+1})|\leqslant hL|y_{n+1}^{(k)}-y_{n+1}|.$$

由此可知,只要取 h 使得 $hL<1$,迭代法(9.9)就收敛到解 y_{n+1}.

关于后退欧拉法的误差,从积分公式看到它与欧拉法是相似的.

9.2.2 梯形方法

为得到比欧拉法精度高的计算公式,在等式(9.7)右端积分中若用梯形求积公式近似,并用 y_n 代替 $y(x_n)$,y_{n+1} 代替 $y(x_{n+1})$,则得

$$y_{n+1}=y_n+\frac{h}{2}[f(x_n,y_n)+f(x_{n+1},y_{n+1})],\quad n=0,1,2,\cdots, \tag{9.10}$$

此递推公式称其为**梯形方法**.

梯形方法是隐式单步法,可用迭代法求解.同后退欧拉法一样,仍用欧拉法提供迭代初值,则梯形法的迭代公式为

$$\begin{cases} y_{n+1}^{(0)} = y_n + hf(x_n, y_n); \\ y_{n+1}^{(k+1)} = y_n + \dfrac{h}{2}[f(x_n, y_n) + f(x_{n+1}, y_{n+1}^{(k)})], \quad k = 0, 1, 2, \cdots. \end{cases} \tag{9.11}$$

为了分析迭代过程的收敛性，将(9.10)式与(9.11)式相减，得

$$y_{n+1} - y_{n+1}^{(k+1)} = \frac{h}{2}[f(x_{n+1}, y_{n+1}) - f(x_{n+1}, y_{n+1}^{(k)})],$$

于是有

$$| y_{n+1} - y_{n+1}^{(k+1)} | \leqslant \frac{hL}{2} | y_{n+1} - y_{n+1}^{(k)} |,$$

式中 L 为 $f(x,y)$ 关于 y 的利普希茨常数.如果选取 h 充分小，使得

$$\frac{hL}{2} < 1,$$

则当 $k \to \infty$ 时有 $y_{n+1}^{(k)} \to y_{n+1}$，这说明迭代过程(9.11)是收敛的.

9.2.3　改进欧拉公式

我们看到，梯形方法虽然提高了精度，但其算法复杂，在应用迭代公式(9.11)进行实际计算时，每迭代一次，都要重新计算函数 $f(x,y)$ 的值，而迭代又要反复进行若干次，计算量很大，而且往往难以预测迭代何时停止.为了控制计算量，通常只迭代一两次就转入下一步的计算，这就简化了算法.

具体地说，我们先用欧拉公式求得一个初步的近似值 $\bar{y}_{n+1}$，称之为**预测值**，预测值 $\bar{y}_{n+1}$ 的精度可能很差，然后用梯形公式(9.10)将它校正一次，即按(9.11)式迭代一次得 y_{n+1}，这个结果称**校正值**，而这样建立的预测-校正系统通常称为**改进欧拉公式**或**改进欧拉法**：

$$\begin{cases} \text{预测} \quad \bar{y}_{n+1} = y_n + hf(x_n, y_n), \\ \text{校正} \quad y_{n+1} = y_n + \dfrac{h}{2}[f(x_n, y_n) + f(x_{n+1}, \bar{y}_{n+1})], \quad n = 0, 1, 2, \cdots. \end{cases} \tag{9.12}$$

或表示为下列平均化形式

$$\begin{cases} y_p = y_n + hf(x_n, y_n), \\ y_c = y_n + hf(x_{n+1}, y_p), \\ y_{n+1} = \dfrac{1}{2}(y_p + y_c), \end{cases} \quad n = 0, 1, 2, \cdots.$$

例 9.2　用改进欧拉法求解初值问题(9.5).

解　改进欧拉公式为

$$\begin{cases} y_p = y_n + h\left(y_n - \dfrac{2x_n}{y_n}\right), \\ y_c = y_n + h\left(y_p - \dfrac{2x_{n+1}}{y_p}\right), \\ y_{n+1} = \dfrac{1}{2}(y_p + y_c), \end{cases} \quad n = 0, 1, 2, \cdots.$$

仍取 $h = 0.1$，计算结果见表 9-2.同例 9.1 中欧拉法的计算结果比较，改进欧拉法明显改善了

精度，与准确值相比，大多数的前三位数字是相同的.

表 9-2 计算结果对比

x_n	y_n	$y(x_n)$	x_n	y_n	$y(x_n)$
0.1	1.0959	1.0954	0.6	1.4860	1.4832
0.2	1.1841	1.1832	0.7	1.5525	1.5492
0.3	1.2662	1.2649	0.8	1.6165	1.6125
0.4	1.3434	1.3416	0.9	1.6782	1.6733
0.5	1.4164	1.4142	1.0	1.7379	1.7321

9.2.4 单步法的局部截断误差与阶

初值问题(9.1)式，(9.2)式的单步法可用一般形式表示为

$$y_{n+1}=y_n+h\varphi(x_n,y_n,y_{n+1},h),\quad n=0,1,2,\cdots,\tag{9.13}$$

其中多元函数 φ 与 $f(x,y)$ 有关，当 φ 中含有 y_{n+1} 时，方法是隐式的，若 φ 中不含 y_{n+1} 则为显式方法，所以显式单步法可表示为

$$y_{n+1}=y_n+h\varphi(x_n,y_n,h),\quad n=0,1,2,\cdots,\tag{9.14}$$

$\varphi(x,y,h)$ 称为**增量函数**，例如对欧拉法(9.4)式有

$$\varphi(x,y,h)=f(x,y).$$

它的局部截断误差已由(9.6)式给出，对一般显式单步法则可如下定义.

定义 9.1 设 $y(x)$ 是初值问题(9.1)式，(9.2)式的准确解，称

$$T_{n+1}=y(x_{n+1})-y(x_n)-h\varphi(x_n,y(x_n),h)$$

为显式单步法(9.14)的**局部截断误差**.

T_{n+1} 之所以称为局部的，是假设在 x_n 前各步都没有误差.当 $y_n=y(x_n)$ 时，计算一步，则有

$$\begin{aligned}y(x_{n+1})-y_{n+1}&=y(x_{n+1})-[y_n+h\varphi(x_n,y_n,h)]\\&=y(x_{n+1})-y(x_n)-h\varphi(x_n,y(x_n),h)=T_{n+1}.\end{aligned}$$

所以，局部截断误差可理解为用方法(9.14)计算一步的误差，也即递推公式(9.14)中用准确解 $y(x)$ 代替数值解产生的公式误差.根据定义，显然欧拉法的局部截断误差为

$$\begin{aligned}T_{n+1}&=y(x_{n+1})-y(x_n)-hf(x_n,y(x_n))\\&=y(x_n+h)-y(x_n)-hy'(x_n)=\frac{h^2}{2}y''(x_n)+O(h^3),\end{aligned}$$

即为(9.6)式的结果.这里 $\frac{h^2}{2}y''(x_n)$ 称为局部截断误差主项.显然 $T_{n+1}=O(h^2)$.一般情形的局部截断误差主项的定义如下.

定义 9.2 设 $y(x)$ 是初值问题(9.1)式，(9.2)式的准确解，若存在最大整数 p 使显式单步法(9.14)的局部截断误差满足

$$T_{n+1}=y(x_n+h)-y(x_n)-h\varphi(x_n,y(x_n),h)=O(h^{p+1}),\tag{9.15}$$

则称方法(9.14)具有 **p 阶精度**.

如果微分方程的解是 p 次多项式，那么具有 p 阶精度的方法能求出精确解.

若将(9.15)式展开写成

$$T_{n+1}=\psi(x_n,y(x_n))h^{p+1}+O(h^{p+2}),$$

则 $\psi(x_n,y(x_n))h^{p+1}$ 称为**局部截断误差主项**.

p 阶精度的定义对隐式单步法(9.13)也是适用的.例如,对后退欧拉法(9.8)其局部截断误差为

$$\begin{aligned}T_{n+1}&=y(x_{n+1})-y(x_n)-hf(x_{n+1},y(x_{n+1}))\\&=hy'(x_n)+\frac{h^2}{2}y''(x_n)+O(h^3)-h[y'(x_n)+hy''(x_n)+O(h^2)]\\&=-\frac{h^2}{2}y''(x_n)+O(h^3).\end{aligned}$$

这里 $p=1$,具有一阶精度,局部截断误差主项为 $-\frac{h^2}{2}y''(x_n)$.

同样对梯形法(9.10)有

$$\begin{aligned}T_{n+1}&=y(x_{n+1})-y(x_n)-\frac{h}{2}[y'(x_n)+y'(x_{n+1})]\\&=hy'(x_n)+\frac{h^2}{2}y''(x_n)+\frac{h^3}{3!}y'''(x_n)-\frac{h}{2}\bigg[y'(x_n)+y'(x_n)+\\&\quad hy''(x_n)+\frac{h^2}{2}y'''(x_n)\bigg]+O(h^4)\\&=-\frac{h^3}{12}y'''(x_n)+O(h^4).\end{aligned}$$

所以梯形方法(9.10)具有二阶精度,其局部误差主项为 $-\frac{h^3}{12}y'''(x_n)$.

后退欧拉法及梯形法这两种隐式方法都是从与微分方程等价的积分形式(9.7)得到的,由此可见,用数值积分中的求积公式,如辛普森求积公式等具有更高代数精度的求积公式代替(9.7)式右端的积分,虽然能使方法的精度提高了,但所得到的方法不是显式的.

9.3 龙格-库塔方法

9.3.1 显式龙格-库塔法的引入

改进欧拉法(9.12)可表示为

$$y_{n+1}=y_n+\frac{h}{2}[f(x_n,y_n)+f(x_n+h,y_n+hf(x_n,y_n))],\quad n=0,1,2,\cdots,\tag{9.16}$$

此时增量函数为

$$\varphi(x_n,y_n,h)=\frac{1}{2}[f(x_n,y_n)+f(x_n+h,y_n+hf(x_n,y_n))],\tag{9.17}$$

局部截断误差为

$$T_{n+1}=y(x_{n+1})-y(x_n)-h[f(x_n,y_n)+f(x_n+h,y_n+hf_n)],\tag{9.18}$$

这里 $y_n=y(x_n)$,$f_n=f(x_n,y_n)$.为得到 T_{n+1} 的精度阶数 p,要将(9.18)式各项在 (x_n,y_n) 处做泰勒展开,由于 $f(x,y)$ 是二元函数,故要用到二元泰勒展开,各项展开式为

$$f(x_n+h,y_n+hf_n)=f_n+f_x'(x_n,y_n)h+f_y'(x_n,y_n)hf_n+\frac{h^2}{2}[f''_{xx}(x_n,y_n)+$$
$$2f_nf''_{xy}(x_n,y_n)+f_n^2f''_{yy}(x_n,y_n)]+O(h^3),$$
$$y(x_{n+1})=y_n+hy_n'+\frac{h^2}{2}y_n''+\frac{h^3}{3!}y_n'''+O(h^4),$$

其中

$$y_n'=f(x_n,y_n)=f_n,$$
$$y_n''=\frac{\mathrm{d}}{\mathrm{d}x}f(x_n,y(x_n))=f_x'(x_n,y_n)+f_y'(x_n,y_n)f_n,$$
$$y_n'''=f''_{xx}(x_n,y_n)+2f_nf'_{xy}(x_n,y_n)+f_n^2f''_{yy}(x_n,y_n)+$$
$$f_y'(x_n,y_n)[f_x'(x_n,y_n)+f_nf_y'(x_n,y_n)].$$

将以上结果代入(9.18)式则有

$$T_{n+1}=\frac{h^3}{3!}f'_y(x_n,y_n)[f'_x(x_n,y_n)+f_nf'_y(x_n,y_n)]+O(h^4).$$

由此得改进欧拉法是二阶的，其局部误差主项为

$$\frac{h^3}{3!}f'_y(x_n,y_n)[f'_x(x_n,y_n)+f_nf'_y(x_n,y_n)].$$

改进欧拉法突破了数值求积公式中各节点 $x_n+\lambda_ih$ 处取函数值

$$f(x_n+\lambda_ih,y(x_n+\lambda_ih))$$

的限制，而取 $f(x_n+\lambda_ih,y_n+hf(x_n,y_n))$. 更进一步,可将改进欧拉法推广为

$$y_{n+1}=y_n+h\sum_{i=1}^{r}c_iK_i,\tag{9.19}$$

其中

$$K_1=f(x_n,y_n),$$
$$K_i=f\left(x_n+\lambda_ih,y_n+h\sum_{j=1}^{i-1}\mu_{ij}K_j\right),\quad i=2,\cdots,r,\quad n=0,1,2,\cdots,\tag{9.20}$$

这里 c_i,λ_i,μ_{ij} 均为常数.(9.19)式和(9.20)式称为 r 级显式**龙格-库塔**(Runge-Kutta)**法**,简称 R-K 方法.

当 $r=1,\varphi(x_n,y_n,h)=f(x_n,y_n),c_1=1$ 时,就是欧拉法,此时方法的阶为 $p=1$.

9.3.2 二阶显式 R-K 方法

对 $r=2$ 的 R-K 方法,由(9.19)式,(9.20)式可得到如下的计算公式:

$$\begin{cases}K_1=f(x_n,y_n),\\K_2=f(x_n+\lambda_2h,\ y_n+\mu_{21}hK_1),y_{n+1}=y_n+h(c_1K_1+c_2K_2),\quad n=0,1,2,\cdots,\end{cases}\tag{9.21}$$

这里 $c_1,c_2,\lambda_2,\mu_{21}$ 均为待定常数,改进欧拉法(9.16)就是其中的一种$\left(\text{对应于 } c_1=c_2=\frac{1}{2},\right.$ $\left.\lambda_2=1,\mu_{21}=1\right)$.我们分析是否还有其他的二级龙格-库塔法.

仿照改进欧拉法的局部截断误差的计算过程，可得二级龙格-库塔法的局部截断误差为

$$
\begin{aligned}
T_{n+1} &= hf_n + \frac{h^2}{2}[f_x'(x_n,y_n) + f_y'(x_n,y_n)f_n] - \\
&\quad h[c_1 f_n + c_2(f_n + \lambda_2 f_x'(x_n,y_n)h + \\
&\quad \mu_{21} f_y'(x_n,y_n)f_n h)] + O(h^3) \\
&= (1-c_1-c_2)f_n h + \left(\frac{1}{2} - c_2\lambda_2\right) f_x'(x_n,y_n)h^2 + \\
&\quad \left(\frac{1}{2} - c_2\mu_{21}\right) f_y'(x_n,y_n)f_n h^2 + \frac{h^3}{3!} f'_y(x_n,y_n)[f'_x(x_n,y_n) + \\
&\quad f_n f'_y(x_n,y_n)] + O(h^4).
\end{aligned}
$$

要使(9.21)式具有 $p=2$ 精度阶数，必须使

$$
\begin{cases}
1 - c_1 - c_2 = 0, \\
\dfrac{1}{2} - c_2\lambda_2 = 0, \\
\dfrac{1}{2} - c_2\mu_{21} = 0,
\end{cases}
\tag{9.22}
$$

即

$$
c_2\lambda_2 = \frac{1}{2}, \quad c_2\mu_{21} = \frac{1}{2}, \quad c_1 + c_2 = 1.
$$

非线性方程组(9.22)是由具有 4 个未知数的 3 个非线性方程构成的，其解是不唯一的.可令 $c_2 = a \neq 0$，则得

$$
c_1 = 1 - a, \quad \lambda_2 = \mu_{21} = \frac{1}{2a}.
$$

若取 $a=1$，则 $c_2=1, c_1=0, \lambda_2=\mu_{21}=1/2$，于是得计算公式

$$
\begin{cases}
K_1 = f(x_n, y_n), \\
K_2 = f\left(x_n + \dfrac{h}{2}, y_n + \dfrac{h}{2}K_1\right), \quad n = 0,1,2,\cdots. \\
y_{n+1} = y_n + hK_2,
\end{cases}
\tag{9.23}
$$

称其为**中点公式**，相当于数值积分的中矩形公式的显式表示.(9.23)式也可表示为

$$
y_{n+1} = y_n + hf\left(x_n + \frac{h}{2}, y_n + \frac{h}{2}f(x_n,y_n)\right).
$$

对 $r=2$ 的 R-K 公式(9.21)，其局部误差主项 $\frac{h^3}{3!}f_y'(x_n,y_n)[f_x'(x_n,y_n)+f_n f_y'(x_n,y_n)]$ 是不能通过选择参数消掉的，实际上要使 h^3 的项为零，需增加 3 个方程，要确定 4 个参数 c_1, c_2, λ_2 及 μ_{21}，这是不可能的.故 $r=2$ 的显式 R-K 方法的精度阶数只能是 $p=2$，而不能得到三阶方法.

9.3.3 三阶与四阶显式 R-K 方法

要得到三阶显式 R-K 方法，必须取 $r=3$.此时(9.19)式和(9.20)式表示为

$$\begin{cases}K_1=f(x_n,y_n),\\K_2=f(x_n+\lambda_2 h,y_n+\mu_{21}hK_1),\\K_3=f(x_n+\lambda_3 h,y_n+\mu_{31}hK_1+\mu_{32}hK_2),\\y_{n+1}=y_n+h(c_1K_1+c_2K_2+c_3K_3),\quad n=0,1,2,\cdots,\end{cases}\tag{9.24}$$

其中 c_1,c_2,c_3 及 $\lambda_2,\mu_{21},\lambda_3,\mu_{31},\mu_{32}$ 均为待定参数,(9.24)式的局部截断误差为

$$T_{n+1}=y(x_{n+1})-y(x_n)-h[c_1K_1+c_2K_2+c_3K_3].$$

只要将 K_2,K_3 按二元函数泰勒展开,使 $T_{n+1}=O(h^4)$,可得待定参数满足的方程组

$$\begin{cases}c_1+c_2+c_3=1,\\\lambda_2=\mu_{21},\\\lambda_3=\mu_{31}+\mu_{32},\\c_2\lambda_2+c_3\lambda_3=\dfrac{1}{2},\\c_2\lambda_2^2+c_3\lambda_3^2=\dfrac{1}{3},\\c_3\lambda_2\mu_{32}=\dfrac{1}{6}.\end{cases}\tag{9.25}$$

这是 8 个未知数 6 个方程的非线性方程组,解也不是唯一的.可以得到很多公式.满足条件(9.25)的(9.24)式统称为三阶 R-K 公式.下面只给出其中一个常见的公式.

$$\begin{cases}K_1=f(x_n,y_n),\\K_2=f\left(x_n+\dfrac{h}{2},y_n+\dfrac{h}{2}K_1\right),\\K_3=f(x_n+h,y_n-hK_1+2hK_2),\\y_{n+1}=y_n+\dfrac{h}{6}(K_1+4K_2+K_3),\quad n=0,1,2,\cdots.\end{cases}$$

此公式称为库塔三阶方法,相当于数值积分的辛普森公式的显式表示.

继续上述过程,经过较复杂的数学演算,可以导出各种四阶龙格-库塔公式,下面的经典公式是其中常用的一个:

$$\begin{cases}K_1=f(x_n,y_n),\\K_2=f\left(x_n+\dfrac{h}{2},y_n+\dfrac{h}{2}K_1\right),\\K_3=f\left(x_n+\dfrac{h}{2},y_n+\dfrac{h}{2}K_2\right),\\K_4=f(x_n+h,y_n+hK_3),\\y_{n+1}=y_n+\dfrac{h}{6}(K_1+2K_2+2K_3+K_4),\quad n=0,1,2,\cdots.\end{cases}\tag{9.26}$$

四阶龙格-库塔方法的每一步需要计算四次函数值 f,可以证明其截断误差为 $O(h^5)$.不过证明极其烦琐,这里从略.

例 9.3 设取步长 $h=0.2$,从 $x=0$ 直到 $x=1$ 用四阶龙格-库塔方法求解初值问题(9.5).

解 这里,经典的四阶龙格-库塔公式(9.26)具有形式

$$
\begin{cases}
K_1 = y_n - \dfrac{2x_n}{y_n}, \\
K_2 = y_n + \dfrac{h}{2}K_1 - \dfrac{2x_n + h}{y_n + \dfrac{h}{2}K_1}, \\
K_3 = y_n + \dfrac{h}{2}K_2 - \dfrac{2x_n + h}{y_n + \dfrac{h}{2}K_2}, \\
K_4 = y_n + hK_3 - \dfrac{2(x_n + h)}{y_n + hK_3}, \\
y_{n+1} = y_n + \dfrac{h}{6}(K_1 + 2K_2 + 2K_3 + K_4), \quad n = 0,1,2,\cdots.
\end{cases}
$$

表 9-3 列出计算结果 y_n，表 9-3 中 $y(x_n)$ 仍表示准确解.

表 9-3　计算结果

x_n	y_n	$y(x_n)$	x_n	y_n	$y(x_n)$
0.2	1.1832	1.1832	0.8	1.6125	1.6125
0.4	1.3417	1.3416	1.0	1.7321	1.7321
0.6	1.4833	1.4832			

比较例 9.3 和例 9.2 的计算结果，显然龙格-库塔方法的精度更高.要注意，虽然四阶龙格-库塔方法的计算量(每一步要 4 次计算函数 f)比改进欧拉法(它是一种二阶龙格-库塔方法，每一步只要 2 次计算函数 f)大一倍，但由于这里放大了步长($h=0.2$)，表 9-3 和表 9-2 所耗费的计算量几乎相同.这个例子又一次显示了选择算法的重要意义.

然而值得指出的是，龙格-库塔方法的推导基于泰勒展开方法，因而它要求所求的解具有较好的光滑性质.反之，如果解的光滑性较差，那么，使用四阶龙格-库塔方法求得的数值解，其精度可能反而不如改进欧拉法.实际计算时，我们应当针对问题的具体特点选择合适的算法.

9.3.4　变步长的龙格-库塔方法

单从每一步看，步长越小，局部截断误差就越小，但随着步长的缩小，在一定求解范围内所要完成的步数就增加了.步数的增加不但引起计算量的增大，而且可能导致舍入误差的严重积累.因此同积分的数值计算一样，微分方程的数值解法也有个选择步长的问题.

在选择步长时，需要考虑两个问题：

(1) 怎样衡量和检验计算结果的精度？

(2) 如何依据所获得的精度处理步长？

我们考察经典的四阶龙格-库塔公式(9.26).从节点 x_n 出发，先以 h 为步长求出一个近似值，记为 $y_{n+1}^{(h)}$，由于递推公式的局部截断误差为 $O(h^5)$，故有

$$
y(x_{n+1}) - y_{n+1}^{(h)} \approx ch^5, \tag{9.27}
$$

然后将步长折半，即取 $\dfrac{h}{2}$ 为步长从 x_n 跨两步到 x_{n+1}，求得一个近似值 $y_{n+1}^{\left(\frac{h}{2}\right)}$，每跨一步的截

断误差是 $c\left(\frac{h}{2}\right)^5$，因此有

$$y(x_{n+1}) - y_{n+1}^{\left(\frac{h}{2}\right)} \approx 2c\left(\frac{h}{2}\right)^5, \tag{9.28}$$

比较(9.27)式和(9.28)式我们看到，步长折半后，误差大约减少到$\frac{1}{16}$，即有

$$\frac{y(x_{n+1}) - y_{n+1}^{\left(\frac{h}{2}\right)}}{y(x_{n+1}) - y_{n+1}^{(h)}} \approx \frac{1}{16}.$$

由此易得事后估计式

$$y(x_{n+1}) - y_{n+1}^{\left(\frac{h}{2}\right)} \approx \frac{1}{15}\left[y_{n+1}^{\left(\frac{h}{2}\right)} - y_{n+1}^{(h)}\right].$$

这样，我们可以通过检查步长折半前后两次计算结果的偏差

$$\Delta = \left| y_{n+1}^{\left(\frac{h}{2}\right)} - y_{n+1}^{(h)} \right|$$

来判定所选的步长是否合适，具体地说，将区分以下两种情况处理：

(1) 对于给定的精度 ε，如果 $\Delta > \varepsilon$，我们反复将步长折半进行计算，直至 $\Delta < \varepsilon$ 为止，这时取最终得到的 $y_{n+1}^{\left(\frac{h}{2}\right)}$ 作为结果；

(2) 如果 $\Delta < \varepsilon$，我们将反复将步长加倍，直到 $\Delta > \varepsilon$ 为止，这时再将步长折半一次，就得到所要的结果.

这种通过加倍或折半处理步长的方法称为**变步长方法**.表面上看，为了选择步长，每一步的计算量增加了，但由于解在局部的变化不会太大，故总体考虑往往是合算的.

变步长方法还可利用 p 阶与 $p+1$ 阶龙格-库塔公式的局部截断误差得到误差控制与变步长的具体方法，可参见文献[8].

9.4 单步法的收敛性与稳定性

9.4.1 收敛性与相容性

数值解法的基本思想是，通过某种离散化手段将微分方程(9.1)转化为差分方程，如单步法(9.14)，即

$$y_{n+1} = y_n + h\varphi(x_n, y_n, h), \quad n = 0, 1, 2, \cdots.$$

它在 x_n 处的解为 y_n，而初值问题(9.1)，(9.2)在 x_n 处的精确解为 $y(x_n)$，记 $e_n = y(x_n) - y_n$ 称为整体截断误差.收敛性就是讨论当 $x = x_n$ 固定且 $h = \frac{x_n - x_0}{n} \to 0$ 时 $e_n \to 0$ 的问题.

定义 9.3 若求解初值问题(9.1)，(9.2)的一种数值方法(如单步法(9.14))对于固定的 $x_n = x_0 + nh$，当 $h \to 0$ 时有 $y_n \to y(x_n)$，其中 $y(x)$ 是初值问题(9.1)，(9.2)的准确解，则称该方法是**收敛**的.

显然数值方法收敛是指 $e_n = y(x_n) - y_n \to 0$，对单步法(9.14)有下述收敛性定理.

定理 9.3 假设求解初值问题的单步法(9.14)具有 p 阶精度，且增量函数 $\varphi(x, y, h)$ 关于 y 满足利普希茨条件

$$|\varphi(x, y, h) - \varphi(x, \bar{y}, h)| \leqslant L_\varphi |y - \bar{y}|, \tag{9.29}$$

又设初值 y_0 是准确的，即 $y_0=y(x_0)$，则其**整体截断误差**

$$y(x_n)-y_n=O(h^p). \tag{9.30}$$

证明　设以 $\bar{y}_{n+1}$ 表示取 $y_n=y(x_n)$ 用递推公式(9.14)求得的结果，即

$$\bar{y}_{n+1}=y(x_n)+h\varphi(x_n,y(x_n),h), \tag{9.31}$$

则 $y(x_{n+1})-\bar{y}_{n+1}$ 为局部截断误差，由于所给方法具有 p 阶精度，按定义 9.2，存在定数 C，使

$$|y(x_{n+1})-\bar{y}_{n+1}|\leqslant Ch^{p+1}.$$

又由(9.14)式与(9.31)式，得

$$|\bar{y}_{n+1}-y_{n+1}|\leqslant|y(x_n)-y_n|+h|\varphi(x_n,y(x_n),h)-\varphi(x_n,y_n,h)|.$$

利用假设条件(9.29)，有

$$|\bar{y}_{n+1}-y_{n+1}|\leqslant(1+hL_\varphi)|y(x_n)-y_n|,$$

从而有

$$\begin{aligned}|y(x_{n+1})-y_{n+1}|&\leqslant|\bar{y}_{n+1}-y_{n+1}|+|y(x_{n+1})-\bar{y}_{n+1}|\\&\leqslant(1+hL_\varphi)|y(x_n)-y_n|+Ch^{p+1},\end{aligned}$$

即对整体截断误差 $e_n=y(x_n)-y_n$ 成立递推关系式

$$|e_{n+1}|\leqslant(1+hL_\varphi)|e_n|+Ch^{p+1},$$

据此不等式反复递推，可得

$$|e_n|\leqslant(1+hL_\varphi)^n|e_0|+\frac{Ch^p}{L_\varphi}[(1+hL_\varphi)^n-1].$$

注意到当 $x_n-x_0=nh\leqslant T$ 时①

$$(1+hL_\varphi)^n\leqslant(\mathrm{e}^{hL_\varphi})^n\leqslant\mathrm{e}^{TL_\varphi},$$

最终得下列估计式

$$|e_n|\leqslant|e_0|\mathrm{e}^{TL_\varphi}+\frac{Ch^p}{L_\varphi}(\mathrm{e}^{TL_\varphi}-1).$$

由此可以断定，如果初值是准确的，即 $e_0=0$，则(9.30)式成立. □

依据这一定理，判断单步法(9.14)的收敛性，归结为验证增量函数 φ 能否满足利普希茨条件(9.29).

对于欧拉法，由于其增量函数 φ 就是 $f(x,y)$，故当 $f(x,y)$ 关于 y 满足利普希茨条件时它是收敛的.

考察改进欧拉法，其增量函数已由(9.17)式给出，这时有

$$\begin{aligned}|\varphi(x,y,h)-\varphi(x,\bar{y},h)|\leqslant\frac{1}{2}[&|f(x,y)-f(x,\bar{y})|+|f(x+h,y+hf(x,y))-\\&f(x+h,\bar{y}+hf(x,\bar{y}))|].\end{aligned}$$

假设 $f(x,y)$ 关于 y 满足利普希茨条件，记利普希茨常数为 L，则由上式推得

$$|\varphi(x,y,h)-\varphi(x,\bar{y},h)|\leqslant L\left(1+\frac{h}{2}L\right)|y-\bar{y}|.$$

设限定 $h\leqslant h_0$（h_0 为定数），上式表明 φ 关于 y 的利普希茨常数为

$$L_\varphi=L\left(1+\frac{h_0}{2}L\right),$$

---

① 对于任意实数 x，有 $1+x\leqslant\mathrm{e}^x$，而当 $x\geqslant-1$ 时，成立 $0\leqslant(1+x)^n\leqslant\mathrm{e}^{nx}$.

因此改进欧拉法也是收敛的.

类似地,不难验证其他龙格-库塔方法的收敛性.

定理 9.3 表明当 $p\geqslant 1$ 时单步法收敛,并且当 $y(x)$ 是初值问题(9.1),(9.2)的解,(9.14)式具有 p 阶精度时,则有展开式

$$\begin{aligned}T_{n+1}&=y(x+h)-y(x)-h\varphi(x,y(x),h)\\&=y'(x)h+\frac{y''(x)}{2}h^2+\cdots-h[\varphi(x,y(x),0)+\varphi_x'(x,y(x),0)h+\cdots]\\&=h[y'(x)-\varphi(x,y(x),0)]+O(h^2).\end{aligned}$$

所以 $p\geqslant 1$ 的充要条件是 $y'(x)-\varphi(x,y(x),0)=0$,而 $y'(x)=f(x,y(x))$,于是可给出如下的定义.

定义 9.4 若求解初值问题(9.1),(9.2)的单步法(9.14)的增量函数 φ 满足

$$\varphi(x,y,0)=f(x,y),$$

则称单步法(9.14)与初值问题(9.1),(9.2)**相容**.

相容性是指数值方法逼近微分方程(9.1),即微分方程(9.1)离散化得到的数值方法,当 $h\to 0$ 时可得到 $y'(x)=f(x,y)$.

于是有下面定理.

定理 9.4 具有 p 阶精度的方法(9.14)与初值问题(9.1),(9.2)相容的充分必要条件是 $p\geqslant 1$.

由定理 9.3 可知单步法(9.14)收敛的充分必要条件是方法(9.14)是相容的.

以上讨论表明具有 p 阶精度的方法(9.14)当 $p\geqslant 1$ 时与初值问题(9.1),(9.2)相容,反之相容方法至少是具有一阶精度的.

于是由定理 9.3 可知方法(9.14)收敛的充分必要条件是此方法是相容的.

9.4.2 绝对稳定性与绝对稳定域

前面关于收敛性的讨论有个前提,必须假定数值方法本身的计算是准确的.实际情形并不是这样,差分方程的求解还会有计算误差,譬如由于数字舍入而引起的小扰动.这类小扰动在传播过程中会不会恶性增长,以至于“淹没”了差分方程的“真解”呢?这就是差分方法的稳定性问题.在实际计算时,我们希望某一步产生的扰动值,在后面的计算中能够被控制,甚至是逐步衰减的.

定义 9.5 若一种数值方法在节点值 y_n 上有大小为 δ 的扰动,于以后各节点值 $y_m(m>n)$ 上产生的扰动均不超过 δ,则称该方法是**稳定**的.

下面先以欧拉法为例考察方法的稳定性.

例 9.4 考察初值问题

$$\begin{cases}y'=-100y,\\y(0)=1.\end{cases}$$

此齐次线性微分方程的准确解 $y(x)=e^{-100x}$ 是一个按指数曲线衰减得很快的函数,如图 9-3 中的曲线所示.

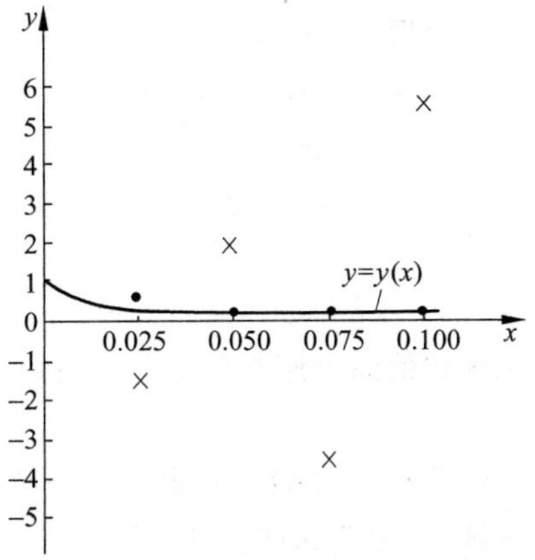

图 9-3 例 9.4 的准确解曲线及数值解

用欧拉法解方程 $y'=-100y$ 得

$$y_{n+1}=(1-100h)y_n.$$

若取 $h=0.025$，则欧拉公式的具体形式为

$$y_{n+1}=-1.5y_n,$$

计算结果列于表 9-4 的“欧拉法”一列.我们看到，欧拉法的解 y_n（图 9-3 中用“×”号标出）在准确值 $y(x_n)$ 的上下波动，计算过程明显不稳定.但若取 $h=0.005$，$y_{n+1}=0.5y_n$ 则计算过程稳定.

表 9-4 计算结果对比

节 点	欧 拉 法	后退欧拉法	节 点	欧 拉 法	后退欧拉法
0.025	−1.5	0.2857	0.075	−3.375	0.0233
0.050	2.25	0.0816	0.100	5.0625	0.0067

考察后退欧拉法，取 $h=0.025$ 时计算公式为

$$y_{n+1}=\frac{1}{3.5}y_n.$$

计算结果列于表 9-4 的“后退欧拉法”一列（图 9-3 中用“·”号标出），这时计算过程是稳定的.

例 9.4 表明单步法的稳定性不但与方法有关，也与步长 h 的大小有关，当然也与方程中的 $f(x,y)$ 有关.为了只考察数值方法本身.通常只检验将数值方法用于解模型方程的稳定性，模型方程为

$$y'=\lambda y, \tag{9.32}$$

其中 λ 为复数，为保证微分方程本身的稳定性，还应假定 $\mathrm{Re}(\lambda)<0$. 模型方程的解为 $y(x)=\mathrm{e}^{\lambda x}$，性质较简单.

对一般方程可以通过局部线性化化为模型方程的形式，例如在 $(\bar{x},\bar{y})$ 的邻域，可展开为

$$y'=f(x,y)=f(\bar{x},\bar{y})+f_x'(\bar{x},\bar{y})(x-\bar{x})+f_y'(\bar{x},\bar{y})(y-\bar{y})+\cdots,$$

略去高阶项，然后作变换即可得到 $u'=\lambda u$ 的形式. 为了使模型方程结果能推广到常微分方程组，对于由 m 个方程构成的常微分方程组，可线性化为 $\boldsymbol{y}'=\boldsymbol{A}\boldsymbol{y}$，这里 $\boldsymbol{A}$ 为 $m\times m$ 的雅可比矩阵 $\left(\frac{\partial f_i}{\partial y_j}\right)$.若 $\boldsymbol{A}$ 有 m 个特征值 $\lambda_1,\lambda_2,\cdots,\lambda_m$，其中 λ_i 可能是复数，这就是模型方程(9.32)中要求 λ 为复数的原因.

下面先研究欧拉法的稳定性.关于模型方程 $y'=\lambda y$ 的欧拉公式为

$$y_{n+1}=(1+h\lambda)y_n,\quad n=0,1,2,\cdots. \tag{9.33}$$

设在节点值 y_n 上有一扰动值 ε_n，它的传播使节点值 y_{n+1} 产生大小为 ε_{n+1} 的扰动值，假设用 $y_n^*=y_n+\varepsilon_n$ 按欧拉公式得出 $y_{n+1}^*=y_{n+1}+\varepsilon_{n+1}$ 的计算过程没有新的误差，则扰动值满足

$$\begin{aligned}\varepsilon_{n+1}&=y_{n+1}^*-y_{n+1}=y_{n+1}^*-(1+h\lambda)\,y_n=y_{n+1}^*-(1+h\lambda)(y_n^*-\varepsilon_n)\\&=y_{n+1}^*-(1+h\lambda)\,y_n^*+(1+h\lambda)\varepsilon_n,\end{aligned}$$

即

$$\varepsilon_{n+1}=(1+h\lambda)\varepsilon_n.$$

可见扰动值满足原来的差分方程(9.33).这样，如果差分方程的解是不增长的，即有

$$|\,y_{n+1}\,|\leqslant|\,y_n\,|,$$

则它就是稳定的.这一论断对于下面将要研究的其他方法同样适用.

显然，为要保证差分方程(9.33)的解是不增长的，只要选取 h 充分小，使

$$|\,1+h\lambda\,|\leqslant 1.$$

在 $\mu=h\lambda$ 的复平面上，这是以$(-1,0)$为圆心，1 为半径的单位圆的内部(见图 9-4).称为欧拉法的绝对稳定域，相应的绝对稳定区间为$(-2,0)$.一般情形可如下定义.

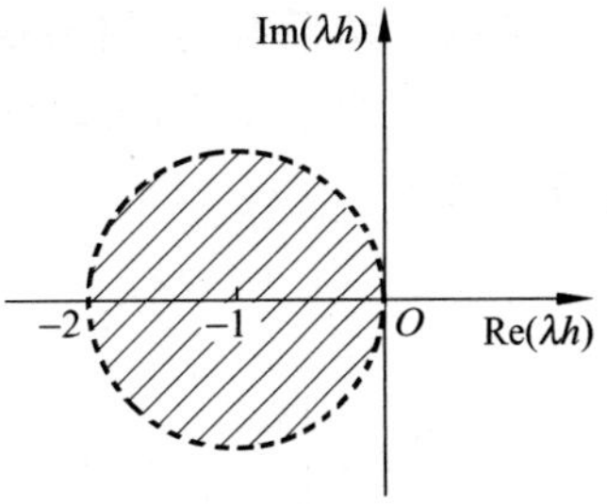

图 9-4 欧拉公式的绝对稳定域

定义 9.6 单步法(9.14)用于解模型方程(9.32)，若得到的解 $y_{n+1}=E(h\lambda)y_n$，满足 $|E(h\lambda)|<1$，则称方法(9.14)是**绝对稳定**的.在 $\mu=h\lambda$ 的复平面上，使 $|E(h\lambda)|<1$ 的变量围成的区域，称为**绝对稳定域**，它与实轴的交称为**绝对稳定区间**.

对欧拉法 $E(h\lambda)=1+h\lambda$，其绝对稳定域已由 $|1+h\lambda|<1$ 给出，绝对稳定区间为 $-2<h\lambda<0$，在例 9.4 中

$$\lambda=-100,\ -2<-100h<0,\quad \text{即}\quad 0<h<2/100=0.02$$

为绝对稳定区间，例 9.4 中取 $h=0.025$，故它是不稳定的，当取 $h=0.005$ 时它是稳定的.

对二阶 R-K 方法，解模型方程(9.32)可得到

$$y_{n+1}=\left[1+h\lambda+\frac{(h\lambda)^2}{2}\right]y_n,\qquad \text{故}\quad E(h\lambda)=1+h\lambda+\frac{(h\lambda)^2}{2}.$$

绝对稳定域由 $\left|1+h\lambda+\frac{(h\lambda)^2}{2}\right|<1$ 得到，令 λ 为实数可得绝对稳定区间为 $-2<h\lambda<0$，即 $0<h<-2/\lambda$.类似地，可得三阶及四阶的 R-K 方法的 $E(h\lambda)$ 分别为

$$E(h\lambda)=1+h\lambda+\frac{(h\lambda)^2}{2!}+\frac{(h\lambda)^3}{3!},$$

$$E(h\lambda)=1+h\lambda+\frac{(h\lambda)^2}{2!}+\frac{(h\lambda)^3}{3!}+\frac{(h\lambda)^4}{4!}.$$

由 $|E(h\lambda)|<1$ 可以得到相应的绝对稳定域.当 λ 为实数时则得绝对稳定区间.它们分别为

三阶显式 R-K 方法：$-2.51<h\lambda<0$，即 $0<h<-2.51/\lambda$.

四阶显式 R-K 方法：$-2.78<h\lambda<0$，即 $0<h<-2.78/\lambda$.

绝对稳定域较为复杂，图 9-5 给出了 R-K 方法 $p=1$ 到 $p=4$ 的绝对稳定域.

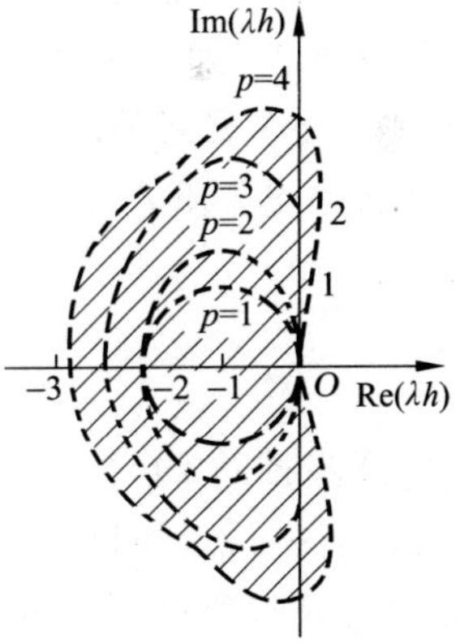

图 9-5 R-K 方法的绝对稳定域

从以上讨论可知显式的 R-K 方法的绝对稳定域均为有限域，都对步长 h 有限制.如果 h 不在所给的绝对稳定区间内，方法就不稳定.

例 9.5 $y'=-20y(0\leqslant x\leqslant 1)$，$y(0)=1$，分别取 $h=0.1$ 及 $h=0.2$ 用经典的四阶 R-K 方法(9.26)计算.

解 本例 $\lambda=-20$，$h\lambda$ 分别为 -2 及 -4，前者在绝对稳定区间内，后者则不在，用四阶 R-K 方法计算其误差见表 9-5.

表 9-5 计算结果

x_n	0.2	0.4	0.6	0.8	1.0
$h=0.1$	0.11	0.12×10^{-1}	0.14×10^{-2}	0.15×10^{-3}	0.17×10^{-4}
$h=0.2$	5.0	25.0	125.0	625.0	3125.0

从以上结果看到，如果步长 h 不满足绝对稳定条件，误差增长很快.

对于隐式单步法，可以同样地讨论方法的绝对稳定性，例如对后退欧拉法，用它解模型方程可得

$$y_{n+1}=\frac{1}{1-h\lambda}y_n,\qquad 故\quad E(h\lambda)=\frac{1}{1-h\lambda}.$$

由 $|E(h\lambda)|=\left|\frac{1}{1-h\lambda}\right|<1$ 可得绝对稳定域为 $|1-h\lambda|>1$，它是复平面中以(1,0)为圆心，1 为半径的单位圆的外部，故绝对稳定区间为 $-\infty<h\lambda<0$. 当 $\lambda<0$ 时，则 $0<h<+\infty$，即对任何步长均为稳定的.

对于梯形法，用它解模型方程(9.32)可得

$$y_{n+1}=\frac{1+\frac{h\lambda}{2}}{1-\frac{h\lambda}{2}}y_n,\qquad 故\quad E(h\lambda)=\frac{1+\frac{h\lambda}{2}}{1-\frac{h\lambda}{2}}.$$

对 $\mathrm{Re}(\lambda)<0$ 有 $|E(h\lambda)|=\left|\frac{1+\frac{h\lambda}{2}}{1-\frac{h\lambda}{2}}\right|<1$，故绝对稳定域为 $\mu=h\lambda$ 的左半平面，绝对稳定区间为 $-\infty<h\lambda<0$，即 $0<h<+\infty$ 时梯形法均是稳定的.

隐式欧拉法与梯形方法的绝对稳定域均为 $\{h\lambda\mid \mathrm{Re}(h\lambda)<0\}$，在具体计算中步长 h 的选取只需考虑计算精度及迭代收敛性要求而不必考虑稳定性，具有这种特点的方法需特别重视，由此给出下面的定义.

定义 9.7 如果求解初值问题的数值方法的绝对稳定域包含了 $\{h\lambda\mid \mathrm{Re}(h\lambda)<0\}$，那么称此方法是 **A-稳定**的.

由定义 9.7 知 A-稳定的数值方法对步长 h 没有限制.

9.5 线性多步法

在逐步推进的求解过程中，计算 y_{n+1} 之前事实上已经求出了一系列的近似值 $y_0,y_1,y_2,\cdots,y_n$，如果充分利用前面多步的信息来预测 y_{n+1}，则可以期望会获得较高的精度.这就是构造所谓线性多步法的基本思想.

构造多步法的主要途径是基于数值积分方法和基于泰勒展开方法，前者可直接由微分方程(9.1)两端积分后利用插值求积公式得到.本节主要介绍基于泰勒展开的构造方法.

9.5.1 线性多步法的一般公式

如果计算 y_{n+k} 时，除用 y_{n+k-1} 的值，还用到 $y_{n+i}(i=0,1,\cdots,k-2)$ 的值，则称此方法为**线性多步法**.一般的线性多步法公式可表示为

$$y_{n+k}=\sum_{i=0}^{k-1}\alpha_i y_{n+i}+h\sum_{i=0}^{k}\beta_i f_{n+i},\quad n=0,1,2,\cdots,\tag{9.34}$$

其中 y_{n+i} 为 $y(x_{n+i})$ 的近似，$f_{n+i}=f(x_{n+i},y_{n+i})$，$x_{n+i}=x_n+ih$，$\alpha_i,\beta_i$ 为常数，α_0 及

β_0 不全为零. 称(9.34)式为线性 k 步法,计算时需先给出前面 k 个近似值 $y_0,y_1,\cdots,y_{k-1}$,然后由(9.34)式逐次求出 $y_k,y_{k+1},\cdots$.如果 $\beta_k=0$,则称(9.34)式为显式 k 步法,这时 y_{n+k} 可直接由(9.34)式算出;如果 $\beta_k\neq 0$,则称(9.34)式为隐式 k 步法,求解时与梯形法(9.10)相同,要用迭代法方可算出 y_{n+k}.(9.34)式中系数 α_i 及 β_i 可根据方法的局部截断误差及精度阶数确定,其定义如下.

定义 9.8 设 $y(x)$是初值问题(9.1),(9.2)的准确解,线性多步法(9.34)在 x_{n+k}上的局部截断误差为

$$T_{n+k}=L[y(x_n);h]=y(x_{n+k})-\sum_{i=0}^{k-1}\alpha_i y(x_{n+i})-h\sum_{i=0}^{k}\beta_i y'(x_{n+i}). \tag{9.35}$$

若 $T_{n+k}=O(h^{p+1})$,则称方法(9.34)是 ***p* 阶**的,如果 $p\geqslant 1$,则称方法(9.34)与微分方程(9.1)是**相容**的.

由定义 9.8,对 T_{n+k}在 x_n 处做泰勒展开.由于

$$y(x_n+ih)=y(x_n)+ihy'(x_n)+\frac{(ih)^2}{2!}y''(x_n)+\frac{(ih)^3}{3!}y'''(x_n)+\cdots,$$

$$y'(x_n+ih)=y'(x_n)+ihy''(x_n)+\frac{(ih)^2}{2!}y'''(x_n)+\cdots.$$

代入(9.35)式得

$$T_{n+k}=c_0y(x_n)+c_1hy'(x_n)+c_2h^2y''(x_n)+\cdots+c_ph^py^{(p)}(x_n)+\cdots,$$

其中

$$\left.\begin{aligned}&c_0=1-(\alpha_0+\cdots+\alpha_{k-1}),\\&c_1=k-[\alpha_1+2\alpha_2+\cdots+(k-1)\alpha_{k-1}]-(\beta_0+\beta_1+\cdots+\beta_k),\\&c_q=\frac{1}{q!}[k^q-(\alpha_1+2^q\alpha_2+\cdots+(k-1)^q\alpha_{k-1})]-\\&\qquad\frac{1}{(q-1)!}[\beta_1+2^{q-1}\beta_2+\cdots+k^{q-1}\beta_k],\quad q=2,3,\cdots.\end{aligned}\right\} \tag{9.36}$$

若在(9.34)式中选择系数 α_i 及 β_i,使它满足

$$c_0=c_1=\cdots=c_p=0,\quad c_{p+1}\neq 0.$$

由定义 9.8 可知此时所构造的多步法是 ***p* 阶精度**的,且

$$T_{n+k}=c_{p+1}h^{p+1}y^{(p+1)}(x_n)+O(h^{p+2}). \tag{9.37}$$

称右端第一项为**局部截断误差主项**,c_{p+1}称为**误差常数**.

根据相容性定义得 $p\geqslant 1$,即 $c_0=c_1=0$,由(9.36)式得

$$\begin{cases}\alpha_0+\alpha_1+\cdots+\alpha_{k-1}=1,\\\displaystyle\sum_{i=1}^{k-1}i\alpha_i+\sum_{i=0}^{k}\beta_i=k.\end{cases} \tag{9.38}$$

故方法(9.34)与微分方程(9.1)相容的充分必要条件是(9.38)式成立.

显然,当 $k=1$ 时退化为线性单步法. 若 $\beta_1=0$,则由(9.38)式可求得

$$\alpha_0=1,\quad \beta_0=1.$$

此时(9.34)式为

$$y_{n+1}=y_n+hf_n,$$

即为欧拉法.从(9.36)式可求得 $c_2=1/2\neq 0$,故方法为一阶精度,且局部截断误差为

$$T_{n+1}=\frac{1}{2}h^2y''(x_n)+O(h^3),$$

这和 9.2 节给出的结果是一致的.

对 $k=1$,若 $\beta_1\neq 0$,此时方法为隐式公式,为了确定系数 α_0,β_0,β_1,可由 $c_0=c_1=c_2=0$ 解得 $\alpha_0=1,\beta_0=\beta_1=1/2$.于是得到公式

$$y_{n+1}=y_n+\frac{h}{2}(f_n+f_{n+1}),$$

即为梯形法.由(9.36)式可求得 $c_3=-1/12$,故 $p=2$,所以梯形法是二阶方法,其局部截断误差主项是 $-h^3y'''(x_n)/12$,这与 9.2 节中的讨论也是一致的.

对 $k\geqslant 2$ 的多步法公式都可利用(9.36)式确定系数 α_i,β_i,并由(9.37)式给出局部截断误差,下面只就若干常用的多步法导出具体公式.

9.5.2　阿当姆斯显式与隐式公式

考虑形如

$$y_{n+k}=y_{n+k-1}+h\sum_{i=0}^{k}\beta_i f_{n+i},\quad n=0,1,2,\cdots \tag{9.39}$$

的 k 步法,称为**阿当姆斯**(Adams)**方法**.当 $\beta_k=0$ 时为显式方法,当 $\beta_k\neq 0$ 时为隐式方法,通常称为阿当姆斯显式与隐式公式,也称阿当姆斯-巴什福思(Adams-Bashforth)公式与阿当姆斯-蒙尔顿(Adams-Monlton)公式.这类公式可直接由微分方程(9.1)两端积分(从 x_{n+k-1} 到 x_{n+k} 积分)求得.下面可利用(9.36)式由 $c_1=\cdots=c_p=0$ 推出,对比(9.39)式与(9.34)式可知此时系数 $\alpha_0=\alpha_1=\cdots=\alpha_{k-2}=0$,$\alpha_{k-1}=1$,显然 $c_0=0$ 成立,下面只需确定系数 $\beta_0,\beta_1,\cdots,\beta_k$,故可令 $c_1=\cdots=c_{k+1}=0$,则可求得 $\beta_0,\beta_1,\cdots,\beta_k$(若 $\beta_k=0$,则令 $c_0=\cdots=c_k=0$ 来求得 $\beta_0,\beta_1,\cdots,\beta_{k-1}$).下面以 $k=3$ 为例,由 $c_1=c_2=c_3=c_4=0$,根据(9.36)式可得

$$\begin{cases}\beta_0+\beta_1+\beta_2+\beta_3=1,\\ 2(\beta_1+2\beta_2+3\beta_3)=5,\\ 3(\beta_1+4\beta_2+9\beta_3)=19,\\ 4(\beta_1+8\beta_2+27\beta_3)=65.\end{cases}$$

若 $\beta_3=0$,则由方程组中前三个方程解得

$$\beta_0=\frac{5}{12},\quad \beta_1=-\frac{16}{12},\quad \beta_2=\frac{23}{12},$$

得到 $k=3$ 时的阿当姆斯显式公式是

$$y_{n+3}=y_{n+2}+\frac{h}{12}(23f_{n+2}-16f_{n+1}+5f_n),\quad n=0,1,2,\cdots. \tag{9.40}$$

由(9.36)式求得 $c_4=3/8$,所以(9.40)式是三阶方法,局部截断误差是

$$T_{n+3}=\frac{3}{8}h^4y^{(4)}(x_n)+O(h^5).$$

若 $\beta_3\neq 0$,则由方程组中的后三个方程解得

$$\beta_1=-\frac{5}{24},\quad \beta_2=\frac{19}{24},\quad \beta_3=\frac{3}{8},\quad 进而\ \beta_0=\frac{1}{24}.$$

于是得 $k=3$ 时的阿当姆斯隐式公式为

$$y_{n+3}=y_{n+2}+\frac{h}{24}(9f_{n+3}+19f_{n+2}-5f_{n+1}+f_n),\quad n=0,1,2,\cdots,$$

它是四阶方法,局部截断误差是

$$T_{n+3}=-\frac{19}{720}h^5y^{(5)}(x_n)+O(h^6).$$

用类似的方法可求得阿当姆斯显式方法和隐式方法的公式,表 9-6 及表 9-7 分别列出了 $k=1,2,3,4$ 时的阿当姆斯显式公式与阿当姆斯隐式公式,其中 k 为步数,p 为方法的阶,c_{p+1} 为误差常数.

表 9-6 阿当姆斯显式公式

k	p	公式	c_{p+1}
1	1	$y_{n+1}=y_n+hf_n$	$\frac{1}{2}$
2	2	$y_{n+2}=y_{n+1}+\frac{h}{2}(3f_{n+1}-f_n)$	$\frac{5}{12}$
3	3	$y_{n+3}=y_{n+2}+\frac{h}{12}(23f_{n+2}-16f_{n+1}+5f_n)$	$\frac{3}{8}$
4	4	$y_{n+4}=y_{n+3}+\frac{h}{24}(55f_{n+3}-59f_{n+2}+37f_{n+1}-9f_n)$	$\frac{251}{720}$

表 9-7 阿当姆斯隐式公式

k	p	公式	c_{p+1}
1	2	$y_{n+1}=y_n+\frac{h}{2}(f_{n+1}+f_n)$	$-\frac{1}{12}$
2	3	$y_{n+2}=y_{n+1}+\frac{h}{12}(5f_{n+2}+8f_{n+1}-f_n)$	$-\frac{1}{24}$
3	4	$y_{n+3}=y_{n+2}+\frac{h}{24}(9f_{n+3}+19f_{n+2}-5f_{n+1}+f_n)$	$-\frac{19}{720}$
4	5	$y_{n+4}=y_{n+3}+\frac{h}{720}(251f_{n+4}+646f_{n+3}-264f_{n+2}+106f_{n+1}-19f_n)$	$-\frac{3}{160}$

例 9.6 分别用四阶阿当姆斯显式和隐式方法解初值问题

$$y'=-y+x+1,\quad y(0)=1.$$

取步长 $h=0.1$. 此非齐次线性微分方程的解为 $y=\mathrm{e}^{-x}+x$.

解 本题 $f_n=-y_n+x_n+1$, $x_n=nh=0.1n$.从四阶阿当姆斯显式公式得到

$$\begin{aligned}y_{n+4}&=y_{n+3}+\frac{h}{24}(55f_{n+3}-59f_{n+2}+37f_{n+1}-9f_n)\\&=\frac{1}{24}(18.5y_{n+3}+5.9y_{n+2}-3.7y_{n+1}+0.9y_n+0.24n+3.24).\end{aligned}$$

对于四阶阿当姆斯隐式公式得到

$$y_{n+3}=y_{n+2}+\frac{h}{24}(9f_{n+3}+19f_{n+2}-5f_{n+1}+f_n)$$

$$=\frac{1}{24}(-0.9y_{n+3}+22.1y_{n+2}+0.5y_{n+1}-0.1y_n+0.24n+3).$$

由此可直接解出 y_{n+3} 而不用迭代，得到

$$y_{n+3}=\frac{1}{24.9}(22.1y_{n+2}+0.5y_{n+1}-0.1y_n+0.24n+3).$$

计算结果见表 9-8，其中显式方法中的初始值 y_0, y_1, y_2, y_3 及隐式方法中的初始值 y_0, y_1, y_2 均用准确解 $y(x)=e^{-x}+x$ 计算得到. 对一般方程，可用四阶 R-K 方法计算这些初始值.

表 9-8 计算结果

x_n	精确解 $y(x_n)$ $=e^{-x_n}+x_n$	阿当姆斯显式方法		阿当姆斯隐式方法	
		y_n	$\lvert y(x_n)-y_n\rvert$	y_n	$\lvert y(x_n)-y_n\rvert$
0.3	1.040 818 22			1.040 818 01	2.1×10^{-7}
0.4	1.070 320 05	1.070 322 92	2.87×10^{-6}	1.070 319 66	3.8×10^{-7}
0.5	1.106 530 66	1.106 535 48	4.82×10^{-6}	1.106 530 14	5.2×10^{-7}
0.6	1.148 811 64	1.148 818 41	6.77×10^{-6}	1.148 811 01	6.3×10^{-7}
0.7	1.196 585 30	1.196 593 39	8.09×10^{-6}	1.196 584 59	7.1×10^{-7}
0.8	1.249 328 96	1.249 338 16	9.19×10^{-6}	1.249 328 19	7.7×10^{-7}
0.9	1.306 569 66	1.306 579 61	9.95×10^{-6}	1.306 568 85	8.1×10^{-7}
1.0	1.367 879 44	1.367 889 96	1.05×10^{-5}	1.367 878 60	8.4×10^{-7}

从以上例子看到同阶的阿当姆斯方法，隐式方法要比显式方法误差小，这可以从两种方法的局部截断误差主项 $c_{p+1}h^{p+1}y^{(p+1)}(x_n)$ 的系数大小得到解释，这里 c_{p+1} 分别为 251/720 及 −19/720.

9.5.3 米尔尼方法与辛普森方法

考虑与(9.39)式不同的另一个 $k=4$ 的显式公式为

$$y_{n+4}=y_n+h(\beta_3 f_{n+3}+\beta_2 f_{n+2}+\beta_1 f_{n+1}+\beta_0 f_n),$$

其中 $\beta_0, \beta_1, \beta_2, \beta_3$ 为待定常数，可根据使公式的精度阶尽可能高这一条件来确定其数值. 由(9.36)式可知 $c_0=0$，然后令 $c_1=c_2=c_3=c_4=0$ 得到

$$\begin{cases}\beta_0+\beta_1+\beta_2+\beta_3=4,\\ 2(\beta_1+2\beta_2+3\beta_3)=16,\\ 3(\beta_1+4\beta_2+9\beta_3)=64,\\ 4(\beta_1+8\beta_2+27\beta_3)=256.\end{cases}$$

解此线性方程组得

$$\beta_3=\frac{8}{3},\quad \beta_2=-\frac{4}{3},\quad \beta_1=\frac{8}{3},\quad \beta_0=0.$$

于是得到四步显式公式

$$y_{n+4}=y_n+\frac{4h}{3}(2f_{n+3}-f_{n+2}+2f_{n+1}),\quad n=0,1,2,\cdots, \tag{9.41}$$

称为**米尔尼(Milne)方法**. 由于 $c_5=14/45$，故此方法为四阶的，其局部截断误差为

$$T_{n+4}=\frac{14}{45}h^5y^{(5)}(x_n)+O(h^6). \tag{9.42}$$

米尔尼方法也可以通过对微分方程(9.1)两端积分

$$y(x_{n+4})-y(x_n)=\int_{x_n}^{x_{n+4}}f(x,y(x))\mathrm{d}x$$

得到.

若将微分方程(9.1)从 x_n 到 x_{n+2} 积分,可得

$$y(x_{n+2})-y(x_n)=\int_{x_n}^{x_{n+2}}f(x,y(x))\mathrm{d}x.$$

右端积分利用辛普森求积公式就有

$$y_{n+2}=y_n+\frac{h}{3}(f_n+4f_{n+1}+f_{n+2}),\quad n=0,1,2,\cdots.$$

此方法称为**辛普森方法**.它是隐式二步四阶方法,其局部截断误差为

$$T_{n+2}=-\frac{h^5}{90}y^{(5)}(x_n)+O(h^6).$$

9.5.4 汉明方法

辛普森方法是二步方法中精度阶数最高的,但它的稳定性较差(参见例 9.10),为了改善稳定性,我们考察另一类三步方法

$$y_{n+3}=\alpha_0y_n+\alpha_1y_{n+1}+\alpha_2y_{n+2}+h(\beta_1f_{n+1}+\beta_2f_{n+2}+\beta_3f_{n+3}),$$

其中系数 $\alpha_0,\alpha_1,\alpha_2$ 及 β_1,β_2,β_3 为常数,如果希望导出的公式是四阶精度的,则系数中至少有一个自由参数.若取 $\alpha_1=1$,则可得到辛普森方法.若取 $\alpha_1=0$,仍利用泰勒展开,由(9.36)式,令$c_0=c_1=c_2=c_3=c_4=0$,则可得到

$$\begin{cases}\alpha_0+\alpha_2=1,\\2\alpha_2+\beta_1+\beta_2+\beta_3=3,\\4\alpha_2+2(\beta_1+2\beta_2+3\beta_3)=9,\\8\alpha_2+3(\beta_1+4\beta_2+9\beta_3)=27,\\16\alpha_2+4(\beta_1+8\beta_2+27\beta_3)=81.\end{cases}$$

解此线性方程组得

$$\alpha_0=-\frac{1}{8},\quad \alpha_2=\frac{9}{8},\quad \beta_1=-\frac{3}{8},\quad \beta_2=\frac{6}{8},\quad \beta_3=\frac{3}{8}.$$

于是有

$$y_{n+3}=\frac{1}{8}(9y_{n+2}-y_n)+\frac{3h}{8}(f_{n+3}+2f_{n+2}-f_{n+1}),\quad n=0,1,2,\cdots,\tag{9.43}$$

称为**汉明**(Hamming)**方法**.由于 $c_5=-1/40$,故方法是四阶的,且局部截断误差为

$$T_{n+3}=-\frac{h^5}{40}y^{(5)}(x_n)+O(h^6).\tag{9.44}$$

9.5.5 预测-校正方法

对于隐式的线性多步法,计算时要进行迭代,计算量较大.为了避免进行迭代,通常采用显式公式给出 y_{n+k} 的一个初始近似,记为 $y_{n+k}^{(0)}$,称为**预测**(predictor),接着计算 f_{n+k} 的值(evaluation),之后用隐式公式计算 y_{n+k},称为**校正**(corrector).例如在(9.12)式中用欧拉法

做预测，然后用梯形法校正，得到改进欧拉法，它就是一个二阶预测-校正方法.一般情况下，预测公式与校正公式都取同阶精度的显式方法与隐式方法相匹配.例如用四阶的阿当姆斯显式方法作预测，然后用四阶阿当姆斯隐式公式作校正，得到以下格式：

$$\text{预测 P：}y_{n+4}^{\mathrm{p}}=y_{n+3}+\frac{h}{24}(55f_{n+3}-59f_{n+2}+37f_{n+1}-9f_n),$$

$$\text{求值 E：}f_{n+4}^{\mathrm{p}}=f(x_{n+4},y_{n+4}^{\mathrm{p}}),$$

$$\text{校正 C：}y_{n+4}=y_{n+3}+\frac{h}{24}(9f_{n+4}^{\mathrm{p}}+19f_{n+3}-5f_{n+2}+f_{n+1}),$$

$$\text{求值 E：}f_{n+4}=f(x_{n+4},y_{n+4}).$$

此公式称为阿当姆斯四阶**预测-校正格式**(PECE).

依据四阶阿当姆斯公式的截断误差，对于 PECE 的预测步 P 有

$$y(x_{n+4})-y_{n+4}^{\mathrm{p}}\approx\frac{251}{720}h^5y^{(5)}(x_n),$$

对校正步 C 有

$$y(x_{n+4})-y_{n+4}\approx-\frac{19}{720}h^5y^{(5)}(x_n).$$

两式相减得

$$h^5y^{(5)}(x_n)\approx-\frac{720}{270}(y_{n+4}^{\mathrm{p}}-y_{n+4}),$$

于是有下列事后误差估计

$$y(x_{n+4})-y_{n+4}^{\mathrm{p}}\approx-\frac{251}{270}(y_{n+4}^{\mathrm{p}}-y_{n+4}),$$

$$y(x_{n+4})-y_{n+4}\approx\frac{19}{270}(y_{n+4}^{\mathrm{p}}-y_{n+4}).$$

容易看出

$$\left.\begin{aligned}y_{n+4}^{\mathrm{pm}}&=y_{n+4}^{\mathrm{p}}+\frac{251}{270}(y_{n+4}-y_{n+4}^{\mathrm{p}}),\\ \bar{y}_{n+4}&=y_{n+4}-\frac{19}{270}(y_{n+4}-y_{n+4}^{\mathrm{p}})\end{aligned}\right\}\tag{9.45}$$

比 y_{n+4}^{p}，y_{n+4}更好.但在 y_{n+4}^{pm}的表达式中 y_{n+4}是未知的，因此计算时用上一步代替，从而构造一种**修正预测-校正格式**(PMECME)：

$$\text{P：}y_{n+4}^{\mathrm{p}}=y_{n+3}+\frac{h}{24}(55f_{n+3}-59f_{n+2}+37f_{n+1}-9f_n),$$

$$\text{M：}y_{n+4}^{\mathrm{pm}}=y_{n+4}^{\mathrm{p}}+\frac{251}{270}(y_{n+3}^{\mathrm{c}}-y_{n+3}^{\mathrm{p}}),$$

$$\text{E：}f_{n+4}^{\mathrm{pm}}=f(x_{n+4},y_{n+4}^{\mathrm{pm}}),$$

$$\text{C：}y_{n+4}^{\mathrm{c}}=y_{n+3}+\frac{h}{24}(9f_{n+4}^{\mathrm{pm}}+19f_{n+3}-5f_{n+2}+f_{n+1}),$$

$$\text{M：}y_{n+4}=y_{n+4}^{\mathrm{c}}-\frac{19}{270}(y_{n+4}^{\mathrm{c}}-y_{n+4}^{\mathrm{p}}),$$

$$\text{E：}f_{n+4}=f(x_{n+4},y_{n+4}).$$

注意：在 PMECME 格式中已将(9.45)式的 y_{n+4} 及 $\bar{y}_{n+4}$ 分别改为 y^{c}_{n+4} 及 y_{n+4}.

利用米尔尼公式(9.41)和汉明公式(9.43)相匹配，并利用截断误差(9.42)式，(9.44)式改进计算结果，可类似地建立四阶修正米尔尼-汉明预测-校正格式：

$$\text{P:}\ y^{p}_{n+4}=y_n+\frac{4}{3}h(2f_{n+3}-f_{n+2}+2f_{n+1}),$$

$$\text{M:}\ y^{pm}_{n+4}=y^{p}_{n+4}+\frac{112}{121}(y^{c}_{n+3}-y^{p}_{n+3}),$$

$$\text{E:}\ f^{pm}_{n+4}=f(x_{n+4},y^{pm}_{n+4}),$$

$$\text{C:}\ y^{c}_{n+4}=\frac{1}{8}(9y_{n+3}-y_{n+1})+\frac{3}{8}h(f^{pm}_{n+4}+2f_{n+3}-f_{n+2}),$$

$$\text{M:}\ y_{n+4}=y^{c}_{n+4}-\frac{9}{121}(y^{c}_{n+4}-y^{p}_{n+4}),$$

$$\text{E:}\ f_{n+4}=f(x_{n+4},y_{n+4}).$$

9.5.6 构造多步法公式的注记和例

前面已指出构造多步法公式有基于数值积分和泰勒展开两种途径，只对能将微分方程(9.1)转化为等价的积分方程的情形方可利用数值积分方法建立多步法公式，它是有局限性的，即前种途径只对部分方法适用.而用泰勒展开则可构造任意的多步法公式，其做法是根据多步法公式的形式，直接在 x_n 处做泰勒展开即可.不必套用系数公式(9.36)确定多步法(9.34)的系数 α_i 及 $\beta_i(i=0,1,\cdots,k)$，因为多步法公式不一定如(9.34)式的形式.另外，套用公式容易记错.具体做法见下面的例子.

例 9.7 解初值问题 $y'=f(x,y),y(x_0)=y_0$. 用显式二步法
$y_{n+1}=\alpha_0y_n+\alpha_1y_{n-1}+h(\beta_0f_n+\beta_1f_{n-1})$， 其中 $f_n=f(x_n,y_n)$， $f_{n-1}=f(x_{n-1},y_{n-1})$. 试确定参数 $\alpha_0,\alpha_1,\beta_0,\beta_1$ 使方法的精度阶数尽可能高，并求局部截断误差.

解 本题仍根据局部截断误差的定义，用泰勒展开确定参数满足的方程.由于

$$\begin{aligned}
T_{n+1}&=y(x_n+h)-\alpha_0y(x_n)-\alpha_1y(x_n-h)-h[\beta_0y'(x_n)+\beta_1y'(x_n-h)]\\
&=y(x_n)+hy'(x_n)+\frac{h^2}{2}y''(x_n)+\frac{h^3}{3!}y'''(x_n)+\frac{h^4}{4!}y^{(4)}(x_n)+O(h^5)-\\
&\quad\ \alpha_0y(x_n)-\alpha_1\left[y(x_n)-hy'(x_n)+\frac{h^2}{2}y''(x_n)-\frac{h^3}{3!}y'''(x_n)+\frac{h^4}{4!}y^{(4)}(x_n)+O(h^5)\right]-\\
&\quad\ \beta_0hy'(x_n)-\beta_1h\left[y'(x_n)-hy''(x_n)+\frac{h^2}{2}y'''(x_n)-\frac{h^3}{3!}y^{(4)}(x_n)+O(h^4)\right]\\
&=(1-\alpha_0-\alpha_1)y(x_n)+(1+\alpha_1-\beta_0-\beta_1)hy'(x_n)+\\
&\quad\ \left(\frac{1}{2}-\frac{1}{2}\alpha_1+\beta_1\right)h^2y''(x_n)+\left(\frac{1}{6}+\frac{1}{6}\alpha_1-\frac{1}{2}\beta_1\right)h^3y'''(x_n)+\\
&\quad\ \left(\frac{1}{24}-\frac{1}{24}\alpha_1+\frac{1}{6}\beta_1\right)h^4y^{(4)}(x_n)+O(h^5),
\end{aligned}$$

为求参数 $\alpha_0,\alpha_1,\beta_0,\beta_1$ 使方法的精度阶数尽量高，可令

$$1-\alpha_0-\alpha_1=0,\quad 1+\alpha_1-\beta_0-\beta_1=0,$$

$$\frac{1}{2}-\frac{1}{2}\alpha_1+\beta_1=0,\quad \frac{1}{6}+\frac{1}{6}\alpha_1-\frac{1}{2}\beta_1=0,$$

即得线性方程组

$$\begin{cases}\alpha_0+\alpha_1=1,\\ -\alpha_1+\beta_0+\beta_1=1,\\ \alpha_1-2\beta_1=1,\\ -\alpha_1+3\beta_1=1,\end{cases}$$

解得 $\alpha_0=-4,\alpha_1=5,\beta_0=4,\beta_1=2$,此时公式为三阶,而且

$$T_{n+1}=\frac{1}{6}h^4y^{(4)}(x_n)+O(h^5)$$

即为所求局部截断误差.而所得二步法为

$$y_{n+1}=-4y_n+5y_{n-1}+2h(2f_n+f_{n-1}),\quad n=0,1,2,\cdots.$$

例 9.8 证明存在 α 的一个值,使线性多步法

$$y_{n+1}+\alpha(y_n-y_{n-1})-y_{n-2}=\frac{1}{2}(3+\alpha)h(f_n+f_{n-1}),\quad n=2,3,\cdots$$

是四阶的.

证明 只要证明局部截断误差 $T_{n+1}=O(h^5)$,则方法为四阶的.仍用泰勒展开,由于

$$\begin{aligned}T_{n+1}=&\ y(x_n+h)+\alpha[y(x_n)-y(x_n-h)]-y(x_n-2h)-\\&\frac{1}{2}(3+\alpha)h[y'(x_n)+y'(x_n-h)]\\=&\ y(x_n)+hy'(x_n)+\frac{h^2}{2}y''(x_n)+\frac{h^3}{3!}y'''(x_n)+\frac{h^4}{4!}y^{(4)}(x_n)+O(h^5)-\\&\alpha\left[(-h)y'(x_n)+\frac{h^2}{2}y''(x_n)-\frac{h^3}{3!}y'''(x_n)+\frac{h^4}{4!}y^{(4)}(x_n)+O(h^5)\right]-\\&\left[y(x_n)-2hy'(x_n)+\frac{(2h)^2}{2}y''(x_n)-\frac{(2h)^3}{3!}y'''(x_n)+\frac{(2h)^4}{4!}y^{(4)}(x_n)+O(h^5)\right]-\\&\frac{h}{2}(3+\alpha)\left[y'(x_n)+y'(x_n)-hy''(x_n)+\frac{h^2}{2}y'''(x_n)-\frac{h^3}{3!}y^{(4)}(x_n)+O(h^4)\right]\\=&[1+\alpha+2-(3+\alpha)]hy'(x_n)+\left[\frac{1}{2}-\frac{1}{2}\alpha-2+\frac{1}{2}(3+\alpha)\right]h^2y''(x_n)+\\&\left[\frac{1}{6}+\frac{1}{6}\alpha+\frac{4}{3}-\frac{1}{4}(3+\alpha)\right]h^3y'''(x_n)+\\&\left[\frac{1}{24}-\frac{1}{24}\alpha-\frac{2}{3}+\frac{1}{12}(3+\alpha)\right]h^4y^{(4)}(x_n)+O(h^5)\\=&\left(\frac{3}{4}-\frac{1}{12}\alpha\right)h^3y'''(x_n)+\frac{1}{24}(-9+\alpha)h^4y^{(4)}(x_n)+O(h^5),\end{aligned}$$

当 $\alpha=9$ 时,$T_{n+1}=O(h^5)$,故方法是四阶的. □

9.6 线性多步法的收敛性与稳定性

线性多步法的基本性质与单步法相似,但它涉及线性差分方程理论,因此不作详细讨论,只给出基本概念及结论.

9.6.1 相容性及收敛性

在定义 9.8 中给出的局部截断误差(9.35)中 $T_{n+k}=O(h^{p+1})$，若 $p\geqslant 1$ 称 k 步法(9.34)与微分方程(9.1)式**相容**，它等价于

$$\lim_{h\to 0}\frac{1}{h}T_{n+k}=0.$$

对多步法(9.34)可引入多项式

$$\rho(\xi)=\xi^k-\sum_{j=0}^{k-1}\alpha_j\xi^j,\quad 和\quad \sigma(\xi)=\sum_{j=0}^{k}\beta_j\xi^j,$$

分别称为线性多步法(9.34)的**第一特征多项式**和**第二特征多项式**.可以看出，如果(9.34)式给定，则 $\rho(\xi)$ 和 $\sigma(\xi)$ 也完全确定.反之也成立.根据(9.38)式的结论，有下面定理.

定理 9.5 线性多步法(9.34)与微分方程(9.1)相容的充分必要条件是

$$\rho(1)=0,\quad \rho'(1)=\sigma(1).$$

关于多步法(9.34)的收敛性，由于用多步法(9.34)求数值解需要 k 个初值，而微分方程(9.1)只给出一个初值 $y(x_0)=y_0$，因此还要给出 $k-1$ 个初值才能用多步法(9.34)进行求解，即

$$\begin{cases}y_{n+k}=\sum\limits_{i=0}^{k-1}\alpha_i y_{n+i}+h\sum\limits_{i=0}^{k}\beta_i f_{n+i}, & n=0,1,2,\cdots,\\ y_j=\eta_j(h), & j=0,1,\cdots,k-1,\end{cases}\tag{9.46}$$

其中 y_0 由微分方程的初值给定，$y_1,y_2,\cdots,y_{k-1}$ 可由相应的单步法给出.设由(9.46)式在 $x=x_n$ 处得到的数值解为 y_n，这里 $x_n=x_0+nh\in[a,b]$ 为固定点，$h=\dfrac{b-a}{n}$，于是有下面的定义.

定义 9.9 设初值问题(9.1)，(9.2)有精确解 $y(x)$.若初始条件 $y_i=\eta_i(h)$ 满足条件

$$\lim_{h\to 0}\eta_i(h)=y_0,\quad i=0,1,\cdots,k-1$$

的线性 k 步法(9.46)在 $x=x_n$ 处的解 y_n 有

$$\lim_{\substack{h\to 0\\ x=x_0+nh}} y_n=y(x),$$

则称线性 k 步法(9.46)是**收敛**的.

定理 9.6 设线性多步法(9.46)是收敛的，则它是相容的.

证明可见文献[2].此定理的逆定理是不成立的.见下例.

例 9.9 用线性二步法

$$\begin{cases}y_{n+2}=3y_{n+1}-2y_n+h(f_{n+1}-2f_n), & n=0,1,2,\cdots\\ y_0=\eta_0(h), & y_1=\eta_1(h)\end{cases}\tag{9.47}$$

解初值问题 $y'=2x$，$y(0)=0$.

解 此初值问题有精确解 $y(x)=x^2$，而由(9.47)式知

$$\rho(\xi)=\xi^2-3\xi+2,\quad \sigma(\xi)=\xi-2,$$

故有 $\rho(1)=0$，$\sigma(1)=\rho'(1)=-1$，因此方法(9.47)是相容的，但方法(9.47)的解并不收敛，在方法(9.47)中取初值

$$y_0=0,\quad y_1=h,$$

此时方法(9.47)为二阶差分方程

$$y_{n+2}=3y_{n+1}-2y_n+h(2x_{n+1}-4x_n),\quad y_0=0,\ y_1=h,\tag{9.48}$$

其特征方程为

$$\rho(\xi)=\xi^2-3\xi+2=0,$$

解得其根为 $\xi_1=1$ 及 $\xi_2=2$.于是可求得差分方程(9.48)的解为

$$y_n=(2^n-1)h+n(n-1)h^2,\quad x=nh,$$

$$\lim_{\substack{h\to 0\\ n\to\infty}}y_n=\lim_{n\to\infty}\left(\frac{2^n-1}{n}x+\frac{n-1}{n}x^2\right)=+\infty,$$

故方法不收敛.(有关差分方程解的内容见文献[44])

从上例看到多步法(9.34)是否收敛与 $\rho(\xi)$ 的零点有关,为此可给出以下概念.

定义 9.10　如果线性多步法(9.34)式的第一特征多项式 $\rho(\xi)$ 的零点都在单位圆内或单位圆上,且在单位圆上的零点为单零点,则称线性多步法(9.34)满足**零点条件**.

定理 9.7　线性多步法(9.34)是相容的,则线性多步法(9.46)收敛的充分必要条件是线性多步法(9.34)满足零点条件.

证明可见文献[44].

在例 9.9 中 $\rho(\xi)=\xi^2-3\xi+2$ 的零点为 $\xi_1=1,\xi_2=2$,不满足零点条件.因此二步法(9.47)不收敛.

9.6.2　稳定性与绝对稳定性

稳定性主要研究初始条件扰动与差分方程右端项扰动对数值解的影响,假设多步法(9.46)有扰动 $\{\delta_n\mid n=0,1,\cdots,N\}$,则经过扰动后的解为 $\{z_n\mid n=0,1,\cdots,N\}$,$N=\dfrac{b-a}{h}$,它满足方程

$$\begin{cases}z_{n+k}=\displaystyle\sum_{i=0}^{k-1}\alpha_i z_{n+i}+h\left(\sum_{i=0}^{k}\beta_i f(x_{n+i},z_{n+i})+\delta_{n+k}\right),\\ z_j=\eta_j(h)+\delta_j,\quad j=0,1,\cdots,k-1.\end{cases}\tag{9.49}$$

定义 9.11　对初值问题(9.1),(9.2),由多步法(9.46)得到的差分方程解 $\{y_n\}_0^N$,由于有扰动 $\{\delta_n\}_0^N$,使得方程(9.49)的解为 $\{z_n\}_0^N$,若存在常数 C 及 h_0,使对所有 $h\in(0,h_0)$,当 $|\delta_n|\leqslant\varepsilon$,$0\leqslant n\leqslant N$ 时,有

$$|z_n-y_n|\leqslant C\varepsilon,$$

则称多步法(9.34)是**稳定**的或称为**零稳定**的.

从定义 9.11 看到研究零稳定性就是研究 $h\to 0$ 时差分方程(9.46)解 $\{y_n\}$ 的稳定性.它表明当初始扰动或右端项扰动不大时,解的误差也不大,对多步法(9.34),当 $h\to 0$ 时对应差分方程的特征方程为 $\rho(\xi)=0$.故有以下结论.

定理 9.8　线性多步法(9.34)是稳定的充分必要条件是它满足零点条件.

证明见文献[44].

关于绝对稳定性只要将多步法(9.34)用于解模型方程(9.32),得到线性差分方程

$$y_{n+k}=\sum_{j=0}^{k-1}\alpha_j y_{n+j}+h\lambda\sum_{j=0}^{k}\beta_j y_{n+j}. \tag{9.50}$$

利用线性多步法的第一、第二特征多项式 $\rho(\xi),\sigma(\xi)$，令

$$\pi(\xi,\mu)=\rho(\xi)-\mu\sigma(\xi),\quad \mu=h\lambda. \tag{9.51}$$

此式称为线性多步法的**稳定性多项式**，它是关于 ξ 的 k 次多项式.如果它的所有零点 $\xi_r=\xi_r(\mu)(r=1,2,\cdots,k)$ 满足 $|\xi_r|<1$，则差分方程(9.50)的解 $\{y_n\}$ 当 $n\to\infty$ 时，有 $|y_n|\to 0$. 由此可给出下面的定义.

定义 9.12 对于给定的 $\mu=h\lambda$，如果稳定性多项式(9.51)的零点 ξ_r 满足 $|\xi_r|<1, r=1,2,\cdots,k$，则称线性多步法(9.34)关于此 μ 值是绝对稳定的.若在 $\mu=h\lambda$ 的复平面的某个区域 R 中所有 μ 值线性多步法(9.34)都是绝对稳定的，而在区域 R 外，方法是不稳定的，则称 R 为多步法(9.34)的**绝对稳定域**.R 与实轴的交集称为线性多步法(9.34)的**绝对稳定区间**.

当 λ 为实数时，可以只讨论绝对稳定区间.由于线性多步法的绝对稳定域较为复杂，通常采用根轨迹法，这里不具体讨论.只给出阿当姆斯显式方法与隐式方法的绝对稳定域图形，分别见图 9-6(a)和(b)，其绝对稳定区间见表 9-9.

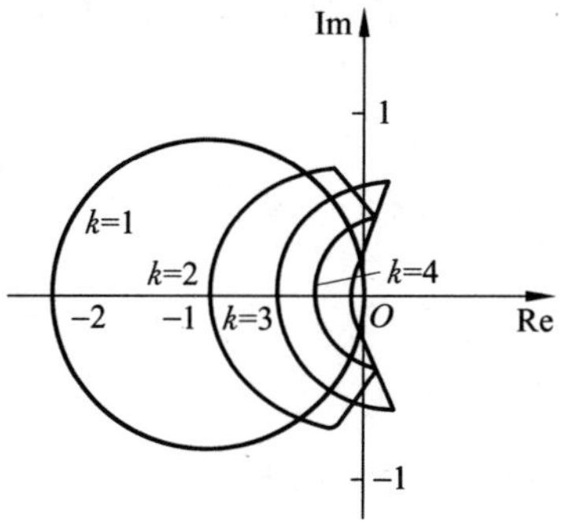

(a) 显式方法

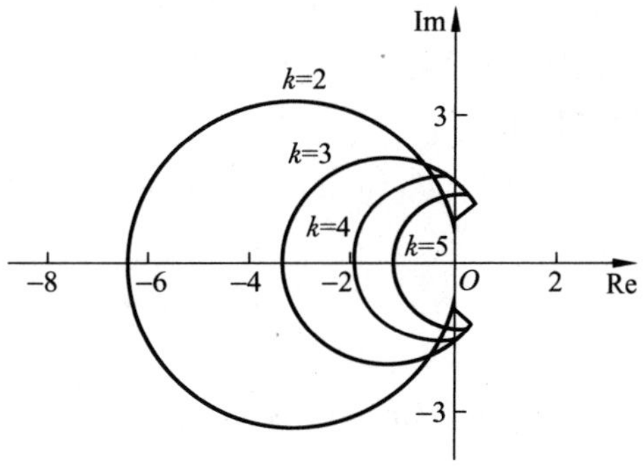

(b) 隐式方法

图 9-6 阿当姆斯公式的绝对稳定域

表 9-9 阿当姆斯公式绝对稳定区间

显式方法	隐式方法
$k=p=1,\quad -2<h\lambda<0,$	$k=1,p=2,\quad -\infty<h\lambda<0$
$k=p=2,\quad -1<h\lambda<0,$	$k=2,p=3,\quad -6.0<h\lambda<0$
$k=p=3,\quad -0.55<h\lambda<0,$	$k=3,p=4,\quad -3.0<h\lambda<0$
$k=p=4,\quad -0.30<h\lambda<0$	$k=4,p=5,\quad -1.8<h\lambda<0$

例 9.10 讨论辛普森方法

$$y_{n+2}=y_n+\frac{h}{3}(f_n+4f_{n+1}+f_{n+2}),\quad n=0,1,2,\cdots$$

的稳定性.

解 辛普森方法的第一、第二特征多项式分别为

$$\rho(\xi)=\xi^2-1,\quad \sigma(\xi)=\frac{1}{3}(\xi^2+4\xi+1).$$

$\rho(\xi)=0$ 的根分别为 -1 及 1，它满足根条件，故方法是零稳定的.但它的稳定性多项式为

$$\pi(\xi,\mu)=\xi^2-1-\frac{1}{3}\mu(\xi^2+4\xi+1).$$

求绝对稳定区域 R 的边界轨迹 ∂R.若 $\xi\in\partial R$,则可令 $\xi=e^{i\theta}$,在 μ 平面域 R 的边界轨迹 ∂R 为

$$\mu=\mu(\theta)=\frac{\rho(e^{i\theta})}{\sigma(e^{i\theta})}=\frac{e^{i2\theta}-1}{\frac{1}{3}(e^{i2\theta}+4e^{i\theta}+1)}=\frac{3(e^{i\theta}-e^{-i\theta})}{e^{i\theta}+4+e^{-i\theta}}=\frac{3i\sin\theta}{2+\cos\theta}.$$

可看出 $\mu(\theta)$在虚轴上,且对全部 $\theta\in[0,2\pi]$,$\frac{3\sin\theta}{2+\cos\theta}\in[-\sqrt{3},\sqrt{3}]$,从而可知 ∂R 为虚轴上从 $-\sqrt{3}i$ 到 $\sqrt{3}i$ 的线段,故辛普森方法的绝对稳定域为空集.即步长 $h>0$ 时此方法都不是绝对稳定的,故它不能用于求解.

9.7　一阶方程组与刚性方程组

9.7.1　一阶方程组

前面我们研究了单个方程 $y'=f$ 的数值解法,只要把 y 和 f 理解为向量,那么,所提供的各种计算公式即可应用到一阶方程组的情形.

考察一阶方程组

$$y_i'(x)=f_i(x,y_1(x),y_2(x),\cdots,y_N(x)),\quad i=1,2,\cdots,N$$

的初值问题,初始条件为

$$y_i(x_0)=y_i^0,\quad i=1,2,\cdots,N.$$

若采用向量的记号,记

$$\boldsymbol{y}(x)=(y_1(x),y_2(x),\cdots,y_N(x))^{\mathrm{T}},\quad \boldsymbol{y}_0=(y_1^0,y_2^0,\cdots,y_N^0)^{\mathrm{T}},$$

$$\boldsymbol{f}(x,\boldsymbol{y})=(f_1(x,\boldsymbol{y}),f_2(x,\boldsymbol{y}),\cdots,f_N(x,\boldsymbol{y}))^{\mathrm{T}},$$

则上述方程组的初值问题可表示为

$$\left.\begin{aligned}&\boldsymbol{y}'(x)=\boldsymbol{f}(x,\boldsymbol{y}(x)),\\&\boldsymbol{y}(x_0)=\boldsymbol{y}_0.\end{aligned}\right\}\tag{9.52}$$

求解这一初值问题的四阶龙格-库塔公式为

$$\boldsymbol{y}_{n+1}=\boldsymbol{y}_n+\frac{h}{6}(\boldsymbol{k}_1+2\boldsymbol{k}_2+2\boldsymbol{k}_3+\boldsymbol{k}_4),$$

式中

$$\begin{aligned}&\boldsymbol{k}_1=\boldsymbol{f}(x_n,\boldsymbol{y}_n),\\&\boldsymbol{k}_2=\boldsymbol{f}\left(x_n+\frac{h}{2},\boldsymbol{y}_n+\frac{h}{2}\boldsymbol{k}_1\right),\\&\boldsymbol{k}_3=\boldsymbol{f}\left(x_n+\frac{h}{2},\boldsymbol{y}_n+\frac{h}{2}\boldsymbol{k}_2\right),\\&\boldsymbol{k}_4=\boldsymbol{f}(x_n+h,\boldsymbol{y}_n+h\boldsymbol{k}_3).\end{aligned}$$

为了帮助理解这一公式的计算过程,我们考察两个方程的特殊情形:

$$\begin{cases} y' = f(x, y, z), \\ z' = g(x, y, z), \\ y(x_0) = y_0, \\ z(x_0) = z_0. \end{cases}$$

这时四阶龙格-库塔公式具有形式

$$\left.\begin{aligned} y_{n+1} &= y_n + \frac{h}{6}(K_1 + 2K_2 + 2K_3 + K_4), \\ z_{n+1} &= z_n + \frac{h}{6}(L_1 + 2L_2 + 2L_3 + L_4), \end{aligned}\right\} \tag{9.53}$$

其中

$$\left.\begin{aligned} K_1 &= f(x_n, y_n, z_n), \\ K_2 &= f\left(x_n + \frac{h}{2}, y_n + \frac{h}{2}K_1, z_n + \frac{h}{2}L_1\right), \\ K_3 &= f\left(x_n + \frac{h}{2}, y_n + \frac{h}{2}K_2, z_n + \frac{h}{2}L_2\right), \\ K_4 &= f(x_n + h, y_n + hK_3, z_n + hL_3), \\ L_1 &= g(x_n, y_n, z_n), \\ L_2 &= g\left(x_n + \frac{h}{2}, y_n + \frac{h}{2}K_1, z_n + \frac{h}{2}L_1\right), \\ L_3 &= g\left(x_n + \frac{h}{2}, y_n + \frac{h}{2}K_2, z_n + \frac{h}{2}L_2\right), \\ L_4 &= g(x_n + h, y_n + hK_3, z_n + hL_3). \end{aligned}\right\} \tag{9.54}$$

这是单步法，利用节点 x_n 上的值 y_n, z_n，由(9.54)式顺序计算

$$K_1, L_1, K_2, L_2, K_3, L_3, K_4, L_4,$$

然后代入(9.53)式即可求得节点 x_{n+1} 上的 y_{n+1}, z_{n+1}.

9.7.2 化高阶方程为一阶方程组

关于高阶微分方程(或方程组)的初值问题，原则上总可以归结为一阶方程组来求解.例如，考察下列 m 阶微分方程

$$y^{(m)} = f(x, y, y', \cdots, y^{(m-1)}), \tag{9.55}$$

初始条件为

$$y(x_0) = y_0, \quad y'(x_0) = y'_0, \quad \cdots, \quad y^{(m-1)}(x_0) = y_0^{(m-1)}. \tag{9.56}$$

只要引进新的变量

$$y_1 = y, \quad y_2 = y', \quad \cdots, \quad y_m = y^{(m-1)},$$

即可将 m 阶微分方程(9.55)化为如下的一阶微分方程组：

$$\left.\begin{aligned} y'_1 &= y_2, \\ y'_2 &= y_3, \\ &\ \vdots \\ y'_{m-1} &= y_m, \\ y'_m &= f(x, y_1, y_2, \cdots, y_m). \end{aligned}\right\} \tag{9.57}$$

初始条件(9.56)则相应地化为

$$y_1(x_0)=y_0,\quad y_2(x_0)=y_0',\quad \cdots,\quad y_m(x_0)=y_0^{(m-1)}. \tag{9.58}$$

不难证明初值问题(9.55),(9.56)和初值问题(9.57),(9.58)是彼此等价的.

特别地,对于下列二阶微分方程的初值问题:

$$\begin{cases} y''=f(x,y,y'), \\ y(x_0)=y_0, \quad y'(x_0)=y_0'. \end{cases}$$

引进新的变量 $z=y'$,即可化为下列一阶微分方程组的初值问题:

$$\begin{cases} y'=z, \\ z'=f(x,y,z), \\ y(x_0)=y_0, \\ z(x_0)=y_0'. \end{cases}$$

针对这个问题应用四阶龙格-库塔公式(9.53),有

$$\begin{cases} y_{n+1}=y_n+\dfrac{h}{6}(K_1+2K_2+2K_3+K_4), \\ z_{n+1}=z_n+\dfrac{h}{6}(L_1+2L_2+2L_3+L_4). \end{cases}$$

由(9.54)式可得

$$K_1=z_n,\quad L_1=f(x_n,y_n,z_n);$$

$$K_2=z_n+\frac{h}{2}L_1,\quad L_2=f\left(x_n+\frac{h}{2},y_n+\frac{h}{2}K_1,z_n+\frac{h}{2}L_1\right);$$

$$K_3=z_n+\frac{h}{2}L_2,\quad L_3=f\left(x_n+\frac{h}{2},y_n+\frac{h}{2}K_2,z_n+\frac{h}{2}L_2\right);$$

$$K_4=z_n+hL_3,\quad L_4=f(x_n+h,y_n+hK_3,z_n+hL_3).$$

如果消去 K_1,K_2,K_3,K_4,则上述格式可表示为

$$\begin{cases} y_{n+1}=y_n+hz_n+\dfrac{h^2}{6}(L_1+L_2+L_3), \\ z_{n+1}=z_n+\dfrac{h}{6}(L_1+2L_2+2L_3+L_4). \end{cases}$$

这里

$$L_1=f(x_n,y_n,z_n),$$

$$L_2=f\left(x_n+\frac{h}{2},y_n+\frac{h}{2}z_n,z_n+\frac{h}{2}L_1\right),$$

$$L_3=f\left(x_n+\frac{h}{2},y_n+\frac{h}{2}z_n+\frac{h^2}{4}L_1,z_n+\frac{h}{2}L_2\right),$$

$$L_4=f\left(x_n+h,y_n+hz_n+\frac{h^2}{2}L_2,z_n+hL_3\right).$$

*9.7.3　刚性方程组

在求解微分方程组(9.52)时,经常出现解的分量数量级差别很大的情形,这给数值求解带来很大困难,这种问题称为**刚性**(stiff)**问题**,刚性问题在化学反应、电子网络和自动控制

等领域中都是常见的,先考察以下例子.

给定系统

$$\left.\begin{aligned}&u'(x)=-1000.25u(x)+999.75v(x)+0.5,\\&v'(x)=999.75u(x)-1000.25v(x)+0.5,\\&u(0)=1,\\&v(0)=-1.\end{aligned}\right\}\tag{9.59}$$

它可用解析方法求出准确解,方程右端的系数矩阵

$$\boldsymbol{A}=\begin{pmatrix}-1000.25 & 999.75\\ 999.75 & -1000.25\end{pmatrix}$$

的特征值为 $\lambda_1=-0.5$, $\lambda_2=-2000$,方程的准确解为

$$\begin{cases}u(x)=-\mathrm{e}^{-0.5x}+\mathrm{e}^{-2000x}+1,\\ v(x)=-\mathrm{e}^{-0.5x}-\mathrm{e}^{-2000x}+1.\end{cases}$$

当 $x\to+\infty$时,$u(x)\to1$,$v(x)\to1$ 称为稳态解,$u(x)$,$v(x)$中均含有快变分量 e^{-2000x} 及慢变分量 $\mathrm{e}^{-0.5x}$.对应于 λ_2 的快速衰减的分量在 $x=0.005$ 秒时已衰减到 $\mathrm{e}^{-10}\approx0$,称 $\tau_2=-\dfrac{1}{\lambda_2}=\dfrac{1}{2000}=0.0005$ 为**时间常数**.当$x=10\tau_2$时快变分量即可被忽略,而对应于 λ_1 的慢变分量,它的时间常数 $\tau_1=-\dfrac{1}{\lambda_1}=\dfrac{1}{0.5}=2$,它要计算到 $x=10\tau_1=20$ 时,才能衰减到 $\mathrm{e}^{-10}\approx0$,也就是说解 $u(x)$,$v(x)$必须计算到 $x=20$ 才能达到稳态解.它表明微分方程(9.59)的解分量变化速度相差很大,是一个刚性方程组.如果用四阶龙格-库塔法求解.步长选取要满足 $h<-2.78/\lambda$,即 $h<-2.78/\lambda_2=0.001\,39$,才能使计算稳定.而要计算到稳态解至少需要算到 $x=20$,则需计算 14 388 步.这种用小步长计算长区间的现象是刚性方程数值求解时出现的困难,它是系统本身病态性质引起的.

对一般的线性微分方程组

$$\begin{cases}\dfrac{\mathrm{d}\boldsymbol{y}(\mathrm{x})}{\mathrm{d}x}=\boldsymbol{A}\boldsymbol{y}(x)+\boldsymbol{g}(x),\\ \boldsymbol{y}(0)=\boldsymbol{y}_0,\end{cases}\tag{9.60}$$

其中,$\boldsymbol{y}(x)=(y_1(x),y_2(x),\cdots,y_N(x))^{\mathrm{T}}\in\mathbb{R}^N$,$\boldsymbol{g}(x)=(g_1(x),g_2(x),\cdots,g_N(x))^{\mathrm{T}}\in\mathbb{R}^N$,$\boldsymbol{A}\in\mathbb{R}^{N\times N}$.若 $\boldsymbol{A}$ 的特征值

$$\lambda_j=\alpha_j+\mathrm{i}\beta_j,\qquad j=1,2,\cdots,N,\mathrm{i}=\sqrt{-1}$$

相应的特征向量为$\boldsymbol{\varphi}_j(j=1,2,\cdots,N)$,则线性微分方程组(9.60)的通解为

$$\boldsymbol{y}(x)=\sum_{j=1}^{N}c_j\mathrm{e}^{\lambda_j x}\boldsymbol{\varphi}_j+\boldsymbol{\psi}(x),$$

其中 c_j 为任意常数,可由初始条件 $\boldsymbol{y}(0)=\boldsymbol{y}_0$ 确定,$\boldsymbol{\psi}(x)$为特解.

假定 λ_j 的实部$\alpha_j=\mathrm{Re}(\lambda_j)<0$,则当 $x\to+\infty$时,$\boldsymbol{y}(x)\to\boldsymbol{\psi}(x)$,$\boldsymbol{\psi}(x)$为稳态解.

定义 9.13 若线性微分方程组(9.60)中 $\boldsymbol{A}$ 的特征值λ_j 满足条件 $\mathrm{Re}(\lambda_j)<0(j=1,2,\cdots,N)$,且

$$s=\max_{1\leqslant j\leqslant N}|\mathrm{Re}(\lambda_j)|/\min_{1\leqslant j\leqslant N}|\mathrm{Re}(\lambda_j)|\gg1,$$

则称微分方程组(9.60)为**刚性方程组**,称 s 为**刚性比**.

刚性比 $s\gg1$ 时,$\boldsymbol{A}$ 为病态矩阵,故刚性方程也称病态方程.通常 $s\geqslant10$ 就认为是刚性的.s 越大病态越严重.方程组(9.59)的刚性比 $s=4000$,故它是刚性的.

对一般的非线性微分方程组(9.52),将 $\boldsymbol{f}(x,\boldsymbol{y}(x))$ 在点 $(x,\boldsymbol{y}(x))$ 处线性展开,记 $\boldsymbol{J}(x)=\dfrac{\partial\boldsymbol{f}}{\partial\boldsymbol{y}}\in\mathbb{R}^{N\times N}$,假定 $\boldsymbol{J}(x)$ 的特征值为 $\lambda_j(x),j=1,2,\cdots,N$,根据定义 9.13,当 $\lambda_j(x)$ 满足条件 $\mathrm{Re}(\lambda_j(x))<0\ (j=1,2,\cdots,N)$,且

$$s(x)=\max_{1\leqslant j\leqslant N}|\mathrm{Re}(\lambda_j(x))|\Big/\min_{1\leqslant j\leqslant N}|\mathrm{Re}(\lambda_j(x))|\gg1,$$

则称非线性微分方程组(9.52)是刚性的,$s(x)$ 称为方程组(9.52)的局部刚性比.

求刚性方程组数值解时,若用步长受限制的方法就将出现小步长计算大区间的问题,因此最好使用对步长 h 不加限制的方法,如前面介绍的欧拉后退法及梯形法,即 A-稳定的方法,这种方法当然对步长 h 没有限制,但 A-稳定方法要求太苛刻,达赫奎斯特(Dahlquist)已证明所有显式方法都不是 A-稳定的,而隐式的 A-稳定多步法的精度阶数最高为 2,且以梯形法误差常数为最小.这就表明本章所介绍的方法中能用于解刚性方程的方法很少.通常求解刚性方程的高阶线性多步法是**吉尔(Gear)方法**,还有隐式龙格-库塔法(见文献[44]),这些方法都有现成的数学软件可供使用.本书不做介绍.

评　注

本章研究求解常微分方程初值问题的数值方法,1768 年欧拉首先提出了解初值问题的欧拉法,为提高精度阶数由龙格(1895),Heun(1900)和库塔(1901)提出了龙格-库塔法,它是基于泰勒展开形成的单步方法.1883 年由阿当姆斯基于数值积分得到的阿当姆斯外插与内插方法是一种多步法,这是构造求解常微分方程的数值方法的另一途径,但通常利用泰勒展开的构造方法更具一般性,且它在构造多步法公式时可同时得到公式的局部截断误差,由于四阶显式龙格-库塔方法精度阶数高且是自开始的,易于调节步长,且计算稳定,因此是计算机中数学库常用的算法.它的不足之处是计算量较大,且当 $f(x,y)$ 的光滑性较差时,计算精度可能不如低阶方法好.多步法和由它们形成的预测-校正公式,通常每步计算量较少,但它不是自开始的,需要借助四阶龙格-库塔法提供开始值.

对数值方法的分析涉及局部截断误差、整体误差、相容性、收敛性和稳定性等概念,特别是绝对稳定性的讨论涉及计算中步长 h 的选取,本章主要针对单步法进行理论证明,对多步法则只给出相应的概念和结论.关于数值方法稳定性理论是 20 世纪 50 年代由达赫奎斯特研究得到的.本章有关的内容可参看吉尔(Gear)1971 年的重要著作.它的中译本[45]在我国有较大的影响.

刚性方程组是具有重要应用价值的问题,具体求解有一定困难,其理论和解法内容很多,可参见文献[44,46].

求常微分方程初值问题数值方法的软件在 MATLAB,IMSL 和 NAG 等数学库中都有龙格-库塔法,阿当姆斯方法和解刚性方程组的子程序,它们都是针对 m 个变量的 m 个一

阶方程的方程组,使用时要提供计算任意点 x,$\boldsymbol{y}$ 上函数值 $\boldsymbol{f}$ 的程序名,并输入方程个数 m,初始值 x_0,$\boldsymbol{y}_0$ 和自变量计算到 x_N 的值以及误差限.

ODE 是 MATLAB 中专门用于解微分方程(组)的内置函数,该求解器有单步法和多步法两种类型.下面依照微分方程组是否为刚性的,列表给出适用的命令及对应的方法和适用对象.

方程组类型	命令	功能	说明
非刚性 ODE	ODE45 ODE23 ODE113	单步法,4,5 阶龙格-库塔方法 单步法,2,3 阶龙格-库塔方法 多步法,Adams-Bashforth-Moulton	大部分尝试的首选算法 适用于精度较低的情形 计算时间比 ODE45 短
刚性 ODE	ODE23T ODE15S ODE23S ODE23TB	梯形法 多步法 单步法 梯形法	适用于适度刚性的情形 若 ODE45 失效,可尝试使用 精度低 精度低

ODE 求解器采用自适应的步长控制方法,这些方法可以给出每一步的局部截断误差的估计值,然后以这个误差估计值为基础,决定是收缩还是增大步长. 在调用 ODE 求解器时并不需要给出步长. 下面以首选命令 ODE45 为例来说明 ODE 求解器的调用方法:

```
[t,y]=ode45(fun,tspan,y0,options,pars)
```

其中,t 为列向量,y 为矩阵,fun 为微分方程组的右端函数所构成的列向量,其每个分量都是 t 的函数,tspan 是变量 t 的求解区间,y0 为微分方程组的初始值,options,pars 为非必选项. 在没有给出 options,pars 的情形,按照相对误差限取 10^{-3}、绝对误差限取 10^{-6} 来控制步长的选取.

复习与思考题

1. 常微分方程初值问题右端函数 f 满足什么条件时解存在唯一? 什么是好条件的方程?

2. 什么是欧拉法和后退欧拉法? 它们是怎样导出的? 并给出局部截断误差.

3. 何谓单步法的局部截断误差? 何谓数值方法是 p 阶精度?

4. 给出梯形法和改进欧拉法的计算公式.它们是几阶精度的?

5. 显式方法与隐式方法的根本区别是什么? 如何求解隐式方程? 应如何给出迭代初始值?

6. 什么是 s 级的龙格-库塔法? 它是 s 阶方法吗? 写出经典的四阶龙格-库塔法.

7. 什么是单步法的绝对稳定域和绝对稳定区间? 四阶龙格-库塔方法的绝对稳定区间是什么?

8. 什么是 A-稳定的方法? 举出一个具体例子.

9. 如何导出线性多步法的公式? 它与单步法有何区别?

10. 什么是阿当姆斯显式与隐式公式？它们为什么能利用等价的积分方程导出？

11. 用多步法求数值解为什么要用预测-校正方法？

12. 什么是多步法的相容性和收敛性？试给出多步法相容的条件.

13. 什么是多步法的特征多项式？什么零点条件？零点条件在线性多步法收敛性与稳定性中有何作用？

14. 什么是刚性方程组？为什么刚性微分方程数值求解非常困难？什么数值方法适合求刚性方程？

15. 判断下列命题是否正确：

(1) 一阶常微分方程右端函数 $f(x,y)$ 连续就一定存在唯一解.

(2) 数值求解常微分方程初值问题截断误差与舍入误差互不相关.

(3) 一个数值方法局部截断误差的阶等于整体误差的阶(即方法的阶).

(4) 算法的精度阶数越高计算结果就越精确.

(5) 显式方法的优点是计算简单且稳定性好.

(6) 隐式方法的优点是稳定性好且收敛阶高.

(7) 单步法比多步法优越的原因是计算简单且可以自启动.

(8) 改进欧拉法是二级二阶的龙格-库塔方法.

(9) 满足零点条件的多步法都是绝对稳定的.

(10) 解刚性方程组如果使用 A-稳定方法，则不管步长 h 取多大都可达到任意给定的精度.

习　题

1. 用欧拉法解初值问题

$$y'=x^2+100y^2,\quad y(0)=0.$$

取步长 $h=0.1$，计算到 $x=0.3$.

2. 用改进欧拉法和梯形法解初值问题

$$y'=x^2+x-y,\quad y(0)=0.$$

取步长 $h=0.1$，计算到 $x=0.5$，并与准确解 $y=-\mathrm{e}^{-x}+x^2-x+1$ 相比较.

3. 用梯形方法解初值问题

$$\begin{cases}y'+y=0,\\ y(0)=1.\end{cases}$$

证明其近似解为 $y_n=\left(\dfrac{2-h}{2+h}\right)^n$，并证明当 $h\to 0$ 时，它收敛于原初值问题的准确解 $y=\mathrm{e}^{-x}$.

4. 利用欧拉法计算积分 $\int_0^x \mathrm{e}^{t^2}\,\mathrm{d}t$ 在点 $x=0.5,1,1.5,2$ 的近似值.

5. 取 $h=0.2$，用四阶经典的龙格-库塔方法求解下列初值问题：

(1) $\begin{cases}y'=x+y,\ 0<x<1,\\ y(0)=1.\end{cases}$

(2) $\begin{cases}y'=3y/(1+x),\ 0<x<1,\\ y(0)=1.\end{cases}$

6. 证明对任意参数 t，下列龙格-库塔公式是二阶精度的：

$$\begin{cases} y_{n+1} = y_n + \dfrac{h}{2}(K_2 + K_3), \\ K_1 = f(x_n, y_n), \\ K_2 = f(x_n + th, y_n + thK_1), \\ K_3 = f(x_n + (1-t)h, y_n + (1-t)hK_1). \end{cases}$$

7. 证明中点公式

$$y_{n+1} = y_n + hf\left(x_n + \frac{h}{2}, y_n + \frac{1}{2}hf(x_n, y_n)\right)$$

是二阶精度的.

8. 求隐式中点公式

$$y_{n+1} = y_n + hf\left(x_n + \frac{h}{2}, \frac{1}{2}(y_n + y_{n+1})\right)$$

的绝对稳定区间.

9. 对于初值问题

$$\begin{cases} y' = -100(y - x^2) + 2x, \\ y(0) = 1. \end{cases}$$

(1) 用欧拉法求解，步长 h 取什么范围的值，才能使计算稳定.

(2) 若用四阶龙格-库塔法计算，步长 h 如何选取？

(3) 若用梯形公式计算，步长 h 有无限制.

10. 分别用二阶显式阿当姆斯方法和二阶隐式阿当姆斯方法解下列初值问题：

$$\begin{cases} y' = 1 - y, \\ y(0) = 0. \end{cases}$$

取 $h=0.2, y_0=0, y_1=0.181$，计算 $y(1.0)$ 并与准确解 $y=1-e^{-x}$ 相比较.

11. 证明解 $y'=f(x,y)$ 的下列差分公式

$$y_{n+1} = \frac{1}{2}(y_n + y_{n-1}) + \frac{h}{4}(4y'_{n+1} - y'_n + 3y'_{n-1})$$

是二阶精度的，并求出截断误差的主项.

12. 试证明线性二步法

$$y_{n+2} + (b-1)y_{n+1} - by_n = \frac{h}{4}[(b+3)f_{n+2} + (3b+1)f_n]$$

当 $b \neq -1$ 时方法为二阶精度，当 $b=-1$ 时方法为三阶精度.

13. 讨论二步法

$$y_{n+2} = y_{n+1} + \frac{h}{12}(5f_{n+2} + 8f_{n+1} - f_n)$$

的收敛性.

14. 写出下列常微分方程等价的一阶方程组及其二阶显式 R-K 方法：

(1) $y''=y'(1-y^2)-y$；　　(2) $y'''=y''-2y'+y-x+1$.

15. 求方程

$$\begin{cases} u' = -10u + 9v, \\ v' = 10u - 11v \end{cases}$$

的刚性比，用四阶 R-K 方法求解时，最大步长能取多少？

计算实习题

1. 给定初值问题

(1) $\begin{cases} y' = \dfrac{1}{x^2} - \dfrac{y}{x}, 1 \leqslant x \leqslant 2, \\ y(1) = 1; \end{cases}$　　(2) $\begin{cases} y' = -50y + 50x^2 + 2x, 0 \leqslant x \leqslant 1, \\ y(0) = \dfrac{1}{3}. \end{cases}$

要求：(a)用改进欧拉法($h=0.05$)及经典四阶 R-K 法($h=0.1$)求(1)的数值解，并输出 $x=1+0.1i(i=0,1,\cdots,10)$的值.

(b)用经典四阶 R-K 方法解(2)，步长分别取 $h=0.1, 0.025, 0.01$，计算并输出 $x=0.1i(i=0,1,\cdots,10)$各点的值，与准确解 $y(x)=\dfrac{1}{3}\mathrm{e}^{-50x}+x^2$ 比较.

2. 考虑化学反应动力学模型，设三种化学物质的浓度随时间变化的函数为 $y_1(t)$，$y_2(t)$，$y_3(t)$，则浓度由下列方程给出

$$\begin{cases} y_1' = -k_1 y_1, \\ y_2' = k_1 y_1 - k_2 y_2, \\ y_3' = -k_2 y_2, \end{cases}$$

其中 k_1 和 k_2 是两个反应的速度常数，假定初始浓度为 $y_1(0)=y_2(0)=y_3(0)=1$.取 $k_1=1$，分别用 $k_2=10,100,1000$ 进行试验.对每个 k_2，分别用四阶 R-K 方法，四阶阿当姆斯预测-校正法及梯形法求解.针对不同步长，比较各种方法的精度和稳定性.从 $t=0$ 开始计算到近似稳定状态或可以明显看出解不稳定或方法无效为止.

3. 考虑常微分方程组初值问题

$$\begin{cases} \dfrac{\mathrm{d}y_1(x)}{\mathrm{d}x} = -0.013y_1 - 1000y_1y_2, \\ \dfrac{\mathrm{d}y_2(x)}{\mathrm{d}x} = -2500y_2y_3, \\ \dfrac{\mathrm{d}y_3(x)}{\mathrm{d}x} = -0.013y_1 - 1000y_1y_2 - 2500y_2y_3, \end{cases}$$

其中

$$\boldsymbol{y}(x) = (y_1(x), y_2(x), y_3(x))^{\mathrm{T}}, \quad \boldsymbol{y}(0) = (1,1,0)^{\mathrm{T}}$$

要求用四阶 R-K 方法及梯形法计算(可以直接用数学库的软件)，根据计算结果画出函数的图形.

第 9 章二维码

部分习题答案[①]

第 1 章

1. δ.

2. $0.02n$.

3. 5，2，4，5，2.

4. (1) 1.05×10^{-3}；(2) 0.215；(3) 0.887×10^{-5}.

5. 0.0033.

6. $\frac{1}{2}\times10^{-3}$.

7. 55.982，0.017 863.

9. 0.005 cm.

11. $\frac{1}{2}\times10^{8}$，不稳定.

12. $\frac{1}{(3+2\sqrt{2})^3}$最好.

13. 0.3×10^{-2}，0.834×10^{-6}.

14. $[(3x^2-2)x^2+1]x+7$，685.

15. 2 位.

第 2 章

1. $\frac{5}{6}x^2+\frac{3}{2}x-\frac{7}{3}=-\frac{1}{2}(x-1)(x-2)+\frac{4}{3}(x-1)(x+1)=\frac{3}{2}(x-1)+\frac{5}{6}(x-1)(x+1)$.

2. $-0.620\,219$，$-0.615\,320$.

3. $0.501\,06\times10^{-5}$.

6. $h\leqslant0.0066$.

8. 1，0.

13. $$p(x)=f(x_0)+f'(x_0)(x-x_0)+\frac{1}{2}f''(x_0)(x-x_0)^2+\left[\frac{f[x_0,x_1]-f'(x_0)}{x_1-x_0}-\frac{1}{2}f''(x_0)\right]\frac{(x-x_0)^3}{x_1-x_0}.$$

14. $p(x)=x^3-x^2+x$.

15. 误差限$\frac{1}{384}h^4\max\limits_{a\leqslant x\leqslant b}|f^{(4)}(x)|$.

16. $\frac{1}{4}x^2(x-3)^2$.

17. $\frac{1}{16}$.

18. $\frac{h^2}{4}$.

19. $|R_3(x)|\leqslant\frac{h^4}{16}$.

第 3 章

2. $B_1(f,x)=x$，$B_3(f,x)=1.5x-0.402x^2-0.098x^3$.

5. (1) $\|f\|_\infty=1$，$\|f\|_1=1/4$，$\|f\|_2=1/\sqrt{7}$；

(2) $\|f\|_\infty=1/2$，$\|f\|_1=1/4$，$\|f\|_2=\frac{1}{\sqrt{12}}$；

(3) $\|f\|_\infty=\left(\frac{m}{m+n}\right)^m\left(\frac{n}{m+n}\right)^n$，$\|f\|_1=\frac{n!\ m!}{(n+m+1)!}$，$\|f\|_2=\sqrt{\frac{(2n)!\ (2m)!}{[2(n+m)+1]!}}$.

7. (1) 不能构成内积；(2) 构成内积.

8. $T_0^*(x)=1$，$T_1^*(x)=2x-1$，$T_2^*(x)=8x^2-8x+1$，$T_3^*(x)=32x^3-48x^2+18x-1$.

9. $\varphi_0(x)=1$，$\varphi_1(x)=x$，$\varphi_2(x)=x^2-\frac{2}{5}$，$\varphi_3(x)=x^3-\frac{9}{14}x$.

12. $p_2(x)=2.377\,443+1.590\,535(x-0.866\,025)+0.532\,042(x-0.866\,025)x$.

---

① 如果对于各章的思考题和习题感到有障碍，可参考与此教材配套的《数值分析学习指导与习题解答》.

13. $S_1^*(x)=4x+\dfrac{11}{6}$, $S_2^*(x)=x^2+3x+2$.

14. $\dfrac{3}{5}x$.

15. (1) $S_1^*(x)=-0.2958x+1.1410$；
(2) $S_1^*(x)=1.6903x+0.8731$；
(3) $S_1^*(x)=-2.4317x+1.2159$；
(4) $S_1^*(x)=0.6822x-0.6371$.

16. $S_3^*(x)=1.553\,191\,3x-0.562\,228\,5x^3$.

17. $S(t)=22.253\,76t-7.855\,048$.

18. $y(x)=0.972\,604\,6+0.050\,035\,1x^2$,01226.

19. $y=5.168\,319\,33\mathrm{e}^{-\frac{7.445\,454\,74}{t}}$.

20. $R_{22}(x)=3-\dfrac{12}{x+4.5}-\dfrac{0.75}{x+1.5}$.

21. $R_{33}(x)=\dfrac{60x-7x^3}{60+3x^2}$.

22. $R_{21}(x)=\dfrac{6+4x+x^2}{6-2x}$.

23. $\dfrac{1+\frac{1}{6}x}{1+\frac{2}{3}x}$.

24. $\cos 2x$.

25. $1.570\,796-1.340\,759\cos x-0.230\,037\cos 3x$.

第 4 章

1. (1) $A_{-1}=A_1=h/3, A_0=4h/3$,具有 3 次代数精度；
(2) $A_{-1}=A_1=8h/3$, $A_0=-4h/3$, 3 次代数精度；
(3) $x_1=-0.289\,90$, $x_2=0.526\,60$ 或 $x_1=0.689\,90$, $x_2=-0.126\,60$, 2 次代数精度；
(4) $a=1/12$, 3 次代数精度.

2. (1) $T_8=0.111\,40$, $S_4=0.111\,57$；(2) $T_4=17.227\,74$, $S_2=17.332\,21$；
(3) $T_6=1.035\,62$, $S_3=1.035\,77$.

4. $S_1=0.632\,33$，误差 0.000 35.

6. $n\geqslant 317$,用辛普森公式区间分为 10 等份.

8. (1) 0.713 272 0；(2) −6.283 185 3；(3) 10.207 592 2.

9. 0.192 258 46.

10. $x_0=\dfrac{1}{7}\left(3-2\sqrt{\dfrac{6}{5}}\right)$, $x_1=\dfrac{1}{7}\left(3+2\sqrt{\dfrac{6}{5}}\right)$, $A_0=1+\dfrac{1}{3}\sqrt{\dfrac{5}{6}}$, $A_1=1-\dfrac{1}{3}\sqrt{\dfrac{5}{6}}$.

11. $n=2$, $I\approx 10.9484$, $n=3$, $I\approx 10.950\,14$.

12. 48 708km.

14. (1) 1.098 613；(2) 1.098 040, 1.098 610；(3) 1.098 54.

15. 0.781 509 6.

16. 0.255 252 6.

17. $\dfrac{1}{3}h^2 f'''(\xi)$.

18. 一阶导数值分别为−0.2479, −0.2169, −0.1860.

第 5 章

4.
$$\begin{cases} l_{i1}=a_{i1},\ i=1,2,\cdots,n, \\ u_{1j}=a_{1j}/l_{11},\ j=2,3,\cdots,n, \\ l_{ik}=a_{ik}-\sum\limits_{r=1}^{k-1} l_{ir}u_{rk},\ i=k,\cdots,n, \\ u_{kj}=\left(a_{kj}-\sum\limits_{r=1}^{k-1} l_{kr}u_{rj}\right)/l_{kk},\ j=k+1,\cdots,n. \end{cases}$$

5. (1) 设 $\boldsymbol{U}$ 为上三角矩阵

$$x_n=d_n/u_{nn},\qquad x_i=\left(d_i-\sum_{j=i+1}^{n} u_{ij}x_j\right)/u_{ii},\quad i=n-1,n-2,\cdots,1;$$

(2) $n(n+1)/2$；

(3) 记 $\boldsymbol{U}^{-1}$ 的元素为 s_{ij}，$\boldsymbol{U}$ 的元素记为 u_{ij}：

$$\begin{cases} s_{ii} = 1/u_{ii}, \quad i = 1,2,\cdots,n, \\ s_{ij} = -\sum_{k=i+1}^{j} u_{ik}s_{kj}/u_{ii}, \quad i = n-1,n-2,\cdots,1, j = i+1,\cdots,n. \end{cases}$$

7. $x_1=1$，$x_2=2$，$x_3=3$，$\det \boldsymbol{A}=-66$. 8. $x_1=-227.08$，$x_2=476.92$，$x_3=-177.69$.

9. (1) $\alpha_1=2,\alpha_2=3/2,\alpha_3=4/3,\alpha_4=5/4,\alpha_5=6/5$；$\beta_1=-1/2$，$\beta_2=-2/3$，$\beta_3=-3/4$，$\beta_4=-4/5$；

(2) 解 $\boldsymbol{Ly}=\boldsymbol{f}$，$\boldsymbol{y}=(1/2,1/3,1/4,1/5,1/6)^{\mathrm{T}}$；

(3) 解 $\boldsymbol{Ux}=\boldsymbol{y}$，$\boldsymbol{x}=(5/6,2/3,1/2,1/3,1/6)^{\mathrm{T}}$.

10. $\boldsymbol{x}=(1.111\,11, 0.777\,78, 2.555\,56)^{\mathrm{T}}$.

11. (1) $\boldsymbol{A}$ 不能分解为三角矩阵的乘积，但换行后可以；(2) $\boldsymbol{B}$ 可以但不唯一，$\boldsymbol{C}$ 可以且唯一.

12. $\|\boldsymbol{A}\|_\infty=1.1$，$\|\boldsymbol{A}\|_1=0.8$，$\|\boldsymbol{A}\|_2=0.8279$，$\|\boldsymbol{A}\|_F=0.8426$.

17. $\mathrm{cond}(\boldsymbol{A})_\infty=39\,601$，$\mathrm{cond}(\boldsymbol{A})_2=39\,206$.

第 6 章

1. (1) 两种方法均收敛；(2) 用雅可比迭代法迭代 17 次，
$\boldsymbol{x}^{(17)}=(-4.000\,036, 2.999\,985, 2.000\,003)^{\mathrm{T}}$，用高斯-塞德尔迭代法迭代 7 次，
$\boldsymbol{x}^{(7)}=(-3.999\,996\,4, 2.999\,973\,9, 1.999\,999\,9)^{\mathrm{T}}$.

2. (1) 雅可比迭代法不收敛，高斯-塞德尔迭代法收敛；

(2) 雅可比迭代法收敛，高斯-塞德尔迭代法不收敛.

4. 两种迭代收敛的充分必要条件是 $|ab|<\frac{100}{3}$.

5. $-\frac{1}{2}<\alpha<0$ 收敛，$\alpha=-0.4$，$\rho(\boldsymbol{B})$ 最小，收敛最快.

6. $\rho(\boldsymbol{J})=\sqrt{\frac{11}{12}}$，$\rho(\boldsymbol{G})=\frac{11}{12}$，高斯-塞德尔迭代比雅可比迭代收敛快.

7. $\omega=1.03$ 时迭代 5 次达到精度要求 $\boldsymbol{x}^{(5)}=(0.500\,004\,3, 0.100\,000\,1, -0.499\,999\,9)^{\mathrm{T}}$，$\omega=1$ 时迭代 6 次达到精度要求 $\boldsymbol{x}^{(6)}=(0.500\,003\,8, 0.100\,000\,2, -0.499\,999\,5)^{\mathrm{T}}$，$\omega=1.1$ 时迭代 6 次达到精度要求，$\boldsymbol{x}^{(6)}=(0.500\,003\,5, 0.999\,998\,9, -0.500\,000\,3)^{\mathrm{T}}$.

8. $\omega=0.9$，迭代 8 次时达到精度要求，$\boldsymbol{x}^{(8)}=(-4.000\,026, 2.999\,988, 2.000\,004)^{\mathrm{T}}$.

10. (1) $\boldsymbol{x}^{(2)}=(1,-2)^{\mathrm{T}}$；(2) $(0,1,-1)^{\mathrm{T}}$.

第 7 章

1. $x^*\approx x_5=1.593\,75$. 2. (1)和(2)收敛；(3)发散，1.466.

3. (1) 二分 14 次得 0.090 545 6；(2) 迭代 5 次得 0.090 526 4.

5. (2) $x_0=1.5$，$x_2=1.465\,572$；(3) $x_0=1.5$，$x_3=1.465\,571$.

7. (1) $x_2=1.8794$；(2) $x_4=1.8794$；(3) $x_5=1.8794$. 8. 4.493 42.

11. 牛顿法 $x_{15}=1.895\,488$，其他方法迭代次数 $n=4$. 13. 10.723 805.

14. $-(n-1)/(2\sqrt[n]{a})$，$(n+1)/(2\sqrt[n]{a})$. 15. $1/4a$.

16. $-0.356\,062\pm \mathrm{i}0.162\,758$，1.241 68，1.970 44.

17. $\boldsymbol{\Phi}(\boldsymbol{x})=\left(\frac{x_2}{\sqrt{3}}, \sqrt{\frac{1+x_1^3}{3x_1}}\right)^{\mathrm{T}}$，$\boldsymbol{x}^{(20)}=(0.499\,998, 0.866\,022)^{\mathrm{T}}$.

18. $(x^{(4)},y^{(4)})^{\mathrm{T}}=(1.581\,138\,83,\ 1.224\,744\,87)^{\mathrm{T}}$.

第 8 章

1. (1) $\lambda_1=-1$, $\lambda_{2,3}\in\{z\,\|\,z|\leqslant 2,\ z\in\mathbb{C}\}\cup\{z\,\|\,z-2|\leqslant 2,\ z\in\mathbb{C}\}$; (2) $0\leqslant\lambda\leqslant 6$.

2. (1) $\lambda_1=2$, $\boldsymbol{x}^{(1)}=(1,0,0)^{\mathrm{T}}$, $\lambda_2=1$, $\boldsymbol{x}^{(2)}=(0,2,1)^{\mathrm{T}}$, $\lambda_3=-1$, $\boldsymbol{x}^{(3)}=(-1,1,1)^{\mathrm{T}}$,相似对角矩阵;

 (2) $\lambda_1=2$, $\boldsymbol{x}^{(1)}=(0,1,0)^{\mathrm{T}}$, $\lambda_2=3$, $\boldsymbol{x}^{(2)}=(1,0,1)^{\mathrm{T}}$, $\lambda_3=1$, $\boldsymbol{x}^{(3)}=(1,0,-1)^{\mathrm{T}}$,相似对角矩阵;

 (3) $\lambda_1=\lambda_2=\lambda_3=1$, $\boldsymbol{x}^{(1)}=\boldsymbol{x}^{(2)}=(1,0,1)^{\mathrm{T}}$, $\boldsymbol{x}^{(3)}=(0,1,1)^{\mathrm{T}}$,不是相似对角矩阵.

3. (1) 取 $\boldsymbol{v}_0=(1,1,1)^{\mathrm{T}}$, $\lambda_1\approx 9.6058$, $\boldsymbol{x}_1\approx(1,0.6056,-0.3945)^{\mathrm{T}}$;

 (2) 取 $\boldsymbol{v}_0=(1,1,1)^{\mathrm{T}}$, $\lambda_1\approx 8.869\,51$, $\boldsymbol{x}_1\approx(-0.604\,22,\ 1,\ 0.150\,94)^{\mathrm{T}}$.

4. $\lambda=7.288$, $\boldsymbol{x}\approx(1,\ 0.5229,\ 0.2422)^{\mathrm{T}}$. 5. $(1,0,0)$, $(0,1,1)^{\mathrm{T}}$.

6. (2) $\boldsymbol{P}=\dfrac{1}{3}\begin{pmatrix}2&1&2\\1&2&-2\\2&-2&-1\end{pmatrix}$, $\boldsymbol{B}=\begin{pmatrix}9&0&0\\0&18&0\\0&0&-9\end{pmatrix}$.

7. $\boldsymbol{u}_1=\begin{pmatrix}1&0&0\\0&-\dfrac{3}{5}&-\dfrac{4}{5}\\0&-\dfrac{4}{5}&\dfrac{3}{5}\end{pmatrix}$, $\boldsymbol{A}_2=\begin{pmatrix}1&-5&0\\-5&\dfrac{73}{25}&\dfrac{14}{25}\\0&\dfrac{14}{25}&-\dfrac{23}{25}\end{pmatrix}$.

9. (1) $\boldsymbol{A}$ 的特征值为 $\lambda_1=\dfrac{1}{2}+\dfrac{\sqrt{33}}{2}$, $\lambda_2=2$, $\lambda_3=\dfrac{1}{2}-\dfrac{\sqrt{33}}{2}$.

 (2) $\boldsymbol{B}$ 的特征值为 $\lambda_1=2+\sqrt{3}$, $\lambda_2=2$, $\lambda_3=2-\sqrt{3}$.

 选取位移 $s_k=b_{33}^{(k)}$,

$$\boldsymbol{B}_5=\begin{pmatrix}3.731\,692\,597\,4&0.024\,906\,021\,0&0.0\\0.024\,906\,021\,0&2.000\,358\,210\,2&\varepsilon\\0.0&\varepsilon&0.267\,949\,192\,4\end{pmatrix},$$

其中 $|\varepsilon|<5\times10^{-11}$.

10. $\boldsymbol{Q}=\dfrac{1}{3}\begin{pmatrix}1&2&2\\2&1&-2\\2&-2&1\end{pmatrix}$, $\boldsymbol{R}=\begin{pmatrix}3&-3&3\\&3&-3\\&&3\end{pmatrix}$.

第 9 章

1. 0, 0.0010, 0.0050. 2. 0.145. 4. 0.500, 1.142, 2.501, 7.245.

5. (1) 1.2428, 1.5836, 2.0442, 2.6510, 3.4365; (2) 1.7276, 2.7430, 4.0942, 5.8292, 7.9960.

8. $-\infty\leqslant\lambda h\leqslant 0$.

9. (1) $0<h\leqslant 0.02$; (2) $0<h\leqslant 0.0278$; (3) $0<h<+\infty$.

10. 显式 0.626,隐式 0.633,真值 0.6321. 11. $-\dfrac{5}{8}h^3y'''(x_n)$.

14. (1) $y_1=y$, $y_2=y'$,方程组 $y_1'=y_2$, $y_2'=y_2(1-y_1^2)-y_1$;

 (2) 令 $y_1=y$, $y_2=y'$, $y_3=y''$,方程组为 $y_1'=y_2$, $y_2'=y_3$, $y_3'=y_3-2y_2+y_1-x+1$.

15. 刚性比 $s=20$, $0<h<0.139$.

参考文献

1. 李庆扬，易大义，王能超.现代数值分析[M].北京：高等教育出版社，1995.
2. 李庆扬，关治，白峰杉.数值计算原理[M].北京：清华大学出版社，2000.
3. 关治，陆金甫.数值分析基础[M].北京：高等教育出版社，1998.
4. 白峰杉.数值计算引论[M].北京：高等教育出版社，2004.
5. 王能超.计算方法简明教程[M].北京：高等教育出版社，2004.
6. 李庆扬.科学计算方法基础[M].北京：清华大学出版社，2006.
7. Heath M T.科学计算导论[M].张威，贺华，冷爱萍，译. 2 版.北京：清华大学出版社，2005.
8. Burden R L，Faires J D.数值分析[M].冯烟利，朱海燕，译. 7 版.北京：高等教育出版社，2005.
9. Gerald C F，Wheatley P O. 应用数值分析[M].白峰杉改编. 7 版.北京：高等教育出版社，2006.
10. Goldstine H H. A history of numerical analysis from the 16th through the 19th century[M]. New York：Springer-Verlag，1977.
11. Nash S G. A history of scientific computing[M]. New York：ACM Press，1990.
12. Wilkinson J H. Rounding errors in algebraic prentices[M]. London：H.M. Stationery office，1963.
13. Higham N J. Accuracy and stability of numerical algorithms[M]. Philadelphia：SIAM，1996.
14. Moore R E. Interval analysis[M]. New Jersey：Prentice-Hall，1966.
15. Alefeld G，Herzberger J. Introduction to interval computations[M]. New York：Academic，1983.
16. Jaulin L，Keiffer M，Didrit O，Walter E. Applied interval analysis[M]. New York：Springer-Verlag，2001.
17. Rice J R. A theory of condition[M]. SIAM J Numer Anal，1966，3：287-310.
18. Davis P J. Interpolation and approximation[M]. New York：Dover，1975.
19. 冯康，等.数值计算方法[M].北京：国际工业出版社，1978.
20. Schaker L L. Spline functions[M]. New York：John Wiley & Sons，1981.
21. 李岳生，齐东旭.样条函数方法[M].北京：科学出版社，1979.
22. 徐利治，王仁宏，周蕴时.函数逼近的理论与方法[M].上海：上海科学技术出版社，1983.
23. 沈燮昌.多项式最佳逼近的实现[M].上海：上海科学技术出版社，1984.
24. Powell M J D. Approximation theory and methods[M]. New York：Cambridge University Press，1981.
25. Baker G A，Graves-Morris P R. Pade approximants[M]. 2nd ed. New York：Cambridge University Press，1996.
26. 赵访熊，李庆扬.傅里叶变换滤波在地震勘探数字处理中的应用[M]. 清华大学学报，1978，18(4)：114.
27. Brigham E O. The Fast Fourier transform and its applications[M]. Englewood Cliffs：Prentice Hall，NJ，1988.
28. Duhamel P，Vetterli M. Fast Fourier transforms：A tutorial review and a state of the art[J]. Signal Processing，1990，19：259-299.
29. Engels H. Numerical quadrature and cubature[M]. New York：Academic，1980.
30. Davis P J，Rabinowitz P. Methods of numerical integration[M]. 2nd ed. New York：Academic，1984.
31. Stroud A H. Approximate calculation of multiple integrals[M]. Englewood Cliffs：Prentice Hall，NJ，1972.
32. Golub G H，Van Loan C F. Matrix computations[M]. 3rd ed. Johns Hopkins University Press，Baltimore MD，1996.

33. Saad Y. Iterative methods for sparse linear systems[M]. Boston: PWS Publishing Co, 1996.
34. Young D M. Iterative solution of large linear systems[M]. New York: Academic, 1971.
35. Hackbusch W. Iterative solution of large sparse systems of equation[M]. New York: Springer-Verlag, 1994.
36. Golub G H, O'Leary D P. Some history of the conjugate gradient and Lanczos methods[M]. SIAM Review, 1989, 31: 50-102.
37. 清华大学,北京大学计算方法编写组. 计算方法[M].北京:科学出版社,1974.
38. Edelman A, Murakami H. Polynomial roots from companion matrix eigenvalues[J]. Math Comp, 1995, 64(210): 763-776.
39. Ortega J M, Rheinboldt W C. Iterative solution of nonlinear equations in several variable[M]. New York: Academic Press, 1970.
40. 李庆扬,莫孜中,祁力群.非线性方程组数值解法[M].北京:科学出版社,1987.
41. Wilkinson J H. 代数特征值问题[M].石钟慈,邓健新,译.北京:科学出版社,1987.
42. Parlett B N. The QR algorithm[J]. Computing in Science & Engineering, 2000, 2(1): 38-42.
43. Saad Y. Numerical methods for large eigenvalue problems[M]. New York: John Wiley & Sons, 1992.
44. 李庆扬.常微分方程数值解法(刚性问题与边值问题)[M].北京:高等教育出版社,1992.
45. Gear C W. 常微分方程初值问题数值方法[M].费景高,等译.北京:科学出版社,1978.
46. 袁兆鼎,费景高,刘德贵.刚性常微分方程初值问题的数值解法[M].北京:科学出版社,1987.
47. Steven C Chapra, David E Clough. Python 应用数值方法——解决工程和科学问题[M]. 张建廷, 王一, 吕亚飞,等译. 北京:清华大学出版社,2024.
48. Steven C Chapra. 工程与科学数值方法的 MATLAB 实现[M]. 林赐, 译. 4 版. 北京:清华大学出版社,2018.

索　　引

G

H

J

K

L